普通高等教育"十一五"国家级规划教材
普通高等教育农业部"十二五"规划教材
全国高等农林院校"十二五"规划教材
全国高等农林院校教材经典系列

茶树 栽培学

第 五 版

骆耀平 主编

中国农业出版社

内容简介

本教材共十章，涉及四部分内容。第一部分，扼要地叙述茶树栽培历史、茶区分布及生产概况；第二部分，根据国内外现有的研究和实践资料，系统地归纳、阐明茶树栽培的生物学基础和茶树的适生环境，为茶树栽培技术的运用提供理论依据和奠定良好基础；第三部分，介绍茶园生产管理的栽培技术；第四部分，提出了茶园生产可持续发展的做法与思路。

本书重视理论与实际的结合，是高等院校培养茶学专门人才的教学用书，也可作为广大茶学科技工作者、茶叶生产农业技术人员的参考学习用书。

第五版编写人员

主　编　骆耀平

副主编　须海荣　罗军武

编　者　骆耀平（浙江大学）

须海荣（浙江大学）

王校常（浙江大学）

罗军武（湖南农业大学）

孙威江（福建农林大学）

唐　茜（四川农业大学）

曹藩荣（华南农业大学）

周斌星（云南农业大学）

审　稿　王　立（中国农业科学院茶叶研究所）

梁月荣（浙江大学）

第一版编写人员

主　编　庄晚芳（浙江农业大学）

副主编　莫　强（华南农学院）

　　　　吕允福（西南农学院）

参　编　王镇恒　段建真（安徽农学院）

　　　　刘富知　王建国（湖南农学院）

　　　　叶延庠　赖明志（福建农学院）

　　　　潘根生　袁　飞（浙江农业大学）

主　编　庄晚芳（浙江农业大学）

副主编　莫　强（华南农业大学）

　　　　刘祖生（浙江农业大学）

参　编　王镇恒　段建真（安徽农学院）

　　　　刘富知　王建国（湖南农学院）

　　　　叶延庠　赖明志（福建农学院）

　　　　施嘉璠（四川农学院）

　　　　潘根生　童启庆（浙江农业大学）

第
三
版
编
写
人
员

主　编　童启庆（浙江大学）

副主编　骆耀平（浙江大学）

参　编　蔡　新（云南农业大学）

　　　　罗军武（湖南农业大学）

　　　　段建真（安徽农业大学）

主　编　骆耀平（浙江大学）

副主编　梁月荣（浙江大学）

　　　　罗军武（湖南农业大学）

编　者　骆耀平（浙江大学）

　　　　梁月荣（浙江大学）

　　　　须海荣（浙江大学）

　　　　罗军武（湖南农业大学）

　　　　蔡　新（云南农业大学）

　　　　曹藩荣（华南农业大学）

　　　　孙威江（福建农林大学）

审　稿　刘祖生（浙江大学）

　　　　俞永明（中国农业科学院茶叶研究所）

第四版编写人员

第五版编写说明

　　《茶树栽培学》（第五版）编写工作会议，于 2012 年 4 月 26 日在浙江大学紫金港校区茶学系召开。会议总结交流了各院校使用第四版教材的情况，讨论了第五版的修订大纲，协商了编写计划和分工。

　　《茶树栽培学》（第四版）出版以来，所包含的内容有了一定的变化与发展，茶园生产模式朝着多元化方向的发展，农村劳动力结构的改变，使传统通过密集劳动力的消耗获得收获的生产模式受到了制约，茶园生产机械化越来越受到生产者的重视。高效、低耗、可持续发展的农业生产思想和茶叶生产质量安全性要求更受人们重视。"生态文明建设""绿色低碳发展"等概念备受人们的关注。因此，充实这些变化内容，将茶园生产可持续发展的思想理念更具体化成为必要。讨论中大家感到，有些章节在讲授中有重复或所处位置不是很合适，有些内容可在实践环节予以加强，课堂讲授可压缩时间。因此，对章节结构进行了适当的调整。如第四版中的第四、第五两章，在第五版中合并为"茶树繁育与新茶园建设"；原本分散在各章节中的茶园生产机械部分，单独设"茶园生产机械与设施"一章；第四版第五章第二节内容（茶树复壮与换种），为避免之前在还没有讲授修剪等技术时提出该问题，移至讨论如何使茶叶生产可持续发展中讲授；增加了茶园"碳汇"等新概念，等等。

　　本教材共十章，各章编写任务的分工是：绪论，须海荣；第一章，须海荣；第二章，唐茜；第三章，曹藩荣；第四章，罗军武；第五章，王校常；第六章，骆耀平；第七章，孙威江；第八章，罗军武；第九章，周斌星；第十章，骆耀平。

　　在教材编写过程中，得到各高校的支持，不少学者、专家给予了热情的帮助与指导；参阅引用了许多专家、学者的研究文献，在此谨致谢意。编写中所存不当之处，恳请提出意见与建议，以利今后完善。

编　者

2014 年 10 月

第一版编写说明

本教材除绪论外，共分十二章。第一、二章阐明我国茶叶生产发展简史和当前生产区域及现状；第三章着重茶树的生物学特性的描述，使学生能掌握茶树的基本特征特性；第四章到第十章主要分别论述栽培管理上的各项技术关键和理论，如繁殖、修剪、施肥、土壤、水分、耕作、保护和合理采摘等；第十一章论述茶叶高产优质综合因子的分析，概括上述各章的关系，加强学生分析能力；第十二章为茶叶生产基地建设，包括基地内茶园的开辟和改造的技术问题，使茶叶生产基地早日实现现代化。

参加编写的有：庄晚芳、潘根生、袁飞编写绪论、第一章、第十章、第十一章；莫强编写第六章；吕允福编写第五章；王镇恒、段建真编写第二章、第三章、第八章；刘富知、王建国编写第七章、第十二章；叶延庠、赖明志编写第四章、第九章。

1978年9月间，在华南农学院召开审稿会议，除编写人员参加外，邀请有关茶叶专业的四川农学院、广西农学院、云南农业大学、安徽劳动大学、江苏苏州蚕桑专科学校各派一名教师参加，还特邀茶叶科研机构技术人员参加，安徽祁门茶叶研究所徐楚生、杭州茶叶试验场申屠杰、福建茶叶研究所林心炯、广东英德茶叶研究所李伟生等同志。在审稿过程中大家抱着对教学负责的精神，提供极为有益的意见和参考资料。此外，中国农业科学院茶叶研究所李联标同志、江苏宜兴林业科学研究所张志澄同志和中国科学院自然科学史研究所张秉伦同志，虽未到会，但亦积极提出书面意见，在此谨以致谢。对热情支持本书编写、修改和提供资料的有关单位和同志们表示感谢。

1978年12月

第二版编写说明

　　根据农牧渔业部有关指示，浙江农业大学于 1983 年 8 月下旬组织召开了全国统编教材《茶树栽培学》修订会议。会上，总结交流了各院校使用本教材的情况，通过认真讨论，制定了修订大纲，同时协商了修订计划与分工。

　　为了加强教材的理论性、实践性与系统性，对修订版的章节安排做了调整：将原书"茶树的生物学特性"一章，扩充为三章，即第三章"茶树植物学特征"、第四章"茶树生物学特性"和第五章"茶园生态条件"；将原书最后一章"茶叶生产基地的建设"改为"茶园的建立和改造"，并提前安排为第七章；"茶树繁殖"一章，由三节改为六节等。

　　修订版教材各章修订分工如下：庄晚芳修订绪论、第一章、第九章；刘祖生修订第三章及第五章第一节；童启庆修订第五章第二节；潘根生修订第十三章、第十四章；王镇恒修订第二章；段建真修订第四章、第八章；王建国修订第七章；刘富知修订第十章；叶延庠修订第六章；赖明志修订第十一章；施嘉璠修订第十二章。

1984 年 12 月

第三版编写说明

自中华农业科教基金确定将《茶树栽培学》（第三版）修订工作列入 92－02－02 高中等农业院校教材建设项目通知下达后，正、副主编即着手工作，将《茶树栽培学》（第三版）修订大纲草案和有关通知一并寄给参编人员，于 1997 年 9 月 14～16 日，在原浙江农业大学茶学系召开了"全国统编教材《茶树栽培学》（第三版）修订会议"。会上，总结交流原教材使用情况，一致认为修订工作是非常必要的，详细讨论了本教材第三版的编写大纲并做了编写分工。

由于近十余年来茶树栽培理论和实践均有较大发展，而教学时数却随教学计划的修订而减少。因此，教材必须少而精。为此，对原教材的章节进行了归并、改题、分立和增设，将全书 14 章改为 13 章。具体来说，原第一、二章合并为第一章；原第三、四章合并为第二章；原第八章和第十章合并为第六章；原第十一章茶树保护，改为第十章茶树灾害性气象的防御；原第十四章茶叶高产优质综合因子的分析，改为第十三章茶园生产的可持续发展；原第七章茶园的建立和改造分成第五章茶园建立和第十一章低产茶园改造；新增第十二章茶树设施栽培。这样，重点突出了实用技术和茶树栽培的未来发展内容，成为一本面向 21 世纪的教材。

修订分工如下：童启庆修订绪论、第五、六章；骆耀平修订第八、九、十三章；蔡新修订第一、七、十二章；段建真修订第二、三章；罗军武修订第四、十、十一章。

1999 年 6 月

第四版编写说明

茶叶是中国南方山区的主要经济作物之一，它在农村山区建设与发展中起到十分重要的作用，也为社会提供了丰富的物质生活用品。随着现代科学技术的发展，人们对茶的认识逐渐加深，茶的自然属性、社会属性得到进一步的开发利用，茶叶生产也将得到更广泛的重视。

中国是茶树的原产地，最早发现和利用茶叶。劳动人民长期的生产实践，积累总结了许多宝贵的生产经验，现代科学技术的研究又使传统的生产技术找到了理论依据，使之得到快速发展，形成了较为完善的茶树栽培理论与技术体系。从经验积累到理论总结，《茶树栽培学》经历了从无到有，如今已是第四版了。这些年来，农业生产技术与理论取得了较大的进步与发展，思想理念不断更新，为了及时将近年来的生产发展的新理念、新技术、新方法介绍给大家，组织了这次的编写。

本教材除了介绍与完善与前人工作相似部分的内容，如茶叶生产简史、茶区划分、茶树生物学基础、适生环境，以及茶叶生产中的各项措施运用外，还将现代农业可持续发展、茶叶生产的生态保护、无公害农业生产技术贯穿全书，突出介绍按生态农业要求建设茶园、茶园安全生产管理要求促使生产模式由"量"的生产向着"质"的提高方向改变。补充、完善新思路、新技术、新方法。此外，为适应教学改革各授课时数的变化，精简编写字数，对原教材的结构做了适当的调整，较大变化的地方有：第二章增加茶树原产地及变种分类，这一部分内容在专业课程中都没有讨论，在此可供学生课外阅读，如课时数允许，可课堂教学；第五章茶园建设包括了第三版中新茶园建立、低产茶园改造、茶树设施栽培等三章内容。茶树矮化密植不单独立节，也成为此章中的一部分内容；第六章将第三版第六、七两章合为一章，茶园耕作、水分管理、茶园施肥分别作为该章中的一节；第八章中除了讨论茶树寒、旱等自然灾害的防护外，增加介绍有关有机、无公害茶园建设的标准与要求，突出提出对主要病虫防治农业防治、生物防治技术的应用；第十章在介绍茶园可持续发展的概念、方法的同时，增加资源合理开发与利用一节。为了利于学生学习与复习，各章的前面加入"学习指南"，章末加入"复习思考题"。

教材补充了最新资料，重视理论，更注重实践，密切与实际相结合，使学生通过这一课程的学习能知其然也知其所以然。考虑我国茶区广阔，尽可能对不同茶区生产的特殊性加以提示，以供生产参考。

全书共十章，各编写者承担的章节分别是：绪论，骆耀平；第一章，蔡新；第二章，梁月荣；第三章，曹藩荣；第四章，罗军武；第五章，梁月荣；第六章，须海荣；第七章，骆耀平；第八章，孙威江；第九章，罗军武；第十章，骆耀平。

本书编写过程中得到了学校、院、系各级部门的支持，众多先生给予热情的帮助和指导，教材中引用了诸多学者的研究成果，在此谨致谢意。编写中所存不当之处，恳请提出意见与建议，以利今后完善。

编　者

2007 年 10 月

目 录

绪　论

　　我国是茶树的原产地，是最早发现和利用茶的国家，经历了从药用到饮用，从利用野生茶树到人工栽培的发展过程。人工栽培茶树有史稽考的已有3 000多年历史，茶已成为世界人民普遍爱好的饮料。世界各国的茶种、茶苗最初都是从我国直接或间接传入的，故中国被誉为世界茶叶的祖国。

　　很早以前，我国劳动人民就开始利用茶叶，最先是食用野生茶树的叶子，后将其作为药料，经过漫长的岁月，逐渐形成为人民普遍喜爱的饮料，这是劳动人民长期经验的累积和认识的过程。在古代史籍中记载了不少饮茶的好处：饮茶有益思、少卧、利尿、轻身、明目、止渴、消食、防病和治病的功能。经现代生物科学和医学的研究，充分证明了茶叶不但有药理作用，而且有营养价值，利于身体健康。据分析，茶叶中的化合物达500多种，其中最主要且有药理作用的成分为多酚类物质，其在嫩芽叶中含量较多，它能增强微血管壁弹性，调节血管的渗透性，降低血压，同时还有杀菌消炎、抗氧化和降血糖等作用；其次为咖啡碱，特别是在嫩芽叶中含量较多，它是一种血管扩张剂，能促进发汗，具有强心、利尿、解毒的作用，还有兴奋中枢神经系统的作用，能醒脑提神，消除肌肉疲劳。茶叶中还含有一种特有的氨基酸——茶氨酸，具有镇静和降血压的作用，还具有提高抗癌药物疗效的作用。茶叶，在传统中医上也是药，在唐代《本草拾遗》中被誉为"万病之药"，常常用作治痢疾、伤寒、霍乱、慢性肝炎、肾炎等病的辅助保健品，所以我国民间常用茶叶与其他中药煎服治病。

　　茶叶中含有丰富的营养物质，如可溶性蛋白质、氨基酸、糖类、维生素和矿物质等，维生素中的维生素C、维生素B_1、维生素B_2、生物类黄酮等，对人体的营养保健很有益处。与人体健康较为有关的矿物质，如钾、镁、锰、钼、锌、铝、钠、钙素等成分，在茶叶中含有一定的数量，可以补充人体对矿物质的需要。近代医、药学关于茶叶功效的研究，进展很快，引起了国内外广大消费者的关注。

　　人们不但利用茶树芽叶制成各种茶类，而且通过对茶树的了解研究，开发出许多可为人们利用的其他茶产品。如茶籽（种仁）中含油量24％～35％，通过压榨得到的茶籽油，其不饱和脂肪酸比例达到80％以上，而且主要是亚油酸和亚麻酸，其品质可与橄榄油相媲美；茶籽中的茶皂素，在工业上是非常好的乳化剂；茶花本身也是一种非常健康的花茶材料，含有丰富的多糖，具有抗氧化、降血脂、减肥等功能；茶根或茶籽掺进姜蜜糖，可制成治疗气管炎的良药。所以茶树已经不是单一的叶用作物了，其树体的各部分均具有综合利用的广阔前景。

　　茶叶在很久以前已向国外传播。据史料记载，6世纪时饮茶之风传到日本，9世纪初日本从我国引入茶种，并开始种茶，之后，我国的茶种、茶苗又直接或间接传入印度尼西亚、印度、斯里兰卡、韩国等国，在 18～19 世纪时，我国茶叶大量推广到欧美各国，得到了世界人民的喜爱，消费量不断增长，茶成为主要饮料之一，目前世界上已有 61 个国家和地区产茶，160 多个国家有饮茶的习惯，全世界每天消费 30 多亿杯茶。所以，茶成为世界上三大无酒精饮料之首，被誉为"东方的恩赐之物"，是一种纯天然、绿色、安全健康饮品，饮茶也因此成为了人们一种主要的享受生活的方式。

茶叶是我国传统的出口商品，在国际市场上享有很高声誉。现我国茶叶销往世界五大洲的 100 多个国家和地区。特别是一些发展中国家，如非洲的摩洛哥、阿尔及利亚、塞内加尔、马里、科特迪瓦和亚洲的阿富汗等，一向嗜好我国的绿茶。欧美各国和巴基斯坦、澳大利亚等国需要我国传统红茶和红碎茶，近年对我国绿茶的需求量也逐年增加。东南亚各国，华侨较多，喜爱饮用闽、粤、滇、桂所产的乌龙茶、六堡茶和普洱茶等。茶也成为世界各国人们之间沟通的重要媒介。

茶树也是我国重要的经济作物。全国有 20 多个省份 1 000 多个县产茶，茶叶生产在地方经济中占有重要地位。例如浙江省有 60 多个县产茶，全省茶叶产值占农业总产值的 2%～3%，重点产茶乡、镇，茶叶产值占到了农业总产值的 30% 左右。尤其近 10 年来，我国茶产业发展迅速，茶园面积居世界第一，占全球的 50%；茶叶产量也居世界第一，占全球的 38%；茶叶出口量位居第二，占全球的 18%。2012 年我国茶叶农业产值已达 1 000 亿元，第二、第三产业产值已近 2 000 亿元，人均茶叶消费已达 1 000 g。

茶树栽培学是一门应用性科学，研究内容为茶树的生长发育规律、生态条件以及高产优质高效栽培管理技术。其主要任务是在一般生物科学理论的基础上，广泛应用土壤学、植物营养学、农业气象学、植物生理学等专业基础知识，联系茶树生产实际，制定出科学的综合农业技术措施，达到绿色安全、高产、优质、高效和可持续的生产目的。

茶树栽培学的基本理论，涉及多个方面，一是茶树的生物学，二是茶树与外界条件关系，三是外界条件调节控制的农艺技术。在茶树长期栽培过程中，人们认识了茶树的一些生物学特性，运用了近代的科学基础知识，初步摸清了茶树生长发育的一般规律，这些规律性的知识，应用于栽培技术的改进上，便成为茶树栽培生物学的理论基础。

茶树与外界条件是统一体。它的生存、生活离不开这些条件，如气象、土壤、农化、修剪、采摘以及自然灾害等都会影响到它的生长发育。我们要充分认识这些条件的作用，在生产中合理地运用这些条件，并通过各种措施，使之与茶树生长发育相适应，进而达到栽培茶树的目的和要求。这些问题的认识，需有一定的理论基础，也需一定的生产实践积累。所以，茶树栽培学不单解决栽培技术问题，也需对基础理论问题有深入的认识。有了理论，栽培技术便不致盲从，不致成为"无源之水，无本之木"。

茶树栽培学的具体内容共包括十章，涉及四部分内容。

① 扼要地叙述了茶树栽培历史及其演变，使我们能了解过去以及它对世界茶叶发展的贡献。同时对 20 世纪 50 年代以来茶叶生产上所取得的成就和基本经验做了重点介绍。茶区的分布论述，使我们认识祖国辽阔的茶区，以及自然条件的复杂性，更好地利用茶树不同品种，采取不同的栽培、管理技术，以适应不同茶类对茶叶原料的要求。这部分内容还介绍了世界茶区分布及生产概况。

② 根据国内外现有的研究和实践资料，系统地归纳、阐明茶树栽培的生物学基础和茶树的适生环境。简述了茶树在植物学上的分类地位，讨论茶树的原产地和变种分类，分器官

地介绍茶树根、茎、芽、叶、花、果的外部形态特征与内部结构，叙述了茶树的生育规律。详细讨论了气象要素、土壤条件、生物因子与茶树生育的关系，比较分析了不同茶园生态系统的利弊与生态调控作用，为茶树栽培技术的运用，提供理论依据和奠定良好基础。

③ 介绍一系列栽培技术。这一部分内容中，分别介绍了国家审（认、鉴）定的茶树良种、省级审（认、鉴）定的茶树良种和良种选用，不同的繁殖方法。阐述了新茶园建设，如园地选择、规划、垦辟、种植和苗期管理，等等。栽培管理技术体系上分别就茶园土壤管理、茶树树冠培养、茶园安全生产、茶叶采摘等四个方面进行了介绍。包括了茶园耕作、茶园水分管理、茶园施肥、茶园土壤肥力培育与维护、茶树高产优质树冠的构成与培养、茶树修剪技术、茶树树冠综合维护技术、茶园气象灾害与防护、茶园的安全生产、有机茶园的生产与管理、茶叶的采摘标准、手采技术、鲜叶贮运与保鲜。所有这些栽培技术是有机联系、互相作用的，具体运用时，应注意技术上的配套，但要有重点、有主次，并因茶树立地条件、树龄、茶类而有区别，不能机械地应用一个模式。茶园的安全生产一直以来就受人们重视，如何使茶园少受自然灾害，获得优质高产是一方面内容，另一方面则是要求能生产出符合无公害、绿色、有机食品要求的安全产品。另外，茶园生产机械与设施的应用越来越受人们重视，加强与推进先进生产机械与设施的使用会促进茶叶生产高效发展。

④ 提出了茶园生产可持续发展的概念。从社会、经济、生态三个方面探讨了茶区的可持续发展问题，从宏观的角度讨论了茶树栽培技术未来发展的方向。根据当前农村建设工作的发展，以生态保持、可持续发展为引线，讨论了茶区生态建设与综合开发利用，包括茶园生态建设、茶区生态文化建设与产业开拓、茶园生态农业的接口与配套技术等内容。

学习茶树栽培学课程时，不仅在于学好本门课程的内容，同时还必须与基本理论和专业基础课相互融合在一起。学习的同时，一方面利用课余时间，参阅相关资料，不断吸取新的科研成果和生产经验，通过课程论文的写作，提高发现问题和解决问题的综合能力。另一方面，要重视与生产实践相结合，认真调查研究，主动参与实验、实习和社会实践，举一反三，因地制宜，学用结合，注意与当地生产实际密切结合，培养分析和解决问题的能力，掌握好为指导茶叶生产服务的本领。

学习指南：

中国是茶树的原产地，又是世界上最早发现、栽培茶树和利用茶叶的国家。中国茶树栽培的发展历史与世界茶树栽培历史密切相关，长期的不断传播和交流，中国的茶籽、茶苗、栽培技术等直接或间接地传入世界主要产茶国，并逐渐发展而形成当今的世界茶产地。本章将几千年中国茶树栽培发展的简史，根据不同历史时期分为茶树的发现与利用时期、秦汉至南北朝时期、隋唐至民国时期、中华人民共和国成立之后四个部分分别阐述，并介绍中国茶区和世界茶区的概况。通过本章学习，要求了解中国茶树栽培发展简史，中国和世界茶区的自然条件和生产概况。

第一章

茶树栽培发展简史与茶区概况

中国是茶树的原产地，又是世界上最早发现、栽培茶树和利用茶叶的国家。中国茶树栽培的发展历史与世界茶树栽培历史密切相关，长期的不断传播和交流，中国的茶籽、茶苗、栽培技术等直接或间接地传入现有世界主要产茶国，并逐渐发展而形成现今的世界茶产地。

第一节　茶树栽培发展简史

茶树的栽培与茶的发现、利用密切相关，消费是生产的推动力，考证茶树栽培历史，就必然涉及人类发现利用茶树的历史。由于其历史悠久，可追溯到远古时代，最早的有关茶树发现、利用、栽培等活动，往往只能凭借历史上的一些文化遗迹和史料对古代的史实进行推论。而古籍记载总是迟于当时的事实，且许多古代记载辗转流传会有遗漏，甚至有以讹传讹的情况，因此去伪存真，还历史的本来面目，一直是科学研究所极力探求的。综合目前的研究成果，茶树栽培发展历史可以划分为以下几个发展时期。

一、茶树的发现与利用时期

秦以前（前 221 年以前）是发现、利用茶和茶树栽培的起始时期。在漫长的原始社会中，先民们结绳记事，由于没有文字，故当时的史情便无法记载，只能靠人们一代代地相传下来，有些则被后人补记，并且从局部地区渐渐流传开来，更多的是人们通过一些神话和传说，作为线索去研究、了解和推测当时人类的活动。唐代陆羽在《茶经》中指出："茶之为饮，发乎神农氏，闻于鲁周公"，认为神农是发现茶的开始，而神农的故事主要记载于《神农本草经》中，因此将前 2737—前 2697 年作为发现茶的时代，距今已有 4 000～5 000 年历史。《神农本草经》载："神农尝百草，日遇七十二毒，得荼而解之"。这里的荼即为茶，即在公元前的神农时代就发现了茶。《神农本草经》成书于西汉，并为东汉人增补，是当时托名神农尝百草的神话，汇集了关于药物（主要是草药）的知识而编辑成的一本药物书。在许多古书中记载了关于神农"始尝百草，始有医药""始作耒耜，教民耕种""神农耕而作陶"等众多传说。其实，神农是后人为追念史前农业、医药和陶冶斤斧、锄耨等伟大发明而广为传颂并塑造出来的一个偶像。在中原大地留有许多与神农有关的遗迹：地处湖北，接近川、渝交界处的神农架；湖南省炎陵县的神农墓和神农庙等，这些都从一个侧面说明神农是作为史前的一个特定阶段的代表。另依《庄子·盗跖篇》和《白虎通义》等，称神农时代是"只知其母，不知其父"的母系氏族社会，神农是这一时期先民的集中代表，可推断，即在原始社会母系氏族采集、狩猎活动时期，茶树便被发现、采集与利用。1975 年，云南省大理州宾川羊树村原始社会遗址出土的一块红土泥块中的果实印标本，被鉴定为茶树果实，成为茶在石器时代的历史记录，在一定程度上反映了茶与人类活动的关系。

伴随着原始农业的发展，人们便开始对野生茶树进行驯化、人工栽培以满足需要。东晋常璩于 348—354 年著《华阳国志》，在《华阳国志·巴志》中记载，周武王在前 1046 年联合当时居四川、贵州和云南等地的"方国部落"共同伐纣。"周武王伐纣，实得巴蜀之师……武王既克殷，以其宗姬于巴，爵之以子，土植五谷，牲具六畜，桑、蚕、麻、丝、鱼、盐、铜、铁、丹、漆、茶、蜜……皆纳贡之"，记述了早在 3 000 多年前，巴蜀一带已用所产的茶叶作为贡品。更重要的是该书还提到"园有芳蒻、香茗"，这清楚地表明在周代以前，巴蜀一带已有人进行茶树栽培。同时，《华阳国志》记载有："涪陵郡（今彭水）……惟出茶、丹、漆、蜜、蜡""什邡县（今彭县、绵竹）山出好茶""南安（今乐山）、武阳（今彭山）皆出名茶""平夷县（今云南富源）山出茶、蜜"，佐证当时巴蜀诸郡县都有种茶之举，而且四川的乐山、彭山等地在周代已是名茶产地。

《诗经》是我国最古老的一部诗集，出自前 1134—前 597 年，其中有"谁谓荼苦，其甘如荠"等有关"荼"的诗句，是最早出现"荼"字样的古籍，联系唐代陆羽《茶经》"啜苦咽甘，茶也"，许多专家考证这个"荼"就是"茶"，由于先秦古书中没有"茶"字，《诗经》中的荼既指，亦指苦菜、茅草等，一字多义。指茶则表明当时人们在利用茶的过程中，已对茶的特性有一定的认识，并在诗歌中反映出来。

二、秦汉至南北朝时期

西汉时期，记载茶的文献逐渐增多，茶的利用日广，茶树栽培区域亦渐而扩大。正式见诸文字记载的，是前 200 年左右的秦汉年间，我国最早的一部辞书——《尔雅》，其《释木篇》中就有"槚·苦荼"，被认为是我国最早有茶名意义的记载。而对《尔雅》的注释以晋代郭璞的《尔雅注》最为通行，《尔雅注》曰"树小如栀子，冬生，叶可煮羹饮，今呼早取为荼，晚取为茗，或曰荈，蜀人名之苦荼"。然后在前 130 年，西汉司马相如的《凡将篇》中，称茶为"荈诧"，将茶列为二十种药物之一，是我国历史上把茶叶作为药物的最早文字记载。到了西汉神爵三年（前 59 年），王褒到今四川彭州一带时，同仆人订立了一份主仆的契约即《僮约》，明确规定奴仆必须从事的若干项劳役，其中就有"烹茶尽具"和"武阳买茶"，由此可知，西汉时四川西北部已有茶叶投放到市场，茶叶已是士大夫们生活必需品了。同时据《四川通志》记载："名山县之西十五里①有蒙山，其山五顶，形如莲花五瓣，其中一顶最高，名曰上清峰，至顶上略开一坪，有一丈②二尺③，横二丈余，即种'仙茶'之处。汉时甘露祖师吴名理真者手植，至今不长不灭，共七小株……"汉时甘露系指汉宣帝"甘露"年号（前53—前50年），蒙山是居于名山县和雅安市之间的一座名山，说明西汉时已在蒙山人工种植茶树，被认为是我国最早人工栽茶的记载。

清代著名学者顾炎武在其《日知录》中有"自秦人取蜀后，始有茗饮之事"，指出各地对茶的饮用，是在秦国吞并巴蜀以后才慢慢传播开来的。也就是说，中国和世界的茶叶文化最初是在巴蜀发展为业的。到了西汉，四川成都不但已成为我国茶叶的消费中心，而且很可能是我国最早的茶叶集散中心。西晋张载《登成都楼》中就有"芳茶冠六清，溢味播九区"的诗句，描述了成都巨富的奢华生活以及成都茶叶的名满遐迩。四川地区在上古时代为茶叶生产中心，秦统一中国后，茶叶随巴蜀与各地经济、文化交流和人员往来而逐渐传播开来，茶树栽培技术也开始向当时的政治、经济和文化中心陕西、河南传播，使陕西南部和河南南部成为最古老的北方茶区之一。其后，由于地理上的有利条件，茶树栽培又逐渐向长江中下游扩展，传至南方各省份。《汉书·地理志》记载西汉设置的荼陵县（今湖南茶陵县）"荼陵者，所谓陵谷生荼茗焉"，其县名就是因产茶的荼陵（古也称荼乡）而来。相传神农氏即葬于荼乡，古属荼陵的酃县，还有炎帝陵。在长沙魏家大堆四号墓还出土了石质"荼陵"印。荼陵邻近江西、广东边界，表明西汉时茶的生产已经传至湘、粤、赣毗邻地区。随农业、手工业和商品经济发展，茶叶需要量增加，茶树栽培不断扩展。东汉《桐君录》载："酉阳、武昌、晋陵皆出好茗。"酉阳即今湖北黄冈东南，晋陵是今江苏常州的古名，东汉时已有五六个产茶地。

东晋杜育的《荈赋》中有："灵山惟岳，奇产所钟。厥生荈草，弥谷被岗。承丰壤之滋润，受甘露之霄降。"指出，茶树种在名山谷岗上，土壤肥沃，雨露滋润而生长繁茂。

汉代佛教传入，到南北朝时更为盛行，佛教徒坐禅诵经，饮茶更能镇定精神、驱睡；同时，两晋、南北朝时，道教兴起，道家修炼重气功打坐，更喜饮茶，因茶具轻身提神等功效。因此，在南方的一些名山寺院，如江西庐山，浙江天台山、径山、雁荡山，四川青城山、峨眉山，安徽九华山、黄山，湖南常德西山等都陆续种植茶树，推动了茶叶生产的发展，据《临海县志》引用抱朴子《园茗》记载："盖竹山有仙翁茶园，旧传葛玄植茗于此"。葛玄于赤乌元年和二年（238—239年）先后创建了浙江天台山上首批道观。因道教视茶为养生之"仙药"，相继在天台山主峰华顶和临海盖竹山开辟了"葛仙茶圃"（明代释传灯《天台山方外志·古迹考》），至今华顶峰归云洞前尚存茶园遗迹。与此同时，还开始出现专门辟作贡茶的"御茶园"。据一些《图经》《地理志》和《华佗食经》等古书记述，两晋及南北朝茶叶的产地除四川外，还有湖北的江陵、安陆、黄冈、武昌，湖南的常德、沅陵，河南的汝南，浙江的吴兴，江苏的宜兴、淮安，安徽的合肥、凤台八公山等。

---

① 里为长度计量单位，1里特指1市里，1市里＝500 m。
② 丈为长度计量单位，1丈为10尺，合 $3\frac{1}{3}$ m。
③ 尺为长度计量单位，1尺为1/3 m。

这一时期是我国有确切历史记载的茶树栽培发展时期，茶树的栽培已从巴蜀扩展到整个长江中下游地区。

三、隋唐至民国时期

从隋唐至民国（581—1949 年），是我国历史上茶叶生产的时盛时衰时期。在这漫长的 1 300 多年中，不同时期出现了不同的特点。具体分为隋至唐宋时期、元至清时期和民国时期。

（一）隋至唐宋时期

隋至唐宋（581—1279 年），这 600 多年间是我国历史上茶叶生产的兴盛时期。有"兴于唐，盛于宋"之说。隋的历史不长，茶的记载也不多。但隋统一了全国并修凿了沟通南北的运河，对促进唐代的经济、文化以及茶业的发展起到了积极作用。封演的《封氏闻见记》（8 世纪末）载："古人亦饮茶耳，但不如今人溺之甚；穷日尽夜，殆成风俗，始自中地，流于塞外。"这反映了唐中期，茶从南方传到中原，由中原传到边疆，渐渐成为举国之饮。经济的发展，茶叶消费的兴盛，极大地促进了茶叶生产的发展，栽茶的规模和范围不断扩展。唐代有 101 个州郡产茶（不包括 10 个军），大致范围为东经 99°～122°，北纬 22°～33.5°，分布现今的 15 个省（自治区、直辖市）。据《太平广记》记述，在四川陇川（今彭山县）有数百个采工的茶园。唐贞元年间（785—804 年）浙江盛产紫笋茶的顾渚山，建有首座官办的"贡茶院"，有制茶工匠千余人，采茶役工两三万人。在不少地方还出现了官办的"山场"，寿州（今安徽省六安市寿县）一个官营茶园，需派兵三千来保卫。大茶园的纷纷出现，标志着植茶有的已形成专业经营，780 年世界第一部茶叶专著——陆羽《茶经》问世，该书共分三卷十节，是中唐以前有关茶叶知识和实践经验的总结，其中"一之源"阐述了茶叶的性状，茶叶品质与土壤的关系，明确指出："茶者，南方之嘉木也""其树如瓜芦，叶如栀子，花如蔷薇，实如栟榈，茎（蒂）如丁香，根如胡桃""其地上者生烂石，中者生砾壤，下者生黄土""法如种瓜，三岁可采""紫者上，绿者次；笋者上，牙者次；叶卷上，叶舒次……野者上，园者次"。不仅从茶树的形态，而且从叶子的色泽，以及产地、品质、形态特征去认识茶树品种。在"八之出"中则记述了唐朝茶叶的产地，当时茶叶栽培区域已遍及现在的四川、重庆、陕西、河南、安徽、湖南、湖北、江西、浙江、江苏、贵州、广东、广西、福建等省（自治区）（当时云南因分裂为南诏国等，故未被《茶经》著录），并把采茶的 43 个州、郡划分为八大茶区。唐代的茶叶产地达到了与我国近代茶区相当的局面。唐末韩鄂《四时纂要》指出："此物畏日，桑下、竹阴地种之皆可"，这些论述与陆羽《茶经》所述相补充，表明唐代时对茶树生长特性、适宜的生态条件、宜茶栽培的土壤、茶树品种等已积累了宝贵的知识。

宋代饮茶风俗已相当普及，"茶会""茶宴""斗茶"之风盛行。宋徽宗赵佶还亲自撰写了《大观茶论》，其中有"植茶之地，崖必阳，圃必阴""今圃家植木以资茶之阴"；乐史撰写的《太平寰宇记》对南方产茶地有较为详细和丰富的记载，反映了宋代茶叶生产技术中心已向南移。植茶区域也不断扩展，产量增加，贡焙也从顾渚改置为建安。据研究，宋代产茶州府达 101 个（不包括 10 个军），辖县约 500 个，茶区推进到北纬 36°。苏东坡"细雨足时茶户喜"的诗句；宋子安《东溪试茶绿》："茶宜高山之阳，而喜日阳之早""厥土赤坟，厥植惟茶。会建而上，群峰益秀，迎抱相向，草木丛条，水多黄金，茶生其间，气味殊美"的这些论述，都清楚地说明宋时期对茶树与环境的关系的认识较唐代时深化，并且宋代对茶园管理注意精耕细作，赵汝砺《北苑别录》："开畲，草木至夏益盛，故欲导生长之气，以渗雨露之泽。每岁六月兴工，虚其本，培其土，滋蔓之草，遏郁之木，悉用除之"。每年6月锄草以"虚其本，培其土""以导生长之气，而渗雨露之泽"；《建安府志》载："开畲茶园恶草，每遇夏日最烈时，用众锄治，杀去草根，以粪茶根……若私家开畲，即夏半初秋各用工一次"，我国现代山区茶园推行的伏耕，就是"开畲"技术的延续。同时还专门提及桐茶间作，以改善茶园小气候，利于茶树生育。宋代盛行的"斗茶"风，许多产茶地竞相选好的茶树品种，加工好茶以做斗茶用，蔡襄《茶录》："茶色贵白"，沈括《梦溪笔谈》："今茶之美者……则新芽一发便长寸余，惟芽长者为上品。"因而选茶树重芽色和芽长。《东溪试茶录》将福建建安一带茶树分为七个群体，"一曰白叶茶……地不以山川远近，发不以社之先后，芽叶如纸，民间以为茶瑞；次有柑叶茶，树高丈余，径头七八寸，叶厚而圆，状类柑橘之叶，其芽发即肥乳，长二寸许；三曰早茶，亦类柑叶，发常先春；四曰细叶茶，叶比柑叶细薄，树高者五六尺，芽短而不乳，今生沙溪山中，盖土薄而不茂者；五曰稽茶，叶细而厚密，芽晚而青黄；六曰晚茶，盖稽茶之类，发比诸茶晚；七曰丛茶，亦曰蘖茶，丛生，高不数尺，一岁之间，发者数四"。明代朱权《救荒本草》曰："树大小皆类栀子，春初生芽为雀舌、麦颗，又有新芽，一发便长寸余，微麓（粗）如针，渐至环脚软枝条之类，叶老则似水茶白叶而长，又似初生青冈栎叶而少光泽"，指明有的茶树枝条软，有的叶片如青冈栎叶而少光泽。这样促使人们重视茶树品种的研究和选择，推动了茶树良种的种植。

在此期间，茶树不仅在国内传播，而且向国外传播。804年，日本僧人最澄来我国浙江学佛，回国时（805年）携回茶籽，种植于近江国（今滋贺县）比睿山麓（今为大津市坂本）日吉神社旁。据韩国古籍《三国史记》卷十《新罗本记》的记载，新罗兴德王三年（828年），遣唐使大廉由中国带回茶籽，种于地理山（今智异山）。宋朝时，日本"茶祖"荣西第二次来我国浙江学佛，于1191年归国，同时把茶籽带回日本亲自种植在肥前国（今日本九州）平户岛苇浦，以后传播开来成为现在著名的宇治茶、伊势茶、静冈茶、狭山茶的产地。另外，日僧圆尔辨圆于1241年又带回浙江茶籽，播种在枥泽（骏河国安倍郡大川村，今静冈市）隔开一山的足洼村（今美和村九足保），成为今骏河茶的发源地。

（二）元至清时期

元至清时期（1206—1911年）。元代茶区在宋代基础上又有新的开拓，主要分布在长江流域、淮南及广东、广西一带，全国茶叶产量约10万t。而且产生了不少的上家名牌，都是被指定入贡朝廷之物。譬如建宁的北苑茶，自五代时期便为帝王喜好的贡茶，到了元代仍是宫廷用品，在东南各行省皆有种植，被称"御茶"，传至明代而衰。绍兴日铸茶以其产地日铸岭而得名，宋代开始入贡朝廷，有"奇绝"的称呼，直到清末民国方夭；而湖州的顾渚茶更是说来传奇，此茶在唐曾为贡品，可是到了宋代，却因制茶专用的泉水枯竭而不得不停产，谁知元朝灭宋而有江南之后，泉水又复出于此，让蒙元宫廷有了饮阳羡的口福。

明代，茶树栽培面积继续扩大，1405—1433年，郑和把茶籽带到台湾栽种，开辟了我国台湾茶区。从云南的金齿（今保山）、湾甸（今镇康县北）向北绵延一直到今山东的莱阳，基本上各个地区都形成了主要茶叶产地和代表名茶。除此之外，肥培管理更加细致，明代罗廪《茶解》首先提到了茶园的土地平整，对茶园耕作和施肥，要求也更精细："茶根土实，草木杂生则不茂；春时薙草，秋夏间锄掘三四遍，则次年抽茶更盛；茶地觉力薄，当培以焦土。"当时所称焦土，现在有的地方称为泥焦灰，是山地茶园一种就地取材的肥源。另外，《茶解》中还指出，茶园除间植桐树外，还可间作桂、梅、玉兰、松、竹和兰花、菊草等"清芬之品"，开始注意茶园生态并且最早提出上有荫、下有蔽的多层立体种植的模式。从这些记载看来，我国古代的茶园管理，明时就达到了相当精细的程度。

清代（1616—1911 年）茶叶产区更加扩大，尤其是茶叶出口的激增，使茶树栽培发展迅速，据估计，当时茶园面积已达 40.0 万～46.7 万 hm²，为历史的最高纪录，1886 年茶叶总产最达 22.5 万 t，出口量 13.41 万 t，并形成了以茶类为中心的栽培区域。我国边陲的云南茶园面积已具相当规模，檀萃《滇海虞衡志》（1799 年）中记载："普茶名重于天下……出普洱所属六茶山……周八百里，入山作茶者数十万人。"

在茶树栽培管理上，明清较唐宋有明显的飞跃。据万国鼎统计，从唐代到清代共有茶书98 种，而明清就有 66 种之多。在众多的茶书中，从另一个侧面反映了植茶技术的成果，尤其是在茶树繁殖、茶树种植、茶园间作、覆盖以及修剪等方面创立的许多新技术和方法，谱写了茶树栽培史的光辉篇章。明代许次序《茶疏》："天下名山，必产灵草，江南地暖，故独宜茶"。程用宾《茶录》："茶无异种，视产处为优劣。生于幽野，或出烂石，不俟灌培，至时自茂，此上种也；肥园沃土，锄溉以时，萌蘖丰腴，香味充足，此中种也；树底竹下，砾壤黄砂，斯所产者，其第又次之"。熊明遇《罗岕茶记》："茶产平地，受土气多，故其质浊；岕茗产于高山，浑至风露清虚之气，故为可尚。"罗廪《茶解》："种茶地宜高燥而沃，土沃则产茶自佳……茶地斜坡为佳；聚水向阴之处，茶品遂劣"。在明代，茶树繁殖除用茶籽直播外，有的地方还采用育苗移栽法，并且有茶树无性繁殖的报道。明代李日华《六研斋二笔》记载："摄山栖霞寺有茶坪，茶生榛莽中，非经人剪植者"。清代有更详细的记载，李来章《连阳八排风土记》中说："种茶栽之法，将已成茶条，拣粗如鸡卵大，砍三尺长，小头削尖，每种一株，隔四五尺远，或用铁钉，或用木橛，大三四分，锤入地中，用力拔出，就将茶条插入橛根，外留一分，用土填实，封一小堆，两月之后，萌芽发生"。据传铁观音是200 多年前用无性繁殖而成的品种。《茶解》提出在茶园可间作桂、梅、玉兰、松、竹和兰草、菊花等清香之品，即上层为乔木树层，中间为茶树层，下层是兰、菊花一类，人工营造新的植物群落，构建复合茶园，使茶园生态环境改善，茶叶品质提高并能抑制杂草生长。清代提出在茶园覆盖干草以抑制杂草滋生，对茶树进行修剪以促其更新复壮。《匡庐游录》中记载："山中无别产，衣食取办于茶，地又寒苦，茶树皆不过一尺，五六年后，梗老无芽，则须伐去，俟其再叶"，而且《说茶》则更进一步指出："先以腰镰刈去老本，令根与土平，旁穿一阱，厚粪其根，仍覆其土而锄之，则叶易茂"。

（三）民国时期

清末至中华人民共和国成立前夕（1911—1949 年），鸦片战争之后，中国沦为半封建、半殖民地社会，封建地主、洋行买办和官僚资本相互勾结，残酷压迫和剥削茶农。此时，国外植茶业兴起，印度、斯里兰卡等国引入我国先进的栽培技术，并相继利用机械大量生产红碎茶竞相出口，致使世界茶价下降，我国的植茶业受到很大的影响。

这一时期，中国的许多有识之士开始接受新思想，学习西方新文化，引进国外先进设备和制造技术，并派遣留学生出国深造，仿效建立改良场和试验站，设置茶叶专门科研机构，使中国的茶业逐渐形成近代茶业体系。从1914年起，朱文精、吴觉农、胡浩川、李联标等相继被派遣到国外学习先进茶叶科技，并相继在湖北羊楼洞、江西宁州、安徽祁门、湖南高桥和福建福安、崇安等地建立了茶叶示范场和试验站，开始对茶树栽培、茶叶加工和茶叶化学等方面进行系统研究，逐步奠定了现代茶叶科技的基础。在茶树栽培领域，茶树品种选育、繁殖试验、修剪试验、病虫害防治和茶树抗性试验等方面取得了可喜成绩，并出版了《茶树栽培》《茶树育种》《茶树虫害》等方面的专著。但这段时期，由于国内战祸频起，苛捐杂税繁重，经济萧条，民不聊生，茶园荒芜，植茶面积锐减，茶叶产量剧降。到1949年中华人民共和国成立，全国茶园面积仅有15.4万 hm²，茶叶产量9.21万 t，茶叶出口量仅为0.99万 t。

四、中华人民共和国成立之后

1949年中华人民共和国成立，党和政府针对当时茶叶生产衰落不堪的状况，采取了各种有效的政策和措施，大力扶持和发展茶叶生产，组织垦复荒芜茶园，开辟新茶园，扩大种茶区域，推广茶树良种，实行科学种茶，建立和健全了茶叶教学机构和科研机构，茶树栽培得到迅速恢复并获得飞速发展，且硕果累累。

1950—1952年，首先对荒芜的6.7万 hm² 茶园垦复，并对旧茶园进行了综合治理。在20世纪50～60年代，改造旧茶园25万 hm²，以后各地在制订全面规划的基础上陆续开辟建设了大批集中连片的新茶园和条栽密植新式茶园，建起了300多个大型茶场（厂），500多个茶叶生产基地和28个茶叶出口生产体系，从根本上改变了茶叶生产基础。仅1963—1981年全国就发展新茶园85万 hm²。此阶段全国茶区不断扩大，茶树种植区域向北向西推进了一大步。在山东鲁中南、胶东半岛和东南沿海地区发展种茶；甘南扩展为新茶区；并且在西藏和新疆试种茶树获得了成功，茶树进入天山、林芝、米林、察隅等地；随后，海南大面积胶茶间作取得了重大突破，扩展为我国南部新的产茶省份。植茶区域不断扩大，茶叶产地由原来的14个省（自治区）500余个县（市），扩大到遍布20个省（自治区、直辖市），近1 000个县（市）。1970年，全国（台湾省未计入）植茶面积就已达52.17万 hm²，居世界第一位；到1980年已增至107.08万 hm²，1990年为108.62万 hm²，2010年为197.02万 hm²（表1-1）。

表1-1 中国茶园面积和茶叶产量

年份	茶园面积/hm²	茶叶产量/t	年份	茶园面积/hm²	茶叶产量/t
1950	211 500	71 900	1985	1 071 200	455 500
1955	335 700	122 700	1990	1 086 200	562 400
1960	420 400	153 200	1995	1 115 300	588 553
1965	373 500	121 300	2000	1 089 100	683 324
1970	521 700	163 600	2005	1 352 100	934 857
1975	914 700	237 000	2010	1 970 200	1 475 000
1980	1 070 800	328 200	2012	2 385 700	1 760 000

注：资料来源于国家统计局和农业部种植业管理司。

设立了茶学专门人才培养学科。1950年上海复旦大学和武汉大学农学院相继招收茶叶专修科学生。1952年全国大专院校进行院系调整，浙江农学院、安徽农学院等相继成立茶叶（业）系。

　　此后，湖南农学院、西南农学院、华南农学院、福建农学院、四川农学院、云南农业大学等设立茶叶专业，纳入园艺或食品系；全国还在主产茶省（自治区）的中等专科学校开设茶叶专业；1962年，浙江农学院茶叶系庄晚芳教授首招中国茶学茶树栽培生理硕士研究生；1986年，浙江农业大学成为第一个茶学博士学位授予点；1989年，浙江农业大学茶学学科成为国家重点学科；至2013年，据统计目前我国涉茶专业的高等院校达到25所，全日制在校生达5 957人，形成了具有中国特色的茶学专门人才培养教育体系。在茶学专业的大中专院校中，茶树栽培学是茶学学生必修的专业课程。在教学同时，编写了《茶树栽培学》等全国统编教材，开展了茶树栽培的科学研究活动，并取得了一大批科研成果。

　　先后建立了一些茶学研究机构。1950—1957年，茶业科学研究主要由设有茶叶系（科）的大专院校、农林部门、中国茶叶总公司、部分茶业试验场等有关单位进行。1951年四川省农业厅灌县茶叶改良场改为"四川省灌县茶叶试验场"；1955年祁门茶业改良场改名为"祁门茶叶试验场"；同时，云南省成立"云南省农业厅佛海茶叶试验场"；湖南、福建、贵州也分别将改良场改建为"湖南省农林厅高桥茶叶试验站""福建省福安茶叶试验站""贵州省茶叶试验站"，同时江西、浙江、四川还新建了一批试验场（站）。这些试验场（站）主要从事栽培和加工，为中国茶业的恢复和发展起到了积极作用。1958年，经国务院批准在杭州建立了中国农业科学院茶叶研究所，标志着中国茶树栽培进入到有组织、有计划的发展阶段。随后，各省的试验场（站）纷纷改建为研究所，重点开展茶树栽培研究工作，形成了中国茶树栽培科研新体系。

　　群众性学术团体蓬勃发展。教学和科研单位的恢复和发展，极大地促进了茶树栽培学术交流活动的开展。从20世纪60年代起，浙江、福建、湖南相继建立了省级茶叶学会。1964年中国茶叶学会在杭州正式成立，各省也新建一批茶叶学会，形成了群众性的学术团体体系，有力地促进了茶树栽培科学研究向前推进。

　　选育了一批良种，建立了种质资源库。自20世纪50年代开始，全国开展了茶树品种资源调查和新品种的选育与推广。1984年认定了第一批国家级茶树良种30个；1987年、1994年和2001年审定通过了第二、三、四批国家级新育成的茶树良种66个，以后又陆续审（认、鉴）定通过了28个，到目前已培育出国家级良种124个，各产茶省（自治区）也审（认）定了一批省级地方茶树良种100余个，20世纪90年代茶树育种目标已由高产型向优质型、多抗型转变，育种方法由系统选种转为以杂交育种为主。至20世纪80年代中期，保存在全国各地的茶树种质资源达3 500多份。1990年，在浙江杭州和云南勐海分别建成了两个国家级茶树种质资源圃，保存茶树种质材料达2 600余份。茶树育种为实现茶树无性系良种化奠定了物质基础。组织培养技术和各种测试技术的成功应用，大大提高和拓宽了育种手段。

　　创新技术的推广和运用，深刻地改变了中国茶园的面貌。通过大力推广和运用低产茶园改造、茶树良种、深耕肥土、合理密植、修剪培育、灌溉施肥、耕作除草、防治病虫、茶园作业机械和合理采摘等技术措施，使茶园管理科学规范。因地制宜地抓好茶园的山地开辟，强调以治水改土为中心，实行山、水、田、林、路综合治理，把握好种苗应用关、种植技术关和种后管理关，发展高标准新茶园，为茶园的高产优质奠定了良好的基础。20世纪80年代初茶树矮化密植研究取得"早投产、早高产、早收益"的显著成果，并在全国推广。80年代中期，胶茶间作研究取得重大突破，海南、西双版纳、雷州半岛以及桂南一带大面积栽培实践成功。20世纪下半叶，茶树保护有很大发展，在明确有害生物种群发生动态及其与环境关系的基础上，因地制宜，把有关防治措施加以协调综合应用，强调以农业技术防治为基础，化学防治与生物防治相结合，使有害生物种群数量控制在经济受害允许限度之内。把农药等对自然环境的破坏压至最低限度，维持生态平衡，保证饮茶者的健康不受影响；进入20世纪80年代以后，我国的茶园面积基本稳定，重点放在改善茶园结构、提高茶园单产、优质栽培和增进效益上，注重选用早生种，加大秋冬基肥及早春追肥中的氮肥用量，推行秋茶后或春茶后轻剪，采用覆盖栽培和前期手采名优茶、中后期机采大宗茶等技术，各地茶区都出现了一大批"一优二高"的茶园；近几年来，在茶园丰产优质栽培技术、茶树施肥和土壤管理技术、机械化采茶技术和茶园标准化栽培技术等方面取得了一批丰硕成果。

茶树栽培研究基础性工作得到了提高。在栽培生理及其基础研究方面，相继开展了对茶树器官形态，结构与生理功能，茶树生物学年龄变化，各器官的生长发育规律和相关性，适生条件，茶树的光合、呼吸、营养、水分和抗性机理，茶树营养物质的吸收和运转的研究，明确了茶树体内物质的转化规律，为茶树优质高产提供了理论依据；茶树生态生理、激素生理、组织培养和遗传物质的研究获得了丰硕的成果，1981年张宏达与庄晚芳等分别提出了新的茶组分类系统与茶树分类法。20世纪80年代后，从遗传物质载体着手探讨茶树的起源与分类也都取得了新进展。茶树田间试验方法、茶树育种研究法和茶树生理生化测定方法的不断完善，为深化和提升茶树栽培的研究奠定了基础。《茶作学》《茶树生物学》《茶树栽培学》《茶树生理》《茶树栽培生理学》《茶树生态学》《中国农业百科全书·茶业卷》《茶树特性与栽培》《茶树育种学》《中国茶树品种志》《种茶》《茶树高产优质栽培新技术》《新茶园开辟与管理》《茶树良种》《怎样栽培茶树》《茶园土壤管理与施肥》《有机茶生产与管理技术问答》《有机茶、无公害茶生产技术》和《中国茶树栽培学》等一大批茶树栽培专著、教材和实用技术读物的出版以及大量科研论文的发表，为我国茶树栽培的发展、茶树栽培知识的普及、培养人才等做出了重大贡献。

建设生态茶园，选育新品种。选用无性系良种更换现有茶园群体品种，研究筛选有效生长调节物质对茶树生育实行定向调控，将抗虫基因导入茶树，实施茶树病虫害的综合协调治理，平衡施肥和茶树专用肥的施用，发展茶叶优质栽培以及普及茶园机械化作业，茶叶的无害化生产和清洁化生产，茶树养分生理特性，重金属和风险元素在茶树体内的累积和效应，茶园土壤培育技术、施肥技术，实现茶业可持续发展等方面将是中国的茶树栽培今后的主要发展趋向。

第二节　中国茶区分布

中国茶树栽培历史悠久，是世界上最古老的茶叶生产国。茶树适生地区辽阔，自然条件优越。在长期栽培过程中，随着栽培技术的不断改进和提高，茶树种植区域也不断扩大。

一、中国茶区分布概述

目前，中国茶区东起东经 122°的台湾省东岸，西至东经 94°的西藏自治区米林，南自北纬 18°的海南省榆林，北达北纬 38°附近的山东省蓬莱，南北跨 20°纬度达 2 100 km，东西跨 28°经度纵横 2 600 km 的广大区域都有茶树栽培。产茶省（自治区、直辖市）有：浙江、安徽、四川、重庆、台湾、福建、云南、广东、海南、湖北、湖南、江西、贵州、广西、江苏、陕西、河南、山东、甘肃、西藏和新疆。植茶区域主要集中在东经 102°以东、北纬 32°以南的浙江、湖南、湖北、安徽、四川、云南、贵州、福建、台湾等。全国有 1 000 多个县产茶。

由于地理纬度、海陆分布和地形条件的影响，中国茶区内的自然环境差异很大，就气候条件而论，整个茶区横跨中热带、边缘热带、南亚热带、中亚热带、北亚热带和暖日温带等 6 个气候带，各地土壤、水热、植被等方面存在明显的差异，但主要产茶区域则分布在亚热带区域，集中于中亚热带和南亚热带。从地形条件来看，具平原、盆地、丘陵、山地和高原等各种类型。海拔高低悬殊，在垂直分布上，茶树最高种植在海拔 2 600 m 高地上，而最低在仅距海平面几米的低丘上，一般都在 800 m 以下，尤其以海拔 200～300 m 的低山丘陵栽培较多。不同地区生长的不同类型和不同品种的茶树，决定着茶叶品质及其适制性和适应性，形成了一定的茶类结构。由于纬度、海拔、地形和方位等不同，各地气候、土壤、地势条件都有很大的差别。就气候而论，最冷月（1 月）平均气温，江北的信阳在 1 ℃ 左右，江南的杭州在 4～8 ℃，岭南的广州在 10 ℃ 以上，西南的重庆在 6～8 ℃；最热月（7 月）除云贵高原外，大都在 27～28 ℃；年平均降水量，北部茶区较少，在 1 000 mm 以下，长江流域在 1 000～1 500 mm，华南达 1 500～2 000 mm，长江流域 4 月降水量开始增加，5～6 月为梅雨期，降水量多，7～8 月降水量相对较少，9 月降水量又较多；气温和降水量自北向南相伴增高；土壤自北向南呈黄棕壤、黄褐土、红壤、黑壤、砖红壤分布，且多为酸性红黄壤。生态环境条件不仅对茶树生育有明显的影响，而且要求的栽培技术也有所不同。2012 年全国各产茶省（自治区、直辖市）的茶园面积、产量、产值统计见表 1-2。

表 1-2　全国各省（自治区、直辖市）茶园面积、产量、产值统计表（2012 年）

地区	茶园面积 /万 hm²	茶叶产量/t							产值 /万元
		绿茶	红茶	乌龙茶	黑茶	白茶	黄茶	合计	
江苏	3.33	12 471	2 463	52				14 986	230 254
浙江	18.47	165 000	5 000	1 500	3 500			175 000	1 150 000
安徽	14.00	84 250	6 700	50	200		1 800	93 000	620 000
福建	21.33	110 000	30 000	170 000		9 000		319 000	1 500 000
江西	6.70	34 907	6 354	1 235		106		42 602	231 687
山东	2.70	10 750	42	4				10 796	217 784
河南	12.60	42 200	8 500	5	1 500			52 205	772 000
湖北	26.00	157 000	25 000	5 000	9 000	100		196 100	845 000
湖南	10.35	54 573	20 741	653	32 313	7	61	108 348	486 658

（续）

地区	茶园面积/万 hm²	茶叶产量/t							产值/万元
		绿茶	红茶	乌龙茶	黑茶	白茶	黄茶	合计	
广东	4.13	26 030	1 500	28 000	5 788	72	10	61 400	208 000
广西	7.00	27 080	8 500	900	8500			44 980	186 000
重庆	4.40	30 596	4 981					35 577	75 325
四川	25.05	149 020	10 307	4 250	25 059	207	155	188 998	980 000
贵州	32.67	91 765	5 491	706	4 500		2	102 464	688 142
陕西	10.19	38 772		100	700			39 572	478 000
云南	38.67	143 296	45 585	2 778	81 300	500		273 459	710 935
甘肃	0.91	1 045						1 045	10 860
海南	0.07	335	178	4				517	5 662
合计	238.57	1 179 090	181 342	215 237	172 360	9 992	2 028	1 760 049	9 396 307

注：资料来源于农业部种植业管理司，台湾省统计资料暂缺。

二、中国茶区的划分及其生产特点

中国茶树栽培历史悠久，在长期不同的发展过程中，茶叶生产区域内的生态环境，茶类生产，茶树栽培技术，茶叶的产量、品质以及经济效益均经历了不同的变化，各时期茶区的划分凸显其特点。

（一）中国茶区划分史略

中国茶区最早的文字表达始于唐代陆羽的《茶经》，在该书八之出中把当时植茶的 43 个州、郡划分为八大茶区：

1. 山南茶区　山南茶区包括峡州（今湖北省宜昌一带）、襄州（今湖北省襄阳一带）、荆州（今湖北省江陵一带）、衡州（今湖南省衡阳一带）、金州（今陕西省安康一带）、梁州（今陕西省汉中一带）。

2. 淮南茶区　淮南茶区包括光州（今河南省潢川、光山一带）、舒州（今安徽省怀宁一带）、寿州（今安徽省寿县一带）、蕲州（今湖北省蕲春一带）、黄州（今湖北省黄冈、新洲一带）、义阳郡（今河南省信阳一带）。

3. 浙西茶区　浙西茶区包括湖州（今浙江省长兴一带）、常州（今江苏省武进一带）、宣州（今安徽省宣州一带）、杭州（今浙江省杭州一带）、睦州（今浙江省建德一带）、歙州（今安徽省歙县一带）、润州（今江苏省镇江一带）、苏州（今江苏省吴中和相城一带）。

4. 剑南茶区　剑南茶区包括彭州（今四川省彭州一带）、绵州（今四川省绵阳一带）、蜀州（今重庆及四川省成都一带）、邛州（今四川省邛崃一带）、雅州（今四川省雅安一带）、泸州（今四川省泸州一带）、眉州（今四川省眉山一带）、汉州（今四川省广汉一带）。

5. 浙东茶区　浙东茶区包括越州（今浙江省绍兴一带）、明州（今浙江省宁波一带）、婺州（今浙江省金华一带）、台州（今浙江省临海一带）。

6. 黔中茶区　黔中茶区包括思州（今贵州省务川一带）、播州（今贵州省遵义一带）、夷州（今贵州省凤冈、石阡一带）。

7. 江西茶区 江西茶区包括鄂州（今湖北省武汉一带）、袁州（今江西省宜春一带）、吉州（今江西省吉安一带）。

8. 岭南茶区 岭南茶区包括福州（今福建省福州、闽侯一带）、建州（今福建省建瓯、建阳一带）、韶州（今广东省曲江、韶关一带）、象州（今广西壮族自治区象州一带）。

唐代的茶区遍及现今的湖北、湖南、广东、广西、江苏、江西、四川、贵州、安徽、河南、浙江、福建、陕西、重庆等 14 个省（自治区、直辖市）。由于当时云南分裂为南诏国，所以未被划入。

宋代茶叶中心南移，茶区分布在长江流域和淮南一带。主要产地是江南路（今皖南、江西等地），其次是淮南路（今鄂东南、皖北等地）、荆湖路（今湖南、湖北等地）、两浙路（今浙江、江苏苏州等地）和福建路（今福建）。至南宋，全国已有 66 个州 242 个县产茶。并按成茶形态分成了片茶和散茶两大生产中心。

元代茶区在宋的基础上又有新的开拓，主产区是江西行中书省、湖广行中书省，包括现在的湖南、湖北、广东、广西、贵州、重庆和四川南部。

明代无新产茶地区的记述，茶区沿袭元代，无重大变化。

清代，由于国内消费的增长和对外贸易的开展，促进了植茶范围的扩大，并形成了以茶类为中心的栽培区域。在鄂南的蒲圻、咸宁和湖南省临湘、岳阳等县形成了砖茶生产中心；在福建省的安溪、建瓯、崇安等县形成了乌龙茶生产中心；湖南省安化，安徽省祁门、旌德，江西省武宁、修水等县和景德镇市的浮梁成了红茶生产中心；在江西省婺源、德兴，浙江省杭州、绍兴，江苏省苏州虎丘和太湖洞庭山成了绿茶生产中心；在四川省的雅安、灌县、大邑、什邡、安县、平武、汶川等地则以生产边茶著称；而广东省罗定等地以生产珠兰花茶而驰名。

20 世纪 30 年代，吴觉农和胡浩川在 1935 年所著《中国茶业复兴计划》一书中，根据茶区自然条件、茶农经济状况、茶叶品质好坏、茶区分布面积大小及茶叶产品的出路等，系统地将全国划分为 13 个茶叶产区，其中外销茶 8 个区，包括红茶 5 个区（即祁红、宁红、湖红、温红、宜红）、绿茶 2 个区（屯绿、平绿）、乌龙茶 1 个区（福建乌龙）、内销茶 5 个区（即六安、龙井、普洱、川茶、两广）。陈椽 1948 年在《茶树栽培学》一书中，根据山川、地势、气候、土壤、交通运输及历史习惯，将我国划分为 4 个茶区，即：浙皖赣茶区、闽台广东省茶区、两湖茶区和云川康茶区。庄晚芳 1956 年在《茶作学》一书中根据地形、气候与茶叶生产特点，认为可划分为 4 个茶区，即：华中北区，位于北纬 31°～32°，包括皖北、河南和陕南等地，该茶区全年平均温度较低，降水量也少，是我国最北茶区；华中南区，位于长江以南的丘陵地带，包括江苏、皖南、浙江、江西、湖北、湖南等地，该区四季分明，冬季温度较低，夏季温度较高，降水量较多；四川盆地和云贵高原区，包括四川、云南、贵州，该区夏季凉爽，冬季温高，降水量充足，非常适宜茶树生长；华南区，位于南岭以南，包括福建、广东、广西、台湾和湖南南部等地，该区气候温润，降水量多，茶树生长期长。王泽农 1958 年在《我国茶区的土壤》一文中，根据土壤与气候条件，将我国划分为：华中区，包括长江中下游地区；华南区，包括东南沿海及西江流域；华西区，包括云贵高原、川西山地、秦岭山地及四川盆地三大茶区。周海龄 1980 年在《对我国茶区划分的初步意见》一文中，以自然条件为依据，参考茶树生态类型、茶类生产的历史和社会经济条件，将全国划分为9大茶区，即：秦巴淮阳茶区、江南丘陵茶区、浙闽山地茶区、台湾茶区、岭南茶区、黔鄂山地茶区、川西南茶区、滇西南茶区和苏鲁沿海丘陵茶区。1981年李联标在《茶树栽培技术》中，根据产茶区水热资源、土壤地带排列、茶树生长状况、茶叶生产习惯等因素，将中国茶区划分为5大茶区：淮北茶区、江北茶区、江南茶区、岭南茶区和西南茶区。

　　茶区属于经济概念，其划分是要在国家总的发展生产方针指导下，综合自然、经济和社会条件，注意行政区域的基本完整来考虑。我国茶区分布广阔，在几个生态气候带内，由于海拔高度、地形、方位不同，气候、土壤等都有很大的差异。这些不仅对茶树的生育有明显的影响，而且在茶树品种分布，茶类生产，茶树栽培技术，茶叶的产量、品质以及经济效益和持续发展都有所差别。因此，茶区是按茶树生物学特性，在适合于茶叶生产要求的地域空间范围内，综合地划分为若干自然、经济和社会条件大致相似、茶叶生产技术大致相同的茶树栽培区域单元。茶叶区划的确立，有助于因地制宜采用相应栽培技术和茶树品种，发挥区内生态、经济、技术优势。基于茶区划分的指导思想，依据各地多年的研究和实践，较统一的认识是将全国划分为三级茶区。一级茶区为全国划分，国家根据区域进行宏观指导；二级茶区由各产茶省（自治区）自行划分，以利调控和领导；三级茶区由地（市）划分，直接指挥茶叶生产。

（二）中国茶区的自然概况和生产特点

　　依据中国茶区地域差异、产茶历史、品种类型、茶类结构、生产特点，将全国国家一级茶区划分为4大茶区：即华南茶区、西南茶区、江南茶区、江北茶区（图1-1）。4大茶区各具其自然概况和生产特点。

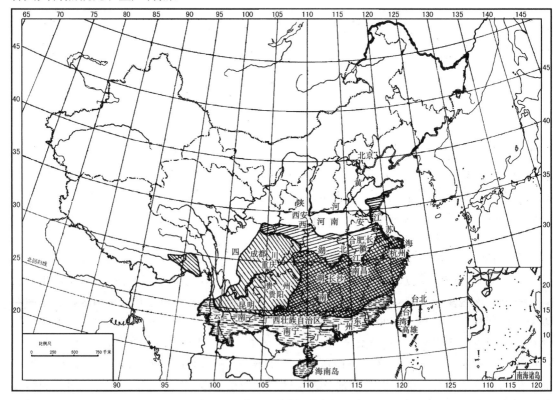

图1-1　全国茶区分布

1. 华南茶区　华南茶区位于福建大樟溪、雁石溪，广东梅江、连江，广西河江、红水河，云南南盘江、无量山、保山、盈江以南，包括福建和广东中南部，广西和云南南部以及海南和台湾。是我国气温最高的一个茶区。属于茶树生态适宜性区划最适宜区。

华南茶区南部为热带季风气候，北部为南亚热带季风气候。广东、广西南部、海南、云南南部和台湾等地，终年高温，长夏无冬。整个茶区高温多雨，水热资源丰富。年均温在20 ℃以上，最冷月平均气温除个别地点外，绝大部分地区都在12 ℃以上；大部分地区极端低温不低于－3 ℃，最热月平均气温在27.0～29.1 ℃，≥10 ℃积温达6 500 ℃以上，年活动积温6 500 ℃以上，无霜期300～350 d。全年降水量可达1 500 mm，台湾超过2 000 mm，海南的琼中高达2 600 mm，全年降水量分布不匀，以夏季降水最多，70%～80%的降水量集中在4～9月，而11月至翌年初往往干旱。干燥指数大部分小于1，但海南等少数地区大于1。

茶区土壤大多为砖红壤和赤红壤，部分是黄壤。在有森林被覆下的茶园，土层相当深厚，富含有机质，有些地区因植被破坏，土壤暴露，雨水侵蚀，有机质迅速分解，理化性状趋于恶化，酸度增高。该区茶树资源极其丰富，茶树品种主要为乔木型或小乔木型茶种，灌木型的茶种也有分布。由于生态条件适宜，茶树生长良好，茶叶品质优良。生产的茶类有红茶、普洱茶、六堡茶、绿茶和乌龙茶等。

2. 西南茶区　西南茶区位于米仓山、大巴山以南，红水河、南盘江、盈江以北，神农架、巫山、方斗山、武陵山以西，大渡河以东的地区，包括贵州、四川、重庆、云南中北部和西藏东南部等地。该茶区为亚热带季风气候，属于茶树生态适宜性区划的适宜区。

西南茶区地形复杂，地势高、起伏大，因此区内各地气候差别大，但大部分地区均属亚热带，水热条件较好。由于秦岭大巴山屏障阻挡寒潮侵袭，冬季较温和。年均气温在14～18 ℃，四川盆地在17 ℃以上，云贵高原为14～15 ℃。除个别特殊地区如四川万源可低至－8 ℃外，冬季极端低温一般在－3 ℃，1月平均气温都在4 ℃以上，7月除重庆外，一般都低于28 ℃，≥10 ℃积温为5 500 ℃以上。全年大部分地区的无霜期220 d以上。年降水量在1 000 mm以上，个别地区如雅安、峨眉山多达1 700 mm，西藏南部边缘为1 500 mm以上。降水量以夏季最高，占全年的40%～50%，且多暴雨和阵雨；秋季次之，冬春季降雨较少，冬季降水不到全年的10%，易形成干旱。干燥指数小于1，部分地区小于0.75。茶区雾日多，四川全年雾日在100 d以上，而贵州部分地方多达170 d，日照较少，相对湿度大，形成了与其他茶区不同的气候特点。

西南茶区大部分地区是盆地、高原，土壤类型较多，滇中北以赤红壤、山地红壤和棕壤为主；川、黔及藏东南以黄壤为主，川北土壤变化尤其大。pH 5.5～6.5，土壤质地较黏重，有机质含量一般较低。区内茶树资源较丰富，所栽培的茶树品种类型有灌木型、小乔木型和乔木型茶树，生产的茶类有红茶、绿茶、普洱茶、边销茶和花茶等。

3. 江南茶区　江南茶区在长江以南，大樟溪、雁石溪、梅江、连江以北，包括广东和广西北部，福建中北部，安徽、江苏和湖北省南部以及湖南、江西和浙江等省，是我国茶叶的主产区。属于茶树生态适宜性区划适宜区。

江南茶区基本上属于中亚热带季风气候，南部为南亚热带季风气候。气候特点是春温、夏热、秋爽、冬寒，四季分明；年平均气温在15.5 ℃以上，南部可达18 ℃左右，1月份平均气温3.0～8.0 ℃，北部往往因寒潮南下使温度剧降，部分地区时达－5 ℃，有的年份甚至下降至－8～－16 ℃，7月平均气温在27～29 ℃，极端最高气温有时达40 ℃以上，部分地区因夏日高温，会发生伏旱或秋旱。全年无霜期 230～280 d，常有晚霜，茶树生长期为 225～270 d，≥10 ℃积温为 4 800 ℃以上。年降水量在 1 000～1 400 mm，以春季降水量最多，秋冬季则较少，易发生伏旱或秋旱。

江南茶区宜茶土壤基本上是红壤，部分为黄壤或黄棕壤，还有部分黄褐土、紫色土、山地棕壤和冲积土等，pH 5.0～5.5。浙江、安徽南部、江西和湖南等地的红黄壤，由于母岩和环境条件的差异，土壤理化性质不尽相同。在自然植被覆盖下的茶园土壤以及一些高山茶园土壤，如皖南的黄山、江西的庐山和浙江的天台山等处的土壤是在落叶阔叶林作用下形成的，土层深厚，腐殖质层达 20～30 cm；而缺乏植被覆盖的土壤，尤其是低丘红壤，其发育差，结构也差，土层浅薄，有机质含量低。江南茶区产茶历史悠久，资源丰富。茶树品种主要是灌木型中叶种和小叶种，小乔木型的中叶种和大叶种也有分布。生产茶类有绿茶、红茶、乌龙茶、白茶、黑茶以及各种特种名茶。如西湖龙井、君山银针、黄山毛峰、洞庭碧螺春等历史名茶，品质优异，具较高的经济价值，且驰名中外。

4. 江北茶区 江北茶区位于长江以北，秦岭、淮河以南，以及山东沂河以东部分地区，包括甘肃、陕西和河南南部，湖北、安徽和江苏北部以及山东东南部等地，是我国最北的茶区。属于茶树生态适宜性区划次适宜区。

江北茶区处于北亚热带和暖温带季风气候区，区内地形复杂，与其他茶区相比，气温低，积温少。大多数地区年均气温在 15.5 ℃以下，1 月平均气温 1～5 ℃，极端最低气温多年平均在 -10 ℃左右，个别地区可达 -15 ℃，3 月底 4 月初常有晚霜出现，全年无霜期为 200～250 d。10 ℃以上的持续时间有 180～225 d，≥10 ℃积温为 4 500～5 200 ℃，年茶树生长期为 6～7 个月。有的地区因冬季既冻又旱，茶树生育受阻。年降水量为 700～1 000 mm，四季降水不均，以夏季最多，占全年降水量的 40%～50%；冬季最少，仅为全年降水量的 5%～10%，往往有冬春干旱。干燥指数在 0.75～1.00，空气相对湿度为 75%。

因地形较复杂，有的茶区土壤酸碱度略偏高，宜茶土壤多为黄棕壤，部分为山地棕壤，是在常绿阔叶混交林的作用下而形成，土质黏重，肥力不高。江北茶区种茶历史悠久，新中国成立后有所扩大。该区种植茶树品种多为灌木型中小叶种，抗寒性较强。生产茶类主要为绿茶，由于生长季节昼夜温差大，所制绿茶香高味浓、品质较优。

我国茶区的气温、降水量和土壤条件等，基本符合茶树生长的要求，自然条件总体是优越的。个别地区冬季气温较低，或夏季有高热，或全年降水量在 1 000 mm 以下，或土壤质地黏重、肥力低等。因此，在新茶园建立或老茶园改造时，要充分发挥自然条件的优越性，利用山地微域气候的特点，因地制宜地采用适合当地气候条件和土壤条件的茶树良种和栽培管理技术措施，为茶树良好生长营造一个有利的生态环境，将茶园建成"一优二高"的生产基地，促进中国茶产业的可持续发展。

三、中国主要产茶省的生产概况

我国茶树栽培历史悠久，分布地域广阔，生产状况各异，各省茶叶生产情况及栽培特点也不一致。现将主要产茶省份的生产概况介绍如下：

（一）福建省

福建省是一较古老的茶区，产茶源于汉，兴于唐而盛于宋。唐代已有茶叶生产，到了宋代有较大的发展，尤以宋代北苑贡茶和斗茶活动闻名于世，可谓"建溪官茶天下绝，独领风骚数百年"，闽茶在我国乃至世界茶叶发展史上具有重要的历史地位和文化价值。1610 年荷兰商人首次从厦门购去茶叶，1644 年英国人在厦门设立商业机构，18 世纪中叶（1751—1760 年）英东印度公司从我国输入茶叶 1.68 万 t，其中武夷茶占 63.3%。许多国家"茶"的语音由福建厦门茶的语音演变而来。福建还是世界红茶的发源地、工夫茶的故乡。台湾乌龙茶也是清嘉庆年间从福建引入。1949 年福建茶园面积仅有 1.80 万 hm²，产量 0.35 万 t，1960 年茶园面积 4.04 万 hm²，产量 0.87 万 t；到 2012 年，茶园面积达 21.33 万 hm²，茶叶产量 31.9 万 t，成为国内第一产茶大省（表 1-3）。全省除海岛平潭县外，县县都产茶。

福建地处亚热带，气候温暖，雨量充沛，冬无严寒，夏无酷热。年降水量 1 000~2 000 mm，年平均相对湿度 70%~80%，年平均气温 17~22 ℃，年活动积温 4 500~7 700 ℃。非常适合茶树生长。

表 1-3 福建省茶园面积和茶叶产量

年份	茶园面积/hm²	茶叶产量/t	年份	茶园面积/hm²	茶叶产量/t
1950	18 467	5 450	1985	122 267	40 550
1955	26 800	5 080	1990	116 733	58 221
1960	40 400	8 650	1995	132 000	94 532
1965	36 400	5 550	2000	129 200	125 969
1970	51 067	10 800	2005	155 200	184 826
1975	70 200	16 750	2010	201 200	272 600
1980	109 867	25 750	2012	213 300	319 000

注：资料来源于国家统计局和农业部种植业管理司。

福建茶树品种资源十分丰富，茶树品种达 830 多个。福建历来注重良种选育和利用，丰富多彩的茶树品种资源中如福鼎大白茶、铁观音、政和大白茶、水仙、毛蟹、黄棪、本山、梅占、肉桂、大红袍等均为茶农选育而成，福云 6 号、福云 7 号、福云 10 号、金观音、黄观音等良种是福建省茶叶研究所培育的，良种普及率居全国第一，对茶树良种繁育推广做出了很大贡献。

福建省十分重视茶园生产管理，针对该省山峰高峻、坡度较大，一般旧茶园多在坡地砌成梯田种茶，少数栽在山顶或谷地平原上。新中国成立后，一批新辟茶园陆续出现在闽东、闽南沿海平地、低丘地带和闽北的低山丘陵区域，大多采用营养繁殖育苗移植方法建园，在茶园管理上大多有施肥、培土习惯，年施肥 2~3 次，每隔 1~3 年培土一次。闽东茶区以往有间作茶园，管理较粗放，现大力推广茶树更新，加强施肥，茶园面貌日新月异。采用科学栽培技术，积极选用良种；推广山地等高梯层、梯田式茶园的规划设计标准与垦辟方法；茶树沟栽、深穴栽植、条栽密植，在茶园里种植爬地兰、满园花、金光菊、猪屎豆等绿肥，为加速成园、提高单产和品质创造了条件。近年来，积极推广病虫害绿色防控技术，茶园机械化修剪和采摘等技术。

福建还是我国茶类生产最多的省份，除黑茶外，其余五大茶类都有生产，而且形成了各地区鲜明的特色。闽南的铁观音乌龙茶产区，产于泉州市和漳州市的各县，以安溪最驰名，名茶有安溪铁观音。近年来，铁观音香飘国内外，成为增长最快的茶类。闽北的武夷岩茶和小种红茶产区，以南平市的武夷山、建瓯、政和和建阳等地，是红茶、乌龙茶和白茶的发源地，名茶有武夷岩茶、大红袍、白毫银针、白牡丹、正山小种和近几年创制的金骏眉红茶等。闽东的绿茶和特色茶产区，以宁德市的福安、福鼎、寿宁、蕉城等地，主要生产绿茶、红茶、白茶、茉莉花茶和艺术茶，名茶有坦洋工夫红茶、福鼎白茶、天山绿茶和茉莉大毫茶等。

（二）浙江省

浙江素有"丝茶之府"的美称，产茶历史悠久。从汉代名士丹丘子《神异记》提到浙江余姚四明山有大茶树到《临海县志》引抱朴子《茗园》的记载："盖竹山有仙翁茶园，旧传葛玄植茗于此"，吴兴郡茗岭"课童艺茶"及乌程侯孙皓以茶代酒等茶事活动中，说明浙江在汉代，即距今 2 000 年前已有植茶和饮茶的历史。到了唐代，浙江茶叶已具有相当的规模，是浙江茶叶的重大发展时期。唐时浙江茶区有 10 州 55 县产茶，与现在浙江省的产茶县市基本接近。陆羽于 760 年来浙江湖州，深入茶区考察研究，完成了世界上第一本茶叶专著《茶经》。唐代宗广德年间（763—764 年），长兴进贡顾渚紫笋茶最多一年高达 9.2 t。因此在770—800 年，在湖州长兴设立了中国第一座皇家贡茶院，当时茶季有制茶工匠千余人，采摘役工 3 万人，每年在清明节前要将紫笋茶送到京城。804 年，日本僧人最澄来浙江学佛，并携带茶籽回国（805 年）种植。约 18 世纪初，开始茶叶的对外出口贸易（1869—1879 年，全国每年约有 1 万 t 绿茶销美，其中半数以上是浙江所产的平水珠茶）。1933 年《浙江省经济年鉴》记载全省采茶 2.46 万 t，是旧中国浙江茶叶历史上产量最高纪录。后因战乱至1949 年，茶园面积下降到 2.12 万 hm²，产量仅有 0.66 万 t。新中国成立后茶叶生产迅速恢复和发展，1960 年茶园面积 6.13 万 hm²，产量 2.80 万 t；1970 年茶园面积 9.63 万 hm²，产量 2.49 万 t；到了 2012 年，茶园面积达到 18.47 万 hm²，产量 17.5 万 t（表 1-4），现全省 72 个县产茶。

浙江省年平均气温为 15.6～16.4 ℃，年降水量为 1 330～1 700 mm，年相对湿度为80%，年活动积温 5 000～5 500 ℃，气候和土壤宜于茶树栽培，又有长期生产经验。

浙江茶树品种资源非常丰富。传统的群体种有鸠坑种（是目前国内种植面积最大的群体种之一）、龙井种、乌牛早和香菇寮白毫等。从 20 世纪 60 年代开始，浙江有关科研机构积极选育无性系良种，目前主要种植的良种有迎霜、翠峰、龙井 43、浙农 113、浙农 117、乌牛早、安吉白茶和龙井长叶等，同时近年来一些新品种如浙农 139、茂绿、平阳特早茶、中茶 102、黄金茶等种植面积也在不断扩大。

浙江省在茶树栽培管理上也走在全国的前面，取得了一批丰硕成果。20 世纪 50 年代初期，重点垦复荒芜茶园；1958 年后着重进行低产茶园改造和发展条栽茶园；70 年代发展的新茶园要求高标准、高质量，根据地形情况，采取砌坝保土的办法，修筑梯坎，主要推广鸠坑种、福鼎、毛蟹等品种；70 年代后期和 80 年代初期，发展了 6 700 hm² 速成密植茶园，每公顷种植株数比单条植增加 3～5 倍；80 年代开始发展的新茶园，要求采用良种，重点推广迎霜、劲峰、翠峰、福鼎、龙井 43、菊花春、碧云、浙农 12、浙农 25 等无性系良种。茶园的培育管理，在 20 世纪 50 年代比较粗放，施肥面积不多，只是一年耕作 2 次；60 年代要求采一次茶施一次肥，重点强调一次基肥，耕作要求"三耕四削"；70 年代初提出科学施肥，实行"三结合"，即有机肥与无机肥结合、分次追肥与基肥结合、氮肥与磷钾肥结合，按每公顷产 750 kg 干茶施纯氮 75 kg 的标准进行施肥；80 年代应用新技术，推广三十烷醇、稀土微肥、植物生长调节物质、叶面宝等。在茶叶采摘上，20 世纪 50 年代初绝大部分地区只采春茶、少采夏茶，不采秋茶，留鱼叶采摘；1958 年初提倡采秋茶；70 年代后采取春茶留大叶或夏留大叶、其他季节留鱼叶的采摘方法，以养好树冠、增加产量；90 年代后在茶区推行机剪机采，以提高工效、降低成本。21 世纪以来，主要推广茶园全程机械化技术（包括机采、机剪、机耕、喷灌等），尤其是名优茶机采和鲜叶分级技术取得了重大突破，以及茶园病虫害绿色防控技术、茶园测土配方施肥技术、茶园综合防灾技术等的应用。

浙江主产绿茶，尤以西湖龙井享誉国内外，近 20 多年来大力发展名优茶，茶叶产值居全国前列。其他名茶有大佛龙井、越乡龙井、开化龙顶、径山茶、金奖惠明茶、安吉白茶、武阳春雨和绿剑茶等。浙江的茶叶生产主要集中在浙西北、浙东、浙南三个茶区。传统的绿茶产品有珠茶、眉茶和烘青等，浙江还是国内最大的蒸青茶生产基地，也是国内最大的茶叶出口基地，出口量占全国的 60% 以上。近年来，浙江还不断开发以金观音品种为主的乌龙茶类和以九曲红梅、越红等为主的红茶名优茶品类。浙江省茶园面积和茶叶产量见表 1-4。

表 1-4　浙江省茶园面积和茶叶产量

年份	茶园面积/hm²	茶叶产量/t	年份	茶园面积/hm²	茶叶产量/t
1950	30 100	12 200	1985	177 900	91 300
1955	53 700	19 300	1990	162 900	117 000
1960	61 300	28 000	1995	124 100	102 074
1965	34 600	15 500	2000	111 800	116 352
1970	96 300	24 900	2005	133 600	144 370
1975	138 500	40 700	2010	177 900	163 000
1980	169 300	75 400	2012	184 700	175 000

注：资料来源于国家统计局和农业部种植业管理司。

（三）云南省

云南是茶树的原产地之一，据考证，早在 3 000 多年前云南境内的富源（《华阳国志·南中志》："平夷县……山出茶、蜜……"商周时称今富源县为平夷县）等地山中出茶，三国时傅巽的"南中茶子"声名远播，据傣文记载，云南在 1 700 多年前已有茶树栽培。现许多县发现的 1 000～2 000 年的野生茶树，以及澜沧县景迈万亩[*]千年古茶园佐证了悠久的产茶历史。唐宋时已兴盛，宋代普洱县就是著名的茶马市场；明清扩展，1763 年云南就有茶叶出口，据海关统计数据，1910 年滇茶出口为 15.02 t，1936 年出口为 77.82 t，达旧中国云南茶叶出口历史最高水平。1949 年茶园面积为 1.07 万 hm²，产量为 0.25 万 t。新中国成立后发展很快，1960 年茶园面积为 4.19 万 hm²，产量为 1.20 万 t；1970 年茶园面积为 5.46 万 hm²，产量为 1.46 万 t；到了 2012 年，茶园面积达到 38.67 万 hm²，成为全国茶园面积最大的省份，茶叶产量 27.3 万 t（表 1-5）。现全省有 120 个县产茶。

云南茶区属高海拔低纬度，地貌复杂，生态条件多样，呈"立体气候"。茶园大部分布

---

* 亩为非法定计量单位，1 亩≈677 m²，15 亩＝1 hm²。

在海拔 1 200～2 000 m，年平均温度为 12～23 ℃，活动积温为 4 500～7 500 ℃，年降水量一般在 1 000 mm 以上，最高为 2 000 mm 左右。全省除高寒山区外，气候温暖多湿，宜茶地区广阔。

云南茶树种质资源十分丰富（已发现大量的野生种），加之长期自然选择和人工选育的结果，已形成丰富多彩的茶树品种资源，在勐海建成了国家级茶树种质资源圃。全年茶树生长期长，栽种 3 年便可成园开采，一般采摘期每年达 8 个月以上。省内滇西、滇南基本种植大叶种，滇中、滇东北茶区气温较低，主要种植小乔木型和灌木型品种。目前主要种植品种群体种有勐海大叶种、勐库大叶种和凤庆大叶种等，新品种有云抗 10 号、长叶白毫、清水 3 号、紫娟等。

云南在茶园生产管理上根据当地的实际情况，大力发展新茶园，积极推广先进技术措施，有目的地配置茶树与香樟、橡胶、果树等间作，构建的复合茶园取得了很好的生态、经济和社会效益。茶园实施耕作、施肥、修剪、合理采摘等科学管理，促进了茶树栽培的良性发展。

云南茶叶生产主要集中在普洱市、临沧市、西双版纳州、保山市和德宏州，生产茶类有红茶、绿茶、普洱茶、紧压茶（沱茶、七子饼茶、砖茶等）和花茶等，尤其以红茶和普洱茶在国内外市场上享有盛名。

表 1-5　云南省茶园面积和茶叶产量

年份	茶园面积/hm²	茶叶产量/t	年份	茶园面积/hm²	茶叶产量/t
1950	10 667	2 500	1985	114 100	31 075
1955	20 667	7 300	1990	160 400	44 800
1960	41 880	12 005	1995	166 200	64 066
1965	42 253	8 930	2000	167 400	79 396
1970	54 560	14 550	2005	218 500	115 880
1975	85 820	16 385	2010	367 700	207 300
1980	93 020	17 840	2012	386 700	273 500

注：资料来源于国家统计局和农业部种植业管理司。

（四）湖北省

湖北栽茶历史上最早始于三国时期，三国《广雅》中记述，"荆巴间采茶作饼，成以米膏而出之"，到了晋时的《荆州土地记》中记载"武陵七县通出茶"，这说明在 1 700 多年前湖北的茶叶生产已有了一定的基础。到了唐代，茶圣陆羽就出生在湖北，当时茶叶生产已有相当规模。19 世纪以来，湖北成为我国茶叶出口的重要产地之一，1850 年前后，从汉口出口的红茶每年曾达 0.075 万 t，俄国人还在羊楼洞自行设厂制造茶。鄂南、鄂西一带茶叶生产有所发展。1936 年，全省茶园面积 2.07 万 hm²，产茶 2.1 万 t。新中国成立前夕，茶园面积仅有 0.87 万 hm²，年产茶 0.15 万 t 左右；1960 年茶园面积为 1.33 万 hm²，产量 0.73 万 t；1970 年茶园面积 4.00 万 hm²，产量 0.95 万 t；到了 2012 年，茶园面积达到 26.00 万 hm²，产茶 19.6 万 t（表 1-6），成为全国第三大产茶省。

全省年平均气温为 15.0～17.1 ℃，年降水量为 800～1 700 mm，而茶树活跃生长期的降水量均在 1 000 mm 以上，年无霜期 207～307 d，具备了茶树生长较适宜的生长条件。

湖北茶区分布广阔，95％以上的行政县都产茶，主要集中在鄂西南、鄂东南和鄂东、西北部等地。种植的茶树品种当地群体种有宜昌大叶种、宜恩苔子茶等，而目前种植面积最大的品种有福鼎大白茶、福云 6 号、鄂茶 1 号、鄂茶 7 号和鄂茶 10 号等品种。

新中国成立后，全省先后建立 30 多个国营茶场，1965 年以来发展大批以茶农经营为主的新茶园，占全省茶园面积约 70％以上。其中部分建园基础好、管理水平较高的茶园，显示了良好的经济效益；不少地区注意普及科学种茶技术，改变过去幼龄茶树"清兜亮脚"的做法，培育树冠。推广茶园铺草以增加土壤有机质和伏旱、秋旱保水；20 世纪 70 年代末开始推广低产茶园改造措施，增产效果显著；80 年代开始，有计划地推广密植速成丰产茶园栽培技术，全省已发展了 1 万 hm² 左右；从 1997 年以来，大力实施以茶树无性系栽培、机制名优茶加工等为重点的茶资源综合开发工程，有力地推动了茶叶生产朝着优质、高产、高效的方向发展。2005 年以来，政府采取扶持和鼓励茶叶产业发展政策，在高标准茶园建设、良种推广和龙头企业发展等方面给予大力支持，同时加强科技服务，在茶园机采、机防、配方施肥、规范化育苗、病虫害综合防治、清洁化连续生产等集成配套，使茶园面积从 2005 年的 13.8 万 hm²，达到 2012 年的 26.0 万 hm²，7 年时间面积迅速增加了 1 倍。

湖北主产绿茶，占全省茶产量的 80％，其次生产红茶和黑茶，传统的有宜昌工夫红茶和老青茶。这些年大力发展名优茶，名茶产品有恩施玉露、采花毛尖、邓村绿茶、宣恩贡茶、英山云雾等。

表 1-6 湖北省茶园面积和茶叶产量

年份	茶园面积/hm²	茶叶产量/t	年份	茶园面积/hm²	茶叶产量/t
1950	9 000	3 200	1985	69 730	22 750
1955	17 000	8 550	1990	76 400	28 443
1960	13 333	7 300	1995	113 400	39 049
1965	19 333	7 750	2000	121 000	63 703
1970	40 000	9 500	2005	138 400	84 976
1975	69 866	14 300	2010	214 600	165 700
1980	79 400	17 350	2012	260 000	196 100

注：资料来源于国家统计局和农业部种植业管理司。

（五）四川省

四川是我国历史文献中最早记载用茶、种茶、制茶和市茶的地方。秦汉时期四川的茶文化开始向长江中下游等地传播，成为我国茶文化的摇篮。四川栽茶已有 3 000 多年历史。西周初期，巴蜀已有人工栽培茶树；西汉时，蒙山植茶，今彭山县成为茶叶市场；唐代蒙山名茶兴起；宋代是四川茶业的兴盛时期，据哲宗元祐元年（1086 年）彭州知州吕陶估计："蜀茶岁约三千万斤*"，创历史最高纪录，当时川茶产量占全国 62％。并成为当时官府"以茶博马"和"以茶治边"的重要物资。元代时，废除了茶马交易，茶叶生产开始回落，到了明代，茶叶产量仍在 5 000～10 000 t。清初由于战乱，茶叶生产受到破坏，但长时间内仍维持

---

* 斤为非法定计量单位，1 斤＝0.5 kg。

在 1 万 t 左右。1950 年茶园面积 1.40 万 hm², 产量 0.59 万 t; 新中国成立后, 政府发动群众垦复荒芜茶园, 在宜宾等地开荒种茶, 建设新式茶园, 茶园面积不断扩大。尤其 2001 年以来, 政府出台了退耕还林、以工代赈、水土保持等多项富民政策, 推进"南茶北草"工程, 把茶叶列为重要农业产业。茶园面积从 2000 年的 8.28 万 hm², 增加到 2010 年的 15.2 万 hm², 增加了近 2 倍; 产量也从 2000 年的 5.5 万 t, 提高到 2010 年的 16.9 万 t (表 1-7)。曾有"川茶不出川"的四川, 成为全国第四大产茶省。全省 156 多个县产茶。

表 1-7 四川省茶园面积和茶叶产量

年份	茶园面积/hm²	茶叶产量/t	年份	茶园面积/hm²	茶叶产量/t
1950	14 000	5 850	1985	108 700	52 500
1955	24 600	16 000	1990	106 700	58 090
1960	25 300	11 000	1995	100 400	60 995
1965	26 700	10 800	2000	82 800	54 513
1970	33 300	12 700	2005	152 000	97 941
1975	90 700	17 700	2010	218 900	169 276
1980	114 000	29 100	2012	250 500	188 998

注: 资料来源于国家统计局和农业部种植业管理司。

四川为盆地, 地势西北高、东南低, 四周群山绵延, 丘陵荒地多, 河流交错, 春夏凉爽, 湿润多露, 秋冬暖和, 年平均气温 14~17℃, 年日照 1 000~1 200 h, 形成了日照少、云雾多、湿度大、漫射光丰富的特点, 非常适宜茶树生长。

四川茶树品种资源丰富, 当地优良群体品种有南江大叶种、崇庆枇杷茶、筠连早白尖和古蔺牛皮茶等。目前全省推广种植的品种有名山白毫、名山特早 213、天府 11、天府 28、蒙山 9 号、川农黄芽早、福鼎大白茶、福选 9 号、乌牛早、中茶 302 等。

四川过去茶园较分散, 部分茶园间作, 管理比较粗放, 不合理采刈茶树, 制造边茶, 单产低。新中国成立后, 重视茶园管理、推广先进技术, 茶叶产量和品质均有明显的提高。特别是推广了茶树快速育苗、茶树持续丰产的综合技术、茶园优质高效栽培技术、茶园综合治理技术等, 对四川科技兴茶都起到积极的作用。四川茶区生态条件优越, 生产潜力大, 且具有广阔的发展前景。

四川主要以生产绿茶为主, 占全省茶产量的 80% 左右, 其次是南路边茶和西路边茶, 占 15% 左右, 宜宾地区也生产少量红茶。这些年来大力发展名优绿茶、红茶和茉莉花茶, 名优茶有竹叶青、叙府龙芽、川红工夫、蒲江雀舌、峨眉雪芽、蒙顶黄芽、碧潭飘雪和龙都香茗等。

(六) 湖南省

湖南栽茶历史悠久, 西汉时就已产茶, 东汉《桐君录》记载湘西永顺县是当时的产茶地之一; 汉时的茶陵是中国最先有茶字命名的县; 长沙马王堆出土的随葬品有 4 处提到茶。盛弘之《荆州土地记》中有南北朝时期"武陵七县通出茶"的记载。唐代, 湖南的湘、资、沅、澧四水流域均已产茶。宋时产茶已超过 0.5 万 t。明清时期, 特别是明末清初, 茶叶生产得到了较大的发展, 茶叶的产量之多、质量之好已驰名中外。据《湖南经济》记载, 19 世纪末, 全省年产茶达到 7.5 万 t。1914 年湖南茶园面积为 8.88 万 hm², 产量 8.06 万 t, 是历史上的兴盛时期。1917 年后湖南茶叶日益衰落, 至 1949 年茶园面积只有 3.20 万 hm²,

产量仅 0.98 万 t。新中国成立后，茶叶生产迅速恢复和发展，1960 年茶园面积 5.12 万 hm²、产量为 2.54 万 t；1970 年茶园面积为 7.22 万 hm²，产量 2.15 万 t；1980 年茶园面积为 15.78 万 hm²，产量 6.08 万 t；由于 20 世纪 70 年代茶园面积发展过快，忽视建园后的质量和茶园管理，造成茶园"未老先衰"，茶园水土流失严重；到了 1990 年，面积下降到 9.59 万 hm²，产量为 7.39 万 t；21 世纪初，提出稳定茶园面积，调整茶类生产结构的策略，基本以绿茶、红茶和黑茶三大茶类为主，积极发展名优特茶。近几年来，黑茶产业发展迅速，形成了安化、临湘和桃江等地的黑茶产业区；石门、古丈等地的特种茶产业区和岳阳的黄茶产业区。到 2012 年，茶园面积为 10.35 万 hm²，产量为 10.83 万 t（表 1-8）。

表 1-8 湖南省茶园面积和茶叶产量

年份	茶园面积/hm²	茶叶产量/t	年份	茶园面积/hm²	茶叶产量/t
1950	40 900	19 380	1985	115 100	77 710
1955	61 300	28 900	1990	95 900	73 900
1960	51 200	25 430	1995	90 600	61 438
1965	43 600	19 050	2000	74 100	57 294
1970	72 200	21 500	2005	80 100	71 978
1975	164 100	38 720	2010	100 000	138 000
1980	157 800	60 840	2012	103 500	108 300

注：资料来源于国家统计局和农业部种植业管理司。

茶区年平均气温为 16～18 ℃，年活动积温为 5 000～5 800 ℃，无霜期为 261～313 d。年平均降水量 1 200～1 700 mm，其中 4～9 月的降水量为 800～1 200 mm。土壤以红、黄壤为主，生态条件非常适宜茶树生长。

湖南茶树品种资源丰富，具有介于大叶种向小叶种过渡的特征。当地优良群体品种有汝城白毛茶、江华苦茶和城步峒茶等。目前主要推广种植品种有槠叶齐、白毫早、福鼎大白茶、福鼎大毫茶和福云 6 号等。

新中国成立后，湖南省在茶树栽培、良种的选育推广等方面进行了大量的科学研究和推广工作，20 世纪 50 年代研究了茶树采种、育苗、播种、齐苗、定型修剪、分批多次采摘法、茶园绿肥种植等，并予以推广，保证了新建茶园的质量；60 年代研究推广了茶树早成园，持续高产稳产技术，氮、磷、钾化肥的增产效应，茶园有机肥使用技术及灌溉、深耕等技术，有力地促进了茶树高产栽培工作的开展，1975 年洣江茶场每公顷茶园创下 7 500 kg 的高产纪录；70 年代进行了红壤茶园复合肥的肥效试验、机采茶园的经济效益与机采茶树生育性状的研究；80 年代机采茶树栽培技术的研究达到了国内领先水平，在生产上取得了显著效益；近十多年来，通过无性系良种推广、规范化栽培、无公害生产、名优茶开发，使湖南茶产业步入良性发展的轨道。

湖南生产茶类有红茶、绿茶（包括老青茶）及黑茶，其中绿茶占全省茶产量的 50% 左右，黑茶为 30%，红茶在 20% 左右。湖南有一大批历史名茶和新创制的名优茶，如高桥银峰、古丈毛尖、湘波绿、安化黑茶、君山银针、黄金茶等。

（七）安徽省

秦汉时，四川经陕西、河南而将植茶传至皖西，东汉安徽名医华佗在《食经》中记载：

"苦茶久食，益意思。"晋元帝时，宣城地方官温峤"进贡茶一千斤、贡茗三百斤"，可见安徽茶叶品质之优良。到唐代安徽茶叶已颇为繁荣，《茶经》中有"舒州、宣州、寿州、歙州"产茶的记述，当时安徽西部、南部、山区丘陵已经广植茶树，安徽茶叶已远销山东、河北、陕西等地，宋嘉祐六年（1061年）全国设13个卖茶山场，安徽就有5个；清代茶叶出口贸易迅速扩大，安徽茶叶以其优越的品质在我国茶叶出口贸易中居于重要地位。当时安徽以屯绿和祁红享誉全球，尤其是鸦片战争以后，门户开放，五口通商，在同治年间（1862—1874年），年出口茶叶达1万t；清末民初（1907—1917年），祁门工夫红茶每年达0.5万t，1915年安徽茶叶产量高达2.49万t。随着第一、二次世界大战的爆发，由于海运不通，经济萧条，外销受阻，安徽茶业一落千丈。到1949年茶园面积2.43万hm²，产量仅有0.71万t；新中国成立后，积极恢复发展茶叶生产，1960年茶园面积为3.70万hm²，产量2.56万t；1970年茶园面积为3.93万hm²，产量2.16万t；1980年茶园面积为9.98万hm²，产量3.20万t；1990年茶园面积为11.53万hm²，产量5.28万t；2012年茶园面积为14.00万hm²，产量9.30万t（表1-9）。现全省共有55个县（市）产茶。

表1-9 安徽省茶园面积和茶叶产量

年份	茶园面积/hm²	茶叶产量/t	年份	茶园面积/hm²	茶叶产量/t
1950	25 035	9 956	1985	118 599	42 553
1955	33 300	16 758	1990	115 295	52 774
1960	36 969	25 636	1995	121 900	45 881
1965	34 358	14 726	2000	108 400	45 376
1970	39 228	21 600	2005	117 600	59 619
1975	74 091	27 198	2010	133 500	83 200
1980	99 752	31 995	2012	140 000	93 000

注：资料来源于国家统计局和农业部种植业管理司。

安徽省位于长江中下游地区，淮河和长江将安徽分成淮北、江淮和江南三大区域。由于安徽地处南北气候过渡地带，从南到北具有南、北方的气候特征。所以安徽的茶树种植以淮河为界，淮河以北不适合茶树生长，茶树种植主要集中在长江以南的黄山、宣城、池州等地，面积占70%以上，而长江以北的六安、安庆面积在20%左右。南部茶区，年均气温在15～16℃，积温在4 800～5 000℃，无霜期230 d左右，年降水量1 500～1 700 m，尤其云雾多，昼夜温差大，茶叶品质好，以生产名优绿茶和祁门红茶为主，名优绿茶有黄山毛峰、太平猴魁、涌溪火青、绿牡丹等。江北大别山茶区，虽然冬季易冻，秋季常旱，但茶叶品质优越，以生产绿茶为主，名优茶有六安瓜片、舒城兰花、天柱剑毫等。

新中国成立后，不仅皖南、皖西北原有老茶区得到了发展，使不少老茶山换了新面貌，而且丘陵地新区也发展种茶，尤其是1958年毛泽东视察安徽舒城县时，指示"山坡上要多多开辟茶园"，给广大茶区人民增添发展茶叶生产的信心。除开辟新茶园外，还积极改造老茶园，实行补缺，增加密度，改变过去那种一年两挖、日采夜制、"一把抓""留顶养标"等状况，因地制宜地进行规划改造，分年分批地建设成为茶叶生产基地。江南宣郎广一带建立起一批大规模国营茶场，如十字铺茶场、祠山岗茶场、敬亭山茶场、军天湖农场、白茅岭农场等，并已与科研、教育、外贸等单位联合，大搞科学试验，在良种选育、防治病虫、合理采摘、提高单产以及管理等方面进行科学研究，取得很多成果。生产的茶类为红茶、绿茶和黄茶，其中的祁红、屯绿、黄山毛峰、太平猴魁、六安瓜片等驰名中外。

第三节　世界茶区分布及主要产茶国生产概况

世界茶区分布面广，产茶国有 61 个，主要产区在亚洲。各国所处地理位置、气候条件不同，引种的茶树品种、生产特点和生产茶类也有差异。

一、世界茶区分布概述

茶树经传播、人工栽培后，适应范围已远远超过原始生长地区。目前世界茶树分布区域界限，北从北纬 49°的乌克兰外喀尔巴阡，南至南纬 33°的南非纳塔尔，其中以北纬 6°～32°茶树种植最为集中，产量亦最大。主要分布在亚热带和热带地区，垂直分布从低于海平面到海拔 2 300 m（印度尼西亚爪哇岛）范围内。五大洲都产茶，按 2011 年资料（表 1-10），亚洲最多，约占世界总产量的 83.7%；非洲次之，占 13.6%，其他各洲仅占 2.7%。现世界有 61 个国家引种栽茶（表 1-11），其中亚洲 20 个、非洲 21 个、美洲 12 个、大洋洲 3 个、

表 1-10　世界主要产茶国（地区）茶叶生产量、茶园采摘面积和出口量（2011 年）

国家（地区）	茶叶生产量/万 t	茶园采摘面积/万 hm²	茶叶出口量/万 t
中国（大陆）	162.32	141.95	32.26
印度	98.83	57.80	19.00
肯尼亚	37.79	18.78	42.13
斯里兰卡	32.86	22.35	30.13
越南	17.80	12.80	14.30
土耳其	14.50	7.77	0.37
印度尼西亚	11.97	12.35	7.55
阿根廷	9.30	3.70	8.62
日本	7.80	4.62	0.24
孟加拉国	5.93	5.67	0.15
乌干达	5.42	2.97	4.62
马拉维	4.71	2.46	4.49
坦桑尼亚	3.28	1.97	2.71
卢旺达	2.40	1.50	2.64
缅甸	1.94	7.85	0.00
尼泊尔	1.69	1.62	0.88
伊朗	1.60	1.98	0.40
津巴布韦	1.46	0.95	0.86
全球合计	429.92	313.06	174.95

注：资料来源于《2012 中国茶业年鉴》。

欧洲5个。根据茶叶生产分布和气候等条件，世界茶区可分为东亚茶区、东南亚茶区、南亚茶区、西亚和欧洲茶区、东非茶区和南美茶区等6个。东亚茶区主产国有中国、日本，两国产茶量约占世界总产量的39.6%。依2011年统计，中国茶产量居世界第一位，占全世界产量的37.8%，日本居第九位；南亚茶区产茶国有印度、斯里兰卡和孟加拉国3国，所产茶叶约占世界总产量的32%，也是世界茶叶主要产区，依2011年统计，印度居世界第二位，斯里兰居世界第四位；东南亚茶区产茶国家有印度尼西亚、越南、缅甸、马来西亚等，所产茶叶占世界总产量的7.4%，依2011年统计，越南居世界第五位；西亚、欧洲茶区主要产茶国有葡萄牙、格鲁吉亚、阿塞拜疆、土耳其、伊朗等，所产茶叶约占世界茶叶总产量的3.6%，依2011年统计，土耳其居世界第六位；东非茶区主要产茶国有东非的肯尼亚、马拉维、乌干达、坦桑尼亚、莫桑比克，南非地区的纳塔尔，中部的扎伊尔、卢旺达、喀麦隆、南非和印度洋中的毛里求斯等，所产茶叶约占世界茶叶总产量的13.7%，其中产量以肯尼亚为最多（2011年），居世界第三位；南美茶区自20世纪初才有茶树栽培，产茶的国家有阿根廷、巴西、秘鲁、厄瓜多尔、墨西哥、哥伦比亚等国，南美茶叶产量占全世界总产量的2.4%左右，以阿根廷产茶为最多，依2011年统计，阿根廷居世界第八位。

表1-11　世界产茶国家

洲别	国家数	国　　　家
亚洲	20	中国、印度、斯里兰卡、孟加拉国、印度尼西亚、日本、土耳其、伊朗、马来西亚、越南、老挝、柬埔寨、泰国、缅甸、巴基斯坦、尼泊尔、菲律宾、韩国、阿富汗、朝鲜
非洲	21	喀麦隆、布隆迪、扎伊尔、南非、埃塞俄比亚、马里、几内亚、摩洛哥、阿尔及利亚、津巴布韦、留尼汪岛、埃及、肯尼亚、马拉维、乌干达、莫桑比克、坦桑尼亚、刚果、毛里求斯、罗得西亚、卢旺达
美洲	12	阿根廷、巴西、秘鲁、墨西哥、玻利维亚、哥伦比亚、危地马拉、厄瓜多尔、巴拉圭、圭亚那、牙买加、美国
大洋洲	3	巴布亚-新几内亚、斐济、澳大利亚
欧洲	5	葡萄牙（亚速尔群岛）、俄罗斯、格鲁吉亚、阿塞拜疆、乌克兰

根据统计，1934年世界植茶面积为89.97万 hm^2，产茶量为38.12 t；1940年茶园面积为94.06万 hm^2，产量为51.23万 t；1950年茶园面积为78.21万 hm^2，产量为61.60万 t；1960年，茶园面积为120万 hm^2，产量95万 t以上；1970年茶园面积133.3万 hm^2，茶叶产量为124.4万 t；1980年茶园面积为233.72万 hm^2，茶叶产量为184.8万 t；1990年茶园面积达250.3 hm^2，茶叶产量达251.54万 t；2010茶园面积约270万 hm^2，产量417.02万 t。茶叶产量中以红茶最多，约占总产量的70%，红茶中92%左右为红碎茶。绿茶和其他茶类的产量约占世界茶叶总产量30%，绿茶主产于中国、日本、越南和印度尼西亚等国。

二、世界茶区的生产概况

从世界茶区分布看，茶树对环境虽有特殊要求，但它对环境的适应能力很强，可在年平均温度相差较大的地区栽培，也可在降水量悬殊较大的区域里种植。由于茶树原产于亚热带地区，喜爱温和湿润的气候，且世界上大部分茶区处于亚热带和热带的气候区域，故在不同气候条件下，茶树生育情况亦有差异。南纬16°到北纬20°之间的茶区，茶树全年可以生长和采摘；北纬20°以上的茶区，茶树在年周期中有明显生长与休止期；通常，全年中1月与7月气温相差小于10℃下的茶区，茶树全年可生长，1～7月气温相差在10～15℃范围内的茶区为长季节性，而温差在15～25℃的茶区为短季节性（表1-12）；世界各茶区的降水量悬殊，多的全年可达6 000 mm以上，少的仅有700 mm，著名的北印度和东北印度茶区的年降水量为1 300～4 000 mm，斯里兰卡为1 800～6 200 mm，日本静冈县为2 500 mm左右，而京都府则仅为1 500 mm；在1月与7月温差小的茶区，茶树生长和每月茶叶的收获量多少常常受降水量多少所制约，降水量多而又均匀的月份，茶树生长旺盛，产量亦高。如印度尼西亚爪哇茶区，全年各月降水量充沛又均匀，茶叶采收量每月比例为7%～10%，而东北印度的阿萨姆茶区和中国云南、广东等茶区，冬季或春季为干旱季节，降水量很少，茶树生长受阻，茶叶采收量下降。世界茶区的土壤条件，从土壤种类分析，一般都是酸性的红黄壤；从土质来讲，差异则很大，由黏重的黏土到极疏松的沙土都有分布，土壤酸度适宜范围为pH 4.0～6.5；土壤肥沃度，由含有机质极丰富的森林土到含有机质甚少的不毛之地，土壤含氮量由0.5%～1.0%到0.03%～0.05%，一般有效三要素含量均不太高。日本茶区大都为沙质壤土和沿河的冲积土，土质差异大，但肥力较高，含氮量在0.2%～0.5%，斯里兰卡茶区土壤主要是红壤，分为森林地、草原地及低地；印度山地茶园土壤大部分为片麻岩风化而成的灰化红壤和灰棕壤，平地茶园土壤大部分是砂岩风化的冲积土等。

表1-12 世界茶区主要地点气温情况与茶树生长

纬度	地点	月平均气温/℃		1月与7月温差/℃	茶树生长情况
		1月	7月		
北42°	格鲁吉亚	6.4	23.5	17.1	短季节性
北35°	日本名古屋	4.0	23.0	18.1	短季节性
北30°	中国汉口	4.4	28.6	24.2	短季节性
北27°	南印度托克莱	15.4	28.0	12.6	长季节性
北22°	中国广州	15.4	28.6	13.2	长季节性
北14°	越南土伦	17.9	19.3	1.4	全年性
北10°	南印度马拉巴	14.3	16.8	1.5	全年性
北7°	斯里兰卡科伦坡	18.1	18.1	0	全年性
北4°	印度圣丹	21.0	22.0	1.0	全年性
南6°	印度尼西亚茂物	23.0	24.7	1.7	全年性
南16°	东非尼亚萨兰	23.6	16.8	6.8	全年性

三、世界主要产茶国的栽培特点

各产茶国所处的地理位置不同，气候条件有差异，消费习惯也不一样，因此，在茶叶生产、栽培技术等方面都有所不同。

（一）印度

印度是世界上第二大产茶国，印度植茶始于1780年，当时英国东印度公司从中国将少量的茶籽运到了加尔各答，分别种在印度北部的不丹地区和加尔各答的私人植物园中，因种植不当而未成功。到了 1833 年，由于东印度公司与中国所签订的茶叶购销合约到期，而中国政府又拒绝续签。在这种情况下，印度总督威廉·班庭克于 1834 年组织成立了第一个印度茶叶委员会，专门研究中国茶树能否在印度种植的可能。同年派遣 G. T. Gordon 来中国学习，并从武夷山购买茶籽，招募制茶技工。从此，中国的种茶和制茶技术传到印度。1850 年以后，印度的茶叶生产迅速发展，1839 年，印度生产的第一批茶叶，共 388 箱（每箱 20 kg），运往伦敦试销，获得好评。到了 1886 年，茶园面积已有 12 万 hm²，产茶 37 388 t，茶叶出口 35 558 t；1904 年茶叶产量已达 10 万 t，然而在相当长的时期发展缓慢；1938 年才突破 20 万 t 大关，随后 10 多年发展加快；1955 年突破 30 万 t，又过 13 年到 1968 年突破 40 万 t 大关，由于需求增加，茶园面积也随之增加；到了 1970 年茶园面积已达 35.7 万 hm²。1976 年茶叶产量已突破 50 万 t，以后势头更猛；1984 年突破 60 万 t；到了 1990 年已达到 71.5 万 t，茶园面积也达到 41.9 万 hm²；2010 年达到历史上最高，产量为 99.1 万 t，茶园面积 57.9 万 hm²；2011 年的产量为 96.7 万 t，面积为 58 万 hm²。这些年来，随着印度国内消费的增加，茶叶出口量逐年下降，目前印度茶叶出口每年在 20 万 t 左右。

印度境内北部为山地，平均海拔 4 000 m 以上；中部是平原；南部为高原，平均海拔约 600 m。大部分地区为热带季风气候。印度的地理环境适合茶树生长，茶叶产区分布很广，有 22 个邦产茶，按地理可分南、北两大区。但茶园面积和茶叶产量又相对较集中，北印度约占 75%，南印度占 25%。北印度茶区，主要有阿萨姆和西孟加拉国，南印度茶区主要有泰米尔纳杜和喀拉拉。阿萨姆茶区，是印度最大的茶区，位于印度东北部，与中国和缅甸相接，该地区地势平坦，气候湿润，雨量充沛，年降水量在 2 000～3 000 mm，茶多种于 300～400 m 的缓坡山陵地带，每年的 3～11 月均可采茶，全区的茶园面积和产量占全印度的 50% 左右，其茶品质味浓、醇厚，非常适合加牛奶冲饮。而西孟加拉国的大吉岭茶区，以其生产世界上最具有独特风味和最昂贵的红茶而闻名于世，大吉岭位于印度喜马拉雅山麓，海拔 1 500 m 以上，种植中国小叶种，大吉岭红茶其香气如麝香、葡萄之芳香，被推崇为世界最香的红茶，有"茶中香槟"之美称。

印度主产红茶，占 95% 以上，其中 75% 为 CTC 红碎茶，传统红茶约为 25%，少量生产绿茶。印度茶叶生产走专业化和企业化道路，相对集中，规模较大，全国有 1 万多个种植园，多属大公司和私人经营。种植品种 80% 为阿萨姆大叶，20% 左右为引自中国的中小叶种。目前大面积推广无性系选育良种 VP6 和 VP9 等新品种。

（二）斯里兰卡

斯里兰卡现为世界上第四大产茶国，也是世界上最好的红茶生产国，其锡兰红茶享誉世界各地。2011 年茶产量为 32.9 万 t，占全世界产量的 7.7%，茶园面积为 22.2 万 hm²。

1824 年首次由荷兰人从中国输入茶籽试种，1839 年又由印度阿萨姆引种种植。1865 年，由于咖啡叶锈病的感染造成全岛的咖啡树几乎死亡殆尽。1867 年，英国人开始在这片殖民地上大规模种植茶树，由于高地的土质和气候都非常适合茶树的生长，使种茶业越来越旺盛。时至今日，斯里兰卡的茶叶成为当地的一项重要经济支柱，被誉为"绿色黄金"。

斯里兰卡地处热带，属典型的热带气候，一年有明显的干季和湿季，全年雨量充沛，气候温和。茶区各月平均温度在 20 ℃ 左右，常年温差小（一般差 4～6 ℃），而昼夜温差大

（一般差 5～10 ℃），年降水量在 1 800～1 900 mm，以 5～7 月和 10～12 月雨水量较多。茶园土壤多属酸性红壤和黄壤，土层深厚，土质肥沃，富含有机质。斯里兰卡有 6 个省 11 个区产茶。茶区依海拔高度将茶园分为高地（1 200 m 以上）、中地（600～1 200 m）和低地（600 m 以下）3 个类型。高地茶品质最佳，产量占全国总产量的 35%；中地茶品质稍次，约占全国总产量的 25%；而低地茶的品质最次，产量在 40% 左右。全国主要茶区中，纳沃拉和乌伐属于 1 200 m 以上的高地茶区，巴杜拉介于中地偏高茶区，而康堤处于 600～1 200 m 的中地茶区，拉特纳普拉属于低山丘陵茶区，以上 5 个茶区的产量和面积，占全国总量的 70% 以上，是斯里兰卡的重点茶区。由于斯里兰卡土地有限，近 20 多年来，茶园的面积几乎没有增加，而以提高单产为主。

斯里兰卡茶叶生产以国营为主，其面积占全国茶园面积的 57%，产量占总产量的 77%，其次是大资本集团公司经营。茶树栽培注重优化茶园管理，提高茶园整体素质，大力推广良种，老茶园进行换种改植，测土配方施肥，并严格按照采摘标准。在茶园管理上，加强病虫害的防治，很少施用农药，所以斯里兰卡的红茶大部分在欧洲市场上销售。斯里兰卡的红茶主要采用传统工艺，保持纯粹的"锡兰红茶"风格，巩固优质茶的领先地位。近年来，CTC 红碎茶也快速发展。在茶叶加工上实行初精合一，产销一体化，体现快制、快运、快销的特点，经精制的成品在 10 d 内即在科伦坡参加拍卖，斯里兰卡生产的红茶 80% 左右出口到欧洲等地，国内消费较少。

（三）肯尼亚

肯尼亚是非洲新兴的产茶国家，1903 年英国统治者从印度引进茶种，试植于首都内罗毕附近，1933 年茶园面积扩大到 0.47 万 hm²，此后处于停滞状态。1963 年肯尼亚独立以后，由于政府重视茶叶经济，建立和完善了国家管理茶叶的权力机构——茶叶局，发布和实施了一系列的方针、政策、法令和综合性措施，加强科学研究、人才培养与技术指导，引导茶农向集体转化，启动蒙巴萨茶叶拍卖市场，从而有力地促进了茶叶生产，其茶叶产量、质量和出口量突飞猛进。茶园面积从 1963 年的 2.1 万 hm² 扩大到 1983 年的 8.15 万 hm²，茶叶产量从 1963 年的 1.7 万 t 到 1983 年突破 10 万 t，达到 11.97 万 t。到了 2011 年，肯尼亚的茶园面积为 18.8 万 hm²，茶叶总产量 37.8 万 t，超越斯里兰卡成为第三大产茶国，一跃成为非洲第一茶叶大国。2011 年茶叶出口量为 42.13 万 t，占世界总出口量的 24.1%，为世界最大出口国，并且继续保持迅速增长的势头。肯尼亚全部生产红茶，CTC 红碎茶约占 90%，并且以"浓、强、鲜"的优异品质特点而享誉世界。肯尼亚茶产业发展历史很短，仅仅 100 年左右迅速成为世界第三茶叶生产国和贸易国。其原因主要为

① 靠优越的自然环境。肯尼亚的茶叶生产集中在 5 个省，且均分布在赤道附近东非大裂谷两侧的高原丘陵地带，主要产区为凯里乔、尼耶里等地，主要种植在海拔 1 500 m 以上的高地，品种为阿萨姆大叶种。年降水量 1 200～1 700 mm，4～5 月为大雨季，11～12 月为小雨季，茶叶生产全年进行。

② 建立了一套科学的管理机构和体制。肯尼亚茶叶生产的行政管理由农业部下设的茶叶局负责，茶叶局负责茶叶生产与加工，保证茶叶质量，还负责管理资金融通，与世界银行、肯尼亚政府、石油输出国组织等联系密切，同时，也是世界上最大的茶叶出口商，对肯尼亚茶产业的发展起着巨大推动作用。

③ 重视科学技术在生产中的促进作用。大力推广良种，无性系良种化达 80% 以上。目前肯尼亚是世界上单产最高的国家之一。栽培上重视配方施肥，严格采茶标准，加强病虫害的防治，几乎不施用农药，茶叶品质的安全有保障，茶叶加工上重视新技术和机械化，引进先进的 CTC 生产线，保证茶叶的品质。

（四）土耳其

土耳其北临黑海，南临地中海，是一个横跨欧亚两洲的国家。国内本不产茶，1888 年才开始尝试茶树的种植。从中国带回茶籽，种植于马尔马拉地区，但所有茶树都没有存活。4 年后第二次从中国引种，仍然失败，其主要原因是马尔马拉地区的气候条件不适合茶树的生长。1924 年，在土耳其共和国成立初期，政府决定从格鲁吉亚引进茶籽，种植于黑海东部地区，获得成功。1947 年，在里泽建立了第一个红茶工厂，由此开始了土耳其茶叶生产的历史。从 1955 年开始，土耳其政府采取了一系列鼓励茶叶生产的措施。茶叶供给量逐步达到维持国内的消费水平。1963 年时，茶园面积 1.75 万 hm^2，产量 1 万 t。这时政府正式停止从国外进口茶叶，发展本国的茶叶生产。1970 年时，茶园面积 2.6 万 hm^2，茶叶产量 3.3 万 t；到了 1980 年，茶园面积已达 5.4 万 hm^2，产量已近 10 万 t。此后，民间茶叶企业发展迅速，使茶叶产业得到了迅速的发展和壮大。1990 年时茶园面积已达 9 万 hm^2，产量为 13.1 万 t。自 1993 年以来，政府禁止开发新茶园，目前（2011 年）茶园面积稳定在 7.7 万 hm^2，而茶叶产量为 22.2 万 t。土耳其主要生产红茶，其茶叶主要内销，外销每年不超过 0.5 万 t，因此，土耳其是世界上第五大生产国和第四大消费国。

土耳其茶叶主要种植在黑海东南部的里泽（占 65%）、阿尔特温（占 21%）和特拉布宗（占 11%）等地。一般在 5 月、7 月和 10 月收获 3～4 次，茶树品种主要来源于格鲁吉亚的有性系，近几年开始推广无性系品种。茶叶在土耳其东部的黑海地区是一种重要的经济作物，超过 20 万户家庭（120 万人口）种植茶叶，97% 的茶园都是 1 hm^2 以内小规模家庭式管理，其中每户 0.05～0.50 hm^2 占 80%，0.6～1.0 hm^2 占 17%。1960 年，土耳其政府制定了茶叶交易的法规，政府根据每年国际茶叶市场的供求平衡、通货膨胀概率和生产成本等方面的因素，综合制定一个交易指导价，茶农必须根据这个价格进行买卖。

（五）越南

越南是一个新兴的但发展极其迅速的产茶大国。越南种茶有数百年的历史，茶树从我国云南红河传入，200 多年前茶业曾是越南重要的产业之一，但以后逐步衰落。到了 1900 年，在法国人的帮助下，才开始慢慢复兴。1952 年时，茶园面积 4 040 hm^2，产量仅 1 780 t，以后的 20 多年中发展缓慢，到了 1975 年越南南北统一以后，政府鼓励发展茶产业，茶园面积从 1975 年的 7 500 hm^2 猛增到 1976 年的 3.97 万 hm^2，1988 年达到 7.5 万 hm^2，产量也达到 3.8 万 t；近 10 多年来，政府积极鼓励茶叶种植及出口，2011 年茶园面积为 12.8 万 hm^2，茶叶产量 17.8 万 t，出口 14.3 万 t，一跃成为世界上第六大茶叶生产国和第五大茶叶出口国。

越南是个农业国家，地处东南亚，农业人口占总人口的 75%。越南的自然条件非常有利于发展茶叶生产。越南属热带季风气候，高温多雨，年降水量在 1 560～2 500 mm，年平均温度 18～25 ℃，茶树生长期长，从每年 3 月开始萌芽，到 12 月才采摘结束。越南现有

35 个省产茶，大部分集中在中央高原附近的中部和中北部山区，主要茶区在越南首都河内附近。越南主要生产红茶和绿茶，二者比例为 6∶4，红茶主要用于出口，绿茶主要内销，部分出口；茶叶出口主要销到巴基斯坦、中国和俄罗斯等国。近年来，越南政府制定了2001—2010 年的 10 年发展计划，每年更新老茶园 1 万 hm² 左右，并从中国和日本引进优良品种以及先进的茶叶加工设备，鼓励外资和私人投资茶叶产业，政府提供信贷贴息改革和许多优惠措施，要求每年出口创汇增长率在 8% 以上，越南在未来的国际茶叶市场的地位将越来越重要。

（六）印度尼西亚

1684 年德国人首次将茶籽从日本引种到爪哇岛，未成功。又于 1694—1835 年，多次从中国引种茶籽也未获成功。直到 1872 年，从斯里兰卡引种的阿萨姆品种方告成功，开始发展茶叶。1909 年，英国公司开始在苏门答腊发展茶叶生产，茶叶面积逐步扩大，产量上升，产品主要以出口为主。到 1939 年时，茶园面积已达 13.8 万 hm²，产量 8.33 万 t，其中出口量7.36 万 t。在第二次世界大战期间，茶园惨遭破坏，甚至荒芜，到 1947 年茶园面积仅有 2.47万 hm²，产量降至 0.15 万 t。战后又开始积极发展，1950 年时，面积已恢复到 8.17 万 hm²，产量 2.8 万 t；1960 年，面积达到 13.7 万 hm²，产量 4.6 万 t。以后面积基本稳定，产量开始增加，1990 年时，面积只有 12.9 万 hm²，产量已达 15.0 万 t。2000 年，面积达到历史上的最高位 15.37 万 hm²，产量为 16.0 万 t。近年来，产量和面积又开始逐渐减少，2011 年时，面积为 11.91 万 hm²，产量 12.35 万 t，出口量 7.55 万 t，目前是世界上第七大茶园面积国、第六大茶叶产量国和第七大茶叶出口国。

印度尼西亚地处热带，气候温暖，温度为 13～25 ℃，是世界上最大的岛国。茶叶主要种植在爪哇和苏门答腊岛，茶园大部分种植在 700～2 000 m 的高海拔地区，雨量丰富，年降水量 2 500～5 000 mm，全年分为雨季（11 月至翌年 5 月）和旱季（6～10 月）。茶园土壤肥沃，主要为暗色土，pH 为 4.4～6.0。印度尼西亚的气候条件非常适合茶树的生长，种植的品种 80% 为阿萨姆大叶种，20% 为中国小叶种。印度尼西亚的茶叶生产主要有两大类，一类是国营和私营大型种植场；一类是中小茶农。种植场规模一般在 200～1 000 hm²。目前种植场在全国种植面积为 54%，产量占 70%；中小茶农面积有 46%，但产量只有 30%。印度尼西亚主要生产红茶，其中传统工夫红茶产量占总产量的 70%，CTC 红碎茶产量在 1 万 t左右，绿茶产量在 3 万 t 左右，占 30%，还有少量的茉莉花茶和乌龙茶。产量中 70% 的茶叶出口，主要出口到俄罗斯、巴基斯坦和欧洲等国，是该国的主要出口产品。近年来，印度尼西亚政府十分重视茶叶生产，通过各种渠道振兴茶产业，大力推广新品种、发展无性系新茶园、改造老茶园、加强国营大茶园管理、降低生产成本等。

（七）阿根廷

阿根廷种茶始于 20 世纪 20 年代，当时从中国输入茶籽，试种于北部地区，获得成功。但由于阿根廷人习惯饮用马黛茶，所以茶叶发展迟缓。到了 1946 年，茶园面积仅 1 744 hm²，产量 39 t。但这以后，茶园面积迅速扩大，产量直线上升，1959 年面积已达到 30 999 hm²，产量4 491 t；20 世纪 70～80 年代，面积仍有增加，而且单产提高很快，单产由 1959 年的每公顷144.9 kg，增加到 1979 年的每公顷 783.7 kg，提高 5 倍之多，总产量突破 3 万 t；到了 80～

90 年代，面积基本上稳定在 4 万 hm²，而单产进一步提高，产量在 1984 年突破 4 万 t，2000 年为 6.3 万 t，到 2011 年茶园面积为 36 989 hm²，产量达到 96 572 t，平均单产为每公顷 2 610 kg，成为世界上单产最高的国家之一。阿根廷成为南美最大的茶叶生产和出口国，产量居世界第八位。

阿根廷的茶叶产区主要集中在东北部巴拉圭和巴西之间的地区。该地区为热带湿润气候，雨量充沛，年降水量为 1 000～1 200 mm；温度为 16～23 ℃，非常适宜茶树的生长。阿根廷的茶园多为农民家庭经营，所以规模较小，一般在 3 hm² 左右。但最大的一家茶叶公司——马利亚司，茶园面积达 4 000 hm²，集茶叶生产、加工、包装和销售于一体。阿根廷的茶叶 90% 用于出口，其中 70% 销到美国，其余部分出口到智利、英国、德国和俄罗斯等国。国内主要消费马黛茶，每年在 25 万 t 左右。

（八）日本

日本是世界上引种中国茶树最早的国家。805 年，日本僧人最澄（762—822 年）到中国学佛，回国时从浙江天台山携带茶籽，播种在位于京都比睿山麓的日吉神社，这是日本最早栽种茶树的记载，至今在比睿山日吉神社的池上茶园仍矗立着"日吉茶园"之碑，成为日本最早栽种茶树的记载。806 年僧人空海再次从中国带回茶籽种植于奈良县，由此，逐步传播到中部和南部各地。日本的茶业经过了长时间的缓慢发展，进入明治时期（1868—1911 年），由于推行各种振兴政策，整个茶产业处于上升发展时期。茶园面积不断扩大，从 1871 年 1.7 万 hm² 到 1911 年达 5.0 万 hm²，基本上与现在的茶园面积接近。茶叶产量从 1876 年的 0.9 万 t 到 1891 年达到 2.7 万 t，在第二次世界大战前的 1941 年茶叶产量达到 6.2 万 t；其后，随着日本的战败，到了 1946 年茶园面积仅为 2.4 万 hm²，茶叶产量也只有 2.1 万 t。经过战后 8 年的恢复，才达到战前水平。1954 年茶园面积为 3.5 万 hm²，产量为 6.8 万 t。近 10 年来，日本的茶园面积一直稳定在 5 万 hm² 左右，2011 年为 4.6 万 hm²，茶叶产量为 7.8 万 t。

日本现有 44 个府（县）产茶，主要产区有静冈、鹿儿岛、三重、奈良、宫崎、京都、熊本、佐贺、福冈和琦玉 10 个府（县）。这 10 个府（县）的茶园面积占全国茶园总面积的 80%，产量占 90%。其中静冈县是产茶最多的县，面积占全国的 40%，产量占 50%。日本生产的茶叶几乎全是蒸青绿茶，有玉露、碾茶、玉绿、煎茶和番茶等品种。日本一年的茶叶消费量在 15 万 t 左右，每年需从中国进口乌龙茶和绿茶，从斯里兰卡和印度等地进口红茶。

日本较重视茶叶科研，在静冈设有全国的茶叶试验场，并在鹿儿岛设分场。每个产茶县都专门设立茶叶试验场，既从事茶叶科学研究，又负责科学技术的推广。茶园 90% 属于农户所有，现有茶农约 24 万户，平均每户茶农拥有茶园面积在 0.17 hm² 左右。南部茶区——鹿儿岛，每户拥有的茶园面积较多，在 0.5～20.0 hm²。由于实行互助会、合作社或股份制经营，每户较少的茶园面积并不影响管理的现代化和生产的机械化、自动化。

日本在茶叶生产管理上比较先进，广泛采用现代化的管理技术。其特点：

① 茶树良种化普及率高。无性系茶树良种在 90% 以上，其中薮北种面积占全国的 75%，其次是丰绿为 3.6%，金谷绿为 1.7%，狭山香为 1.4%。

② 机械化水平高。茶叶采摘采用单人、双人或乘坐型采茶机，其他的中耕、施肥、灌溉、植保和鲜叶运输等都基本上使用机器作业，茶叶加工采用自动化控制加工机械设备。

③ 茶园管理科技含量高。茶园普遍实行秸秆还田，行间覆盖，安装防霜防冻设施等，茶园实行统一病虫害防治，有虫害预防的自动化设施，防治上采用性诱剂、生物农药和物理捕杀等措施，化学农药使用规范、科学合理。

复习思考题

1. 简述我国茶树的栽培发展历史。
2. 试析我国茶叶生产在清代由兴盛到衰落的原因。
3. 我国对世界植茶发展有何重大贡献？
4. 如何科学划分中国茶区？中国四大茶区各有哪些特点？
5. 如何借鉴世界其他产茶国在茶树栽培方面的成功经验？
6. 茶的利用始于何时？人工栽培茶树起源于何时？有何根据？

学习指南：

　　要实现茶叶生产的优质、高产、高效，必须充分认识茶树的生物学特性，只有了解这些特性与规律之后，才能在生产实际中有的放矢，根据规律指导生产。本章阐明了茶树在植物学上的分类地位、原产地及变种分类，叙述了茶树的根、茎、叶、花、果等各器官的生育特性，并就茶树的年生育和总生育周期的规律进行了综合分析。通过本章的学习，要求了解茶树在植物学上的分类地位、茶树原产地争论的主要观点与茶树变种分类，掌握各时期茶树生长发育的特征特性，可为生产措施的合理制订与运用打好基础。

第二章

茶树栽培生物学基础

　　研究表明，茶树所属的山茶科植物起源于上白垩纪至新生代第三纪的劳亚古大陆的热带和亚热带地区，至今已经有 6 000 万～7 000 万年的历史。在这漫长的古地质和气候等的变迁过程中，茶树形成其特有的形态特征、生长发育和遗传规律，即具有与其他作物不同的生物学特性。深入了解茶树的生物学特性，对于制订茶叶优质、高产、低耗、高效栽培技术措施有重要意义。

第一节　茶树在植物分类学上的地位

　　植物学分类的主要依据是形态特征和亲缘关系，分类的主要目的是区分植物种类和探明植物间的亲缘关系。植物学分类的各级单元为"阶元"，如界（kingdom）、门（phylum）、纲（class）、目（order）、科（family）、属（genus）、种（species）等，其中，种是分类的基本单元，相近的种集合成属，相近的属集合成科，相近的科集合成目，依次集合成纲、门、界。各级单元之下，根据需要再分亚单元，如亚门、亚目、亚科、亚种等。茶树的植物学分类学地位如下：

　　界　植物界（Regnum Vegetabile）
　　　　门　种子植物门（Spermatophyta）
　　　　　　亚门　被子植物亚门（Angiospermae）
　　　　　　　　纲　双子叶植物纲（Dicotyledoneae）

亚纲 原始花被亚纲（Archichlamldeae）

目 山茶目（Theales）

科 山茶科（Theaceae）

亚科 山茶亚科（Theaideae）

族 山茶族（Theeae）

属 山茶属（*Camellia*）

种 茶种（*Camellia sinensis*）

茶树的植物学名称最早是由瑞典植物学家林奈（Car Von Linne）定名，他在《植物种志》（*Species Plantarum*，1753）中，把茶树定名为"*Thea sinensis*"，意为中国茶树。在此后的 3 个世纪里，茶树的植物学分类出现了许多学术争论，先后提出了 3 个不同的属名和 20 多个种名。1950 年中国著名植物学家钱崇澍根据国际命名法有关要求，确定 *Camellia sinensis*（L.）O. Kuntze 为茶树学名，该命名一直沿用至今。其过程中，也有人对茶树的分类提出了不同意见。如 Dyer（1874）将其组合到山茶属 *Camellia* 下作为一个组——茶组 sect. *Thea*（L.）Dyer，包括 3 个种，其中的 *C. caudata* Wall 在 Sealy（1958）的分类中曾被归入莲芯茶组 *Sect. Theopsis*。还有人认为茶树花有梗，萼片宿存，蒴果开裂，并含有茶氨酸和咖啡碱等茶树特征化合物，与山茶属其他植物有区别，主张另立茶属（*Thea*），并将茶树命名为 *Thea sinensis*。

进入 20 世纪 50 年代以后，尤其是 80 年代，在中国茶树资源研究中，新的茶树资源不断挖掘，发现了许多新种、变种和变型。但是，由于不同研究者掌握的茶树标本资源不同，而且基本是依据形态分类学的经典分类方法进行分类，形态学特性又容易受环境条件和人为的主观判断等诸因素的影响，从而也导致分类阶元的不一致。20 世纪 80 年代以前，多数学者基本认同茶树归类为 *Camellia sinensis*，分类的争论主要在种以下的变种分类上；此后由于新资源的不断发现，种的分类数及分类方案也有了分歧。张宏达（1981）将茶组植物的形态特征描述为花 1～3 朵腋生，白色，中等大小，有花柄，苞片 2，生于花柄中部，早落；萼片 5～7，宿存；花瓣 6～11 片，近离生；雄蕊 3～4 轮，外轮近离生；子房 3～5 室，花柱离生；蒴果 3～5 室，有中轴。并将当时的茶组植物分为 17 个种，全部产于中国南部及西南部，其中 2 种扩展到缅甸及越南的北部。

张宏达把山茶属分为 4 个亚属（subgenus），即原始山茶亚属［subgen. *Protocamellia* Chang］、山茶亚属（subgen. *Camellia*）、茶亚属［subgen. *Thea*（L.）Chang］和后生山茶亚属（subgen. *Metacamellia* Chang）。茶亚属下又分 8 个组，茶被列入茶组［sect. *Thea*（L.）Dyer］，它以具有 2 个脱落的苞片和分离的雄蕊，或中等大的花朵及不太长的花柄而与其他 7 组区别，茶组的模式种为茶［*Camellia sinensis*（L.）O. Kuntze］。

根据子房有毛或无毛，子房 5（4）室或 3（2）室，茶组植物进一步分为五室茶系（ser. *Quinquelocularis* Chang）、五柱茶系（ser. *Pentastylae* Chang）、秃房茶系（ser. *Gymnogynae* Chang）和茶系（ser. *Sinensis* Chang）4 个系。这 4 个系是按性状的逐步进化而划分的。如野生型茶树多属于前 3 个系，栽培型茶树多属于茶系。

1. 第一系五室茶系（ser. Ⅰ，*Quinquelocularis* Chang）

（1）*Camellia kwangsiensis* Chang sp. nov. 广西茶新种，灌木或小乔木，嫩枝无毛。叶革质，长圆形，长 11～17 cm，宽 4～7 cm，先端渐尖或急锐尖，基部阔楔形，上面不发亮或略有光泽，下面无毛，侧脉 10～13 对，在上下两面均稍突起，边缘有细锯齿，齿刻相隔 2.0～2.5 mm，叶柄长 8～12 mm，无毛；花顶生，白色，花柄长 7～8 mm；苞片 2，早落；萼片 2，厚革质，近圆形，长 8～10 mm，背面无毛；花瓣及雄蕊已脱落，子房秃净，5 室；蒴果球形，直径 2.8 cm 或更大，果皮厚 7～8 mm，宿存花萼直径 2.5 cm。

（2）*Camellia quinquelocularis* Chang et Liang, sp. nov.。五室茶新种，小乔木，高 4 m，嫩枝无毛；叶革质，长圆形，长 9.0～12.0 cm，宽 3.0～4.5 cm，先端急锐尖，基部楔形，两面无毛，侧脉 7～9 对，边缘有锯齿，叶柄长 6～10 mm；花单生于枝顶，白色，直径 3.0～3.5 cm，花柄长 7～9 mm，无毛；苞片 2，早落；萼片 5，近圆形，长 5 mm，无毛；花瓣 12～14 片，倒卵圆形，长 2.0～2.5 cm，基部连生，无毛；雄蕊长 12～14 mm，外轮花丝基部稍连合；子房 5 室，无毛，每室有胚珠 1～4 个；花柱长 13 mm，先端 5 裂；蒴果圆球形，直径 2.5 cm，4～5 片裂开，果皮厚 2～3 mm；种子球形，直径 1 cm。

（3）*Camellia tetracocca* Chang, sp. nov.。四球茶新种，小乔木，嫩枝及顶芽均无毛；叶薄，近膜质，椭圆形，长 12～16 cm，宽 4～5 cm，先端锐尖，基部楔形，上面干后暗晦，下面无毛，侧脉 10～12 对，以 70°～80° 开角斜行，边缘有细锯齿，叶柄长 4～6 mm；蒴果扁四球形，宽 3.0～3.5 cm，高 1.4～1.7 cm，4 室，每室有种子 1 个，果皮木栓质或软木质，无毛，厚 2～3 mm，4 片裂开；种子近球形，直径 1.4～1.7 cm，种皮浅褐色，宿存萼片长 5～6 mm，无毛。

2. 第二系五柱茶系（ser. Ⅱ, *Pentastylae* Chang） 该系植物子房 4～5 室，被毛，花柱 5 条，离生，或先端 5 裂。有 5 种：

（1）*Camellia crasscolumna* Chang, sp. nov.。厚轴茶新种，小乔木，高 10 m，嫩枝无毛；叶革质，长圆形或椭圆形，长 10～12 cm，宽 4.0～5.5 cm，先端急尖，基部阔楔形，上面稍发亮，下面无毛，侧脉 7～9 对，边缘有锯齿，叶柄长 6～10 mm；花单生于枝顶，直径 5～6 cm，白色，花柄长 5 mm，粗大，有毛；苞片 2，早落；萼片圆形，长 6～8 mm，革质，有毛；花瓣 9 片，外面 3 片卵圆形，长 1.5 cm，有毛，其余 6 片卵状椭圆形，长 3 cm，宽 1.5～2.0 cm，有毛，基部连生；雄蕊长约 2 cm，近离生，无毛；子房有毛，5 室，花柱与雄蕊等长，先端 5 深裂；蒴果卵圆形，长 4 cm，4～5 片裂开，果皮厚 6～7 mm，中轴粗大，长 3 cm，4～5 角，种子每室 1 个。

（2）*Camellia pentastyla* Chang, sp. nov.。五柱茶新种，乔木；叶革质，椭圆形，长 8～12 cm，宽 3.5～5.3 cm，先端急尖，基部阔楔形，无毛，侧脉 7～8 对，边缘有钝齿，或近全缘，叶柄长 5～10 mm；花直径 4 cm，花柄长 4～6 mm；苞片 2，早落；萼片长 4～6 mm，无毛；花瓣 12～13 片；雄蕊长 8～10 mm；子房有长毛，花柱 5 条离生，长 3～9 mm；蒴果球形，直径 2.5 cm。

（3）大理茶 ［*Camema taliensis*（W. W. Sm.）Melch］。嫩枝无毛，叶椭圆形或倒卵形，长 9～15 cm，宽 4～6 cm，花柄长 1.2～1.4 cm；萼片长 4 mm，花瓣 10～11 片，长 3 cm；雄蕊近离生；子房有毛，花柱 5 裂；蒴果扁球形，宽 3 cm，5 室，果皮厚 2 mm。

（4）滇缅茶（*Camellia irrawadiensis* Barua）。从我国云南文山、元江、景东分布到缅甸北部，印度也有栽培。该种很接近大理茶（*C. taliensis* Melch），只是叶片长圆形，花梗长仅为 7～8 mm，花瓣长 1.5～2.0 cm，可能是后者的一个变型。

（5）*Camellia crispula* Chang, sp. nov.。皱叶茶新种，小乔木，嫩枝无毛；叶披针形

或狭长圆形，长 8～10 cm，宽 2～3 cm，先端渐尖，基部窄楔形、下延、无毛，侧脉 7～9 对，边缘有疏锯齿，叶柄长 5～7 mm；花腋生，花柄长 1 cm；萼片长 5～6 mm，被毛；花瓣基部连生；雄蕊近离生；子房被毛，花柱长 1 cm，被白毛，5 深裂；蒴果扁球形，4～5 室，直径 2.5 cm，果皮厚 4～5 mm。

3. 第三系秃房茶系（ser. Ⅲ, *Gymnogynae* Chang）　该系子房 3 室，无毛，花柱 3 裂，共有 4 种，分布于我国南部及西南部。

（1）*Camellia gymnogyna* Chang, sp. nov. 秃房茶新种，灌木，嫩枝无毛；叶椭圆形，长 9.0～13.5 cm，宽 4.0～5.5 cm，先端急尖，基部阔楔形，无毛，侧脉 8～9 对，边缘有疏锯齿，叶柄长 7～10 mm；花腋生，花柄长 1.0～1.4 cm，萼片阔卵形，长 6 mm，无毛；花瓣 7 片，倒卵圆形，长 2 cm，基部连生；雄蕊离生，长 1.0～1.2 cm；子房无毛，花柱长 1.2 cm，先端 3 裂；蒴果扁球形，3 片裂开，果皮厚 3～7 mm。

（2）*Camellia costata* Hu et Liang, sp. nov.。突肋茶新种，小乔木，嫩枝无毛；叶狭长圆形或披针形，长 9.0～12.0 cm，宽 2.5～3.5 cm，先端渐尖，基部楔形，上面稍发亮，侧脉 7～9 对，边缘上半部有疏齿，叶柄长 5～8 mm；花腋生，花柄长 7～8 mm，萼片长 5～6 mm，无毛，花瓣 6～7 片；雄蕊近离生；子房无毛，花柱 3 裂；蒴果球形，直径 1.4 cm，果皮厚 1.5 mm。

（3）*Camellia yungkiangensis* Chang, sp. nov.。榕江茶新种，灌木，嫩枝无毛；叶革质，倒披针形或长圆形，长 8.0～10.0 cm，宽 2.5～3.5 cm，先端急尖或渐尖，基部楔形、无毛，侧脉 7～8 对，边缘有疏齿，叶柄长 5～8 mm；花腋生，花柄长 1.0～1.4 cm；萼片长 3.5 mm，无毛；蒴果球形或双球形，宽 2 cm，无毛，2 室，果皮厚 1 mm，每室有种子 1 个。

（4）*Camellia leptophylla* S. Y. Liang, sp. nov.。膜叶茶新种，灌木，嫩枝有毛，很快变秃；叶薄膜质，长圆形，长 8.0～9.5 cm，宽 3.0～4.0 cm，先端急尖，基部楔形，无毛，侧脉 7～8 对，边缘有疏齿，叶柄长约 1 cm；花腋生或顶生，白色，花柄长 4～6 cm；萼片 5，近圆形，长 6～7 mm，背面无毛，边缘有茸毛；花瓣 9 片，倒卵形，长 9～11 mm，丛部略连生；雄蕊近离生；子房无毛，3 室，花柱长 8 mm，先端 3 裂。

4. 第四系茶系（ser. Ⅳ, *Sinensis* Chang）　茶系植物子房 3 室，被长毛，花柱 3 裂或 3 条离生；有 5 种，分布于我国南部及西南部。

（1）毛肋茶（*Camellia pubicosta* Merr.）。小乔木，嫩枝无毛；叶狭长圆形，长 9.0～13.0 cm，宽 2.5～3.5 cm，先端尾状渐尖，基部阔楔形，下面中脉上有毛，侧脉 7～8 对、下陷，边缘有小齿，叶柄长 5 mm；花柄长 4～5 mm；萼片 5，长 2～3 mm，无毛；花瓣 6 片，倒卵形，长 1 cm；雄蕊离生，长 6～7 mm；子房 3 室，被毛，花柱 3 条离生，长 7～8 mm。

（2）*Camellia angustifolia* Chang, sp. nov.。狭叶茶新种，灌木，嫩枝秃净；叶革质，披针形，长 7.0～10.0 cm，宽 1.8～2.8 cm，先端渐尖，基部楔形，无毛，侧脉 6～8 对，边缘有细锯齿，叶柄长 5～8 mm；蒴果圆球形，直径 2.5 cm，被长粗毛，3 室，果皮厚 4～5 mm；宿萼 5 片，近圆形，长 6～9 mm，无毛；果柄长 1 cm。

（3）茶［*Camellia sinensis*（L.）O. Kuntze］。原产中国南部，现世界热带、亚热带地区广泛栽培，颇多变异，枝叶及花有毛或无毛，叶片大小不一，通常栽培的植株的叶片小于野生的原产种。有普洱茶、白毛茶和长叶茶 3 个变种。

① 普洱茶变种［var. *assamica*（Mast.）Kitamura］分布在我国云南、广西、广东、海

南及越南等地。这个变种只有秃净的枝、叶和花，叶片较宽大，野生状态可以看到高 14 m 的乔木，胸径 35 cm，最粗达 75 cm。这个变种实际上是栽培茶树（var. *sinensis*）的野生型，亦即栽培茶树是从这个变种培育出来的。

② 白毛茶（新变种；var. *publimba* Chang，var. nov.）。和正种及其余变种的区别在于叶膜质、椭圆形，枝、叶及花均被毛。主要分布在广西凌云等地。

③ 长叶茶［新组合，var. *waldensae*（S. Y. Hu）Chang］。和正种及其他变种的区别在于叶片倒披针形；至于花的形态并无特殊差异。

（4）*Camellia ptilophylla* Chang，sp. nov.。毛叶茶新种，小乔木，嫩枝有柔毛；叶长圆形，长 12.0～21.0 cm，宽 4.0～6.8 cm，先端渐尖，上面稍粗糙，中脉有毛，下面被柔毛，侧脉 8～10 对，边缘有细齿，叶柄长 8～10 mm；花柄长 8～10 mm；苞片 3；萼片 7，长 4～5 mm，被毛；花瓣 5 片，长 1.0～1.2 cm；雄蕊近离生，长 8～10 mm；子房被毛，3 室，花柱长 1 cm；蒴果直径 1.7 cm，果皮厚 1 mm。

（5）*Camellia pavisepala* Chang，sp. nov.。细萼茶新种，灌木，嫩枝有柔毛；叶倒卵形，长 11～19 cm，宽 5～8 cm，先端急尖，侧脉 10～13 对，两面无毛，边缘有细锯齿，叶柄长 4～7 mm；花腋生，花柄长 3～5 mm；苞片 2，对生；萼片 5，长 3 mm，有茸毛；花瓣 6 片，长 8～12 mm，基部稍连生；雄蕊长 7～9 mm，离生；子房被柔毛，3 室，花柱长 6 mm，先端 3 裂。

按照上述分类法，迄今的 4 个系共有 47 个种 3 个变种。1992 年闵天禄对山茶属茶组［Sect. *Thea*（L.）Dyer］和秃茶组［sect. *Glaberrima* Chang］的 47 个种和 3 个变种进行了分类订正，取消了"系"这一单元，将张宏达所建立的秃茶组并入茶组，将原茶组中的毛肋茶移入离蕊茶组（sect. *Corallina* Sealy）中。这样茶组植物共有 12 个种 6 个变种。分别为：大厂茶（*Camellia tachangensis*）、广西茶［*Camellia kwangsiensis*，包括广西茶毛萼广西茶变种（*C. kwangsiensis* var. *kwangnanica*）］、大苞茶（*Camellia grandibracteata*）、大理茶（*Camellia taliensis*）、厚轴茶［*Camellia crassicolumna*，包括光萼厚轴茶变种（*C. crassicolumna* var. *multiplex*）］、秃房茶［*Camellia gymnogyna*，包括疏齿秃房茶变种 var. *remotiserrata*］、紫果茶（*Camellia purpurea*）、突肋茶（*Camellia costata*）、膜叶茶（*Camellia leptophylla*）、毛叶茶（*Camellia ptilophylla*）、防城茶（*Camellia fangchengensis*）和茶［*Camellia sinensis*（L.）O. Kuntze，包括普洱茶变种（*C. sinensis* var. *assamica*）、德宏茶变种（*C. sinensis* var. *dehungensis*）、白毛茶变种（*C. sinensis* var. *pubilimba*）］。

20 世纪 90 年代以来，茶学领域中有不少学者尝试用细胞学、生物化学手段研究茶树分类的工作，将传统分类与现代测定手段结合，以化学分类、数学分类方法等探讨相关内容，提出了不同的意见与认识，随着科技发展，各种综合方法的应用，分类工作将会更趋完善准确。

第二节　茶树原产地及变种分类

有关茶树起源的问题，是近 200 年来国际茶学界和植物分类学界学术争论的重要问题之一。17 世纪以前，这个问题并不存在争论，普遍公认茶树原产于中国。1753 年植物分类学家林奈（Car Von Linne）对中国武夷山茶树标本进行了研究，将茶树命名为 *Thea sinensis*，即中国茶树。然而，1824 年驻印英军勃鲁士（Bruce）在印度阿萨姆省发现了野生茶树，并于 1838 年发表了有关茶树原产地的小册子，称茶的原产地在印度。此后，对茶树原产地的观点出现了分歧，并引起了植物分类学界和茶学界的关注。

一、茶树原产地

许多学者对茶树原产地开展了广泛而深入的研究，提出了关于茶树原产地的多种观点，包括茶树原产于中国的"一元论"观点、大叶种茶树与小叶种茶树分别有不同原产地的"二元论"观点，茶树原产于亚洲东部的"多元论"观点，以及茶树原产于依洛瓦底江的"折中论"等多种观点。

（一）茶树原产于中国的"一元论"

茶树原产于中国的主要依据是中国为发现、利用和栽培茶树最早的国家，野生大茶树在中国分布最广、数量最多，茶树类型及变异也最多。同时，持这一观点的学者的另一个依据是大部分茶树亲缘植物也原产于中国。中国茶学界和植物分类界的学者基本支持这一观点。许多其他国家的学者也持这一观点，包括一些印度学者，如 1835 年印度茶业委员会所组织的科学调查团，对阿萨姆所发现的野生茶树进行了进一步的调查后，Wallich 博士和 Griffich 博士指出，在阿萨姆所发现的野生茶树与中国传入的茶树同属中国变种，不过野生已久，在形态和品质上出现了较大差异而已。前苏联的勃列契尼德和杰莫哈节、法国的金奈尔、美国的瓦尔茂、威尔逊以及日本的志村乔和武田善行等分别通过细胞遗传学、数值分类学、酶学等手段进行研究，结果都认为中国类型和阿萨姆类型的茶树具有共同的起源，支持茶树原产于中国的"一元论"观点。

（二）茶树原产于印度和中国的"二元论"

1919 年荷兰植物学家 Cohen Stuart 在考察中国的西藏、云南和中南半岛时，均发现有野生茶树，据此他认为中国东部和东南部没有关于大叶类型茶树的记载，所以根据茶树形态上的不同可以分为两个原产地：即大叶类型茶树原产于中国西藏高原的东部一带，包括中国四川、云南以及越南、缅甸、泰国、印度阿萨姆等地，而小叶类型茶树原产于中国东部和东南部。

（三）茶树原产地"多元论"

美国威廉·乌克斯在 *All About Tea* 一书中提出：凡是自然条件适合而又有野生植物的地方都是茶树的原产地，它包括泰国北部、缅甸东部、越南、中国云南、印度阿萨姆等地。其理由是这些地区的土壤、气候和雨量都非常适合茶树生长繁殖，形成一个原产地中心。

（四）茶树原产于伊洛瓦底江发源地的"折中论"

英国艾登（Eden）在其所著的 *Tea* 一书中称："茶树原产依洛瓦底江发源处的中心地带，或者在这个中心地带以北的'无名高地'"。意即原产缅甸的江心坡或者在它以北的中国云南、西藏境内。

以上所述不同观点中，除主张茶树原产于中国的"一元论"以外的不同观点，其立论根据都是以大茶树的有无作为唯一依据，而且有些观点认为中国没有发现野生大茶树的报告。但非常明确的是，中国并不是没有大茶树，认为中国没有大茶树是缺乏依据的。早在唐代陆羽著《茶经》中就有"茶者，南方之嘉木也。一尺、二尺乃至数十尺，其巴山、峡川，有两人合抱者，伐而掇之"。书中所指的茶树就有野生大茶树。自20世纪以来，尤其是20世纪后半叶，我国茶叶工作者在全国各地开展了广泛的茶树品种资源调查研究，发现了大量的野生大茶树和相关资料，充分证明中国是茶树的原产地。

二、茶树的变种分类

茶树种以下的变种分类一直处于发展变化过程。1762年，林奈将茶树分为两个种，花瓣6瓣的为红茶（*Thea bohea*）；花瓣9瓣的为绿茶（*Thea virids*）。1908年，Watt将茶树分为4个变种，包括6个类型，即：尖叶变种（var. *viridis*），其中又分为6个类型：即阿萨姆型（*Assam lndigenous*）、老挝型（*Lushai*）、那伽山型（*Naga*）、马尼坡型（*Manipur*）、缅甸及掸部型（*Burma and Shan*）和云南型（*Yunan*）；武夷变种（var. *bohea*）；直叶变种（var. *stricta*）；毛萼变种（var. *lasiocalyx*）。Stuart（1919）在Watt分类的基础上进行了归并，提出4个变种，即：武夷变种（var. *bohea*）、中国大叶变种（var. *macrophylla*）、掸形变种（var. *shah form*）和阿萨姆变种（var. *assamica*）。Eden（1958）将茶树分为3个变种：即中国变种（var. *sinensis*）、印度变种（var. *assamica*）和柬埔寨变种（var. *cambodia*）。Sealy（1958）将茶树分为亲缘关系较近的3个种：中国种（*C. sinensis*），其中又分中国变种（var. *sinensis*）、阿萨姆变种（var. *assamica*）2个变种；大理种（*C. taliensis*）和伊洛瓦底种（*C. irrawadiensis*）。1970年，日本出版的《新茶叶全书》将茶种分为印度大叶变种（var. *assamica*）、印度小叶变种（var. *burmensi*）、中国大叶变种（var. *macrophylla*）和中国小叶变种（var. *bohea*）。1971年，苏联茶树育种家将茶树分为2个地理亚种10个变种：中国亚种（ssp. *sinensis*），包括日本变种、中国变种和中国大叶变种；印度亚种（ssp. *assamica*），包括阿萨姆变种（var. *assamica*）、老挝变种（var. *lushai*）、那伽变种（var. *naga*）、马尼坡变种（var. *manipur*）、缅甸变种（var. *burma*）、云南变种（var. *yunnanensis*）、锡兰变种（var. *ceylonensis*）。Bezbaruah等（1976）将茶树分为2个种1个亚种，即中国种（*C. sinensis*）、阿萨姆种（*C. assamica*）及尖萼亚种（*C. assamica* ssp. *lasiocalyx*）。

中国茶学家庄晚芳等（1981）总结国内外茶树分类资料，根据茶树亲缘关系、利用价值与地理分布等把茶树［*Camellia sinensis*（L.）O. Kuntze］分为2个亚种7个变种，即云南亚种（ssp. *yunnan*）和武夷亚种（ssp. *bohea*）。云南亚种包括云南变种（var. *yunnansis*）、川黔变种（var. *chuanqiansis*）、皋芦变种（var. *macrophylla* 或 var. *kulusis*）和阿萨姆变种（var. *assamica*）；武夷亚种包括武夷变种（var. *bohea*）、江南变种（var. *jiangnansis*）和不孕变种（var. *sterilities*）。该变种分类的云南亚种实际上是Watt分类的尖叶变种（var. *viridis*）的内容，武夷亚种是Stuart分类的武夷变种（var. *bohea*）的内容。这一分类综合了Watt和Stuart茶树分类系统的优点，较好地反映了种群间的亲缘关系。

第三节　茶树植物学特征特性

茶树植株是由根、茎、叶、花、果实和种子等器官构成的整体。根、茎、叶为营养器官，主要功能是担负营养和水分的吸收、运输、合成和贮藏，以及气体的交换等，同时也有繁殖功能；花、果实、种子等是生殖器官，主要担负繁衍后代的任务。茶树的各个器官是有机的统一整体，彼此之间有密切的联系，相互依存、相互协调。

一、茶树的根系

茶树地下部根系起着固定、吸收、贮藏、合成等多方面作用，也可作为营养繁殖的材料，了解与认识其生育规律是制订茶园土壤管理生产措施的重要生物学依据。

(一) 根的外部形态

1. 根系的组成　茶树根系由主根、侧根、吸收根和根毛组成。按发生部位不同，根可分为定根和不定根。主根和各级侧根称为定根，而从茶树茎、叶、老根或根颈处发生的根称为不定根，如无性繁殖扦插苗形成的根。主根是由胚根发育向下生长形成的中轴根，有很强的向地性，向土壤深层生长可达1～2 m，甚至更深；当胚根伸长至5～10 cm时，就会发生一级侧根；一级侧根生长发育到一定阶段后，可发生二级侧根，以此类推，从而形成庞大的根系；侧根的前端生长出乳白色的吸收根，其表面密生根毛。主根和侧根呈红棕色，寿命长，起固定、贮藏和输导作用。吸收根主要是吸收水分和无机盐，也能吸收少量的二氧化碳，但其寿命短，不断衰亡更新，少数未死亡的吸收根可发育成侧根。主根上的侧根是按螺旋状排列的，由于主根生长速度不均衡，以及各土层营养条件的差异，侧根发生有一定的节律，使茶树根系出现层状结构。

2. 根系的分布　茶树根系在土壤的分布，依树龄、品种、繁殖方式、种植方式、种植密度、生态条件以及农艺措施等方面而有所不同（图2-1）。主根生长至一定年龄后，其生

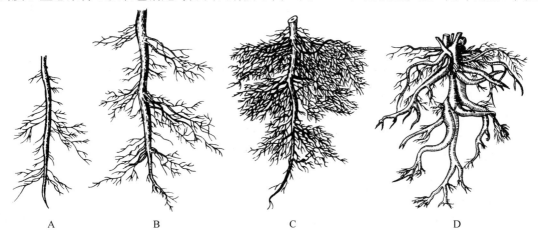

图2-1　茶树根系的形态

A. 一年生根系　B. 二年生根系　C. 壮年期根系　D. 衰老期根系

(刘宝祥，1980)

育速度慢于侧根，侧根向水平方向发展，其分布与耕作制度密切相关，若行间经常耕作，根系水平分布范围与树冠幅度大致相仿；在免耕或少耕的茶园内，根幅常大于树幅；吸收根一般分布在地表下 5～45 cm 土层内，但集中分布在地表下 20～30 cm 土层内。由于茶树根系具有向肥性、向湿性、忌渍性，以及向土壤阻力小方向生长的特性，故有时根系幅度和深度不一定与树冠幅度和高度相对应。

茶树的根系分布状况与生长动态是制订茶园施肥、耕作、灌溉等管理措施的主要依据。"根深叶茂"充分说明培育好根系的重要性。

（二）根的内部结构

1. 根尖　茶树的根尖与一般植物根尖相似，分为根冠、分生区、伸长区和根毛区四部分。

（1）根冠。根冠位于根的最尖端，长约 0.2 mm，是一群比较大的细胞，形似帽子，套在根的生长点外面，保护根的生长点，所以称为根冠。

（2）分生区。分生区离根尖端 0.2～1.0 mm，由顶端分生组织形成，此处细胞能不断分裂，产生新的细胞，又称生长点。新细胞边长大、边分化，形成根的各种组织。

（3）伸长区。在生长点的上方，称为伸长区，此区全长约几毫米，这部分细胞中的液胞迅速增大，细胞伸长很快。

（4）根毛区。在伸长区的上方，称为根毛区（又称成熟区），其特点是细胞基本成熟，并停止伸长，同时表皮细胞外壁向外伸长成为根毛（图 2-2）。根毛是根吸收水分和养料的部位。

2. 根的初生结构　将根毛区做一横切面可以看见根的初生结构。

（1）表皮。根的最外一层细胞形状扁平，排列比较整齐紧密，称作表皮（图 2-3）。它常向外突出形成根毛，以扩大吸收表面。

（2）皮层。表皮之内是许多大型的薄壁细胞，有细胞间隙，称为皮层。皮层细胞层数随品种而异，大叶型品种有 10～15 层；小叶型品种一般不超过 10 层；在皮层细胞内常常贮藏有淀粉粒。皮层最里面一层为内皮层，其特点是细胞壁部分栓质化加厚，形成带状，称为凯氏带。

（3）中柱。在皮层内，根的中央部分称为中柱。中柱的结构比较复杂，在中柱外面通常有一层薄壁细胞将整个中柱包围起来，称为中柱鞘，中柱鞘内有初生木质部、初生韧皮部和髓。在初生韧皮部和初生木质部之间，还有一些薄壁细胞，中央为髓部。

① 中柱鞘。中柱鞘细胞有分裂能力，能够分裂产生侧根、形成层、木栓形成层和不定根或不定芽。在生产中，可以用茶树的根来扦插繁殖。

② 初生木质部。初生木质部主要是由导管和管胞组成，能够输导水分。初生木质部常排列成束，茶树常因品种不同而束数也不同，大叶型品种一般有 9～12 束，中小叶型品种为7～8 束。维管束越多，其形成侧根的能力越强。

③ 初生韧皮部。初生韧皮部与初生木质部间隔排列，韧皮部由筛管和伴胞组成，能够运输叶片中制造的养料。

④ 髓。髓十分发达，其中贮藏有淀粉粒，而更多的是水分和养料。因此，茶树主根也是重要的贮藏器官。

3. 根的次生结构　将根毛区上部的黄褐色根横切，可见到根的次生构造。初生木质部和初生韧皮部之间的薄壁细胞不断分化可以转变为形成层，形成层的细胞具有分裂能力，不断向外产生次生韧皮部，向内产生次生木质部，使根不断地增粗，而且逐渐使初生木质部与韧皮部的相间排列转变为内外排列，且无髓部。根在增粗过程中，由中柱鞘细胞产生木栓形成层，进一步分裂产生周皮，周皮起保护作用，周皮形成之后，其外围部分逐渐剥落，根由乳白色转变为黄褐色（图2-4）。

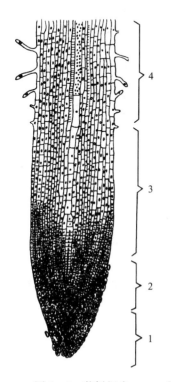 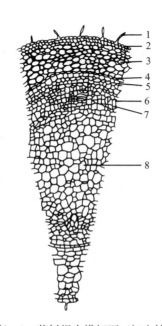 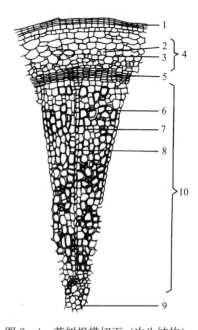

图2-2　茶树根尖
1. 根冠　2. 生长点
3. 伸长区　4. 根毛区

图2-3　茶树根尖横切面（初生结构）
1. 根毛　2. 表皮　3. 根皮　4. 内皮层
5. 中柱鞘　6. 初生韧皮部
7. 初生木质部　8. 髓
（王镇恒，1978）

图2-4　茶树根横切面（次生结构）
1. 周皮　2. 筛管　3. 伴胞　4. 次生韧皮部　5. 形成层　6. 导管　7. 纤维素
8. 髓射线　9. 髓　10. 次生木质部
（王镇恒，1978）

4. 菌根　茶树的根系常与土壤中的真菌共生，形成菌根。目前在红壤茶园中已发现外生、内外生和内生三种类型的菌根菌。外生菌根菌只在皮层细胞之间延伸；而内外生菌根菌的菌丝，除在皮层细胞之间延伸外，有的已进入细胞内部；内生菌根菌的菌丝通过皮层细胞之间进入细胞内部，有的还进入内皮层细胞。

5. 不定根的产生　茶树不定根的产生过程，从形态上大致可分为愈伤组织形成期、根原基形成期、根端伸长期、根系形成期。根据严学成的试验观察，不定根产生形成层的过程为在形成层外侧细胞首先平周分裂几次后，两侧细胞进行垂周分裂，平周分裂和垂周分裂的结果是形成一圆锥形的不定根原基，将外侧的韧皮部向外推移，突破皮层和表皮，在表皮外面堆积许多瘤状突起即是愈伤组织。根原基从愈伤组织的缝隙中向外伸出次生根。

二、茶树的茎

茶树茎上着生地上部的叶、花、果,与地下部根系相连,起着支撑、输导、贮藏等重要作用。不同品种茶树茎的着生状态差异较大,了解与认识其生育特点,是指导茶树树冠管理和合理利用茶树茎的依据。

(一) 茎的外部形态

茎是联系茶树根与叶、花、果的轴状结构,其主干以上着生叶的成熟茎称枝条,着生叶的未成熟茎称新梢。主干和枝条构成树冠的骨架。

由于分枝部位不同,茶树可分为乔木、小乔木和灌木3种类型(图2-5)。乔木型茶树,植株高大,有明显主干;小乔木型茶树,植株较高大,基部主干明显;灌木型茶树,植株较矮小,无明显主干。在生产上我国栽培最多的是灌木型和小乔木型茶树。

茶树枝条按其着生位置和作用可分为主干和侧枝。

① 主干。主干由胚轴生育而成,指根颈至第一级侧枝的部位,是区分茶树类型的主要依据。

② 侧枝。侧枝是主干上分生的枝条,依分枝级数而命名,从主干上分生出的侧枝称一级侧枝,从一级侧枝上分生出的侧枝称二级侧枝,以此类推,它是衡量分枝密度的重要标志。侧枝按其粗细和作用不同又可分为骨干枝和细枝(亦称生产枝)。骨干枝主要由一、二极分枝组成,其粗度是影响茶树骨架健壮的重要指标之一;细枝是树冠面上生长营养芽的枝条,与形成新梢的数量和质量有密切关系。

茶树幼茎柔软,表皮青绿色,着生有茸毛。随着幼茎逐渐木质化,皮色由青绿→浅黄→红棕,即称为枝条,1年生枝的茎上出现皮孔,形成裂纹,俗称麻梗。2~3年生枝条呈浅褐色,之后,色泽逐渐变化,由浅褐色→褐色→褐棕色→暗灰色→灰白色。

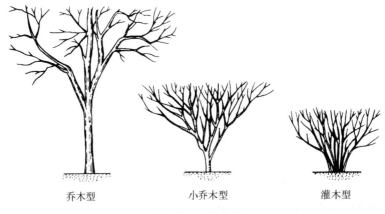

乔木型　　　　　　小乔木型　　　　　　灌木型

图 2-5　茶树类型

由于分枝角度不同,茶树树冠分为直立状、半开展状和开展状(又称披张状)3种类型(图2-6)。茶树分枝方式分单轴分枝与合轴分枝两种形式。自然生长的茶树,一般在2~3龄以内为单轴分枝(徒长枝亦为单轴分枝),其特点是顶芽生长占优势,侧芽生长弱于顶芽,主干明显。一般到4龄以后转为合轴分枝,其特点是主干的顶芽生长到一定高度后停止生长或生长缓慢,由近顶端下的腋芽生长取代顶芽的位置,形成侧枝。新的侧枝生长一段时间后，顶芽萎缩又由腋芽生长，渐形成多顶形态，依此发展，使树冠呈现开展状态。

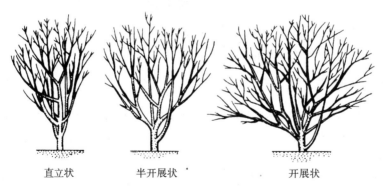

直立状　　半开展状　　开展状

图 2-6　茶树树冠形状

（二）茎的内部结构

茎的表皮是一层排列紧密的砖型细胞，气孔分布其间，表皮外有角质层和茸毛，表皮内为皮层，皮层最外为 1～2 层壁较厚的细胞，含有叶绿体，故使幼茎呈绿色。表皮可转变为周皮。皮层为多层薄壁细胞，细胞较大，有细胞间隙。中柱鞘由 2～3 层薄壁细胞组成。中柱鞘之内为维管束，维管束由韧皮部、形成层、木质部三部分组成。韧皮部位于维管束外部，构成韧皮部的有筛管、伴胞、韧皮纤维和韧皮薄壁细胞。木质部位于维管束内部，由导管、木纤维、木质射线等组成。筛管主要运输同化产物，而导管主要运输水分和无机盐类。韧皮部与木质部之间为形成层，细胞呈长方形，排列整齐，有强烈的分生能力，向外形成新的韧皮部，向内形成新的木质部，所以茎部得以增粗。维管束之间有髓射线，呈放射状，内接髓部，外通中柱鞘，起横向运输作用。茎的中心大部分为髓，为不规则的椭圆形薄壁细胞所组成。在髓部可见到细胞壁上的单纹孔及贮藏的淀粉粒（图 2-7），起贮藏养分的作用。茶树幼茎横切面切片见图 2-8。

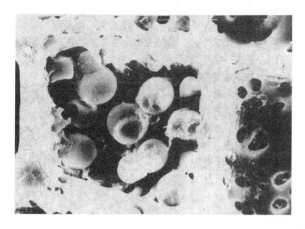

图 2-7　茶树老茎髓部贮藏细胞
（童启庆，1983）

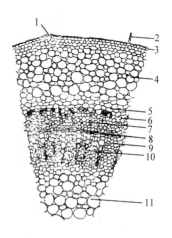

图 2-8　茶树幼茎横切面切片（初生结构）
1. 气孔　2. 表皮毛　3. 表皮　4. 皮层　5. 中柱鞘
6. 韧皮纤维　7. 韧皮部　8. 形成层　9. 髓射线
10. 木质部　11. 髓

三、茶树的芽

茶树的芽是枝叶的雏形，其组织结构包括茎尖分生组织及其外围的叶原基、腋芽原基、幼叶等。不同品种，因芽的发生时间、着生部位不同，其形态结构有所不同。

（一）茶芽外部形态

茶芽分叶芽（又称营养芽）和花芽两种。叶芽发育为枝条，花芽发育为花。叶芽依其着生部位不同又分为定芽和不定芽，而定芽又分为顶芽和腋芽。生长在枝条顶端的芽称为顶芽，生长在叶腋的芽称为腋芽。一般情况下顶芽芽体大于腋芽，而且生长活动能力强。当新梢成熟后或因水分、养分不足时，顶芽停止生长而形成驻芽。驻芽及尚未活动的芽统称为休止芽或休眠芽。处于正常生长活动的芽称为生长芽。不在梢的顶端或叶腋的叶芽称为不定芽，不定芽又称潜伏芽，多在茶树衰老或创伤后萌生于茶树茎或根颈处。

按茶芽形成季节分冬芽与夏芽。冬芽较肥壮，秋冬形成，春夏发育；夏芽细小，春夏形成，夏秋发育。冬芽外部包有鳞片 3～5 片，表面富含蜡质并着生茸毛，能减少水分散失，并有一定的御寒作用。

（二）茶芽内部结构

将茶芽纵切，最外层有几片鳞片和幼叶，如覆瓦状覆于生长锥上，鳞片和幼叶上有茸毛。中央有一很小的圆锥状突起，称为生长锥，与根尖生长点相似，生长锥也具有分裂能力。在生长锥基部的突起称叶原基，幼叶的叶腋有腋芽原基，生长锥以下组织为芽基部，已开始分化为表皮、皮层、原形成层、导管和髓等（图 2-9）。

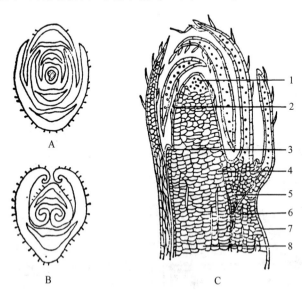

图 2-9　茶芽的横切面和纵切面
A. 冬芽切面　B. 夏芽切面　C. 茶芽纵切面
1. 生长锥　2. 叶原基　3. 芽原基　4. 原形成层　5. 导管　6. 皮层　7. 表皮　8. 髓

在扫描电镜下，可观察到芽上茸毛的微观结构，如广东乐昌白毛茶的茸毛上具有分叉的小刺或小毛;云南大叶茶的茸毛比较光滑,但略具瘤块;缅甸茶的茸毛呈不规则的斑块状;四川、广西的一些野生茶的茸毛是分叉的。

四、茶树的叶

茶树的叶是茶叶生产的收获对象,更是茶树生育进行光合作用的重要器官,品种间叶片差异很大,生态因素更是对其正常生长带来影响。

(一)叶的外部形态

茶树叶片分鳞片、鱼叶和真叶 3 种类型。鳞片无叶柄,质地较硬,呈黄绿或棕褐色,表面有茸毛与蜡质,随着茶芽萌展,鳞片逐渐脱落。鱼叶是发育不完全的叶片,其色较淡,叶柄宽而扁平,叶缘一般无锯齿,或前端略有锯齿,侧脉不明显,叶形多呈倒卵形,叶尖圆钝。每轮新梢基部一般有鱼叶 1 片,多则 2~3 片,但夏秋梢无鱼叶的情况也时有发生。

真叶是发育完全的叶片(图 2-10)。形态一般为椭圆形或长椭圆形,少数为卵形和披针形。叶片形态以叶形指数(平均叶长/叶宽,测定叶片基部至叶尖长度、叶片最大宽度)来区分,参照植物学叶形划分标准:长椭圆形,长宽比为 3~4;椭圆形,长宽比为 2~3;卵圆形,长宽比为 1.5~2,最宽处不在叶的中部。叶色有淡绿色、绿色、浓绿色、黄绿色、紫绿色,与茶类适制性有关。叶尖尖凹,是茶树分类依据之一,分急尖、渐尖、钝尖、圆尖等。叶面有平滑、隆起与微隆起之分;隆起的叶片,叶肉生长旺盛,是优良品种特征之一。叶缘有锯齿,呈鹰嘴状,一般 16~32 对,随着叶片老化,锯齿上腺细胞脱落,并留有褐色疤痕,这也是茶树叶片特征之一。叶面光泽性有强、弱之分,光泽性强的属优良特征。叶缘形状有的平展,有的呈波浪状。嫩叶背面着生茸毛,是品质优良的标志。叶片着生状态有直立、水平和下垂之分。

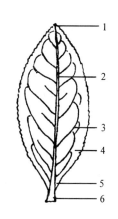

图 2-10 茶树的真叶片
1. 叶尖 2. 主脉 3. 侧脉
4. 叶缘 5. 叶基 6. 叶柄
(唐茜,2013)

茶叶主脉明显,主脉再分出细脉,连成网状,故称网状脉。侧脉呈≥45°角伸展至叶缘约 2/3 的部位,向上弯曲与上方侧脉相连接。侧脉对数因品种而异,多的 10~15 对,少的 5~7 对,一般 7~9 对。

叶片大小以定型叶的叶面积来区分,凡叶面积>50 cm² 的属特大叶,28~50 cm² 的属大叶,14~28 cm² 的为中叶,<14 cm² 的为小叶。叶面积的测量方法有求积仪法、方格法、称重法、公式法等,生产实际中,以公式法为简单易行,应用最多。但因茶树品种间叶形差别较大,公式法中的系数值对计算结果有一定影响,常以 0.7 为茶树叶片面积的计算系数,不同叶形指数的茶树要进行准确计算叶面积时,应先对调研对象的系数选用进行校正。叶面积计算公式为:

$$叶面积(cm^2)=叶长(cm)×叶宽(cm)×系数(0.7)$$

(二)叶的解剖结构

将叶片的横切面放在光学显微镜下观察,可见叶片包括上下表皮、叶肉、叶脉 3 个部分(图 2-11)。

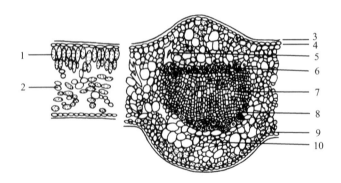

图 2-11　茶树叶片横切面

1. 栅状组织　2. 海绵组织　3. 角质层　4. 上表皮　5. 石细胞
6. 机械组织　7. 木质部　8. 韧皮部　9. 下表皮　10. 草酸钙结晶

（王镇恒，1984）

1. 上下表皮

（1）上表皮。上表皮由一层密接的长方形细胞组成，上面覆被一层角质层。小叶种表皮细胞较小，细胞壁较厚，抗寒力强；大叶种表皮细胞较大，细胞壁薄，抗寒力弱。嫩叶角质薄，水分蒸腾较多；叶片成长过程中角质层渐增厚，水分蒸腾也减少。

（2）下表皮。下表皮有许多气孔（图 2-12），每个气孔由两个半月形的保卫细胞构成，水分与空气由此出入，蒸腾作用与呼吸作用也是通过气孔调节进行的。气孔的密度和大小随品种而不同，大叶种气孔稀而大，小叶种气孔密而小。同一叶片按叶尖、叶中部至基部气孔数量依次减少。下表皮有些细胞向外突起，形成茸毛，茸毛基部有腺细胞，能分泌芳香物质，使茶叶具有特殊的香气。

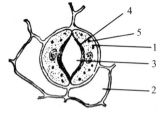

图 2-12　茶树叶片下表皮的气孔

1. 保卫细胞　2. 表皮细胞　3. 气孔　4. 厚壁　5. 薄壁

（童启庆，1983）

2. 叶肉 在上下表皮之间为叶肉，由栅状组织与海绵组织构成，栅状组织上紧接上表皮，为1～3层排列整齐而紧密的圆柱形细胞，与表皮垂直，细胞含很多叶绿体。大叶种的栅状组织大多数为1层，且排列较稀疏，中小叶种为2～3层（图2-13）。栅状组织越厚、层次越多、排列紧密，则该品种抗寒力越强。海绵组织位于栅状组织之下，是一些不规则的近圆形细胞，排列较疏松，细胞间隙大。海绵组织细胞中的叶绿体较少，而有大的液胞，其主要功能是贮藏养分和代谢产物，直接与茶叶品质有关的多酚类、糖类等物质，大都贮藏在液胞内。海绵组织愈发达，则内含物愈丰富，制茶品质愈佳。部分海绵组织细胞中含有星状草酸钙结晶体。

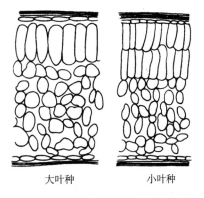

图2-13 大叶种和小叶种茶树叶片解剖结构比较

（1）硬化细胞。叶肉和主脉中还有一种细胞壁很厚、形状多种多样的硬化细胞，又称石细胞或支持细胞（图2-14）。严学成认为，树状硬化细胞为原始类型，星状、骨状和纺锤状硬化细胞为进化类型。在扫描电镜下观察，发现石细胞的壁高度次生化，壁上花纹多样，如树状硬化细胞的纹饰大多为纵向沟槽；星状硬化细胞的纹饰有凸起，为波浪状沟槽，并有小瘤；骨状硬化细胞壁无乳突，壁上纹饰是斑状右旋；纺锤状硬化细胞纹饰为块状，具凹穴，壁上有稀疏小刺，小叶种的硬化细胞壁纹有很粗的纵沟，沟间有小瘤。

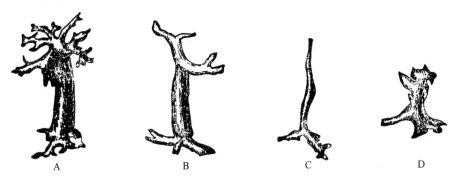

图2-14 茶叶中的硬化细胞

A. 桂北野生茶 B. 云南大叶茶 C. 凤凰水仙 D. 中小叶种

（严学成，1980）

（2）叶绿体。叶绿体是叶肉中进行光合作用的主要质体，其形似盘状或碟状，大小一般为4～6 μm。叶绿体由排列均匀的基粒（又称叶绿小粒）构成。基粒中包含叶绿素。不同品种叶绿体的超微结构存在明显差异。一般大叶种的叶绿体中基粒片层较多，光合膜系统复杂，核糖体含量丰富，但亲锇颗粒含量少；而小叶种的基粒数和基粒片层都较少，核糖体含量也较少，但亲锇颗粒含量较丰富。所以，在相同生态条件下，大叶种光合速率*较高，但香气欠高，而中小叶种光合速率较低，而香气较高（表2-1）。

---

* 本书光合速率如无特殊说明，均按 CO_2 吸收量计。

表 2-1　不同茶树品种叶绿体超微结构比较

(严学成，1980)

品种	基粒数	基粒片层数	基质片层	亲锇颗粒含量	核糖体含量
云南大叶种	20~60	26~64	很多	少量	丰富
凤凰水仙	10~40	12~42	稀疏	丰富	丰富
乐昌白毛茶	10~20	10~30	很少	很少	丰富
小叶种		20~32	很少	较丰富	少量

3. 叶脉　叶脉是叶肉中维管束组织。在主脉维管束外面有 1~3 层厚角细胞组成的机械组织，增加支持作用，维管束中的木质部靠近叶的上表皮，韧皮部靠近下表皮。叶脉愈分愈细，其构造也愈来愈简单，到脉梢部分，木质部只有一个管胞，韧皮部就是一个薄壁细胞。茶树叶脉分主脉、侧脉和细脉。主脉和侧脉成 45°~80° 夹角，侧脉向叶缘伸展至 2/3 处向前弯曲呈弧形，与前一侧脉相连，构成网状叶叶脉，此为茶树叶片的鉴别特征之一。侧脉的对数随茶树品种而异，一般 8~9 对，多的 10~15 对，少的 5~7 对。主脉中木质部与韧皮部的比值可作为鉴定植株生长势的间接指标，凡该比值大的品种，一般具长势强、生长快、持嫩性强的特性。

五、茶树的花

一定条件下，茶树的芽会分化为花芽，接着开花结实。茶树花器的特征是茶树分类的重要观测对象。

（一）花的外部形态

花芽与叶芽同时着生于叶腋间，其数为 1~5 个，甚至更多，花轴短而粗，属假总状花序，有单生、对生和丛生等。茶花为两性花，由花柄、花萼、花冠、雄蕊和雌蕊 5 部分组成（图 2-15）。

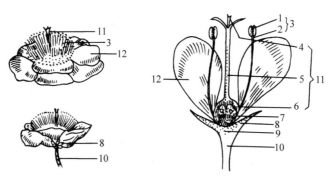

图 2-15　茶树花及其纵切面

1. 花药　2. 花丝　3. 雄蕊　4. 柱头　5. 花柱　6. 子房　7. 胚珠
8. 花萼　9. 花托　10. 花柄　11. 雌蕊　12. 花瓣

1. 花萼　花萼位于花的最外层，由 5~7 个萼片组成，萼片近圆形，绿色或绿褐色，起保护作用；受精后，萼片向内闭合，保护子房直到果实成熟也不脱落。

2. 花冠　花冠白色，也有少数花呈粉红色。花冠由 5~9 片发育不一致的花瓣组成，分

2 层排列，花冠上部分离，下部联合并与雄蕊外面一轮合生在一起。花谢时，花冠与雄蕊一起脱落。花冠大小依品种而异，大花直径 4.0～5.0 cm，中花直径 3.0～4.0 cm，小花直径 2.5 cm 左右。

3. 雄蕊　雄蕊数目很多，一般每朵花有 200～300 枚。每个雄蕊由花丝和花药构成。花药有 4 个花粉囊，内含无数花粉粒。花粉粒是圆形单核细胞，直径 30～50 μm。

4. 雌蕊　雌蕊由子房、花柱和柱头三部分组成。柱头 3～5 裂，开花时能分泌黏液，使花粉粒易于黏着，而且有利于花粉萌发。柱头分裂数目和分裂深浅可作为茶树分类的依据之一。花柱是花粉管进入子房的通道。雌蕊基部膨大部分为子房，内分 3～5 室，每室 4 个胚珠，子房上大都着生茸毛，也有少数无毛的。子房上是否有毛，也是茶树分类的重要依据之一。

5. 茶花花程式　茶花花程式一般为 $\male \female K_{3+3} C_{(5)} A \curvee G (3)^*$。按 3、5 基数的倍比法则变异，约有下列几种形式：

$$K_{3+3} \qquad C_{(5)} \qquad A\curvee \qquad G (3)$$
$$K_5 \qquad C_{(5+3)} \qquad A\curvee \qquad G (3)$$
$$K_5 \qquad C_{(3+3)} \qquad A\curvee \qquad G (3)$$
$$K_5 \qquad C_{(5)} \qquad A\curvee \qquad G (3)$$

（二）花的解剖结构

1. 萼片　萼片横切面与叶近似，分上下表皮、皮层、薄壁组织、维管束、硬化细胞和草酸钙结晶等，内含叶绿体，可进行光合作用。

2. 花瓣　组成花冠的花瓣比萼片薄，不含叶绿体，硬化细胞极少，其他部分基本上与萼片相似。

3. 花药　位于花丝顶端的花药（图 2-16）含有 2 个花粉囊，每囊被药隔分为 2 个药室，药隔中有一维管束，为花药提供水分与养分，花药壁分 4 层：表皮层、纤维层、中层、绒毡层。

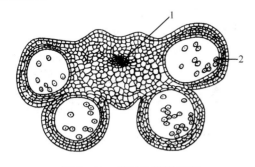

图 2-16　茶树花药横切面

1. 维管束　2. 花粉粒

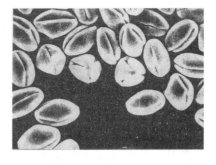

图 2-17　茶树花粉粒极面观和赤道面观

（童启庆，1983）

4. 花粉粒　药室内着生花粉粒。花粉粒具有 2 层壁，内壁薄、外壁厚，圆形，有 3 个

---

* K_{3+3} 表示花萼 6 枚，作两轮排列，外轮 3 枚，内轮 3 枚；C_5 表示花瓣 5 枚，基部联合；$A\curvee$ 表示雄蕊多数；$G (3)$ 表示雌蕊由 3 个心皮组成。

萌发孔，里面有浓厚的原生质和核。在电子扫描显微镜下观察，茶树花粉粒有 3 种类型：拟沟类型、具沟类型、孔沟类型（图 2-17）。外壁的透水性很强。阴雨天授粉率低的原因之一就是由于花粉粒吸水胀裂。

5. 花丝 花丝结构简单，外为表皮，表皮上有一层角质层，中间是 2 层薄壁细胞组成的中柱鞘，细胞排列紧密，中央有一维管束。

6. 花柱 花柱结构有表皮、角质层、薄壁组织、维管束、柱腔和拟柱头组织。

7. 子房 子房是雌蕊最主要部分，结构比较复杂，子房壁内外各有一层表皮，外壁由一层表皮细胞紧密排列而成，着生茸毛或无茸毛；内壁由一层角质化细胞均匀排列而成，内外表皮间为维管束。子房的中心是花柱腔，或称子房腔。3 个子房室呈品字排列。胚珠包括珠心、珠被、珠柄（图 2-18）。

8. 花柄 花柄结构由表皮、皮层、中柱鞘、韧皮部、形成层、木质部和髓组成，与幼茎相似。

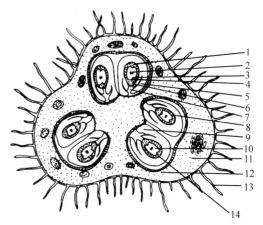

图 2-18 子房横切面

1. 反足细胞 2. 极核 3. 卵细胞 4. 助细胞
5. 外珠被 6. 内珠被 7. 珠孔 8. 珠心 9. 珠柄
10. 胚囊 11. 子房壁 12. 维管束 13. 茸毛 14. 胚珠

六、茶树的果实与种子

茶果为蒴果，成熟时果壳开裂，种子落地。果皮未成熟时为绿色，成熟后变为棕绿色或绿褐色。果皮光滑，厚度不一，薄的成熟早，厚的成熟迟。茶果形状和大小与茶果内种子粒数有关，着生 1 粒种子时，其果为球形；2 粒种子时，其果为肾形；3 粒种子时，其果呈三角形；4 粒种子时，其果为正方形；5 粒种子时，其果似梅花形（图 2-19）。

茶籽大多数为棕褐色或黑褐色。茶籽形状有近球形、半球形和肾形 3

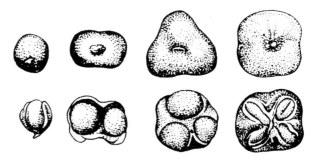

图 2-19 茶果形状

种，以近球形居多，半球形次之，肾形茶籽只在西南少数品种中发现，如贵州赤水大茶和四川枇杷茶等。球形与半球形茶籽种皮较薄，而且较光滑；肾形茶籽种皮较厚，粗糙而有花纹。前者发芽率较高，后者发芽率较低。茶籽大小依品种而异，大粒茶籽直径 15 mm 左右；中粒直径 12 mm 左右，小粒直径 10 mm 左右。茶籽重量差异也明显，大粒 2 g 左右，中粒 1 g 左右，小粒 0.5 g 左右。

茶籽是茶树的种子，由种皮和种胚两部分构成。种皮又分外种皮与内种皮，外种皮坚硬，由外珠被发育而成，6～7 层硬化细胞组成。硬化细胞的壁很厚，一层一层向内增加。

内种皮与外种皮相连，由内珠被发育而成，数层长方形细胞和一些输导组织形成的网状脉。种子干燥时，内种皮可脱离外种皮，紧贴于种胚，并随着种胚的缩小而形成许多皱纹。种子内的输导组织主要是一些螺纹导管。内种皮之下有一层由拟脂质形成的薄膜，此膜可能与种子休眠有关。因为种子发芽时，膜上的脂类物质均被分解，采用 25～28 ℃温水处理，可以加速脂类物质的分解过程，使种子提前发芽。

种胚由胚根、胚茎、胚芽和子叶四部分组成。子叶部分最大，占据整个种子内腔，其余三部分夹于 2 片子叶的基部，由 2 个子叶柄相连接（图2-20）。

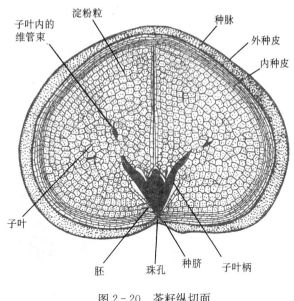

图 2-20 茶籽纵切面
（刘宝祥，1980）

第四节 茶树的一生

茶树的生长发育有它自己的规律，这种规律是受茶树有机体的生理代谢所支配而发生、发展的。同时，它又受到环境条件的影响，从而在发生时间以及质、量上有所变化。但是环境条件并不能改变茶树生育的基本规律，因为这种规律是由茶树生物学特性所决定的。茶树是多年生木本植物，既有一生的总发育周期，又有一年中生长和休止（休眠）的年发育周期。总发育周期是在年发育周期的基础上发展的，年发育周期是受总发育周期所制约、按照总发育的规律发展的。

所谓茶树总发育周期是指茶树一生的生长发育进程。茶树的生命，从受精的卵细胞（合子）开始就成为一个独立的、有生命的有机体。合子经过 1 年左右的时间，在母树上生长发育而成为一粒成熟的茶籽。茶籽播种后发芽，出土形成一株茶苗。茶苗不断地从环境中获取营养元素和能量，逐渐生长，发育长成一株根深叶茂的茶树，开花、结实，繁殖出新的后代。茶树自身也在人为和自然条件下，逐渐趋于衰老，最终死亡（图 2-21）。这一生育全过程称为茶树生育的总发育周期。

茶树生长是指其生物体重量和体积的增加，是内含物质经过代谢合成，导致原生质的量的增加。发育必须在生长的基础上才能进行，发育的质变必须通过生长的量变积累，没有量变就没有质变；而生长又必须通过质变，逐渐达到一定的生长阶段。所以生长和发育是相互促进又相互制约的生物学过程。

茶树在自然下生长发育的时间为生物学年龄。按照茶树的生育特点和生产实际应用，我们常把茶树划分为 4 个生物学年龄时期，即幼苗期、幼年期、成年期、衰老期。

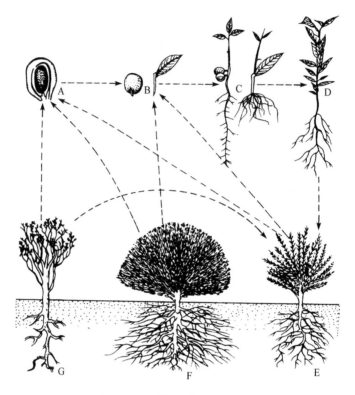

图 2-21　茶树生物年龄时期
A. 合子　B. 茶籽及插穗　C. 幼苗期　D. 幼年期　E、F. 成年期　G. 衰老期
（潘根生，1986）

在生产上，茶树个体的产生，除了茶籽萌发生长外，还可以通过营养体繁殖新的个体，即营养繁殖（无性繁殖）；其新个体的形成没有经过种子及其萌发过程，是细胞或组织分化生根，并萌芽而发育形成独立个体。因此，它除了幼苗期前期与种子繁殖个体有差异外，也同样可划分为 4 个生物学年龄时期，各期的生物学特性和采取的主要农业技术措施也基本相同。掌握周期中不同生育阶段的特性，对有针对性地制订生产中管理技术措施有重要意义。

一、幼　苗　期

高等植物的个体发育，应当是从受精卵开始的。但是，在生产上计算植物的生物学年龄时期，通常是从种子萌发或扦插苗成活开始的。茶树幼苗期就是指从茶籽萌发到茶苗出土直至第一次生长休止时为止。无性繁殖的茶树，是从营养体再生到形成完整独立植株的时间，一般需 4～8 个月的时间。

茶籽播种后，吸水膨胀，茶籽内（主要是子叶）的贮藏物质趋向水解，供给胚生长发育所需要的营养物质。种壳胀破后，胚根首先伸长，并向下伸展，当胚根生长至 10～15 cm 时，胚芽逐渐生长，最后破土而出，但此时胚根始终比胚芽长，到胚芽出土时，胚根长为胚芽的 2～3 倍。这段时期，由于胚芽尚未出土，它生长发育所需要的养分，主要来源是依靠种子中贮藏的物质降解而供给的。因此，它对外界环境的主要要求是要能满足水分、温度和空气三个条件。

茶苗出土后，当真叶展开 3～5 片时，茎顶端的顶芽形成了驻芽，开始第一次生长休止。这一阶段，茶苗出土后，叶片很快形成了叶绿素，使茶苗自身具有光合作用能力，合成其生长发育所需要的有机物质，同时根系又从土壤中吸收营养元素，从而由单纯地依靠子叶供给营养的异养阶段，过渡到双重营养形式阶段，即子叶的异养和根系吸收矿质元素、水分，叶片进行光合作用制造营养物质的自养，最后完全由同化作用制造的营养物质所取代，进入自养营养阶段。由于这种营养方式的转变，茶苗生育的物质基础有了保证，地上部分的生长速度加快。但总的来说，地下部分的根系生长仍然优于地上部分，向土壤深处伸展，从而可以吸收较深层中的水分和营养物质。所以这一时期除了对水分、温度和空气有一定要求外，并要求土壤有丰富的养分供根系吸收。

扦插苗在生根以前主要依靠茎、叶中贮藏的物质营养，水分补充主要是循茎的输导组织从苗床上吸水，此时水分及时供应非常重要，发根后从土壤中吸收养分，则保证水肥供应成为影响生育的主要因子。

幼苗期茶树容易受到恶劣环境条件的影响，特别是高温和干旱，茶苗最易受害，因为这时的茶苗较耐阴，对光照的要求不高，叶片的角质层薄，水分容易被蒸腾，而根系伸展不深，一般只有 20 cm 左右，由于是直根系，更没有分枝广阔的侧根，吸收面积不大，抗御干旱等逆境的能力小，所以在栽培管理上要适时适量地保持土壤有一定含水量。

二、幼 年 期

从第一次生长休止到茶树正式投产这一时期称为幼年期，一般为 3～4 年，幼年期的长短与栽培管理水平、自然条件有密切的关系。完成这一时期后，茶树有 3～5 足龄。有的茶树 7～8 龄时仍然不能正式投产，主要是管理不善或其他条件不佳，引起茶树生长衰弱。

幼年期是茶树生育十分旺盛的时期，在自然生长的条件下，茶树地上部分生长旺盛，表现为单轴分枝，顶芽不断地向上生长，而侧枝很少，当第一次生长休止后，在主轴上可能生长侧枝，但这些侧枝的生长速度缓慢，所以在茶树 3 年生之前，常表现出有明显的主干，但在人为修剪的条件下，这种现象则不显著。

幼年期茶树的根系，实生苗开始阶段为直根系，主根明显并向土层深处伸展，侧根很少，以后侧根逐渐发达，向深处和四周扩展，此时仍可以看出较明显的主根。一般在 3 年生前后，茶树开始开花结实，但数量不多，结实率也低。

由于幼年期茶树的可塑性大，这一时期在栽培措施上必须抓好定型修剪，以抑制其主干向上生长，促进侧枝生长，培养粗壮的骨干枝，形成浓密的分枝树型。同时，要求土壤深厚、疏松，使根系分布深广。由于这时是培养树冠采摘面的重要时期，绝对不能乱采，以免影响茶树的生育机能，而这时茶树的各种器官都比较幼嫩，特别是 1～2 年生的时候，对各种自然灾害（如干旱、冷冻、病虫）的抗性都较弱，要注意保护。

三、成 年 期

成年期是指茶树正式投产到第一次进行更新改造时为止的时期，亦称青壮年时期。这一生物学年龄时期可长达 20～30 年。

成年期是茶树生育最旺盛的时期，产量和品质都处于高峰阶段。成年期的前期随着树龄增长，茶树分枝愈分愈多，树冠愈来愈密，到 8～9 龄时，自然生长的茶树，已有 7～8 级分枝，而修剪的茶树，可达11～12级分枝，但多数生产园因控制树高，分枝数多保留为8～9级，从而形成了茂密的树冠和开展的树姿以及较大的覆盖度，可利用周围环境中的营养和能量，为高产创造了有利条件。同时，地下部分的根系，也随着树龄增长而不断地分化，形成了具有发达侧根的分枝根系，而且以根轴为中心，向四周扩展的离心生长十分明显，一株10年生的茶树根系所占体积为地上部分树冠的1.0～1.5倍。据中国茶叶研究所（2011）调查，10年生的龙井43茶树的根、茎、叶、地上部分、整株茶树生物量分别为9.8 t/hm²、22.8 t/hm²、4.1 t/hm²、26.9 t/hm²、36.7 t/hm²。生长1年后，茶树根、茎、叶、地上部分、整株茶树生物量分别达到14.0 t/hm²、32.0 t/hm²、4.6 t/hm²、36.6 t/hm²、50.6 t/hm²，依次为10年生生物量的1.43倍、1.40倍、1.12倍、1.36倍、1.38倍，除叶片生物量增加不显著外，根、茎、地上部分、整株茶树生物量均显著增加，可见，这一时期茶树生长量和茶叶产量随着年龄增长而增长。到了成年期的中期，由于不断的采摘和修剪，树冠面上的小侧枝愈分愈细，并逐渐受到营养条件的限制而衰老，尤其是树冠内部的小侧枝表现更为明显。顶部枯死小细枝增多，而且有许多带有结节的"鸡爪枝"产生，这种结节妨碍物质的运输，使其萌芽的能力逐渐衰退，以致促使下部较粗壮的枝条上重新萌发出新的枝条，使侧枝更新，有的就会从根颈部萌发出徒长枝（或称地蘖枝）。这些徒长枝具有幼年茶树的生育特性，节间长、叶片较大，枝条分枝方式又恢复为单轴分枝，从而以这些徒长枝为基础形成了新的树冠，代替了衰老的树冠，称之为茶树的自然更新现象。我国原有的旧茶园多采用这种方式更新树冠。现在则采用深修剪的方法，人为干预上部枝条的更新。成年期中期营养生长和生殖生长都达到了旺盛时期，生长需要消耗大量的养分。成年期后期，茶树在外观上表现为树冠面上细弱枯枝多，萌芽率低、对夹叶增多，骨干枝呈棕褐色甚至灰白色；吸收根的分布范围也随之缩小；生殖生长增强，开花结实明显增多，而营养生长减弱，产量、品质下降。此时就有必要进行树冠中下部枝的更新改造。

这一时期栽培管理的任务是要尽量延长这一时期所持续的年限，以便最大限度地获得高产、稳产、优质的茶叶。同时，要加强肥培管理，使茶树保持旺盛的树势，可采用轻修剪和深修剪交替进行的方法，更新树冠，整理树冠面，清除树冠内的病虫枝、枯枝和细弱枝。当然在投产初期，注意培养树冠，使之迅速扩大采摘面，也是前期的重要管理任务之一。

四、衰老期

衰老期指茶树从第一次自然更新开始到植株死亡的时期。这一时期的长短因管理水平、环境条件、品种的不同而不同。一般可达数十年，至百年以上，而经济年限一般为40～60年。

茶树经过更新以后，重新恢复了树势，形成了新的树冠，从而得到复壮。经过若干年采摘和修剪以后，又再度逐渐趋向衰老，必须进行第二次更新。如此往复循环，不断更新，其复壮能力也逐渐减弱，更新后生长出来的枝条也渐细弱，而且每次更新间隔的时间，也愈来愈短，最后茶树完全丧失更新能力而全株死亡。茶树根系也随着地上部的更新而得到复壮，但当树冠重新衰老后，外围根系逐渐死亡，而呈向心性生长，以致形成近主根部位有少量的吸收根，这种状况虽然随着每次地上部的更新而得到改善，但总的趋势是与地上部分一样，逐渐向更衰老的方向发展，经过较长时间的反复，最后完全失去再生能力而死亡。

衰老期应当加强管理，以延缓每次更新所间隔的时间，使茶树发挥出最大的生产潜力，延长经济生产年限。茶树已十分衰老，经过数次台刈更新后，产量仍不能提高的，应及时换种改植。

第五节 茶树的年生育

茶树的年生育是指茶树在一年中的生长发育进程。茶树在一年中由于受到自身的生育特性和外界环境条件的双重影响，而表现出在不同的季节具有不同的生育特点，芽的萌发、休止、叶片的展开、成熟，根的生长和死亡，开花、结实，等等。所以年发育周期主要是茶树的各个器官在外形和内部组织结构以及内含物质成分等的生理、生化及形态学变化。下面就各个器官的年生育情况分别予以阐述。

一、茶树枝梢的生长发育

茶树树冠是由粗细、长短不同的分枝及茂密的叶片所组成的。枝条的原始体就是茶芽，芽伸展首先展开叶片，节间伸长而形成新梢，新梢增粗、长度不断增长、木质化程度不断提高而成为枝条。

（一）茶树的分枝

茶树分枝方式是从幼年期的单轴分枝，逐步过渡到合轴分枝，这种过渡是在成年时期逐步完成的，而且当从根颈部产生新的徒长枝时，这两种分枝方式在茶树上可以同时表现出来。这种分枝方式的改变，应该认为是合理的进化适应。因为顶芽的生长阻碍了侧芽的发育，合轴分枝却改变了这种情况，使侧芽得到发育生长，新梢和叶片数量的增加，茶树的光合作用面积增大，这些是茶树丰产优质的基础。茶树分枝方式为什么有这样的改变目前还没有完全清楚，大致有下列几种认识：

① 茶树年龄不断增长，枝条顶端生长点细胞由于不断地分生，细胞原生质发生变化，因而顶芽的分生能力衰退。

② 随着树龄的不断增长，开花结果数量增多，养分的消耗多，由于养分不能充分供应顶芽生长的需要，顶芽生长受到抑制。

③ 茶树不断长高，顶端和根系之间的距离愈来愈长，根系吸收的水分、矿质盐类等向上运输的距离远，从而消耗的能量也多，物质交换困难，因而限制了顶芽的继续生育。

自然生长的茶树与栽培茶树的分枝级数是不同的。自然生长茶树达到2足龄时，高度可达40～50 cm，有1～2级分枝；3年生有2～3级分枝；一般约每年增1级，达到8年生时，有7～8级分枝。到一定年龄时，分枝级数便不再增加，所以自然生长的茶树分枝不符合生产的要求。而栽培茶树8年生可以有10～12级分枝，从而形成有强壮骨干枝、分枝级数较多、分枝茂密、树冠采摘面大的树型。

随着茶树有机体的发育，依次发育出来的新生器官（如叶片、枝条）在形态上和品质上都或多或少与先前的有所不同。这些变化是茶树体内物质代谢过程由量变到质变中的一些外观表现。茶树枝条的上端和下端由于发生的阶段不同，也有着质的区别，即其生长发育有其阶段性，这是由它的内部质变和外界环境条件所决定的。植物生长发育依顺序经过的阶段最终是以分生组织内部的质变而表现出来的。这种内部质变并不一定立即在外部形态上表现出来，可是它却对以后的生理过程与形态产生影响，而且这种内部质变多少具有不可逆的性质。分生组织经过质变会向下传递，以后的组织又在原有质变的基础上向新的质变发展。

按照以上阶段发育理论，枝条下端与上端的阶段发育是有差异的。下端的生育年龄是老的，而上端的生育年龄较幼，但其生理发育年龄却是下端较上端幼。因为上端的细胞组织是由下端逐渐分生的，因而下端细胞相对而言更原始一些，上端细胞在生长点分生细胞的发育过程中，同化了外界环境条件和物质而充实。所以，在生产中往往发现扦插苗的插穗，如果剪自徒长枝，则开花较晚，如是从树冠上部剪取的枝条，扦插苗开花较早，说明了枝条上下端的异质性。愈近基部枝条生理发育的阶段愈幼，生活力也愈强。改造衰老茶树采用重修剪或台刈的方法，就是利用这个原理，使从基部重新长出新的生理年龄幼的枝条更新树冠。

茶树在幼年时期，部分枝条逐渐发育成为粗壮的骨干枝，这些骨干枝的形成，为造成宽大的树冠面打下基础。这时由于树冠分枝不密，通风透光好，生活力旺盛，因此一般没有出现细弱枝条枯死的现象。成年期由于分枝愈来愈密，在不断的采摘和修剪下，顶部枝条十分细弱，尤其是树冠内部，一些细弱的分枝养分状况、通风透光条件都较差而逐渐枯死，而在较粗壮的侧枝上，又会产生新的小侧枝，代替死亡的小侧枝，树冠不断向外扩展，在自然生长的条件下，出现这种现象较栽培条件下为迟，因为自然条件下生长的枝条向上生长，分枝密度小，产生新枝条的能力减弱，老的小侧枝逐渐死亡，树冠愈来愈稀疏，造成了地上部与地下部的不平衡，而根系仍然有较强的吸收能力，从而刺激了骨干枝中部的潜伏芽萌发，形成了侧枝的更新，当骨干枝衰老时，会逐渐失去再生侧枝的能力。小侧枝枯死后，枝干渐渐光秃，从而刺激了根颈部的潜伏芽萌发生长，这就是徒长枝。这种徒长枝由于阶段发育较幼，具有生活力强、生长迅速、叶片大、节间长等幼年茶树枝梢的特征，徒长枝重新形成新的骨干枝，并在这些骨干枝上分生侧枝，从而逐渐形成新的树冠，这就是树冠的自然更新。栽培型茶树由于不断地修剪更新，往往在树龄较幼时就会产生徒长枝。

在一年中自然生长的情况下，枝条可以有春、夏、秋、冬四次生长。但在采摘的条件下却不明显。

（二）茶树新梢的生长

新梢是茶树的收获对象。采茶就是从新梢上采下幼嫩的叶片和芽（常称为芽叶），进而加工成各种茶叶，所以了解新梢的生长发育规律是制订合理的农业技术措施的重要依据。

冬季，茶树树冠上有大量的呈休眠状态的营养芽，芽的外面覆盖着鳞片越冬。第二年春季当气温上升达 10 ℃左右时，营养芽便开始活动，此时芽的内部进行着复杂的生理生化变化，为细胞的分生和伸长创造条件。

芽处于休眠状态时，细胞自由水减少，原生质呈凝胶状态，脂肪物质增多，许多生理活动进行缓慢。芽开始萌动时，呼吸作用显著加强，水分含量迅速增加，从而促进树体贮藏的物质如淀粉、蛋白质、脂类等水解，提供呼吸基质，并为细胞的分裂和扩大准备组成物质。这种状况是随着温度的升高、水分含量的增加而不断加强的。芽的膨胀使体积增大，达到一定程度时，鳞片便逐渐展开。第一片展开的是质硬脆、尖端呈褐色的鳞片，此鳞片常在新梢生长过程中脱落，只能看到着叶处的痕迹。芽继续生长是鱼叶展开，鱼叶展开后才展开第一片真叶，以后陆续展开 2～7 片真叶。真叶刚刚与芽分离时，叶上表面向内翻卷，此后叶缘向叶背卷曲，最后逐渐展开。展叶数的多少，决定因素是叶原基分化时产生的叶原基数目，同时受环境条件、水分、养分状况的制约。如在气温适宜、水分、养分供应充足时，展开的叶片数多一些；反之，天气炎热、干旱或养分不足时，展开的叶片数就少一些。真叶全部展开后，顶芽生长休止，形成驻芽。驻芽休止一段时间后，又继续展叶，向上生长（图2-22）。

我国大部分茶区自然生长茶树新梢生长和休止一年有3次，即越冬芽萌发→第一次生长休止→第二次生长→休止→第三次生长→冬眠。第一次生长的新梢称为春梢，第二次生长的新梢称为夏梢，第三次生长的梢称为

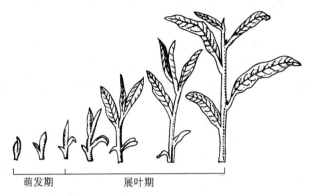

图2-22 茶树新梢萌发过程

秋梢。春夏梢之间常有鱼叶。另外，并非所有的枝梢都是3次生长3次休止的，如树冠内部的一些细弱的小侧枝，一般只有2次生长，有的甚至在第一次生长后，即转为生殖生长、孕蕾开花，当年的顶芽就不再生长。这种生长、休止，再生长、再休止称之为自然生长茶树的生长周期性，它与气候和其他环境条件无关，与采摘也无关系，但是这种生长的节律对茶树来说具有生理学上的意义，对生产具有很实际的作用。

茶芽生长、休止周期性的原因，目前还不十分清楚，大致有如下几种看法：前苏联的巴赫达兹认为，新梢的生长和休止是茶树的遗传特性，是生长的节律性表现；日本的中山仰认为，茶树新梢生长的周期性是因为芽要经过充实，并进行新叶和茎组织的分化和形成；斯里兰卡的庞特（Bond）认为，新梢顶芽的休止是由于生长点叶原基分化受到阻碍；印度的巴鲁（Barua）认为，由于茎木质部组织的生长跟不上新梢向上伸长的速度，导致了新梢顶部木质部范围急剧变化，组织之间面积比例失调，而产生"瓶颈"。木质部区域的变化，顶芽的水分和养料供应受影响，影响了叶原基正常形成，随着叶片的连续展开，芽变小而进入了一种明显的休止状态。在休止阶段茎又逐渐变粗，木质部面积增加，新梢的水分和养料供应恢复，芽内新的叶原基开始分化。在下一个周期，芽膨大重新萌发，如此造成新梢周而复始的生长和休止。潘根生认为，新梢周期性的原因是叶原基分化速度跟不上展叶速度，两者不同步所致。如福鼎大白茶展叶期间平均芽内形成1片幼叶所需天数为7.2 d，毛蟹为7.5 d；而展1片叶平均所需天数，福鼎大白茶为3.1 d，毛蟹为3.8 d，因此，展叶速度比幼叶形成速度快1倍左右。而芽体展叶需要一定的幼叶数为基础，芽体萌发后由于展叶伸长需消耗较多的水分和养分，致使叶原基的分化活性降低，当展叶到芽内仅有3～4叶时，就被迫停止生长，以集中养分促进叶原基分化加快，至一定叶数时，再开始次轮生长。

综合上述看法，认为新梢休止起主导作用的是茶树自身的生理机能上的需要，同时在组织上要进行分化，为适应新的生长做准备，当然与外界环境条件也有着十分密切的关系。

进行采摘的茶树新梢生育规律，因受采摘的影响发生变化。随着采摘批次的增多，新梢的数量增加，不同的采摘标准，开采期的早迟与新梢生育期的长短有着密切的关系。因此，采摘的茶树新梢生长期缩短了，表现出生育具有"轮性"的特征。越冬芽萌发生长的新梢称为头轮新梢，头轮新梢采摘后，在留下的小桩上萌发的腋芽，生长成为新的一轮新梢，称为第二轮新梢，第二轮新梢采摘后，在留下的小桩上重新生育的腋芽，形

成第三轮新梢，以此类推（图2-23）。每一轮的芽是否生长发育，取决于水分、温度和施肥，尤其是施氮肥的情况，如果缺肥或其他条件不适宜，新的一轮芽不能发芽生长或萌发后生长瘦弱。

我国大部分茶区，全年可以发生4~5轮新梢，少数地区或栽培管理良好的茶园可以发生6轮新梢，在海南茶区，每年可发8轮新梢，北方茶区每年只发3轮。在生产中如何增加全年发生的轮次，特别是增加采摘轮次，缩短轮次间的间隔时间，是获得高产的重要环节。

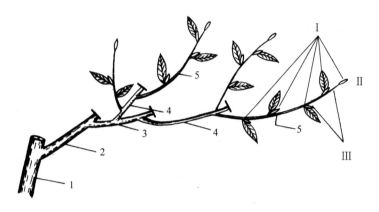

图2-23 茶树新梢轮次
1.前一年老枝 2.头轮新梢 3.第二轮新梢 4.第三轮新梢 5.第四轮新梢
Ⅰ.越冬芽 Ⅱ.顶芽 Ⅲ.侧芽

凡是新梢具有继续生长和展叶能力的都称为正常的未成熟新梢；当新梢生长过程中顶芽不再展叶和生长休止时，芽成为驻芽，称为正常的成熟新梢；而有些新梢萌发后只展开2~3片新叶，顶芽就呈驻芽，而且顶端的2片叶片节间很短，似对生状态，称为"对夹叶"或"摊片"，是不正常的成熟新梢（图2-24）。

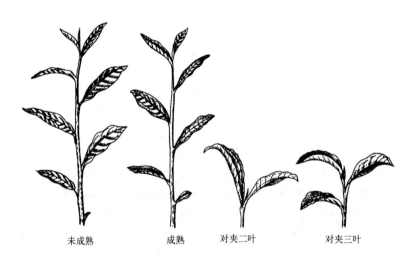

未成熟　　成熟　　对夹二叶　　对夹三叶

图2-24 茶树不同新梢的形态

各轮新梢的萌发、成熟时间受品种、营养条件以及芽在枝条上所处的部位而不同。一株茶树上同一轮新梢的形成有早有迟，因而新梢成熟延续的时间也很长，也就形成人们所称的"茶季"。据潘根生等对新梢内源玉米素的研究，顶芽含量高于腋芽，芽生长初期积累较多，随展叶数增加含量下降，与生长速率呈正相关。浙江农业大学茶叶系对不同品种的顶芽和腋芽调查结果如表2-2所示。腋芽形成新梢所需时间要比顶芽多3~7d。腋芽形成的大小和快慢与新梢上叶片发育程度有关系，处于发育不充分叶子的腋芽或鱼叶、鳞片处的腋芽，发育形成新梢就比较迟缓而瘦小。而叶片展开所需要天数为1~10d不等，视气候条件和品种不同而异。春秋季气温较低时，每片叶子展开需5~6d；夏季气温高，需3~6d，快者为1~4d。

表2-2　不同茶树品种顶芽、腋芽形成新梢所需要的时间

（浙江农业大学茶学系，1963）

品种	一芽三叶形成日期及天数			
	顶　芽		腋　芽	
	形成日期/（月/日）	所需天数/d	形成日期/（月/日）	所需天数/d
水仙	3/23~4/27	35	4/8~5/6	28
乌龙	3/20~4/23	34	3/23~4/28	37
祁门	3/20~4/17	27	3/23~4/29	38
龙井	3/20~4/12	23	3/23~4/18	26

茶树上不同新梢，由于形成时间不同，其生长发育速度存在差异。福建省茶叶研究所对当地茶树品种观察结果表明（表2-3），形成一芽三叶所需要的时间以头轮新梢最长，第四轮和第五轮延续时间最短，第六轮需要的时间又延长。

表2-3　各轮新梢（一芽三叶）生育期及延续时间

（福建省茶叶研究所，1964）

项目	年份	轮　次						
		1	2	3	4	5	6	全年
新梢生育时期/（月/日）	1955	3/15~5/14	5/15~6/16	6/17~7/16	7/17~8/15	8/16~9/14	—	3/15~9/14
	1956	3/15~5/15	5/15~6/15	6/16~7/15	7/16~8/10	8/11~9/14	9/6~10/10	3/15~10/10
每轮延续天数/d		60~61	30~32	30	26~30	26~30	35	200~226
轮产量/%	1955	22.2	19.6	13.5	23.1	21.6	—	100.0
	1956	36.4	18.0	11.5	3.2	6.5	24.4	100.0
轮产量高峰期/（月/日）	1955	4/29	5/24	6/22	7/29	9/2	—	—
	1956	4/21	5/31	7/5	7/20	8/15	9/25	—

由于形成成熟的新梢需要的天数要比形成一芽三叶新梢的时间长10~20d，所以各轮新梢的轮次会交错发生，如7月份在同一茶树上会同时存在第二、三轮新梢，8月份同时出现第二、三、四轮新梢。

各轮新梢的生长发育过程可以分为两个发育阶段，即隐蔽发育阶段和生长活跃阶段。隐蔽发育阶段是指芽开始膨大到鳞片展开，此时在外形上看，生长活动不很明显；生长活跃阶段是指从鳞片展开到新梢成熟，此时叶片展开，节间伸长，芽生长活动较明显。根据前苏联巴赫达兹的材料，各轮新梢隐蔽发育与活跃发育所需的时间不同（表 2-4），头轮新梢的隐蔽发育时间最短而活跃发育期最长，这是因为越冬芽在萌动之前经过了长时间的越冬准备，所以隐蔽发育时期就要短一些；但早春气温较低，而且常有不适宜生长的气候，故生长活跃阶段比其他各轮新梢更长。第三轮的隐蔽发育期最长，主要是因为光照强，气温高，而且水分、养分供应情况不理想。采摘应该根据各轮新梢的生长活跃阶段长短灵活掌握，对活跃发育期短的轮次，应当及时采摘，以防粗老。不同地区种植的祁门槠叶种新梢生长发育需要的时间表明（图 2-25），芽的休眠长短相差约 20 d，新梢的成熟期相差 12 d。因此，如何改善环境条件、调节茶芽萌发时间，对协调生产管理有积极的作用。

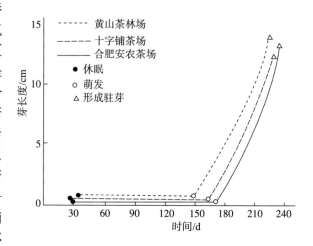

图 2-25　祁门槠叶种茶芽萌发至形成驻芽需要的时间

表 2-4　各轮新梢隐蔽和活跃发育期

（K. E. 巴赫达兹）

新梢轮次	发育期芽数/个			所占比例/%	
	隐蔽	活跃	总计	隐蔽	活跃
1	18	23	41	44	56
2	41	11	52	79	21
3	59	7	66	89	11
4	42	14	56	75	25

新梢生长过程中，其形态、长短、粗细、重量和着叶数量等发生着诸多变化，同一品种在相同的环境下，新梢长度随着展叶多少而增减，展叶数越多新梢越长，品种不同新梢长度差异很大（表 2-5）。据 Rahman（1992）测定，叶片占新梢总鲜重的 69.4%～71.6%，茎占 28.9%～30.6%。可见叶片多少对新梢产量的影响是明显的。

随着新梢的生长，其不同部位叶片的大小呈规律性变化，同一新梢上真叶是梢的两端小、中间大。当新梢顶芽休止时，近鱼叶的真叶和近芽端的真叶小，中间的叶片长而宽，这与叶片展开时，中间的叶片处于新梢生育活动最旺盛的阶段有关，此时养分供应也最充足。

新梢上的节间长短与叶片大小分布有相同的规律，即梢中间长、两端短。而且不同品种新梢的节间长短差异很大。新梢节间长短在生产上有很大意义。节间长的比节间短的新梢产量高，云南茶叶研究所对当地的品种调查结果显示，凡节间长的茶树，其全年生产量较高。大叶型节间平均为 3.9～5.4 cm 的产量最高，小叶茶节间为 2.45～3.3 cm 的产量最低。结果还表明，修剪对茶树新梢节间长度有影响，修剪茶树新梢的节间比不修剪的茶树长。

表 2-5　不同茶树品种芽叶百芽重和长度
（四川农业大学茶学系，2012）

品种	单芽		一芽一叶		一芽二叶		一芽三叶	
	长度/cm	重量/g	长度/cm	重量/g	长度/cm	重量/g	长度/cm	重量/g
中茶 102	2.51±0.17	7.78±0.33	3.65±0.14	10.89±0.73	4.91±0.18	18.50±1.13	6.68±0.31	26.23±1.28
中茶 108	1.96±0.16	6.32±0.64	3.01±0.19	8.91±0.82	4.29±0.47	14.68±0.93	6.76±0.61	29.92±1.89
中茶 302	2.12±0.09	7.76±0.27	2.75±0.16	8.13±0.67	4.11±0.17	20.59±1.32	5.40±0.35	30.73±1.60
马边绿 1 号	2.85±0.11	13.14±0.99	3.88±0.35	17.41±1.39	5.04±0.48	34.70±1.68	7.98±0.69	69.84±5.31
川沐 28	2.51±0.22	12.3±1.97	3.92±0.30	17.85±1.24	5.25±0.57	30.53±1.33	8.02±0.64	78.52±4.92
浙江黄金芽	2.10±0.12	3.78±0.10	3.14±0.25	6.87±0.56	3.69±0.34	14.72±1.65	4.87±0.36	25.68±1.68
四明雪芽	1.97±0.17	3.77±0.18	2.63±0.29	6.76±0.73	4.15±0.40	18.71±1.39	5.01±0.48	26.04±1.62
福鼎大白茶	2.54±0.17	8.09±0.52	3.15±0.23	11.39±1.01	4.84±0.09	22.27±1.41	6.28±0.24	31.28±1.56

新梢的重量除了因展叶数不同而有差异外，还与茶树品种、管理水平、茶树树龄等有关。按一般红、绿茶的采摘标准，中小叶种的一芽二叶或三叶新梢重为 0.2～0.5 g，一芽三、四叶新梢为 0.4～0.7 g（表 2-5）；肥、水条件好的或者生育旺盛的幼年茶树及树冠改造后的茶树，采下的新梢可增加 0.1～0.3 g。品种间芽叶的重量也有差异，同一品种，各轮次间重量也不同，以头轮及第二轮新梢略重。

根据分析，高产优质的茶树品种应是叶大、展叶数多、着叶向上斜生、生长迅速、持嫩性强、新梢生育轮次多。

新梢生长过程中发生一系列的生理生化变化，同时新梢生长的叶片数及其成熟程度不同，它的物质代谢活动和所含物质的量有着密切的关系。当叶片逐渐老化后，与其老化外形有关的有机物质如粗纤维、淀粉、含氮物质、水溶性果胶、可溶性灰分等含量增多（表 2-6）。

表 2-6　不同嫩度茶树鲜叶主要化学成分含量
（程启坤，1982）

单位：%

成　分	第一叶	第二叶	第三叶	第四叶	老　叶	嫩　茎
水分	76.70	76.30	76.00	73.80	—	84.60
水浸出物	47.52	46.90	45.59	43.70	—	—
茶多酚	22.61	18.30	16.23	14.65	14.47	12.75
儿茶素类	14.74	12.43	12.00	10.50	9.80	8.61
全氮量	7.55	6.73	6.29	5.50	—	—
咖啡碱	3.78	3.64	3.19	2.62	2.49	1.63
氨基酸	3.11	2.92	2.34	1.95	—	5.73
茶氨酸	1.83	1.52	1.28	1.16	—	4.35
水溶性果胶	3.21	3.45	3.26	2.23	—	2.64

（续）

成　分	第一叶	第二叶	第三叶	第四叶	老　叶	嫩　茎
还原糖	0.99	1.15	1.40	1.63	1.81	—
蔗糖	0.64	0.85	1.66	2.06	2.52	—
淀粉	0.82	0.92	5.27	—	—	1.49
粗纤维	10.87	10.90	12.25	14.48	—	17.08
总灰分	5.59	5.46	5.48	5.44	—	6.07
可溶性灰分	3.36	3.36	3.32	3.02	—	3.47

新梢代谢活动中的光合作用和呼吸作用都因新梢成熟度不同而有明显的差异。据陈兴琰等测定（表2-7），一芽三叶以前呼吸作用消耗物质大于光合作用的同化产物，一芽三叶以后则光合作用同化产物大于呼吸作用所消耗的物质；成熟新梢的净光合速率为最高。酒井慎介（1959）、Plaulo（1977）等人的研究也表明，新梢生育初期，光合速率随生长而不断增加，至新梢成熟时达到最大值，之后随着组织的不断老化，光合速率逐渐下降，在较长时期内速率稳定，变幅不大。原田重雄等（1959）的研究证实，新梢生育时光合作用的光饱和点发生变化，如新梢萌发初期光饱和点为 2.09 J/（cm² · min），随着新梢生长饱和点增至 2.93 J/（cm² · min），此时同化量增大，生长加速，至采摘前新梢光饱和点达到最高 4.18 J/（cm² · min）。Okanok 等（1996）用 $^{14}CO_2$ 研究头轮新梢光合作用的结果表明，光合作用产物分配到新叶占90%，越冬叶占10%；开采前，几乎所有光合作用均由新叶进行。Jain（1978）、挎田胜弘和酒井慎介（1980，1981）等研究表明，春、夏、秋梢生长期间，根、茎部贮藏的和老叶形成的光合作用产物主要向上运输，供给新梢生育的需要，当新梢休止时，根系生长加速，此时的光合作用产物主要向下运输，并以淀粉等形式贮存于根部，其次是茎部，至翌年春梢萌发，根、茎、老叶中光合作用产物再迅速向芽梢生长中心运输。

表 2 - 7　茶树 1 年生枝梢各叶片的光合速率和呼吸速率

（陈兴琰，1982）

单位：mg/（dm² · h）

项目	第三次生长			第二次生长					第一次生长				
	1芽一叶	第二叶	第三叶	第四叶	第五叶	第六叶	第七叶	第八叶	第九叶	第十叶	第十一叶	第十二叶	第十三叶
实际光合速率	4.20	5.50	7.49	12.18	10.43	9.35	9.56	7.20	8.75	9.15	8.31	5.00	3.00
呼吸速率	28.41	10.05	10.45	5.67	2.38	3.05	4.24	4.66	3.89	2.31	1.75	1.25	1.09
净光合速率	−24.21	−4.55	−2.96	6.51	8.05	6.30	5.32	2.54	4.86	6.82	6.54	3.75	1.91

用 $^{14}CO_2$ 研究表明，春季越冬芽萌发的老叶形成的 ^{14}C 光合产物，主要向上运送，$^{14}CO_2$ 光合作用 24 h 至 43 d，叶片中的 ^{14}C 放射性强度由 65% 迅速下降到 3%，而新梢中 ^{14}C 放射性强度却从 3% 猛增到 53%。由此可见新梢是生长活动的中心，光合作用产物积累多。Hadfield（1975）对光合积累物分配的分析如表 2-8 所示。Barbora 等（1988）研究也表明茶树的同化产物仅保留 36.2%（其中 10.6% 为采摘物，17.6% 为修剪物，4.9% 构成枝条，

3.1％构成根系），其余 63.8％被呼吸损耗。故降低呼吸强度*是增加生物产量的有效途径。

表 2-8　茶树光合产物总量在不同器官中的分配

（Hedfield，1975）

项目	干物质产量/（t/hm²）	占总量的比例/％
总量	37.1	100.00
采摘的嫩梢	2.8	7.55
叶片	4.0	10.78
修剪枝条	3.4	9.16
永久性枝条	2.0	5.39
根系	2.5	6.74
全年呼吸消耗	22.4	60.38

新梢的生长活动和外界环境条件有着极密切的关系。在我国大部分茶区，影响春茶芽叶生长的主要因素是温度条件，茶芽萌发的迟早、新梢的生长速度都与温度呈正相关。段建真（1985）在黄山地区测定，春茶期间由于海拔高度不同，气温和地温都有显著差异，海拔 200 m 与海拔 840 m 平均气温分别为 18.9 ℃和 16.4 ℃，相差 2.5 ℃，地温平均为 17.51 ℃和 14.94 ℃，相差 2.63 ℃；温度与新梢生长速度呈正相关（表 2-9）。春季雨水充裕，茶新梢生长与土壤水分、空气湿度没有显著相关性，此时新梢生长受温度影响大。一般日平均气温在 10 ℃左右时，茶芽开始萌发；14～16 ℃时，茶芽开始伸长、叶片展开；17～25 ℃时，新梢生长旺盛；超过 30 ℃生长开始受到抑制。如果在生长初期气温降到 10 ℃以下，茶芽又会停止生长或者生长缓慢下来；气温突然降到 0 ℃左右，就会使已经萌动的芽受冻害，出现许多被冻坏的死细胞斑点，群众称为"麻头"。梁濑好充认为，头茶从萌芽到采摘所需积温为 460 ℃，约 33 d；二茶积温为 380 ℃，约 19 d；三茶积温为 460 ℃，约 18 d。展开一片嫩叶所需积温为 90～100 ℃，每次采摘后到开始下一轮再萌发需要积温约 500 ℃。生长量的昼夜差异也与温度变化相关，春季日平均气温较低，白昼气温较高，白昼生长量大于夜晚，而且在 15～25 ℃范围内，新梢生长量随着温度的升高而增加；夏季由于日平均气温较高，白昼温度往往超过新梢生长适宜的温度，故白昼生长量小于夜晚。在一年中，从 4～7 月份生长量大，7 月以后由于高

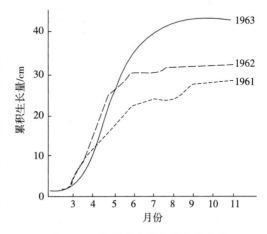

图 2-26　福鼎大白茶新梢生长曲线

---

* 本书中呼吸强度如无特殊说明，均按 CO_2 吸收量计。

温和干旱因素，新梢绝对生长量减小，全年的生长曲线呈 S 形（图 2 - 26）。科学调控环境条件，可以加速茶树生长，提高产量和品质。

表 2 - 9　不同环境条件与生育的相关性

（段建真，1995）

海拔/m	气温		地温	
	相关系数（r）	显著性（$LSD_{p=0.05}$）	相关系数（r）	显著性（$LSD_{p=0.01}$）
200	0.692	0.666	0.860	0.798
800	0.670	0.602	0.769	0.735

土壤的养分状况也影响茶芽的生育。如果在茶芽伸长过程中如果有足够的养分供茶树吸收利用，则可加快生长速度。从 Kulaseguram 等的试验显示，随着施肥量的增加，新梢长度增加，在半年的生长时间里，梢长相差 2～10 倍（表 2 - 10）。

表 2 - 10　施肥与新梢生长的关系*

（Kulaseguram et al，1975）

处　理	无性系 A				无性系 B			
	F0	F1	F2	$LSD_{p=0.05}$	F0	F1	F2	$LSD_{p=0.05}$
侧枝平均数	1.3	1.3	2.0	0.3	1.2	1.4	1.9	0.2
侧枝平均长度/cm	1.3	2.1	20.4	7.4	0.6	4.5	9.1	5.0
保留叶片平均数	2.9	2.6	4.6	0.4	3.4	2.8	3.9	3.0

* F0 表示不施肥；F1 表示每 2 周施 N 0.29 g/株；F2 表示每 2 周施 N 0.58 g/株；处理后 2 周取样测定。

外界环境条件不利于新梢生长时，新梢的展叶数少、长势差、瘦弱、节间短、顶芽被迫休止，顶端的两片叶子成对夹叶。如气温越高，嫩叶展开与增大增厚也越快，导致物理硬度增加，高温可以促进薄壁细胞增厚及液泡形成；促进厚壁组织纤维细胞增厚并木质化；促进新梢茎的木质部发育。嫩叶转变为绿色的速度加快，多酚类物质含量增多，茶氨酸和氨基酸总量下降，滋味苦涩，品质低劣。不同的气象条件对形成对夹叶有着明显的影响（表 2 - 11）。

表 2 - 11　气象条件对茶树对夹叶形成的影响

（冯绍隆，1983）

年份	3 月		春茶芽叶组成		7 月		8 月芽叶组成	
	气温/℃	降水量/mm	正常新梢/%	对夹叶/%	气温/℃	降水量/mm	正常新梢/%	对夹叶/%
1974	10.0	31.9	77.8	22.2	24.5	41.9	55.2	44.8
1975	10.6	19.7	72.8	27.2	26.0	88.6	62.5	37.5

（三）茶树叶片的生育

叶片是茶树进行光合作用与合成有机物质的重要器官，也是人们采收的对象。茶树叶片的形成，首先是生长锥下方侧生形成突起的叶原基，后不断分裂出新的细胞形成的突起，称叶原座。由于叶原座边缘组织及顶端分裂，使两侧出现隆脊，中央部分形成中脉，中脉活动形成侧脉。隆脊继续分裂向外生长而形成叶片，主脉、侧脉不断分生，布满叶内。随着叶的成长，叶肉组织和维管束组织发生分化，形成叶片的各个部分。在自然生长条件下，一个新梢1年可展叶20片左右，少的只有10片，多的可达30多片。视品种、气候条件和肥水管理水平的不同而异。

新梢上的叶片自开展后，叶面积迅速增大，但不同叶位增大的比率不同，以每轮梢中部的叶片增长比率最大，第一轮梢基部较小。叶面积增长速率以展叶20 d内最快，以后由于叶片增厚，叶面积的变化较小。经30 d的生育，茶树叶片已基本定型（叶面积不再扩大），因此，叶片展开至定型需1个月左右，但也因生育时期、品种、叶位和肥培条件而异。在叶片伸展过程中，叶型的变化从叶表面内折至反卷，再由反卷至平展，最后定型。幼嫩芽叶的叶背多密被茸毛，定型叶的叶背茸毛会自行脱落。

叶片含有许多无机和有机的成分。茶叶的化学成分除表2-12和表2-13所列以外，还有其他微量成分，这些成分的含量都因叶位不同而有差异，从而也形成了品质特点的差异。

表2-12 茶树新梢不同叶位茶叶的无机成分含量

（河合物吾，1971）

单位：%

成分	第一叶		第二叶		第三叶		第四叶	
	5月8日	8月3日	5月8日	8月3日	5月8日	8月3日	5月8日	8月3日
SiO_2	0.056	0.126	0.069	0.210	0.084	0.216	0.074	0.218
P_2O_2	0.922	1.072	0.882	0.891	0.600	0.772	0.541	0.570
K_2O	2.815	2.786	2.775	2.795	2.712	2.739	2.375	2.743
CaO	0.133	0.274	0.165	0.281	0.161	0.369	0.229	0.307
MgO	0.281	0.312	0.262	0.232	0.282	0.199	0.234	0.206
Fe_2O_3	0.013	0.021	0.013	0.021	0.012	0.019	0.015	0.019
MnO	0.106	0.082	0.121	0.086	0.127	0.095	0.179	0.106
SO_3	0.311	0.316	0.321	0.297	0.222	0.288	0.243	0.260

注：实验茶树品种为朝露。

表2-13 茶树新梢不同叶位叶片的有机成分含量

（河合物吾，1971）

单位：%

叶位	全氮量	多酚类	咖啡碱	水浸出物	醚浸出物	粗纤维
第一叶	7.55	13.97	3.58	45.93	6.98	10.87
第二叶	6.73	16.96	3.56	48.26	7.90	10.90
第三叶	6.29	15.78	3.23	46.96	11.35	12.25
第四叶	5.50	15.44	2.57	45.46	11.43	14.48
茎	5.11	11.14	2.15	44.06	8.03	17.08

注：实验品种为朝露。

光合作用主要是在叶片中进行的。叶片的老嫩、叶色、叶绿素含量，甚至叶片的温度及气孔的多少和大小等都影响光合作用的强度。Nanivel研究表明，叶片在生育初期光合能力较低，呼吸消耗较大，生长所需养料和能量由邻近的老叶和根部供给；随着叶片的生长发育，光合能力迅速增强，呼吸消耗相对减少，光合产物除供自身需要，渐有累积，并开始向其他新生器官运送。Green 认为，当叶温在 20～35 ℃范围内，光合作用较强，如果叶温继续升高超过 35 ℃时，净光合作用急剧下降，到 39～42 ℃时就没有净光合产物积累。Barua 认为，叶片生长量达到最终大小的 1/2 时，光合效率最强。光合效率的高峰期可维持 6 个月，而后随组织的老化而减弱。叶序不同光合效率也不一样，春季形成的叶片，在 6～11 月光合作用较强，11 月以后下降；夏季形成的叶片，则直至 12 月光合效率仍较高，冬眠期间下降，至翌年 3～4 月又迅速加强。Magambo 指出，叶片未成熟时，光合强度与叶绿素含量呈正相关趋势（$r=0.955$），叶片成熟以后，则与可溶性蛋白质含量的减少呈正相关趋势（$r=0.956$）。青木智和 Nanivel 都认为，叶片即使在最寒冷的冬天也有光合能力，但同一枝梢上不同部位留养的叶片，光合作用效率不同，以第一叶最强，第二至五叶呈渐弱趋势，留养的鱼叶能提供几乎与真叶相等的光合作用产物。

除了光合同化作用外，其他如氮素的同化作用也在叶片中进行。竹尾忠一（1981）用 N 的稳定性同位素[15]N-硫酸铵作为示踪试验表明，茶树吸收的氮素，其大部分是运转到叶部供叶片同化氮素的需要，当新梢开始萌发时，各器官中部分贮存的氮转运至新梢，根部吸收的氮则大量地输向叶部。而且，叶片中的其他生理活性物质含量也较丰富，说明了叶片是物质同化代谢的主要器官。

由此可见，叶片在其发育过程中，随着内部结构的变化，其生理机能也逐步加强。初展时的叶片，呼吸强度大，同化能力低，生长所需的养分和能量来自邻近的老叶和根、茎部供给；但随着叶片的成长，各种细胞、组织分化更趋完善，其同化能力有明显的提高（表 2-14）。

表 2-14　叶片生长过程中光合、呼吸强度的变化
（中国农业科学院茶叶研究所，1964）

单位：g/（m² · h）

项目	累计生长天数				
	10	20	30	40	50
有效光合强度*	1.77	2.32	2.98	2.73	2.87
呼吸强度	2.02	2.21	1.68	1.87	1.88

一般来说，叶片展开后 30 d 左右达到叶面积最大值，此时可称为成熟叶。据冈野邦夫等（1996）研究，叶片展开后 35 d 叶面积达最大值，暗呼吸速率趋于定值，而 45 d 时叶重增加停止，叶厚要 2 个月趋于一定值。反映出当叶片生长到 30 d 左右时，其有效光合强度已达到高水平，这时呼吸强度较低，干物质积累也渐多。光合作用合成的物质，除供给生命活动的能量消耗外，在顶芽生育活动旺盛时期，主要是用于充实叶片自身的细胞分裂、生长的组成物质。叶片成熟以后，逐渐老化，生理机能略有下降；当叶片完全老化时，它的光合产物不再需要供给自身生长所需，除了贮藏一部分有机养分外，主要是供给新生的器官生长发育需要。青木智（1986）认为，当叶龄达到 5 个月以后，其光合速率才出现不可逆的下降。叶片制造的糖类主要向顶端运输，成熟叶片的光合作用产物主要运送到本身叶腋间的新

---

* 以 CO_2 吸收量计。

梢，也有少量运向上部的侧梢，但不向下部侧梢输送。在同一枝条上，则主要运向顶梢和中部长势旺盛的侧梢，而很少运向长势弱的侧梢。所以叶片的光合产物总是向当时的生理机能最活跃的部位输送。据中国农业科学院茶叶研究所以^{32}P在9月做标记处测定，老叶吸收进去的^{32}P，首先向其叶腋间的新梢运送，然后送给侧枝的新梢，而且愈处顶端部位、愈幼嫩，养分的分配比例就愈大；5 d后新梢吸收量即占总吸收量的89.37％，7 d以后新梢吸收量进一步增加到93.51％，而老叶的吸收量却相对减少。说明新梢萌发初期，其营养物质主要由老叶供给。挎田胜弘的研究指出，冬季休眠期老叶中形成的^{14}C光合产物很快就会向根、茎部运转，用^{14}CO$_2$进行光合作用后24 h，叶中^{14}C放射性强度由93％下降66％，46 d后下降到25％；与此同时，根、茎部^{14}C放射性强度大大增加，尤其是根系由0.4％迅速增加到58％。春芽萌发所需的营养物质则从茎、根、老叶中向上运转。叶片的光合作用产物在不同季节分配的比例也不一样，冬季约14％用于新梢，56％运向根系；春季光合作用产物约53％用于新梢生育，25％运向细根；秋季的光合作用产物只有11％用于新梢，而50％运往根系。冬、春、秋各季光合作用产物可以供给第二年夏茶新梢生长所需的就更少，约分别为0.6％、1.6％和0.4％。可以认为夏梢生长所需的营养主要由当季叶片光合作用供给，而秋季光合产物的累积对春梢生育有重要影响。沙替洛夫（1980）指出，在年生长周期中，茶树光合作用产物总量的58.9％～75.1％是由上年老叶提供，22.5％～37.9％是当年留养叶提供，只有2.4％～3.2％是由茎等其他部分提供的。斯里兰卡（2005）为期1年的研究表明，成熟叶片合成的^{14}C光合同化产物在未修剪茶树新梢、成熟叶和其他部位的分配，一芽二叶新梢分配到了11.08％；成熟叶保留了19.05％；茎干和枝条分配到了39.21％；茶树主根、侧根和吸收根分别获得7.28％、15.37％和8.01％；在茶树地上部枝叶和地下部根系的平均分配量分别为69.37％和30.63％。酒井慎介（1974）对春茶50 d测定结果表明，茶树光合作用产物每天每平方米叶面积上能积累7.6 g干物质，但实际测定平均只有4 g干物质。所以同化量和实际干物质增长量是有差异的。酒井慎介认为，其原因是光合作用只有在晴天测定，而根系的呼吸消耗又未计算在内（根系呼吸量在幼龄茶树为全株的1/3，成龄茶树为1/3～1/2）。图2-27可以看出其变化规律。

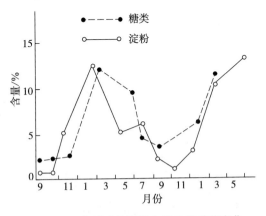

图2-27　茶树叶片糖类和淀粉的季节变化

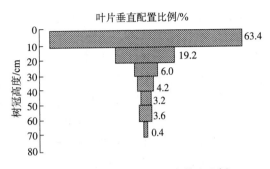

图2-28　茶树叶片的垂直着生比例

（王立，1986）

从叶片的同化作用可知，产量和品质与叶面积存在密切关系，而叶面积与不同的栽培模式有关。叶面积的空间配置对茶叶光合作用也有影响，自然生长的茶树叶片呈立体分布，而栽培茶树则集中分布在树冠表层。据王立（1986）对单条栽茶树叶片配置的研究表明，冠层叶自上而下呈有规律的下降（图 2-28），呈幂函数曲线，$Y=aX^b$。X 为树冠自上而下层次厚度，如 10 cm，20 cm，……；Y 为该层叶量占枝叶总干重的百分率；a、b 为系数，其中 b 为负值。从图 2-28 中可以看出，茶树有 85%～95% 的叶片集中分布在树冠表面 0～30 cm 叶层内，30 cm 以下的着叶量仅占 5%～15%。Kunio 等（1995）用 $^{14}CO_2$ 研究表明，85% 光合作用由 5 cm 冠表层叶片完成，10 cm 以下叶层仅占光合作用量的 3%。造成这种叶片着生生长梯度的生态原因，是由于上层叶片遮蔽部分光照所致。据郭素英等（1996）的研究，当叶面积指数为 3.2 时，树冠下 80 cm 处的透光率为 0.4%；叶面积指数为 2.5 时，相同高度树冠下透光率为 4.8%。叶片对光的散射特性也影响光的透射，如一般树冠面对光的反射率可达 20%～25%，故叶片着生角度、分布、叶片角质层的厚薄、太阳光入射角、光强度等都会影响光的透射，从而影响有效叶面积的数值。但是，茶树上的叶片过多，形成郁闭状态时，通风透光性差，不但不能合成有机物质，反而增加了呼吸强度，致使消耗大于积累，进而影响新梢的生育。因此，生产上进一步探索各种条件下茶树的合理叶面积指数（即茶树叶面积总和与茶园面积之比）是相当重要的问题。一般说，叶面积指数在 4 左右时，茶树所占每平方米土地面积上应有叶片数为 600～800 片。在一定范围内，茶树上叶量增加可增强光合作用，但两者并非完全成正比关系。因为随着叶量的增加，叶片之间的重叠程度也增加，叶片重叠互相遮蔽光线，导致下部叶片的受光量减少，以致不能充分发挥应有的光合作用潜力。一般当叶面积指数小时，光合速率随叶面积指数的增加而增加，当达到一定叶量时，如叶量继续增加，则有效光合作用速率下降，呈抛物线变化。最佳叶面积指数与树龄、茶树品种、茶树生长的环境条件、管理水平等有关。国外研究认为，叶面积指数在 3～7 变化。我国多数研究认为，中小叶品种成年茶树的叶面积指数以 3～4 为好。

茶树叶片在茶树的水分生理和营养生理活动中扮演着重要角色，它不但可以通过蒸腾拉力源源不断地把水和营养元素从根部运输到地上部各组织和细胞中去，而且当土壤中水分不足时可以主动调节水分的向外扩散速度，降低水分损失。茶树叶片对水分的扩散阻力与叶龄和水分含量有关。一般幼嫩叶片的水分扩散阻力低于老叶，而当茶树的水分亏缺时，而幼嫩叶片的水分扩散阻力常较老叶高（图 2-29）。耐旱的品种气孔密度小，幼嫩叶片的气孔密度几乎是老叶的 2 倍。气孔大小方面，老叶几乎是幼嫩叶的 2 倍（表 2-15）。茶树气孔开张度的昼夜变化与光照强弱呈正相关。当光照过强，气温过高而体内水分散失过多时，气孔张开度缩小，中午前后则闭合者较多。由于气孔的调节机制，形成叶片对水分扩散阻力的差异。茶树气孔密度和张开度

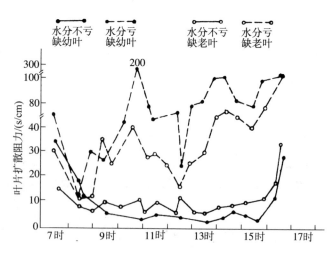

图 2-29　茶树叶片水分扩散阻力的变化（品系：DN）

(Sandanams et al, 1981)

不同，导致体内保水能力不同，以致蒸腾强度和抗旱能力出现差异。

表 2-15 不同品种嫩叶与老叶的气孔密度和大小

（Sandanams et al，1981）

品 系	气孔密度		气孔大小	
	幼嫩叶	老叶	幼嫩叶	老叶
DN	293±13	158±11	247±8	489±13
TRI$_{2025}$	333±8	202±12	323±15	550±17
TRI$_{2026}$	420±16	210±20	230±7	410±13

注：①气孔密度为每平方毫米气孔数；②气孔大小为：保卫细胞，长×宽；③DN 为最耐旱的品系；④TRI$_{2025}$为比较耐旱的品系；⑤TRI$_{2026}$为不耐旱品系。

叶片的寿命与叶片的着生部位、品种、环境条件有关。茶树虽然是常绿植物，但其叶片经过一定时间后也要脱落，只不过叶片的形成时间不同，落叶有前有后（表 2-16）。叶片寿命因品种也有差异，多数叶片寿命不到 1 年就会脱落。研究表明，真叶寿命 1 年以上的叶片只占 25%～40%，个别品种甚至只有 5%左右，一般不超过 2 年。另外，叶片着生部位和生长季节也对叶片寿命也有影响，着生在春梢上的叶片寿命比着生在夏秋梢上的长 1～2 个月（表 2-17），其中品种毛蟹春梢叶片寿命最长达 409 d，而福鼎大白茶夏秋梢上着生的叶片寿命最短，仅 259 d。从不同时间的落叶情况看，落叶全年都在发生，但月份间和品种间有差异（图 2-30），落叶高峰期，福建水仙在 5 月，占全年总落叶量的 72.70%；其他品种的落叶高峰期分别为毛蟹在 8 月，福鼎大白茶和政和大白茶在 3～5 月，龙井茶在 4～5 月。

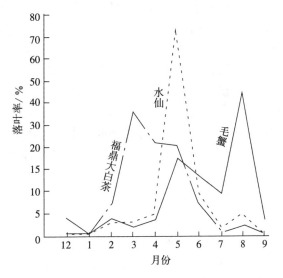

图 2-30 茶树不同品种各月落叶率

（庄晚芳，1964）

此外，气候条件不良、土层瘠薄、管理水平低以及病虫危害等因素，也会引起不正常的落叶。影响尤其严重的是冻害气候条件，严重时甚至会全株落叶，对产量影响很大。

表 2-16 不同茶树品种叶片寿命

（庄晚芳，1964）

品 种	不正常落叶数	叶片寿命（正常落叶数）/%		
		1 周年以下	1 周年以上	2 周年以上
毛蟹	2.5	56.2	41.3	0
福建水仙	1.5	66.7	31.8	0
政和大白茶	3.0	91.6	5.4	0
福鼎大白茶	2.1	92.6	5.1	0
龙井种	0.9	73.3	25.8	0
平均	2.0	76.1	21.9	0

表 2-17 茶树春梢和夏梢叶片寿命比较

(庄晚芳，1964)

单位：d

品　种	春梢的叶片	夏梢的叶片	全年平均
毛蟹	409	331	356
福建水仙	367	287	325
政和大白茶	311	275	289
福鼎大白茶	324	259	299
龙井种	347	291	337
平均	352	289	321

二、茶树根系的发育

茶树的地上部与地下部是相互促进、相互制约的整体，地下部根系生长的好坏直接影响到地上部枝叶的生长。只有根系发达才能有茂盛的枝叶，即所谓"根深才能叶茂"。根系分布规律及生长活动状况是制订合理耕作措施的重要根据。

茶树根系为树体的生长发育起着支持、固定、吸收、贮藏、合成的作用。根系吸收的养分主要是矿质盐类，以及部分有机物质，如脲、天门冬酰胺、维生素、生长素等，但不能吸收不溶于水的高分子的蛋白质、类脂、多糖等有机化合物。根系可从土壤空气和土壤碳酸盐溶液中吸取二氧化碳，输送到叶片中供光合作用。根系也是贮藏有机物质的场所。同时，根系也是某些有机物质合成的场所，如酰胺类和茶叶中的特殊氨基酸——茶氨酸都在根系中合成。

茶树根系吸收铵态氮以后，在根部谷氨酸脱氢酶的作用下，与叶部光合作用输送来的光合产物 α-酮戊二酸相结合形成谷氨酸，这是作为根部利用铵态氮的一种途径。茶树根部首先将铵态氮合成谷氨酸、谷酰胺、天门冬酰胺和天门冬氨酸等，然后转运至叶部，供叶片作为氮素养分的需要。当地上部谷氨酸的利用已处于饱和时，多余的谷氨酸经氨基转换合成精氨酸和茶氨酸。茶氨酸暂贮于根部，而精氨酸则往茎叶转运，这是茶树的特性。当施用等量纯氮的铵态氮或硝态氮时，茶树对铵态氮的吸收利用率比硝态氮高。而且提高铵态氮的施用浓度时，根部氨基酸浓度亦随之提高。茶树以茶氨酸的形态将氮素营养贮存于根部，是茶树氮素代谢的特点（图 2-31）。

贮存于根部的茶氨酸和精氨酸的量，取决于肥料施用量与地上部对氮素需求量的差异。高施肥量，根部养分的贮存量也随之增加；反之，则贮存量减少。

在茶树进入休眠期之前施用铵态氮肥，被茶树吸

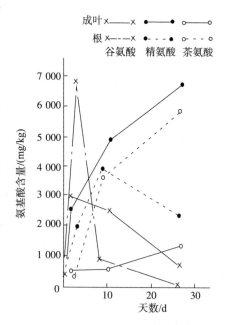

图 2-31 施用铵态氮肥的茶树氨基酸含量变化

收后转化成茶氨酸、精氨酸、谷酰胺并贮于茶根中，翌年春芽萌发时，输送到新梢。夏茶之前追肥施用的铵态氮，同样能提高根部茶氨酸、精氨酸的浓度，随新梢的生育而下降。研究表明，茶树利用谷氨酸的速度最快；茶树对茶氨酸的贮存期长，它缓慢地被茶树体所利用。

根系贮存的糖类对春茶新梢生育有着重要的作用。当春季环境条件适宜时，根系贮存的淀粉一类高分子糖类水解，除了自身用于生长活动消耗外，不断地输送到萌发的芽中。Marimuthus 等（1996）认为，根中糖类贮存量大是茶树健康的标志。健康根中含 12% 的可溶性糖，如果小于 10% 时，茶树对逆境胁迫抵抗能力降低。但也有人认为，根颈部贮存的糖类主要是消耗于新梢生育上，而根部贮存的糖类则用于根部自身消耗为主（青木智，1982）。

木本植物的根系常与菌根共生，茶树也有类似情况。印度发现一种茶蚀根菌［*Rhizophagus thep*（Zimm）Butler］，它在内生菌根中以分枝状和囊泡状存在，而且只存在于白色或米色吸收根中。强光、土壤中缺氮和磷，菌根感染增加；光线低于全光照 20%，土壤高度肥沃，菌根感染减少。土壤环境中微生物丰富，有利于菌根的生存和发展。根菌还可以分解土壤中茶树根系无法吸收的物质，使之被茶树根系所吸收利用。

茶树根系在年发育周期内的生育活动与地上部的生育活动有着密切联系。根据津志田藤二郎（1982）等的研究，萌芽前根的细胞激动素含量最高，萌芽后逐渐减少；每一株苗的根中细胞激动素平均含量也以萌芽期最高，以后逐渐降低。研究还证实了活力最强的细胞激动素是与玉米素吸收光谱相一致的激动素。当萌芽时，根系所含的细胞激动素，通过木质部向芽中输送，促进芽生长点的细胞分裂，这对新梢的生育起着极为重要的作用。Pan 等（1991）研究内源激素 IAA 和 ABA 关系后认为：无论是生长或休眠期，吸收根中 IAA 含量均比 ABA 低，而 ABA 含量是休眠期比生长期高，两者都对根系生长有抑制作用。潘根生（1991）认为，IAA/ABA 的值愈小，细根生长强度愈大。

当新梢生育缓慢时，根系生育则相对比较活跃。10 月前后地上部渐趋休眠，此时为根系生育最活跃的阶段。这种根—梢交替生长的现象，是由于根系和新梢生长对糖类需求平衡造成的。新梢发育生长期间，叶片通过光合作用合成的糖类主要供地上部分的消耗，对根的输送就少；当新梢生育停止后，多余的糖类可供给根系生长，从而出现根—梢交替生长的现象。据观察，在浙江杭州的气候条件下，茶树根系在 3 月上旬以前，生长活动很微弱；3 月上旬到 4 月上旬，根系活动较明显；4 月中旬到 5 月中旬，地上部分生长活跃时，根的增长很少；6 月上旬、8 月中旬、10 月上旬，根系的增长加快，尤其是 10 月上旬地上部分进入休眠时，根系的生长特别旺盛。茶树根系的冬季休眠并不明显，在天气最冷的 1～2 月，仍然有一些白色的吸收根生长。日本大石贞男的研究也证明了类似的生长交替出现。

根系的死亡更新主要发生在冬季的 12 月至翌年 2 月的休眠期内。茶树的吸收根，每年都要不断地死亡和更新，这种担负着茶树主要吸收功能的根系不断更新，使它能保持旺盛的吸收能力。冈野邦夫等（1994）认为，吸收根的全氮含量为根系总含氮量的 44%，呼吸作用是根系总呼吸活力的 62%，氮素吸收占根系总量的 76%，氨基酸含量是其他各级侧根的 2 倍。

茶树根系活力的年周期变化与根系生长有相似的规律，2～3 月是根系活力的高峰期，4～5 月活力显著降低，6～8 月又呈第二次高峰，9 月至翌年 1 月维持在中等水平，亦即是当地上部生长前 1～2 个月，根系活力增强。研究表明，根系的活力与根内碳、氮化合物的含量以及酶的活力有关。据陈椽等（1988）研究，根系活力与过氧化物酶（PO）和多酚氧化酶（PPO）的活力呈极显著正相关，相关系数分别为 $r=0.8286$ 和 $r=0.7292$。根系活力与可溶性糖总量也呈显著正相关（$r=0.5978$），在新梢生长期，根系可溶性糖含量较低，根系活力也低，可能因为新梢生长而大量减少了光合产物向根部分配，使脱氢酶类底物浓度下降所致。根系氨基酸和儿茶素总量与根系活力也呈显著正相关，相关系数分别为 $r=0.7133$ 和 $r=0.6477$。田永辉（2002 年）研究，根系活力与根系分布深度有一定关系，$0\sim20$ cm 土层茶树根系活力最强，$20\sim40$ cm 变弱，40 cm 以下更低，随着土层的深度增加根系活力有变小的趋势。氮、磷、钾肥料配施能显著提高根系活力，也是提高氨基酸和儿茶素含量的有效途径。茶树根系生长活跃的时期，也是吸收能力最强的时期。掌握根系生长活力增强之前进行茶园耕作和施肥，均能收到良好效果。

因茶树品种、树龄、环境条件和农艺措施不同，茶树根系在土壤中的分布以及根系的总量，尤其是吸收根的量也存在很大差异。

不同茶树品种的根系分布存在差异。在相同土壤条件生长的不同品种的茶树，其根系分布的深度和幅度有很大差异。据福建农学院在福安县的调查，在同一质地的冲积土中的 2 年生茶树根系分布情况是福鼎大白茶根系深度比菜茶深 16 cm，侧根分布范围比菜茶大 6 倍；铁观音品种根系分布较广而深，而毛蟹品种的根系分布却多在土壤表层。实生茶苗根系为明显的直根系，主根比较发达；在 2 年生以前，主根长度超过地上部枝干长度，侧根分布范围则不广。据测定，2 年生苗≤1.0 mm 直径的吸收根占根总量 30%；直径 1.0～2.0 mm 的根占 10%；2.0～5.0 mm 的根占 15%；＞5.0 mm 的主根占 45%。3 年生茶苗侧根开始加速生长，向四周发展，分布范围超过树冠幅度。浙江十里坪茶场的观察也得出类似结果，2 龄茶树主根长度为 42 cm，侧根水平分布为 30 cm；3 龄茶树主根长度为 56 cm，侧根长度为58 cm；5 龄茶树侧根已布满整个 1.5 m 的茶行间。

成年期茶树根系由直根系类型逐渐转变为分枝根系类型，由于侧根级数的不断增加及其不断地向四周呈放射状扩展，使行间根系互相交错。随着侧根逐渐加粗，其粗度与主根没有明显区别。如果生长在质地疏松的土壤中，主根可以深达 2 m 以下，侧根分布范围约为树冠的 1.5 倍。

衰老茶树根系呈向心性生长。因为这时根的更新能力已经较弱，离根颈愈远的根如吸收根、细根，还有小的侧根的活力较弱，逐渐死亡，如果没有新的根系补充，逐渐只剩下一些较粗的侧根，只能在根颈部周围的主轴附近重新发生新的细根或侧根。人们常利用这一特性，进行人为干预根系的更新。

衰老茶树进行树冠改造更新，不仅可以促进地上部生长出新的枝干，同时也可以促进地下部根系的更新复壮，重新形成较强的分枝根系，这种更新能力随树龄、管理水平和肥力情况等而变化。

据日本青野（1987）的观察，茶树定植后幼年期和成年期根系的水平分布多集中在离主轴 10～40 cm 处，5 年生细根（直径 2 mm 以下）已布满 1.5 m 行间。根系的垂直分布，粗根和中根多集中在 10～50 cm 范围内。

综合已有的研究，茶树根系分布具有以下特征：

① 吸收根的分布随树龄而变化。成龄茶树的吸收根在水平和垂直两个方向的分布范围最广；随着茶树衰老，吸收根分布范围减小；但台刈更新后，吸收根的分布范围恢复扩大（表 2-18）。

表 2-18 不同树龄茶树吸收根的集中分布部位

单位：cm

树 龄	吸收根集中分布部位	
	垂直分布	水平分布
幼年	0～30	0～20
成年	20～30	20～40
老年	10～20	10～20
台刈后	10～30	20～40

② 从幼年到成年阶段茶树吸收根集中分布的部位，由根颈部附近逐渐向行间发展，衰老茶树则逐渐向内缩减，台刈以后吸收根又重新向外、向下发展。

③ 吸收根主要分布在土壤表层下 10～30 cm 处。在 0～50 cm 土层内，吸收根的重量超过吸收根总重量的 50%。根量随树龄增长而增加，根系的发育、分布随品种、土壤物理性质、管理水平、栽培方式等不同而有差异。

土壤的物理和化学性质，对茶树根系的生育有重要影响。不同的土壤质地，茶树根系伸展的深度、范围不同。在黏重板结的土壤上，根系不易向下生长，仅有少量侧根或细根沿着缝隙向下伸展，根系分布浅，易受环境条件变化的影响（表 2-19）。在沙性土壤里，根系既深且广。土壤沙性愈强，甚至含有砾石，其水分含量（毛细管水）少，会形成根系深而长；但细根、吸收根较少，因为根系的生育不仅要求有适宜的地温（据日本研究，茶树根系生育最适宜的地温为 20～30 ℃，在地温 10 ℃ 以下时不发根），而且还要求土壤中氧气含量在 10% 以上，土壤含水量在 60%～75%，土壤中的三相比关系恰当。一般认为土壤孔隙度在 30%～50% 较合适。如果水分过多、空气少，生长就差，甚至会烂根；如果水分少，生长也不会好。当土壤中空气含量和水分含量达到平衡时，根系生长良好。

表 2-19 不同质地土壤上茶树根系生育状况

（段建真，1978）

土壤质地	茶树高度 /cm	吸收根			最大分布范围	
		0～20	20～40	40～60	深度/cm	幅度
沙土	37.5	0.51	0.45	0.05	68	60 cm×55 cm
黏土	36.0	0.54	0.30	—	42	50 cm×50 cm
沙壤土	48.0	0.56	0.62	0.23	>70	65 cm×68 cm

注：实验茶树品种为 4 年生祁门群体。

土壤的类型不同，根系分布也不同。在河谷冲积土上生长的茶树根系深度可达 2 m 以下，而在黏土和有潜育层的土壤上有的还不超过 50 cm。

土壤的 pH 高低也影响根系的分布。生长在中性或微碱性土壤上的茶树根系发育不良，长势细弱，甚至在幼苗期根系就会萎缩而死亡。而在酸性土壤上生长的根系则较发达。

茶树自身的生长状况和繁殖方式也对根系生育有很大的影响。据苏联洛拉德边（1982）的研究（图 2-32），种子繁殖的根系比扦插繁殖的根系茂盛，尤其是吸收根，而且深层土壤中也有相当数量的吸收根。而扦插繁殖茶树的根总量少于种子繁殖的茶树，且扦插繁殖的茶树没有明显的主根，仅在插穗基部轮生单层根系发育成向四周伸展的侧根。所以扦插繁殖的茶树根系水平分布较好，而向土壤深层发展则较差。即使同样是种子繁殖的茶树，柯尔希达品种的根系大大超过格鲁吉亚2号。

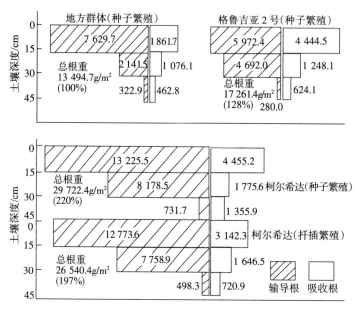

图 2-32　不同品种和不同繁殖方式的茶树根系垂直分布

(洛拉德边，1982)

茶树根系有较强的趋肥性。根系在肥沃、疏松的土壤中生长密集，发育良好；而在贫瘠的土壤上生长的根系少，尤其是吸收根总量少。施肥后，根系会向肥料集中的土层里伸展。在生产中，如果经常浅施化肥，而很少施用有机肥料，则吸收根多集中在土壤表层。经常深施基肥的茶树，则吸收根集中部位向下层伸展。在坡地上，如果只在上坡施肥的，则吸收根集中于上方。这是植物与环境长期统一的结果，所以施肥能对根发育起重要影响，在恰当的氮、磷、钾配比下，根系重量相差 2～3 倍（表 2-20）。

表 2-20　茶园施肥与茶树根系生长的关系

(杰姆哈捷，1974)

试验处理	细根部分		粗根部分		合计	
	根重/g	所占百分比/%	根重/g	所占百分比/%	根重/g	所占百分比/%
不施肥	980	89	2 375	52	3 355	59
磷肥	1 079	100	4 600	100	5 697	100
磷、钾＋氮 300 kg/hm²	1 654	149	4 830	105	6 484	114
磷、钾＋氮 500 kg/hm²	2 366	214	7 216	157	9 582	168
磷、钾＋氮 700 kg/hm²	1 913	179	7 630	166	9 611	169

注：本试验指每平方米面积内根。

茶树种植方式也影响根系的生育。在同一条幅的茶树株距间根系生长不良，而行间根系伸展则好；双条栽的茶树根系几乎只有一面较发达，其余三面根系发展受到抑制。影响根量主要是种植的丛距，其次是条数，丛距小、条数增加，根量减少。

茶树根系被切断后，具有再生能力。福建省茶叶研究所认为，7月根系被切断后发根最快，剪断后断面愈合时间仅 15 d 左右，发根时间仅 25 d 左右，最快的于剪断后 10 d 即完全愈合，生出白色瘤状物，12 d 即开始发根，从愈合组织上长出乳白色锥状幼根。切断后 6 个月，新根直径达 0.2～0.3 cm，细根数量达 100 多根。

总之，影响茶树根系生育的外部因子主要是温度、养分和水分。生产中如能正确调整好该 3 个因子的水平，尤其是保证养分供应，对实现高产优质十分有利。

三、茶树的开花结实

茶树开花结实是实现自然繁殖后代的生殖生长过程。茶树一生要经过多次开花结实，一般生育正常的有性繁殖茶树是从第三至五年就开花结实，直到植株死亡。茶树开花结实的习性，因品种、环境条件不同而有差异。茶树多数品种都是可以开花结实的，但有些品种，如政和大白茶、福建水仙、佛手等是只开花不结实，或者是结实率极低，即一般称之为不稔性（不育性）。这些品种必须通过无性繁殖繁衍后代。表 2-21、表 2-22 表明，不同品种的开花结实特性差异明显。开花结实还受茶树年龄和环境条件影响，幼年茶树的结实少于老年茶树；在环境条件优越的情况下，幼年茶树营养生长旺盛，开花结实少；在不良环境条件（如干旱、寒冻、土层浅薄、管理水平低等）下生长的幼年茶树，常会引起早衰而提早开花结实。

表 2-21　不同茶树品种开花情况比较

（梁濑好充，1975）

品种	花蕾枝数 /枝	花蕾数 /个	顶芽的花蕾枝数 /枝	顶芽以下花蕾枝数 /枝
红誉	25	73	14	11
簸北	24	29	23	1
三好	21	35	17	4
大和绿	64	88	61	3
朝露	4	4	4	0
夏绿	9	12	8	1
玉绿	4	5	4	0
牧之原早生	20	22	19	1
平均	21.4	33.5	18.8	2.6

注：表中数据分别为 30 cm² 内的枝数及花蕾数。

表 2-22　不同品种的生产茶园每丛花蕾数与花产量

（叶乃兴等，2008）

品种	花蕾数/（朵/丛）	CV/%	每亩单产/kg	
			鲜重	干重
毛蟹	1389.2±685.7	49.4	1604	324
铁观音	1031.8±262.8	25.5	670	134
黄旦	913.5±277.3	30.4	529	106
肉桂	826.8±150.2	18.2	524	105
福鼎大白茶	315.8±64.4	20.4	235	47

花芽发育成花蕾的过程是首先花芽的生长锥开始分裂，其最外两个叶原基发育成为苞片，使花芽体积膨大；随着生长点细胞的分裂逐渐形成萼片；当萼片分化发育的同时，出现花瓣的原始小突起；花瓣的分化形成，使外形体积增大，并使萼片展开；当花瓣分化发育时出现雄蕊的原始体，再形成雌蕊原始体，并分别分化为花药、花丝、花柱和子房，最终成为完整的花蕾。从花芽分化到花蕾形成需 20～30 d 时间。一般在 7 月下旬至 8 月上旬就可以看到直径为 2～3 mm 的花蕾。

花芽从 6 月开始分化，以后各月都能不断发生，一般可以延续到 11 月，甚至至翌年春季，愈是向后推迟，开花率、结实率都较低。以夏季和初秋形成的花蕾，开花率和结实率较高。

茶树的开花期，在我国大部分茶区是从 9 月中下旬开始，有的在 10 月上旬开始。从花芽的分化到开花，需 100～110 d。9 月到 10 月下旬为始花期，10 月中旬到 11 月中旬为盛花期，11 月下旬到 12 月为终花期。个别茶区如云南的始花期在 9～12 月，盛花期在 12 月至翌年 1 月。开花的迟早因品种和环境条件下而异（表 2-23），小叶种开花早，大叶种开花迟；当年冷空气来临早，开花也提早。还有少数花芽越冬后在早春开花，这是由于某些花芽形成时期较迟，遇到冬季低温，花芽呈休眠状态，待到春季气温上升，就恢复生育活动，继续开花，但是这种花发育不健全，很快就会脱落。

表 2-23　不同品种茶树的开花期

（郭元超等，1982）

品种	全花期			盛花期			调查地点
	始花期/（月/日）	终花期/（月/日）	日数/d	始日/（月/日）	讫日/（月/日）	日数/d	
龙井种	9/4	2/6	146	9/2	11/20	61	福建福安
福鼎大白茶	9/20	2/4	136	10/11	11/30	51	福建福安
都匀毛尖	10/6	2/10	128	10/11	11/30	51	福建福安
云南大叶茶	10/8	2/10	116	10/21	1/10	82	浙江杭州
紫芽种	8/31	12/21	113	9/30	11/3	35	浙江杭州
福建水仙	10/27	12/13	48	11/5	11/9	15	浙江杭州

一般花蕾膨大现白色到始花初开，需 5～28 d 时间，平均约为 15 d。由初开到全开需 1～7 d。由始花到终花需 60～80 d，此时间的长短与当时的气候条件关系密切。开花时的平均温度为 16～25 ℃，最适宜的温度为 18～20 ℃，相对湿度为 60%～70%。如果气温降到 -2 ℃，花蕾便不能开放，-5～-4 ℃时，会大部分受冻死亡。每天开花时间从早晨 6～7 时开始增多，11～13 时是开花高峰期，午后逐渐减少（图 2-33）。一天中开花最多的时间，往

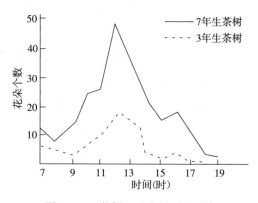

图 2-33　茶树一天中的开花动态

往也是昆虫最活跃的时间。不同品种开花的持续时间和盛花期延续的时间有较大差异（表2－23），生长在福建福安的3个测定品种中，龙井种花期最长可达146 d，盛花期可以延续61 d；生长在浙江杭州的3个品种花期最短的是福建水仙，只有48 d，盛花期15 d。同一品种，由于花蕾的着生部位不同、花芽分化的气温不同，开花期也有显著差异（表2－24）。每朵花从乳白色的花蕾到花瓣完全张开，需2～5 h不等，从花瓣张开到凋落约为50 h。

表2－24　花芽分化期至开花期所需的天数与气温的关系

（梁濑好充，1975）

新梢发生期	花芽分化期		现蕾期		开花期		萌芽至花芽分化	
	出现期/（月/日）	所需天数/d	出现期/（月/日）	所需天数/d	出现期/（月/日）	所需天数/d	积温/℃	平均气温/℃
头茶	6/18	73	7/2	87	9/5	152	1 175	16.1
二茶	7/21	45	7/31	55	10/15	131	961	21.3
三茶	8/15	35	8/30	40	11/12	124	885	25.2
四茶	10/17	53	11/11	78	—		1 070	20.2

茶花开放有一定的次序，一般主枝上着生的花先开，侧枝上着生的花后开。就同一叶腋间的花蕾，其开花次序则无规则，一般是叶芽主轴上的花蕾先开，辅助花芽（即由花梗的鳞片处着生的花芽）发育成的花蕾后开。通常先开放的花，其生活力较强，结实率也高。

茶花中也有可利用的成分。叶乃兴等（2005）对金观音等22个茶树品种的茶花生化成分含量进行了测定，结果表明，水浸出物含量为53.78%±4.57%，茶多酚含量为10.78%±2.25%，游离氨基酸含量为2.60%±0.51%，咖啡碱含量为1.42%±0.22%，水溶性糖含量为3.80%±1.07%。

茶花尚未开放时，花药也未裂开，柱头干燥。待花瓣开放后，雄蕊暴露于大气中，这时花药的膜内壁细胞失水而体积减小，由于内、外侧细胞壁的厚薄不同，产生不均匀的收缩，使花药破裂，花粉粒散出。同时柱头湿润，蜜腺也分泌蜜汁，芬芳的花朵诱来蜜蜂、苍蝇、蚂蚁、甲虫等昆虫，其中以蜜蜂最多。借助昆虫的传播，将花粉粒传播到另外花朵的柱头上进行异花授粉，这些昆虫活动最旺盛的时期是在开花盛期，到终花期天气已较寒冷，昆虫活动不及初期。另外在下雨或空气潮湿的情况下，也会影响昆虫的飞翔活动。由于这些原因，茶花授粉率较低，这也是茶树花多而结实率低的原因之一。关于风力参与茶花授粉问题，一般认为茶花花粉直径有45 μm，重而大，潮湿而微带黏性，在一般天气，它从花药上落下来以后撒到叶片、枝条和地面上，遇到下雨时易从植株上落到土壤上，很少在空气里飞扬。而只有在特别适宜的气候条件下，干燥有风时才有携带花粉的可能。因此，茶树风媒授粉往往受到限制。

由于茶树具有异花授粉的特性，人们常用杂交的原理培育新变异和新品种。据湖南农学院观察，不同茶树品种花粉的生活力差异很大（表2－25），乐昌白毛茶和坦洋菜茶为有性繁殖的品种，其花粉生活力较强，花粉管伸长好，结实率高；其余5个品种，花粉粒生活力极低，仅2%～6%的花粉能萌发，即使萌发的花粉粒，其花粉管也很短，为乐昌白毛茶花粉管长度的1/25～1/20，所以结实率极低。

表 2 - 25　不同茶树品种花粉生活力

品　　种	花粉粒直径/μm	萌芽率/%	花粉管长/μm
乐昌白毛茶	38.5	77.8	2 310
坦洋菜茶	41.5	93.7	2 586
奇种	37.5	4.3	81
白观音	37.2	3.8	128
毛蟹	41.3	1.9	110
梅占	37.0	5.9	100
政和大白茶	36.6	3.2	—

　　当花粉粒落在含有各种糖类和酶类的柱头上，花粉粒由柱头吸水，在2～3 h内就发芽，发育成花粉管。花粉粒的萌发和生长过程中，糖是其呼吸作用的基质和花粉管壁的组成成分，在花粉生长过程中，绝大多数有效糖是蔗糖。在花粉萌发时，一些水解酶的活力显著提高，直到花粉粒生长后期，酶仍保持高度活力。当花粉粒生长过程中蔗糖含量减少，必须有外源糖的供给，才能使花粉管继续生长，此时柱头上的糖就成为花粉管生长必不可少的物质。

　　花粉管发育伸长时，沿着花柱内腔向下生长至子房直至到达胚珠，然后经珠孔进入胚囊。此时位于花粉管内的精核细胞，在花粉管破裂后溢出而进入胚囊，其中一个与卵细胞进行受精作用，发育成胚，另一个精核细胞与极细胞受精，发育成胚乳。受精后不久，花冠和雄蕊与花基部分离并脱落；柱头和花柱变成棕色，干枯而不脱落；萼片层层地把已经受精的子房包裹起来，子房开始发育。如遇低温时，子房便进入休眠状态。休眠期3～5个月不等，与开花期迟早有关。没有受精的子房，开花后2～3 d即行脱落。

　　受精的卵细胞称为合子，它首先横向分裂，形成2个细胞，靠近珠孔的一个细胞连续分裂形成胚柄。而另一细胞被推向胚囊的中央，进行反复的分裂，形成原胚，另一个受精的极细胞也不断地分裂，形成许多含有大量营养物质的薄壁细胞——胚乳，从而为胚的发育准备了大量养料。由于这些细胞的分裂、扩大，使子房增大，子房的外表皮逐渐成为果皮。

　　翌年4～5月，原胚继续发育，首先分化出子叶，在两片子叶之间分化成胚芽，胚芽的下端细胞也分裂，逐渐形成胚轴和胚根，形成一个完整的具有子叶、胚芽、胚茎、胚根的胚。胚的分化形成，依靠胚乳供给营养物质。所以胚的发育过程中，胚乳逐渐被胚所吸收，最后完全消失。胚珠的外珠被分化形成外种皮，内珠被分化形成内种皮，内珠被外的维管束发育形成发达的输导组织。这些分化从4月开始到5月才稳定。

　　6～7月果实继续生长，胚乳被吸收，子叶迅速增大。这时果皮内有石细胞，这标志着果皮组织已趋稳定，并且愈到后期硬化细胞的数量愈多，使果皮硬度增加。在外观上，果皮色泽也由淡绿→深绿→黄绿→红褐色转变。据赵学仁等（1985）研究，从形成幼果至翌年3月，果重增加极微，6月茶果急剧增大增重，之后增长趋于缓慢。

　　8～9月，子叶吸收了所有胚乳，种子内部已没有游离的胚乳存在；外种皮变为黄褐色，种子含水量约为70%，脂肪含量为25%左右，此时的茶籽已达黄熟期。

10月外种皮变为黑褐色，子叶饱满，种子含水量为 40％～60％，脂肪含量为 30％左右，果皮呈棕色或紫褐色，开始从果背裂开，茶果属蒴果类，这时种子为蜡熟期，可以采收。

从花芽形成到种子成熟，约需 1 年半的时间。在茶树上，每年的 6～12 月的 6 个月时间中，一方面是当年的茶花孕蕾开花和授粉，另一方面是上一年受精的茶果发育形成种子并成熟的过程；两年的花、果同时发育生长，这是茶树生物学的特性之一。这些过程是大量消耗养分的生理活动过程，此时茶树对养分供应要求很高。生殖生长往往对营养生长有抑制作用，导致新梢生长较慢。

茶树开花数量虽然很多，但是能结实的仅占 2％～4％，其主要原因是：

①自花授粉不育。茶树是异花授粉植物，而且一般柱头比雄蕊高，自花授粉困难。同时，茶树自花授粉不育也是降低结实率的原因。

②花粉有缺陷。茶花花粉粒在其发育的最后阶段，会有发育不规则的现象出现。因为一般双子叶植物的花粉母细胞，在最后阶段经过 3 次减数分裂，而成为 4 个细胞，即四分体。茶树的这一分裂过程常出现不规则现象，形成 2 个或 3 个细胞，这种花粉粒处于退化状态，有缺陷的花粉粒发芽不正常。另外，也有的是因为胚珠发育不健全而引起的落果，即授粉后也产生脱落。

③外界不良环境条件影响。阴雨天气花粉的传播受到限制，即使在柱头上也易掉落或不能发芽；气温低也影响花粉粒发芽。从气候条件分析，10 月以后气温渐低，昆虫活动减少，花粉传播受到限制。一些花芽分化迟的茶花，授粉机会少，只有 9～10 月开放的花才有较好的结实力。另外，养分供应状况也会影响授粉和落花、落果。据研究，各个时期都有落果，特别是幼果阶段落果数量最多（表 2-26）。

表 2-26　茶树不同时期落花、落果率
（赵学仁，1981）
单位：％

时　　期	福鼎大白菜	龙井种
当年 6～12 月	42.7	64.6
翌年 1～3 月	29.2	5.1
翌年 4 月	9.7	8.4
翌年 5 月	1.8	2.8
翌年 6 月	1.8	6.2
翌年 7 月	1.3	3.4
翌年 8 月	0.3	0.0
翌年 9 月	1.5	0.6
翌年 10 月	0.5	2.2
合计	88.8	93.3

茶果和自然落果都会消耗养分。为了减少花果数，使养分集中于新梢生育，可采用乙烯利进行疏花。其方法是在盛花期的 10 月下旬至 11 月中旬，将浓度为 600～800 μL/L 的乙烯利溶液喷洒在茶树上，除花效果达到 70％～90％。

霜降前后茶籽成熟，一般在10月中旬前后可采收。采收后的茶籽，是否要经过"后熟期"以后才能萌发，目前的看法尚不一致。有人认为，刚采收的茶籽外表虽已成熟，即使给予适宜的外界条件，也不能萌发，具有"后熟期"。也有人认为，只要外界条件适宜，刚采收的茶籽经3～5 d就会萌发，故不存在"后熟期"。

在常温条件下贮藏，茶籽的寿命不足1年。茶籽采收后，应及时去除果壳，立即播入土中，或者以适宜的条件进行贮藏，以保证春播时的发芽率。

我国大部分茶区，茶籽采收后，在秋冬季立即播种，翌年春季开始萌发。贮藏越冬的茶籽，在春季播种后1个多月即可萌发。

茶籽从休眠状态到萌发，不仅形态上将发生变化，而且茶籽中许多内含物也将进行一系列生物化学变化。当茶籽开始萌动时，酶的活力显著增强，茶籽中贮藏的三大主要成分：脂肪、淀粉、蛋白质等化合物趋于水解，并转化为可溶性糖、脂肪酸和氨基酸。在转化过程中，物质的一部分被当作呼吸基质而消耗释放出能量，而另一部分则被分解、运转到胚作为新分裂形成细胞的组成物质。据费达云等（1964）研究，茶籽萌发过程中子叶贮藏物质的变化如图2-34所示。三大成分在茶籽萌发时都有明显的降低。而代谢的中间产物如有机酸的总量却显著地增加，有机酸的种类也不断增多，像呼吸作用的重要中间产物柠檬酸、苹果酸的含量都明显增加，此时茶籽体内生理代谢旺盛。

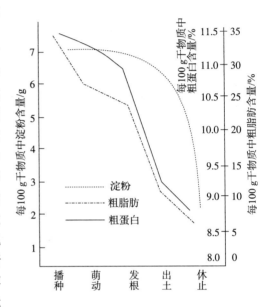

图2-34 茶籽萌发过程有机物质的动态变化
（费达云，1964）

由于茶籽萌发时尚不能由根系吸收外界的营养物质，只能依靠子叶中贮藏物质供给细胞分裂和呼吸作用，故茶籽萌发过程中干物质的变化明显。表2-27显示，从茶籽到第一次生长休止时，子叶中干物质量约减少76%。子叶营养物质供应可持续6个月之久。

表2-27 茶籽萌发过程中干物质的变化

（费达云等，1964）

生育期	休眠	萌动	根伸长	发芽	芽伸长	将破土	破土	休止
子叶干重（每100粒）/g	74.4	43.26	52.09	39.88	39.88	32.57	30.36	17.89

茶籽内部进行一系列生理生化反应的同时，其外部形态也表现出不同特征。图2-35是茶籽萌发过程形态的变化。茶籽吸收膨胀，导致种皮破裂，便于种胚吸收水分并与空气接触，有利于茶籽萌发。在茶籽吸胀的同时，胚在子叶中的贮藏养分产生降解，转化为可给态，提供胚的生长发育。然后胚根开始伸长，突破种皮而接触土壤后，继续向下伸展，使幼苗固定在土壤中，同时具有吸收和提供水分的能力。此时，子叶柄伸长并张开，胚芽伸出种

壳向上生长。胚根向下生长 40～50 d 后，进入休眠期。休眠期一般 10 d 左右。在胚根休眠以前，上胚轴呈休眠状态；胚根进入休眠时，侧根开始发生，同时上胚轴也开始向上伸长，使幼芽突破土面。胚根休眠是地上部与地下部交替和生长调节的过程，而侧根和次生根形成又与地上部活动密切相关。胚芽在土壤中时，往往呈鱼钩状，避免生长点被土壤碰伤；上胚轴伸长，将胚芽推出土面，胚芽伸直向上生长。

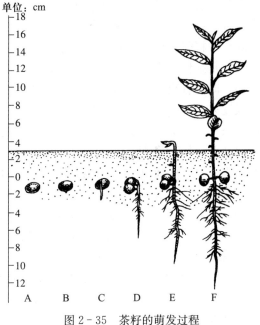

图 2 - 35　茶籽的萌发过程
A. 播种后的茶籽　B～D. 种皮破裂胚根伸出
E. 上胚轴伸长出土　F. 展叶休止

胚芽在生长过程中，首先展开的是 2～4 片鳞片，鳞片的叶腋处，均有胚芽，作为后备生长点。当顶芽受损失时，这些生长点便可萌发生长。随后再生出鱼叶，鱼叶展开后发育真叶。当真叶展开 3～7 片时，顶芽形成驻芽，此时称为第一次生长休止期。休止时间为 2～3 周，随后开始第二次生长。

茶苗第一次生长休止时，地上部分高度为 5～10 cm，最高可达到 15～20 cm；根系平均长 10～20 cm，最长达 20～25 cm；植株高度因品种、种子大小、播种方法、各地气候、土壤条件及管理水平等不同而有差异。幼苗在第一次生长期间，地下部分的生长比地上部快。因此，在第一次生长休止时，地下部分的长度一般为地上部分的 1～2 倍。

在长江中下游茶区，茶籽播种到土壤后，一般在 4 月中下旬，胚根开始生长；5 月上中旬大部分茶籽胚根萌动，上胚轴伸长，可以见到胚芽；到 5 月中下旬，胚芽伸长，有少数出土；6 月上中旬茶苗大部分出土，并逐渐展开真叶。再经过 20 d 左右时间至 6 月下旬 7 月上旬，第一次生长休止。这些过程在南方茶区略为提前，而在北方茶区稍有推迟，但相差不太大。据 Kyoung（1995）等研究，如对茶籽进行预冷（5～10 ℃）处理，可以缩短茶籽萌发时间，提高发芽率。

茶籽萌发过程必需的三个基本条件是水分、温度和氧气，三者缺一不可。如果播种后因某条件不能满足需要，常出现萌发延迟甚至茶籽霉烂的现象。

茶籽萌发的首要条件是有足够的水分。因为茶籽的外种皮厚，子叶要充分吸水膨胀后才能机械裂开。同时，子叶内的贮藏物质的水解过程也需要水分。而且胚根、胚茎或是胚芽的细胞分裂、增长都需要水分。图 2 - 36 表明，在茶籽出土以前，随着含水量的增加，呼吸作用迅速增强，呼吸强度比休眠茶籽高 10～15 倍；而处于休眠状态的茶籽，含水量为 30%～40%，其呼吸作用微弱。因为含水量低，细胞的原生质胶体具有较强的黏滞性，生物化学变化和生理作用难以顺利进行，呼吸作用微弱。只有茶籽从外界大量吸收水分后，使原生质从凝胶状态变成溶胶状态时，呼吸作用才能增强。茶苗出土后，由于子叶中物质消耗很多，呼吸基质减少时，呼吸强度才趋于下降。但土壤中含水量过高时，茶籽也不能发芽，甚至霉烂。因为种胚全部浸泡在水中，得不到充足的氧气而处于无氧呼吸状态，物质消耗大，并多以热的形式散发出去，而获得的能量小，导致胚中毒死亡。根据湖南省茶叶研究所的测定，处于发芽的种子，含水量应在 50%～60%，而土壤含水量应在土壤饱和含水量的 60%～70% 以上，才能满足茶籽萌发过程的需要。

温度是茶籽发芽的另一个重要条件。如果温度不够，即使有充裕的水分，茶籽仍然不能萌发。因为温度是影响茶籽呼吸作用的重要因素，在一定温度条件下，茶籽萌发过程中呼吸作用随温度上升而增强，因此茶籽的发芽率也随温度上升而提高（表 2-28）。但是，当温度上升到一定限度时继续升温，发芽率则迅速降低，因为低温时茶籽内的酶促活力低，随着温度上升，酶促反应速度逐渐增强，当温度增加到一定程度以后，如果继续增温，酶蛋白受到高温的破坏而发生变性，反而降低了酶促反应。同时，细胞的原生质在高温条件下也会产生蛋白质的变性。所以在 43 ℃ 高温下不能发芽的茶籽，重新置于最适温度条件下，大多数也不会再发芽。主要就是由于高温条件下蛋白质发生了不可逆变性引起的。在温度较低条件下未发芽的茶籽，移至最适温度条件下，仍可

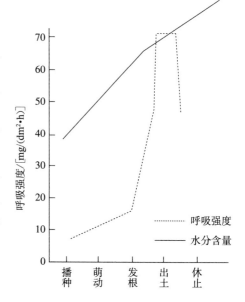

图 2-36　茶籽萌发过程呼吸作用
与含水量的关系
（费达云，1964）

以发芽，因为其酶和原生质都没有受到破坏。据研究，茶籽一般在 10 ℃ 左右开始萌动，发芽最适宜的温度是在 25～28 ℃。

表 2-28　不同温度条件下茶籽发芽状况

（费达云等，1964）

单位:%

发芽状况	温度				
	13 ℃	23 ℃	28 ℃	38 ℃	43 ℃
萌动	15	61	56	50	0
发芽	0	4	24	16	0
合计	15	65	80	66	0

除了上述水分和温度条件外，茶籽的萌发还需要有充足的氧气。因为茶籽在萌发时，呼吸作用逐渐增强，需要有充足的氧气供应。有氧呼吸可以产生较多的能量，供茶籽萌发和生长活动需要。而无氧呼吸消耗的基质多，产生的能量少，而且生成乙醇。乙醇长时间的积聚可使茶籽中毒致死。所以要求播种前浸种时要经常换水；播种的茶园土壤要疏松。播种前应把板结的表土疏松，使之具有良好的通气性，这一点对黏性土壤尤为重要。

复习思考题

1. 茶树在植物分类学上是怎样一个地位？

2. 茶树原产地之说有哪些不同的观点？你有怎样的认识？

3. 茶树根系是如何分布的？茶树根系分布受哪些条件的影响？

4. 茶树枝梢生育有哪些规律？

5. 茶树叶片有哪些可区别于其他植物叶片的特征？

6. 茶树的一生可划分为几个时期？各时期有哪些特点？栽培上要做好哪些工作？

7. 了解茶树年生育规律对茶树栽培有怎样的意义？

8. 茶树何时进行花芽分化？何时开花？何时果实成熟？

9. 茶树开花数量虽然很多，但是能结实的仅占 2％～4％，其主要原因是什么？

10. 茶籽萌发过程内含物质有哪些变化？种子萌发过程要注意哪些条件的掌握？

　　茶树生长有其自身的生育规律，但茶树生育过程受到所处环境的影响，如气象要素、土壤条件、生物因子以及地形、地势、人为活动等，都会影响到茶树的生育。探讨茶树的适生环境，将有利于人们采取合理的措施调控环境使之符合茶树生长的需要，以获取优质高产茶叶的目的。通过本章的学习，了解茶树对生育环境的要求，深刻认识气象、土壤、生物三个主要因素对茶树生育带来的影响，为茶园建立、茶园生态维护打下理论基础。

第三章 □□□□□□□□□□□□□

茶树的适生环境

　　茶树生育对环境条件有一定要求。众多环境因子在时间和空间上对茶树的作用，在不同情况下是不同的。茶树生育环境中周边的气象因子、土壤因子、地形与地势因子、生物因子、人为因子，等等，都会对茶树产生一定的影响。探明不同因子间的相互关系及其对茶树生育的影响，有利于人们在茶树栽培过程中采取相应的生产措施。

第一节　气象要素与茶树生育的关系

　　气象条件对茶树生育环境的影响十分明显，其中光、热、水等气象因子，对茶树生育的影响尤其重要，茶树高产优质必须在良好的气象条件下才能实现。研究各气象因子与茶树生育的关系，掌握其对茶树生育带来的各种影响和适宜的指标，是科学制订茶树栽培技术措施的基础。

一、光对茶树生育的影响

　　茶树与其他作物一样，利用光能进行光合作用，合成自身生长所需的糖类，其生物产量的90%～95%是光合作用产物。它喜光耐阴，忌强光直射。在其生育过程中，茶树对光谱成分（光质）、光照度、光照时间等有着与其他作物不完全一致的要求与变化。光影响茶树代谢状况，也影响大气和土壤的温、湿度变化，进而影响到茶叶的产量和品质。

（一）光谱成分（光质）与茶树生育

　　太阳光波长（λ）范围是150～4 000 nm，按波长分为紫外线区（$\lambda<400$ nm）、可见光区

（λ＝400～720 nm）、红外线区（λ＞720 nm）（图 3-1），紫外线区和红外线区是不可见光区。可见光部分是茶树生育影响最大的光源，由红、橙、黄、绿、青、蓝、紫等七色光组成，茶叶叶片中含有几种光合色素，其主要为叶绿素 a 和叶绿素 b，茶树叶绿素吸收最多的为红、橙光和蓝、紫光，其他的波长不能被叶绿素吸收。能被叶绿素吸收的各种波长的太阳辐射称生理辐射。

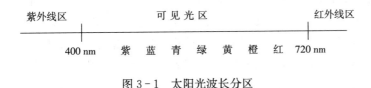

图 3-1　太阳光波长分区

茶树在有效光合量子范围内（λ＝400～700 nm）的吸收光谱特征曲线如图 3-2 所示。图中曲线表明，不同茶树品种对不同光质的吸收能力有差异，但具有类似的叶绿素吸收光谱特征，在蓝紫光和红光波段中各有一个吸收峰，λ＝500～600 nm 和＞680 nm 近红外光波段，其吸收值均较小。叶绿素对蓝紫光吸收能力强，而对绿光、黄光、红外光吸收能力弱。张顺高等（1994）研究认为，700 nm 以上波长的光能几乎是不能被茶树所利用的无效辐射，只是作为环境增温的热源。

成熟茶树叶片中叶绿素 b 含量高，叶绿素 b 对较短的光谱有较强的吸收能力，这使得茶树适合在漫射光中生长。红外线虽不能直接被叶绿素吸收，却能使土壤、水、空气和叶片本身吸热增温，为茶树的生长发育提供热量条件，促进茶树生长。

红、橙光照射下，茶树能迅速生长发育，对碳代谢、糖类的形成具有积极的作用。蓝光为短波光，在生理上对氮代谢、蛋白质形成有重大意义。紫光比蓝光波长更短，不仅对氮代谢、蛋白质的形成有大的影响，而且与一些含氮的品质成分如氨基酸、维生素和很多香气成分的形成有直接的关系。

相同辐射能下，不同光质对自然

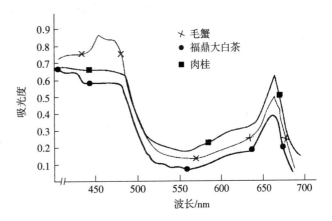

图 3-2　不同茶树品种叶片的叶绿素吸收光谱曲线

（林金科等，1998）

光下生长茶树的净光合速率的影响，随各种光质的辐射能的增加而增大。各光质下，茶树叶片光合强度高低依次为黄光＞红光＞绿光＞蓝光＞紫光。在自然界的光谱中，紫外线的含量是比较丰富的，尤其是正午前后，占太阳光能的 4.0% 左右，其波长长短不同对茶树生育影响有较大差异。紫外线中，波长较短的部分对新梢生长有抑制作用，但波长较长的部分对新梢生育有一定的刺激作用。方培仁（1984）用波长为 365 nm 紫外线处理后，新梢生长迅速，叶片大，叶色嫩绿，节间长，芽头多；而用波长 258.5 nm 的紫外线处理后，新梢生长缓慢，叶片小，节间短，嫩芽卷曲，表现出衰老状态。

用不同颜色薄膜覆盖茶树，茶树形态结构会发生大的变化。日本中山仰（1979）报道，以黄色薄膜处理的新梢最长，叶面积最大，叶片较薄、气孔密度较小；以红色薄膜处理的新梢最短，叶面积最小，而叶片较厚、气孔密度较大。因此，可以采用不同颜色薄膜覆盖提高茶叶产量，提前开采。

与白光相比，红、黄、绿光促进芽梢伸长，叶面积扩大，蓝、紫光抑制芽梢伸长，叶面积减小；蓝紫光下，比叶重增加，红光下比叶重略有减少（表3-1）。不同光质条件下，对品质成分的影响表现为蓝、紫、绿光下，氨基酸总量、叶绿素和水浸出物含量较高；而茶多酚含量相对减少（表3-2）。红光下的光合速率高于蓝、紫光，红光促进糖类的形成，红光也就有利于茶多酚的形成；蓝、紫光则促进氨基酸、蛋白质的合成。在一定海拔高度的山区，雨量充沛，云雾多，空气湿度大，漫射光丰富，蓝、紫光比重增加，这就是高山云雾茶氨基酸、叶绿素和含氮芳香物质多，茶多酚含量相对较低的主要原因。

表3-1 光质对茶树芽梢伸长、叶面积、比叶重影响

（陶汉之，1989）

项 目	黄光	红光	绿光	蓝光	紫光	白光
一芽三叶顶端2个节间长/cm	4.7	6.0	4.2	4.0	3.9	4.1
成熟叶比叶重/（mg/cm²）	6.5	5.2	6.2	—	7.7	5.6
成熟叶叶面积/cm²	27.6	31.0	29.7	26.0	26.7	27.0

表3-2 不同光质下茶叶品质成分的变化

（陶汉之，1989）

光质	叶绿素/%	水浸出物/%	茶多酚/%	氨基酸/%	咖啡碱/%
黄光	0.434	41.62	23.23	4.09	4.37
红光	0.428	41.59	23.36	3.47	4.10
绿光	0.453	42.99	22.31	4.76	3.88
蓝光	0.504	43.61	21.40	4.26	4.06
紫光	0.512	43.50	18.95	4.28	3.85
白光	0.414	40.35	23.06	3.56	3.68

（二）光照度（光强）与茶树生育

茶树的光合作用强弱在很大程度上取决于光照度。弱光条件下，光照度与光合作用呈正相关，即随着光照度的进一步增强，光合速率逐渐上升，当达到一定值之后，光合速率便不再受光照度的影响而趋于稳定，甚至有所下降，此时的光照度称作光饱和点。相反，当光照度逐步降低到某一数值时，茶树光合作用的产物与呼吸作用消耗相等，这时不再有光合物质的积累，即在一定的光照度下，实际光合速率和呼吸速率达到平衡，表观光合速率等于0，此时的光照度即为光补偿点。

日本原田重雄研究，茶树的光饱和点与茶树年龄有关，幼年茶树的光饱和点大致为2.1 J/（cm²·min)左右，成年茶树达2.9～3.0 J/（cm²·min)。当光强度超过3.7 J/（cm²·

min）时，光合速率有轻微下降。但是新梢生长到 4～5 片叶以上尚未采摘前，光饱和点可上升到 4.2 J/（cm² · min），其原因可能是叶片数量多，增加了相互遮蔽率。茶树的光补偿点较低，仅占全光量的 1% 左右，为 0.12～0.13 J/（cm² · min），说明茶树具有耐阴特性。中国农业科学院茶叶研究所研究，茶树的光饱和点和光补偿点因季节不同有一定的变化（表 3-3），一年中，以三茶的光饱和点最高，达 55 000 lx，四茶的光饱和点最低，为 35 000 lx。

表 3-3 不同茶季茶树的光饱和点和光补偿点

单位：lx

茶 季	光饱和点	光补偿点
头茶	42 000	400～500
二茶	45 000	500
三茶	55 000	—
四茶	35 000	300～350

光是植物进行光合作用形成糖类的必要条件，影响着植物生长发育。茶树幼苗在不同的光照条件下，强度遮光的茶苗外表形态表现为茎干细而长，叶子较小；中度遮光的茶苗外表形态与前者不同，植株高矮居中，叶大色绿，叶面隆起，植株发育良好；不遮光处理的茶苗则生长较矮，节间密集，叶子大小处于两个处理的中间，叶色呈深暗色，嫩叶叶面粗糙，但茎干粗壮。成年茶树也是如此，空旷地全光照条件下生育的茶树，因光照强，叶形小、叶片厚、节间短、叶质硬脆，而生长在林冠下的茶树叶形大、叶片薄、节间长、叶质柔软。夏季强光、高温和低湿，会使叶片的光合作用受到抑制，其中强光照对光合作用的光抑制起着重要作用，适度遮阳可以明显提高净光合率和光合量子效率。

遮阳后，茶树体内的物质代谢会发生一定的变化。茶园适度遮阳，可提高茶叶中氨基酸总量，芽叶含水量高、持嫩性强。乌山光照等（1989）研究认为，遮阳后新梢中精氨酸、咖啡碱和根部的茶氨酸合成量增加，并且茶氨酸明显地向新梢积聚，从而有利于绿茶品质的提高。程启坤（1982）研究表明（表 3-4），适当降低光照度，茶叶中氮化合物明显提高，茶多酚、还原糖等会相对减少。故适当遮光有利于碳氮比的降低，对提高绿茶和乌龙茶品质有利，特别在夏秋茶高温干旱季节，适当遮阳对改善绿茶茶汤滋味有着积极作用。

表 3-4 光照对茶叶中化学成分含量的影响

（程启坤，1982）

单位：%

化学成分	春 茶		秋 茶	
	自然光照	遮光	自然光照	遮光
全氮量	5.14	5.65	4.16	4.67
氨基酸	2.37	3.12	0.62	1.02
咖啡碱	2.76	3.00	2.94	3.48

就红茶品质而言，遮阳虽然增加了氮化合物，对红茶的香气和鲜爽度也有利，但如过度遮阳，儿茶素含量降低，茶汤浓强度受到一定影响，茶多酚和表没食子儿茶素的含量下降，

不利于在制茶中形成更多的茶黄素，因此，遮光程度要因地、因时制宜。

茶树具喜光怕晒的特性。世界上不少茶区光照较强，有的茶区夏季晴天午后的光照度超过 5.0 J/（cm² · min）。因此，在茶园内合理地种植遮阳树以调节光照度，控制一定的光照度有利于茶树生长。目前，各地种植遮阳树已不仅仅是调节光照度，还包含有通过种植遮阳树以改善茶园光质，增加散射辐射比例，从而改善茶叶品质。这种多层利用茶园种植空间的立体种植模式，改变了单一种植的生态环境，提高光能利用率。郭素英等（1996）对茶树与其他树种间作茶园的调查结果表明，茶园中适当种些遮阳树，在 10～16 时，使复合园中的茶树树冠面总辐射强度达到或超过 2.9 J/（cm² · min）水平，可以满足茶树对光照度的需求。

不同地区、不同海拔高度的茶园遮光程度，因光照度的变化而有差别。不同茶树品种对光照要求也有不同。光照强时，叶片大而着生水平的茶树遮阳效果比叶片小而着生直立的茶树好。段建真等（1993）研究光辐射强度与新梢生长量的关系得出，夏、秋季期间，茶园日辐射量多数超过茶树光饱和点，遮阳树下的茶树新梢无论哪个季节生长量均超过没有种植遮阳树茶园。曹潘荣等（2002）研究认为，在广州地区茶园用不同透光率的遮阳网遮阳茶树，透光率在 60％～80％的遮阳处理，夏天可增加新梢生长量和百芽重。广东英德茶场研究认为，遮光率以保持 30％左右为宜。云南、海南胶茶间作研究结果表明，遮光率 30％～40％时，有利于物质积累和产量的提高。

（三）光照时间与茶树生育

光照时间对茶树的影响主要表现为两个方面，即辐射总量及光周期现象。一般情况下，日照时间越长，茶树叶片接受光能的时间越长，叶绿素吸收的辐射能量就越多，光合产物积累量就越大，有利于茶树生育和茶叶产量的提高。在茶树生长季节，南方茶区比北方茶区日照时间长，产量高。研究证明，日照时数对春茶早期产量有一定影响，尤其是越冬芽的萌发时间与日照时数呈正相关，这与日照时数长短影响温度从而影响茶芽萌发相关联。山区茶园由于受山体、林木的遮蔽，日照时数比平地茶园少，尤其是生长在谷地和阴坡的茶树，日照时数更少，加上山区多云雾等妨碍光照的因子，实际光照时数更少，往往产量比较低。

自然界昼夜的光暗交替称光周期，植物对昼夜长度发生反应的现象称光周期现象。据此可分为长日照植物、短日照植物和中日照植物。光周期现象对茶树开花结果及生长休眠均有直接影响。茶树是一种短日照植物，日照时数较短的季节或地区，利于茶树的生殖生长，提早开花的时间，花量增大，同时使新梢生长缓慢，提早休眠。相反，日照时数较长的季节或地区，茶树的营养生长加强，开花推迟，花数减少，甚至不开花，新梢生长加快，推迟新梢休眠。如种植在格鲁吉亚的南方茶树品种往往不会结实，因为该地区的日照比原产地长得多。童启庆（1974）研究，在花芽分化前用黑色材料将茶树全部遮光一段时间，遮光处理比对照开花增加，开花期提前。据印度 Baura（1969）研究认为，当冬季有 6 周白昼日照时数短于大约 11.25 h，灌木型茶树有相对的休眠期，日照愈短休眠期愈长。反之，人工延长日照至 13 h，就能打破茶树冬季休眠，促使茶树生长，并抑制茶树开花。研究认为，日照时间缩短，茶树体内产生高浓度的脱落酸，抑制 DNA 合成 RNA，进而诱导形成休眠芽。长日照则刺激茶芽脱落酸水平下降，赤霉素含量增加。在赤霉素的刺激作用下，一些能打破休眠以及萌发所必需的酶开始合成，从而促使蛋白质的合成，促使有机物的转化和呼吸作用增强，茶树具备了萌发的条件，当环境、温度与水分条件符合生长所需，茶树就会立即发芽。

二、温度对茶树生育的影响

热量的来源是太阳光辐射，是茶树生育不可缺少的。光辐射强度的变化直接影响温度变化，影响着茶树的地理分布，制约着茶树生育速度。气温和地温分别对茶树的地上和地下部生长产生着影响。了解温度对茶树生育影响规律，可为生产措施的合理应用提供依据。

（一）气温与茶树生育

气温除了受光辐射变化的影响外，也受纬度、海拔、坡度、方位、水域、风、云、植被等因子的影响。气温对茶树生育的影响，因时间、茶树品种、树龄、茶树生育状况和当时的其他生境条件不同而不同。

茶树耐最低临界温度品种间的差异很大，一般灌木型中小叶种茶树品种耐低温能力强，而乔木型大叶种茶树品种耐低温能力弱。灌木型的龙井种、鸠坑种和祁门种等能耐-12～-16℃的低温，乔木型的云南大叶种在-6℃左右便会严重受害。同一品种不同年龄时期耐低温能力不同，幼苗期、幼年期和衰老期的耐低温能力较弱，成年期耐低温能力较强。茶树冬季的耐寒性往往强于早春，早春茶芽处于待生长状态，芽体内水分含量较高，酶活性增强，对突然低温胁迫会产生较强烈的反应；冬季茶树的各器官组织处于休眠状态，组织内细胞液浓度高，抗冻能力也较强，这种生物节律性的表现，使茶树能有效地度过严寒的冬季。茶树不同的器官耐寒性有差异，成叶和枝条的耐寒性较强，芽、嫩叶较弱。成叶一般可耐-8℃左右低温，而根在-5℃就可能受害。茶花在-2～-4℃便不开花而脱落。不同的生境条件也会影响茶树的耐寒性，由于种植地区不同，经受着不同的气候条件的锻炼，因而在对以后的耐低温的能力上也有较大的差异，如同样是政和大白茶在福建茶区只能忍耐-6℃低温，而生长在皖东茶区则可耐-8～-10℃的低温。根据不同地区、不同类型茶树品种耐低温的表现，一般地把中小叶种茶树经济生长最低气温界限定为-8～-10℃，大叶种定为-2.0～-3.0℃。生存最低界限气温会更低。

高温对茶树生育的影响和低温一样，处于高温生境的时间长短决定其受害程度。一般而言茶树能耐最高温度是35～40℃，生存临界温度是45℃。在自然条件下，日平均气温高于30℃，新梢生长就会缓慢或停止，如果气温持续几天超过35℃，新梢就会枯萎、落叶。当日平均最高气温高于30℃又伴随低湿的话，茶树生长趋于缓慢。一些带有南方类型基因的茶树品种，往往具有较强的耐高温能力。中国农业科学院茶叶研究所提出，当日平均气温30℃以上，最高气温超过35℃，日平均相对湿度60%以下，土壤相对持水量在35%以下时，茶树生育受到抑制，如果这种气候条件持续8～10 d，茶树就将受害。与受低温影响一样，温度突然发生较大变化，对茶树的危害性更大，因为此时茶树的生理机能来不及适应新的生境条件。

茶树生育最适温度是指茶树生育最旺盛、最活跃时的温度。湄潭茶叶研究所研究指出，新梢生长最适宜温度为20～25℃，此时日生长量达1.5 mm以上，高于25℃或低于20℃时，新梢生长速度就较缓慢。段建真等（1993）研究（表3-5）表明，日平均气温在16～30℃范围内，如果其他生态条件也适宜的情况下，日生长量较大，尤其是气温在16～25℃范围内，无论新梢长度或是叶面积总量，都随温度上升而增加，新梢长度日平均生长量大致为 0.1~2.1 mm，叶面积日平均增长量在 40~90 mm²；其次是气温 26~30 ℃，日生长量也较大；高于 30 ℃时生长速度最慢。从不同季节来看，春季气温对新梢生育影响明显大于夏秋季，不同茶季的生长表现为头轮＞四轮＞二轮＞三轮。

表 3-5 日平均气温与茶树新梢生长速度的关系

（段建真等，1993）

项　目	轮　次	10~15℃	16~25℃	26~30℃	＞30℃
日新梢平均生长量/mm	一	0.2~0.4	0.8~2.1	0.1~0.5	0.0~0.2
	二		0.1~1.4	0.2~0.6	0.0~0.1
	三		0.1~0.3	0.8~1.1	0.0~0.2
	四		0.5~1.5	0.4~0.9	0.0~0.1
日叶面积平均生长量/mm²	一	5~30	40~85	20~50	0~4
	二		20~45	10~55	0~2
	三		10~42	10~30	0~2
	四		15~40	10~45	0~3

注：28 个芽梢观察平均值；二轮茶后气温均＞15 ℃。

茶树新梢生育与气温昼夜变化也有关系。春季通常是白天的气温高于夜晚，新梢生长量也是白天大于夜晚；夏秋季的情况恰恰相反，此时日夜气温均能满足茶树生育的要求，而水分成为影响生育的主导因子，所以夜晚的生长量往往大于白天的生长量（表 3-6）。高山茶区和北方茶区，由于昼夜温差大，新梢生育较缓慢，但同化产物积累多，持嫩性强，故其茶叶品质优良。

表 3-6 不同季节新梢昼夜生长量与气温关系

（赵学仁等，1962）

时间	春　季			夏　秋　季		
	温度/℃	绝对生长量/mm	占日生长量/%	温度/℃	绝对生长量/mm	占日生长量/%
白昼	16.0	3.2	61.5	36.2	0.25	8.0
夜晚	14.7	2.0	38.5	27.9	2.83	92.0
全日	15.4	5.2	100.0	32.1	3.08	100.0

春季茶芽开始萌发的温度称为生物学零度，一般认为，茶树的春季起始温度是日平均气温稳定在 10 ℃左右。但因品种、地区和年份不同有差异。钱书云（1987）对不同品种萌发温度研究提出：早芽型品种福鼎大白茶为 10 ℃，迟芽型品种政和大白茶为 14 ℃。湖南农学院观察认为，毛蟹品种的茶芽萌动的日平均气温为 9.5 ℃，乌龙、大红袍、本山等品种为 10 ℃，政和大白茶、水仙品种为 14 ℃以上。茶树停止生长的日平均气温大多为 10 ℃以下，但品种、地区有差异。格鲁吉亚报道日平均气温降到 13 ℃以下时茶树停止生长；卡尔（Carr，1977）观测南坦桑尼亚示恩迪地区认为，气温降到 14 ℃以下时茶树停止生长；杭州茶叶试验场观测认为，10 ℃以下茶树开始进入休眠期。

温度对茶树生育带来的变化也影响着茶叶品质的季节性变化。就绿茶而言，往往春茶品质最好，秋茶其次。茶叶品质的这种季节性变化，主要是由于很多与茶叶品质有关的化学成分都是随着气温的变化而变化的，多酚含量的变化是随着气温的增高而增加，4～5月气温较低时，茶多酚含量也较低，7～8月气温最高时，茶多酚含量也达到最高峰。与此相反，氨基酸的含量是随着气温的增高而减少的，4～5月气温较低时，氨基酸的含量较高，7～8月气温最高时，氨基酸的含量达到最低点（图3-3）。

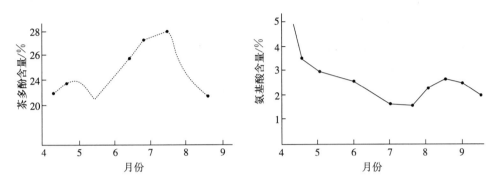

图3-3 不同季节对茶叶茶多酚、氨基酸含量的影响

（程启坤，1985）

业已证明，温度高，有利于茶树体内的碳代谢，利于糖类的合成、运送、转化，使糖类转化为多酚类化合物的速率加快，相反，当温度<20℃则不利于多酚类的合成。气温低时，氨基酸、蛋白质及一些含氮化合物增加。多酚类含量高，茶叶浓强度大，含氮化合物多，茶叶味香鲜爽。因此，春季生产的绿茶比夏茶口感鲜醇。在茶树适宜的温度范围内，茶树的生长发育正常，利于茶叶有效成分如氨基酸、多酚类等物质的形成和积累，对茶叶品质特别是滋味成分形成有利。高温或低温，茶树生长发育受阻，甚至使茶树受害，代谢机能减弱，萌发的芽叶瘦小，内含成分比正常生长的芽叶低，茶叶品质差。曹藩荣等（2006）研究认为，温度是影响鲜叶中的芳香物质变化的重要因子，一些芳香物质随温度的变化而呈规律性的增减，适度低温胁迫处理能提高鲜叶中芳香物质的种类，改变主要香气物质的含量，这对茶叶香气的形成有直接影响。

茶树需要的热量范围有其重要的生理学意义。当气温为10～35℃时，茶树的光合作用都能正常进行，以25～30℃为光合最适宜温度，>35℃光合强度下降，>45℃光合作用完全停止。由于呼吸强度增加，有效光合强度下降也是高温危害的表现。据Hodfield（1968）研究，茶树叶温达39～42℃时，就测不出有效光合强度。当气温降到<5℃时，茶树的光合功能就会受到影响。茶树的呼吸作用受一系列酶促反应影响，与温度关系更为密切。韩华琼测定，茶叶多酚氧化酶的适宜温度为50～55℃，过氧化氢酶为15～25℃，过氧化物酶为15～45℃，抗坏血酸氧化酶为25～45℃。在0～45℃范围内，呼吸作用随温度上升而增强，45℃呼吸作用最旺盛，>50℃呼吸作用有所下降。由于呼吸作用消耗降低光合积累，所以适当降低呼吸作用，把气温控制在适宜茶树生长的温度条件下，在生产上有积极意义。蒸腾作用可以散热、降低叶温，同时对吸收土壤中矿质元素有作用，而温度是影响蒸腾作用的重要因子。正常的蒸腾作用是在30℃左右进行的，而高温会使蒸腾作用加强，过高的蒸腾强度会造成茶树失水，因此也必须控制一定的温度范围。总之，茶树的一切生长、生理活动都需要在一定的温度条件下进行，它是茶树高产优质最基本的生态因子之一。

（二）地温与茶树生育

地温是指土壤温度，它与茶树生育关系十分密切。段建真（1993）观测，不同土层地温与新梢生长呈极显著正相关（表3-7），即在一定地温范围内，随地温的升高而新梢生长速度加快，高于或低于此范围，则生长缓慢或停止。研究表明，地温在14～20℃时，茶新梢生育速度最快，其次是21～28℃，低于13℃或高于28℃生长都较缓慢。不同土层地温影响略有差异，5cm土层受热辐射影响，日夜温差较大；25cm土层地温相对稳定，是茶树吸收根最多的土层，热量变化直接影响根系吸收交换水平。据对杭州地区观察，当地温为8～10℃，根系生长开始加强，25℃左右生长最适宜，达35℃以上时，根系停止生长。

表3-7 日平均地温与茶树新梢生长速度的关系

（段建真，1993）

单位：mm

日平均生长量		轮　次	9～13℃	14～20℃	21～28℃	>28℃
长度	5cm土层	一	0.2～0.4	0.9～2.1	0.3～0.6	0～0.1
		二		0.3～1.5	0.2～0.6	0～0.1
		三		0.2～0.3	0.8～1.0	0～0.2
		四		0.5～1.5	0.5～0.8	0～0.1
	25cm土层	一	0.3～0.4	0.9～2.1	0.3～0.9	0～0.1
		二		0.4～0.8	0.3～0.9	0～0.1
		三		0.3～0.4	0.7～1.0	0～0.1
		四		0.4～1.2	0.5～0.8	0～0.1

生产上，为了促使茶树生育，可以采取某些栽培措施调节地温。如早春气温低，地温更低，为促使茶芽早发，人们常采用耕作施肥的措施，疏松土壤，加强地上与地下气流的交换，提高地温。利用地表覆盖技术，也可有效地改变地温，促使根系生长。当夏季到来时，地下5～10cm土层温度可升至30℃以上，通过行间铺草或套种牧草等措施，可以降低地温（表3-8）；秋季增施有机肥以及提高种植密度均能明显地提高冬季茶园土壤温度；此外，茶园四周种植防护林也能有效地改善地温、气温和空气湿度状况。地温的变化与土壤色泽、结构、含水量、腐殖质含量、坡向、周边有无植被等因素都有密切的关系。

表3-8 间作牧草对茶园温度的影响

（骆耀平等，2004）

单位：℃

处　理	牧　草　间　作						无　间　作					
	7:00	9:00	11:00	13:00	15:00	17:00	7:00	9:00	11:00	13:00	15:00	17:00
地下5cm	25.0	27.0	31.5	35.0	33.5	30.0	25.0	28.0	33.5	37.0	36.0	32.0
地下10cm	25.0	26.5	28.0	31.0	31.5	30.0	25.0	27.0	30.5	32.0	33.0	32.5

注：测定时间为2004年8月16日，地点为浙江苍南。

（三）积温与茶树生育

积温是指累积温度的总和。它包含有温度的强度和温度的持续时间两方面的内容。积温分为活动积温和有效积温两种。活动积温系指植物在某一生育时期或整个年生长期中高于生物学最低温度（又称生物学零度）的温度总和。有效积温系指植物某一生育期或整个年生长周期中有效温度之总和。有效温度是活动温度与生物学最低温度之差。

如前所述，茶树的生物学最低温度为 10 ℃，其全年至少需要≥10 ℃的活动积温 3 000 ℃，对于活动积温低于 3 000 ℃ 的茶区，应当注意冬季防冻。世界各茶区活动积温差异悬殊，如乌克兰乌日哥罗德年活动积温为 3 040 ℃，是世界上年活动积温最少的茶区之一。中国茶区年活动积温大多在 4 000 ℃以上。浙江茶区除高山外，大部分茶区活动积温在 5 200～5 800 ℃。据杭州茶叶试验场研究（1975），春茶采摘前，≥10 ℃的积温愈高，则春茶开采期愈早，产量愈高。据周子康（1985）研究指出，茶叶单产随积温的增加而呈指数规律递增（图3-4）。

茶树某一生育期的具体日期，在不

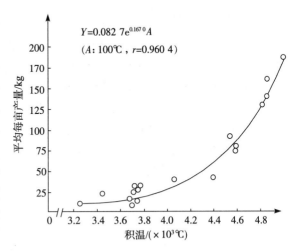

图 3-4　天目山茶叶平均亩产量与≥10 ℃积温的关系
（周子康，1985）

同年份存在明显差异，但某一生育期所要求的有效积温则相对较稳定。赵学仁（1962）观测，从茶芽萌动到一芽三叶需要≥10 ℃的有效积温为 110～124 ℃；陈荣冰等（1988）对不同品种开采期观测结果，早芽型品种福鼎大白茶茶芽萌动至开采期（一芽三叶）所需有效积温为 128.3 ℃±10.1 ℃；中芽型品种福安菜茶为 137.6 ℃±15.7 ℃。郭文扬等（1989）对同一茶园不同年份有效积温调查（表3-9）表明，开采期有效积温的变幅不太大，开采到结束有效积温变化大。有效积温能比较确切地反映茶树生育期间对热量的要求，因此，结合物候观测和当地气象部门的中长期天气预报，可以进行采摘期的茶叶产量的预测。

表3-9　不同年份开采期（一芽一叶）所需有效积温
（郭文扬等，1989）

单位:℃

年　　份	开采至结束时期	3月1日至开采期>10℃有效积温	开采至结束有效积温
1982	3月28日～4月10日	54.7	45.1
1983	4月1～16日	40.8	103.6
1984	4月1～18日	46.1	87.0
1985	4月8～19日	44.7	88.2
1986	4月3～20日	51.4	105.2

注：有效积温按>10 ℃计算。

三、水分对茶树生育的影响

植物的一切正常生命活动都必须在细胞含有一定的水分状况下才能进行。水分既是茶树有机体的重要组成部分，也是茶树生育过程不可缺少的生态因子，同时它也影响生境中的其他气象因子。茶树光合、呼吸等生理活动的进行，营养物质的吸收和运输，都必须有水分的参与。水分不足或水分过多，都会不利于茶树生育。

（一）降水与茶树生育

茶树生长所需的水分多来自自然降水。茶树性喜湿怕涝，适宜栽培茶树的地区，年降水量必须在 1 000 mm 以上。茶树生长期间的月降水量要求大于 100 mm，如连续几个月降水量小于 50 mm，而且又未采取人工灌溉措施，茶叶单产必将大幅度下降。一般认为，茶树栽培适宜的年降水量为 1 500 mm 左右。世界茶区降水量差异很大，年降水量高的茶区＞6 000 mm，低的只有 600 mm，而且月降水量分布也很不均衡，即使年降水量达到要求，也会因月降水量不足而影响茶叶产量。月降水量与月鲜叶产量有着十分密切的关系（图 3 - 5）。降水量最多的月份与鲜叶采摘量最多的月份基本相吻合。云南勐海 6～9 月的月降水量均大于100 mm，各月的鲜叶产量均占全年的 10％以上。

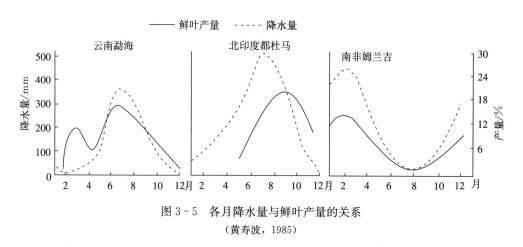

图 3 - 5　各月降水量与鲜叶产量的关系

（黄寿波，1985）

对水分状况的考虑除了降水量以外，还有水分的消耗量，如蒸发、蒸腾、土壤流失、下渗等。如浙江茶区 7～8 月的降水量并不少，但由于气温高、光照强、水分蒸发、蒸腾量大，茶园常会水分不足。因此，常用干燥指数表示茶树对水分的需求。干燥指数是指≥10 ℃期间蒸发量与降水量的比值。李倬研究（1988），年干燥指数＜1 的地区，如果其他生态因子满足，基本上适宜茶树栽培；年干燥指数接近 0.7 的地区，茶树生长更好，茶叶品质也较高。

我国部分茶区的年降水量为 1 200～1 800 mm，年降水量最少的山东半岛茶区，只有600 mm，而年降水量最多的是台湾省的火烧寮，那里的年平均降水量超过 6 000 mm。长江中下游茶区，因为常有"伏旱"（一般性伏旱标准是 6 月下旬到 9 月上中旬，连续 20～29 d 总雨量＜30 mm，其中有 5 d 以上高温出现）或"夹秋旱"（指夏旱连秋旱）发生，夏秋季的降水量直接影响夏秋茶的产量。按降雨强度划分，小雨（小于 10 mm/d，或小于 2.5 mm/h）、中雨（10.0~25.0 mm/d，或 2.5~8.0 mm/h），对茶树生育有利，大雨（25.1~50.0 mm/d，或 8.1~16.0 mm/h）、暴雨（大于 50 mm/d，或大于 16.0 mm/h）不利于水分向土壤中渗透，易引起表土冲刷，对茶树生育不利。我国有些茶区夏秋季节雨量虽多，但多暴雨，径流量大、蒸发量又大，故水分仍感不足。

（二）空气湿度与茶树生育

茶树对生育环境中的大气湿度也有一定要求。空气湿度能影响土壤水分的蒸发，也影响了茶树的蒸腾作用。适宜茶树生育的空气相对湿度为 80%~90%，若小于 50%，新梢生长受抑制。空气湿度大时，一般新梢叶片大，节间长，新梢持嫩性强，叶质柔软，内含物丰富，因此茶叶品质好。空气相对湿度影响茶树的光合作用和呼吸作用，当相对湿度达 70% 左右时，光合、呼吸作用速率均较高，当空气湿度大于 90% 时，空气中的水汽含量接近饱和状态，这对茶树新梢生长虽然有利，但容易导致与湿害相关的病害发生。相对湿度低于 60% 时，呼吸速率增大，同化二氧化碳成为负值，土壤的蒸发和茶树的蒸腾作用就显著增

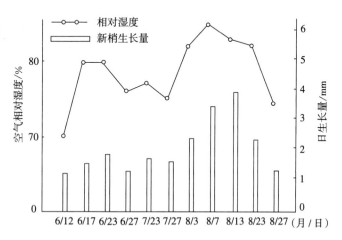

图 3-6　空气相对湿度与新梢生长量的关系
（孙继海，1964）

加，在这种情况下，如果长时间无雨或不进行灌溉，就会发生土壤干旱，影响茶树的正常生长发育，对产量和品质都有不良影响（图 3-6）。

（三）土壤水分与茶树生育

茶园土壤中的水分状况，直接影响着茶树根系的生长，进而影响着茶树地上部的生长。适宜的土壤含水量能促进茶树生长，不足或过量都会使茶树生育受阻，在土壤相对含水量 50%~110% 条件下栽培茶树，可以看到与茶树生育相关的生理生化特性、酶活性、品质成分都有较大的变化（表 3-10、表 3-11、图 3-7、图 3-8）。

表 3-10　土壤水分对茶树根系生长和活力的影响

（王晓萍，1992）

土壤相对含水量 /%	根系分布范围/cm		根系干重/g		脱氢酶活性[*] / [$\mu g/(g \cdot h)$]
	深度	宽度	总根量	吸收根量	
50	13.8	13.1	4.40	1.03	0.872
70	17.5	16.9	6.60	2.33	1.303
90	18.4	17.1	7.83	2.70	1.239
110	10.9	11.4	4.14	1.27	0.401

[*]　以 2，3，5-三苯基氯化四氮唑计。

表 3－11　不同水分处理下茶树氧化酶活性、生化成分的变化

（杨跃华，1987）

土壤相对含水量	50%	70%	90%	110%
多酚氧化酶（以鲜重计）/［mmol/（g·min）］	0.47	0.78	1.17	0.53
过氧化物酶（以鲜重计）/［mmol/（g·min）］	94.03	109.36	131.78	106.32
茶多酚/%	14.022	24.456	25.761	19.500
儿茶素总量（以干重计）/（mg/g）	33.324	41.519	73.751	30.774
新梢中氨基酸/%	1.731	2.394	2.537	2.242

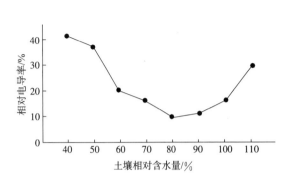

图 3－7　土壤相对含水量对新梢电导率的影响
（杨跃华，1987）

图 3－8　土壤相对含水量对茶树光合作用的影响
（杨跃华，1987）

　　不难看出，茶树在土壤相对含水量为 70%～90% 时各项生理生化指标均较高，这一土壤相对含水量是适宜茶树生长的，所获茶叶品质也是较好的。不仅如此，在这一水分条件下，根系活力、对营养物质的吸收（除钾外）均是较强的。当降水量小于茶园蒸发、蒸腾量时，土壤水分将处于亏缺状况，生育受抑制；降水过多，排水不良，茶园土壤水分长期处于过饱和状态，茶树根系则不能正常生长。

四、地形、地势、海拔对茶园气象因子及茶树生育的影响

　　纬度、坡向、坡度、地形、地势、海拔等因子都对气象因子产生重要的影响，从而综合地影响茶树生育和茶叶的品质。明代罗廪撰（1609）在《茶解》中指出："茶地南向为佳，向阴逐劣，故一山之中，美恶相悬。"

　　地理纬度不同，其日照强度、时间、气温、地温及降水量等气候因子均不同。我国茶区最北处于北纬38°，最南在北纬18°～19°的海南省，一般而言，纬度偏低的茶区年平均气温高，地表接受的日光辐射量较多，表现为热量和光照都丰富的生长气候特点。

　　一般而言，纬度较低的南方茶区，年平均气温较高，在茶树体内的物质代谢上，有利于碳代谢的进行，有利于茶多酚的合成。因此，长期生长在南方的茶树品种，往往含有较多的茶多酚，适合于制造红茶；而生长在纬度较高茶区的茶树，光、温、湿条件利于蛋白质、氨基酸等含氮物质代谢，适合于制造绿茶。就是同一品种生长在不同纬度的

地区，其化学成分的含量差异也是很显著的。如云南大叶种，北移至纬度较高的地区后不仅越冬生长困难，而且茶多酚、儿茶素的含量也相应下降。生长在勐海的楮叶种鲜叶中茶多酚、儿茶素含量都比生长在杭州的要高，相反氨基酸和咖啡碱的含量都比生长在杭州的低。

地形对茶园小气候的影响很大。茶园小气候是指由茶树及茶园生物与环境因子相互作用形成小范围的特殊气候，也称微域气候或微域气象。即从地表或土壤浅层到 $1.5\sim2.0\,m$ 高的贴地层的气候，小气候的形成取决于日照辐射及贴地气层的湍流交换和水分交换特性。坡地对茶园小气候的影响，主要决定于斜坡的坡度、方位和地形状况，这是由于辐射差额的变化，从而形成了不同的气候特点。在温带区域，南坡所得的太阳辐射总量都比水平面上要多，而北坡所获得的总辐射量却比水平面上少，夏季南、北坡差异较小，冬季差异大，东西坡介于南、北坡之间，无大差异。北坡属冷坡，终年土温和气温较低，霜冻出现机会较多，有霜期较长，但由于温度较低，蒸发较小，土壤湿度较大；而南坡属暖坡，由于温度高，蒸发较大，土壤湿度小。在谷地和小盆地中，白天由于空气流动受阻，有利于太阳辐射能用于空气和土壤增热，夜间有利于冷空气沿着斜坡流向谷地或盆地堆积，所以不论白天的增热或夜间的冷却，盆地和谷地的下部都较顶部激烈。据铃木康孝等（1995）对坡地茶园的观测，谷地茶树的头茶生育期较山坡地迟；冬季蓬面气温及叶温在谷地最高温度高，日最低温度低；越冬芽受低温危害程度谷地较大。

水域对邻近地区的小气候有一定的影响。因为水是一种半透明体，太阳辐射能透入几十米的水层，它的热容量比土壤大，水面上的水汽来源充足，消耗于蒸发的热量比陆地多。因此，水的增热、冷却比较稳定。水域上的气温变化比陆地缓和，日、年振幅小，无霜期长，空气湿度大。因而，水域邻近地区的茶园旱热害和冻害都比陆地轻些，无霜期和茶树生长期也较长些，且因水域邻近地区空气湿度大，雾日多，对提高茶叶品质有一定好处。

俗话说："高山云雾出好茶"，说明好茶与良好的生态环境关系密切。我国大多数名茶都产在生态环境优越的名山胜水之间。如黄山毛峰产在黄山风景区境内海拔 $700\sim800\,m$ 的桃花峰、紫云峰、云谷寺等一带。

海拔不同，各种气候因子有很大差别。一般海拔愈高，气压与气温愈低，而降水量和空气湿度在一定高度范围内随着海拔的升高而增加，超过一定高度又下降。山区云雾弥漫，接受日光辐射和光线的质量与平地不同，常常是漫射光及短波紫外光较为丰富，昼夜温差较大。

气温和地温均随海拔高度而变化，在一定海拔高度范围内，海拔每提高 $100\,m$，气温降低 $0.5\,℃$。空气相对湿度则随海拔高度升高而增加；土壤含水量由于海拔高，空气湿度大，日照时间短（山地），蒸发量小，故也呈现随海拔升高而水分含量增加的趋势；光照度和光合强度均是低海拔高于高海拔。因此，春茶低山茶园开采早，而高山茶园开采时间迟；外山茶早，内山茶迟。

茶树的物质代谢受气温的影响，因此不同海拔高度一芽二叶鲜叶中茶多酚、儿茶素、氨基酸的含量也不一样。如对江西庐山、浙江华顶山、安徽黄山的鲜叶样品分析结果表明（表 3-12），茶多酚和儿茶素含量是随着海拔的提高而减少，而氨基酸（茶氨酸）是随着海拔的提高而增加。另外，某些鲜爽、清香型的芳香物质在海拔较高、气温较低的条件下形成积累量大。

表 3 - 12　不同海拔高度对鲜叶化学成分的影响

(程启坤，1985)

地　区	海拔/m	茶多酚/%	儿茶素/%	茶氨酸/%
江西庐山	300	32.73	19.07	0.729
	740	31.03	18.81	1.696
	1 170	25.97	15.40	—
浙江华顶山	600	27.12	16.11	—
	950	25.18	14.29	—
	1 031	23.56	10.40	—
安徽黄山	450	—	—	0.982
	640	—	—	1.632

　　庐山云雾、黄山毛峰、雁荡毛峰等一批历史名茶，就产自一定海拔高度，这些地方气候温和，雨量充沛，云雾缭绕，湿度较大，昼夜温差大，加上附近森林茂密，土壤腐殖质含量高、肥力足，生态条件优越，茶树在这种生态条件下生长势旺盛，芽叶肥壮，持嫩性好，滋味鲜爽，纤维素的合成速度减慢，从而给制造优质绿茶创造了良好的物质基础。

　　高山良好的生态条件能产出好茶，但并不是绝对的，茶叶的品质也非海拔愈高愈好。根据中国农业科学院茶叶研究所的研究结果，认为海拔 800 m 左右的山区有较好的品质（图 3 - 9）。另外，我国有不少名茶也出在低地丘陵或江河湖海之滨，但其共同之处是气候适宜、土壤肥沃、生态条件好、茶树品种优良，如西湖龙井、洞庭碧螺春就属此类。

　　段建真等的研究（1991）认为：安徽黄山为代表的皖茶南区以海拔小于 700 m，大别山区海拔低于 500 m，其产量与品质都处于较好状态；罗桂华（1997）认为上杭茶区以海拔 1 200 m 以下为宜；谢庆梓（1995）对福建山地气候条件研究认为闽西南海拔 1 200 m，闽西北、闽北、闽东北海拔 950 m 是适宜种茶的海拔上限。海拔高度过高不仅产量受到影响，而且鲜叶中氨基酸含量也会有所下降。鲜叶中香气成分也有类似表现，曾晓雄（1990）的研究结果认为，海拔 500～700 m 高度，茶叶香气相对较好（表 3 - 13），

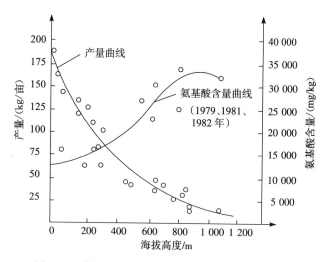

图 3 - 9　茶叶氨基酸含量及产量随海拔高度的变化

从表中可见，海拔 500 m、700 m 茶叶的香气中醇类、酯类与酮类含量比例较高，与炒青绿茶香气的分析结果相一致，即炒青绿茶香气成分的香气与酯类化合物在一定程度上左右香气的嗅觉表现及其差异。谢庆梓（1996）对福建周宁县不

同海拔高度茶叶产量的调查得出海拔与单产呈中度负相关。

表 3-13　不同海拔鲜叶香气成分比例

(曾晓雄，1990)

单位：%

化合物	海拔高度				
	300 m	500 m	700 m	900 m	1 000 m
萜烯醇	30.684	27.764	26.150	29.256	26.533
醇（非萜）	16.254	18.017	17.998	20.936	10.881
酮类	8.460	10.525	13.661	5.836	9.342
酯类	12.039	14.872	12.603	7.456	11.192
醛类	5.517	5.979	5.876	8.921	4.392
碳氢化合物	19.285	18.270	15.596	16.973	26.508

五、其他气象因子对茶树生育的影响

除了上述光、热、水等主要气象因子外，风、冰雹和大雪等因子对茶树生育也有一定的影响。

1. 风　风对茶树生育的影响，主要指大风、干风和台风，由于大部分茶园都未设置防护林带，也不种植遮阳树，因此刮大风时，会对茶园大气候影响较大，尤其是来自西北的干风会使茶园空气相对湿度下降，加速叶面蒸腾和土壤水分蒸发，对茶树生育十分不利。冬季低温时，如伴随干旱风，茶树更易受冻害。我国江南沿海茶园，在茶叶生长季节，有时会遭受台风的侵袭，台风会使茶树枝叶尤其是嫩梢遭到机械损伤。2006 年 8 月 10 日，浙江苍南遭超强台风"桑美"侵袭，迎风面的茶树冠面成叶均被吹落。夏秋干旱时，如台风风力不大，不对茶园带来破坏，可解除或减轻茶园的旱情。至于来自东南的季风往往是湿润而暖和的，它能加强茶树叶片的蒸腾调节水分平衡，有利于光合作用的进行，对茶树生育是较为理想的。

2. 冰雹　冰雹对茶树的危害也是十分严重的。通常是在茶树生长期内发生冰雹，此时芽叶繁茂、幼嫩。茶树受到冰雹冲击，叶破梢断，如冰雹伴强风时受害更加严重，会引起大量落叶，甚至树梢表皮也会受害。

3. 雪　雪层覆盖在茶叶树冠上会减轻或避免茶树受冻，但积雪过厚或时间过久，会压断枝梢，使茶树遭受机械损伤。

六、地上部生物对茶树生育的影响

除人类活动外，茶园地上部生物因子对茶树影响较大的主要为动物、植物和微生物。由于茶树分布地域有热带、亚热带和温带，动植物类群范围广、种类多，这些生物相互间形成了依存关系的自然群落，其中某种动植物的消长，就会改变生物群落共生关系，形成新的群落。

1. 茶园地上动物　茶园地上动物主要有昆虫、鸟、鼠、蜥蜴、蛙类、蜗牛等，但更多的是昆虫。除蛇类是茶园的捕食动物以外，其他动物均属食虫或食茶园植物的动物。茶园中昆虫类数量多、类群广，昆虫对茶树有直接的损伤作用，影响着茶树高产优质。陈宗懋（1992）研究指出，全世界记载茶树害虫（包括害螨）有 1 041 种，其中，印度记载有害虫 396 种；斯里兰卡有害虫 203 种，印度尼西亚有害虫 247 种；日本有害虫 216 种；中国（包括台湾省）有害虫 433 种。除害虫外，还有一些益虫如天敌昆虫，包括捕食性和寄生性两类，捕食性昆虫分属 18 目 200 多个科，常见有螳螂、蜘蛛、瓢虫、草蛉、蜻蜓、寄生蜂、食蚜蝇、步甲、食虫蝇、猎蝽、胡蜂等。茶园鸟类有 19 科 31 种（张汉鹄，1986），其中以白脸山雀、棕头鸦雀、灰喜鹊等食虫益鸟取食害虫量最大，是重要的茶区害虫自然控制因素。茶园中鼠类有 7 种（吕昌置等，1989），其中以社鼠和黑线姬鼠最多，其为害主要是在梯坎筑巢，取食茶籽及嫩枝叶和茶花，但有的也是害虫天敌。

2. 茶园地上植物 茶园地上植物有茶园内间种的林木、果树、粮食、油料、蔬菜、药用植物，还有间种的防护林和遮阳树等乔木以及经济作物，合理地布置茶园间作物，可营造茶树生长发育良好的生态环境，改善茶叶品质。在北方茶区，防护林和行道树对于降低冬季和初春的冻害、寒害也有一定作用。但如果间种不当，会影响茶树生育，尤其是种植一些粮油作物，如薯类、芝麻等，会对土壤肥力以及水土流失产生严重影响。

3. 茶园杂草 茶园内常有许多杂草发生，它们对茶树高产优质会有影响。各地报道的杂草种类由于地域差异有较大的悬殊，如湖南省报道有 26 科 102 种；江苏报道有 49 科 166 种，其中禾本科杂草占 78%，阔叶杂草占 18.2%，莎草占 1.1%，多年生杂草 2.7%；福建省报道有 67 科 355 种植物，其中禾本科有 72 种，菊科 46 种，莎草科 23 种；四川省报道有 38 科 106 属 144 种。而且，不同海拔高度地被植物种类也有差异，低海拔茶园有杂草 34 科 108 种，中海拔茶园有 30 科 97 种，高海拔茶园有 24 科 72 种，可见杂草种类随海拔上升而减少；台湾省报道有杂草 40 余科 140 余种。印度报道茶园杂草有 25 科 103 种，主要是菊科、禾本科和莎草科植物，其中双子叶植物 73 种，单子叶植物 30 种，一年生杂草占 58.25%，其余为多年生。这些杂草与茶树争夺水分、养分，有的甚至能穿透茶树根系，成为严重草害。从生长、繁殖速度和对茶树危害程度区分，中国茶园中危害严重的杂草主要是白茅、青茅、马唐、狗牙根、莎草等。

4. 茶园地上微生物 茶园地上微生物有真菌、细菌、类细菌、地衣苔藓等类群，其中病原对茶树高产优质有极大威胁，世界记载有病原（包括线虫）约 507 种。印度记载有病原 193 种；斯里兰卡有病原 102 种，印度尼西亚有病原 64 种；日本有病原 114 种；中国（包括台湾省）有病原 136 种。病原中有真菌（331 种占 65.29%）、细菌、线虫、类细菌、地衣苔藓等。

在地上部生物中，有许多是有益于茶树生育的生物种群，也有许多是有害的生物种群，在茶园生境中彼此消长，形成特有的生存规律，但其食物链中的重要环节是茶树，为了达到增产效果，常在茶园中使用杀菌剂、杀虫剂和除草剂，虽然能控制有害生物的发生，但同时也影响了有益生物的生存。因此，在生产中提出生物防治害虫、有害微生物，如放养赤眼蜂，提取害虫病毒、病菌，保护蜘蛛、灰喜鹊等天敌资源等。近年来一些茶区推广使用白僵菌 871、茶毛虫 NPV 制剂、韦伯虫座孢菌粉、杀螨精、天霸等都有很好的效果。

第二节　土壤条件与茶树生育的关系

土壤是茶树赖以立足、从中摄取水分和养分的场所，它具有满足茶树对水、肥、气、热需求的能力，是茶叶生产的重要资源。土壤条件与茶树生育的关系，主要受土壤物理条件、化学条件的影响。充分认识茶园土壤物理、化学条件对茶树生育的影响，能有效地指导茶园土壤管理，根据茶树生育的基本要求，妥善选择茶园土壤，采用各种农业技术措施，保持地力常新，为人们持续生产所用。

一、土壤物理因子与茶树生育

土壤物理因子是指土层厚度、土壤质地、结构、容重和孔隙度、土壤空气、土壤水分和土壤温度等因素。它们直接和间接影响茶树根系生存的基本条件，进而对茶树生育、产量、品质会有很大影响。

土壤疏松、土层深厚、排水良好的砾质、沙质壤土适宜茶树生长。砂岩、页岩、花岗岩、片麻岩和千枚岩风化物所形成的土壤物理性状（通气、透水）好。含硅多的石英砂岩与花岗岩等成土母质，能形成适合茶树生长的沙砾土壤，在沙砾土壤上生长的茶树根发生量多，所产茶叶品质好。千枚岩、页岩风化的土壤养分含量丰富。玄武岩、石灰岩与石灰质砂岩、钙质页岩等岩石发育的土壤，因游离碳酸钙或酸碱度偏高，对茶树生长不利。

1. 土层厚度　茶树要求土层深厚，有效土层应达 1 m 以上。茶园土的表土层或称耕作层（A′），厚度为 20～30 cm，是直接受耕作、施肥和茶树枯枝落叶的影响而形成。这层土壤中布满了茶树的吸收根，与茶树生长关系十分密切。亚表土层或称亚耕作层（A″），在表土层下。这层土在种茶之前，经过土地深翻施基肥和种植后的耕作施肥等农事活动，使原来较紧实的心土层变为疏松轻度熟化的亚表土层，厚度有 30～40 cm，其上部吸收根分布较多，也是茶树主要的容根层。心土层（B），位于亚表土层之下，是原来土壤的淀积层，受人为的影响较小，此层土中茶树吸收根较少，却是骨干根深扎的地方，要求土层厚度达 50 cm 以上。底土层（C），在心土层之下，是岩石风化壳或母质层。茶树是多年生深根作物，根系分布可伸展到土表的 2 m 以下，要求在心土层以下无硬结层或黏盘层，并具有渗透性和保水性的底土层。实践证明，土层深浅对茶树生长势的影响很大，在同一块茶地上，土层越深，茶树生长高度越高，树幅越大（图 3-10）。土层厚度与茶叶产量关系十分密切（表 3-14）。

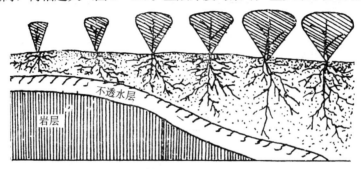

不透水层

岩层

图 3-10　土层厚度与茶树生长势的关系

（俞永明，1990）

表 3-14 茶叶产量与有效土层厚度的关系

（汪莘野，1984）

有效土层深度/cm	茶叶产量指数
38～40	1.00
54～57	1.29
60～82	1.68
85～120	2.05

2. 土壤质地 土壤质地又称土壤机械组成，指不同粒径的土粒在土壤中所占的相对比例或重量百分数，据此将土壤划分为沙土类、壤土类、黏土类三大类别，其间还可细分。不同质地的土壤其特性有所不同。沙土组成以沙粒为主，粒间孔隙大，通气透水性良好，无黏结性、黏着性和可塑性。黏结性指土壤在干燥和含水少时，土壤黏结成块的性质。黏着性指土粒黏附于外物如农具等上的性质，土壤宜耕期长，耕作阻力小。但沙土保水保肥能力很差，土温变幅大，养分含量少。沙壤土比沙土保水保肥能力强些，但养分水分含量仍感到不足，必须注意及时灌水和施肥，而且要少量多次。轻壤土在一定程度上保持了沙土的优点，保水保肥能力明显加强；中壤土与上述土类比较，黏粒的性状明显增强，透水变慢，透气减弱，黏结性、黏着性、可塑性增强。重壤土和黏土比中壤土更难耕作，通气透水能力更差。茶树生长对土壤质地的适应范围较广，从壤土类的沙质壤土到黏土类的壤质黏土中都能种茶，但以壤土最为理想。若种在沙土和黏土上，茶树生长比较差。

3. 土壤物理性状 土壤中的三相（固相、气相、液相）分布，是土壤物理性状（容重、孔隙度、水分含量、空气容积）的综合反映，各地高产优质茶园的调查表明，表层土中的固相：气相：液相以 50：20：30 左右为宜，而心土层则以 55：30：15 左右为合适。茶园土壤的质地影响土壤中三相比，影响茶园土壤水、肥、气、热和微生物的活动，与茶园土壤的水分状况有密切的关系。许允文等（1978）测定，茶园土壤质地不同，水分常数和有效水分有很大差异，土壤含水率在 14% 时，对细沙土来说，土壤吸力仅在 0.1 Pa 以内，已达到田间持水量状态，有效水分丰富，对茶树生长比较适宜；而对黏质壤土来说，14% 的土壤含水率，其土壤吸力已达到 15 Pa 左右，已处永久萎凋湿度，很难为茶树吸收利用（表 3-15）。

表 3-15 不同质地土壤的水分常数和有效水分

土壤质地	土层深 /cm	水分常数（占干土百分比）/%				有效水分 /%
		田间持水量 (0.1Pa)	持水当量 (0.5 Pa)	初期萎凋湿度 (8 Pa)	永久萎凋湿度 (15 Pa)	
黏质壤土	0～30	25.13	24.03	15.50	13.97	9.63
壤土	0～45	21.93	23.28	12.11	9.84	12.82
细沙土	0～45	13.63	8.12	3.89	3.17	9.76

4. 土壤结构 土壤结构是指土粒相互黏结而成各种自然团聚体的状况，按团聚体的形状可分为块状结构、片状结构、柱状结构、棱状结构、核状结构和微团粒、团粒结构。茶树适宜的土壤结构以表土层微团粒、团粒结构，心土层为块状结构较好。团粒结构是土壤中的

土粒在腐殖质和钙的作用下，经过多级团聚而形成的直径为 0.25～10.00 mm 的小团块，具有泡水不散的水稳性特点。这种大大小小的团粒组成的土壤松紧适度，大小孔隙配比得当，此类土壤中水、肥、气、热条件协调，土壤理化性质良好。精耕细作所形成的非水稳性团粒结构，对改善土壤通透性、促进根系下扎、养分迅速分解等方面都有良好的作用。土壤结构不良或无结构，则土壤紧实，通透性差，土壤中微生物活动受到抑制，茶树根系生长和发育受阻，水、肥、气、热不协调，茶树得不到水肥的稳定供应。对这类土壤应采取混入客土、多施有机肥、合理耕作、种植豆科及绿肥作物等措施，以改善其结构。

5. 土壤容重　土壤容重是指土壤在自然结构状况下，单位体积内土壤的烘干重量，是表示土壤黏紧度的一个指标。孔隙度是指单位容积土壤中孔隙的数量及其大小分配。茶园土壤松紧度决定于茶园土壤质地、结构和三相比，与容重与孔隙度有直接的关系，适宜茶园的土壤，其松紧度要求表土层 10～15 cm 处容重为 1.0～1.3 g/cm³，孔隙度为 50%～60%；心土层 35～40 cm 处容重为 1.3～1.5 g/cm³，孔隙度为 45%～50%。

6. 土壤水分　茶园土壤的地下水位要低于茶树根系分布到的部位，土壤水分过多，尤其是地下水位过高时，由于土壤孔隙被水分完全堵塞，而使根系不能深扎，即使原有的根系，由于处于淹水中，根系正常呼吸受阻，妨碍茶树的正常生命过程。茶园土壤孔隙中水分和空气的比例是经常变动的。土壤液、气两相组成的变化，影响着土壤的温度和湿度。夏茶期间，由于温度高，湿度大，加上茶园土壤的"呼吸"现象比春茶期强，二氧化碳大量地积累起来，高时可达 5%～6%。施有机肥，将修剪枝叶铺于行间等，可以改善土壤总孔隙度和透水性等特性，以促进土壤与大气间的气体交换。土壤中各种组成成分以及它们之间的相互关系，影响着土壤的性质和肥力，从而影响到茶树的生长和发育。

二、土壤化学因子与茶树生育

土壤化学环境对茶树生长的影响是多方面的，其中影响较大的是土壤酸碱度、土壤有机质和矿质元素。

（一）茶园土壤酸碱度

土壤酸碱度是土壤盐基状况的综合反映，其大小通常用 pH 来表示，土壤溶液的 pH 多为 4～9。根据我国土壤的酸碱性情况，总的来说，是由北向南，土壤 pH 有降低的趋势。最高 pH 为吉林、内蒙古及华北地区的碱土，高达 10.5；最低的是广东的丁湖山、海南的五指山等山地的黄壤，pH 低至 3.6～3.8。

土壤的酸碱度对土壤肥力有重要的影响，其主要是通过影响矿质盐分的溶解度而影响养分的有效性。通常微酸性的条件下，各种养分的有效性都比较高，适宜作物生长。酸性土壤中容易引起磷、钾、钙、镁的缺乏，多雨地区还会缺少硼、锌、钼等微量元素；在 pH 5.5 以下的酸性土壤中，磷和铁、铝结合而降低了有效性；pH<4.5 的强酸性土壤中，活性铁、铝过多，而钙、镁、钾、钼、磷极为缺乏，对许多作物生长不利。在碱性土壤中硼、铜、锰、锌的溶解度低。pH>7.5 的石灰性土壤中，磷的有效性大大降低。土壤的酸碱度还通过影响微生物的活动而影响养分的有效性，微生物能够旺盛生长的 pH 范围比较窄，许多细菌只能生存在中性土壤中。

茶树是喜欢酸性土壤和嫌钙的植物。种植茶树的土壤要求有一定的酸碱度范围，适宜植茶的土壤 pH 大致在 4.0~5.5。中国农业科学院茶叶研究所用硝态氮和铵态氮为氮源，进行了不同 pH 的水培试验，研究表明：茶苗对 pH 的反应相当敏感，当 pH＞6.0，茶苗生长不良，叶色发黄，有明显的缺绿症，叶龄缩短，新叶约长出 1 个月就枯焦脱落。严重的主茎顶芽枯死，根系发红变黑，伤害败死现象普遍，生理活动严重受阻。pH＜4.0 以下的茶苗，发生氢离子中毒症，叶色由绿转暗再变红，根系变红、变黑，生理活动受阻，甚至死亡。当茶园土壤 pH 过低，在 3.5 以下时，可考虑施用少量石灰或苦土（氧化镁），以调节茶园土壤 pH。

适宜的 pH 条件下生长，叶片中叶绿素的含量较高，光合能力也较强，呼吸消耗相对较弱，有机物的合成和积累量较大。茶树在过酸和偏碱的条件下生长，叶色较黄，光合能力较弱，而呼吸作用却极强，消耗大于合成，有机物的积累极少，生长不正常。不同 pH 土壤盆栽茶苗生育结果如图 3-11 和图 3-12 所示。当土壤 pH 为 5.5 时，茶树发芽早，新梢生长快，较高和较低的 pH 时，茶树发芽迟缓，新梢生长量也小。对根系生长的影响结果也相同。

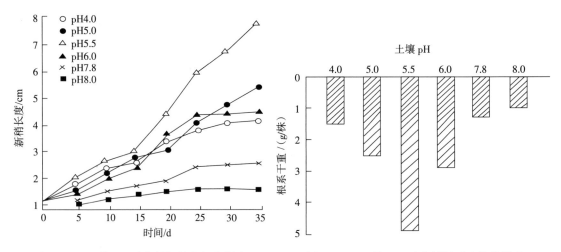

图 3-11　土壤 pH 对茶树新梢生长的影响　　　　图 3-12　土壤 pH 对茶树根系生长的影响
（林智等，1990）　　　　　　　　　　　　　（林智等，1990）

土壤 pH 使茶树对养分的吸收发生较大的变化。试验表明，茶树在一定的 pH 条件下，对氮、磷、钾的吸收都较强，当 pH 小于 4.5 或大于 6.5 的情况下，吸收能力显著降低（图 3-13）。因此，在土壤 pH 不适宜的条件下栽培茶树，即使多施肥料，茶树也难以吸收利用。

茶树适宜在酸性土壤上生长的原因有以下几方面。

① 茶树的遗传性决定了其对土壤的酸碱性有一定的要求。茶树原产于我国云贵高原，该地区的土壤是酸性的，茶树长期在酸性土壤上生长，产生

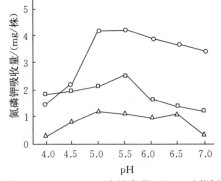

图 3-13　NH_4-N 水培条件下 pH 对茶树吸收氮磷钾的影响
（方兴汉，1987）

对这种环境的适应性，形成比较稳定的遗传性。

② 茶根汁液的缓冲能力在 pH 5.0 时最高，以后逐渐降低，至 pH 5.7 以上，缓冲能力就非常小了。植物体内的缓冲物质主要是有机酸和磷酸盐，有机酸中有柠檬酸、苹果酸、果酸、琥珀酸等，其缓冲能力一般偏酸性，而磷酸盐的缓冲能力则偏在中性和碱性，茶根中的磷酸盐含量较低，100 g 根中仅含磷（P_2O_5）25 mg。这也是由于茶树长期生长在有效磷含量极低的红壤中，因而造成了根中含磷量较低，借以适应红壤的环境。

③ 与茶树共生的菌根，需要在酸性环境中才能生长，与茶树根系共生互利。

④ 茶树需要土壤提供大量的可给态铝。一般农作物的含铝量多在 200 mg/kg 以下，而茶树的含铝量却在数百以至 1 000 mg/kg 以上。茶树生长好的土壤，活性铝的含量也较高，土壤的酸性与活性铝的量密切有关。当土壤 pH<5.5 时，代换性 Al^{3+} 占盐基代换量高的可达 90% 以上，低的也有 20%～30%；在 pH>5.5 时，代换性 Al^{3+} 的含量便很低以致不存在。因此，可以认为在中性或碱性土壤上茶树之所以生长不好的原因与土壤中活性 Al^{3+} 的不足有极大关系。

⑤ 茶树是嫌钙植物。茶树在碱性土壤或石灰性土壤中不能生长或生长不良，当土壤中含钙量超过 0.05% 时，对茶叶品质有不良影响；超过 0.2% 时，便有害于茶树生长；超过 0.5% 时，茶树生长受严重影响。土壤中氧化钙含量与土壤 pH 有密切关系，pH 愈高，氧化钙含量愈高。

（二）茶园土壤有机质

茶园土壤的有机质是对茶树生育有较大影响的又一重要因子。土壤有机质是土壤微生物生活和茶树多种营养元素的物质基础，茶园有机质含量反映了茶园土壤熟化度和肥力的指标。从我国现有生产水平出发，含有机质 3.5%～2.0% 的可为一等土壤；含有机质 2.0%～1.5% 的为二等土壤；含有机质 1.5% 以下的为三等土壤。高产优质的茶园土壤有机质含量要求达到 2.0% 以上。土壤腐殖质是土壤中有机质的主体，一般占土壤有机质总量的 85%～95%。它是土壤微生物分解有机质时，将分解物又重新合成的具有相对稳定性的多聚体化合物，呈黑色或棕色，主要成分是胡敏酸和富里酸。与矿物胶体紧密结合，凝聚形成具有多孔性的水稳性团粒结构。土壤腐殖质对作物营养有重要作用，腐殖质被分解后，可提供二氧化碳、铵态氮、硝态氮及磷、钾、硫、钙等养分，是作物所需的各种矿质营养的重要来源。腐殖质具有巨大的表面积，并带有大量的负电荷，可以提高土壤吸附分子和离子态物质的能力，增强保水保肥能力。腐殖质吸附的离子可与土壤溶液中的离子进行交换。当土壤溶液中 H^+ 过多时，H^+ 被腐殖质吸附而降低了土壤溶液的酸性；当土壤溶液中 OH^- 过多时，H^+ 被代换到溶液中与 OH^- 中和，降低溶液的碱性，因而腐殖质对酸碱有较强的缓冲能力。腐殖质中的胡敏酸类物质还是一种生理活性物质，可以促进根系生长，促进作物对矿质营养的吸收和增强作物的代谢活性。

茶园土壤腐殖质的组成与自然土壤和农作土壤不同，孙继海等（1981）在一块低丘黏质黄壤中测定表明，茶园土壤腐殖质中的胡敏酸碳含量比例显著缩小，富里酸碳的比例增大：丰产茶园的胡敏酸碳占土壤的 0.15%（农作土壤为 0.25%），富里酸碳占土壤的 0.37%（农作土壤为 0.18%），胡/富比为 0.41（农作土壤为 1.39）。土壤有机质在 2% 以上，与有机质不到 1.5% 的茶园土壤比较，容重可减小 0.1～0.2 g/cm³，孔隙率可增大 3.5%～

9.0%，湿度常稳定在田间持水量的 80% 以上，三相比较为理想。

（三）茶园土壤矿质元素

茶园土壤中除了有机质以外，还会有大量的矿质元素如钾、钠、钙、镁、铁、磷、铝、锰、锌、钼等，这些元素大多呈束缚态存在于土壤矿物和有机质中，经过风化作用和有机质的分解而矿质化，缓慢地变成茶树可利用形态，或呈溶解态被吸附于土壤胶体或团粒上。这些元素含量的多少，直接或间接地影响茶树生育和茶叶品质，关于这些矿质养分的内容将在第六章中讨论。

三、地下部生物因子与茶树生育

茶园地下动物群落的变化较大，与土壤质地、通透性、肥力、土壤水分、茶树郁闭状态及茶行间是否铺草等都有很大关系。地下动物多数是有利于改善土壤的理化性状，但也有少数是地上部或根系害虫，栖息在土壤中。

土壤中动物主要有蚯蚓、地鳖虫、鼠妇、跳虫、线虫、步甲和狼蛛等。赖明志等（1996）对不同覆盖茶园的调查表明，动物类群有 15 类，其中鼠妇占 15.9%；同翅目占 14.2%；蚯蚓占 12.9%；蜘蛛占 8.4%；其他为弹尾目、蜚蠊目、鞘翅目、膜翅目、缨尾目、多足纲、蜱螨目、草翅目、双翅目、鳞翅目、腹足纲等。在生境条件相对稳定时，动物群落变异也较小，相对稳定。

茶园土壤中生物组成数量最多的是微生物，真菌、细菌、放线菌等都有广泛的分布。从数量组成来看，土壤微生物以细菌最多，真菌次之，放线菌最少，其中对提高土壤肥力和改善茶树生长有显著作用的自身性固氮菌、氮化细菌和纤维分解细菌等种群数量均很丰富。不同季节、不同茶树年龄时期，茶园土壤中微生物数量不同，秋季以真菌为优势种群，夏天雨季以细菌为优势种群，春季的优势种群则是放线菌类。茶园中常见的真菌有链格孢、曲霉、枝孢、弯孢霉、毛霉、青霉、梭孢壳、木霉、木贼镰孢菌、根霉、拟青霉和镰刀菌、假丝酵母菌、酿酒酵母菌、球拟酵母菌、维氏固氮菌、拜尔固氮菌等；细菌主要有假单胞菌、短杆菌、土壤杆菌、微球菌；放线菌类由于生境条件的限制，相对较弱，主要是一些耐酸性的链霉菌及其近缘属菌类。

茶园中微生物的数量受深耕施肥的影响比较显著，化肥对微生物活性影响不同，有的有促进作用，有的有抑制作用，这与化肥的用量、组成和土壤、气候条件差异有关。茶树生长旺盛时期，也是土壤微生物种群和数量最大量的时期，影响土壤微生物种类和数量的主要因素是茶树根系分泌物的多少，根系分泌物越多，微生物的种类和数量也越多，因此，各类微生物在土壤中的分布呈根表＞根际土壤＞非根际土壤。黄祖法等（1982）对不同年龄时期茶树根际微生物调查表明，随着树龄的增大，放线菌数量变化不大，这主要是根系分泌物使土壤酸化、多酚类化合物累积，放线菌能分解利用各种有机物质，受根系分泌物影响不太敏感的缘故。施用杀菌剂、杀虫剂和除草剂一般对微生物种类的生长和繁殖都有抑制作用，虽然土壤中存在有许多种能分解杀菌剂、杀虫剂和除草剂的微生物，但过量使用杀菌剂、杀虫剂和除草剂会加剧对微生物的抑制作用，这可能是造成土壤中一些有益微生物减少的原因之一。随着除草剂的降解，硝态氮转化为微生物易于利用的氮源，又对微生物种群产生了促进作用。土壤覆盖改变了土壤中的水、肥、气、热状况，会引起微生物种群和数量的变化。洪桢瑞等（1985）研究结果说明，铺草茶园的细菌、真菌和放线菌数量均大于未铺草茶园，而且铺草后细菌种群比较丰富，优势种较多，酵母菌的优势种群则比较单一。不同土壤覆盖物对茶园土壤微生物的种类和数量有重要影响，微生物总数、腐败性微生物的数量都以茶园行间铺泥炭的最多；真菌、锰细菌和硫酸盐还原菌以春季间作绿肥和冬季铺白地膜的最多；放线菌以全年铺黑地膜的最多。除上述微生物类群以外，还有一类与茶树根系共生的菌根，有泡囊丛枝菌根（VA菌根）等，VA菌根共生于茶树吸收根中，它从根中吸收营养，又为根系输送大量营养物质，尤其是VA菌根能分泌酸性磷酸酶或由菌直接吸收磷，还能提高土壤中难溶或不溶性磷的溶解度。李名君等（1984）研究，茶树菌根有外生菌根、内外生菌根和内生菌根三种，无论何种，它们的真菌原始体都存在于土壤中。真菌类微生物对酸性环境有一定的要求，如果在中性或碱性的土壤中，菌根菌的生长受阻，就影响了与茶树细根共生互利的作用。但如果土壤酸度过高（pH<4.5），菌根菌的生长也受到抑制，反引起腐烂茶根的某些有害真菌如茶白绢病菌、茶白纹羽病菌、茶根心腐病菌猖獗发生。

土壤中微生物有很多是有益的微生物，如自生固氮菌在高产和间作茶园中较多，对补充土壤氮素起重要作用。硝化和反硝化作用的微生物数量，对土壤氮素循环有重要影响，硝化作用会加剧土壤氮素的淋失，反硝化作用又会引起土壤氮素的气态逸失，所以调节土壤pH，降低水分淋溶作用，使用硝化抑制剂、肥料中掺废茶、生草覆盖和修剪枝叶回园等方法来调节这些微生物的活性，减少氮素损失。有些微生物是土壤传染的病原微生物的颉颃菌，如木霉、吸水链霉等。另据Matsui报道，捕食性真菌如环型真菌、三向黏网型真菌、黏结型真菌等可以防治根结线虫。生草覆盖物、枯枝落叶、修剪下的枝叶由于纤维分解细菌、腐生苗的作用而分解形成大量的有机养分，都有利于土壤肥力提高和茶树生育。但是，根际微生物也有对茶树生长不利的一面：

①　与茶树争夺营养物质。

②　由于某些微生物活动使茶树对锌、锰、钼、硫、钙等元素吸收量减少。

③　有的病原菌会致病或排出有毒物质，对茶树有害。

土壤微生物对土壤肥力的形成、植物营养的转化起着极其重要的作用。土壤的物理、化学环境影响着土壤微生物的种类、数量的分布，而土壤微生物的活动又反过来影响土壤理化环境。自然红壤、普通茶园红壤和高产茶园红壤中表土层微生物的数量是不同的，一般是随土壤熟化度的提高而增加。同一块茶园土壤中微生物的分布，以表层最多，土层愈深，微生物的数量愈少。且各类微生物随土壤孔隙度的增大而增加，有机质含量丰富，微生物数量增多，土壤的氮素含量也增多。因此，土壤微生物可以作为茶园土壤肥力的一项生物指标。

第三节　茶园生态系统

生物与生物之间以及生物与其生存的环境之间密切联系、相互作用，通过物质交换、能量转化和信息传递，成为占有一定空间、具有一定结构、执行一定功能的动态平衡整体，称为生态系统，亦称"生态系"。人类的生产活动改变了原始的生态系统状态，活动的合理与否对生态系统带来很大的影响。现行的茶园生态系统就是一个人们活动条件下产生的生态系统，主要类型有纯茶园生态系统和人工复合茶园生态系统两种。二者因生态结构不同，带来的效应差别也较大。

一、纯茶园生态系统

纯茶园生态系统是指地面只种植茶树，没有人工间作、混作其他栽培植物的茶园。这种茶园不受其他种植物的影响，主要是茶园中的茶树、动物、微生物、一年生草本植物等，它的生态系统结构较简单，物种单一。

纯茶园生态系统，强化了专业化茶园管理，茶树集中成片。系统的地上垂直分布为茶树树冠为最上层，地表有一些草本覆盖物和苔藓、地衣等地被层。平面结构上也没有其他作物。这种分层较为简单，层次较少，受环境影响比较大，树冠顶部和外围受光直射，光照度大，树冠外围到中心，顶层到下部光照度逐渐降低。树冠内部及下层，受光照度弱，散射光比例多，湿度大，叶温低，风速小。研究表明，茶树密度愈大，光透射率愈低，即透射率与叶面积指数和分枝密度呈负相关，与太阳入射角也呈负相关。郭素英（1996）对一茶园研究表明，上午8时，太阳入射角小，透射率达20％～25％，中午13时仅为5％～8％，而17～18时，光透射率又有所增加。

茶树叶片表面有角质和蜡质，对光的反射较强。李倬等（1997）研究，夏季茶树单条栽树冠面可反射太阳总辐射量的21％～25％。在这种单一的茶园生态系统，在中午强光时，光能利用率不高，而在早上或下午光强度较弱时，中下层叶片又可能照射光线不足。

受光照影响，茶树各部位的温度也不同。夏季晴夜后的清晨，茶树冠层表面（单条栽）常出现一辐射逆温层，树冠表面气温比1.5 m以上大气温度低0.2～1.0 ℃，表层叶温比叶旁气温低3.8～4.0 ℃。树冠下，距地表20～50 cm高处，有一低温中心，而贴地（2 cm）气层，由于夜间地面放热，故不太低。以后随日高度角增高，叶面吸热多，8时左右逆温层消失，叶温升温，中午前后树冠顶脊偏东处，形成高温带。自此向冠层而下，气温逐渐降低，直到地表。茶行之间形成鞍形温度场（图3-14）。冠层叶温与光照度分布有关，叶温随不同时间光强度改变而变化。

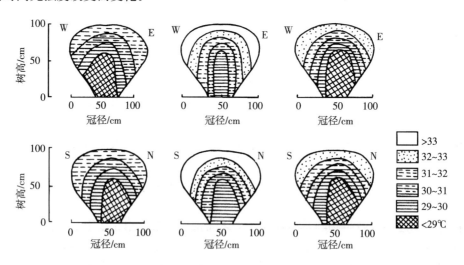

图3-14 条栽茶树树冠内叶温（℃）的垂直分布
上：南北行向 下：东西行向 左：9:00 中：12:00 右：15:00
（姚国坤等，1992）

茶叶表面的蒸腾作用，使得茶丛上空气湿度高于空旷地，暖季晴天的清晨，低地、河滩的茶园上空，日出前常笼罩一层浅雾。树冠表面也有重重雾滴。随着增温降湿，冠面空气湿度下降，但冠面空气湿度常比大气湿度高，而丛下近地表处可保持较高的湿度。由于茶丛内外光照条件和温湿度的变化，使茶园中不同高度的其他生态因子如风速、二氧化碳浓度、生物等都不同。

　　受地面生境影响，纯茶园生态系统内的地下结构，也呈现出一定的规律性变化。地表温度受光照的影响，白天增温快，夜晚向冷空间放热，降温也快，日夜温差大，而下层地温受此影响小，日夜温差小。水分亦如此，表层干湿度变化大，而下层变化小。生物组成的群落结构和种类，在地表以下呈倒金字塔形分布。地表层有枯枝落叶，根系有分泌物，所以微生物、动物的种类和数量均大于亚表层和底层。种茶后微生物总数量增加，根系向深层土壤伸长，也使深层土中的微生物数量显著增加。种茶后其他条件的变化，如耕作、施肥、灌溉等栽培措施和茶树自身的影响，使土壤 pH 降低，钙、镁等盐基减少，铝活性增加等使土壤微生物生活的环境发生变化，影响微生物的生长繁殖。

　　纯茶园生态系统，夏日茶树受烈日暴晒，冬天遭寒风侵袭，生态条件恶劣，易受逆境的影响，进而影响茶叶的产量与品质。单作茶园结构简单，鸟类较少栖息其中，益虫种类和数量均因生态条件改变和农药施用而减少。解决单作茶园面临的生态环境脆弱问题，合理的建设和发展我国传统的林茶复合经营技术是达到茶叶丰产、优质、高效、低耗的有效途径之一，这在立地条件较为恶劣、自然灾害较频繁的产茶区尤为重要。

二、人工复合茶园生态系统

　　人工复合茶园生态系统利用了茶树有耐阴的特性，与不同高度冠层和根系深浅的植物，组成上、中、下三层或二层林冠及地被层的生态系统。这种人工群落，可以充分利用光照、地力、养分、水分和能量，不同类群的生物又能在较适宜的生境中生育，发挥出最佳的生物、生态效应和经济效益。人工复合茶园是近年越来越受重视的茶园人工群落。这方面各地研究颇多，有胶茶人工群落、林果茶间作、林茶药材或绿肥人工群落等，都取得明显的效果。

　　中国古代就有茶林间作、茶粮间作的茶园，主要是为了充分利用土地，但缺乏按生态效应及其因子间关系进行合理组合，对群落内部各项因子的变化了解不多。研究表明，复合生态茶园的生态因子与纯茶园有较大的不同。人工复合茶园引入了占据不同空间层次的物种，增加了系统的多样性，比纯茶园生态系统能更好地利用光照。夏季，高大的植被对茶树可起遮阴作用，光在层次间的直射、反射、漫射和透射，使光能利用率得到提高；冬季，低温与冻害影响时，对茶树有较好的保护作用；台风、干旱发生时，可使茶树受害程度减轻，保持茶园中有较稳定的温、湿条件；大雨侵袭时，因层次的增加，减少雨水直接对茶园土的冲刷力，雨水渗入土层的深度增加，涵养水分的能力得到提高。

　　人工复合生态茶园多数引入的是高于茶树的树种，使茶树上层有乔木林冠遮蔽，因此，茶树可接收到的光照，以散射辐射的比例大幅度增加。茶树在散射光下生长新梢持嫩性好，氨基酸含量增加，对茶叶自然品质改善有重要意义。复合茶园内只要树种适当，种植密度合理，能使茶树上的总辐射强度超过茶树光饱和点 $2.9 \sim 3.0 \mathrm{J/} （\mathrm{cm}^2 \cdot \min）$ 的水平，而散射辐射所占比例比纯茶园直射光大，春季达到 $65\% \sim 80\%$，夏、秋季达 $45\% \sim 60\%$。上层林冠为阔叶落叶树种时比常绿针叶树种散射辐射比例大。散射辐射量与总辐射量呈正相关。复合茶园光能吸收率高，冯耀宗等（1986）在研究胶茶群落时测得，群体平均对辐射吸收量高于纯茶园5%，高于纯胶林27%（表3-16）。复合茶园种植的乔木树种遮光率必须有所控制，地理纬度不同，光照度有差异，遮光率也应有所变化。茶园中过度间作其他树种，会造成茶园光线不足，影响茶树生长，产量低。间作物的株行距，除了根据地方光照强弱变化外，还需考虑间作物的高度与枝叶密度，有时间作物枝叶太多，还需对间作枝叶进行疏枝、修剪等措施。

表3-16 胶茶群落与纯胶园、纯茶园全年辐射平衡各分量值比较

（冯耀宗等，1986）

种植类型		辐射投入量 J/(cm²·min)	反射量 J/(cm²·min)	冠层下剩余量 J/(cm²·min)	植物体吸收量 J/(cm²·min)	郁闭度 %	群体平均吸收量 （按实际郁闭度计） J/(cm²·min)	群体平均吸收量 %
纯胶园		2.646	0.493	0.326	1.827	64	1.170	44
纯茶园		2.646	0.543	0.155	1.948	90	1.751	66
胶茶群落	胶	2.646	0.493	0.259	1.894	65	1.889	71
	茶 直射光	2.207	0.359	0.150	1.697	35		
	林阴下	0.259	0.038	0.025	0.196	35		

由于复合茶园内有上层乔木树种的阻滞作用，使茶园内风速小于纯茶园，一般低于纯茶园10%～30%，故茶园内气温的年变幅和日变幅都比较稳定。常绿树种冬春季对气温影响明显，而落叶树种对气温的调节作用较小。复合茶园比纯茶园，冬春季气温高0.5～2.0℃，夏秋季则低0.5～4.0℃。李倬（1982）对安徽屯溪的茶乌桕复合茶园地温的测定表明，不同深度土层的地温日变化较缓和，特别是夏季晴天，与纯茶园比，差异最为显著。如夏季晴天午后茶园内的地表温度，非复合茶园比茶乌桕复合茶园高6.7℃。复合茶园在高温干旱的季节，可以降低茶园内最高温度，从而使气温日变幅减小，复合茶园的结构具有"冬暖夏凉"的作用（表3-17）。

表3-17 不同树种复合茶园对气温影响的比较

（段建真等，1992）

单位：℃

复合茶园类型	3月25日			6月20日			9月10日			12月21日		
	7时	13时	17时	7时	13时	17时	7时	13时	17时	7时	13时	17时
茶乌桕复合茶园	9.0	11.0	10.0	26.0	28.0	25.0	27.0	30.0	27.5	4.0	7.0	5.5
茶杉树复合茶园	9.5	11.5	11.0	26.0	28.5	25.0	26.5	30.0	27.0	5.5	7.5	6.0
茶油桐复合茶园	9.0	11.5	11.5	26.5	28.0	26.0	27.0	30.0	27.0	3.5	7.0	4.0
纯 茶 园	8.5	10.5	9.5	27.0	29.0	27.0	29.0	32.0	31.0	3.0	6.5	4.0

注：观测高度为1.2m，晴日。

复合茶园内，上层乔木树种阻挡气流，风速变小，因而使水汽能停滞在茶园内，空气湿度有明显提高，尤其常绿复合茶园的空气相对湿度比纯茶园空气相对湿度高2%～10%。同时，由于树冠截留雨水的作用和蒸散量的减少，使土壤含水量相对增加（表3-18），在0～

25 cm 表层土壤中，绝对含水量：复合茶园＞纯茶园，常绿树种＞落叶树种。

表3－18 不同树种复合茶园土壤绝对含水量比较

（段建真等，1992）

单位：%

茶园类型	4 月	5 月	6 月	7 月	8 月	9 月	10 月
茶杉复合茶园	18.33	20.93	18.40	26.80	13.07	19.47	10.73
茶乌桕复合茶园	17.90	25.20	16.63	25.33	11.07	18.57	12.03
纯 茶 园	17.00	20.63	14.30	21.37	9.27	14.40	11.67

复合茶园中间作物枯枝落叶的增加，促进了土壤中微生物种群及数量的发展。据冯耀宗等（1984）对云南勐仑的胶茶复合园与纯胶园的微生物类群分数量调查表明，细菌和固氮菌数量在复合茶园内增加最多，而放线菌变化不大（表3－19）。

表3－19 胶茶群落与纯胶园土壤微生物类群数量比较

（冯耀宗等，1984）

园地类型	细 菌	真 菌	放线菌	固氮菌
胶茶复合园（A）/（万个/kg 土）	214.34	2.75	34.66	145.56
纯胶园（B）/（万个/kg 土）	64.75	1.84	38.02	83.90
$\frac{A}{B}$/%	331	149	91	173

注：微生物数量为 0～80 cm 土层总数。

人工复合茶园生态系统中植物种类增加，栽培模式多样化，生态环境的改变，也影响了昆虫类群数量的改变。系统中茶园多样昆虫物种组成了复杂的食物网、食物链。邹柘梅等（1984）对云南热带植物研究所的胶茶群落中蜘蛛群数的调查发现，胶茶群落与纯茶园（均不施农药）中蜘蛛种群的组成上差异不大，而数量上胶茶群落比纯茶园 1～12 月任何时候都多，总蛛量胶茶群落是纯茶园的 2.3 倍，每 100 丛达 1 390.25 头，纯茶园每 100 丛仅527.27 头，其中跳蛛科是纯茶园的 2.3 倍，皿网蛛科是 5 倍。

由于复合茶园改善了水、肥、气、热条件，有利于茶树的生育，故茶树生长良好，尤其是单位土地经济收益大幅度增加，据各地报道，梨茶复合园可提高经济效益 2.27 倍，胶茶复合园可增加收益 86%，湿地松茶复合园也可以增加 30% 的收益。但是复合茶园种植的乔木树种遮光率必须控制在一定范围以内，不然，过度遮光也不利茶树生长。具体可以通过控制乔木树种的株行距来达到控制一定透光度的目的。一般树冠高于 4 m 的果树，林木可按行距 8 m、株距 6～7 m，果树与林木间可布置 5 行茶树。海南、云南等地的胶茶间作，橡胶林以 1.5 m×2.2 m 的行距，或 12 m×2 m 行株距，每公顷种植茶树 37 500 丛较为适宜。除加大株行距外，应在果木定型后加强修剪、疏枝，增加下层通风透光。在树种选择方向可选择既能有一定经济效益，又不与茶树争水、争肥的树种，如林木可选择乌桕、湿地松、杉、泡桐、合欢、榀、相思，果树有梨、栗、柿、枣、葡萄，经济林有橡胶、油桐、银杏等。也可以按三层种植，增加地被层，如种植香菇、花生等不影响茶树生育和茶园管理的植物。

三、茶园生态系统的调控

茶园生态系统的调控是指对系统模式的选定和技术体系的确定。系统模式是茶园生态系统结构和功能的基本格局。调控包括环境改造、品种布局、输入安排、产出计划、内部关系等。模式选定可以用经验方法，也可以用科学规划方法。广大茶农在实践中创造了很多很有启发性的模式，有些是过去创造的，有些是近来创造的。茶园生态系统模式调控主要是通过调整群落空间和时间结构来实现对系统的调控。茶园合理的生态结构应该是多物种，具有更高的经济效益和生态效益。

选择合理的茶园生态系统模式可从两方面考虑：

1. 合理配置生态位 作为以茶树为主体的人工群落，在新建茶园和改造茶园中，其地上部大致可安排三层，即乔木层、灌木层和草本层。除茶园行道树和防护林带外，茶园内也可适当种植林、果等乔木层，这一层在创造群落内小气候环境中起主要作用，它既是接触外界大气候变化的作用面，又起遮蔽强烈阳光照射的作用，保持茶园内温度和湿度不致有较大幅度的变化，起到调控下层生态因子的作用。中层为茶树，下层可种植绿肥或饲料等草本植物。地下部分层情况是和地上部分相应的，草本植物根系分布在土壤的最浅层，茶树根系分布较深，树木根系则深入到地下更深处，它们在土壤中的不同深度。这样可使光能得到充分利用，土壤营养也可在不同层次上被利用，土地资源利用率也得到提高。水平结构上要避免过多的重叠，茶树虽是耐阴作物，但遮阴过度，光照不足，也会影响光合作用进程而使茶叶减产，然而过少重叠会削弱生态效益，因此要根据间作物种的生物学特性合理地配置行株距，使通过上层树木的直射、透射和漫射光能满足下层茶树的需要，保证系统有较长时期的稳定性和互补性。据试验和实践调查，上层树木的郁闭度控制在 0.3～0.35 较为适合茶树生育。所谓树木的郁闭度，即树冠垂直投影面积与园地总面积之比。用 1.0 表示树冠投影遮住整个园地为高度郁闭，0.8～0.7 为中度郁闭，0.6～0.5 为弱度郁闭，0.4～0.3 为极弱郁闭，当郁闭度为 0.2～0.1 时只能称为疏林。郁闭度大小直接影响林内生态条件，对树下层植物生育有很大作用，所以测定郁闭度有着重要生态意义。但要注意郁闭度不同于透光度，透光度不仅决定于树冠的覆盖程度，还决定于树冠本身的浓密程度。

2. 合理选择生物 增加到茶园生态系统中的物种要利于系统的稳定，可选择前期生长快、叶片多、深根性、冬季落叶的速生树种。不能与茶树激烈竞争水分和养分，与茶树无相同的病虫害，对茶树无明显的化感抑制作用植物。目前已有的人工群落类型有茶树与林木复合园，如杉、松、湿地松、泡桐、楹、相思、丁香、竹、桉、楝、合欢、樟、椿、台湾相思、桤木、铁刀木等；茶树与果树复合园，如龙眼、荔枝、番石榴、梨、桃、柑橘、柚、杨梅、葡萄、菠萝、苹果、枣、柿、李、杧果、椰子等；茶树与经济林复合园，如橡胶、八角、漆树、乌桕、油桐、桂花、八角树、板栗、山核桃、杜仲、银杏、梅、肉桂、七里香、香料、山苍子、天竺葵等；茶与经济作物复合园，主要是在幼龄茶园内种植具有固氮作用或经济效益较高的大田作物，如有花生、大豆、绿豆、木瓜、玉米、白菜、金针菜、苜蓿、黄花菜、红花草、绿肥等（图3-15、图3-16）。

不同的复合间种模式中，以茶树与林木、经济林复合园比较合理，这种复合生态园，更能使经济效益和生态效益得到统一；果树与茶间作，树冠不高，分枝开张状，根系与茶树在相同的层次，有些果树病虫害较易发生，这对茶园的无公害生产带来了影响。在我国热带地区，林—胶—茶群落是一种防护型立体结构，充分体现了胶茶间作在互利互惠功能上的促进作用，可使相互间在气候和其他方面得到互补，形成一个良性循环的人工生态系统。防护林带在外围挡风防寒，胶茶间作在内形成多层次的空间分布方式。橡胶树为典型的热带雨林乔木树种，喜光、喜温，要求静风、高温、湿润的环境，占据上层空间，进行充分的光合作用，如在海南岛这样的生态环境中单一种植，会因台风和低温而伤害，胶树下种植茶树，为胶树起到保水、保土、保温作用，降低了风和低温伤害，区域生态环境条件得到改善；对耐阴、喜湿的茶树来说，单一种植，则嫌光照太强，胶林为茶挡去了强光的直射，在下层形成了较阴湿的环境，这种生态环境正适宜耐阴、喜温、好湿的茶树的生长。云正明等（1990）报道，胶茶群落中，茶树对能量利用的有效性比单一茶园高3.9%，橡胶树的光能有效利用率比单一胶树高2.2%。胶茶间作同时也将土地利用率提高了50%～70%。胶茶群落还有利于增加茶叶害虫小绿叶蝉的天敌——蜘蛛，同时茶红锈藻病的发病指数比单茶园低13.9%，枝条发病率低12%。胶茶群落由于层次增加，能明显减少水土流失，减少雨水对土壤的冲刷，提高土壤的肥力。

图3-15　茶树与台湾相思间作
（曹藩荣，2007）

图3-16　茶树与柑橘间作
（曹藩荣，2007）

　　为了提高茶园生产效益，一些生产单位在茶园中发展养殖业，在原来的生产链中加入新的环节，使被养殖的动物利用茶园中的虫草，其粪肥作为茶园的养分，既能获得原有茶叶的收获，又增加了养殖业中的收入，使茶园生态环境更趋合理。如在一些地方有茶园养鸡、茶园养羊，等等。其目的是想利用生物间的共生性、和谐性和互利性，建立茶与动物相互依存、共同生长的复合生态体系，多种生物共生、相互利用。曹藩荣（2008）试验研究报道，鸡茶间作的茶园，三个季节的青草总量均比单纯茶园低，养鸡灭草效果显著；茶园放养鸡可显著降低假眼小绿叶蝉、尺蠖类、茶蚜、蜡蝉类、卷叶蛾、蓑蛾类、刺蛾类、象甲、瘿螨类、蝗虫、螽斯等害虫的基数；提高鲜叶及成品茶的氨基酸、水浸出物含量，认为"茶鸡共作"既是一种很好的生态环保措施，同时又是一种经济栽培技术，不用农药和化肥，又保证茶叶的生长可节省茶园杀虫剂、除草剂和化肥的投入，降低生产成本。这方面的认识还需人们对其模式进行更深入的探讨，使之更利于推广应用。

　　茶园建设之初，要对整个区域的生态建设进行全面规划，尽量利用可利用的土地植树造林，提高全区森林植被的覆盖率。如低山丘陵茶园的上方、荒山荒坡要植树，陡坡茶园应退茶还林，充分利用宅、路、塘、渠等旁边及空隙地栽植树木，并可发展家畜、家禽和池塘养鱼，达到茶、林、农、牧、渔的生态良性循环，协调区域生态，促进茶叶生产持续发展。

现代农业的特点是商品生产和系统开放，不从多种途径拓展系统外养分来源，生产难以发展，也难以克服养分亏损、库存下降的局面。系统外养分来源是多方面的，就茶园而言，既包括化肥，也包括农家肥、土杂肥及来自城镇与市场的各种有机的与无机的肥源。人工复合茶园系统的建立，可有目的地选择归还率较高的作物及其类型进行间作，建立合理的间作制度。间种豆科植物和归还率高的植物，有利于提高土壤肥力，保持养分循环平衡。据试验报道，间种绿肥、蚕豆等，土壤中有机质、速效磷、速效钾含量都有所提高，非毛管孔隙增多，粮食产量增加。间作不仅能使土壤理化性质得到改善，同时由于农田生态条件的改变，病虫杂草危害减轻。

技术体系是指茶园生态系统中应用的全部技术的集合。在一个相互联系的开放系统中，技术之间是相互有机联系的，技术和生物及其环境也密切相关，技术体系的确定要利于生态的保持和茶树的生育。经过长期摸索，现在的技术体系是采用工程措施加生物措施。工程措施中实行治坡技术与治沟技术相结合，坡上开梯带，沟里设沙坝，山脚挖鱼塘。生物措施中实行乔、灌、草结合，做到当年种植、当年覆盖、长期起效。多项工程措施与生物措施结合形成了水土流失的治理技术体系。不同的技术体系，必须注意技术对当地自然条件、社会经济、文化传统的适应性，以及和当地品种的相容性。

复习思考题

1. 光强对茶叶品质有何影响？生产上如何控制？

2. 光质对茶树的生育及茶叶品质有何影响？

3. 气温对茶叶品质有何影响？

4. 温差和积温对茶树生育有何影响？

5. 茶树生长对水分有怎样的要求？水分对茶叶品质有什么影响？

6. 茶树对土壤有物理和化学环境有哪些要求？

7. 茶树喜酸的原因是什么？

8. 地形地势对茶叶品质有什么样的影响？

9. 土壤微生物活动状况与茶树根系生长有什么关系？

10. 为什么茶园生态系统生物多样性越丰富，生态系统越稳定？

11. 复合生态茶园和纯茶园生态系统的生态因子有什么不同？

12. 茶园生态系统的调控有哪些方法？如何调控？

学习指南：

茶树品种是茶叶生产中最基本的生产资料，是茶叶产业化和可持续发展的基础。栽培品种选择正确与否，与茶叶产量、茶叶品质、劳动生产率和经济效益有密切关系。本章对我国主要茶树良种的特征、特性、适应性和适制性进行了较全面的介绍，对茶树有性繁殖和无性繁殖的特点与技术要求进行了系统阐述。从茶园的规划设计，茶树种植、沟、渠、路、树的合理布置等方面综合阐述了新茶园建设的目标和要求。通过本章的学习，要求对生产推广的主要品种有一定的认识，能根据不同生态条件和生产条件，合理地选配优良的茶树品种，掌握茶树种苗的繁殖技术，掌握新建茶园的主要工作内容和技术措施，并能将所学知识合理地运用到生产实践中。

第四章

茶树繁育与新茶园建设

新茶园建设和老茶园改植换种中，首先碰到的问题是解决选择什么样的茶树品种和如何繁育。茶树良种在茶叶生产中起着至关重要的作用，它对每年茶叶生产的迟早、品质、抗逆力、产量、适制性都有影响。不同地区和品种，选择茶树的繁殖方式可用不同的方法，掌握好各项繁殖技术，能为茶树良种的引进、繁育、生产带来直接的效益。

第一节　中国主要茶树栽培品种

我国是茶树的原产地，利用、栽培茶树最早，长期的自然和人工选择形成了丰富的品种资源。我国的现代茶树育种工作起始于20世纪30年代，但系统研究是新中国成立之后。几十年来，通过资源征集、良种发掘、新品种选育等多方面工作，取得了较大成绩。国家与地方根据各地生态特点与产品要求选择出一批适应一定范围内生长利用的茶树良种，这些对推进地方茶产业的发展起到了重要的作用。

一、国家审（认、鉴）定茶树品种

我国现有茶树栽培品种600多个。截至2012年12月31日，共有经国家审（认、鉴）定的品种124个，其中有性系品种17个，无性系品种107个，具体品种及其性状如表4-1所示。

表 4-1 国家审（认、鉴）定的茶树品种简介

序号	品种名称	原产地或选育单位	审（认、鉴）定时间（年）	繁殖方式	主要特征特性	适制茶类	适宜推广茶区
1	福鼎大白茶	福建福鼎市点头镇柏柳村	1984	无性系	小乔木，中叶，早生，树姿半开张，芽叶黄绿色，茸毛特多，持嫩性强，产量高，抗寒、旱性强	红、绿、白茶	江南、江北
2	福鼎大毫茶	福建福鼎市点头镇汪家洋村	1984	无性系	小乔木，大叶，早生，树姿较直立，芽叶黄绿色，茸毛特多，持嫩性较强，产量高，抗旱、寒性强	红、绿、白茶	江南、江北、华南
3	福安大白茶	福建福安市康厝乡	1984	无性系	小乔木，大叶，早生，树姿半开张，芽叶黄绿色，茸毛特多，持嫩性较强，产量高	红、绿、白茶	江南、江北
4	梅占	福建安溪县芦田镇	1984	无性系	小乔木，中叶，中生，树姿直立，芽叶绿色，茸毛较少，持嫩性较强，产量高	乌龙、红、绿茶	江南
5	政和大白茶	福建政和县铁山乡	1984	无性系	小乔木，大叶，晚生，树姿直立，芽叶黄绿微带紫，茸毛特多，持嫩性强，产量高，抗寒性较强	红、白茶	江南
6	毛蟹	福建安溪县大坪乡	1984	无性系	灌木，中叶，中生，树姿半开张，芽叶淡绿色，茸毛多，持嫩性一般，产量高，抗旱、寒性较强	乌龙、红、绿茶	江南
7	铁观音	福建安溪县西坪镇松尧村	1984	无性系	灌木，中叶，晚生，树姿半开张，芽叶绿带紫红色，茸毛较少，持嫩性较强，产量中等，抗旱、寒性较强	乌龙茶	江南
8	黄金桂	福建安溪县虎丘镇罗岩美庄	1984	无性系	小乔木，中叶，早生，树姿较直立，芽叶黄绿色，茸毛较少，持嫩性较强，产量高，抗寒、旱性较强	乌龙、红、绿茶	江南
9	福建水仙	福建建阳市小湖乡大湖村	1984	无性系	小乔木，大叶，晚生，树姿半开张，芽叶淡绿色，茸毛较多，持嫩性较强，产量较高，抗旱、寒性较强	乌龙、红、白茶	江南
10	本山	福建安溪县西坪镇	1984	无性系	灌木，中叶，中生，树姿开张，芽叶绿带紫红色，茸毛较少，持嫩性较强，产量中等，抗旱、寒性较强	乌龙、绿茶	华南、江南
11	凤庆大叶茶	云南凤庆县	1984	有性系	乔木，大叶，早生，树姿开张，芽叶绿色，茸毛特多，持嫩性强，产量较高，抗寒性较弱	红、绿茶	西南、华南
12	勐海大叶茶	云南勐海县南糯山	1984	有性系	乔木，大叶，早生，树姿开张，芽叶黄绿色，茸毛特多，持嫩性强，产量较高，抗寒性较弱	红、绿、普洱茶	西南、华南

（续）

序号	品种名称	原产地或选育单位	审（认、鉴）定时间（年）	繁殖方式	主要特征特性	适制茶类	适宜推广茶区
13	大叶乌龙	福建安溪县长坑乡	1984	无性系	灌木，中叶，中生，树姿开张，芽叶绿色，茸毛少，持嫩性较强，产量中等，抗旱、寒性较强	乌龙、红、绿茶	江南、华南
14	勐库大叶茶	云南双江县勐库镇	1984	有性系	乔木，大叶，早生，树姿开张，芽叶黄绿色，茸毛特多，持嫩性强，产量较高，抗寒性弱	红、绿、普洱茶	西南、华南
15	乐昌白毛茶	广东乐昌县	1984	有性系	乔木，大叶，早生，树姿半开张，芽叶绿或黄绿色，茸毛特多，产量较高，抗寒性较强	红、绿茶	华南
16	海南大叶种	海南五指山区	1984	有性系	乔木，大叶，早生，芽叶黄绿色，茸毛少，持嫩性一般，产量高，抗旱、寒性较弱	红茶	华南
17	凤凰水仙	广东潮安县凤凰山	1984	有性系	小乔木，大叶，早生，树姿直立，芽叶黄绿色，茸毛少，发芽力较强，产量高，抗寒性强	乌龙、红茶	华南
18	大面白	江西上饶县上沪乡洪水坑	1984	无性系	灌木，大叶，早生，树姿开张，芽叶黄绿色，茸毛多，持嫩性强，产量高	乌龙、红、绿茶	江南
19	上梅洲种	江西婺源县梅林乡上梅洲村	1984	有性系	灌木，大叶类，早生种，植株较高大，树姿开张，芽叶黄绿色，茸毛多，产量高，抗旱、寒性强	绿茶	江南
20	宁州种	江西修水县	1984	有性系	灌木，中叶，中生，树姿半开张，芽叶黄绿色，茸毛多，产量中等，抗旱、寒性较强	红、绿茶	江南
21	黄山种	安徽歙县黄山	1984	有性系	灌木，大叶，中生，树姿半开张，芽叶绿色，茸毛多，持嫩性强，产量高，抗寒性、适应性强	绿茶	江南、江北
22	祁门种	安徽祁门县	1984	有性系	灌木，中叶，中生，树姿半开张，芽叶黄绿色，茸毛中等，持嫩性强，产量较高，抗寒性强	红、绿茶	江南、江北
23	鸠坑种	浙江淳安县鸠坑乡	1984	有性系	灌木，中叶，中生，树姿半开张，芽叶黄绿色，茸毛中等，持嫩性强，产量较高，抗旱、寒性强	绿茶	江南、江北
24	云台山种	湖南安化县云台山	1984	有性系	灌木，中叶，中生，树姿半开张，芽叶绿或黄绿色，茸毛中等，持嫩性强，产量较高，抗性较强	红、绿茶	江南

（续）

序号	品种名称	原产地或选育单位	审（认、鉴）定时间（年）	繁殖方式	主要特征特性	适制茶类	适宜推广茶区
25	湄潭苔茶	贵州湄潭县	1984	有性系	灌木，中叶，中生，树姿半开张，芽叶绿带紫色，茸毛多，持嫩性较强，产量高	绿茶	江南、江北
26	凌云白毛茶	广西凌云、乐业等县	1984	有性系	小乔木，大叶，中生，树姿半开张，芽叶黄绿色，茸毛特多，持嫩性强，产量中等，抗寒、旱性较弱	红、绿茶	华南、西南
27	紫阳种	陕西紫阳县	1984	有性系	灌木，中叶类，中生种，树姿开张，芽叶绿带微紫色，茸毛中等，产量中等，抗寒性较强	绿茶	江北
28	早白尖	四川连县	1984	有性系	灌木，中叶，早生，树姿开张，芽叶淡绿色，茸毛多，产量高，抗逆性强	红、绿茶	江南
29	宜昌大叶种	湖北宜昌县	1984	有性系	小乔木，大叶，早生，树姿半开张，芽叶黄绿色，茸毛多，持嫩性强，产量较高，抗寒性强	红、绿茶	江南、江北
30	宜兴种	江苏宜兴市	1984	有性系	灌木，中叶，中生，树姿半开张，芽叶绿或黄绿色，茸毛少，产量较高，抗寒性强	绿茶	江南、江北
31	黔湄 419	贵州湄潭茶叶研究所	1987	无性系	小乔木，大叶，晚生，树姿半开张，芽叶淡绿色，茸毛多，持嫩性强，产量高，抗寒性较弱	红茶	西南
32	黔湄 502	贵州湄潭县茶叶研究所	1987	无性系	小乔木，大叶，中生，树姿开张，芽叶绿色，茸毛多，产量高，抗寒性较弱	红、绿茶	西南
33	福云 6 号	福建省农业科学院茶叶研究所	1987	无性系	小乔木，大叶，特早生，树姿半开张，芽叶淡黄绿色，茸毛特多，持嫩性较强，产量高，抗寒、旱性较强	红、绿、白茶	江南
34	福云 7 号	福建省农业科学院茶叶研究所	1987	无性系	小乔木，大叶，早生，树姿较直立，芽叶黄绿色，茸毛多，持嫩性强，产量高，抗寒、旱性较强	红、绿、白茶	江南
35	福云 10 号	福建省农业科学院茶叶研究所	1987	无性系	小乔木，中叶，早生，树姿半开张，芽叶淡绿色，茸毛多，持嫩性强，产量高，抗旱、寒性较强	红、绿茶	江南
36	槠叶齐	湖南省农业科学院茶叶研究所	1987	无性系	灌木，中叶，中生，树姿半开张，芽叶黄绿色，茸毛中等，持嫩性强，产量高，抗寒性强	红、绿茶	江南

（续）

序号	品种名称	原产地或选育单位	审（认、鉴）定时间（年）	繁殖方式	主要特征特性	适制茶类	适宜推广茶区
37	龙井43	中国农业科学院茶叶研究所	1987	无性系	灌木，中叶，特早生，树姿半开张，芽叶绿带黄色，茸毛少，持嫩性一般，产量高，抗寒性强	绿茶	江南、江北
38	安徽1号	安徽省农业科学院茶叶研究所	1987	无性系	灌木，大叶，中生，树姿直立，芽叶黄绿色，茸毛多，持嫩性强，产量高，抗寒性强	红、绿茶	江南、江北
39	安徽3号	安徽省农业科学院茶叶研究所	1987	无性系	灌木，大叶，中生，树姿半开张，芽叶淡黄绿色，茸毛多，产量高，抗寒性强	红、绿茶	江南、江北
40	安徽7号	安徽省农业科学院茶叶研究所	1987	无性系	灌木，中叶，中生，树姿直立，芽叶淡绿色，茸毛中等，产量高，抗寒性强	绿茶	江南、江北
41	迎霜	杭州市茶叶科学研究所	1987	无性系	小乔木，中叶，早生，树姿直立，芽叶黄绿色，茸毛多，持嫩性强，产量高，抗寒性尚强	红、绿茶	江南
42	翠峰	杭州市茶叶科学研究所	1987	无性系	小乔木，中叶，中生，树姿半开张，芽叶翠绿色，茸毛多，持嫩性一般，产量高，抗寒性较强	绿茶	江南
43	劲峰	杭州市茶叶科学研究所	1987	无性系	小乔木，中叶，早生，树姿半开张，芽叶浓绿带微紫色，茸毛多，持嫩性较强，产量高	红、绿茶	江南
44	碧云	中国农业科学院茶叶研究所	1987	无性系	小乔木，中叶，中生，树姿直立，芽叶绿色，茸毛中等，持嫩性较强，产量高，抗旱、寒性较强	绿茶	江南
45	浙农12	浙江农业大学	1987	无性系	小乔木，中叶，中生，树姿半开张，芽叶绿色，茸毛特多，持嫩性较强，产量高，抗旱性强，抗寒性较弱	红、绿茶	江南
46	蜀永1号	四川省农业科学院茶叶研究所	1987	无性系	小乔木，中叶，中生，树姿较直立，芽叶绿色，茸毛特多，产量高，抗寒性较强	红茶	西南、华南
47	英红1号	广东省农业科学院茶叶研究所	1987	无性系	乔木，大叶，早生，树姿开张，芽叶黄绿色，茸毛中等，持嫩性强，产量高，抗寒性较弱	红茶	华南、西南
48	蜀永2号	四川省农业科学院茶叶研究所	1987	无性系	小乔木，大叶，中生，树姿较直立，芽叶黄绿色，产量高，抗寒性较强	红茶	西南、华南

（续）

序号	品种名称	原产地或选育单位	审（认、鉴）定时间（年）	繁殖方式	主要特征特性	适制茶类	适宜推广茶区
49	宁州2号	江西九江市茶叶科学研究所	1987	无性系	灌木，中叶，中生，树姿开张，茸毛中等，产量高，抗寒性较强，抗旱性较弱	红、绿茶	江南
50	云抗10号	云南省农业科学院茶叶研究所	1987	无性系	乔木，大叶，早生，树姿开张，芽叶黄绿色，茸毛特多，产量高，抗寒、旱性强	红、绿茶	西南、华南
51	云抗14	云南省农业科学院茶叶研究所	1987	无性系	乔木，大叶，中生，树姿特开张，芽叶黄绿色，茸毛特多，持嫩性强，产量高，抗寒、旱、病虫性强	红、绿茶	西南、华南
52	菊花春	中国农业科学院茶叶研究所	1987	无性系	灌木，中叶，早生，树姿半开张，芽叶黄绿色，茸毛多，持嫩性强，产量高，抗寒性较强，抗旱性中等	红、绿茶	江南
53	桂红3号	广西桂林茶叶科学研究所	1994	无性系	小乔木，大叶，晚生，树姿半开张，芽叶绿色，茸毛少，持嫩性强，产量较高，抗寒性较强	红茶	华南
54	桂红4号	广西桂林茶叶科学研究所	1994	无性系	小乔木，大叶，晚生，树姿开张，芽叶黄绿色，茸毛少，持嫩性中等，产量较高，抗寒、病虫性较强	红茶	华南
55	杨树林783	安徽祁门县农业局	1994	无性系	灌木，大叶，晚生，树姿半开张，芽叶黄绿色，有茸毛，持嫩性强，产量中等，抗寒性强	红、绿茶	江南、江北
56	皖农95	安徽农业大学	1994	无性系	灌木，中叶，中生，树姿开张，芽叶黄绿色，持嫩性强，产量高，抗寒性强	红、绿茶	江南
57	锡茶5号	无锡市茶叶品种研究所	1994	无性系	灌木，大叶，中生，树姿半开张，芽叶绿色，茸毛较多，产量高，抗寒性较强	绿茶	江南、江北
58	锡茶11	无锡市茶叶品种研究所	1994	无性系	小乔木，中叶，中生，树姿半开张，芽叶淡绿色，茸毛多，产量高，抗寒性较强	红、绿茶	江南、江北
59	寒绿	中国农业科学院茶叶研究所	1994	无性系	灌木，中叶，早生，树姿半开张，芽叶黄绿带微紫色，茸毛多，持嫩性较强，产量高，抗寒性较强	绿茶	江南、江北
60	龙井长叶	中国农业科学院茶叶研究所	1994	无性系	灌木，中叶，早生，树姿较直立，芽叶淡绿色，茸毛中等，持嫩性强，产量高，抗旱、寒性强，适应性强	绿茶	江南、江北

（续）

序号	品种名称	原产地或选育单位	审（认、鉴）定时间（年）	繁殖方式	主要特征特性	适制茶类	适宜推广茶区
61	浙农113	浙江农业大学	1994	无性系	小乔木，中叶，早生，树姿半开张，芽叶黄绿色，茸毛多，持嫩性强，产量高，抗寒、旱、病虫性强	绿茶	江南、江北
62	青峰	浙江杭州市茶叶科学研究所	1994	无性系	小乔木，中叶，中生，树姿开张，芽叶绿色，茸毛多，持嫩性中等，产量高，抗寒性较强	绿茶	江南
63	信阳10号	河南信阳茶叶试验站	1994	无性系	灌木，中叶，中生，树姿半开张，芽叶淡绿色，茸毛中等，产量高，抗寒性强	绿茶	江北
64	八仙茶	福建诏安县科学技术委员会	1994	无性系	小乔木，大叶，特早生，树姿半开张，芽叶黄绿色，茸毛少，持嫩性强，产量高，抗寒、旱性尚强	乌龙、红、绿茶	华南、江南
65	黔湄601	贵州湄潭县茶叶科学研究所	1994	无性系	小乔木，大叶，中生，树姿开张，芽叶深绿色，茸毛特多，持嫩性强，产量高，抗寒性尚强	红、绿茶	西南
66	黔湄701	贵州湄潭县茶叶科学研究所	1994	无性系	小乔木，大叶，中生，树姿开张，芽叶黄绿色，茸毛细多，产量高，抗寒性较弱	红茶	西南
67	高芽齐	湖南省茶叶研究所	1994	无性系	灌木，大叶，中生，树姿半开张，芽叶黄绿色，茸毛少，持嫩性强，产量高，抗寒性强	红、绿茶	江南、江北
68	楮叶齐12	湖南省茶叶研究所	1994	无性系	灌木，中叶，中生，树姿半开张，芽叶黄绿色，茸毛少，持嫩性强，产量高，抗旱、寒性较强	红、绿茶	江南、江北
69	白毫早	湖南省茶叶研究所	1994	无性系	灌木，中叶，早生，树姿半开张，芽叶淡绿色，茸毛多，产量高，抗寒、病虫性强	绿茶	江南、江北
70	尖波黄13	湖南省茶叶研究所	1994	无性系	灌木，中叶，早生，树姿半开张，芽叶黄绿色，茸毛较多，产量高，抗寒性强	红、绿茶	江南、江北
71	蜀永703	四川省农业科学院茶叶研究所	1994	无性系	小乔木，大叶，早生，树姿半开张，芽叶黄绿色，茸毛多，持嫩性强，产量高，抗寒性中等	红、绿茶	西南、江南
72	蜀永808	四川省农业科学院茶叶研究所	1994	无性系	小乔木，大叶，晚生，树姿开张，芽叶黄绿色，茸毛多短，持嫩性强，产量高，抗旱性较强	红、绿茶	西南、华南

（续）

序号	品种名称	原产地或选育单位	审（认、鉴）定时间（年）	繁殖方式	主要特征特性	适制茶类	适宜推广茶区
73	蜀永 307	四川省农业科学院茶叶研究所	1994	无性系	小乔木，大叶，中生，树姿半开张，芽叶绿稍黄色，茸毛多短，持嫩性强，产量高，抗旱性中等	红、绿茶	西南、华南
74	蜀永 401	四川省农业科学院茶叶研究所	1994	无性系	小乔木，大叶，中生，树姿开张，芽叶绿稍黄色，茸毛中等，产量高，抗旱性强	红、绿茶	西南、华南
75	蜀永 3 号	四川省农业科学院茶叶研究所	1994	无性系	小乔木，大叶，中生，树姿半开张，芽叶黄绿色，茸毛多，产量高，抗寒性较强	红茶	西南、华南
76	蜀永 906	四川省农业科学院茶叶研究所	1994	无性系	小乔木，中叶，中生，树姿半开张，芽叶黄绿色，茸毛多，产量高，抗寒性较弱，抗旱性中等	红、绿茶	西南、华南
77	宜红早	湖北宜昌县农业局茶树良种站	1998	无性系	灌木，中叶，早生，树姿半开张，芽叶黄绿色，茸毛尚多，持嫩性较强，产量较高，抗寒性较强，抗旱、病虫性中等	红、绿茶	江南、华南
78	凫早 2 号	安徽省农业科学院茶叶研究所	2001	无性系	灌木，中叶，早生，树姿直立，芽叶淡黄绿色，茸毛中等，持嫩性强，产量较高，抗寒性强	红、绿茶	江南、江北
79	岭头单枞	广东潮州市饶平县	2001	无性系	小乔木，中叶，早生，树姿半开张，芽叶黄绿，茸毛少，产量高，抗寒性强	乌龙、红、绿茶	江南、华南
80	秀红	广东省农业科学院茶叶研究所	2001	无性系	小乔木，大叶，早生，树姿半开张，芽叶黄绿，茸毛中，持嫩性强，产量高，抗寒性较强	红茶	华南
81	五岭红	广东省农业科学院茶叶研究所	2001	无性系	小乔木，大叶，早生，树姿开张，芽叶黄绿色，茸毛少，持嫩性强，产量高，抗寒性较弱，抗旱性较强	红茶	华南、西南
82	云大淡绿	广东省农业科学院茶叶研究所	2001	无性系	乔木，大叶，早生，树姿半开张，芽叶黄绿色，茸毛多，持嫩性强，产量高，抗寒性强	红茶	华南
83	赣茶 2 号	江西婺源县	2001	无性系	小乔木，中叶，中生，树姿半开张，芽叶淡绿色，茸毛多，产量中等，抗寒性较强	绿茶	江南
84	黔湄 809	贵州省茶叶科学研究所	2001	无性系	小乔木，大叶，中生，树姿半开张，芽叶淡绿色，茸毛多，持嫩性强，产量高，抗寒性强	绿、红茶	西南、华南

（续）

序号	品种名称	原产地或选育单位	审（认、鉴）定时间（年）	繁殖方式	主要特征特性	适制茶类	适宜推广茶区
85	舒茶早	安徽舒城县农业技术推广中心	2001	无性系	灌木，中叶，早生，树姿半开张，芽叶淡绿色，茸毛中等，产量高，抗旱、寒性强	绿茶	江南、江北
86	皖农111	安徽农业大学	2001	无性系	小乔木，大叶，中生，树姿半开张，芽叶绿色，茸毛多，持嫩性强，产量较高，抗寒性中等	红、绿茶	江南、华南
87	早白尖5号	重庆市茶叶研究所	2001	无性系	灌木，中叶，早生，树姿半开张，芽叶淡绿色，茸毛多，产量高，抗寒性强	红、绿茶	江南、江北
88	南江2号	重庆市茶叶研究所	2001	无性系	灌木，中叶，早生，树姿半开张，芽叶黄绿色，茸毛较多，产量高，抗寒性较强	绿茶	西南
89	浙农21	浙江农业大学	2001	无性系	小乔木，中叶，中生，树姿开张，芽叶绿色，茸毛多，持嫩性较强，产量较高，抗寒性较弱	红、绿茶	江南
90	鄂茶1号	湖北省农业科学院果茶研究所	2001	无性系	灌木，中叶，中生，树姿半开张，芽叶黄绿色，茸毛中等，持嫩性强，产量高，抗寒、旱性强	绿茶	江南、西南
91	中茶102	中国农业科学院茶叶研究所	2001	无性系	灌木，中叶，早生，树姿半开张，芽叶黄绿色，茸毛中等，产量高，抗旱、寒性强	绿茶	江南、江北
92	黄观音	福建省农业科学院茶叶研究所	2001	无性系	小乔木，中叶，早生，树姿半开张，芽叶黄绿微带紫色，茸毛少，持嫩性强，产量高，抗旱、寒性强	乌龙、红、绿茶	华南、西南
93	悦茗香	福建省农业科学院茶叶研究所	2001	无性系	灌木，中叶，中生，树姿半开张，芽叶淡紫绿色，茸毛少，持嫩性强，产量较高，抗旱、寒性强	乌龙茶	华南、西南
94	茗科1号	福建省农业科学院茶叶研究所	2001	无性系	灌木，中叶，早生，树姿半开张，芽叶紫红色，茸毛少，持嫩性较强，产量高，抗旱、寒性强	乌龙茶	华南、西南
95	黄奇	福建省农业科学院茶叶研究所	2001	无性系	小乔木，中叶，中生，树姿半开张，芽叶黄绿色，茸毛少，持嫩性较强，产量高，抗寒性强	乌龙茶	华南

（续）

序号	品种名称	原产地或选育单位	审（认、鉴）定时间（年）	繁殖方式	主要特征特性	适制茶类	适宜推广茶区
96	桂绿1号	广西桂林茶叶科学研究所	2003	无性系	灌木，中叶，特早生，树姿开张，芽叶黄绿色，茸毛中等，产量较高，抗旱、寒性强	绿茶	西南
97	名山白毫131	四川省名山县农业局	2005	无性系	灌木，中叶类，早生种，芽叶黄绿色，茸毛特多。抗寒性较强，扦插繁殖力强	绿茶	西南、江南
98	霞浦春波绿	福建省霞浦县茶叶管理局	2010	无性系	小乔木，中叶，早芽种，芽梢绿色，茸毛较多，产量高	绿茶	福建、湖北、四川、湖南
99	金牡丹	福建省农业科学院茶叶研究所	2010	无性系	灌木，中叶，早芽种，树姿较直立，芽叶紫绿色，茸毛少，持嫩性强，产量较高	乌龙茶	福建、广西、广东
100	黄玫瑰	福建省农业科学院茶叶研究所	2010	无性系	小乔木，中叶，早芽种，树姿半开张，芽叶黄绿色，茸毛少，持嫩性较强，产量较高	乌龙茶	福建、广东、湖南
101	紫牡丹	福建省农业科学院茶叶研究所	2010	无性系	灌木，中叶，中生种，树姿半开张，芽叶紫红色，茸毛少，持嫩性较强，产量较高	乌龙茶	福建、广东、广西、湖南
102	丹桂	福建省农业科学院茶叶研究所	2010	无性系	灌木，中叶，早生种，芽叶稍黄绿，茸毛少，持嫩性好，产量高，抗逆性强，扦插繁殖力强	乌龙茶	广东、广西、湖南
103	春兰	福建省农业科学院茶叶研究所	2010	无性系	灌木，中叶，早生种，芽叶黄绿，持嫩性较强，产量较高	乌龙茶	湖南、广西、广东
104	瑞香	福建省农业科学院茶叶研究所	2010	无性系	灌木，中叶，中生种，叶色黄绿，茸毛少，持嫩性较好，产量高，抗逆性强	乌龙茶	湖南、广西、广东
105	春雨1号	浙江省武义县农业局	2010	无性系	灌木型，中叶类，特早生种。抗逆性较强，芽叶肥壮，茸毛较多，持嫩性好，产量高	绿茶	浙江、四川、湖北、福建
106	春雨2号	浙江省武义县农业局	2010	无性系	灌木型，中叶类，中偏晚生种。茸毛中等，产量较，抗逆性较强	绿茶	浙江、四川、湖北、福建

（续）

序号	品种名称	原产地或选育单位	审（认、鉴）定时间（年）	繁殖方式	主要特征特性	适制茶类	适宜推广茶区
107	茂绿	浙江省杭州市农业科学研究院	2010	无性系	灌木，中叶，早芽种，树姿半开张，芽叶深绿色，茸毛多，持嫩性强，产量高	绿茶	浙江、贵州、河南、福建
108	南江1号	重庆市农业科学院	2010	无性系	灌木，中叶，早生种，树姿半开张，叶色深绿，芽叶持嫩性强，产量高	绿茶	重庆、浙江、湖北、四川
109	石佛翠	安徽省安庆市种植业管理局，安徽省农业科学院茶叶研究所	2010	无性系	灌木，中叶，中生种，芽肥壮，茸毛多，产量高，抗寒性较高	绿茶	浙江、安徽、河南、湖北
110	皖茶91	安徽农业大学	2010	无性系	灌木，中叶，早生种，芽壮实，茸毛多，持嫩性好，产量高，抗寒性强	绿茶	安徽、浙江、贵州、河南信阳
111	尧山秀绿	广西壮族自治区桂林茶叶科学研究所	2010	无性系	灌木，中叶，早芽种，树姿开张，芽叶翠绿色，产量高	绿茶	广西、四川、湖北
112	桂香18	广西壮族自治区桂林茶叶科学研究所	2010	无性系	灌木，大叶，中芽种，树姿半开张，芽叶浅绿色，茸毛多，持嫩性和分枝能力较强，产量高	绿茶	广西、湖北
113	玉绿	湖南省茶叶研究所	2010	无性系	灌木，中叶，早芽种，树姿半开张，芽叶黄绿色，茸毛中等，持嫩性强，产量高，抗逆性强	绿茶	四川、湖南、湖北
114	浙农139	浙江大学茶叶研究所	2010	无性系	小乔木，早芽种，叶色深绿，芽形较小，茸毛多，产量较高，抗旱性较强	绿茶	浙江、福建、四川
115	浙农117	浙江大学茶叶研究所	2010	无性系	小乔木，早芽种，树姿半开张，芽壮，持嫩性强，产量高，抗寒、旱性强	绿茶	浙江、福建、湖北、四川
116	中茶108	中国农业科学院茶叶研究所	2010	无性系	灌木，中叶，特早生种，树姿半开张，芽叶绿黄色，茸毛较少，产量高	绿茶	浙江、四川、湖北、河南信阳
117	中茶302	中国农业科学院茶叶研究所	2010	无性系	灌木，中叶，早生种，树姿半开张，芽叶绿黄色，茸毛中等，产量高	绿茶	浙江、四川、湖北、河南信阳
118	鄂茶5号	湖北省农业科学院果树茶叶研究所	2010	无性系	灌木，中叶，早生种，树姿较直立，芽叶黄绿，茸毛较多，育芽力强，产量高	绿茶	湖北、浙江、贵州、河南

（续）

序号	品种名称	原产地或选育单位	审（认、鉴）定时间（年）	繁殖方式	主要特征特性	适制茶类	适宜推广茶区
119	鸿雁9号	广东省农业科学院茶叶研究所	2010	无性系	小乔木，中叶，早芽种，树姿开张，叶色深绿，茸毛中等，产量高	乌龙茶	广东、广西、湖南、福建
120	鸿雁12	广东省农业科学院茶叶研究所	2010	无性系	灌木，中叶，早芽种，树姿半开张，叶色深绿，茸毛少，芽叶较粗壮，产量高	乌龙茶	广东、广西、湖南、福建
121	鸿雁7号	广东省农业科学院茶叶研究所	2010	无性系	小乔木，中叶，早芽种，树姿半开张，叶色淡绿，茸毛中等，芽叶较粗壮，产量高	乌龙茶	广东、广西、湖南、福建
122	鸿雁1号	广东省农业科学院茶叶研究所	2010	无性系	灌木，中叶，早芽种，树姿开张，叶色深绿，茸毛少，产量高	乌龙茶	广东、广西、湖南、福建
123	白毛2号	广东省农业科学院茶叶研究所	2010	无性系	小乔木，中叶，早芽种，树姿半开张，叶色淡绿，茸毛特多，产量高	乌龙茶	广东、广西、福建南部
124	特早213	四川省名山县茶业发展局，四川省农业科学院茶叶研究所等	2012	无性系	灌木，中叶，特早生种，持嫩性强，发芽整齐，抗寒性较强。	绿茶	四川、贵州、浙江、河南

注：据《中国茶树品种志》（2001）及相关材料整理。

2001 年前，国家级茶树品种审定工作由全国农作物品种审定委员会茶树专业委员会负责，先后对茶树品种进行了二次认定、二次审定。1984 年第一批认定了 30 个地方品种，1987 年第二批认定了 22 个育成品种，之后将茶树良种认定改为审定。1994 年第三批审定了 25 个国家级良种，2001 年第四批审定了 18 个国家级良种。《中华人民共和国种子法》2000 年 12 月正式实施后，茶树没有列入强制审定的作物范围。2003 年成立了第一届全国茶树品种鉴定委员会，负责茶树国家级良种的鉴定工作，2003—2012 年共鉴定国家级茶树良种 29 个。至今，全国农作物品种审定委员会茶树专业委员会和全国茶树品种鉴定委员会认定、审定和鉴定的茶树国家级良种 124 个。

二、各省审（认、鉴）定茶树品种

除了国家有组织地进行专门的茶树良种审（认、鉴）定外，各省根据各地立地条件的差异和茶叶适制性要求，也开展了这方面的工作。统计表明，到目前为止，经各省认定、审定和鉴定的省级茶树良种达 136 个，具体品种内容如表 4-2 所示。

表4-2 省级审（认、鉴）定的茶树品种简介

序号	品种名称	原产地或选育单位	审（认、鉴）定时间（年）	繁殖方式	主要特征特性	适制茶类	适宜推广茶区
1	木禾种	浙江东阳市东白山	1988	有性系	灌木，中叶，中生，树姿半开张，芽叶绿色，茸毛中等，持嫩性强，产量高	绿茶	浙江
2	水古茶	浙江临海市涌泉镇	1988	无性系	灌木，中叶，中生，树姿直立，芽叶鲜绿色，茸毛中等，持嫩性强，产量较高	绿茶	浙江
3	乌牛早	浙江永嘉县罗溪乡	1988	无性系	灌木，中叶，特早生，树姿半开张，芽叶绿色，茸毛中等，持嫩性强，产量较高	绿茶	浙江
4	藤茶	浙江临海市兰田乡	1988	无性系	灌木，中叶，中偏早生，树姿半开张，芽叶绿带紫色，茸毛少，持嫩性较强，产量较高	绿茶	浙江
5	龙井种	浙江杭州市西湖乡	1992	有性系	灌木，中叶，中生，树姿半开张，芽叶黄绿，绿色，茸毛中等，持嫩性较强，产量较高	绿茶	浙江龙井茶区
6	黄叶早	浙江温州市茶山镇	1992	无性系	灌木，中叶，特早生，树姿直立，芽叶黄绿色，茸毛较少，持嫩性中等，产量较高	绿茶	浙江南部
7	瑞安白毛茶	浙江瑞安市潘岱乡	1992	无性系	灌木，中叶，早生，树姿半开张，芽叶鲜绿色，茸毛多，持嫩性较强，产量高	绿茶	浙江
8	瑞安清明早	浙江瑞安市潘岱乡	1992	无性系	灌木，中叶，特早生，树姿半开张，芽叶绿带紫色，茸毛少，持嫩性中等，产量中等	绿茶	浙江
9	安吉白茶	浙江安吉县山河乡	1998	无性系	灌木，中叶，中生，树姿半开张，春季芽叶玉白色，成叶深绿，茸毛中等，持嫩性强，产量较低	绿茶	浙江
10	平阳特早茶	浙江平阳县敖江镇	1998	无性系	小乔木，中叶，特早生，树姿半开张，芽叶绿色，茸毛较多，持嫩性强，产量高	绿茶	浙江
11	青阳天云茶	安徽青阳县天台山	1982	有性系	灌木，大叶，晚生，树姿半开张，芽叶黄绿色，茸毛多，持嫩性强，产量中等	绿茶	安徽南部茶区
12	松萝种	安徽休宁县万安镇	1982	有性系	灌木，大叶，晚生，树姿半开张，芽叶黄绿色，茸毛多，持嫩性强，产量中等	绿茶	安徽南部

（续）

序号	品种名称	原产地或选育单位	审（认、鉴）定时间（年）	繁殖方式	主要特征特性	适制茶类	适宜推广茶区
13	柿大茶	安徽黄山市新民乡	1982	有性系	灌木，大叶，晚生，树姿半开张，芽叶淡绿色，茸毛密，持嫩性强，产量中等	绿茶	安徽
14	宣城尖叶种	安徽宣州市溪口乡	1982	有性系	灌木，中叶，晚生，树姿半开张，芽叶黄绿色，茸毛多，持嫩性强，产量中等	绿茶	安徽
15	涌溪柳叶种	安徽泾县黄田乡	1982	有性系	灌木，中叶，中生，树姿半开张，芽叶黄绿色，茸毛多，产量较高	绿茶	安徽南部茶区
16	霍山金鸡种	安徽霍山县大化坪乡	1982	有性系	灌木，大叶，晚生，树姿半开张，芽叶黄绿色，茸毛中等，产量中等	绿茶	安徽北部
17	肉桂	福建武夷山马枕峰	1985	无性系	灌木，中叶，晚生，树姿半开张，芽叶紫绿色，茸毛少，持嫩性强，产量较高	乌龙茶	福建
18	佛手	福建安溪县虎邱镇	1985	无性系	灌木，大叶，中生，树姿开张，芽叶绿带紫红色，茸毛较少，持嫩性强，产量较高	乌龙、红茶	福建
19	九龙大白茶	福建松溪县郑敦镇	1998	无性系	小乔木，大叶，早生，树姿半开张，芽叶黄绿色，茸毛多，持嫩性强，产量高	红、绿、白茶	福建
20	杏仁茶	福建安溪县蓬莱镇	1999	无性系	灌木，中叶，晚生，树姿半开张，芽叶紫红色，茸毛较少，持嫩性强，产量较高	乌龙茶	福建
21	江华苦茶	湖南江华瑶族自治县	1987	有性系	小乔木，大叶，中生，树姿直立，芽叶浅绿色，茸毛少或无，持嫩性强，产量较高	红茶	湖南南部
22	汝城白毛茶	湖南汝城县三江口镇	1987	有性系	小乔木，大叶，早生，树姿半开张，芽叶黄绿色，茸毛特多，产量中等	红、绿茶	湖南南部
23	城步峒茶	湖南城步县杨梅坳乡	1987	有性系	小乔木，中叶，中生，树姿直立或半开张，芽叶浅绿色，茸毛少或无，持嫩性强，产量较高	红、绿茶	湖南南部
24	连南大叶茶	广东连南县黄连，板洞	1988	有性系	乔木，大叶，中生，树姿直立或半开张，芽叶绿或黄绿色，茸毛少，产量高	红、绿茶	广东

（续）

序号	品种名称	原产地或选育单位	审（认、鉴）定时间（年）	繁殖方式	主要特征特性	适制茶类	适宜推广茶区
25	凤凰黄枝香单枞	广东潮安县凤凰茶区	2000	无性系	小乔木，中叶，中生，树姿半开张，芽叶浅绿色，茸毛少，产量较高	乌龙茶	华南、江南
26	古蔺牛皮茶	四川古蔺县椒子沟	1985	有性系	灌木，中叶，中生，芽叶绿色，茸毛中等，产量高	红、绿茶	四川南部
27	南江大叶茶	四川南江县	1985	有性系	灌木，中叶，早生，树姿半开张，芽叶黄绿色，茸毛特多，持嫩性强，产量高	红、绿茶	四川北部
28	崇庆枇杷茶	四川崇庆县晴霞山	1985	有性系	乔木，大叶，早生，树姿直立，芽叶紫绿色，茸毛少，产量高	红、边茶	四川东南茶区
29	北川中叶种	四川北川县	1989	有性系	灌木，中叶，中生，树姿多直立，芽叶黄绿色，茸毛多，持嫩性强，产量高	绿茶	四川北部
30	锡茶10号	江苏无锡茶叶品种研究所	1987	无性系	小乔木，大叶，中生，树姿半开张，芽叶淡绿色，茸毛多，产量较高	红茶	苏南
31	苹云	中国农业科学院茶叶研究所	1988	无性系	小乔木，大叶，中生，树姿半开张，芽叶绿色，茸毛较少，持嫩性强，产量高	红、绿茶	浙江
32	浙农121	浙江农业大学	1988	无性系	小乔木，大叶，早生，树姿半开张，芽叶绿色，茸毛较多，持嫩性强，产量高	红、绿茶	浙江
33	碧峰	中国农业科学院茶叶研究所	1988	无性系	灌木，中叶，早生，树姿半开张，芽叶淡绿色，茸毛多，持嫩性较强，产量较高	绿茶	浙江
34	浙农25	浙江农业大学	1992	无性系	小乔木，大叶，中生，树姿直立，芽叶淡绿色，茸毛较多，持嫩性强，产量较高	红茶	浙江
35	苔香紫	中国农业科学院茶叶研究所	1994	无性系	灌木，中叶，中生，树姿半开张，芽叶绿带微紫色，茸毛较多，持嫩性中等，产量高	绿茶	浙江
36	眉峰	浙江杭州市茶叶研究所	1995	无性系	小乔木，大叶，早生，树姿半开张，芽叶绿色，茸毛较多，持嫩性较强，产量高	红、绿茶	浙江

（续）

序号	品种名称	原产地或选育单位	审（认、鉴）定时间（年）	繁殖方式	主要特征特性	适制茶类	适宜推广茶区
37	霜峰	浙江杭州市茶叶研究所	1995	无性系	小乔木，大叶，早生，树姿半开张，芽叶鲜绿色，茸毛多，持嫩性较强，产量高	红、绿茶	浙江
38	杨树林781	安徽祁门县农业局	1987	无性系	灌木，大叶，晚生，树姿半开张，芽叶黄绿色，持嫩性强，产量较高	红、绿茶	安徽
39	波毫	安徽省农业科学院茶叶研究所	1987	无性系	灌木，中叶，中生，树姿半开张，芽叶黄绿色，茸毛多，产量高	红、绿茶	安徽
40	黄山早芽	安徽省农业科学院茶叶研究所	1987	无性系	灌木，大叶，早生，树姿半开张，产量较高	红、绿茶	安徽
41	黄荆茶	安徽省农业科学院茶叶研究所	1987	无性系	灌木，大叶，中生，树姿开张，芽叶绿色，茸毛多，产量中等	绿、红茶	安徽
42	茗洲12	安徽休宁县茶树良种场	1995	无性系	灌木，大叶，晚生，树姿半开张，芽叶绿色，产量较高	绿茶	安徽
43	早逢春	福建福鼎市茶业管理局	1985	无性系	小乔木，中叶，特早生，树姿半开张，芽叶黄绿色，茸毛尚多，持嫩性强，产量较高	绿茶	福建
44	福云595	福建省农业科学院茶叶研究所	1988	无性系	小乔木，大叶，早生，树姿较直立，芽叶淡绿色，茸毛特多，持嫩性强，产量较高	绿、红、白茶	福建中低海拔茶区
45	朝阳	福建省农业科学院茶叶研究所	1994	无性系	小乔木，中叶，早生，树姿直立，芽叶紫绿色，茸毛少，持嫩性强，产量高	乌龙、红茶	福建
46	白芽奇兰	福建平和县农业局等	1996	无性系	灌木，中叶，晚生，树姿半开张，芽叶黄白绿色，茸毛尚多，持嫩性强，产量中等	乌龙茶	福建
47	丹桂	福建省农业科学院茶叶研究所	1998	无性系	灌木，中叶，早生，树姿半开张，芽叶黄绿色，茸毛少，持嫩性强，产量高	乌龙茶	福建
48	凤圆春	福建安溪县茶叶研究所	1999	无性系	灌木，中叶，晚生，树姿半开张，芽叶紫红色，茸毛较少，持嫩性较强，产量较高	乌龙茶	福建

（续）

序号	品种名称	原产地或选育单位	审（认、鉴）定时间（年）	繁殖方式	主要特征特性	适制茶类	适宜推广茶区
49	霞浦元宵茶	福建霞浦县农业局	1999	无性系	灌木，中叶，特早生，树姿半开张，芽叶黄绿色，茸毛尚多，持嫩性强，产量中等	绿、红茶	福建中低海拔茶区
50	九龙袍	福建省农业科学院茶叶研究所	2000	无性系	灌木，中叶，晚生，树姿半开张，芽叶紫红色，茸毛少，持嫩性强，产量高	乌龙茶	福建
51	春兰	福建省农业科学院茶叶研究所	2000	无性系	灌木，中叶，早生，树姿半开张，芽叶黄绿色，茸毛少，持嫩性较强，产量较高	乌龙茶	福建
52	瑞香	福建省农业科学院茶叶研究所	2003	无性系	灌木，中叶，中生，芽叶黄绿色，茸毛少，持嫩性较强，产量高	乌龙、绿茶	福建
53	早春毫	福建省农业科学院茶叶研究所	2003	无性系	小乔木，大叶，特早生，树姿直立，芽叶淡绿色，茸毛较多，持嫩性强，产量高	绿、红茶	福建
54	金牡丹	福建省农业科学院茶叶研究所	2003	无性系	灌木，中叶，早生，树姿较直立，芽叶紫绿色，茸毛少，持嫩性强，产量较高	乌龙茶	福建
55	赣茶1号	江西蚕桑研究所	1992	无性系	灌木，中叶，中生，树姿半开张，芽叶黄绿色，茸毛多，发芽密度较大，产量高	绿、红茶	江西
56	鄂茶2号	湖北咸宁农业科学院	1995	无性系	灌木，中叶，特早生，树姿半开张，芽叶黄绿色，茸毛多，持嫩性强，产量高	绿、红茶	湖北南部
57	鄂茶3号	湖北咸宁农业科学院	1995	无性系	灌木，中叶，早生，树姿半开张，芽叶黄绿色，茸毛较少，持嫩性强，产量高	绿、红茶	湖北
58	鄂茶5号	湖北省农业科学院果茶研究所	2000	无性系	灌木，中叶，特早生，树姿直立，芽叶淡绿色，茸毛多，持嫩性强，产量高	绿茶	湖北
59	鄂茶6号	湖北省农业科学院果茶研究所	2000	无性系	灌木，中叶，早生，树姿开张，芽叶黄绿色，茸毛特多，持嫩性较强，产量高	绿茶	湖北
60	鄂茶7号	湖北五峰县茶叶局	2003	无性系	灌木，中叶，早生，树姿直立，芽叶黄绿色，夏季略紫，产量高	绿、红茶	湖北

（续）

序号	品种名称	原产地或选育单位	审（认、鉴）定时间（年）	繁殖方式	主要特征特性	适制茶类	适宜推广茶区
61	大尖叶	湖南省农业科学院茶叶研究所	1987	无性系	灌木，中叶，中生，树姿半开张，芽叶黄绿色，茸毛中等，持嫩性较强	红、绿茶	湖南
62	东湖早	湖南农业大学	1987	无性系	灌木，中叶，早生，树姿半开张，芽叶黄绿色，茸毛少，产量高	红、绿茶	湖南
63	尖波黄	湖南省农业科学院茶叶研究所	1987	无性系	灌木，中叶，早生，树姿半开张，芽叶黄绿色，茸毛较多，持嫩性强，产量较低	红茶	湖南
64	高桥早	湖南省农业科学院茶叶研究所	1987	无性系	灌木，中叶，早生，树姿半开张，芽叶黄绿色，茸毛中等，持嫩性较差，产量较高	红、绿茶	湖南
65	湘波绿	湖南省农业科学院茶叶研究所	1987	无性系	灌木，大叶，中生，树姿半开张，芽叶绿色，茸毛较多，持嫩性强	红、绿茶	湖南
66	桃源大叶	湖南桃源县茶叶良种场	1992	无性系	灌木，大叶，早生，树姿半开张，芽叶绿略带紫红色，茸毛尚多，持嫩性强，产量中等	红茶	湖南
67	茗丰	湖南省农业科学院茶叶研究所	1993	无性系	灌木，中叶，中生，树姿半开张，芽叶绿色，茸毛较多，持嫩性较强，产量高	绿茶	湖南
68	碧香早	湖南省农业科学院茶叶研究所	1993	无性系	灌木，中叶，早生，树姿半开张，芽叶浅绿色，茸毛多，产量高	绿茶	湖南
69	福毫	湖南省农业科学院茶叶研究所	1996	无性系	灌木，中叶，早生，树姿半开张，芽叶绿色，茸毛多，产量高	绿茶	湖南
70	安茗早	湖南安化县唐溪乡茶场	1997	无性系	灌木，中叶，早生，树姿直立，芽叶黄绿色，茸毛较多，持嫩性强，产量高	红、绿茶	湖南
71	福丰	湖南省农业科学院茶叶研究所	1997	无性系	灌木，中叶，早生，树姿半开张，芽叶黄绿色，茸毛较多，持嫩性强，产量高	红、绿茶	湖南
72	湘红茶1号	湖南省农业科学院茶叶研究所	1998	无性系	灌木，中叶，中生，树姿半开张，芽叶黄绿带微紫色，茸毛多，产量高	红茶	湖南

（续）

序号	品种名称	原产地或选育单位	审（认、鉴）定时间（年）	繁殖方式	主要特征特性	适制茶类	适宜推广茶区
73	湘红茶 2 号	湖南省农业科学院茶叶研究所	2003	无性系	灌木，中叶，晚生，树姿半开张，芽叶黄绿微紫色，茸毛少，产量高	红茶	湖南
74	湘妃翠	湖南农业大学	2003	无性系	灌木，中叶，早生，树姿半开张，芽叶浅绿色，茸毛尚多，产量高	绿茶	湖南
75	凤凰单枞	广东潮州市农民	1988	无性系	小乔木，中叶，早、中、晚生，树姿半开张，芽叶黄绿色，茸毛少，产量中等	乌龙、红、绿茶	广东
76	乐昌白毛 1 号	广东乐昌农场	1988	无性系	小乔木，中叶，早生，树姿半开张，芽叶黄绿色，茸毛特多，产量中等	白、红、绿茶	广东
77	英红 9 号	广东省农业科学院茶叶研究所	1988	无性系	乔木，大叶，早生，树姿半开张，芽叶黄绿色，茸毛特多，产量高	红、绿茶	广东
78	黄叶水仙	广东省农业科学院茶叶研究所	1988	无性系	小乔木，中叶，早生，树姿半开张，芽叶黄绿色，茸毛少，持嫩性强，产量高	乌龙、红、绿茶	广东
79	黑叶水仙	广东省农业科学院茶叶研究所	1988	无性系	小乔木，中叶，中生，树姿半开张，芽叶淡绿色，茸毛少，产量高	乌龙、红、绿茶	广东
80	蒙山 9 号	四川名山县蒙山茶场等	1989	无性系	灌木，大叶，中生，树姿半开张，芽叶黄绿色，产量高	绿茶	四川、重庆
81	蒙山 11	四川名山县蒙山茶场等	1989	无性系	灌木，中叶，特早生，树姿半开张，芽叶黄绿色，产量高	绿茶	四川、重庆
82	蒙山 16	四川名山县蒙山茶场等	1989	无性系	灌木，中叶，早生，树姿半开张，芽叶黄绿色，持嫩性强，产量较高	绿茶	四川、重庆
83	蒙山 23	四川名山县蒙山茶场等	1989	无性系	灌木，中叶，早生，树姿半开张，芽叶黄绿色，产量较高	绿茶	四川、重庆
84	名山白毫	四川名山县农业局	1997	无性系	灌木，中叶，特早生，树姿较直立，芽叶黄绿色，茸毛多，持嫩性强，产量中等	绿茶	四川、重庆

（续）

序号	品种名称	原产地或选育单位	审（认、鉴）定时间（年）	繁殖方式	主要特征特性	适制茶类	适宜推广茶区
85	名山早	四川名山县农业局	1997	无性系	灌木，中叶，特早生，树姿较直立，芽叶黄绿色，茸毛多，持嫩性强，产量中等	绿茶	四川、重庆
86	南江1号	四川省农业科学院茶叶研究所	1995	无性系	灌木，中叶，早生，树姿半开张，芽叶绿色，茸毛中等，持嫩性强，产量高	绿、红茶	四川、重庆
87	崇枇71-1	四川省农业科学院茶叶研究所	1995	无性系	小乔木，中叶，早生，树姿较直立，芽叶绿色，产量高	红、绿茶	四川、重庆
88	云抗43	云南省农业科学院茶叶研究所	1985	无性系	乔木，大叶，中生，树姿特开张，芽叶黄绿色，茸毛多，产量高	红、绿茶	云南
89	长叶白毫	云南省农业科学院茶叶研究所	1985	无性系	乔木，大叶，早生，树姿开张，芽叶黄绿色，茸毛特多，产量高	绿茶	云南
90	云梅	云南普文农场等	1992	无性系	乔木，大叶，早生，树姿特开张，芽叶淡绿色，茸毛短密，产量中等	红、绿茶	云南西南部
91	云瑰	云南普文农场等	1992	无性系	小乔木，大叶，中生，树姿特开张，芽叶绿色，茸毛短密，产量较高	红、绿茶	云南西南部
92	矮丰	云南普文农场等	1992	无性系	乔木，大叶，中生，树姿开张，芽叶淡绿色，茸毛特多，产量较高	红、绿茶	云南西南部
93	云抗27	云南省农业科学院茶叶研究所	1995	无性系	乔木，大叶，中生，树姿开张，芽叶黄绿色，茸毛多，产量较高	红、绿茶	云南
94	云抗37	云南省农业科学院茶叶研究所	1995	无性系	乔木，大叶，早生，树姿开张，芽叶黄绿色，茸毛多，产量高	红、绿茶	云南
95	云选9号	云南省农业科学院茶叶研究所	1995	无性系	乔木，大叶，中生，树姿开张，芽叶黄绿色，茸毛多，产量中等	红茶	云南
96	73-8	云南省农业科学院茶叶研究所	1999	无性系	乔木，大叶，特早生，树姿开张，芽叶黄绿色，茸毛多，产量较高	红、绿茶	云南

（续）

序号	品种名称	原产地或选育单位	审（认、鉴）定时间（年）	繁殖方式	主要特征特性	适制茶类	适宜推广茶区
97	73-11	云南省农业科学院茶叶研究所	1999	无性系	乔木，大叶，树姿开张，芽叶黄绿色，茸毛多，持嫩性强，产量高	红、绿茶	云南
98	76-38	云南省农业科学院茶叶研究所	2000	无性系	乔木，大叶，中生，树姿开张，芽叶黄绿色，茸毛多，产量较高	红、绿茶	云南
99	佛香1号	云南省农业科学院茶叶研究所	2003	无性系	小乔木，大叶，早生，树姿半开张，芽叶绿色，茸毛特多，产量较高	绿茶	云南
100	佛香2号	云南省农业科学院茶叶研究所	2003	无性系	小乔木，大叶，早生，树姿半开张，芽叶绿色，茸毛特多，产量高	绿茶	云南
101	佛香3号	云南省农业科学院茶叶研究所	2003	无性系	小乔木，大叶，早生，树姿半开张，芽叶绿色，茸毛特多，产量高	绿茶	云南
102	台茶1号	台湾茶业改良场	1969	无性系	灌木，中叶，早生，树姿开张，芽叶绿色，茸毛多，产量一般	红、乌龙茶	台湾
103	台茶2号	台湾茶业改良场	1969	无性系	灌木，中叶，早生，树姿开张，芽叶绿色，茸毛中等、较细长，产量一般	红、绿、乌龙茶	台湾
104	台茶3号	台湾茶业改良场	1969	无性系	灌木，中叶，中生，树姿半开张，芽叶绿色，茸毛中等，产量一般	红茶	台湾
105	台茶4号	台湾茶业改良场	1969	无性系	灌木，中叶，中生，树姿半开张，芽叶绿色，茸毛密较长，产量一般	绿茶	台湾
106	台茶5号	台湾茶业改良场	1974	无性系	灌木，中叶，特早生，树姿半开张，芽叶绿色，茸毛密长，产量较低	绿、乌龙茶	台湾
107	台茶6号	台湾茶业改良场	1974	无性系	灌木，中叶，特早生，树姿半开张，芽叶绿色，茸毛短密，产量较低	红、绿、乌龙茶	台湾
108	台茶7号	台湾茶业改良场	1974	无性系	乔木，大叶，早生，树姿开张，芽叶绿色，茸毛多，产量高	红茶	台湾
109	台茶8号	台湾茶业改良场	1974	无性系	乔木，大叶，早生，树姿半开张，茸毛较少，生长势强，产量高	红茶	台湾
110	台茶9号	台湾茶业改良场	1975	无性系	小乔木，中叶，中生，树姿开张，芽叶绿色，茸毛中等，产量一般	绿、红茶	台湾

（续）

序号	品种名称	原产地或选育单位	审（认、鉴）定时间（年）	繁殖方式	主要特征特性	适制茶类	适宜推广茶区
111	台茶10号	台湾茶业改良场	1975	无性系	灌木，中叶，中生，树姿开张，芽叶绿色，茸毛中等，产量一般	红、绿茶	台湾
112	台茶11	台湾茶业改良场	1975	无性系	灌木，中叶，特早生，树姿直立，芽叶绿色，茸毛多，产量一般	红、绿茶	台湾
113	台茶12	台湾茶业改良场	1981	无性系	灌木，中叶，中生，树姿开张，芽叶绿色，茸毛短密，产量一般	乌龙茶	台湾
114	台茶13	台湾茶业改良场	1981	无性系	灌木，中叶，中生，树姿稍直立，芽叶深绿带紫色，茸毛中等，产量一般	乌龙茶	台湾
115	台茶14	台湾茶业改良场	1983	无性系	灌木，中叶，中生，树姿开张，芽叶淡绿色，茸毛多，产量较低	乌龙、红、绿茶	台湾
116	台茶15	台湾茶业改良场	1983	无性系	灌木，中叶，中生，树姿开张，芽叶淡绿色，茸毛密长，产量较低	乌龙、白茶	台湾
117	台茶16	台湾茶业改良场	1983	无性系	灌木，中叶，早生，树姿直立，芽叶鲜绿色，茸毛特多，产量一般	绿、包种茶	台湾
118	台茶17	台湾茶业改良场	1983	无性系	灌木，中叶，早生，树姿直立，芽叶浓绿色，茸毛特多，产量一般	乌龙、白茶	台湾
119	玉笋	湖南省农业科学院茶叶研究所	2009	无性系	灌木型，中叶，早生，树姿半开展，分枝较密，芽叶生育力和持嫩性强，浅绿色，茸毛较多，产量高	绿茶	湖南
120	湘波绿2号	湖南省农业科学院茶叶研究所	2011	无性系	灌木型，大叶，早生，树姿半开展，分枝密度中等，芽叶生育力较强，持嫩性强，黄绿色，茸毛中等，产量高	绿茶	湖南
121	保靖黄金茶1号	湖南省农业科学院茶叶研究所、湖南省保靖县农业局	2010	无性系	灌木型，中叶，特早生，树姿半开展。芽叶生育力强，黄绿色，茸毛中等，持嫩性强，发芽密度大，产量中等	绿、红茶	湖南
122	佛香4号	云南省农业科学院茶叶研究所	2002	无性系	小乔木，大叶，早生，树姿开张，芽叶绿色，茸毛特多，产量较高	绿、普洱茶	云南
123	佛香5号	云南省农业科学院茶叶研究所	2002	无性系	小乔木，大叶，早生，树姿半开张，芽叶绿色，茸毛特多，产量较高	绿茶	云南

（续）

序号	品种名称	原产地或选育单位	审（认、鉴）定时间（年）	繁殖方式	主要特征特性	适制茶类	适宜推广茶区
124	云抗48	云南省农业科学院茶叶研究所	2005	无性系	乔木，大叶，中生，树姿开张，芽叶黄绿色，茸毛多，产量较高	红、普洱茶	云南茶区（不宜在晚霜或倒春寒频繁高寒山区种植）
125	云抗50	云南省农业科学院茶叶研究所	2005	无性系	乔木，大叶，中生，树姿开张，芽叶黄绿色，茸毛多，产量高	红、绿、普洱茶	云南茶区（不宜在晚霜或倒春寒频繁高寒山区和干旱茶区种植）
126	云茶1号	云南省农业科学院茶叶研究所	2005	无性系	乔木，大叶，早生，树姿半开张，芽叶黄绿色，茸毛特多，产量高	红、绿、普洱茶	西南、华南
127	云抗12	云南省农业科学院茶叶研究所	2010	无性系	乔木，大叶，中生，树姿开张，芽叶黄绿色，茸毛多，产量高	红、绿、普洱茶	云南茶区（不宜在晚霜或倒春寒频繁高寒山区和茶轮斑病易发区种植）
128	云抗47	云南省农业科学院茶叶研究所	2010	无性系	乔木，大叶，中生，树姿开张，芽叶黄绿色，茸毛多，产量较高	红、绿茶	云南
129	云茶春韵	云南省农业科学院茶叶研究所	2010	无性系	小乔木，大叶，早生，树姿半开张，芽叶绿色，茸毛多，产量高	绿茶	云南
130	云茶春毫	云南省农业科学院茶叶研究所	2010	无性系	小乔木，大叶，早生，树姿开张，芽叶淡绿色，茸毛多，产量高	绿茶	云南
131	福云20	福建省农业科学院茶叶研究所	2005	无性系	小乔木，中叶，中生，树姿直立，芽叶淡绿色，茸毛多，产量高	红、绿、白茶	福建
132	黄玫瑰	福建省农业科学院茶叶研究所	2005	无性系	小乔木，中叶，早生，芽叶黄绿色，产量高	乌龙、红、绿茶	福建

（续）

序号	品种名称	原产地或选育单位	审（认、鉴）定时间（年）	繁殖方式	主要特征特性	适制茶类	适宜推广茶区
133	紫玫瑰	福建省农业科学院茶叶研究所	2005	无性系	灌木，中叶，中生，芽叶黄绿色，产量高	乌龙、绿茶	福建
134	紫牡丹	福建省农业科学院茶叶研究所	2005	无性系	灌木，中叶，中生，芽叶紫红色，产量高	乌龙、绿茶	福建
135	苏茶120	无锡市茶叶研究所	2010	无性系	小乔木，中叶，早生，树姿半开张，芽叶绿色，茸毛多，产量较高	绿茶	江苏、江南
136	鄂茶9号	湖北省宜昌市夷陵区特产技术推广中心	2006	无性系	小乔木，大叶，早生，树姿半开张，芽叶绿色，茸毛中等，产量高	红、绿茶	湖北

注：据《中国茶树品种志》（2001）及相关材料整理。

三、特异与优质茶树资源

特异与优质茶树资源是指具有一般茶树资源不具备的一些特异或优质性状的茶树资源。经各地对资源调研与筛选，现得到含氨基酸总量＞6％，茶多酚＞40％（或儿茶素类＞25％），咖啡碱＞5％或＜1％，红茶茶黄素＞2％等的茶树资源，有些茶树资源发芽期特早，抗旱、寒、病、虫等抗逆性状中某一项或多项抗性强。目前各地报道的特异或优质茶树资源归纳如下，以供参考。

1. 高茶多酚茶树资源

（1）云茶 3-1。茶多酚含量 38.73％。

（2）云茶 1-1。茶多酚含量 39.95％。

（3）云茶 5-1。茶多酚含量 39.3％。

（4）云茶 4-2。茶多酚含量 37.5％。

（5）凤庆清水 3 号。茶多酚含量 38.1％。

（6）公弄茶。茶多酚含量 43.15％。

（7）河头白毛茶。茶多酚含量 40.79％。

（8）马安大茶。茶多酚含量 42.85％。

（9）弄岛野茶。茶多酚含量 41.48％。

（10）英红 1 号。茶多酚含量 40.57％。

2. 高表没食子儿茶素没食子酸酯（EGCG）茶树资源

（1）佛香 1-16。EGCG 含量 8.87％。

（2）佛香 8-1。EGCG 含量 8.81％。

（3）佛香 8-13。EGCG 含量 8.4％。

（4）云茶 8-10。EGCG 含量 8.86％。

（5）云茶 6-7。EGCG 含量 9.39％。

3. 低咖啡碱茶树资源

（1）云茶 D_1。咖啡碱含量 0.2%。

（2）云茶 D_2。咖啡碱含量 0.4%。

（3）金厂大茶树。咖啡碱含量 0.29%。

（4）大坝大茶树。咖啡碱含量 0.07%。

（5）南昆山毛叶茶。咖啡碱含量 <0.03%。

（6）可可茶 1 号和可可茶 2 号。不含咖啡碱。

4. 高可可碱茶树资源

（1）可可茶 1 号。可可碱含量 4.65%~6.06%。

（2）可可茶 2 号。可可碱含量 5.31%~6.26%。

5. 高茶黄素茶树资源　英红 10 号。夏茶茶黄素含量 1.67%，秋茶茶黄素含量 2.10%。

6. 高氨基酸茶树资源

（1）云茶 4-4。氨基酸含量 4.6%。

（2）云茶 2-4。氨基酸含量 5.1%。

（3）云茶 4-18。氨基酸含量 4.3%。

（4）安吉白茶。春季氨基酸含量为 6.19%~6.92%。

（5）保靖黄金茶。早期春茶氨基酸含量高达 7%。

第二节　茶树品种的选用与搭配

茶树品种是决定茶园产量、鲜叶质量和成茶品质的重要因素。建园时，首先考虑选择国家级良种和省级良种。选择时要根据生产的茶类，结合各地生态条件以及各优良品种的适应性和适制性特点，确定主要栽培品种以及进行品种的合理搭配。科学利用不同良种的特点，扬长避短，充分发挥不同茶树良种在产量、品质、抗逆性以及提高劳动生产率等方面的综合效应。

一、茶树品种的选用

目前我国除了国家审（认、鉴）定的 124 个茶树品种和省级审（认、鉴）定的 136 个茶树品种外，还有许多地方品种和名枞。品种资源相当丰富，不同的品种有不同的特征特性，如树形、分枝密度、叶片大小、芽叶色泽和百芽重、制茶品质、产量高低、适制性、抗逆性与适应性、内含成分等，从而构成了茶树品种的多样性。在茶树品种选用上，注意考虑以下几点：

①充分了解建园地的生态条件，特别是土壤、光照、温度、水分、植被、天敌以及病虫草害的现状，选择与之相适应、抗性强的茶树品种。

②明确企业规划，确定适宜发展茶类的品种，选择适制性好、品质优异且互补的茶树品种进行搭配。

③在满足生态条件和适制茶类的前提下，茶树品种应尽可能多样化，充分利用不同茶树品种品质的多样性，以提高成茶品质。

④实现茶园机械化，特别是茶叶采摘机械化，降低劳动强度，提高劳动效率，已成为解

决目前茶园管理中劳动力不足矛盾的重要措施。所以，在品种选择中，应选用无性系品种作为茶园的主栽品种。

二、茶树品种的合理搭配

中国茶树品种十分丰富，为适应各地生长和适制各大茶类提供了丰富的种质资源。但是不同的茶树品种，其春茶发芽迟早、生长快慢、内含品质成分等差异很大。为了发挥品种间的协同作用，避免茶季"洪峰"，使劳动力合理安排，制茶机具得到充分利用，一个生产单位所采用的品种要科学搭配。

（一）萌芽期不同的品种搭配

不同茶树品种的萌芽期不同，进行不同萌芽期品种的合理搭配，可以延长生产季节，有效调节茶叶生产的"洪峰"，缓解相同品种同时萌发带来的茶季劳动力、机械设备不足的矛盾，使茶季在一个相对均衡的生产条件下进行，以保证茶叶质量。同时，不同萌芽期品种的搭配，在一定程度上能避免品种单一性造成的病虫害快速蔓延和其他自然灾害的扩散，减少病虫害和其他自然灾害带来的损失。

关于萌芽迟早品种搭配，一般生产单位都愿意多选用春季茶芽萌发早的品种。但是应根据不同地区、不同海拔高度的气候条件变化来搭配。浙江省临海涌泉区南屏山茶场的试验，茶园 8.3 hm²，早生种占 64.8%，中生种占 28.8%，晚生种占 6.4%。基本上每日进厂鲜叶均衡，无明显"洪峰"。根据该场的实践，临海县提出了茶树品种的搭配方案：在低山和阳坡，以早生种为主，早生种占 50%～60%，中生种占 30%～40%，而晚生种占 10% 左右；在高山及阴坡以中生种为主，中生种占 60%～65%，早生种为 25%～30%，晚生种占 10% 左右。福建省农业科学院茶叶研究所的试验，该所共有茶园 48.57 hm²，早生种面积占 37.5%，产量占 28.1%；中生种面积占 44.7%，产量占 57.9%；晚生种面积占 14.3%，产量占 11.8%，品种搭配后延长了采摘期，缓解了洪峰，洪峰产量占全年的 22%，均小于单一中生种的 26.7% 和晚生种的 36.5%，最高日产量占春茶产量的 5.3%，均小于单一中生种的 6.3% 和晚生种的 17.0%。同时在生产上注意茶叶色泽一致或相近的品种搭配及百芽重相近的品种搭配，便于茶叶加工和成茶外形、色泽及叶底的一致性。

（二）不同品质特性的品种搭配

茶叶品种的生化成分直接关系到成茶品质，一般在绿茶产区应选用氨基酸含量相对较高的品种合理搭配，红茶区宜选用茶多酚含量相对较高的品种合理搭配。在生产中，为利用品种间品质成分的协同作用，提高茶叶的品质，要发挥各个品种各自的特点，如香气较好、滋味甘美或汤色浓鲜的品种，茸毛的多少及叶形等进行组合，使鲜叶原料相互取长补短，提高产品的质量。如一般大叶品种制红茶，浓强度较高，而中小叶种制红茶，香气较好，在红茶产区从提高品质考虑，应注意两者合理搭配。这种品质特征的搭配，利于精制茶生产加工时的产品拼配。

第三节 茶树无性繁殖

无性繁殖是茶树良种繁殖的一种重要途径，其后代性状与母本基本一致，可以长期保持良种的优良种性，我国和世界主产茶国新育成的茶树良种基本采用这种方式进行种苗繁殖。

一、无性繁殖的种类及特点

茶树的无性繁殖与许多其他木本农作物相似，但具体作业上有其自身的特点，了解其繁殖种类和特点可利于生产中选择利用。

（一）无性繁殖的种类

无性繁殖亦称营养繁殖，是利用营养器官或体细胞等繁殖后代的繁殖方式，主要种类有扦插、分株、嫁接、压条和组织培养等方法。茶树分株目前在生产上主要用于茶园补植；嫁接主要用于低产茶园的改造；压条在无性系繁殖中历史最久，这种方法育苗成活率高，茶苗生长速度快，操作技术简易，不需特殊设备和苗圃，但是繁殖系数低，对母树产量影响较大；组织培养和细胞培养也属于无性繁殖方式，目前在茶叶生产中还未进入生产实用化阶段。茶树扦插繁殖在我国有 200 多年的历史，是目前我国茶树良种无性繁殖的主要方法，其中短穗扦插繁殖效率较高，管理方便，在茶树繁殖中占有重要地位。

（二）茶树无性繁殖的特点

无性繁殖不经过雌、雄细胞的融合过程，后代能完全保持母体的遗传特性。与有性繁殖相比，无性繁殖有如下特点：

① 无性繁殖后代能保持母体品种的特征特性。

② 无性繁殖后代性状一致，有利于茶园的管理和机械化作业，特别是有利于机械化采茶，其鲜叶原料均匀一致，有利于保证和提高茶叶加工品质。

③ 繁殖系数大，有利于迅速扩大良种面积，同时克服某些不结实良种在繁殖上的困难。

④ 技术要求高，成本较大，苗木包装运输不方便。

⑤ 母树的病虫害容易传给后代。

⑥ 苗木的抗逆能力比实生苗要弱。

二、采穗母树的培育

扦插繁殖因其效率高，在茶树繁殖中占有重要地位。采穗母树培养的质量对扦插繁殖苗木的数量和质量起着关键作用，建设好采穗母本园和培管好采穗母树十分重要。

推广无性系良种，首先要建设好采穗母本园，以提供优质插穗。在正常的培育管理条件下，6～10 年生的母本园，每公顷可产穗条 9 000～18 000 kg，可提供 2～3 hm² 苗圃扦插，可繁殖苗木 450 万～600 万株，可种植 70～100 hm² 茶园。各地在建母本园时，可根据苗圃地面积或生产单位用苗数按上述参数计算配套。

我国采穗母本园多为生产、养穗兼用园，春茶生产名优茶，之后留养新梢。因此，养穗母本园种植规格及幼龄期的管理，均与采叶茶园相同，可按丰产茶园的标准实施。母本园对品种纯度的要求更高，建母本园所用的苗木必须是原种无性系苗。为了保证良种的纯度和获取多而壮的枝条，对生产性的良种茶园进行留养新梢，必须采取必要的去杂措施，以保证品种纯度达到 100%，同时加强对母树和新梢的培育工作，具体要做好以下几方面工作。

1. 加强肥培管理　采穗母本园在按采叶丰产茶园肥培的基础上，应增加磷、钾肥的施用比例，使其产生具有强分生能力的枝梢。一般在养穗的上年秋季，每公顷用饼肥 3 000～3 750 kg 或厩肥 30 000～37 500 kg。硫酸钾 300～450 kg，过磷酸钙 450～600 kg，拌匀后以基肥形式一次施下。养穗当年于春茶前、剪穗后分别追施纯氮 120～150 kg。

2. 合理修剪 修剪具有刺激潜伏芽萌发和促进新梢旺盛生长的作用。由生产茶园留养插穗，冠面枝条往往较细弱，必须经过一定程度的修剪，保持抽穗基础的茎秆粗壮，由此抽生的插穗也健壮。养穗母树的修剪程度，应根据树龄、树势确定。一般青壮年母树，夏插的宜在早春（2～3月）对生产茶园按深修剪要求进行深剪；秋冬扦插的宜在春茶采摘后及时修剪。对于树龄大、树势衰弱的茶树则应进行重修剪，保证树冠面能抽生出健壮的枝条。

3. 及时防治病虫害 采穗母树，应及时防治病虫害。在新梢生育过程中，特别要注意控制假眼小绿叶蝉、螨类、茶尺蠖、茶叶象甲等的危害，保护母树新梢的生长，防止带病虫的枝条通过繁殖推广传播到异地。因此，要加强病虫害测报和检查，发现病虫害及时防治。病虫害的防治方法与一般采叶园相同。

4. 分期打顶 母树在加强修剪、肥水管理后，新梢顶端优势十分突出。在肥力好的条件下，新梢的生长量达 40 cm 以上。用作扦插穗条的新梢，需要一定的木质化程度。为促进新梢木质化，提高穗条的有效利用率，一般在剪穗前 10～15 d 进行打顶，即将新梢顶端的一芽一叶或对夹叶摘除，以促新梢增粗，上部柔软枝条老化，叶腋间的芽体膨大。由于新梢萌发的迟早、生长速度快慢的差异，因此，摘除顶芽时，分批进行。新梢茎部已开始红变的先摘顶，短小、细嫩的新梢留养一段时间再摘顶。先打顶的先剪穗，后打顶的后剪穗。分批打顶，分批剪穗，既有利于提高穗条的产量和质量，也便于劳动力的安排。

三、扦插苗圃的建立

扦插苗圃是扦插育苗的场所。其条件的好坏，不但直接影响扦穗的发根、成活、成苗或苗木质量，而且直接影响到苗圃地的管理工效、生产成本和经济效益。所以，必须尽量选择和创造一个良好的环境，以提高单位面积的出苗数量和质量。

（一）扦插苗圃地的选择

扦插苗圃地的选择一般应注意如下问题：

1. 土壤 要求扦插苗圃地的土壤呈酸性，pH 为 4.0～5.5，土壤结构良好，土层深度在 40 cm 以上，以壤土为好，肥力中等以上。苗圃地病虫害发生与土壤、前作物种类、附近已种农作物及林木有关。一般连续多年种植茄子、番茄、豇豆、烟草等农作物的熟地，常有根结线虫的危害，不宜选用作扦插苗圃。如果受条件限制，要选用这类土地时，要先进行土壤消毒，在翻地前施入可在茶苗圃地中使用的毒杀线虫制剂，结合耕地翻入土中。

2. 位置 苗圃地应选择交通方便，水源条件好，靠近母本园或待建新茶园，以减少苗木运输路程和时间，便于苗木移栽和提高移栽成活率。

3. 地势 要求地势平坦，地下水位低，雨季不积水，旱季易灌溉。如用水稻田改作苗圃，须深翻破垆。

（二）苗圃地的整理

苗圃地选择好后，进行苗圃地规划。一般每公顷苗圃所育的茶苗，可满足约 30hm² 单行条列式新茶园苗木的需要。在规划好的基础上，进行苗圃的整理，要做好以下工作。

1. 土壤翻耕　为了改良土壤的理化性质，提高土壤肥力，消灭杂草和病虫害，苗圃地要进行一次全面的翻耕，深度在 30～40 cm（水稻田作为苗圃地需要提前 1 个月开沟排水，再进行深耕）。翻耕一般结合施基肥进行，按每公顷 22 500～30 000 kg 腐熟的厩肥或 2 250～3 000 kg 腐熟的茶饼量，在翻耕前基肥均匀撒在土面上，再翻耕，翻耕后打碎土壤，地面耙平待做畦。

2. 苗畦的整理　扦插苗畦的规格以长 15～20 m、宽 100～130 cm 为宜，过长管理不便，过短则土地利用率不高；过宽苗床容易积水，不利于苗地管理，过窄则土地利用不经济。苗畦的高度随地势和土质而定，一般平地和缓坡地，畦高 10～15 cm，水田或土质黏重地，畦高 25～30 cm，畦沟底宽 30 cm 左右，面宽 40 cm，苗地四周开设排水沟，沟深 25～30 cm，沟宽 40 cm 左右。开沟做畦前要先进行一次 15～20 cm 深耕，剔除杂草，碎土，然后做畦平土，待铺心土。

3. 铺盖心土　作为短穗扦插育苗的苗床，铺上红壤或黄壤心土，育苗成活率高。苗床整理好后，在畦面铺上经 1 cm 孔径筛过筛的心土 3～5 cm 作为扦插土。心土要求 pH 4.0～5.5。铺心土要求均匀，铺后稍加压实使畦平整，利于扦插时插穗与土壤充分密接。在红、黄心土取用不便的地方，也可以用其他心土，要求土壤酸性，质地疏松，有良好的通透性。

随着劳力成本的快速增加，近年来，在茶树无心土短穗扦插育苗技术方面进行了较多的研究和推广。结合做畦，对土壤进行消毒，防除地下害虫，取得了好的效果，同时大大降低了生产成本。土壤处理后隔 1 周以上，再进行扦插，以免插穗受害。

4. 搭棚遮阳　为了避免阳光的强烈照射和降低畦面风速，减少水分的蒸发，提高插穗的成活率，扦插育苗必须搭棚遮阳。除少数茶园用铁芒萁等直接插在苗畦中遮阳外，大多数茶区采用荫棚遮阳。

各地采用的遮阳棚形式多样，按高度可分为高棚（100 cm 以上）、中棚（70～80 cm）和低棚（30～40 cm），按结构形式可分为平棚、斜棚、拱形棚等。目前在生产上应用较多的是平式低棚和拱形中棚。

（1）平式低棚。这种棚用材省，管理方便，适宜活动覆盖用。具体做法：在畦两侧每隔 1.0～1.5 m 距离插入一根木桩，木桩长 60～70 cm，入土深 30～40 cm，然后用小竹竿或竹片，把各个木桩顶部连成棚架，上盖竹帘或草帘，则为平式低棚（图 4-1）。

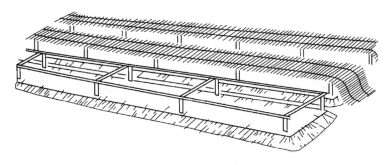

图 4-1　平式低棚

（2）拱形中棚（又称隧道式中棚）。随着塑料薄膜和遮阳网的应用，拱形中棚式遮阳棚在茶树育苗中得到了迅速地采用，这种棚土壤利用率高，省工省力。基本做法为：以 1 m 宽的苗畦标准，用长 2.3～2.5 m 长的竹竿，隔 1 m 插一根，竹竿两端插入畦的两侧，形成中高 60～70 cm 的弧形，在再将上、中、下部各支点用小竹竿或竹片连接，上部覆盖塑料薄膜和遮阳网，形成拱形中棚（图 4－2），目前，这种棚架在春插、秋插中采用最多，起到遮阳、保温、保湿的作用，节省劳动力。

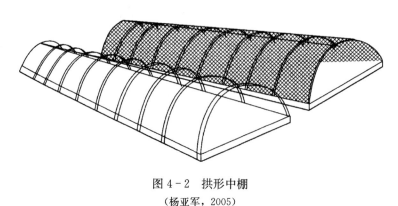

图 4－2　拱形中棚

（杨亚军，2005）

四、扦插技术

茶树扦插技术包括了扦插时间的掌握、插穗的选择和剪取、育苗地条件的调控及促使快速发根技术等。为了提高扦插育苗的质量与数量，首先有必要掌握茶树扦插发根的原理。

（一）茶树扦插发根的原理

茶树扦插是利用茶树的再生机能和极性现象，将离开母体的枝条进行扦插来培育苗木。当树体的某一部分受伤或被切除而使整体的协调受破坏时，能够表现出一种弥补和恢复协调的机能，即植物的再生机能。茶树短穗扦插入土后，先在短穗两端切口表面产生愈伤木栓质膜，它是由细胞间隙的筛管分泌的油脂物质凝结而成的。与此同时，下端切口木栓形成层或中柱鞘内侧的韧皮部薄壁细胞分裂形成根原基，进而发育成根原体，形成层细胞分裂长出愈伤组织，根原体继续分化并不断分裂，逐渐膨大生长，以其顶端从皮孔或插穗颈部树皮与愈伤组织之间伸出，成为幼根。

扦插发根在植物学上一般认为是由于植物固有的极性的表现。任何植物的插穗都有在上端形成枝叶和下端形成根的能力。这与体内的生长素和激动素的定向移动和积累有关，生长素在茎上端芽叶中形成，而激动素主要在根尖部位合成。当剪下枝条以后，生长素和激动素的正常位移受阻，生长素积于下端，使其形态学下端组织中生长素浓度增加，从而促进切口附近的分生组织的细胞分裂活动加强，有利于愈伤组织和新根的形成。生长素和激动素的比值，对细胞分化具有调节作用，比值大分化出根，比值小分化出芽。插穗从母体剪下后，生长素的极性运输积累于下端切口，插穗失去了激动素的主要来源——根尖，因此，插穗下端生长素与激动素的比值增大，导致发根。

插穗生根与枝条内在营养物质的供应有密切的关系。插穗内淀粉含量对发根有重要影响。一般认为碳氮比例大利于发根。当插穗离开母体后，呼吸作用正常进行或甚至加强使含氮物质向上移动，叶片光合作用制造的糖类向下运输，致使枝条基部的碳氮比率增大，有利于插穗生根。

（二）扦插时间的选择

一般而言，只要有穗源，茶树一年四季都可以扦插。但由于各地的气候、土壤和品种特性不同，扦插的效果存在一定的差异。对于时间的选择，应充分发挥各地气候、季节及品种的最大优势。

1. 春插 2～3月间利用上年秋梢进行的扦插称为春插。其主要优点：如管理得当，苗木可当年出圃，园地利用周转快，管理上也较方便和省工。不足之处：由于地温较低，扦插发根慢，要70～90 d才能发根，且往往是先发芽后发根，造成养分消耗过多，如得不到及时的补充，穗条本身的营养物质贮藏不够，因而春插的成活率低。春插前期的保温和加强苗木后期的肥培管理尤为重要。此外，春插的插穗来源不足。

2. 夏插 6月至8月上旬利用当年春梢和春夏梢进行的扦插称为夏插。其主要优点：扦插发根快，成活率高，苗木生长健壮。不足之处：由于夏季光照强、气温高，因而对光照和水分的管理要求高。且育苗时间需要1年半左右，相对成本较高，土地利用率低。

3. 秋插 8月中旬至10月利用当年的夏梢和夏秋梢进行的扦插称为秋插。其主要优点：秋季气温虽然逐渐下降，但地温稳定在15 ℃以上，且秋季叶片光合能力较强，因而秋插的发根速度仍较快，秋插的成活率与夏插接近。秋插管理上比夏插方便、省工，苗圃培育时间较夏插短，成本较低，更重要的是采用秋插，春茶期间可利用母本园采摘高档名优茶，增加收入。不足之处：晚秋插，苗木较夏插略小，所以加强苗木后期培肥管理是提高秋插苗木质量的关键。秋插选择在这一时间段的前期进行更为合适，在冬季来临时，已有根系发生，第二年春能快速生长。

4. 冬插 12月前后利用当年秋梢或夏秋梢进行的扦插称为冬插。一般在气温较高的南方茶区采用。在气温较低的茶区采用冬插，须采用塑料薄膜和遮阳网双重覆盖，效果较好，但成本增加。

总之，从扦插苗木质量来看，以夏插为优，从综合经济效益来看，选择早秋扦插最为理想，既可保证茶苗质量，又能降低成本、增加茶园收入。

（三）剪穗与扦插

为了提高扦插成活率和苗木质量，必须严格把握剪穗质量和扦插技术。

1. 穗条的标准与剪取方法 母树打顶后10～15 d即可剪穗条。用作穗条的枝基本要求是枝梢长度在25 cm以上，茎粗3～5 mm，2/3的新梢木质化，呈红色或黄绿色。穗条剪取时间以上午10时前或下午3时后为宜。为保持穗条的新鲜状态，剪下的穗条应放在阴凉湿润处。尽量做到当天剪的穗条当天插完。如需外运，穗条要充分喷水，堆叠时不要使枝条挤压过紧，以减小对插穗枝条的伤害。贮运不能超过3 d，期间得注意堆放枝条的内部是否发热，避免因堆压过紧发热，灼伤枝条。在剪取穗条时，注意在母树上留1片叶，以利于恢复树势。

2. 插穗的标准与剪取方法 穗条剪取后应及时剪穗和扦插。插穗的标准：长度约3 cm，带有1片成熟叶和1个饱满的腋芽。通常1个节间剪取一个插穗。但节间过短的，可用2个节间剪成一个插穗，并剪去下端的叶片和腋芽。要求剪口平滑，稍有一定倾斜度（图4-3）。

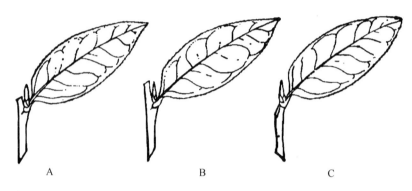

图 4-3 插穗的剪法
A. 符合标准的短穗　B. 上端小桩过长　C. 上端小桩过短
(浙江农业大学茶学系，1975)

3. 插穗的处理　插穗剪取后，一般不经过任何处理便可以进行扦插。为了促进插穗早发根，特别是提高一些难以发根的品种的发根率、成活率和出苗率，生产上采用植物生长类药剂处理，促进根原基的形成，提高生根能力，具体方法见本节（五）促进插穗发根技术部分。

4. 扦插密度　生产上常用的扦插规格为行距 7～10 cm，株距依茶树品种叶片宽度而定，以叶片稍有遮叠为宜，中小叶种的穗间距 1～2 cm，每公顷可插 225 万～300 万株。春插、秋插的生长周期较短可适当密些，夏插生长周期长，生长量大，为防止部分小苗生长受压制，扦插密度应稀些。

5. 扦插方法　扦插前将苗畦充分洒水，经 2～3 h 水分下渗后，土壤呈"湿而不黏"的松软状态时，进行扦插为宜。这样既可防止土壤过干造成扦插过程中损伤插穗，又解决了土壤过潮湿、扦插时容易黏手、影响扦插的质量和工效低等问题。

扦插时，沿畦面划行，留下准备扦插的行距印痕，按株距要求把插穗直插或稍倾斜插入土中，深度以插入插穗的 2/3 长度至叶柄与畦面平齐为宜。边插边将插穗附近的土稍压实，使插穗与土壤密接，以利于发根。插完一定面积后立即浇水，随时盖上遮阳物。如果在高温烈日下，要边扦插、边浇水、边遮阳，以防热害。

（四）影响插穗发根的主要因素

了解影响插穗发根的主要因素，有助于按要求选择穗条，规范扦插技术要求和营造良好的生态环境，提高插穗的成活率和出苗率。影响扦插发根的因素主要包括插穗本身条件和外界环境条件。

1. 插穗本身的因素　影响扦插成活的本身因素有许多，主要有品种差异、插穗老嫩程度、插穗的粗细与长短、插穗留叶量和插穗上的腋芽生育状态等。

（1）茶树品种的差异。插穗发根力是品种遗传性的一种表现。品种不同，发根力不同。据各地经验，乌龙、梅占、毛蟹、福鼎大白茶、佛手、槠叶齐等发根快、成活率高；奇兰、上梅州次之；而铁观音、云南大叶种、宁州种等发根力弱。研究认为，母叶内的淀粉含量、非蛋白氮含量高而蛋白氮含量低的品种，具有较强的发根能力。对过氧化物酶活性与发根性进行研究，发现二者呈显著正相关（$r=0.092\,80*$）。

（2）插穗的老嫩程度。用不同老嫩程度的茶树枝条进行扦插，结果差别很大（表4-3）。资料表明，半木质化的绿色硬化枝、黄绿色半硬化枝的插穗发根率较高。一般而言，1年生枝条的各个部位均可作为插穗，只要加强管理，都能获得良好的扦插效果。

表4-3 插穗成熟度与发根率的关系

（董丽娟，1991）

单位：%

品种（系）	棕褐麻秆	棕红	绿色硬化枝	黄绿色半硬化枝
79-30-7	72.7	67.3	79.3	82.0
79-30-2	90.7	89.3	94.7	94.0
79-22-34	82.0	76.0	83.3	90.7
槠叶齐	45.3	32.0	54.7	77.3

（3）枝条的粗细与长短。在枝条老嫩程度一致的条件下，插穗的粗细与长短对于发根亦有影响。插穗粗的比细的含营养物质多，能提供较丰富的插穗初期生长所需营养，发根良好。适当短的（3 cm）插穗，下端入土较浅，通气条件好，管理得当有利于发根与成活。

（4）扦插留叶量。插穗留叶量的多少会影响发根。福建农学院叶延庠（1981）对插穗不同留叶量的试验报道，1叶插比2叶插愈合快，而发根则无明显差异。多叶插有相同的趋势，但分枝多，叶片多，苗矮而壮，根系的生长及根干重，多叶插优于1叶插。多叶插穗蒸发量大，增加苗圃的管理工作难度，也降低了繁殖系数，穗的利用率低。所以1叶短穗扦插是大规模育苗最方便和最有效的方法，在穗源充足的条件下，可以采用2叶的插穗。

（5）腋芽动态。插穗上有正常的腋芽才能形成正常的健壮的茶苗，插穗上腋芽生育情况与发根有密切关系。研究表明，腋芽已膨大的插穗发根早，成活率高，茶苗生长好（表4-4）。所以在取穗前10～15 d对母树枝梢进行打顶，一是促进新梢木质化，二是促进腋芽萌发，以利扦插发根。

表4-4 腋芽动态与发根的关系

（福建茶叶研究所，1975）

腋芽动态	开始愈合期（插后天数）/d	插后30 d愈合率/%	插后41 d发根率/%
已膨大	13	100	90
未膨大	17	70	40

2. 影响插穗发根的外界环境因素 扦插发根的效果，除受插穗本身因子影响外，也在一定程度上受外界环境因子的影响。这些因子包括温度、湿度、光照和土壤性状等。

（1）温度。插穗发根需要一定的温度，因为温度的高低对插穗的呼吸作用、光合作用、蒸腾作用、酶的活性和分生组织细胞分裂能力等有密切的影响。根据日本渡边明的报道，扦插发根最适宜的气温是20～30 ℃，尤其是处在25 ℃左右时最为理想，这时地上部和地下部生育均较整齐。温度偏低，地上部和地下部均生育不良；温度偏高，地上部生长良好，根系发育不良。一般春插，气温高于地温；常是芽先萌发，尔后生根，所以提高地温，对于春插有较好发根效果。秋季扦插，气温低于地温，先发根后长芽叶。

（2）湿度。为了维持插穗体内的水分平衡和正常代谢，补充水分成为影响插穗发根和成活的关键。插穗水分的补充途径：

① 循茎的输导组织从苗床中吸水。土壤湿度不够，就会减少茎对水的吸收，但土壤含水量过多，造成空气缺乏，又会影响茎的呼吸作用，不利于发根和生育，且易发生病害。一般土壤以持水量 70%～80% 为宜。

② 通过叶片角质膨胀吸收水分。扦插初期，没有根系，吸水主要通过叶片从大气中吸收，或是茎段从与土壤接触处吸收，因此，空气湿度高对扦插成活有利。空气湿度大，叶片吸水容易，减少叶面蒸腾失水，降低地表蒸发，保持土壤湿度，使未发根的插穗，能保持其生育所需的水分要求。

（3）光照。插穗的芽叶在光的作用下形成生长素和营养物质。如果在完全缺光的遮阳条件下，光合作用不能进行，插穗不能生根，而且不久会死亡。但光照过强，又因叶片水分大量蒸发插穗枯萎。尤其在扦插初期，光照不宜过强，故应在扦插苗圃进行适当遮阳，遮光率以 60%～70% 为宜。在光质方面，认为蓝光对发根有利。傅健羽用不同色膜对插穗发根进行的系统研究表明，靛膜下发根率最高（表 4-5）。

表 4-5　不同色膜下茶树插穗发根率比较
（傅健羽，1990）

单位：%

处理	红膜	橙膜	黄膜	绿膜	靛膜	蓝膜	白膜
扦插后 1 个月	0	0	0	0	50.48	46.67	10.48
扦插后 2 个月	5.00	8.34	10.00	0	90.00	75.00	11.91
扦插后 3 个月	10.00	14.17	15.00	0	100.00	90.00	18.34

注：试验材料为湖南农业大学自选品系 28 号，1988 年 9 月扦插。

（4）土壤。影响扦插发根效果的土壤因素包括土壤水分、土壤空气、地温、酸碱度、营养元素及微生物等。扦插育苗所需的土壤条件与一般茶园的要求相同。为了减少扦插苗病害和土壤杂草生长，提高土壤中氧气的含量，防止插穗茎部发生霉烂，促进插穗发根，提高扦插成活率，一般在苗床上加一层专供插穗发根用的扦插土。扦插土要求为 pH 4.0～5.5、腐殖质含量少的红黄壤心土为好。

（五）促进插穗发根技术

大多数茶树品种扦插容易发根，但也有一些品种发根较难，成活率低，即使发根较易的品种，也需要 50～60 d 才能有新根发生。发根前，每天需浇 2 次水，管理费工。促进发根技术的研究为解决上述问题提供了帮助。主要有激素处理和母树黄化处理形式，但生产上主要采用激素处理，方便有效。

1. 激素处理　激素促进发根技术分处理母树和处理插穗两种。处理母树待留养新梢成熟时，于剪枝前 7 d 左右，喷生长素类溶液。喷时要求充分湿润枝叶。如 80 mg/L α-萘乙酸、50 mg/L 2，4-D 或 30 mg/L 增产灵，每平方米树冠喷水溶液 500 mL。这种处理方法可明显提高扦插后发根的时间，一些秋季扦插单位采用此法，比进行扦插时浸沾插穗等方法操作简便，且更有效。秋插时，能促使茶苗在越冬前有一定量的不定根早发，对越冬抗冻力的提高有利。图 4-4 为剪穗前 1 周进行 2，4-D 喷施，插后 2 个月的比较，可以清楚地看到，经处理的插穗插后 2 个月已有 2～3 cm 的根系发生，未处理的只有少量根尖伸出。

图 4-4　插穗母树喷施 2，4-D 对扦插发根的影响
A. 剪穗前 1 周喷施 2，4-D　B. 未经药剂处理
(骆耀平，2007)

用浸沾的方法处理插穗，可在扦插前数小时进行，一般将插穗茎部 1～2 cm 浸在激素溶液中，使用浓度与时间有关。现将常用激素种类和使用浓度、处理时间归纳于表 4-6，以供参考。

表 4-6　扦插处理常用的激素及使用浓度

单位：mg/kg、mg/L

激素名称	母树处理浓度（×10^{-6}）	插穗处理浓度（×10^{-6}）	插穗处理时间/h
α-萘乙酸	80	100～300	3～24
吲哚乙酸	40	50	0.5
2，4-D	50	40～60	12
增产灵	30	30	速浸（5s）
矮壮素	80	80	3
ABT 生根粉		100	2～4
ABT 生根粉		300～500	速浸（5s）
5，6-二氯吲哚乙酸		25	2
赤霉素		500	速浸（5s）
三十烷醇		8～12	8～12

注：依《中国茶树栽培学》（2005）及相关材料整理。

2. 母树黄化处理　根据国内外试验，认为对母树进行黄化处理，插穗可以提早发根，促进根群发育，提高成活率。一般认为黄化处理能促进发根，与枝条内吲哚乙酸含量增加和碳氮比例改变有关。黄化处理的具体方法是在母树新梢长至一芽三叶时，在母树茶行上搭隧道式拱架，架高比茶丛高 30 cm，其上用黑色塑料薄膜覆盖，或用稻草覆盖，除茶丛下部 20 cm空着利于通气，其余全部遮盖（图 4-5），经 2～3 周遮光后，撤掉覆盖物，让其在正常情况下生长 15 d 左右，即可剪取穗条进行扦插。黄化处理成本较高，一般对于一些扦插发根困难的品种才应用此技术。

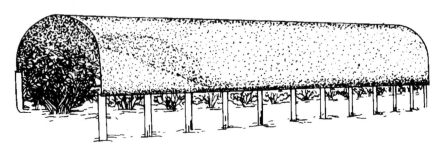

图 4-5 母树黄化处理

(浙江农业大学，1979)

五、扦插育苗管理措施

从扦插至苗木出圃的整个生产过程，是由一系列配合密切的环节组成，必须把握好每一个环节，否则某一个环节措施失当，就可能造成严重损失或扦插失败。如扦插前后，扦插苗常因遭受日晒、病害和湿害而死亡；越冬时期易遭受霜、寒及冬旱为害。翌年春、夏季因受热和干旱而受损，施肥不当也会产生肥害等。因此，扦插后必须加强管理，这是提高成苗率、出苗率和培养壮苗的关键。

(一) 水分管理

水分管理在扦插育苗中要特别予以重视。目前我国普遍采用短穗扦插，由于插穗短小、入土浅，插穗刚插入土时，上端伤口及母叶蒸发量大，下端又未发根，吸水能力弱，故在发根前，要特别注意保持土壤和空气湿润。一般以保持土壤持水量 70%～80% 为宜，发根前高些，保持在 80%～90%，尔后降低。在扦插发根前，晴天早晚各浇水 1 次，阴天每天 1 次，雨天不浇，注意及时排水。发根后（插后 40 d 左右）采用每天浇 1 次，天气过干旱时，也可每月沟灌 2～3 次，灌至畦高的 3/4，经 3～4h 后及时排干。2 个月后，视天气和苗畦土壤状况灵活掌握，以保持土壤湿润、土色不泛白为度。

为了省工，也可采用塑料薄膜封闭育苗，不必每天浇水。如前所述的隧道式中棚，插好后浇足水，盖上薄膜，四周封闭。上盖遮阳网，经 40～50 d 插穗发根即可揭膜炼苗，入冬前再重新盖上薄膜越冬。此期间注意防病除草，并在塑料膜内放置温度计，检查膜内温度变化，若膜内温度高至 30 ℃以上，要注意采取降温措施，以免温度进一步升高灼伤插穗。因苗圃环境阴湿易染病，最好在扦插后喷一次波尔多液（每 100L 水加 0.3～0.35 kg 生石灰和 0.6～0.7 kg 硫酸铜），以后发现病害及时喷药。

(二) 光照管理

阳光是插穗发根和幼苗生长的必需条件。但光照过强，叶片失水，会造成插穗枯萎甚至死亡。光照不足，叶片光合作用较弱，影响发根和茶苗生长。所以，在遮阳时必须控制好遮阳度，一般遮阳度以 60%～70% 为好。在实际生产中，应结合品种特性和不同生育阶段灵活掌握。大叶种叶片大，耐光和耐热性都较中小叶种差，遮阳度要高些，而中小叶种相对低一些。扦插初期遮阳度要高些，随着根系的形成和生长，遮阳度要逐渐降低。根据各地经验，夏秋扦插的苗木，遮阳至翌年 4 月，秋冬扦插的苗木，翌年的 6 月前全部揭除遮阳物为好。

（三）肥培管理

应根据扦插期、苗圃土壤肥力、品种以及幼苗生长状况，做好肥培管理工作。如生长势较强的品种和土壤肥沃的苗圃，应少施追肥；反之，则应多施肥。就不同扦插期而言，春插、晚秋及冬插的苗木，为了保证翌年出圃，必须增施肥料，以弥补生长时间的不足，一般在发根后开始追肥；秋插的幼苗在翌年 4 月开始追肥，可结合洒水防旱进行，以后每隔 20 d 左右施一次。夏插和早秋插的苗木从插到出圃，生长周期达 15 个月以上，过多施肥，一方面在冬季易发生寒害，而且造成次年夏徒长，大苗往往压抑小苗生长，从而降低出苗率。故扦插当年不施肥，待第二年春芽萌发后，再开始追肥。总之，根据苗木生育状况，看苗施肥。

扦插苗幼嫩柔弱，不耐浓肥。在施追肥时，注意先淡后浓、少量多次。初期的追肥最好施用加 10 倍水左右的稀薄人粪尿或腐熟的厩肥，如用化肥，可用 0.2％尿素、0.5％硫酸铵的水溶液浇灌。茶苗长至 10 cm 左右，浓度可提高 1 倍。每次追肥后，要喷浇清水洗苗，以防肥液灼伤茶苗。

（四）中耕除草与病虫害防治

扦插苗床，因水、温适宜，杂草容易发生，苗圃杂草要及时用手拔除，做到"拔早、拔小、拔了"，这样才不至于因杂草根太长而在拔草时损伤茶苗幼根。扦插苗圃环境阴湿容易发生病害，随着茶苗长大，虫害渐增，根据各地病虫害发生情况及时防治。

（五）防寒保苗

当年冬天前未出圃的茶苗，在较冷茶区及高山苗圃要注意防冻保苗。冬前摘心，抑制新梢继续生长，促进成熟，增强茶苗本身的抗寒能力。其他防寒措施，可因地制宜，以盖草、覆盖塑料薄膜、留遮阳棚、在寒风来临方向设置风障等遮挡方法保温，或以霜前灌水、熏烟、行间铺草等以增加地温与气温。目前生产上采用的塑料薄膜加遮阳网双层覆盖，可以控制微域生态条件，有效地提高苗床的气温和土温，既可以促进发根，又可防寒保苗，是秋、冬扦插中值得推广的一项有力措施。

苗圃管理除了做好以上工作外，还需及时摘除花蕾，插穗上的花蕾会大量消耗体内的养分，也会抑制腋芽的萌发生长。所以如有花蕾，应立即摘除，抑制生殖生长，以集中养分促进茶苗的营养生长。

茶树营养钵扦插繁殖，在一些茶区被采用，早在 20 世纪 60 年代，广东、广西、江西等茶区开始应用，以黏泥浆和稻草制成"草泥钵"育苗，现多改用塑料薄膜制成，高为 20 cm、长×宽为 12 cm×8 cm 或 9 cm×6 cm 的长形钵体或高为 20 cm、直径为 10 cm 的长筒形钵体。钵内下部装入肥沃表土，上部装红黄壤心土约 4 cm。操作时，先将薄膜袋吹开，套在漏斗的粗颈上，用小铲把营养土填入，并用木棒适当捣实，填土到钵器的 3/4 高度为止，然后同法加入扦插土，厚 4～5 cm。装泥宜在苗床（槽）上进行，装泥后，依次将钵排列整齐，各钵间要靠得不松不紧，以免日久倒塌或胀破，装泥营养钵必须放置一段时间，并适当浇水，当土壤自然沉实后才能扦插。当钵中土壤下陷时，还需添土补满，中小叶品种每钵扦插 3 根插穗，成一字形排列，叶片方向要求一致；大叶品种每钵扦插 1～2 根，管理同一般扦插育苗。陈炳环试验报告，夏秋季扦插可以用现剪插穗，直接插入钵内，而春季营养钵育苗，以使用上年秋冬扦插在苗圃已有愈伤组织的插穗，移来扦插为适宜，不仅成活率高，而且苗木生长良好。营养钵扦插与常规扦插比较，根长增加 42.85％，根重增加 83.17％，而且苗高和茎粗亦都有不同程度的提高。特别是营养钵苗体大，加之带土移栽，根系无损伤，定植后恢复生长很快。但工序较繁，且生产成本高。

六、苗木出圃与装运

茶苗能否出圃，生产上有基本相同的标准。即茶苗应达一定高度和粗度，不然，影响移栽后的成活率和成苗质量。在茶苗装运过程中，合理的装运方式对茶苗的活力有极大的影响，因此，必须重视做好茶苗出圃、装运这一环节的各项工作。

种苗标准为苗木和种子的质量规格，是国家检测机构对茶树种子和苗木质量检验及分级的标准，目的是控制不合格种苗的使用和种植，保证新建茶园的质量。茶树种苗国家标准《茶树种子和苗木》（GB 11767—1989）是由国家技术监督局 1989 年 11 月 23 日发布，1990年 7 月 1 日开始实施，后被 GB 11767—2003 代替。适用栽培茶树的大叶、中小叶有性系品种种子和苗木，大叶、中小叶无性系品种苗木的分级与检验。

（一）苗木检验检疫

适合出圃的一足龄无性苗木高度和主茎粗度分别应达以下标准为合格：
① 苗高。大叶种不小于 25 cm，中小叶种不小于 20 cm。
② 茎粗。大叶种不小于 2.5 mm，中小叶种不小于 1.8 mm。

对于合格茶树苗木标准还规定，无论是上述有性苗木，还是无性苗木，均不得携带茶根结线虫、茶饼病、茶根蚧、根癌病等危险性病虫害。凡低于上述标准的，均是不合格的种子或苗木，不得出圃或用于播种、育苗。

（二）种苗检疫

种苗检疫是指对苗木和种子病虫害的检查，以立法手段防止植物种子和苗木在流通过程中传播有害生物的措施。目的在于防止植物病原体、病虫、杂草等有害生物传入或传出一个国家或地区，保障一个国家或地区农林生产的安全。一般由国家制定法律，设置专门机构，依章对进出口（或过境）以及在国内运输的植物及产品进行检疫，发现带有有害生物时，即采取禁止或限制出入境等措施。我国的对外检疫由国家质量监督检验检疫总局负责，国内检疫由农业部管理。

种苗检疫是防止危险性病虫害随种苗扩散的强制性措施，未经检疫或检疫不合格的种苗不得外调。

（三）种苗包装与运输

目前我国茶区，茶籽育苗 1 年左右达到出圃标准。不同时期扦插的茶苗，在 1.0～1.5

年内达到出圃标准。在云南和广西的部分茶区，因冬春季干旱，一般习惯于当年 7 月趁雨季起苗移栽，有的苗木虽未符合出圃标准，但当地气候条件和茶树品种都能适应这种小苗移栽，所以效果也较好。从茶苗移栽后的成活率和生长势衡量，仍以当年生的大苗移栽好。

茶苗达到出圃标准后，一般于当年秋季或翌年春、秋季出圃。起苗时，苗圃土壤必须湿润疏松，起苗时多带泥土，少伤细根。如苗圃土壤干燥，可在起苗前一天进行灌溉。最好在阴天或早晨与傍晚起苗。茶苗起后，按生长好坏分级，一般分为两级，分开移栽，使同块茶园茶苗生长一致。生长不良和有病虫害的茶苗应及时剔去。茶苗出圃时间依移栽时间而定，尽量做到缩短出苗至移栽的时间。

外运茶苗，途中需 2d 以上的必需包装。将茶苗每 100 株捆成一束，用泥浆蘸根，然后用稻草扎根部，上部约一半露出外面，再把 5～10 束绑成一大捆。起运前用水喷湿根，保持湿润。如长远运输，最好外面再用竹篓或篾篓等装载。

远途运输过程中，茶苗不要互相压得太紧，注意通气，避免闷热脱叶，防止日晒风吹。茶苗运到目的地后，应立即组织劳动力及时移栽，或将茶苗放置在阴凉处。如果因故不能及时移栽应假植。

假植选择避风背阳的地段，掘沟深 25～30 cm，一侧的沟壁倾斜度要大，将茶苗斜放在沟中，然后用土填沟并踏实。覆土的深度以占全株的一半或盖至茶苗根颈部上面 4～5 cm 处为度。茶苗排放的密度，根据苗木的数量、苗体大小和假植的时间而定，一般 5～6 株茶苗为一小束即可。在茶苗定植后，常在茶行中间假植一部分茶苗，以备日后补缺。

第四节　茶树有性繁殖

有性繁殖亦称种子繁殖，是指通过有性过程产生的雌雄配子结合，以种子的形式繁殖后代的繁殖方式。我国有很多优良的有性群体品种。一般条件下，有性繁殖的后代容易出现性状分离和混杂，给生产带来某些不利，因而有性繁殖品种推广受到一定的限制。对于冬季气温低的北部茶区或一些较寒冷的高山茶区，仍不失为重要的繁殖手段。双无性等品种（即两个无性系品种按照比例杂交所产生杂种的一代群体）概念的提出及应用为茶树有性繁殖提供了新的方向。

一、有性繁殖的特点

有性繁殖与无性繁殖相比较，具有如下特点：

① 幼苗主根发达，抗逆能力强。

② 采种、育苗和种植方法简单，茶籽运输方便，便于长距离引种，成本低，有利于良种的推广。

③ 有性繁殖的后代具有复杂的遗传性，有利于引种驯化，同时可为茶树育种提供丰富的育种材料。

④ 后代个体出现性状分离和差异，芽叶色泽、萌芽期都有不同，对机械化采茶作业有一定影响，原料的差异也会导致加工作业和品质保证的困难。

⑤ 对于结实率低的品种，难以用种子繁殖加以推广。

二、采种园的建立与培育

为了保证有性繁殖茶树品种的推广质量，有条件的地方可建立茶树良种繁育基地，并做好采种、贮运和茶苗的培育等工作。

（一）采种园的建立

我国目前设立专用留种茶园甚少，一般都在采叶园中采种，常常是有种就采，茶籽杂乱，后代经济性状差异大，不符合繁殖良种的要求。因此，有条件地区可设立专用留种园。但在当前条件下，为了满足生产的需要，只能利用现有采叶茶园，通过去杂、去劣、提纯、复壮等改造措施，建立采叶采种兼用留种园。

兼用留种园的选择，要做到：

① 选择优良品种。

② 选择茶树生长势旺盛，茶丛分布较均匀，没有严重的病虫害。

③ 选择坡度小，土层深厚肥沃，向阳或能挡寒风、旱风吹袭的茶园。

兼用留种园选定后，为了提高品种后代遗传纯度，对园中混杂的异种、劣种茶树，采用修剪、重采等办法，抑制其花芽的发育，推迟花期，避开对良种授粉的机会。如果混杂的异种、劣种茶树不多，对茶叶产量影响不大，最好连根挖掘，补植同品种优良茶树。

专用采种茶园的建立在《茶树育种学》中有详细论述，主要考虑因素包括品种的确定、茶园地点的选择、茶园种植密度等。本节主要介绍兼用留种茶园的管理。

（二）采种园的管理

兼用采种茶园的管理主要围绕获取高产、优质茶籽为目的。据各地的经验，采种茶园应采取以下主要管理措施：

1. 采养结合 兼用采种茶园，采叶与留种是主要的矛盾。解决了这个矛盾，就可能使茶叶、茶籽都能获得较好产量。

茶树没有单独的结果枝，花芽和叶芽都长在同一枝条上，而且花芽大都生在叶芽的鳞片内，当花芽伸出鳞片，叶芽仍然存在，不过花芽形成期间，叶芽是潜伏的，有时花芽发育势力强，引起叶芽萎缩脱落。但是在营养充足的条件下，生长势很强的茶树，其顶端叶芽亦能在花芽休眠期间迅速发育成新梢，在这种情况下，就使一个新梢的基部有花蕾。安徽省茶叶研究所试验（表4-7），通过不同的采叶和管理措施，茶籽产量高，同时又有一定量的鲜叶原料采收，说明加强肥培管理和采养结合，可使茶籽、茶叶均能获得较高产量。

茶树的花芽在6～7月开始出现在当年生的新梢枝条上，因此，春茶留叶采，夏茶不采，才能增加茶树花芽分化的场所。同时由于春茶留叶采，夏茶不采，可以加强茶树光合作用能力，增加养分的制造和积累，这对于保花、保果和提高茶籽质量有很大意义。秋梢的腋芽虽也能孕育花果，但有寒流侵袭，多不能开花结实，所以可以采摘秋茶。凡树势旺盛和分枝稠密的，可适当多采春茶和秋茶；树势不旺和树冠低矮及分枝稀疏的，要以养树为主，少采多留，甚至全年不采。留养好春末梢和夏梢，采摘时保护好花果，是保证茶叶、茶籽都能获得较高产量的关键。

表 4－7　采摘方式对茶叶、茶籽产量的影响

（安徽省茶叶研究所）

采摘方式	茶籽产量 / （kg/hm²）	鲜叶产量（kg/hm²）		开花率占花蕾 总数/%	结实率占花蕾 总数/%
		第一年	第二年		
留夏茶采	885.0	4 500	5 850	80.38	2.33
留秋茶采	37.5	4 800	8 775	20.28	0.31
留夏秋茶采	960.0	2 640	4 665	56.38	3.54
不采	2 170.5	0	0	86.99	8.84
全采	1.05	7 515	4 020	12.50	0

注：留夏茶采（采叶期 4～5 月和 7 月下旬至 9 月）；留秋茶采（采叶期为 4～7 月）；留夏秋茶采（采叶期为 4～5 月）；采摘标准为分批留鱼叶采。

2. 加强肥培管理　合理施肥是为采叶和采种提供所需的营养物质。根据茶树开花结果的习性，春梢是茶树花芽分化的场所，故促进春梢健全地生长发育，对提高茶叶与花果数量与质量都具有极重要的意义。

每年 3～10 月是芽叶生长期，也是茶果发育期，尤其是 6～10 月，当年花芽大量形成和发育，上年受精幼果在这时旺盛生育，迅速膨大，形成种子，因此，茶树需大量的养分供应，如果不适时追施肥料，必将造成养分脱节，以致引起大量落花、落果。

采种茶园须适量施氮肥，以增强茶树生长势。磷、钾是形成花芽和茶果不可缺少的元素，适当增施磷、钾肥，可以促使开花多、结果盛，防止落花、落果，并使种子饱满。我国中部和南方红壤及黄壤茶园，氮素含量少，有效磷普遍缺乏，更要注重氮肥和磷肥的施用。湖南省茶叶研究所试验，在施用氮肥的基础上，增施磷、钾肥料，可增产茶籽 40%。但采种茶园应增施多少磷肥和钾肥，因各地茶园土壤中的三要素的比例不同、茶树生长情况不同而异。一般认为氮、磷、钾比例为 1∶1∶1 较为适宜，茶树生长势差的茶园用氮肥比例可高些，其比例为 3∶2∶2。

施肥量应根据采种园的土壤肥力、茶丛数目和茶树生长情况而定，一般兼用留种园，氮肥用量按采叶茶园标准，按三要素的配比决定磷肥和钾肥的用量。基肥于 9～10 月间将有机肥和一半磷、钾肥拌匀后施入；追肥氮按采叶园标准分次施入，另一半磷、钾肥在春茶后（5 月下旬）或二茶（6 月下旬）后施入。

3. 适当修剪　幼龄期的采种茶树和采叶茶树一样要进行定型修剪，以促进骨干枝的形成。到了采种以后，留养枝条逐渐增多，如母株枝条过密，在春、夏季雨水多，降水量也大的季节，常常引起落果。为了防止幼果脱落，便利昆虫活动，增加授粉机会，在茶树休眠的冬季应剪去枯枝、病虫害枝及一部分由根颈处抽出的细弱枝、徒长枝，并剪短沿树冠面较突出的枝条。据调查有 85% 左右的茶果着生在短枝上，修剪时应注意这一特点。

4. 抗旱和防冻　茶树从花芽分化到茶果成熟的过程中，茶园土壤中要有足够的水分供应其生育的需要，尤其是夏、秋季，这时正值花芽大量分化和形成以及上年所结的茶果旺盛生长发育时期，更需要充分的水分供应。我国大部分茶区，夏末和秋季常有干旱现象，不但影响花、果的生育，并且引起大量落花、落果。所以留种茶园在旱季来临之前，应加强中耕除草，在旱季进行灌溉。如果缺乏水源不能进行灌溉，要铺草防旱。

低温时茶树枝叶受冻，影响新梢的萌发，树势转弱，茶果发育也受阻碍，易引起脱落，所以冬季也应和普通采叶园一样注意防寒。

5. 防治病虫害　茶园病虫害的发生，对茶树生育以及茶叶、茶籽的产量和质量都有很大影响，应注意防治。在留种茶园中，还要特别注意对为害茶花和茶籽害虫的防治。我国各茶区发生较普遍的有茶籽象（*Curculio Chinensis* Chevrolat），它的成虫和幼虫均能为害茶果，造成大量落果和蛀籽。据浙江省临海市的调查及四川省的报道，由于该虫造成茶籽常年损失量达 30%～50%，为害严重的茶园甚至颗粒无收。主要防治方法：茶园秋季深挖，可以杀灭入土幼虫，成虫可利用假死性，摇动茶树捕杀落地成虫。

6. 促进授粉　茶树是虫媒花，异花授粉。虫媒少，授粉不足，常是茶树结实率不高的原因之一。为了增加授粉机会，提高结实率，有条件的地区可以进行人工授粉。据湖南省茶叶研究所报道，在开花期，喷射 25% 的甘油溶液，可以延长授粉时间。于开花季节，在留种园中放养蜜蜂，传播花粉，提高授粉率，从而增加结实率。茶园放养蜂群，必须选用中蜂，因茶花蜜含有较多半乳糖，一般西蜂幼蜂不能消化半乳糖，引起腹胀，大量死亡，而对中蜂并不构成威胁，因茶树和中蜂都原产我国，长期共存，自然选择的结果，有消化半乳糖能力。

安徽农业科学院祁门茶叶研究所和浙江农业大学的研究报道称，在 4～8 月，每月或隔月喷施 3～5 μg/L 的 α-萘乙酸溶液或 1 000～3 000 μg/L 的维生素 B_9 溶液，可以促进幼果发育，减少落果，从而提高结实率。

三、茶籽采收与茶籽贮运

适时采收茶籽，并进行合理的贮藏运输，直接影响茶籽的活力。因此，必须重视茶籽采收时间和采后种子贮藏运输的管理。

（一）茶籽采收

茶籽在茶树上经过 1 年左右的时间才能成熟，茶籽趋向成熟期，其生理变化主要是可溶性的简单有机物质向种子输送，经过酶的作用，转化为不易溶解的复杂物质（如淀粉、蛋白质和脂肪等），并贮藏在子叶内，随着茶籽成熟，营养物质进一步积累，水分逐渐减少。过早采收，茶籽没有成熟，含水量高，营养物质少，采下的种子容易干缩或霉变而丧失活力，即使能发芽，其茶苗生长也不健壮。如果采收太迟，则果皮开裂，种子大多数落到地面，受到暴晒和霜冻等不良环境影响，种子内部贮藏的物质遭受损耗，也易引起霉烂，丧失发芽能力，且拣拾落地茶籽很花劳力。因此，掌握茶籽成熟期，适时采种，甚为必要。

我国多数茶区，茶果最适采收期在霜降（10 月 22 日）前后 10 d。当多数茶果已成熟或接近成熟时即可采收。茶果成熟的标志为果皮呈棕褐色或绿褐色；背缝线开裂或接近开裂；种子呈黑褐色，富有光泽；子叶饱满，呈乳白色。一般而论，茶树上有 70%～80% 茶果的果皮褐变失去光泽，并有 4%～5% 的茶果开裂时，便可采收。

茶果采回后，薄摊在通风干燥处，翻动几次，使果壳失水裂开，便于剥取茶籽。已脱壳的茶籽要及时拣取，脱壳后的茶籽应摊放在阴凉干燥的地方，以散失过多的水分。摊放厚度为 10 cm 左右，切忌摊放过厚和日晒，并经常检查、翻动以防种子温度太高，烫坏种胚。阴干至种子含水量为 30％时即可贮藏，如含水量低于 20％也会降低茶籽生活力。阴干后的种子根据不同品种的要求，用筛子（孔径 11～13 mm）分级，筛面上的茶籽为合格茶籽，作为贮藏和播种用，筛下的不合格茶籽，另作他用。

（二）茶籽的贮藏与运输

茶籽采收之后，贮藏过程中的温湿度调控，对茶籽的生活力有很大影响，如果方法不当会影响茶籽的发芽率和茶苗的生长势。

1. 茶籽的贮藏　贮藏就是创造良好的环境，控制茶籽的新陈代谢，使之缓慢进行，消除影响茶籽变质的一切可能因素，确保茶籽的生活力。

影响茶籽生活力的因素主要包括茶籽的含水量及贮藏环境的温度、湿度和通风条件等。茶籽含水量的高低对其生活力的影响很大，据湖南省农业科学院茶叶研究所测定，茶籽含水量超过 40％，大都在贮藏期间已发芽；茶籽含水量低于 20％，发芽率下降至 80％左右；低于 15％，发芽率降至 70％；若低于 10％，其发芽率最高不超过 30％。由此可知，茶籽贮藏期含水量既不宜过高，也不宜过低，以保持在 30％左右为宜。茶籽贮藏的适宜温度条件为5～7 ℃，以控制呼吸作用、减少种子内含物质的消耗。茶籽贮藏的相对湿度条件为 60％～65％，同时，在茶籽贮藏过程中，注意通风，以调节温湿度和保证茶籽生理活动的需要。

茶籽贮藏的方法多种多样，根据贮藏期长短不同有短期贮藏和长期贮藏之分。

（1）短期贮藏。指时间在 1 个月以内的贮藏。若准备外运的茶籽，可用麻袋装盛，置于室内干燥阴凉处，斜靠排列，不要堆积。若茶籽不需运往外地，可将茶籽摊放在地面不还潮的阴凉房内，摊放厚度为 15 cm 左右，上用稻草覆盖，以防干燥，保持种子的新鲜状态。

（2）长期贮藏。指贮藏时间在 1 个月以上的贮藏。若茶籽数量不多，可用箱（篓、桶）藏法；茶籽数量多可用堆藏法、沟藏法和畦藏法。在生产中较易采纳的为箱藏、堆藏和畦藏法。

① 箱（篓、桶）藏法。先在木箱、木桶等容器的底部铺上一层细沙，把茶籽与湿沙按1∶1比例拌匀，盛于容器中。在容器的顶部留出 10 cm，最后盖上细沙和稻草。在贮藏期间需每隔 10～15 d 检查一次，如有霉变茶籽，及时拣剔。如果细沙泛白，宜淋洒清水，以保持一定的湿度（湿而不漏水为度）。

② 堆藏法。此法在生产上普遍应用。首先是选择阴凉干燥的房间，先在地面上铺沙 3～4 cm，再在上面分层铺放茶籽与湿沙，每层茶籽厚 3～4 cm，共铺 3～4 层茶籽，有的地方把茶籽与湿沙拌在一起，效果相似。堆的长度无要求，宽度宜在 1 m 以内，堆高为 26～31 cm。堆的四周最好用砖块或木板拦挡，在堆顶上面覆盖一层稻草保湿，并在贮藏堆中间插入通气竹管。室外的堆藏法，还需在堆的四周开排水沟，以防堵水引起茶籽腐烂。每平方米可贮藏茶籽 35～40 kg。

③ 畦藏法。此法是一种比较简单的室外贮藏方法，一些地方称为"寄种"。由于此法很像茶籽的播种，故称为假播。它是在室外地势较高干燥处做一苗畦，畦上铺 3 cm 厚的沙，再铺 2～3 cm 茶籽，其间连续铺 2～3 层后覆盖黄泥土 3～5 cm，并适当压实。播种时用筛子把茶籽筛出即可。贮藏期间，需经常进行温湿度的检查，以保证茶籽贮藏质量符合要求。

2. 茶籽的包装与运输　茶籽包装与运输的关键是防止因不良环境造成茶籽风干或受潮、发热，进而引起茶籽的腐烂、霉变和非细菌性质变，以及因不恰当的包装和装载而造成茶籽受压破损。因此，在茶籽包装和运输工作中要注意保湿、通风、隔热、防压。在生产上若长途运输常采用木箱包装，短途运输可采用竹（柳）篓包装，无论何种包装都需标明品种、数量及注意事项，以防混杂。

茶籽运输过程中，除了妥善包装外，还要注意加盖篷盖，以防日晒、风吹、雨淋；不要堆积太高，以防压损；到达目的地后要立即拆除包装，并及时播种或贮藏。

四、茶籽播种与育苗技术

茶籽播种方法对幼苗的生长势和抗逆性以及成活率的影响很大。茶籽育苗技术的核心是设法促进胚芽早出土和幼苗生长。为保证育苗质量，播种时必须掌握下列关键技术。

1. 适时播种 茶籽的适播期，在我国大多数茶区为11月至翌年3月。从各地的表现来看，冬播（11月至12月中旬）比春播（2～3月）提早10～20 d出土。若延迟到4月以后播种，不仅出苗率低，而且幼苗亦易遭受旱、热危害，故在冬季不发生严重冻害的地区，采用冬播比春播好。对于冬季冻害较严重或播种地未整理的，可将播种时期移至第二年早春进行，并通过浸种、催芽等方法，促使其早出苗。

2. 浸种 茶籽经浸种后播种，可提早出土和提高出苗率。方法为将茶籽倒入容器中，用清水浸泡2～3 d，每日换水1次，除去浮在水面的种子，取沉于水底的种子作为播种材料。经过清水选种和浸种，茶籽出苗期可提早10 d左右，发芽率提高12％～13％。

3. 催芽 浸种后的优质茶籽，经过催芽后播种，一般可以提早1个月左右出土。具体方法为首先把细沙洗净，用0.1％的高锰酸钾消毒；再将浸过的茶籽盛于沙盘中，厚度为6～10 cm，置于温室或塑料薄膜棚内，加温保持20～30 ℃，每日用温水淋洒1～2次。春播催芽15～20 d，冬播催芽20～25 d，当有40％～50％茶籽露出胚根时，即可播种。

4. 适当浅播和密播 茶籽脂肪含量较多，当种子萌发时，脂肪被水解转化为糖类需要充足的氧气，同时茶籽子叶大，萌发时顶土能力弱。因此，播种时盖土不宜太厚，最宜的播种深度为3～5 cm。但播种深度又随季节、气候、土壤的变化而异，即冬播比春播稍深，沙土比黏土深，旱季亦适当深播。

茶籽播种可分为大田直播和苗圃地育苗两种。大田直播简便易行，但苗期管理工作量大。苗圃地育苗方式，苗期管理集中，易于全苗、齐苗和壮苗。大田直播则按照茶园规划的株行距直接播种，每穴播种3～5粒。苗圃地育苗播种方式有穴播、撒播、单株条播、窄幅条播及阔度条播等，在生产上采用较多的为穴播和窄幅条播。

苗圃地育苗一般穴播的行距为15～20 cm，穴距为10 cm左右。每穴播5粒种子，播种量为1 200～1 500 kg/hm²；窄幅条播的行距为25 cm，播幅5 cm左右，播种量1 500～1 800 kg/hm²。

播种时，先按播种深度挖好沟、穴，如果做苗畦时未施基肥，可同时开沟施肥，沟深10 cm，施肥后覆土至播种深度，然后再按播种技术要求播下茶籽，最后覆土，并适当压紧。

5. 幼苗培育 培育幼苗的最终目标是达到壮苗、齐苗和全苗。不论是采用大田直播还是苗圃地育苗，播种后，要精心培育幼苗。

一般情况下，茶籽播种后要到5～6月才开始出土，7月齐苗，在华南和西南部分茶区以及经过催芽处理的茶籽，常可提前到 4～5 月出土，5～6 月齐苗。凡经过精心培育的茶苗，当年苗高可达 25 cm 以上，最高的可达 60 cm 以上。幼苗培育主要应抓好如下几项工作：

① 及时除草，减少杂草与茶苗争夺水分和假眼小绿叶蝉等害虫的危害。

② 多次追肥，一般在茶籽胚芽出土至第一次生长休止时，则可开始施用追肥。追肥一般在 6～9 月追施 4～6 次，以施用稀薄人粪尿或畜液肥（加水 5～10 倍），或用 0.5％浓度的硫酸铵。浇施人粪尿后能使土壤"返潮"，有吸收空气中湿气的作用，并有一定的抗旱保苗效果。

③ 及时防治病虫害，确保茶树正常生长。

第五节　新茶园建设

茶树是多年生木本经济作物，一次种植数十年收益，建设的基础工作对以后产出会带来很大的影响。建设过程中高标准、严要求、建园质量好，则能获得优质高产的生产原料，同时，能很好地协调茶园的生态环境，求得茶叶生产的持续发展。

一、新茶园建设标准与要求

茶园建设应坚持高标准、高质量。其基本建设标准与要求是：实现茶区园林化、茶树良种化、茶园水利化、生产机械化、栽培科学化。

1. 茶区园林化　要因地制宜、全面规划，逐步实现茶区区域化、专业化。在国家农业区划总体范围内，以治水改土为中心，实行山、水、田、林、路综合治理，充分利用自然条件，建立高标准茶园。要求茶园相对集中，在原有茶园面积基础上，以改造为主，添建新茶园，使园地成块，茶行成条，适于专业经营。并在适当地段营造防护林，沟、渠、路旁、园地四周要大力提倡多种树，美化茶区环境，建立现代化生态茶园。

2. 茶树良种化　要充分发挥良种的作用，尽量采用良种，逐步更新那些单产低、品质差的不良品种，提高良种化水平。要根据当地实际生产茶类、生态条件等确定主栽品种及合理搭配品种，利用各品种的特点，取长补短，从鲜叶原料上，充分发挥茶树良种在品质方面的综合效应。

3. 茶园水利化　要广辟水源，积极兴建水利工程，因地制宜发展灌溉，不断提高控制水旱灾害的能力，茶园建立应有利于水土保持，建园坡地应以 25°为限，25°以上坡地以造林为主，建园时不要过量破坏植被，以防止水土流失。基地内原有沟道、蓄水池等设施，力求做到雨水多时能蓄能排，干旱需水时能引水灌溉；小雨、中雨水不出园，大雨、暴雨不冲毁农田。

4. 生产机械化　茶叶基地规划设计、园地管理、茶厂布设、产品加工和运输等，都要适应机械化与逐步实行机械化的要求。

5. 栽培科学化　就是运用良种，合理密植，改良土壤，要在重施有机肥的基础上适施化肥，做到适时巧用水肥，满足茶树对养分的需要，掌握病虫发生规律，采取综合措施，控制病虫与杂草的危害；正确运用剪采技术，培养丰产树冠，使茶树沿着合理生育进程发展，最终达到高产、优质、低成本、高效益的目的。

二、茶园规划

根据建园的目标、茶树自身的生育规律及所需的环境条件，做好园地选择和茶园规划工作，是茶园建设的重要基础。

（一）园地选择

茶树是多年生常绿植物，一次栽种多年收益，有效经济年限可持续 40～50 年，管理好的茶园可维持更长年限。茶树的生长发育与外界条件密切相关，不断改善和满足它对外界条件的需要，能有效地促进茶树的生长发育，达到早成园和高产、优质的栽培目的，为此，建园时必须重视园地的选择。

1. 我国植茶的生态条件适宜区域　我国曾在 20 世纪 70 年代起对农作物的种植区划进行了研究，关于我国茶叶区划，于 1979 年 6 月在杭州组成了全国茶叶区划研究协作组，其任务是根据不同的自然条件，研究茶树的生态适应性、茶类适制性，划分适宜生产区域，并根据国内外市场的需要和发展趋势，以及各地社会经济条件，研究提出合理生产布局和建立商品茶基地的依据。1982 年年底，该协作组提出了全国和各省的茶叶区划意见，为建立茶园的适宜地域的选择提供了依据。研究表明，根据茶树对气候生态条件的要求，我国秦岭、淮河以南大约 260 万 km² 的地区是适合茶树经济栽培的。其中又可分为最适宜区和适宜区。

（1）最适宜区。秦岭以南、元江、澜沧江中下游的丘陵或山地。行政区域包括滇西南、滇南、桂中南、广东、海南、闽南和台湾，适宜于乔木型大叶类茶树品种的种植。

（2）适宜区。长江以南、四川盆地周围以及雅鲁藏布江下游和察隅河流域的丘陵和山地。行政区域包括苏南、皖南、浙江、江西、湖南、闽东、闽西、闽北、鄂南、贵州、川中、川南、川东、藏东南等，适宜于小乔木、灌木型中小叶类茶树品种的种植。

在适宜区域内，由于地形、地貌、植被、水文条件的差异，气候和土壤均不相同；即使在相同的气候和土壤条件下，由于生产者的素质和社会经济条件的差异，也会影响到茶园建设的成功与否。因此，对园地的选择，特别是生产绿色产品和有机产品，要严格进行环境的调查和检测。

2. 园地的选择条件　园地应该选在上述茶树生长的最适宜区或适宜区范围。但同一地区，地形上存在差异，不同的地形、地势条件对微域气候及土壤状况都有一定的影响。一般山高风大的西北向坡地或深谷低地，冷空气聚积的地方发展茶园，易遭受冻害，而南坡高山茶园则往往易受旱害。

第三章中已详细地介绍了茶树的适生环境，茶园选择以环境条件作为重要依据，同时，应充分考虑茶园对园地的坡度有一定要求。一般地势不高，坡度 25° 以下的山坡或丘陵地都可种茶，尤其以 10°～20° 坡地因起伏较小最为理想，土壤的 pH 为 4.0～5.5。

除上述气候条件、土壤条件及地形地势条件作为选择园地时的主要依据外，为使达到能生产绿色产品或有机产品的环境要求，茶园周围至少在 5 km 范围内没有排放有害物质的工厂、矿山等；空气、土壤、水源无污染，与一般生产茶园、大田作物、居民生活区的距离在 1 km 以上，且有隔离带。此外，亦应考虑水源、交通、劳动力、制茶用燃料、可开辟的有机肥源以及畜禽的饲养等。

（二）园地规划

目前的茶场大多数以专业化茶场为主，为了保持良好的生态环境和适应生产发展的要求，茶场除了茶园以外，还应该具有绿化区、茶叶加工区和生活区；在有机茶园建设中，为了保证良好的有机肥来源，可以规划一定面积的养殖区。不同功能区块的布置都应在园地规划时加以考虑。

1. 功能区块用地规划 10 hm² 以上规模的茶场，在茶场整体规划时，可参考以下用地比例方案：

① 茶园用地 70%～80%。

② 场（厂）生活用房及畜牧点用地 3%～6%。

③ 蔬菜、饲料、果树等经济作物用基地 5%～10%。

④ 道路、水利设施（不包括园内小水沟和步道）用地 4%～5%。

⑤ 绿化及其他用地 6%～10%。

2. 建筑物的布局 规模较大的茶场，场部是全场行政和生产管理的指挥部，茶厂和仓库运输量大，与场内外交往频繁，生活区关系职工和家属的生产、生活的方便。故确定地点时，应考虑便于组织生产和行政管理。要有良好的水源和建筑条件，并有发展余地，同时还要能避免互相干扰。

3. 园地规划 首先按照地形条件大致划分基地地块，坡度在 25°以上的作为林地，或用于建设蓄水池、有机肥无害化处理池等用途；一些土层贫瘠的荒地和碱性强的地块，如原为屋基、坟地、溃水的沟谷地及常有地表径流通过的湿地，不适宜种茶，可划为绿肥基地；一些低洼的凹地划为水池。在宜茶地块里不一定把所有的宜茶地都开垦为茶园，应按地形条件和原植被状况，有选择地保留一部分面积不等的、植被种类不同的林地，以维持生物多样性的良好生态环境。安排种茶的地块，要按照地形划分成大小不等的作业区，一般以 0.3～1.3 hm² 为宜，在规划时要把茶厂的位置定好，茶厂要安排在几个作业区的中心，且交通方便的地方。

在规划好植茶地块后，就进行道路系统、排灌系统以及防护林和行道树的设置。

4. 道路系统的设置 为了便于农用物资及鲜叶的运输和管理，方便机械作业，要在茶园设立主干道和次干道，并相互连接成网。主干道直接与茶厂或公路相连，可供汽车或拖拉机通行，路面宽 8～10 m；面积小的茶场可不设主干道。次干道是联系区内各地块的交通要道，宽 4～5 m，能行驶拖拉机和汽车等。步道或园道有效路面宽 1.5～2.0 m，主要为方便机械操作而留，同时也兼有地块区分的作用，一般茶行长度不超过 50 m，茶园小区面积不超过 0.67 hm²。

（1）主干道。60 hm² 以上的茶场要设主干道，作为全场的交通要道，贯穿场内各作业单位，并与附近的国家公路、铁路或货运码头相衔接。主干道路面宽 8～10 m，能供两部汽车来往行驶，纵坡小于 6°（即坡比不超过 10%），转弯处曲率半径不小于 15 m。小丘陵地的干道应设在山脊。纵坡 16°以上的坡地茶园，干道应呈 S 形。梯级茶园的道路，可采取隔若干梯级空若干行茶树为道路。

（2）次干道（支道）。次干道是机具下地作业和园内小型机具行驶的通道，每隔 300～400 m 设一条，路面宽 4～5 m，纵坡小于 8°（即坡比不超过 14%），转弯处曲率半径不小于

10 m。有主干道的,应尽量与之垂直相接,并与茶行平行。

(3)步道。步道又称园道,为进园作业与运送肥料、鲜叶等物之用,与主干道、次干道相接,与茶行或梯田长度紧密配合,通常支道每隔50～80 m 设一条,路面宽1.5～2.0 m,纵坡小于15°(即坡比不超过27%),能通行手扶拖拉机及板车即可。设在茶园四周的步道称包边路,它还可与园外隔离,起防止水土流失与园外树根等侵害的作用。

(4)地头道。地头道供大型作业机调头用,设在茶行两端,路面宽度视机具而定,一般宽8～10 m,若主干道、次干道可供利用的,则适当加宽即可。

设置道路网要有利于茶园的布置,便于运输、耕作,尽量减少占用耕地。在坡度较小、岗顶起伏不大的地带,主干道、次干道应设在水分岭上,否则,宜设于坡脚处,为降低与减缓坡度,可设成S形。

5. 水利网的设置 茶园的水利网具有保水、供水和排水三个方面的功能。结合规划道路网,把沟、渠、塘、池、库及机埠等水利设施统一安排,要"沟渠相通,渠塘相连,长藤结瓜,成龙配套",雨多时水有去向,雨少时能及时供水。各项设施完成后,达到小雨、中雨水不出园,大雨、暴雨泥不出沟,需水时又能引提灌溉。各项设施需有利于茶园机械管理,需适合某些工序自动化的要求。茶园水利网包括如下项目:

(1)渠道。主要作用是引水进园、蓄水防冲及排除渍水等。分干渠与支渠。为扩大茶园受益面积,坡地茶园应尽可能地把干渠抬高或设在山脊。按地形地势可设明渠、暗渠或拱渠,两山之间用渡槽或倒虹吸管连通。渠道应沿茶园干道或支道设置,若按等高线开设的渠道,应有0.2%～0.5%比例的落差。

(2)主沟。主沟是茶园内连接渠道和支沟的纵沟,其主要作用是在雨量大时,能汇集支沟余水注入塘、池、库内,需水时能引水分送支沟。平地茶园,还有起降低地下水位的作用。坡地茶园的主沟,沟内应有些缓冲与拦水设施(图4-6)。

(3)支沟。与茶行平行设置,缓坡地茶园视具体情况开设,梯级茶园则在梯内坎脚下设置。支沟宜开成"竹节沟"。

(4)隔离沟。在茶园与林地、荒地及其他耕地交界处设隔离沟,以免树根、杂草等侵入园内,并防大雨时园外洪水直接冲入茶园。随时注意把隔离沟中的水流引入塘、池或水库。

(5)沉沙凼。园内沟道交接处须设置沉沙凼,主要作用是沉集泥沙,防止泥沙堵塞沟渠。同时注意及时清理沉沙凼的泥沙,确保流水畅通。

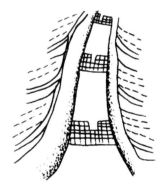

图4-6 茶园拦水工程

(6)水库、塘、池。根据茶园面积大小,要有一定的水量贮藏。在茶园范围内开设塘、池(包括粪池)贮水待用,原有水塘应尽量保留,每2～3 hm² 茶园,应设一个沤粪池或积肥坑,作为常年积肥用。

贮水、输水及提水设备要紧密衔接。水利网设置,不能妨碍茶园耕作管理机具行驶。要考虑现代化灌溉工程设施的要求,具体实施时,可请水利方面的专业技术人员设计。

6. 防护林与遮阴树 凡冻害、风害等不严重的茶区,以造经济林、水土保持林、风景林为主。一些不宜种植作物的陡坡地、山顶及地形复杂或割裂的地方,则以植树为主,植树与种植多年生绿肥相结合,树种须选择速生、防护效果大、适合当地自然条件的品种。乔木与灌木相结合，针叶树与阔叶树相结合，常绿树与落叶树相结合。灌木以宜作为绿肥的树种为主。园内植树须选择与茶树无共同病虫害、根系分布深的树种。林带须与道路、水利系统相结合，且不妨碍实施茶园管理使用机械的布局。

（1）林带布置。以抗御自然灾害为主的防护带，则须设主、副林带；在挡风面与风向垂直，或成一定角度（不大于 45°）处设主林带，为节省用地，可安排在山脊、山凹；在茶园内沟渠、道路两旁植树作为副林带，二者构成一个护园网。如无灾害性风、寒影响的地方，则在园内主、支沟道两旁，按照一定距离栽树，在园外迎风口上造林，以造成一个园林化的环流。就广大低丘红壤地区的茶园来看，山丘起伏、纵横数里、树木少见、茶苗稀疏，这种环境，是不符合茶树所要求的生态条件，园林化更有必要。

防护林的防护效果，一般为林带高度的 15～20 倍，有的可到 25 倍，如树高可维持 20 m，就可按 400～500 m 距离安排一条主林带，栽乔木型树种 2～3 行，行距 2～3 m，株距 1.0～1.5 m，前后交错，栽成三角形，两旁栽灌木型树种（图 4-7）。

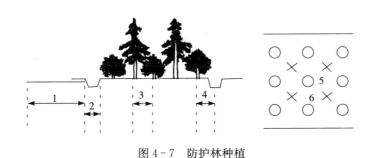

图 4-7 防护林种植
1. 干道 2. 沟宽 0.5 m 3. 行距 2.5 m 4. 沟与树距离 1 m 5. 油茶 6. 杉树

林带结构有紧密结构、透风结构和稀疏结构三种。风、寒、冻害严重地带，以设紧密结构林带为主，林带宽度为 15～20 m。有台风袭击的地带，宜用透风结构或稀疏结构，其宽度可到 30 m（图 4-8）。

以防御自然灾害为主的林带树种，可根据各地的自然条件进行选择。目前茶区常用的有杉树、马尾松、黑松、白杨、乌桕、麻栎、皂角、刺槐、梓树、桤树、油桐、油茶、樟树、楝树、合欢、黄檀、桑、梨、柿、杏、杨梅、柏、女贞、杜英、樱花、桂花、竹类等。华南尚可栽柠檬桉、香叶桉、大叶桉、小叶桉、木麻黄、木兰、榕树、粉单竹等。作为绿肥用的树种有紫穗槐、山毛豆、胡枝子、牡荆等。

（2）行道树布置。茶场范围内的道路、沟渠两旁及住宅四周，用乔木、灌木树种相间栽植，既美化了环境，又保护了茶树，更提供了肥源。我国历来就有这方面的习惯，如宋代《大观茶论》记载："植茶之地崖必阳，圃必阴……今圃

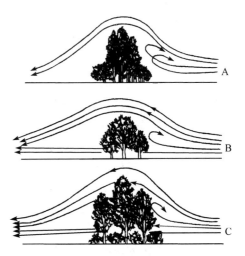

图 4-8 防护林结构
A. 紧密结构 B. 透风结构 C. 稀疏结构

家皆植木，以资茶之阴"。一般用速生树种，按一定距离栽于主干道、次干道两旁，两乔木树之间，栽几丛能做绿肥的灌木树种。如道路与茶园之间有沟渠相隔的，可以栽苦楝等根系发达的树种。湖南省茶叶研究所选育的绿肥 1 号，产青量大，含氮量高，可栽植于主干道、次干道两旁，也可栽植沟渠两旁，起双重作用。

（3）遮阴树布置。茶园里栽遮阴树在我国华南部分地区较普遍，如广东高要、鹤山等地的茶园，栽遮阴树有几百年的历史。在热带和邻近热带的产茶国家，如印度、斯里兰卡、印度尼西亚等国也有种植。

在遮阴的条件下，对茶树生长发育有一定程度的影响，进而影响茶叶的产量与品质。据印度托克莱茶叶试验站的资料，认为遮阴有如下好处：

① 遮阴树能提高茶树的经济产量系数。遮阴区的茶树经济产量系数值为 32.8，竹帘遮阴区为 31.9，未遮阴区为 28.7。由此说明，遮阴树能使相当大的一部分同化物转移到新梢形成上。

② 遮阴对成茶品质有良好影响。据审评结果，在 50% 光照度条件下，茶汤的强度和汤色有明显的改善。

③ 在一年的最旱季节能保持土壤水分。如种有一定密度的成龄楹树、龙须树的茶园，有助于茶园土壤水分的保持。种有刺桐树遮阴的茶园，全年最干的 10 月至翌年 3 月，0～23 cm和 23～46 cm 内土层中土壤含水量高于未遮阴的茶园。

④ 遮阴树的落叶，增加了茶园中有机物。按 12 m² 种一株遮阴树的密度，每公顷的落叶能给土壤增加约 5 t 有机质，相当于每公顷增加 77 kg 氮素。中等密度（50%～60% 光密强度）的楹树的枯枝落叶干物质每公顷为 1 250～2 500 kg，其营养元素每公顷为氮 31.5～63.0 kg、磷 9～18 kg、钾 11～22 kg、氧化钙 16～32 kg、氧化镁 8～16 kg。

⑤ 遮阴树对茶树叶面干物质重的增加速度有良好的影响；对各季与昼夜土壤温度的变化有缓冲效应效果，有利于根系与地上部生长。

⑥ 遮阴树改变小气候，有利于茶树生长。如遮阴树能明显地吸收有害红外辐射光，降低叶温，使茶树在气温高、风速低的气候条件下能进行有效的光合作用。

⑦ 遮阴树对病虫害的影响有正反两个方面。遮阴条件下，茶饼病和黑腐病发生加重，而螨类、茶红蜘蛛、茶橙瘿螨等则危害减轻。

根据国内外茶园遮阴树作用的研究，一般认为在夏季叶温达 30 ℃以上的地区，栽遮阴树是必要的，气温较低的地区，没有必要栽遮阴树。其实，以往主要从是否有利于产量的提高和病虫害的防治，所以有些国家（如南印度、斯里兰卡和印度尼西亚）已经把遮阴树砍去。而南印度在海拔 2 000 以上的茶区将遮阴树砍去，后来发现导致茶叶品质有所下降，又重新栽上。解决遮阴与产量、品质和抗病虫能力之间的矛盾，关键是遮阴度的掌握。据印度托克莱茶叶试验站资料，遮阴透光度为自然光照度的 20%～50% 时，茶树叶面积能保持稳定；大于 50%，叶面积显著下降；在 35%～50% 时效果最好。

有关遮阴树种类，不同国家有差异。印度、斯里兰卡等国一般采用楹树、香须树、黄豆树、紫花黄檀、银铧、刺桐树等。

由于我国茶区的地理位置与印度、斯里兰卡有所不同，日照强度也有差异，茶园遮阴的试验结果也不同。云南省的实践证明，在西双版纳，遮光率以 40% 为宜；广东英德则以 30% 为好；江南茶区则以 7～9 月适当遮阴，效果较为理想。

我国各地试验表明，适合的遮阴树种也因地区有差异：西南、华南茶区，早期是用托叶楹、台湾相思、合欢等作为茶园遮阴树，现在多用巴西橡胶、云南樟、桤木（又称水冬瓜树）。江南茶区可用合欢、马尾松、湿地松、泡桐、乌柏等。为了提高茶园生态效益，有些地方在茶园中间种果树作为遮阴树，如西南和华南地区种植荔枝、李等；在江南茶区可种植梨、枇杷、柿、杨梅、板栗等。我国除南方的部分茶区种植遮阴树外，一般茶区茶园内都不布置遮阴树，在茶园四周和行道上种树，有利于改变茶园小气候环境。

综合各地试验资料，人工复合系统的结构既要有利于茶树的生育，又要兼顾间作物的生育，在排列方式上宜采用宽行密株式。一般林、果树行距可放宽到 $10 \sim 12\ m$，株距为 $4 \sim 5\ m$；茶树的行距为 $1.5 \sim 1.8\ m$（视品种和密植程度而定），则在林、果行间植茶 6 行。如冯耀宗等（1986）试验后认为胶茶间作 $4\ m$，每公顷植胶 399 株；唐荣南（1988）提出，树木的行距为 $7.5 \sim 10.5\ m$，株距为 $6 \sim 9\ m$，呈三角形排列，每公顷植 $150 \sim 180$ 株，树木郁闭度以 $0.30 \sim 0.35$ 较为合宜；解子桂（1995）报道，铜陵市国有林场，泡桐的种植株行距为 $5\ m \times 10\ m$，或 $6\ m \times 12\ m$ 均宜；李冬水（1981）总结了福建浦城仙阳茶场的经验，每公顷茶园种植 150 株左右合欢有利于茶树生长，认为种遮阴树的距离为 $（9 \sim 10.5）\ m \times （8 \sim 10）\ m$，每公顷植 150 株为宜，果树可用梨、苹果、枇杷、李、柿、杨梅等；刘桂华（1996）等试验，每公顷植板栗 390 株套种茶园获得良好效果；蒋荣（1995）根据云南农垦的经验，介绍芒果树与茶树的间作模式，芒果树行距为 $12 \sim 14\ m$，株距 $5\ m$。

三、园地开垦

茶树系多年生木本作物，只有根深才能叶茂，才能获得优质高产。我国茶区降水多，且暴雨发生次数多，园地垦辟不当，水土冲刷较为严重。李良成等（1994）报道，在浙江气候条件下，坡度为 $5°$ 的幼龄茶园，每年土壤冲刷量为 $45 \sim 60\ t/hm^2$，坡度为 $20°$ 的幼龄茶园，年土壤冲刷量达 $150 \sim 225\ t/hm^2$；湖南省茶叶研究所测定，长沙地区坡度为 $7°$ 的常规成年茶园，3 月下旬至 9 月上旬的水土流失量达 $385.5\ t/hm^2$，其中流走的土壤为 $16.95\ t/hm^2$；段建真调查了安徽歙县老竹铺茶场坡度 $28°$ 的茶园，在每分钟降雨 $0.32\ mm$ 的情况下，流走的土壤达 $7.2\ m^3/hm^2$；据郭专调查，福建省茶园中约有 66.1% 的茶园受到了不同程度的冲刷。因此，在园地开垦时，必须以水土保持为中心，采取正确的基础设施和农业技术措施。前者如排灌系统的修建，道路与防护林的设置，梯田的建立；后者如土地的开垦、整理，种植方式及种植后的土壤管理等。

（一）地面清理

在开垦之前，首先需进行地面清理，对园地内的柴草、树木、乱石、坟堆等进行适当处理。柴草应先刈割并挖除柴根和繁茂的多年生草根；尽量保留园地道路、沟、渠两旁的原有树木；乱石可以填于低处，但应深埋于土层 $1\ m$ 之下；坟堆要迁移，并拆除砌坟堆的砖、石及清除已混有石灰的坟地土壤，以保证植茶后茶树能正常生长。平地及缓坡地如不甚平整，局部有高墩或低坑，应适当改造，但要注意不能将高墩上的表土全搬走，需采用打垄开垦法，并注意不要打乱土层。

（二）平地及缓坡地的开垦

平地及坡度 $15°$ 以内的缓坡地茶园，根据道路、水沟等可分段进行，并要沿等高线横向开垦，以使坡面相对一致。若坡面不规则，应按"大弯随势，小弯取直"的原则开垦。如果有局部地面因水土流失而成"剥皮山"的部分，应加客土，使表土层厚度达到种植要求。

生荒地一般需经初垦和复垦。初垦一年四季均可进行，其中以夏、冬更宜，利用烈日暴晒或严寒冰冻，促使土壤风化。初垦深度为80 cm左右，土块不必打碎，以利蓄水；但必须将柴根、竹鞭、金刚刺、狼箕等多年生草根清除出园，防止杂草复活。复垦应在茶树种植前进行，采用人工整平、整细，平整地面，再次清除草根、乱石，以便开沟种植。

熟地一般只进行复垦，如先期作物就是茶树，一定要采取对根结线虫病的预防措施。

为了节省开垦劳动，充分发挥农业机械的作用，新茶园时可采用大型挖掘机挖掘，用履带式拖拉机挂推土设备平整地面。

（三）陡坡梯级垦辟

在茶园开垦过程中，如遇坡度为15°～25°的坡地，地形起伏较大，无法等高种植，可根据地形情况，建立宽幅梯田或窄幅梯田（图4-9、图4-10）。陡坡地建梯级茶园的主要目的：

① 改造天然地貌，消除或减缓地面坡度。

② 保水、保土、保肥。

③ 可引水灌溉。

图4-9　宽幅梯田茶园

图4-10　窄幅梯田茶园

1. 梯级茶园建设原则　梯级茶园建设过程中有以下几项应遵循的原则：

① 梯面宽度便于日常作业，更要考虑适于机械作业。

② 茶园建成以后，要能最大限度地控制水土流失，下雨能保水，需水能灌溉。

③ 梯田长度为60～80 m，同梯等宽，大弯随势，小弯取直。

④ 梯田外高内低（倾斜度呈2°～3°），为便于自流灌溉，两头可呈0.2～0.4 m的高差，外埂内沟，梯梯接路，沟沟相通。

⑤ 施工开梯田，要尽量保存表土，回沟植茶，保持土壤肥力。

2. 梯面宽度确定　梯面宽度随山地的坡度而定，还受梯壁高度所制约。从各地经验看，梯面宽度在坡度最陡的地段不得小于1.5 m，梯壁不宜过高，尽量控制在1 m之内，不要超过1.5 m。可用测坡器等测出坡度，根据表4-8选择梯面宽度。

表4-8　不同坡度山地的梯面参考宽度

地面坡度	种植行数/行	梯面宽度/m
10°～15°	3～4	5～7
15°～20°	2～3	3～5
20°～25°	1～2	2～3

若测得坡地面积，要换算成水平面积，则按照表4-9所列数值折算，表列数字都可看成是坡地面积的百分值。例如斜面平均坡度为21°的水平值是93.36%，如测定坡地面积是2 hm²，则水平面积为2 hm²×93.36%＝1.87 hm²。其余依此类推。

表4-9　坡度与水平面积换算表

坡度	水平面积/%	坡度	水平面积/%
10°	98.48	20°	93.97
15°	96.59	21°	93.36
16°	96.13	22°	92.72
17°	95.63	23°	92.05
18°	95.11	24°	91.35
19°	94.55	25°	90.63

3. 梯级茶园的修筑　梯级茶园建设过程中除了对梯级的宽、窄、坡度等有要求处，还应考虑减少工程量，减少表土的损失，重视水土保持。

（1）测定筑坎（梯壁）基线。在山坡的上方选择有代表性地方作为基点，用步弓或简易三角规测定器测量确定等高基线，然后请有经验的技术人员目测修正，使梯壁筑成后梯面基本等高，宽窄相仿。然后在第一条基线坡度最陡处用与设计梯面等宽的水平竹竿悬挂重锤定出第二条基线的基点，再按前述方法测出第二条的基线……直至主坡最下方（图4-11）。

（2）修筑梯田。包括修筑梯坎和整理梯面。修筑梯坎的次序应该由下向上逐层施工，这样便于达到"心土筑埂，表土回沟"，且施工时容易掌握梯面宽度，但较费工。由上向下修筑，则为表土混合法，

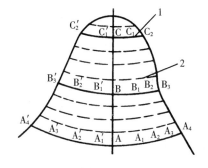

图4-11　划分梯层次

1. 仪器测定的等高线
2. 用推移法放出的等高线

使梯田肥力降低，不利于今后茶树生长。同时，也常因经验不足，或在测量不够准确的情况下，又常使梯面宽度达不到标准，但这种方法比较省工，底土翻在表层，又容易风化。两种方法比较，仍以由下向上逐层施工为好。

修筑梯坎的材料有石头、泥土、草砖等几种。采用哪种材料，应该因地制宜，就地取材。修筑方法基本相同，首先以梯壁基线为中心，清去表土，挖至新土，挖成宽50 cm左右的斜坡坎基，如用泥土筑梯，先从基脚旁挖坑取土，至梯壁筑到一定高度后，再从本梯内侧

取土，直至筑成，边筑边踩边夯，筑成后，要在泥土湿润适度时及时夯实梯壁。

如果用筑草砖构筑梯壁，可在本梯内挖取草砖。草砖规格是长 40 cm，宽 26～33 cm，厚6～10 cm。修筑时，将草砖分层顺次倒置于坎基上，上层砖应紧压在下层砖接头上，接头扣紧，如有缺角裂缝，必须填土打紧，做到边砌砖、边修整、边挖土、边填土，依次逐层叠成梯壁。

梯壁修好后，进行梯面平整，先找到开挖点，即不挖不填的地点，以此为依据，取高填低，填土的部分应略高于取土部分，其中特别要注意挖松靠近内侧的底土，挖深 60 cm 以上，施入有机肥，以利于靠近基脚部分的茶树生长。梯面内侧必须开挖竹节沟，以利蓄水、保土。

在坡度较小的坡面，按照测定的梯层线，用拖拉机顺向翻耕或挖掘机挖掘，土块一律向外坎翻耕，再以人工略加整理，就成梯级茶园，可节省大量的修梯劳动力。种植茶树时，仍按通用方法挖种植沟。

（3）梯壁养护。梯壁随时受到水蚀等自然因子的影响，故梯级茶园的养护是一件经常性的工作。梯园养护要做到以下几点：

① 雨季要经常注意检修水利系统，防止冲刷；每年要有季节性的维护。

② 种植护梯植物，如在梯壁上种植紫穗槐、黄花菜、多年生牧草、爬地兰等固土植物。保护梯壁上生长的野生植物，如遇到生长过于繁茂的而影响茶树生长或妨碍茶园管理时，一年可割除 1～2 次，切忌连泥铲削。

③ 新建的梯级茶园，由于填土挖土关系，若出现下陷、渍水等情况，应及时修理平整。时间经久，如遇梯面内高外低，结合修理水沟时，将向内泥土加高梯面外沿。

四、茶树种植和苗期管理

茶树种植技术和苗期管理工作对植后茶树的成活、生长有很大影响。不合适的种植方法，茶树成活率低，掌握好这一过程的技术环节能使茶树快速成长和成园。

（一）种植前整地与施底肥

茶树能否快速成园及成园后能否持续高产，与种前深垦和底肥用量有关。因为种前深垦既加深了土层，直接为茶树根系扩展创造了良好的空间，又能促使土壤发生理化变化，提高蓄水保肥能力，为茶树生长提供了良好的水、肥、气、热条件；深垦结合施有机肥料作为底肥。浙江省杭州茶叶试验场的资料（表 4-10）可以说明深垦和施基肥的效应。

表 4-10 种植前深垦和施基肥对成园茶叶产量的影响

（申屠杰等，1962）

处　　理	鲜叶产量/（kg/hm²）	百分率/%
深垦 25 cm＋堆肥 45 t/hm² 和过磷酸钙 1.5 t/hm²	3 732.0	100.0
深垦 50 cm＋堆肥 45 t/hm² 和过磷酸钙 1.5 t/hm²	4 249.5	113.9
深垦 80 cm＋堆肥 45 t/hm² 和过磷酸钙 1.5 t/hm²	3 771.0	101.1
深垦 50 cm＋堆肥 174.75 t/hm² 和过磷酸钙 2.25 t/hm²	4 627.5	124.0
深垦 80 cm＋堆肥 240 t/hm² 和过磷酸钙 3 t/hm²	5 091.0	136.4

种植前未曾深垦的必须重新深垦，已经深垦的，则开沟施底肥。按快速成园的要求，应有大量的土杂肥或厩肥等有机肥料和一定数量的磷肥分层施入作为基肥。各地在种植前基肥用量差异较大，每公顷用厩肥或土杂肥 15～45 t，磷肥 0.3～3.0 t 不等。一般种植前基肥施量少的，需在以后逐年加施，才能促使快速成园。大多数丰产茶园，种前每公顷以土杂肥为基肥应不少于 37.5 t，磷肥为 1.5 t。平整地面后，按规定行距开种植沟，在平地或缓坡地可用机械开沟，如悬挂式开沟犁与东方-75 型拖拉机配套开种植沟，一次可开出沟口宽 70～80 cm、沟深 50～60 cm、沟底宽 20～30 cm 的种植沟，一天能完成 4.5～5.0 hm² 的开沟任务。

（二）茶籽直播

种子直接播种的茶园，由于存在性状分离，很容易产生种性退化，如茶树个体间在株高、幅宽、萌发期、叶片大小和色泽等方面存在差异，导致管理困难、品质和产量不稳定，也不利于机械化作业。所以，在长江以南的茶区现在已经不提倡种子直接播种，建议使用优质无性系茶树品种。但种子直接播种的茶树，由于主根发达，具有较强的抗性，且操作简单、成本也相对较低。在冬季寒冷的北部茶区，一些海拔较高、冬季气温较低的高山茶区，还有少量茶园用种子直接播种，在生产上宜采用双无性系品种，既可解决后代性状分离问题，又可保证品种具有较强的抗性。进行播种时，要严格掌握以下几点：

1. 播种时间　以长江流域的广大茶区为例，从采收茶籽到翌年 3 月上、中旬，除冰冻期间外，都可播种，以早播为宜。秋冬播可免除茶籽贮藏工作，又有利于提前出苗，对增加当年生长量有利。具体播种时间，秋冬播种在 10～12 月，春季播种不宜迟于 3 月。

春播时应进行浸种、催芽，在适宜温度与湿度条件下将种子催芽，有利于种子播后迅速萌发出土。秋冬播种，种子在土壤中有较长时间吸收水分、胀裂种皮，开春后就会发根长苗，可不必浸种、催芽。

2. 播种方法　用种子直播，每公顷用符合标准的茶籽 75～90 kg，按照规定丛距，每丛播 4～5 粒茶籽，覆土 3 cm 左右，再在播种行上盖一层糠壳、锯木屑、蕨类、稻草或麦秆等物，以保持播种行土壤疏松，利于出苗。播种深度对茶苗有很大的影响，播种过浅或过深都有可能造成严重缺苗。如果播种偏深，造成幼苗出土迟，若遇高温干旱季节，刚露地面的胚芽受日光灼伤而枯萎，影响茶苗的生长；若播种过浅，茶籽易裸露地面，受寒冻或旱热的影响，降低出苗率。因此，播种偏深或过浅均不符合快速成园的要求。

播种后，茶籽一般在 4 月中旬至 5 月上旬陆续出苗，6 月上旬达到齐苗。不催芽的茶籽或当年自然条件不适宜的，则有可能推迟到 7 月齐苗。

为了补缺用苗并提高补缺成活率，建议在播种的同时，每隔 10～15 行的茶行间多播种一行种子，或利用不成形的地角播种，播种量为大田用量的 5%～10%。以备就地设补缺用苗，取苗能够带土，补苗效果有保证。

（三）茶苗移栽

为保证移栽茶苗的成活率：

① 要掌握农时季节。

② 要严格栽植技术。

③ 周密管理。

1. 移植时间　确定移栽适期的依据,一是看茶树的生长动态,二是看当地的气候条件。当茶树进入休眠阶段,选择空气湿度大和土壤含水量高的时期移栽茶苗最适合。在长江流域一带的广大茶区,以晚秋(10 月底至 11 月初)或早春(2 月上、中旬)为移栽茶苗的适期;云南省干湿季明显,芒种至小暑(6 月初至 7 月中旬)已进入雨季,以这段时间为移栽茶苗的适期;海南省一般在 7～9 月移栽。故移栽适期主要根据当地的气候条件决定。具体时间可在当地适期范围内适当提早为好。因为提早移栽,茶苗地上部正处于休眠阶段或生长缓慢阶段,使移栽过程损伤的根系有一个较长的恢复时间。

2. 种植规格　种植规格是指专业茶园中的茶树行距、株距(丛距)及每丛定苗数,是合理密植的重要参数。

所谓"合理密植"就是要使茶树在一定的土地面积上形成合理的群体密度,充分利用光能和土壤营养,正常地生长发育并获得高产优质。合理密植的密度范围,因栽植区域、茶树品种以及管理水平等不同存在差异。一般认为,灌木型的中小叶种茶园单行条列式种植,行距150 cm,丛距 26～33 cm,每丛成苗后有 1～3 株时比较合适;如采用双行条列式种植,行距150 cm,丛距 26～33 cm,列距 30 cm,每丛成苗后有 1～2 株时比较合适。气候寒冷的地区,培养矮型树冠以提高茶树抵御低温的能力,可适当提高密度,行距可缩小到 115 cm,丛距 26 cm 左右。南方茶区如果用半乔木型或树势高大的云南大叶种、水仙、梅占、福鼎大白茶等茶树品种,可放宽至行距 160～170 cm,丛距 40～50 cm。这种密度,在正常管理情况下,能使茶树地上部和地下部充分占驻所辖的范围,构成一个合理的群体结构,得到正常生长。茶树的株行距及每丛株数,是个体与群体的关系问题。若种植过稀,个体会得到充分发展,但单位面积内的个体数不够,仍不能获得丰产;若种植过密,早期产量高,成龄以后,对个体相互间形成过分抑制,产量也会受到影响。茶树种植形式见图 4 - 12。

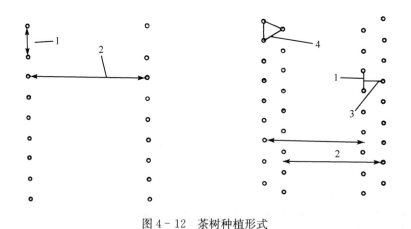

图 4 - 12　茶树种植形式

1. 丛距 26～33 cm　2. 行距 150～170 cm　3. 列距 30 cm　4. 呈等边三角形

茶树的经济树龄有几十年之久,所谓合理的群体结构,应当以成龄阶段树型固定时所要占据的空间位置为标准。日本茶农为经济利用土地和适合机械化作业,采用所谓"展开法"种植方式,行距放宽至 1.8 m。

茶行规格确定后,即按其规格测出第一条种植行作为基线。平地茶园要以地形最长的一边或主干道、次干道、支渠作为依据，将基线与之平行，留 1 m 宽的边划出第一条线作为基线，以此基线为标准，按所定的行距，依次划出各条种植线。梯级茶园种植时，内侧留水沟，外边应留坎埂。

3. 移栽技术　起苗前，应做好移栽所需的准备工作，开好栽植沟，施入基肥，肥与土拌匀，上覆盖一层表土，然后进行栽植茶苗，栽植沟深 33 cm 左右。茶苗要保证质量，中叶种每丛栽 2～3 株，大叶种单株栽植，亦可 2 株栽植。一丛栽植 2 株的茶苗，其规格必须一致，不能同丛搭配大小苗。凡不符合规格的茶苗，应加强培育，待来年再移植。实生苗若主根过长，即把超过 33 cm 以上的部分剪掉，但应注意保存侧根多的部位。移栽茶苗，要一边起苗一边栽植，尽量带土并勿损伤根系，这样可提高成活率。如果连同育苗的营养钵苗移栽，如果营养钵未腐烂，需去除营养钵，以免茶苗根系与土壤不能充分接触而影响其生长。

移栽时应保持根系的原本姿态，使根系舒展。茶苗放入沟中，边覆土边踩紧，使根与土紧密相结，不能上紧下松。待覆土至 2/3～3/4 沟深时，即浇安蔸水，水要浇到根部的土壤完全湿润，边栽边浇，待水渗下再覆土，填满踩紧，并高出茶苗原入土痕迹（泥门），覆成小沟形，以便下次浇水和接纳雨水。一般地，除了种植行上种上茶苗外，在行间定植一定数量（10%～15%）的茶苗，作为备用苗，用作就地补缺。

移栽茶苗，如果稍有马虎，或栽后管理粗放，就极易死苗，有些地方"年年栽茶不见茶"的现象，主要原因就在这里。

4. 提高移栽成活率的方法　缺丛或缺株现象是新建茶园常见的问题。为了保证移栽茶苗成活率，关键要做好浇水抗旱、遮阴防晒、勤除杂草、根际覆盖等工作。

（1）浇水抗旱。移栽茶苗根系损伤大，移栽后必须及时浇水，以后必要时每隔 1～2 周浇一次水，遇天气干旱，浇水的次数要多些，浇到成活为止。成活后，作为一般无公害茶园的，可适当施一些发酵过的稀薄人粪尿，作为绿色食品茶和有机茶园的，可施经颁证的稀氨基酸液肥和经无害化处理过的堆、沤肥液，以提高苗期的抗旱能力。

（2）遮阴防晒。幼苗期由于茶园防护林、行道树和遮阴树等都未长成，生态条件差，相对湿度小，夏天强烈阳光照射和高温干旱会使茶树叶子受灼伤，严重时会使整株茶苗晒死，在伏旱季节表现更为明显。在第一二年的高温季节，可进行季节性遮阴。具体做法是用狼箕草、杉枝和稻草、麦秆等扎成束，插在茶苗的西南方向，挡住部分阳光。高温干旱季节过后，及时拔除遮阴物或作为铺草材料铺于茶行之间，既保水又可以增加土壤有机质。

（3）根际覆盖。根据经验，旱季根际铺草，有利于提高茶苗成活率，促进茶苗的生长势。一般无公害茶园可采用稻草、麦秆、绿肥等作为根际覆盖的材料，绿色食品茶园和有机茶园应以山草、绿肥为主。具体做法是在茶苗根颈两旁根系分布区覆盖，上面再压碎土。在缺水地块，更应大力实施。秋冬移栽的茶苗，在移栽结束后立即覆盖，可以起到抗寒保温的作用。其他时间移栽的茶苗，则应在干旱季节到来之前覆盖好。

（4）间作绿肥。幼龄茶园合理间作绿肥不仅可解决肥源问题，还可以增加土壤覆盖率，防止水土流失，护梯保坎，增加茶园生物多样性等，也是有机农业生产重要的技术措施。福安市水保园有机茶园，在裸露严重的茶园行间，套种圆叶决明和百喜草，圆叶决明用作绿肥翻埋，百喜草用作覆盖物，既增加了茶园的土壤肥力，又提高了土壤的抗蚀性。据测定：地表覆盖率达 50%～70% 时，地表径流减少 46%～76%，泥沙流失量减少 57%～78%；地表覆盖度达 80%～100% 时，地表径流量减少 70%～90%，泥沙流失量减少 74%～94%。也有地区行间播种玉米等经济作物,除保水外,还能遮挡夏季强烈日光照射,阻挡初夏西南干热风对茶树幼苗的伤害,有利于茶苗的生长。

(5)其他处理方法。

① 假植。若苗圃起出的茶苗,当日未能移栽和等待装运,或运到目的地后不能及时定植时,则应将其集中埋植在泥土沟内,或用地衣植物包扎根部,放于阴凉处,防止茶苗失水,提高茶苗成活率。

② 药剂处理。用 50 mg/L 的萘乙酸(NAA)处理根系(黄泥浆蘸根)的方法可以明显提高运输过程中茶苗移栽成活率。梁月荣等人 2005 年 2 月对从新昌运输到成都的茶苗(浙农 117 和浙农 139)用 50 mg/L 的 NAA 处理根系(黄泥浆蘸根),起苗到种植完成间隔时间 6 d,2005 年 7 月检查结果表明,处理茶苗成活率平均为 90.3%,未经处理者成活率平均为 78.4%。2005 年 3 月,从福建安溪和福安运苗至浙江三门和上虞两地,苗到达后,用相同方法处理,起苗到种植完成间隔时间 5 d,2005 年 5 月底检查,处理的成活率为 95%~98%,对照为 79%~85%。

(四)幼龄茶树管理

实践经验证明,茶树在一二年生时不能全苗,成园后就很难补齐。所以,在茶树一二年生这段时间中,必须千方百计地达到全苗壮苗,才能为以后的茶叶高产优质奠定基础。其主要措施是:

1. 抗旱保苗 一二年生的茶苗,既怕干,又怕晒,要促进其加速生长,必须抓住除草保苗、浅耕保水、适时追肥、遮阴、灌溉等项工作。

2. 间苗补苗 保证单位面积有一定的基本苗数,是正确处理个体与群体关系的一个方面,是争取丰产的基本因素;不论直播或移栽的茶园,及时查苗补苗,凡每丛已有 1 株茶苗成活的就不必再补苗,缺丛则每丛补植 3 株茶苗,这是达到全苗、壮苗的重要措施。凡出苗迟、生长差的茶苗,要增加水、肥,倍加抚育。齐苗后当年冬季或次年,要抓紧补苗,否则,待成园以后再补,所补的茶树参差不齐,更严重的是有些不能成丛,故须在一二年生内将缺丛补齐,保证全苗。补缺用苗,必须用同龄茶苗,一般应用备用苗补缺,若用间苗补缺,苗木不能拔,而要挖,否则根系损伤,不易成活。补缺的方法和补后的管理与移栽茶苗相同。

每丛茶树的基本苗不宜过多,灌木型茶园,每丛 2~3 株较好,半乔木型茶树,每丛 1~2 株为宜;在土质深厚肥沃的地方,每丛 1 株亦可。有的直播茶园播种量多,出苗好,一丛有 4~5 株,有的达到 6~7 株,由于苗多,个体与群体产生了矛盾,骨干枝不能充分发展,有碍长期高产优质。故在苗期要及时进行间苗工作。间苗要选在雨后土松时按"去弱留强、去劣留良"的原则进行。保证每丛有合理的基本苗数,使留下的茶苗能够充分发育成为壮苗。

3. 防寒防冻 防寒防冻是茶苗初期管理的又一项重要内容。新植的第一年,尤其是一些乔木型大叶品种,若在长江流域一带种植,防寒防冻更加重要。

(五)茶树矮化密植

茶树矮化密植栽培法是 20 世纪 70 年代我国试验成功的一种种茶方法。所谓"矮化",

指用人为措施使树冠高度比常规茶园树冠低 1/3 左右，一般将树高控制在 60～70 cm。所谓"密植"，即改单行条列式为多行（2～4 行）条列式，每公顷苗数为常规茶园的 3～5 倍。茶树矮化密植还必须有相应的各项栽培技术的相互配套。

20 世纪 50 年代后期，贵州省湄潭茶叶研究所和云南省勐海茶叶研究所均曾小面积试种多行条列式密植茶园，后因种种原因试验未能持续。从 20 世纪 70 年代初开始，浙江农业大学茶叶系和贵州省湄潭茶叶研究所等单位对茶树矮化密植进行了系统的研究，取得了"早投产、早高产、早收益"的显著效果。至 20 世纪 80 年代初，全国推广面积达 2 万 hm^2。从目前生产实际应用来看，以采用双行种植较多。

1. 矮化密植的理论依据　矮化密植茶园之所以能取得"三早"的效果，其原因是采取适宜的种植密度与排列方式，运用综合栽培措施，迅速建立了一个较为合理的群体结构与较好的生态环境，有利于茶树生长发育。

（1）充分利用太阳光能。一般认为高产茶园的茶树叶面积指数以 3～4 为宜，矮化密植茶园幼年的叶面积比同龄常规栽植茶园多 3～5 倍，即能迅速使叶面积指数上升到理想的要求，以充分截获阳光，显著提高单位面积上的太阳光能利用率。

（2）生殖生长被控制，促进营养生长。在密植条件下，由于荫蔽度提高，内部空气相对湿度大，通气较差，不利于花芽分化发育，使开花结实显著减少。据刘祖生和童启庆等（1979）研究表明，若以常规茶园的花和茶果为 100% 计算，密植茶园则分别为 15% 和 2.6%，即分别为常规茶园的 1/6～1/40。由于生殖生长受到了抑制，减少开花结实率；从而使水分、养分集中于营养生长，提高茶叶产量与品质。

（3）群体优势得到充分发挥。通过修剪和采摘，控制茶树树冠高度，分枝层次减少，树体内运输线缩短，养分周转加快；再配合高水平的肥培管理措施，使个体生长也能维持较长时间的群体优势。由于优势发挥，萌发芽叶苗壮，因而对氮元素的利用效果大大地高于常规茶园。据刘祖生、童启庆等的研究资料，余杭漕桥 1 号茶园 1～6 年每公顷施纯氮 2 336 kg，6 年共产干茶 17 145 kg，平均每千克纯氮生产干茶 7.34 kg。常规茶园 1～6 年每公顷施纯氮 1 598 kg，6 年共产干茶 4 890 kg，平均每千克纯氮产干茶 3.06 kg。密植茶园单位重量纯氮能生产的茶叶产量比常规茶园高 1.39 倍。

（4）改善生态环境。在密植条件下，茶园 2～3 年就能封行，而常规茶园要 4～5 年才能封行。这种茶园的微域气候发生变化，冬季地温较高。茶树封行早，保水、保土、保肥力较强；茶树封行后，地面光照条件差，杂草不易发生，土壤耕锄次数少，土壤结构不受破坏而保持疏松，茶树吸收根多，吸收水肥能力强。同时茶树密度大，枯枝落叶多，增加了茶园土壤有机质含量，肥力较高。

2. 矮化密植茶园的建立　矮化密植茶园的建立除了与常规园建设一样要求外，以下两点要求更高。

（1）土壤与基肥。密植茶园的土壤要求深厚肥沃、排水良好、坡度在 15°以下为宜，可以不修筑梯田，采用等高多条种植，以保持水土。用新开生荒地种植较好，如果是利用熟地或改植换种园地，必须保证无根线虫，并具有丰富的微量元素等营养。有根线虫的土壤要进行土壤消毒，深垦后种 1～2 年的大叶绿豆（印尼绿豆）等绿肥，然后再种植茶树。

密植茶园的土壤需深垦 50 cm 以上，分层施入基肥。每公顷施基肥：厩肥 30.0～30.7 t、菜饼 0.8～1.5 t、土杂肥或焦泥灰 15.0～22.5 t、过磷酸钙肥 375～750 kg。分层施入，第一层（距地表 30～50 cm）施厩肥及菜饼，第二层（距地表 20 cm 左右）施土杂肥与过磷酸钙肥的 2/3 用量，第三层（距地表 10 cm 左右）施土杂肥及过磷酸钙肥的 1/3 用量。

（2）品种与排列方式。密植茶园的建设要重视品种的选择，并注意种植品种的排列。密植茶园宜用茶籽直播或选用根系发达的无性系品种种苗。在品种选择上，要选用顶端优势强的直立型品种，分枝角度小，枝梢向上斜生，以利于承受与吸收阳光。排列方式采用中、小叶种大行距 150～160 cm，种 2～4 小行，小行距 30～40 cm，丛距 20 cm，每丛留茶苗 2～3 株，每公顷 30.0 万～37.5 万株；大叶品种，大行距 160～170 cm，种 2～3 小行，小行距为 30～40 cm，单株种植，株距为 25 cm 左右，每公顷为 4.5 万～7.5 万株。

密植茶园建立在其他方面的内容，都应根据前面常规茶园建立的高标准要求来进行，只有这样，才能获早投产、早高产、早收益的效果。

复习思考题

1. 试述茶树无性繁殖和有性繁殖的特点。

2. 进行茶树品种搭配有什么意义？怎样做好品种搭配工作？

3. 试述茶树短穗扦插技术。

4. 如何提高扦插育苗的成活率？

5. 试述扦插发根原理。

6. 试述影响扦插发根的因素。

7. 试述培育茶树种子壮苗的关键。

8. 如何选择兼用留种园？该进行哪些留种前的管理工作？

9. 新茶园垦殖过程中应注意哪些问题？

10. 简述茶树种植技术要点。

11. 提高茶苗移栽成活率应掌握哪些技术环节？

12. 简述茶树矮化密植栽培的理论依据。

学习指南：

　　茶园土壤管理包括茶园耕作、水分管理、施肥技术、土壤肥力培育与维护等较多内容。涉及面广，与茶叶生产实际紧密相连，是专业基础课的基本理论在茶园生产中的具体运用。茶园土壤管理的好坏，直接影响到茶树的生育，进而影响产量、品质、效益、生态和生产的可持续性。因此，这一章内容的学习除了要掌握本章中的茶园土壤管理技术，认识土壤管理过程中产生问题的成因、影响因素，还要求能将已学知识融会贯通，根据茶树的生育规律和生产实际，因地制宜灵活运用，培养解决问题的能力。

第五章

茶园土壤管理

　　土壤是茶树生长的立地之本，也是茶树优质、高产、高效益的重要影响因素。茶树生长所必需的水分、营养元素等物质主要是通过土壤进入茶树体内。唐代陆羽《茶经》中就有"其地，上者生烂石，中者生栎壤，下者生黄土"的记载，说明古代茶人就已经关注到土壤对茶叶品质的影响。茶园土壤质量的好坏直接影响到茶树生育、产量和品质。

　　土壤质量指的是"特定类型土壤在自然或农业生态系统边界内保持动植物生产力，保持或改善大气和水体质量以及人类健康和居住的能力"。它是表征土壤维持生产力、净化环境能力以及保障动植物健康能力的量度。土壤质量包括了三个方面的内容，即土壤肥力质量、土壤环境质量和土壤健康质量（曹志洪，2008）。这与传统的土壤肥力质量有所差异，增加了土壤环境质量和土壤健康质量的概念，是一种新的表述，是为了满足现代农业生产需要而提出的综合性概念。茶园土壤质量就是根据茶树生产的需求，用来表征茶园土壤可持续能力，生产优质安全茶叶品质能力及维持生态平衡能力的一个量度。在茶叶生产中就体现为茶园管理。通常茶园管理包括三个方面：一是茶园土壤管理，二是茶树树冠管理，三是茶园病虫害管理。这三者之间侧重点不同，但也相互有联系。茶园土壤管理就是泛指一切与茶园土壤有关的茶园管理活动，其目的和作用主要是通过这些管理活动促进茶园土壤质量的提高，增强土壤营养元素的保持能力及供应能力，为茶树根系生长提供良好的条件，同时又减少茶叶生产对生态环境的影响，如水土流失、富营养化、温室效应等负面效果。茶园土壤管理的目标就是通过管理活动维持茶园土壤的可持续利用，促进茶树生长健康，获得持续优质、高产，取得最大经济效益。

　　茶园土壤管理具体包括耕作除草、水分管理、施肥、土壤覆盖和土壤改良等措施，本章后面将详细介绍这些活动措施。

第一节 茶园耕作

茶园耕作，即对茶园土壤的翻耕活动，是茶园土壤管理中十分重要的内容。过去我国茶区非常重视茶园的精耕细作，并积累了非常宝贵的经验，如龙井茶区的"三耕四削"和"七挖金、八挖银"等。茶树作为多年生常绿作物，茶园合理耕作，既可以疏松茶园表土板结层，协调土壤水、肥、气、热状况，翻埋肥料和有机质，熟化土壤，增厚耕作层，提高土壤保肥和供肥能力，同时还可以消除杂草，减少病虫害。不合理的耕作，不仅破坏土壤结构，引起水土流失，加速土壤有机质分解消耗，还会损伤根系，影响茶叶产量。因此，茶园耕作需要根据茶园特点合理进行，并与施肥、灌溉等栽培措施密切结合，扬长避短，充分发挥对提高土壤肥力、增进茶叶产量和品质的作用。

随着现代社会的发展，茶叶的种植方式也在发生极大的改变，过去一些传统的耕作经验一部分不再适用。充分认识耕作带来的影响，合理掌握耕作技能，才能达到耕作措施应用带来的增产、提质、增效、改善地力的目的。

一、茶园耕作效应

茶园耕作作为传统的茶园常规管理技术，一直受到茶农的重视，并沿用至今。原因是茶园耕作对茶叶生产有重要意义，能有效提高茶叶品质与产量，并能确保茶园的可持续生产。这些作用或效应主要表现在以下几个方面。

（一）耕作对茶园土壤物理性状和肥力的影响

茶树是多年生作物，长期的人工采摘作业极容易导致茶园土壤表层板结、结构破坏，土壤通透性变差。这样的结果，一方面导致雨水不易下渗，容易形成表面径流，从而导致表层有机质、肥料等大量被雨水冲走，既降低茶园肥力，又影响茶园周边生态环境；另一方面板结直接导致茶树根系生长受到影响。茶树根系需要呼吸，需要氧气，板结阻隔了土壤的空气交换，导致茶树根系缺氧而损伤，严重的则根系死亡。因此，耕作对茶树的良好生长环境维持极为必要。耕作带来的直接益处是疏松土壤，提高土壤通透性，增加土壤孔隙度，加速雨水渗透，提高土壤含水量。许允文等（1999）研究，深耕并结合施有机肥，茶园土壤的容重、孔隙度明显变化，而且渗水速度明显提高（表 5-1）。

表 5-1 深耕对茶园土壤通透性的影响

（许允文等，1999）

处理	土层/cm	容重/（g/cm³）	孔隙度/%		渗透系数 k /（mm/min）
			总孔隙度	全有效孔隙度	
深耕 30 cm 茶园	0~25	1.29	52.80	38.71	0.61
	25~45	1.43	49.48	28.77	
不深耕茶园	0~25	1.51	49.43	28.51	0.29
	25~45	1.46	48.50	29.00	
生荒土	0~25	1.33	46.91	29.98	0.26
	25~45	1.47	48.79	29.48	

耕作提高土壤通透性，也改变了土壤内部的水热状况，从而有利于土壤微生物的生长和繁殖，茶园土壤深耕后，土壤中微生物总数、纤维素分解强度和呼吸强度明显增加（表5-2）。

表5-2　深耕对土壤微生物生长的影响

（吴洵，1990）

处理	微生物总数* /个	纤维素分解强度** /%	呼吸强度*** /mL
深耕30 cm茶园	7.9×10^7	47.0	853.3
不深耕茶园	8.4×10^6	13.5	451.1
生荒土	4.7×10^6	6.0	32.5

* 为平板法（总数），以每克土中个数计；**为埋布法（20 d）；***为培养法（5 d积累量），以每千克土中CO_2体积计。

由于土壤深耕后，土壤通气条件得到改善，生物活性增加，从而也促进了土壤有机质矿化和矿物质的风化分解，加速土壤熟化进程，提高土壤有效养分的质量。低产茶园土壤深耕试验结果表明，深耕不仅使主要营养元素有效化程度大为提高，而且有效的微量元素含量也明显增加（表5-3），但在只深耕不施有机肥的条件下，土壤中全氮和有机质含量下降。因此，深耕且施有机肥是保持土壤肥力的重要措施。

表5-3　耕作对土壤养分含量的影响

（吴洵，1990）

处理	有机质/（g/kg）	全氮/（g/kg）	pH	有效养分/（mg/kg）				
				氮	磷	钾	镁	锌
深耕30 cm	21.5	1.05	5.8	154	39	139	78	1.9
不深耕	22.9	1.35	5.0	79	8	75	54	0.6
浅耕15 cm	20.0	1.30	5.0	101	12	81	59	1.2

（二）耕作对茶树根系生长的影响

随着茶树的不断生长，茶园行间布满根系，并相互交错，无论是深耕或是浅耕都会造成断根现象，给茶树生长带来不利的影响。越是成龄茶树，耕作所造成的伤根就越是严重。耕作深度越深，幅度越宽，伤根量也就越大。据湖南省茶叶研究所在10年生成龄采摘茶园中试验，行间深耕30 cm，耕幅为40 cm时伤根率达12%；耕幅扩大到60 cm和80 cm时，伤根率增加到17%和22%；如果根幅为50 cm，而耕作深度从10 cm增加到50 cm时，其伤根率增加到8倍。不同树龄的耕作层的伤根规律基本上是幼龄茶园＜壮龄茶园＞衰老茶园。

茶园肥力不一，根系生长也不一样。土层越厚、肥力越高，茶树根系分布越深越均匀。而肥力低、土层薄的茶园，加上现代肥料表施技术，茶树根系则多分布于表层，深耕对茶树生长的影响更大。

由于茶树根系有较强的再生能力，根系因耕作而被切断，但其伤口能迅速愈合，并再发新根。断根的恢复速度与深耕断根的季节有关，研究表明，8月上旬的伏耕，断根的愈合再生能力最强、最快，到翌年春茶前有较好的恢复；12月上旬冬耕，断根后再生愈合最慢，直到翌年夏茶时期，新根数量还很少。3月中旬春耕，断根的愈合再生也较快，但是等到了有较好恢复时，已是当年秋茶的后期了。因此，根系断根再生能力最强是在8月的伏天，其次是秋季10月和春季3月，冬季12月断根再生能力最差。所以，过去龙井茶区"七挖金、八挖银"，把深耕作为衰老茶园根系更新的一项措施是有一定道理的。

根系生长与当地气温或生长土壤温度有关，我国茶区从南到北，气候变异大，同一季节或同一月份，茶园土温明显不同。另外高山与平地也不完全相同，因此深耕时间不是一成不变的，各地应根据当地的气候条件适当调整。

（三）耕作对茶叶产量和品质的影响

耕作可有效疏松土壤，提高土壤肥力，同时也造成了茶树断根，以及带来对茶园水土的冲刷，最终表现在对茶树产量和品质的影响上，不同耕作时期、耕作深度、茶树树龄所得结果都是不一样的。

茶树在种植前进行深耕，尤其是深耕配合施肥，有改土的作用，没有伤根的后果。因此，生产实践和试验结果都一致表明，茶树种植前的耕作对茶树生长以及以后的增产提质效果十分明显，而且持续时间长远。耕作越深效果越好，持续时间也越长，尤其是在深耕配合施底肥的条件下，其效果更为明显。

成年茶园土壤耕作对茶叶产量影响比较复杂，有增产也有减产，或者是当季减产而隔季增产。福建农业科学院茶叶研究所在成龄条栽茶园行间进行耕作试验，茶叶产量5年平均，耕作深度为15 cm、30 cm，仅比不耕作的增加2.0%～3.5%，增产作用不明显，而耕作深度50 cm，则没有表现出增产作用。杭州茶叶试验场与中国农业科学院茶叶研究所在刚成龄投产的条栽茶园上试验，年年深耕23 cm的，在试验的第一年，茶叶产量要比年年浅耕10 cm的略有减少外，其后每年都有不同程度的增产，6年平均增产8.20%。湖南农业科学院茶叶研究所在10年生茶园行间进行4年深耕试验后，其结果是减产的，深度越深减产越多，其中深耕20 cm比不耕减产15.49%，深耕33 cm比不耕减产18.5%。安徽农业科学院茶叶研究所在6年生茶园进行的深耕试验表明，行间深耕35 cm，如果耕作部位离茶树根颈较近的则是减产的，如果离茶树根颈较远的则是增产的。综合各地的经验来看，在成龄茶园深耕深度不超过30 cm的情况下可有增产作用；超过30 cm就可能导致耕后当年、甚至以后几年的产量降低。因此，茶园耕作因树、因时、因土进行合理耕作是非常重要的。中国农业科学院茶叶研究所在低丘红壤地区试验表明，由于该茶园质地黏重，表土板结，土壤坚实，根系生长差，在行间进行深耕改土后，土壤疏松，大大改善了茶树根系的生长环境，深耕对增产和提质效果十分明显（表5-4）。

表5-4　低丘红壤茶园深耕效果

（吴洵，1989）

处　理	青叶产量		青叶机械组成		生化成分/%		
	/（kg/hm²）	/%	正常新梢	对夹叶	氨基酸	茶多酚	酚/氨
深耕	5 512.5	121.49	55.64	44.36	2.84	15.98	5.63
不深耕	4 537.5	100.00	45.54	54.46	1.69	18.20	10.76

（四）茶园耕作的不利效应

耕作除了上面提到的益处外，也有一定的不良效应。如果耕作不当，会扩大这些不利效应，对茶叶生产造成不良后果。其中最主要的不良效应是茶园的水土流失，尤其是坡地茶园。坡地茶园深耕可促进茶园水土流失的发生（表5-5），尤其是当深耕后即遇上暴雨，这也是深耕带来的弊端。但深耕结合茶园铺草，可有效地防止茶园的水土流失。

另一个弊端是根系的损伤。这主要是指耕作时机不适而造成的根损伤和损伤后恢复生长延迟，从而对茶树生产的影响。

表5-5 茶园深耕对水土流失的影响

（张亚莲，1994）

处理	不同观测时间内的水土流失量/（kg/hm²）							合计/（kg/hm²）	比较/%
	3月28日	4月28日	5月11日	6月22日	7月27日	8月30日	9月5日		
深耕	35 550	37 350	36 180	164 970	37 140	40 860	40 860	392 910	100
免耕	31 500	24 600	27 420	153 450	26 970	9 850	27 450	301 275	76.68

二、茶园耕作技术

茶园耕作是我国广大茶区农民传统的增产经验之一，年耕锄次数较多，随着生产水平的提高，尤其是劳动力的紧张，茶园耕作技术有所改变，茶园耕锄的某些作用可由其他措施来代替，如提高茶园覆盖度、地面覆盖和化学除草等。因此，出现了免耕栽培。"免耕"的正确含义是免除不必要的耕作，尤其是指成年茶园的日常耕作管理，而非指新开垦茶园。如何根据不同土类、土壤性状、杂草生长等情况，选择适当的耕作制度，包括时间、目的要求、耕作方法等内容是耕作技术中需灵活予以掌握的。目前，根据茶园耕作的时间、目的、要求不同，可把它分为生产季节的耕作和非生产季节的耕作。

（一）生产季节的耕作——中耕与浅锄

生产季节的茶树地上部分，处于旺盛生长发育阶段，芽叶不断地分化，新梢不断地生育和采摘。因此，要求地下部分不断地、大量地供应水分和养分，但这一时期往往也是茶园中杂草生长茂盛的季节，杂草繁生必然要消耗大量的水分和养分，同时也是土壤蒸发和植物蒸腾失水最多的季节。不仅如此，生产季节中，由于降雨和人们在茶园中不断采摘等管理措施，造成茶园表层板结，结构被破坏，给茶树生育造成不利影响。为此，在茶园中就要进行耕作，疏松土壤，增加土壤通透性，及时除草，减少土壤中养分和水分的消耗，提高土壤保蓄水分的能力。根据以上要求，生产季节的耕作以中耕（15 cm以内）或浅锄（5 cm左右）为合适。耕锄的次数主要根据杂草发生的多少和土壤板结程度、降雨情况而定。一般专业性茶园应进行3～5次，其中春茶前的中耕、春茶后及夏茶后的浅锄3次认为是不可缺少的，且常结合施肥进行。具体耕作次数要从实际出发，因树因地而异。

1. 春茶前中耕 春茶前中耕是增产春茶的重要措施。茶园经过几个月的雨雪，土壤已经板结，而这时土温较低，此时耕作可以疏松土壤，去除早春杂草，耕作后土壤疏松，表土易于干燥，使土温回升快，有利于促进春茶提早萌发。因这次中耕主要是为了积蓄雨水，提高地温，所以耕作深度可稍深一些，深度一般为10～15 cm，群众有"春山挖破皮"的经验，说明不能太深，否则损伤根系，不利于春季根系的吸收。这次中耕结合施催芽肥，同时要把秋冬季在茶树根颈部防冻时所培高的土壤扒开，并平整行间地面，结合清理排水沟。这

茶 树 栽 培 学

次中耕的时间，长江中下游茶区一般在2～3月进行，南部的茶区应提前，愈向北部的茶区则应推迟。具体时间应根据当年当地气候条件所定。一般以春茶开采前20～30 d为宜，过去提倡在3月进行，随着气候变暖，加上各地多以采单芽为主，因此春季中耕多有提前。如浙江茶区，温州一带茶园2月底3月初就开采，因此，结合施催芽肥的春季中耕时间就相应要提前到2月上中旬。各地具体适宜中耕时间也有所差异。

2. 春茶后浅锄　这次浅锄是在春茶采摘结束后进行的。长江中下游茶区多在5月中下旬。此时，气温较高，而且降水量较多，也正是夏季开花植被旺盛萌发的时期，同时春茶采摘期间土壤被踩板结，雨水不易渗透，必须及时浅锄。深度一般比春茶前中耕稍浅，在10 cm左右。此时，也是春茶后追肥施用时期，大多生产单位肥料施用采用的是地表撒施，这次浅锄安排在追肥施用后进行为好，这样可使施于表面的速效肥被送入土层中。

3. 夏茶后浅锄　这次浅锄在夏茶结束后立即进行，有的地区是在三茶期间进行。时间在7月中旬。此时天气炎热，夏季杂草生长旺盛，土壤水分蒸发量大，并且气候也较干旱，为了切断毛细管减少水分蒸发，消灭杂草，要及时浅锄，深度在7～8 cm。此次耕作要特别注意当时的天气状况，如持续高温干旱，就不宜进行。

除了上述3次耕锄外，由于茶树生产季节长，还应根据杂草发生情况，增加1～2次浅锄，特别是8～9月，气温高，杂草开花结籽多，一定要抢在秋季植被开花之前，彻底消除，减少第二年杂草发生。幼年茶园，由于茶树覆盖度小，行间空隙大，杂草容易滋生，而且茶苗也容易受到杂草的侵害，故耕锄的次数应比成年茶园多，否则易形成草荒，茶苗生长受影响。

（二）非生产季节的耕作——深耕

非生产季节的深耕是秋季茶叶采摘结束后进行的一次较深（15 cm以上）的耕作。我国很早以前就有关于深耕的记载，因此深耕历来受到广大茶区群众的重视，认为是增产的关键。

深耕对改善土壤的物理性状有良好的作用，通过深耕可以提高土壤的孔隙度，降低土壤容重，对改善土壤结构、提高土壤肥力有着积极的作用。深耕后土壤疏松，含水量提高，而且土壤通透性提高，促进好氧性微生物活跃生长，加速土壤中有机物的分解和转化，提高土壤肥力。但是，深耕对茶树根系损伤较大，对茶树产量和茶树生长会带来影响。因此，在进行深耕时，应根据具体情况分别对待，灵活掌握。

不同树龄的茶园，应根据根系分布情况而进行深耕；其次，深耕时还应根据不同种植方式和密度来确定深耕的深度和方法。幼年期茶园的深耕，对于种植前已经过深垦的茶园，行间深耕一般只是结合施基肥时挖基肥沟，基肥沟深度在30 cm左右，种茶后第一年基肥沟部位要远离茶树20～30 cm，以后随着茶树的长大，基肥沟的部位离茶树的距离也应逐渐加大。成年期茶园的深耕，由于整个行间都有茶树根系分布，如行间耕作过深、耕幅过宽，都会使茶树根系受到较大损伤，因此一般成年茶园深耕深度不超过30 cm，宽度不超过40～50 cm，近根基处应逐渐浅耕10～15 cm。衰老茶园的深耕，应结合树冠更新进行，深耕以不超过50 cm×50 cm为宜，并结合施用较多的有机肥。

种植方式和种植密度不同的茶园，深耕时也应区别对待。丛播茶园株行距大，根系分布比较稀疏，深度可深些，可达25～30 cm，同时要掌握丛边浅、行间深的原则；条栽茶园，行间根系分布多，深耕的深度应浅些，一般控制在15～25 cm，尤其是多条栽密植茶园，整个茶园行间几乎布满根系，为了减轻对根系的伤害，生产上可采用隔1～2年深耕一次，并结合基肥施用进行。

茶园深耕应选择对茶叶产量影响最小，茶树断根再发能力较快的时候进行。我国岭南以北的广大茶区，素有"挖伏山"的习惯。因为过去旧茶园耕作次数少，一般不施肥，8月份采茶已结束，此时天气炎热，气温高，杂草肥嫩，深耕时将杂草埋入土中很快会腐烂，可增加土壤有机质，而且据观察此时茶树断根的愈合发根力强，对下一年春、夏茶增产效果比较明显。

不同深耕时期对各季产量的影响结果表明（表5-6），秋耕增产效果最好，其次是伏耕和春耕，冬耕效果最差。现生产上极大部分地区以秋耕结合施基肥的较多，采叶茶园，在茶季结束后，立即进行深耕，一般在9月下旬至10月进行，并以早耕为好。冬季有寒冻害发生茶区，切勿冬耕，尤其是土壤结冰之后。较北和高山茶区，深耕的时间应提早。而在海南等南茶区，深耕则可在12月间进行。

表5-6　深耕时期对各季产量的影响

（杭州茶叶试验场）

单位：%

深耕时期	头茶	二茶	三茶	四茶
秋耕（10月上旬）	100	100	100	100
春耕（3月上至中旬）	98	95	102	113
伏耕（8月上旬）	100	105	94	83
冬耕（12月上旬）	97	95	88	85

注：指以秋季耕作的茶叶产量为100%，其他时期耕作茶叶产量与之相比的百分比。

三、茶园除草

茶园除草是茶园土壤管理中一项经常进行的工作。茶园杂草对于茶树的危害很大，它不仅与茶树争夺土壤养分，在天气干旱时会抢夺土壤水分，而且杂草还会助长病虫害的滋生蔓延，给茶树的产量和品质带来影响。另外，随着茶园机采的推广，杂草不除，也可能给茶叶品质带来影响。因此，在茶园栽培管理中，除草是一项经常性的作业。

（一）茶园杂草的主要种类

茶园中杂草种类繁多，适宜在酸性土壤生长的旱地杂草，大多通过多种途径传播到茶园中来，并在茶园中生长繁衍。浙江、福建、湖南、四川、安徽、台湾等我国主要产茶省均对茶园杂草进行过调查，由于各地生态环境不一致，茶园杂草种类变化较大（表5-7）。

表5-7　部分产茶省份茶园杂草种类

省份	杂草种类	主要杂草
浙江	32科87种，其中禾本科和菊科均为11种，其他还有石竹科、十字花科、伞形科、唇形科和蓼科等	雀舌、卷耳、马唐、看麦娘、通泉草、荠菜、早熟禾、香附子、猪殃殃、车前
湖南	39科132种，其中菊科17种、禾本科15种、唇形科7种，其他还有蔷薇科、蓼科、伞形科、石竹科等	艾蒿、一年蓬、鼠曲草、马兰、看麦娘、马唐、狗牙根、画眉草、白茅、辣蓼、杠板归、繁缕、雀舌、婆婆纳、酢浆草

（续）

省份	杂草种类	主要杂草
福建	62科355种，其中禾本科72种、菊科46种、落草科23种，其他还有唇形科、蓼科、蔷薇科、豆科等	葛藤、小飞蓬、金色狗尾草、马唐、雀稗、白茅、鸭嘴草、芒、菝葜、海金沙、华南鳞盖蕨
安徽	44个科152种，其中禾本科21种、菊科24种	狗牙根、白茅、革命草、野艾蒿、鸡矢藤、土茯苓、菝葜、商陆、鸭跖草、狼把草、狗尾草、牛筋草、马唐、稗、旱莲、野塘蒿、杠板归、辣蓼
四川	38科144种，主要为禾本科、莎草科、蓼科等	马唐、白茅、狗牙根、秀竹琴草、杠板归、野塘蒿、马兰、凤尾旋、香附子、水蜈蚣
湖北	29科94种，其中禾本科14种、菊科11种，其次是唇形科、蔷薇科、蓼科、伞形科、石竹科、大戟科等	马唐、狗牙根、白茅、艾蒿、一年蓬、鼠曲、辣蓼、杠板归、繁缕、婆婆纳、酢浆草、猪殃殃
江苏	51科206种，其中禾本科30种、菊科34种、豆科10种	马唐、牛筋、狗牙根、小蓟、蓼草、看麦娘、鲤肠、铁苋菜、马齿苋、鸭跖草、繁缕、一年蓬、龙葵、水花生、旱稗、白茅
台湾	40余科142种，其中禾本科28种、菊科23种，其他还有蓼科、苋科、十字花科、石竹科等	蕨、看麦娘、狗牙根、牛筋草、白茅、香附子、半夏、杠板归、荠菜、龙葵、艾蒿

茶园杂草中有一二年生的，也有多年生的；有以种子繁殖的，也有以根、茎繁殖的，甚至种、根、茎都能繁殖的；有在春季生长旺盛的，有在夏季或秋季生长旺盛的，因而一年四季中杂草种类不尽相同。茶园中发生数量最多，危害最严重的杂草种类，有马唐、狗尾草、蟋蟀草、狗牙根、辣蓼等几种。了解这几种主要杂草的生物学特性，掌握其生育规律，有利于对杂草发生采取有效的控制措施。

1. 马唐 禾本科，一年生草本植物，它的茎都匍匐地面，每节都能生根，分生能力强，6～7月抽穗开花，8～10月结实，以种子和茎繁殖。

2. 狗尾草 禾本科，一年生草本植物，茎扁圆直立，茎部多分枝，7～9月开花结实，穗呈圆筒状，像狗尾巴，结籽数量多，繁殖量大，而且环境条件较差时，也能生长。

3. 蟋蟀草 禾本科，一年生草本植物，茎直立，6～10月开花，有2～6个穗状枝，集于秆顶，以种子、地下茎繁殖。

4. 狗牙根 禾本科，多年生草本植物，茎平铺在地表或埋入土，分枝向四方蔓延，每节下面生根，以根茎繁殖，两侧生芽，3月发新叶，叶片形状像犬齿。

5. 辣蓼 蓼科，一年生草本植物，茎直立多分枝，茎通常呈紫红色，节部膨大，以种子繁殖。

6. 香附子 香附子又名回头青、莎草。莎草科，多年生草本植物，地下有匍匐茎，蔓延繁殖，叶丛生，细长质硬，3～4月块茎发芽，5～6月抽茎开花，以种子和地下茎繁殖。

7. 菟丝子 旋花科，一年生寄生蔓草，全株平滑无毛，茎细如丝，无叶片，缠绕寄生，用茎上吸盘吸收寄主养分，夏天开花，以种子繁殖。

上述茶园杂草，它们对周围环境条件都有很强的适应性，尤其一些严重危害茶园的恶性杂草，繁殖力强，传播蔓延广，在短期内就能发生一大片的特点，但是各种杂草在其个体发育阶段中也有共同的薄弱环节。一般地，草种子都较细小，顶土能力一般不强，只要将杂草种子深翻入土，许多种子就会无力萌发而死亡；杂草在其出土不久的幼苗阶段，株小根弱，抗逆力不强，抓住这一时机除草效果较好；极大部分茶园杂草都是喜光而不耐阴，只要适当增加种植密度或在茶树行间铺草，就会使多种杂草难以滋生。因此，生产上要尽量利用杂草生育过程中的薄弱环节，采取相应措施，就能达到理想的除草效果。

（二）茶园除草技术

1. 人工除草　人工除草目前是我国茶区主要的除草方式，人工除草可采用拔草、浅锄或浅耕等方法。在新茶园开辟或老茶园换种改植时，进行深垦可以大大减少茶园各种杂草的发生，这对于茅草、狗牙草、香附子等顽固性杂草的根除也有很好的效果。对于生长在茶苗圃、幼年茶园的杂草或攀缠在成年茶树上的杂草，可采用人工拔草法，并将杂草深埋于土中，以免复活再生；或者直接暴晒在茶行间。

使用阔口锄、刮锄等人为工具进行浅锄除草，能立即杀伤杂草的地上部分，起到短期内抑制杂草生长的作用。尤其是适合铲除1年生的杂草，但对宿根性多年生杂草及顽固性的蕨根、菝葜等杂草以深耕效果为好。

2. 化学除草　茶园化学除草具有使用方便、杀草效果好、节省大量人工、经济效益明显等优点。化学除草剂可以分触杀型和内吸传导型。触杀型除草剂只能对接触到的植株部位起杀伤作用，在杂草体内不会传导移动，应用这类除草剂只作为茎叶处理剂使用。内吸传导型除草剂可被杂草茎叶或根系吸收而进入体内，向下或向上传导到全株各个部位，首先使最为敏感部位受毒害，继而整株被杀死，这类除草剂既可作为茎叶处理剂，也可作为土壤处理剂。除草剂的种类有很多，在茶园中使用必须具有除草效果好，对人、畜和茶树比较安全，并且对茶叶品质无不良影响，对周围环境较少污染的特点。我国茶园以往应用的除草剂有西玛津、茅草枯、百草枯和草甘膦等。

近年来，欧盟等对茶园中除草剂的选用有严格的限制，大部分除草剂不得在茶园中使用。因此，使用除草剂时应谨慎，根据不断变化的安全使用标准，选择合适的除草剂与用量。推荐最适使用时候是茶园新植时，这样省工高效，除草效果又好，茶叶中残留风险小。

3. 行间铺草　行间铺草的目的是减轻雨水、热量对茶园土壤的直接作用，改善土壤内部的水、肥、气、热状况，同时对茶园杂草也有明显的抑制作用。茶园未封行前由于行间地面光照充足，杂草易滋生繁殖，影响茶树的生长。在茶园行间铺草，可以有效地阻挡光照，被覆盖的杂草会因缺乏光照而黄化枯死，从而使茶树行间杂草发生的数量大大减少。茶园覆盖物可以是稻草、山地杂草，也可以是茶树修剪枝叶。一般来说茶园铺草越厚，减少杂草发生的作用也就越大。

一些仅生产单芽茶的单位，春季后常修剪枝条，把这些修剪枝叶铺设在茶行间，可起到很好的茶园覆盖作用，同时也可有效增加茶园肥力，尤其是有机质的含量。

4. 间作绿肥　幼龄茶园和重修剪、台刈茶园行间空间较大，可以适当间作绿肥，这样不仅增加茶园有机肥来源，而且可使杂草生长的空间大为缩小。绿肥的种类可根据茶园类型、生长季节进行选择。茶园间作绿肥种类，尽量不选地下有块根、块茎产生的作物，选种这些作物，会在茶行间起垄，影响茶树根系的正常生长。可选种牧草、豆科作物等生长快的绿肥。一般种植的绿肥应在生长旺盛期刈青后直接埋青或作为茶园覆盖物。

5. 地膜覆盖 在其他种植业中地膜覆盖已经被广泛推广应用，但在国内茶园管理中有试验报道，一直没有推广应用。在新植茶园，地膜覆盖可有效提高茶园保肥、保湿能力，同时也可有效控制杂草生长。据日本的研究认为，地膜覆盖除杂草的效果要好于铺草。国内研究表明，幼龄茶园地膜覆盖可起保水、抑制杂草生长的作用，不同颜色地膜覆盖对地下温度、水分分布影响差异大，夏季，高温与光照强烈时，地表膜下温度会达灼伤茶树的高温。

第二节　茶园水分管理

我国大部分茶区处于降水不平衡的地区，特别是干旱会严重导致茶叶的品质和产量的下降。因此，只有了解茶树的需水规律，才能采取正确的水分管理措施。茶园水分管理就是根据茶园土壤水分的运动特点、茶树水分利用的生理生化特性和茶树需水规律，采取一切必要的措施，进行合理的排、保、灌、控，保障茶叶高产优质对水分的要求。

一、茶树需水规律

茶树需水包括生理需水和生态需水。生理需水是指茶树生命活动中的各种生理活动直接所需的水分；生态需水是指茶树生长发育创造良好的生态环境所需的水分。

茶园水分循环中，其茶园水分的来源有降水、地下水的上升及人工灌溉 3 条途径，其水分损失则有地表蒸发、茶树蒸腾、排水、地表径流、水分下渗这 5 条渠道。在茶园地下水位较低，土壤含水量保持在田间持水量以内，又无集中降水和无间作作物的情况下，一定阶段内茶树的蒸腾量与行间土壤蒸发量之和，即为茶园的阶段需水量（或称耗水量）。根据土壤水分平衡原理，通过对茶园各个时期的土壤含水量测定，即能求得不同类型茶园在某阶段中的耗水强度近似值。这是确定茶园灌溉定额、灌水周期和合理用水的重要依据。土壤贮水量的动态变化情况可用下式表达：

△ 土壤贮水量＝降水量＋灌溉量－蒸发量－蒸腾量－径流量＋△ 地下水水量

（一）茶树植株体内的水分分布

茶树是以收获幼嫩芽叶为目的的耐阴性作物，对水分的要求较高，植株体内各器官的含水量也较大，但由于其内部组织结构的差异和生理功能的适应，各器官水分分布情况也不相同，茶树主要器官含水量如表 5-8 所示。茶树器官的水分状况既受茶树本身条件（如种质、生长活跃程度等）的约束，也受生态环境因素的影响。一般而言，茶树营养器官在生长期的含水量比休止期的高，幼嫩组织的含水量比成熟组织高，营养组织的含水量比成熟种子高，茶树各器官的含水量在供水充足时比供水不足时高，蒸腾轻微时比蒸腾强烈时高。

表5-8　茶树主要器官平均含水量

(杨亚军，2005)

器官		含水量/%	
		生长期	休止期
根	吸收根	56	54
	支根	52	46
	主根	48	40
茎	绿色茎	75	63
	红棕色茎	53	50
	暗灰色茎	48	48
叶	嫩叶	75	
	树冠上层成熟叶	62	58
	树冠下层茶树叶	67	61
	老叶	65	
成熟果实			65
成熟种子			30

（二）茶树生长与土壤水分的关系

要满足茶树对水分的需求，必须以茶园水分动态为依据，了解茶园土壤吸力和茶树树体水势变化规律。

1. 茶园土壤水分动态　茶园土壤水分是茶树水分的主要来源，而茶树能从土壤中吸收的水分为土壤有效水，通常是指田间持水量减去永久萎蔫系数（PWP）部分，即茶树达到永久萎蔫时土壤含水量的百分数。许允文等研究认为，从茶叶生产实践来看，茶园的土壤有效水分范围应在初期凋萎含水量以内。在茶树年生长周期内，茶园土壤水分含量变化较大，而且地域与年间也不相同，这是因为气温、降水量、蒸发量等气象要素以及茶树年龄（长势）的差异所致。李联标、许允文1978—1980年在杭州测定的茶园土壤含水量的月变化，比较3年生茶园与丰产茶园的土壤含水量，0～30 cm土层中的田间持水量及相对有效水量均以丰产茶园为高，30～60 cm土层中却以丰产茶园为低，这是因为两者根系分布的深度不同的缘故，3年生茶园根量在0～30 cm土层中占总根量的90.9%，耗水主要集中在此层，丰产茶园0～30 cm土层中根量占总根量的42.3%，而>30 cm的土层中根量占总根量的57.7%，因而可以大量吸收利用深层的土壤水分，故在同样的降水量和水面蒸发量条件下，土壤水分含量有差异。

由于土壤质地与田间持水量和茶树的萎蔫系数有密切的关系，故不同土壤质地的有效水分含量不同（表5-9）。茶园土壤的有效水分主要是茶树能够吸收的毛管水，从田间持水量到接近茶树萎凋含水量之间的水分对茶树通常是有效的。茶园土壤水分的有效性及其消长变化不仅与土壤含水量有关，而且与土壤特性、气候条件、地形条件、栽培措施和茶树生长发育状况有关。凡遇降水量高、蒸发量小、大气温度较低、空气湿度较高、无风的气象条件，茶园土壤水分充足，反之亦然，其中气温和降水量是关键因子。陶汉之（1978）曾研究了7

年生福鼎大白茶在沙壤土和黏盘黄棕壤土中的萎蔫系数分别是 6.0% 和 10.0%，潘根生（1982）研究，2 年生鸠坑种茶苗在沙壤土、黏壤土和黏土的萎蔫系数分别为 6.9%、9.7% 和 12.4%。从几位学者试验结果来看，同质地的土壤萎蔫系数也会有一定变幅，这与茶树本身长势以及测定时其他气象要素的差异有关。

表 5-9　茶园土壤质地与有效水分含量

（许允文，1985）

编号	土壤质地	土层深度/cm	物理性颗粒组成		土壤水分的常数（占干重）/%						有效含水量/%
			沙粒>0.01 mm/%	黏粒<0.01 mm/%	饱和持水量	田间持水量	持水当量	初期凋萎含水百分率	永久凋萎含水百分率	最大吸湿水量	
1	沙壤土	0～45	87.58	12.42	30.58	13.65	8.12	3.89	3.17	1.38	9.76
2	轻壤土	0～45	72.19	27.81	36.95	20.09	17.83	8.72	6.79	2.93	11.37
3	中壤土	0～45	60.00	40.00	—	25.89	—	13.59	—	—	12.30
4	重壤土	0～45	49.18	50.82	41.74	24.93	23.28	12.11	9.84	5.15	12.82
5	重壤土	0～45	47.72	52.29	42.99	26.36	25.16	13.82	12.08	6.08	12.54
6	重壤土	0～30	45.10	54.90	45.84	25.13	24.03	15.50	13.97	7.80	9.63
7	轻黏土	30～45	37.23	62.77	48.63	27.82	26.59	17.32	16.02	9.80	10.50

　　虽然不同质地的土壤田间持水能力不同，土壤沙性越强，田间持水量越小，但其中可利用水的比例并不低，而土壤黏性越大，田间持水量越大，但其中可用水的比例不一定高。这是由于质地较黏重的茶园土壤所持低能量水多，能释放出供给茶树吸收利用的有效水并不比沙质土壤多。另外，茶园土壤水势与气温有着密切关系。研究表明，高温的 7 月，如果 10 d 不降雨，土壤水势常达到 $-5×10^4$ Pa 甚至 $-8×10^4$ Pa 以上，如不及时灌溉补水，茶树即遭受到旱热害，如连续降雨 50 mm 以上，耕作层土壤水势又会上升到 $-1×10^4$ Pa 以上；而同样水分条件下，10～11 月的气温较 7 月低，在同期内，土壤水势下降较 7 月大大缓慢（图 5-1）。

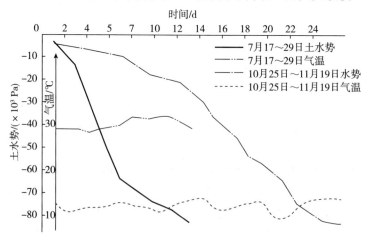

图 5-1　茶园水势气温之间关系

（中国农业科学院茶叶研究所，1980）

2. 茶园土壤吸力动态 水分从土壤到茶树，茶树蒸腾的水分到大气，是一个单向运动，这就要求土壤水的能量水平要大于茶树体内的能量水平。土壤水的能量水平在土壤物理学上的标志名称较多，其中主要有吸水力（张力）、扩散压、化学位、势能值、pF 值等。在茶园水分的研究中，多采用张力计（pF 计）法、并用土壤吸水力巴值为单位来表示土壤水分能量。当土壤吸力愈大，则水分能量水平愈低，茶树要从土壤中吸收水分，必须以更大的力来克服土壤对水的吸力和溶解在水中的溶质吸力方能进行。

茶园土壤吸力动态与土壤含水量有密切关系，随着土壤含水量的增加，土壤吸力则降低，却非单位函数关系。因此，用土壤吸力来准确标定土壤含水量的变化是不适宜的，却可直接反映出土壤水分的能量与供水能力的大小。

茶园土壤吸力与主要气象要素和茶树生育状况关系密切。2 年生非采摘茶园及成龄采摘茶园在不同月份、不同降水量条件下，研究其土壤吸力的变化趋势如图 5-2 所示。从图 5-2 可见，茶园土壤吸力的变化与降水量的关系十分密切，幼龄茶园和成龄茶园的变化趋势是一致的，但成龄茶园由于覆盖度大，枝叶茂盛，各种生理活动旺盛，耗水量大。因此，同期的土壤有效水量较幼龄茶园低。若遇到干旱，在供水量上就应有差别。

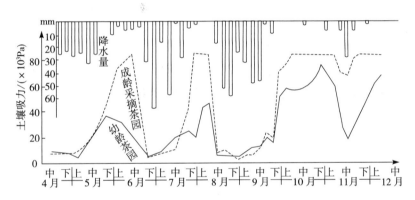

图 5-2　茶园土壤吸力的动态变化

（许允文，1980）

3. 茶树新梢（叶）水势变化规律 在土壤—茶树—大气连续系统中，新梢水势是决定水分运动的重要因素，并直接影响茶树体内许多生理特性的表现，当茶树出现缺水时，新梢水势会很快下降，进而影响茶树的生长发育和各项生理活动。因此，水势也可作为灌溉的生理指标。了解茶树新梢水势的变化规律，合理地进行各项栽培技术，对茶园获得优质高产有十分重要的意义。

新梢（叶）水势与土壤含水量有密切的关系。一般而言，若茶树新梢细胞水势为 $-0.2\sim-0.6$ MPa，则茶园土壤水分状况表明能够比较好地满足茶树对土壤水分的要求。陶汉之（1980）研究了沙壤土中生长的 7 年生茶树，5 月 7 日测定 $25\sim30$ cm 深土层中土壤含水量为 23%，叶水势为 -0.122 MPa；6 月 8 日土壤含水量为 12.8%，叶水势为 -0.879 MPa；7 月 8 日土壤含水量为 6.6% 时，叶水势持续降至 -1.42 MPa（图 5-3）。不同水分处理条件下，土壤相对含水量在 $50\%\sim90\%$ 范围内，水势随水分增多而增大，当土壤相对含水量为 110% 时，由于渍水影响了茶树根系的生理功能，新梢水势又复减低。

茶树新梢（叶）水势变动与外界光、温、湿的变化和叶的蒸腾强度（速率）相关联。新梢（叶）水势有日变化和年变化规律。正常条件下，一日中随着太阳的升起，光照度的增强，气温的升高，相对湿度下降，叶子的蒸腾失水加强，叶片含水量降低，细胞中的溶质势、压力势相应减小，至下午2时细胞的水势降至最低值，之后随着光强度、温度的降低，空气相对湿度的增高，叶片含水量升高，水势又渐增高，呈单峰曲线状（图5-4）。对不同土壤水分处理进行了新梢水势日变化规律的研究，结果趋势均类同，新梢水势均在下午2时降至最低值，降低的程度与土壤相对含水量有关，在土壤相对含水量50%～90%时，随土壤含水量的增加而减少；而土壤相对含水量在110%时水势的下降大于土壤相对含水量90%的处理。关于水势的年变化规律研究表明，在新梢生长季节的4～10月，当土壤相对含水量稳定地保持在

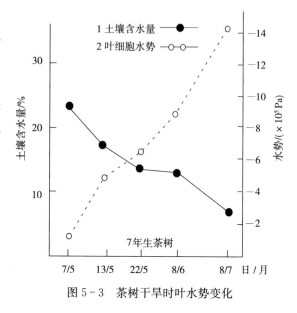

图5-3　茶树干旱时叶水势变化

90%，取样时间固定在上午8时，不同的月份新梢水势的波动性较大，在4～7月，新梢水势逐渐下降，7月降至整个茶季的最低值，8月开始，新梢水势又逐渐上升，至10月达最高值（表5-10）。

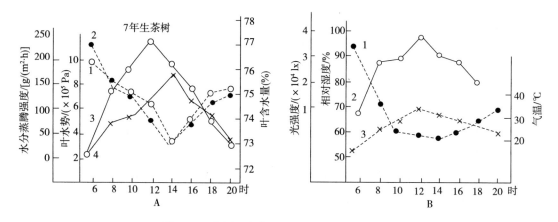

图5-4　茶树叶水势日变化与气候条件的关系

A. 叶水分蒸腾强度与叶水势、含水量的关系　1、2. 新梢中芽，第二叶含水量　3. 蒸腾强度　4. 新梢一芽，第二叶水势

B. 光强度、相对湿度和气温三者的关系　1. 相对湿度　2. 光强度　3. 气温

表5-10　新梢水势和空气饱和差的年变化

(杨跃华，1987)

项目	4月	5月	6月	7月	8月	9月	10月
新梢水势/（×10⁵ Pa）	−11.2	−12.7	−12.4	−14.9	−8.9	−7.5	−4.9
空气饱和差/（×100 Pa）	7.30	9.35	8.36	17.50	8.84	6.23	4.57

（三）茶树生长与大气水分的关系

"高山云雾出好茶"说明茶园云雾缭绕、大气湿度高是出好茶的一个重要因素。茶园空气湿度高，茶树生长较慢，持嫩性强，利于提高茶叶品质的次生代谢，往往是生产名优茶的理想茶园。高温干旱季节，茶园空气湿度过低会引起茶树水分代谢失调，损害茶树机能和活力，出现热害。研究表明，在茶树生长季节，当茶园土壤相对含水率和空气相对湿度80%～90%时，茶树生长速度与生长量最佳，植株生长旺盛，芽叶生长量大，持嫩性强，叶片中的过氧化酶、多酚氧化酶等作用加快，有利于体内有机物质的合成，茶叶品质优，产量高；当下降至80%以下时，茶树生长发育正常；当下降至70%以下时，各项生长发育指标明显下降，生育受阻，茶叶品质下降；当下降至60%以下时，土壤蒸发量和茶树蒸腾作用显著加强，茶树新梢受到不同程度的热害，体内水分已感不足，但在形态上尚无缺水表现，只是芽叶不易萌发伸长，叶型变小，节间变短，对夹叶增多，甚至停止生长；当下降至50%～40%时，茶树生长发育极其缓慢，并出现芽叶萎凋，部分成叶枯焦状况；当下降至30%以下时，茶树生长活动完全停止，芽叶就会发生永久萎凋而逐渐干枯，直至整株死亡。

（四）茶树阶段需水规律

季节不同，气温有较大差异，茶树对水的需求量也就发生变化。树龄大小不同，生长量不一样，对水的需求量也不同。茶园土壤水分含量则直接制约着需水规律的变化。

1. 茶树需水量随季节而变化　不同茶区的茶树，由于受气候条件和茶树本身生长发育状况的影响，在不同季节有不同的需水要求，因此，在一定的地域范围内茶树需水的季节变化存在一定的规律性。李联标、许允文（1982）研究结果表明，杭州地区在春茶期间（3～5月）由于雨水充沛，气温不高，一般成龄茶树日耗水量（需水量）在3～4 mm，土壤相对含水量都可保持在90%以上（占田间持水量的百分率，下同），有效水分充裕，到了盛夏（7～8月）光照强，气温高，蒸发大，茶树日平均耗水量可达7 mm以上，自然降水变幅大，没有春茶期间稳定可靠，因此茶园土壤水分变动较大。秋冬季节（10月至翌年2月），则为本地区一年中雨量较少时期，常年月降水量仅在50 mm左右，但因这段时期的气温低，蒸发量小，茶树进入越冬休眠阶段，对水分要求不多，日平均耗水量仅在1～3 mm，因此，一般茶园土壤月平均相对含水率仍可保持在80%左右（图5-5）。成龄茶园的全年需水量为1 300 mm左右，其中4～10月生长季节需水量约为1 000 mm，占全年需水量的77%，尤其是盛夏高温季节（7～8月）需水量占全年的30%以上，而气温较低的寒冬和早春（12月至翌年2月），日需水量仅为50 mm左右。

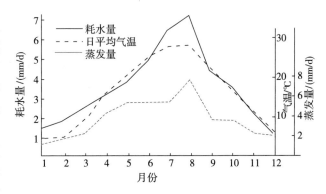

图5-5　茶树阶段耗水量的年变化

（许允文，1983）

日本的簗濑、青野等（1971）用沥青覆盖方法，调查茶园的蒸发量的日变化、季节变化，如静冈牧之原茶园蒸发量和蒸腾量（耗水量）冬季少于 1.5 mm，3～4 月为 2～3 mm，5～6 月为 3～4 mm，盛夏平均是 6～7 mm，从秋后到冬天又逐渐减少。其需水量 4～9 月约 900 mm，从萌芽到采摘期各茶季都是 120 mm，一年间需水量约为 1 300 mm。两地研究结果相仿。

一年或季节耗水量与单位面积产品产量之比称茶树的耗水系数（需水系数），单位用 m³/kg 或无单位的倍数表示，在杭州地区的研究资料表明，一般成年茶树的耗水系数，春茶为 0.37～0.46，夏茶为 0.92～1.04，秋茶为 1.44～1.51，全年平均为 0.85～0.96。

尽管茶树的耗水量存在季节差异，但任何阶段的过度缺水都会对茶树的生长发育产生不利影响，经常保证茶园土壤水分的有效供给是高产优质高效茶叶生产的必要前提，应该给予重视。

2. 茶树需水量随树龄而变化　茶树需水与树龄有关。主要原因是不同树龄茶树的根系发育状态不同，根系的分布范围不同，枝干伸展程度不同，树冠面大小不同，叶面积指数不同。幼龄茶树根系浅小，枝干伸展程度有限，树冠面尚在形成当中，枝叶较少，叶面积指数小，茶树蒸腾作用较小，裸地蒸发量较大；成龄茶树根系深广，各级分枝伸展形成较大的树冠面，叶面积指数大，茶树蒸腾作用较大，蒸发量较小；老龄茶树根系衰弱回缩，侧枝育芽力减弱，树势衰退，树冠面缩小，叶面积指数严重下降，茶树蒸腾作用趋小，裸地蒸发量变大。茶园的阶段日平均耗水量随树冠覆盖度的增大和产量的增加而提高。相同气候条件和土壤条件下的茶园的阶段耗水的变化差异如表 5-11 所示。不同树龄的茶园由于根系分布的深度和比例的差异，在不同深度的土层中水分消耗的百分率也不相同。2 年生茶园，枝叶稀少，树冠覆盖度仅 15%，土壤表面蒸发量很大，植株根系在 0～30 cm 范围内占总根重的 99.1%，因此，土壤的水分消耗在此范围内要占总耗水量的 90.9%，5 年生茶树已投产，树冠覆盖度达 80%，根系分布已深达 80 cm，根系集中分布层为 0～50 cm，根量占总重的 84.5%，土壤水分消耗亦集中在此范围，占水分总消耗的 77.2%；丰产茶园每公顷产干茶 5 250 kg 左右，树冠枝叶茂盛，树冠覆盖度达 95%，因此，茶树蒸发量大而土壤表层蒸发量很小，根系分布已深达 100 cm 以下，其中 0～60 cm 土层根系较密集，占总根量的 88.6%，土壤的水分消耗占总消耗量的 84.1%。因此，在旱季灌溉中，确定茶园灌水量及计划湿润土层的深度亦应有所区别。赵晋谦（1979）研究，单位面积产量不同的常年茶园，日耗水量不同，每公顷干茶产量在 5 250 kg 以上，日耗水量为 6.86 mm，而每公顷干茶产量在 3 000 kg 左右的茶园，日耗水量为 5.04 mm。

表 5-11　不同树龄茶园的阶段耗水量

（李联标，1982）

茶园类型	测定时间	历时天数/d	土层深度/cm	日均耗水量/mm	树冠高度×幅度	树冠覆盖度/%
2 年生	7 月 20～25 日	5	70	3.82		15
5 年生	7 月 20～28 日	6	80	5.76	60 cm×110 cm	80
丰产茶园	7 月 20～27 日	7	80	7.17	90 cm×130 cm	95

注：1980 年于杭州市茶叶科学研究所测定，测定期间均为晴热天气。

随着树龄变化，覆盖度和枝叶量的增加以及单位面积的产量（包括茶叶和茶籽）增加，需水量均有一定程度的增加，但茶树耗水系数反而减少。许允文（1981）统计 1979 年 4～10 月的资料，当茶园干茶产量为 3 750 kg/hm² 时，耗水系数为 1.92 m³/kg，干茶产量为 5 250 kg/hm² 时，耗水系数为 1.37 m³/kg。赵晋谦等研究，每生产 1 kg 鲜叶，茶树需水量为 1 000～1 270 kg。

幼龄茶树需水较少，成龄茶树需水较多，老龄茶树需水下降。在茶树栽培中应该根据不同树龄茶树的需水规律进行茶园水分管理，幼龄茶园要特别加强表土供水和覆盖保水；成龄茶园要注重适当多加深供水层，深耕改土，提高深层土壤的蓄水量，灌溉则要尽量灌足，促进根系深扎，形成健康发达的根系，提高茶树吸水能力。

3. 茶树需水量随土壤含水量及土壤吸力而变化 相同树龄的茶园在同一气候和土壤条件下，由于供水量不同，导致土壤含水量及土壤吸力的差异。土壤含水量高而土壤吸力低的情况下，有利于茶树对水分的吸收，促进生长发育，不仅可提高蒸腾速率而且增加了地表的蒸发速率，因此，茶树日平均耗水量提高。

二、茶园水分调控技术

俗话说："有收无收在于水，收多收少在于肥"。因为水不仅是茶树机体的构成物质，而且是其各种生理活动所必需的溶剂，是生命现象和代谢的基础。干旱条件下，茶树叶片气孔的开张度明显减少，气孔在一天内的开放时间缩短，这样虽减少了水分的蒸腾速率，但也影响了气体的正常交换，加重了叶片的热害，叶片的叶绿体出现变形，片层结构受到破坏，使光合作用的速率下降。水分亏缺时，体内水解酶活性提高而使体内代谢减慢，新梢中硝酸还原酶和苯丙氨酸解氨酶活性下降，对碳、氮代谢就有影响。由于缺水影响了茶树的生理代谢，最终导致茶叶产量和质量的降低。所以，如何通过保水和供水措施，有效进行茶园水分管理是实现高产、优质、高效的关键技术之一。

（一）茶园保水

我国绝大多数茶区都存在明显的降水集中期，如长江中下游茶区之降水往往集中在春季和夏初，即 4～6 月、7～9 月常是少雨高温天气，12 月至翌年 2 月冬季干旱现象常有发生，这些使得茶园保水的任务十分繁重。又因茶树多种植在山坡上，一般缺少灌溉条件，且未封行茶园水土流失的现象较严重，因而保水工作显得特别重要。事实上，广大茶农在长期的实践中积累了许多关于茶园保持水土的经验，如茶园铺草、挖伏土、筑梯式茶园等。随着科学技术和工业（如塑料工业）的发展，给茶园保水提供了新的手段。据研究，茶树全年耗水最大量为 1 300 mm，在我国大多数茶区年降水量并不低于此水平。一般多在 1 500～2 000 mm。可见只要做好茶园本身的保蓄水工作，积蓄雨季之余为旱季所用，就能基本上满足茶树生长之需，茶园保水应当作为一项积极的供水措施来抓。

1. 茶园土壤水散失的途径 为能动地做好茶园保蓄水工作，必须明了茶园土壤水分散失的途径（或方式），以便有的放矢地采取相应措施，最大限度地减少水土流失现象，提高茶树对水分的经济利用系数。

茶园水分散失的方式主要有地面径流、地面蒸发、地下水潜移（包括渗透和转移）、茶树及其他植物的蒸腾等。除茶树本身的蒸腾在一定程度上为茶树生长发育过程的正常代谢所必需外，其他散失都属无效损耗，应尽可能避免或将其减少到最低程度。即使茶树本身的蒸腾也有一个如何提高有效性，即降低蒸腾系数的问题。

（1）地面径流。茶园地面径流主要是暴雨形成的，当降水强度大于土壤渗透速率时就会发生地表径流，所以它和土壤质地、含水量、降水强度及持续时间有关。土层浅薄的坡地茶园尤其容易产生径流损失。江西省红壤研究所观测，一次降水 60～80 mm 的情况下，等高耕作的坡地径流损失 30% 的雨水，顺坡耕作损失达 50%～60%。与此同时还造成程度不一的土壤片蚀和沟蚀，每 1 000 mL 排出水中含泥沙 0.8～3.2 g。氮、磷、钾有效养分的损失顺坡耕作比水平梯田高 4 倍以上。新辟茶园的第一二年由于地面覆盖度小，水土流失更为严重。不少坡地茶园土层浅薄，肥力低下，与地面径流所导致的流失现象很有关系。

（2）地下水移动。地下水移动即是土壤饱和水在重力作用下在土壤中通过孔隙，由上层移向下层，然后再沿不透水底层之上由高处向低处潜移。它属一种渗透性流失，故远不及地面径流运动的速度大，但在上层土层较疏松时，这种形式的流失是不可忽视的。在新建梯式茶园，这种水往往给梯壁施以压力，有时强大到足以胀垮梯级。不同土壤由于空隙大小不同，渗透系数不一样，地下水移动损失的速率也不一样，黏土中移动速率最小，沙土最大，壤土居中。湿度的渗透作用有利于降水和灌溉水下渗，从而使得水分和养分在整个活土层内分布均匀，以供各层根系的吸收利用。但过强的渗透作用，除加大水分损失外，还会带走许多多溶解于土壤水中的养分。坡地茶园，尤其是下层含砾石较多的茶园土壤，这种渗透损失是相当严重的。

（3）地面蒸发。茶园土壤表面空气层湿度往往处于不饱和状态，尤其是裸露度大，受风和日光的作用，空气湿度不饱和状态更会加剧，从而使土壤表层的水分以气体的形式进入空气中。随着表层水分的蒸发，在毛管力的作用下，中下层土壤中的水分不断沿着毛管上升，直至毛管水破裂为止。在表层土壤板结或黏性重的情况下，毛管水的上升运动特别强烈，这些上升的毛管水除少部分为根系吸收外，大部分被地面蒸发所损耗，从而使得整个土层水分亏缺严重。

地面蒸发失水尤以幼龄茶园强度大。河合、森田的研究，在 7 月当成龄茶园土壤表层含水量稳定在 35% 左右时，幼龄茶园却变动很大，连续天晴时降至 20%，较前者减低 15%，或者说相对减少水量达 40% 以上。

（4）蒸腾作用。茶树和生活在茶园的间作物及各种杂草会通过它们的蒸腾作用，从土壤中带走相当数量的水，当地面完全为植被覆盖时地面直接蒸发的水量最少，而主要让位于植物的蒸腾。在水分供应充足时，这种蒸腾最大可达自由水面蒸发的 85%。但不同天气条件下，这种耗水的量很不一样。茶树植株蒸腾速率呈明显早、晚低，中午高的日变化趋势，气温与净辐射为影响茶园植株蒸腾作用的主要气象因子。

2. 保水措施　茶园保水工作可归纳为两大类：一是扩大茶园土壤蓄纳雨水能力，二是尽可能降低土壤水分的散失。

（1）扩大土壤保蓄水能力。扩大土壤保蓄水能力可以通过以下途径来实现：

① 深耕改土。不同土壤具有不同的保蓄水能力，或者说有效水含量不一样，黏土和壤土的有效水范围大，沙土最小。显而易见，凡能加深有效土层厚度、改良土壤质地的措施（如深耕、加客土、增施有机肥等），均能显著提高茶园的保蓄水能力。

② 健全保蓄水设施。坡地茶园上方和园内加设截水横沟，并做成竹节沟形式，能有效地拦截地面径流，雨水蓄积于沟内，再徐徐渗入土壤中，也是有效的茶园蓄水方式。新建茶

园采取水平梯田式，能显著扩大茶园蓄水能力。另外，山坡坡段较长时适当加设蓄水池，对扩大茶园蓄水能力也有一定效果。

（2）控制土壤水的散失。控制土壤水的散失途径主要有：

① 地面覆盖。减少茶园土壤水分散失的办法很多，其中效果最好的是地面覆盖，最常用的方法是铺草。此系我国许多茶区的一项传统的栽培经验，其保水效果十分显著。据江西省修水茶叶试验站资料，铺草茶园较不铺草茶园土壤含水率要高得多，尤其在夏季提高幅度大（表 5-12）。

表 5-12　茶园铺草对土壤水分的效应

单位：%

月份	4	5	6	7	8	9
铺草	30.58	31.42	35.19	30.43	22.92	20.77
未铺草	25.17	26.26	21.61	22.59	17.97	15.93
相差	−5.41	−5.16	−13.58	−7.84	−4.95	−4.84

注：测定值是土壤含水率（%）。

② 合理布置种植行。茶树种植的形式和密度对茶园内承受降雨的流失有较大的关系。一般是丛式大于条列式，单条植大于双条或多条植，稀植大于密植；顺坡种植茶行大于横坡种植的茶行；尤其是幼龄茶园和行距过宽、地面裸露度大的成龄茶园的流失严重。据日本间曾龙一的资料，在行距为 150 cm 时，种植的第一年纵行茶园较横行茶园水土流失大 4 倍多，不论纵横，株距越大流失指数越高。但随着树龄的不断增加，流失量渐减少。

③ 合理间作。虽然茶园间作物本身要消耗一部分土壤水，但相对于裸露地面，仍可不同程度地减少水土流失，坡度越大作用越显著。日本高桥、森田研究表明，坡度为 16°及 26°之处以裸地（对照）的土沙流失量为 100%，间作豆科作物则分别为 75%和 60%；铺稻草则分别为 32%和 28%。可见，间作不及直接铺草的效果大。据我国不少茶区经验，间种花生等夺水力强的作物，往往有加重幼龄茶树旱象的现象。故合理地选择间作物种类是十分重要的。

宋同清（2004）等研究我国亚热带红壤丘陵茶园夏季干旱的防御效果，以常规管理茶园为对照，通过 2001—2004 年连续 4 年的大田对比试验，分析了杉树高层间作、白三叶草底层间种和稻草覆盖 3 种措施对茶园季节性干旱的防御效果，结果发现，3 种措施明显减少了茶园全年 0~20 cm 土层土壤含水量≤15%、≤12%、≤10%的出现频率，在 2003 年夏季高温干旱和秋季持续干旱时期均提高了茶园土壤含水量，有效地延缓和缩短了干旱时间，缓解了夏秋茶产量，改善了夏秋茶品质。

④ 耕锄保水。及时中耕除草，不仅可免除杂草对水分的消耗，而且可有效地减少土壤水的直接蒸散，这主要是由于中耕阻止了毛管水上行运输，俗话说，"锄头底下三分水"就是这个道理。但中耕必须合理，例如不宜在旱象严重、土壤水分很少的情况下进行，否则往往因锄挖时带动根系而影响吸水，加重植株缺水现象，这在幼龄茶园尤需注意。最好掌握在雨后土壤湿润且表土宜耕的情况下进行。

⑤ 造林保水。在茶园附近、尤其是坡地茶园的上方适当营造行道树、水土保持林，或园内栽遮阴树，不仅能涵养水源，而且能有效地增加空气湿度，降低风速和减少日光直射时

间，从而减弱地面蒸发。

⑥ 合理运用其他管理措施。适当修剪一部分枝叶以减少茶树蒸腾水；通过定型和整形修剪迅速扩大茶树本身对地面的覆盖度，不仅能减少杂草和地面蒸散耗水，而且能有效地阻止地面径流；使用农家有机肥能有效改善茶园土壤结构，从而提高土壤的保蓄水能力。据印度试验，每公顷钾素使用量分别为 0 kg、50 kg、100 kg、150 kg、200 kg，叶片中钾的浓度分别为 1.44%、1.50%、1.56%、1.67%、1.84%，由于提高了叶片中钾的浓度，叶片抗过度失水的能力增强，最终提高了对土壤水分的利用率。利用盆栽试验研究了土壤水分和施钾对幼龄茶树生长的影响结果显示，在提高土壤水分或干旱条件下施钾显著地增加茶树的生物产量，而且施钾还极显著地提高了茶树根系的生长和根冠比，促进了茶树对钾的吸收及提高了叶片和根部钾的浓度，从而增强了茶树的抗旱能力。田间试验（表 5-13）表明，施钾对成龄茶园夏茶有明显的增产作用，增加施钾量在水分正常年份并无明显效应，但在干旱年份却有显著的增产效应。

表 5-13　不同水分条件对产量的影响

（阮建云等，2003）

年份	水分状况	降雨量/mm		蒸发量/mm		增产率/%		
		7 月	8 月	7 月	8 月	NP	NPK$_1$	NPK$_2$
1992	正常	118.9	189.8	195.8	132.7	100	111.3	115.3
1993	正常	269.3	226.4	153.7	135.8	100	108.8	114.1
1994	干旱	5.2	137.7	300.5	252.8	100	110.1	129.8

注：氮、磷钾分别为尿素 N300 kg/hm², 过磷酸钙 P$_2$O$_5$ 150 kg/hm², 硫酸钾 K$_2$O 150 kg（K$_1$）及 K$_2$O 300 kg（K$_2$）/hm²。

⑦ 抗蒸腾剂。国内外已有在茶树上施用化学物质以减少蒸腾失水的尝试。抗蒸腾剂以其作用方式分为薄膜型和气孔型两类。薄膜型是在叶片上形成一层薄膜状覆盖物，以阻止水蒸气透过，若能同时允许 CO$_2$ 与 O$_2$ 透过，则更理想。OED绿，即氯乙烯二十二醇，是在茶叶上反映较好的一种薄膜型抗蒸腾剂。气孔型是通过控制保卫细胞紧张度及细胞膜的渗透性或生化反应，使气孔孔隙变小。醋酸苯汞（PMA）是最有效的气孔型抗蒸腾剂之一。Handique 等比较了抗蒸腾剂 ABA（25 μg/mL）、Rallidhan（500 μg/mL、1 000 μg/mL 和 2 000 μg/mL）和 Antistress（100 μg/mL、300 μg/mL 和 500 μg/mL）在土壤水分胁迫状态下对茶树的应用效果。从与水分关系有关的某些参数可看出，茶树叶面喷施抗蒸腾剂可在很大程度上减轻干旱的影响。ABA（25 μg/mL）、Rallidhan（100 μg/mL）和 Antistress（300 μg/mL）提高了气孔扩散阻力、水势和相对紧张度，同时也降低了蒸腾作用。因此，他们认为在幼龄或成龄茶树上应用抗蒸腾剂，可以改善植株水分状况，提高耐旱能力。国内有人试验用水杨酸（APC）、醋酸（HAC）、去草净等能显著促进气孔关闭。但抗蒸腾剂当前仍处试验或试用阶段，有的尚有降低植株生长和产量的副作用。作为茶园保水措施之一，抗蒸腾剂应用尚待进一步探讨。

⑧ 保水剂。土壤保水剂，又称植物微型水库，是一种独具三维网状结构的有机高分子聚合物。在土壤中能将雨水或浇灌水迅速吸收并保住，不渗失。同时由于分子结构交联，分子网络所吸水分不易用一般的物理方法挤出，故具有很强的保水性。常用的保水剂成分主要

为聚丙烯酰胺（PAM）。茶园应用保水剂能有效提高茶园的抗旱能力，尤其是幼龄茶园。通常每克保水剂的田间保水量在 100～150 g 水，其保水量要远低于实验室纯水下的量（每克保水剂保水 400～500 g 纯水），这主要是由于保水剂同时要吸附一部分养分或其他元素所引起。目前在茶园中应用得较少。

（二）茶园灌溉

实践证明，对于茶树不仅是"有收无收"在于水，而且在旱季的"多收少收"也受制于水。如何根据茶树需水量和年土壤有效水量的情况，恰到好处地供给茶树水分，是茶园灌溉所要讨论的问题。

1. 灌溉的效果 灌溉是茶叶大幅度增产的一项积极措施。湖南茶场 6 月、7 月、8 月的降水量远小于同期的蒸发量，个别年份甚至月降水量还不足 10 mm，经试验，灌溉较不灌溉的夏、秋季分别增产 48.0% 和 87.2%。据李金昌（1987）试验，高水区、中水区、低水区和对照，正常芽叶的数量分别为 52.7%、52.2%、49.5% 和 41.3%，其重量分别为 66.4%、53.6%、46.7% 和 47.3%，灌溉对品质的改善还表现在可提高有效成分的含量（表 5-14）。中国农业科学院茶叶研究所、杭州茶叶试验场、浙江大学茶学系喷灌后茶叶氨基氮分别增加 207.0～310.0 mg/kg、428.2～1236.5 mg/kg、199.1～395.1 mg/kg；而儿茶素总量有所下降，上述单位喷灌后儿茶素总量分别下降 99.3～257.8 mg/kg、127.0 mg/kg、9.8 mg/kg，这对于夏、秋季生产绿茶来说，品质均有改善，可以减少苦涩味而提高鲜爽味。

表 5-14 旱热季对茶叶主要化学成分的影响

（李金昌，1987）

项目	总喷水量 /mm	氨基酸 /%	儿茶素 /（mg/g）	咖啡碱 /%	茶多酚 /%	水浸出物 /%	粗纤维 /%
高水区	169.0	1.23	191.5	4.00	31.38	44.78	12.22
中水区	114.3	1.14	182.9	3.82	29.94	44.37	12.42
低水区	61.9	1.18	163.7	3.99	27.83	42.34	11.05
对照区	0.0	0.99	162.0	4.16	28.57	43.44	12.66

灌溉能增产、提高品质，其原由是因为其改善了土壤条件和茶园小气候。中国农业科学院茶叶研究所灌溉对比试验结果是：旱季灌水较不灌水的提高土壤含水量 5.6%～5.9%，土温降低 2.6～2.7 ℃；奚辉、陈喜靖以水利条件较差的金衢盆地为试验地，鸠坑品种和龙井 43 为试验材料研究喷灌的效果，在 2003 年夏秋干旱较严重的情况下，喷灌比不灌溉对照增产鲜叶 24.1%～59.5%，龙井 43 无性系幼龄茶园在干旱季节到来之前的 7 月 5 日与干旱结束的 8 月 20 日测定表明，喷灌区与无喷灌区相比，株高增长了 0.7 cm，茎粗增长了 0.2 cm。说明喷灌有利茶园幼苗生长和抗旱能力的提高。同时，喷灌后茶树上茶尺蠖、茶小卷叶蛾虫口数密度也下降了。

2. 灌溉水源 设置茶园灌溉系统，首先必须解决水源问题。山地茶园应尽可能修建或利用原有山塘、水库。低丘与平地茶园则应利用附近流经的溪河、渠道或大塘作为水源。河渠离茶园较远时可加设引水渠至茶园附近适当位置，但应注意引水渠尽可能从原有河渠的上游分水，以扩大自流灌溉面积或降低机械提水扬程。新建山塘、水库亦宜在具有较大积雨面积的基础上选择自然地势较高的山谷。无河渠经过的低丘、平地茶园可以打井汲水。在灌入茶园前，在高温季节宜有一个预热过程（如先汲入蓄水池）。茶园灌溉用水应是含钙量少，呈微酸性，故在使用石灰岩地区的自然流水时应谨慎做好水质检验工作。

3. 灌溉适期与灌水量　何时进行茶园灌溉，灌多少水，是茶园灌溉工作中首先要搞清楚的问题。只有对其有较好的把握，才能有效及时地补充茶树对水分的需求，充分利用水资源。

（1）灌溉适期。适时灌溉是充分发挥灌溉效果的第一个技术环节。所谓适时，就是要在茶树尚未出现因缺水而受害的症状之时，即土壤水仅减少至适宜范围的下限附近，但不低于下限之时，就补充水分。茶园灌溉适期是决定灌溉效益的一个重要因素，应由茶树的水分代谢状况、土壤水分状况和气象变化状况三个方面的因素综合确定。

① 土壤含水量。据研究，当土壤含水量为田间持水量的70%左右时，茶树新梢生长缓慢，大量形成对夹叶，在高温下，基本停止生长；当土壤含水量在田间持水量的80%以上时，茶树生育正常；土壤含水量能保持在田间持水量的90%左右，则增产效果最大。因此，以田间持水量的70%作为茶园土壤湿度的下限，此时应考虑灌溉。

② 土壤吸力。测定土壤田间持水量相当费时费力，如能将土壤pF计埋设在茶园中，可以连续地指示土壤吸力的变化，可以间接地反映出土壤含水量的变化，吴喜云（1982）82次测定结果，土壤吸力是随含水量的下降而升高，pF与含水率之间的相关系数 $r=-0.9582$，土壤的持水曲线 $y=0.0057x^2-0.36x+7.65$，由此方程可以求出，当茶园土壤含水量（x）为田间持水量的70%时，土壤吸力（y）为2.7。

③ 茶树芽叶细胞汁液浓度。芽叶细胞汁液浓度的变化，是茶树对环境条件的生理反应。经测定，春茶期间土壤含水量充足，生长旺盛，芽叶细胞汁液浓度在6%～7%；进入旱期后，随土壤含水量下降，芽叶细胞汁液浓度逐渐上升至10%时，茶树新梢生长缓慢。赵晋谦等（1979）156次测定结果，以土壤含水量为自变量（x），相应测得的细胞汁液浓度为因变量（y），得相关系数 $r=0.8561$，直线回归方程 $y=18.81x-0.4337$。当土壤含水量为田间持水量的70%时，芽叶细胞汁液浓度为10%，因此，可将此作为茶树生理缺水指标。

④ 茶树叶片水势。水势可以灵敏地反映土壤水分和茶树体内水分状况。据陶汉之（1980）研究，以上午10时测定新梢第二、三叶水势，在黏盘黄棕壤生长的茶树，当叶水势在-10 Pa左右时，而冲积土生长的茶树，当叶水势在-11～-12 Pa时，应灌溉，否则便引起茶树暂时萎蔫。在具体应用此指标时，尚需订出当地茶树的灌溉生理指标。

（2）灌水量的确定。确定茶园单位面积灌水量（即灌水定额）和总灌水量，不仅是满足茶树对水分的需求问题，而且是规划相应的灌溉系统的必要依据。常用的参数有灌水定额（15 m³/hm²）、灌溉用水模数 [15 m³/（hm² · s）] 和流量等。

① 灌水定额。灌水定额，即1 hm²地一次应灌多少水，它与土壤灌前含水量、灌后要求达到的含水量、土壤容重、根系活动土层深度、土壤渗漏性及灌溉本身的有效性等有关。一般计算灌水定额的公式有：

$$M=1\times h\times P\times (A-B)$$

或

$$M=1\times (ha-hb)$$

式中　M——灌水定额，m³/hm²；

h——根系活动土层厚度，m；

　　P——土壤容量，t/m³；

　　A——土壤重量含水量适于茶树的上限；

　　B——土壤重量含水量灌前测定值；

　　ha——适于茶树最大水深，m；

　　hb——灌前测定水深，m。

　　灌水定额也可用水深（mm）来表示，这在喷灌时更常用到。其基本公式是：

$$M_{设} = 0.1hg(P_1 - P_2) = \frac{1}{\eta}$$

　　式中：M——设计灌水定额，mm；

　　　　　hg——茶树根系土层厚度，cm；

　　　　　P_2——灌后土层允许含水量上限，以土壤水体积百分率表示（如以重量百分数表示则应乘以土壤容重），它相当于田间最大持水量的 $90\% \sim 100\%$；

　　　　　P_1——灌前土层含水量下限，以土壤水体积百分率的 70% 表示；

　　　　　η——喷灌水的有效利用系数，一般取值 $0.7 \sim 0.9$。

　　灌水定额也可以参照作物最大日平均耗水量 q（mm/d）、灌水周期 t（d）和有效利用系数 η 来确定。

$$M = q \times t \times \frac{1}{\eta}$$

　　② 灌溉用水模数（q）。用水模数，即每公顷茶园每秒需灌水量，常用 q 来表示，这是设计灌溉流量时常使用的一个重要参数。其计算公式为

$$q = \frac{M \times 100}{86400 \times t} = \frac{M}{t} \times 0.0116$$

　　式中　q——用水模数，m³/（hm²·s）；

　　　　　M——灌水定额，m³ 或 15 t/hm²；

　　　　　t——一次灌水可持续的天数，d。

　　③ 总灌流量的设计。在规划提水机埠、选用水泵型号的设置输水系统时，都必须先做出总流量之设计。如不考虑输水损失和灌溉不均匀度等所带来的影响，总流量 Q 即为

$$Q = q \times W\ （W 代表总灌溉面积）$$

　　但实际上，考虑到上述因素的影响时，设计流量较上式计算值大得多，尤其地面流灌的情况下更是如此。

　　4. 灌溉方式的选取与设置　茶园灌溉的方式有 4 种，即浇灌、流灌、喷灌和滴灌。茶园灌溉方式的确定必须充分考虑合理利用当地水资源、满足茶树生长发育对水分的要求、提高灌溉效果等因素。只有了解各种灌溉方式的特点，确定合理的灌溉方法，才能取得良好的灌溉效果。

　　（1）浇灌。浇灌是一种最原始的劳动强度最大的给水方式。故不宜大面积采用，仅在未修建其他灌溉设施、临时抗旱时局部应用，但相对地具有水土流失小、节约用水等作用。

　　（2）流灌。流灌是靠沟、渠、塘（水库）或抽水机埠等组成的流灌系统进行的。茶园流灌能做到一次彻底解除土壤干旱，可说灌一次算一次。但水的有效利用系数低，灌溉均匀度差，易导致水土流失，且庞大的渠系占地面积大，影响耕地利用率。茶园流灌对地形因子要

求严格，一般只适于平地茶园和水平梯式茶园以及某些坡度均匀的缓坡条植茶园（图5-6）。

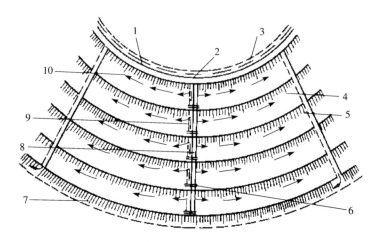

图5-6 梯式茶园输水系统

1. 干（支）道 2. 涵管 3. 支输水管 4. 梯坎 5. 排水沟
6. 跌水与头门 7. 山脚水沟 8. 步道 9. 纵水沟 10. 横水沟

（3）喷灌。喷灌（图5-7）相对于地面流灌有许多优点，归纳有以下6点：

图5-7 茶园喷灌

（孙威江，2007）

① 提高产量和品质。湖南省韶山茶场试验，喷灌茶园较不喷灌的年产量提高113%～114%。山东省岙角石村的茶园，1999年和2000年两年平均，微喷灌比地面灌增产42.2%，比不灌溉增产197.4%。阿赛尔拜疆的喷灌试验，5种儿茶素总量比对照区高13%。

② 节约用水。喷灌强度等的控制可有效地避免土壤深层渗漏和地面径流损失，且灌水较均匀，一般达80%～90%，从而水的有效利用系数高，一般达60%～85%，较之地面流灌可省水30%～50%。

③ 节约劳力。移动机组可以提高功效20～30倍，固定式喷灌系统工效则更高。

④ 少占耕地。可以大大减少沟渠耗地。因其输水主要取管道（暗）式，很少用明渠输水。

⑤ 保持水土。可以根据土壤质地如黏性和透水性的大小，相应地调整水滴的大小和喷灌强度等，从而有效地避免了对土壤结构的破坏和地面冲刷而引起的流失现象。

⑥ 扩大灌溉面积。较之地面流灌，对地形要求不严格，适应范围更广，加之它有节约用水的特点，能有效地扩大灌溉面积。

喷灌也带有某些局限性。如风力在 3～4 级以上时水滴被吹走，灌水均匀度大大降低；一次灌水强度较大时往往存在表面湿润较多，深层湿润不足，乃至出现局部径流现象，这时宜采用低强度喷灌（即慢喷灌），另外，固定喷灌投资较高，一般需 2～3 年回收投资。移动方式喷灌则费用较低，一般当年可回收投资。

我国喷灌设备研制与技术试验研究及应用推广工作始于 1954 年，到目前为止，已形成了基本配套的多种类型的喷灌设备产品。喷灌设备主要由喷头、喷灌管材及管件、喷灌泵、喷灌机、自动调压泵站组成。目前，我国茶园中喷灌系统有固定式和移动式两种类型。固定式喷灌系统除喷头外的各组成部分均固定安装，机械化程度高、操作简便、运行可靠，但需材较多、投资较大、投资回收年限较长，比较适宜于人力成本较高的茶区与高投入高产出的茶叶生产系统。移动式喷灌系统的水泵、动力、管道及喷头均是可移动的，它具有一机多用、需材较少、节省投资等优点，但移动较为麻烦，灌溉规模和效益也受到一定限制。

（4）滴灌。滴灌是将水在一定的水压作用下通过一系列管道系统，进入埋于茶行间土壤中（或置于地表）的毛管（最后一级输水管），再经毛管上的吐水孔（或滴头）缓缓（或滴）进入根际土壤，以补充土壤水分的不足。

这种灌溉方式，能相对稳定土壤含水量于最适范围，具经济用水、不破坏土壤结构和方便田间管理等特点，还可配合均匀施肥和药杀地下害虫。杭州茶叶试验场（1997）的试验，滴灌区每天每公顷耗水仅 $30.9～60.0 \ m^3$，地面灌溉则日耗达 $150 \ m^3$（相当于水深 15 mm）以上。滴灌区、土壤含水量常维持在田间持水量的 85％～90％。斯里兰卡茶叶研究所（1985）试验，幼龄茶园不滴灌比滴灌的茶苗死亡率高 25％，地下滴灌（深 7.5 cm）比地表滴灌节约用水量。成龄茶园滴灌，每天灌 1 次、每周灌 1 次和每 2 周灌 1 次比不灌的分别增产 8.6％、14.9％和 12.2％，其利润与成本的比值分别为 2.1、6.4 和 7.7。印度 Chandre B. 等（1996）为缓解部分地区每年 12 月至翌年 3 月旱季茶园缺水情况，减少灌溉用水量，继续进行 4 年滴灌试验，一种是在地表进行，另一种是将水引至深 25 cm 的根区进行滴灌，结果，均比不灌茶园增产。第一年表面滴灌增产 20.3％，深层滴灌增产 21.7％；第二年分别为 31.5％和 37.3％；第三年分别为 21.6％和 47.2％；第四年分别为 39.4％和 40.5％。滴灌虽效果好，但投入大，一般需 6 年左右才能回收投资。

由于滴（或渗）灌系统的规格要求很严，如吐水必须均匀，经严格过滤，否则渗（滴）不匀或不出水。同时此种给水形式需要建造众多的地下管道，耗材较多，目前大量推广仍存在一定困难。

决定采用何种灌溉方式，必须要因地制宜，以经济适用为原则。对于茶园来说，喷灌最理想。地势较平缓的茶园修建地中渗（或滴）灌系统，亦有其独到的优点。在水源充足、地势平坦或梯式茶园建设完善的流灌系统，也是加速茶园水利化的需要。有条件的地方还可考虑 2 种或 3 种方式相配合，以便创造更有利于茶树生育和茶叶产量与品质形成的水分条件等生态因子。

灌溉方式确定后，就应配置相应的水利系统、水建工程和机具设备等，但各类灌溉系统的设置与规划涉及不少工程建设的具体技术问题，可参阅茶园机械、测量学。在此，仅从栽培学的角度提出几点要求，供设置灌溉系统时参考。

① 水质良好，水源不受污染。

② 充分利用水源水势，既扩大灌溉面积又节省灌溉。

③ 工程、设施及一应机具合理配套，确保供水及时。

④ 与排、蓄水设施相配合。既充分发挥各项工程设施的效益，做到一物多用；又减少占地，降低造价。

⑤ 与道路、林带等有机结合，方便交通运输和茶园管理。

（三）茶园排水

超过茶园田间持水量的水分，对茶树的生长都是有害无益的，必须排除。强降雨、大雨往往引起茶园渍水和土壤侵蚀，产生一系列问题，地下水位过高也会引起湿害。排水是免除湿涝灾害，将茶园地表径流和渗漏控制在无害范围内的必要措施，同时也能有计划地将雨季余水集中贮存，以供旱季灌溉之用。一般而言，幼龄茶园地下水位下降到 90 cm 以下的时间不超过 48 h，成龄茶园不超过 72 h，对茶树是安全的，说明这时的土壤排水状况良好，它也成为茶园排水的有效性的参考标准。雨量分布不均，常常使地下水位大幅度波动，雨季上升至根际，旱季又下降至根际之下，这不仅造成湿害，而且反硝化作用还造成氮的大量流失。因此，茶园排水不仅要减少茶园地表径流和过量渗漏所带来的损失，而且要保证茶园适合地下水位，尽量避免地下水位的大幅度波动。

大多数茶园建在山坡或低山台地上，通常不存在土壤积水的问题，故对这些茶园只是一个如何及时排除过量降水、防止水土流失的问题。

土地不平整的茶园最易于低处发生茶树湿害现象。特别是当低洼处土层浅、透水性差时，高处的地表径流和地下重力水多集中于这里，造成地下水位的抬高，甚至有时水位高出地面。生长在这种地方的茶树在雨季和雨后的一段时间内生长势差、萌芽迟，只是在少雨季节开始之后才相对好转。

表土层下有不透水层的茶园，如红壤地区由于长期的氧化还原作用和淋溶作用，茶园土壤下层多早已形成铁锰结核的硬盘层，还有的土壤下是母岩，它们具有难透水或不透水性，雨季土壤中重力水便在这种不透水层的凹地淤积起来，造成湿害。田间稻田改建茶园易发生此类湿害。

坡脚茶园，一般说来，山坡下段土层厚，宜茶生长；但有时也有坡下段的茶树长势反较上段茶树差，这种情况往往与湿害有关。这是因为雨水过多时，土壤中的大量重力水（又称饱和水）便沿山坡土层下板岩的自然坡面由上而下移动，至坡脚由于坡度减缓，水移速度大为降低，如果这里的土壤透水性又差，水流前进方向受到某种阻力（如坚硬路基或水田水位侧压），这时土壤中便常常停滞过量的水，从而危害茶树。

坝下或塘基下的茶园，由于修建时夯实不够或其他原因而导致塘、坝中水渗入茶园土壤中，抬高地下水位，这样更会引起常年性湿害。

两山之间和谷地中央往往有地下暗流流过（或过多的重力水潜移），如某处岩层阻隔，水位便迅速上升，在中央的地方植茶亦易发生湿害。

除上述有关因素之外，土壤本身的结构特点所制约的透水性也影响着湿害的程度。一般说来，透水性愈差的土壤，茶树愈易受到湿害。虽然沙性较强的土壤或含石砾较多之地湿害不易发生；但在较长时间渍水的条件下，由于砾土中空气易于排除，其含量迅速减少，茶树根处于窒息状况，湿害症反而来得最早，受害大（表5-15）。

表5-15 土壤的种类和湿害

（河合物吾，1971）

土壤种类	渍水天数/d			平均生存天数/d
	29	43	57	
火山灰黑土	幼叶略萎缩	幼叶进一步萎缩，老叶部分开始萎缩	多数叶落	55
褐 色 土	幼叶萎缩	幼叶开始脱落，老叶萎缩或开始脱落	半数叶褐色，落叶或枯死	47
页岩发育的土壤	幼叶略萎缩	大部分落叶或褐色，几乎枯死	枯死	45
沙土	幼叶凋零	落叶、褐色、枯死	—	39

凡易发生湿害的茶园要因地制宜地做好排湿工作。排湿的根本方法是开深沟排水，降低地下水位。茶园排水还必须与大范围的水土保持工作相结合。被排出茶园的水还应尽可能收集引入塘、坝、库中，以备旱时再利用或供其他农田灌溉以及养殖业用。

要使茶园涝时能排，必须建立良好的茶园排水系统。茶园排水系统的设置要兼顾灌溉系统的要求，平地茶园的排灌体系应有机融为一体。坡地茶园一般设主沟、支沟和隔离沟，平地茶园一般设主沟、支沟、地沟和隔离沟。

茶园排水多为地表排水。茶园地表排水系统也是一个系统工程，可以综合采取如下措施：

① 新建茶园在栽茶之前，按实际情况平整茶园土地。

② 沿等高线开挖宽20～30 cm、深30 cm的侧边竖直的横水沟，沟的间距应根据土面坡度、常年雨季的雨量和土壤特点综合设置，沿茶园主坡设置合适的排水口，并采用种草及设置消力池、积淤坑等有效的水土保持措施，控制表土流失。

③ 设置隔离沟，将不需要的外来水在其进入茶园前导排流走。

④ 在易于遭受洪水袭击的地方筑坝防洪。

第三节 茶树施肥

在茶树整个生命周期的各个生育阶段，总是有规律地从土壤中吸收矿质营养，以保持其正常生长发育。采下的鲜叶中会带走一定数量的营养元素，茶园土壤中各种营养元素的含量又相对有限，而且彼此间的比例也不平衡，不能随时满足茶树在不同生育时期对营养元素的需求。因此，为满足茶树生育所需，促使茶树新梢的正常生长，在茶树栽培过程中，人们常根据茶树营养特点、需肥规律、土壤供肥性能与肥料特性，运用科学施肥技术进行茶园施肥，以最大限度地发挥施肥效应，达到满足茶树生育需要，提高鲜叶内在品质，改良土壤，提高土壤肥力等目的。

一、茶树的主要营养特征

与其他任何植物一样，茶树或茶叶体内同样含有大量的无机矿质元素（表5-16），不同的是各种元素的比例或含量绝对值有差异。理论上所有营养元素都可从茶园土壤或环境中获得。茶树消耗最大的营养元素也与其他植物一样，是氮、磷、钾三元素，即植物三要素。施肥补充的主体也是这三要素。随着生长年限的增加，一些微量元素也会逐渐表现出亏乏症状，因此，常年只施化肥的茶园中，也需要补充一些微量元素。

表5-16　茶叶中的主要矿质元素含量

（石垣信三，1981）

单位：mg/kg

元素名称	含　量	元素名称	含　量
氮（N）	35 000～58 000	铁（Fe_2O_3）	100～2 000
磷（P_2O_5）	40 000～90 000	硫（SO_4）	6 000～12 000
钾（K_2O）	20 000～30 000	铝（Al）	1 000～2 000
钙（CaO）	2 000～8 000	锌（Zn）	45～65
镁（MgO）	2 000～5 000	铜（Cu）	15～20
钠（Na）	500～2 000	钼（Mo）	0.4～0.7
氯（Cl）	2 000～6 000	硼（B）	0.8～1.0
锰（MnO）	500～1 300	氟（F）	100～1 500

根据植物生长对养分需求量的多少，将必需营养元素分成大量元素和微量元素。矿质营养中的氮、磷、钾、硫、镁、钙等在茶叶中含量较多，一般为千分之几到百分之几，称为大量元素，它们通常直接参与组成生命物质如蛋白质、核酸、酶、叶绿素等，并且在生物代谢过程和能量转换中发挥重要的作用；铁、锰、锌、硼、铜、钼等在茶树体内含量较低，只有百万分之几到十万分之几，茶树生长对它们的需要量相当少，故称之为微量元素。

（一）氮素的营养特征

氮是茶树中含量最高的矿质元素，在茶树全株中的含量占干重的1.5%～2.5%，以叶片含量最高，特别是在分生组织的芽端、根尖和形成层含量较多。氮素供应充足时，蛋白质形成多，促进细胞分裂、伸长，叶绿素含量提高，光合作用增强，营养生长旺盛，增进茶芽萌发和新梢伸长，发芽多，着叶数多，叶大，节间长，生长快，嫩度提高，增加了新梢轮次，延长了采摘时间，从而有效地提高茶叶产量（表5-17）。氮素通常促进营养生长为主。氮素在加强营养器官生长的过程中消耗了大量的光合产物，抑制了生殖器官的生长发育。根据湖南省农业科学院茶叶研究所调查，施氮肥的茶果产量，仅为不施肥处理的20.4%左右。

表 5-17　氮素用量对嫩梢重量的影响

（中国农业科学院茶叶研究所，1965）

处理	单个新梢平均重/g
不施肥	0.251
150 kg/hm²	0.261
300 kg/hm²	0.321

增加氮肥施用量能提高茶叶的游离氨基酸含量，对改进绿茶的鲜爽度有良好作用。但是施氮肥往往降低茶叶中多酚类物质含量（表 5-18），如果过量施用，对茶叶特别是红茶的品质产生不利影响。Owuor 和 Odhiambo（1994）的研究表明，与不施氮相比，施氮量每公顷 200 kg 时，红茶产量增加 31.6%，但品质明显下降，其中茶黄素含量降低 6.1%，感官审评得分降低 12.4%。因此，在各茶叶生产国中，生产红茶的茶园年施氮肥量一般为每公顷 200~300 kg，而绿茶茶园一般为每公顷 300~600 kg。

表 5-18　氮对茶叶产量和品质的影响

（中国农业科学院茶叶研究所，1965）

年氮肥用量 /（kg/hm²）	年鲜叶产量 /（t/hm²）	含氮量 /（g/kg）	游离氨基酸 /（g/kg）	儿茶素 /（g/kg）
0	6.96	41.4	8.75	144.3
104	13.23	43.1	9.48	127.6
254	17.00	48.7	12.42	121.1
554	15.98	47.2	12.72	127.1

注：氨基酸与儿茶素为秋茶样品。

茶树一年四季都不断地从土壤中吸收氮素（图 5-8）。在长江中下游地区，茶树 4~9 月所吸收的氮素主要用于地上部分的生长，其中春茶生长消耗的最多；10 月到翌年 2 月所吸收的氮素主要贮存在根系中。茶树不同器官对氮素的需要时期亦有差别：根需氮主要在 9~11 月；茎需氮主要在 7~11 月，占全年总吸收量的 60%~70%；叶需氮主要在 4~9 月，占全年总吸收量的 80%~90%。

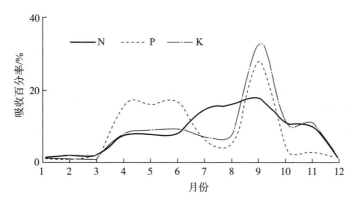

图 5-8　茶叶氮、磷、钾年吸收百分率

（王校常，2014，根据已发表的历年资料整理）

（二）磷素的营养特征

磷在茶树全株中的含量占干重的 $0.3\%\sim0.5\%$。茶树各器官中磷含量呈芽高于嫩叶、嫩叶高于根、根高于茎的趋势。而生长季节不同，茶树各器官的磷含量也有差异。春茶芽叶含磷量可达 $0.8\%\sim12\%$，秋后老叶及落叶则在 0.5% 以下。在地上部分生长季节，根系的含磷量仅为 0.6% 左右；当地上部分处于休眠时，根系磷含量可达 $0.8\%\sim1.2\%$。

磷在茶树体内主要以有机磷形态存在，是核酸、核蛋白、磷脂、植素、高能键磷酸化合物及各种酶等物质的重要成分。因此，磷对细胞间物质的交流、细胞内物质的积累、能量的贮存和传递、芽叶的形成、新梢的生长都有重大影响。磷对促进茶树幼苗生长和根系分枝，提高根系的吸收能力有较好的效果。中国农业科学院茶叶研究所研究，茶树幼苗施磷后，根系的生长量比未施磷的增加 $2\sim3$ 倍。磷素能加强茶树生殖器官的生长和发育，主要是促进花芽分化，增加开花与结实数目。磷素与氮素同时施用，对提高茶叶产量有显著效果。湖南省农业科学院茶叶研究所试验，单施磷肥的茶园比不施肥的 10 年平均增产 2.7%，而氮、磷配合施用后，比单施氮的茶园增产 33.8%。磷与茶树的碳、氮代谢密切相关，施磷肥能提高绿茶的氨基酸和水浸出物等的含量，改善茶汤浓度和滋味。磷能增加鲜叶的多酚类含量，特别是提高没食子儿茶素（复杂儿茶素）的含量，对红茶色、香、味有良好影响（表5-19）。缺磷时茶树叶片中的花青素含量增高，颜色变紫，制成的茶叶颜色发暗，滋味苦涩，品质低劣。

表 5-19 磷肥对 CTC 红茶品质的影响

品质成分	磷肥用量（P_2O_5）/ (kg/hm^2)	
	0	50
儿茶素/（g/ kg）	169.0	183.4
多酚氧化酶活性（以 O_2 计）[μL/ (mg · h)]	13.86	14.48
茶黄素/（g/ kg）	24.5	25.8
茶红素/（g/ kg）	136.1	143.6
咖啡碱/（g/ kg）	39.7	42.7
总固形物/（g/ kg）	438.7	444.4
粗纤维/（g/ kg）	119.3	104.8
灰分/（g/ kg）	64.7	63.9
感官审评得分	80.0	85.0

茶树对土壤中的磷全年都可吸收，$6\sim9$ 月对磷的吸收强度较大，其中 $7\sim8$ 月是吸收高峰期。地上部处于旺盛生长期间，根部吸收的磷主要分配到新生器官的幼嫩组织中，而秋冬季茶树吸收的磷多贮存于根系中，待翌年春再输送到地上部分供春梢生长利用。

（三）钾素的营养特征

钾在茶树全株中的含量占干重的 $0.5\%\sim1.0\%$，芽叶中一般含量为 $2.0\%\sim2.5\%$，老叶含钾量为 $1.5\%\sim2\%$，根系含钾量为 $1.7\%\sim2\%$，茎部含钾量为 $0.3\%\sim0.8\%$。钾以 K^+ 状态被茶树根系吸收，在茶树体内大都呈离子态，部分在原生质中呈吸附态，有较强的移动性和被再利用能力。钾在茶树体内起着维持细胞膨压、保证各种代谢过程顺利进行的作用。钾是一些酶的活化剂，能促进核酸合成，增进蛋白质的形成，能促进糖的聚合，有利于维管束机械组织的发育，能促进糖的运输，提高茶树抗旱和抗寒能力，促进创伤愈合。钾能增加原生质的水合程度，使其黏度减小，对幼嫩组织的生长、物质的合成过程和各种生理机能的正常进行，都有促进作用。钾离子影响气孔运动，调节水分蒸腾和二氧化碳气体进入叶片，直接影响茶树的光合作用速率。中国茶区进行的多点多年试验表明，茶园施钾增产$4.7\%\sim29\%$（表5-20）。

表5-20　钾肥对茶叶产量的影响

（阮建云等，2003）

试验地点	实验时期	土壤交换性钾/（mg/kg）	钾肥用量（K_2O）/（kg/hm²）	增产/%
浙江杭州	1992—1996	106	150	9.9~18.1
浙江绍兴	1995—1997	57	225	8.3~10.1
江西上饶	1995—1997	47	75	8.7~19.5
广东英德	1992—1996	58	150	4.7~12.8
广东英德	1995—1997	33	225	4.8~12.7
福建安溪	1992—1993	50	150	9.0~29.0

钾还可增强茶树的抗病能力，茶云纹叶枯病、炭疽病等的发生都与茶树体内钾含量低有关。钾还被称为"品质元素"，对茶叶品质的影响是多方面的。试验表明，茶叶中茶多酚、儿茶素的含量会随施钾量的增加而变化，施钾肥使夏茶和秋茶的儿茶素总量均提高，特别是L-EGC和L-EGCG显著增加，从而利于提高红茶品质。茶氨酸合成中，需K^+做酶的活化剂，增施钾可增加氨基酸总量，有利于茶叶品质提高。据广东红碎茶地区试验结果，钾能改善红茶的汤色，对提高红茶品质有良好的作用。在绿茶、红茶和乌龙茶等产地试验表明（表5-21），施钾能明显提高茶叶中氨基酸、茶多酚和咖啡碱的含量，并在一定范围内随着钾肥用量增加而提高。对加工成品红茶茶黄素和茶红素含量的测定也表明，施钾肥300 kg/hm²与不施钾肥相比，分别增加了47%和26%，从而明显改善了红茶的汤色和滋味。

表5-21　钾肥对不同类型茶叶品质的影响

（Ruan et al，1999）

试验地点	处理	春茶/%			夏茶/%		
		氨基酸	茶多酚	咖啡碱	氨基酸	茶多酚	咖啡碱
浙江杭州 （绿茶）	K_0	2.950	26.02	3.548	1.214	23.98	2.703
	K_1	3.071	26.64	3.619	1.420	24.18	2.912
	K_2	3.122	26.46	3.850	1.450	24.75	2.900
广东英德 （红茶）	K_0	2.722	25.96	3.786	1.193	24.99	2.628
	K_1	2.792	26.53	3.790	1.256	25.43	2.712
	K_2	2.835	27.50	3.785	1.337	25.70	2.766
福建安溪（乌龙茶）	K_0	2.674	24.78	3.744	0.953	25.19	2.476
	K_1	2.785	25.13	3.768	0.975	25.95	2.495
	K_2	2.759	25.40	3.895	1.065	26.34	2.615

注：K_0、K_1、K_2处理的施肥量（K_2O）分别为0、150、300 kg/hm²。

在年生育周期中，茶树对钾吸收全年都在进行，其中以 3～4 月最高，以后渐有下降，各季芽梢中钾吸收率较均匀（表 5 - 22）。茶树生长期间的 4～10 月，是茶树吸收钾量最多的时期，占全年总吸收量的 80%～90%。据安徽省茶叶研究所试验，5 月因采摘所消耗体内的钾约占地上部分生长总耗量的 45%，6 月消耗 23%，7 月以后，茶树根系从土壤中吸收的钾主要贮藏在根系和老叶片中，待来年再利用。茶树的树龄不同，对钾的需要量和利用率也不同，成龄采摘茶园钾的利用率可达 45%，而幼龄茶园仅为 10%。

表 5 - 22　茶树新梢钾含量的季节变化

（马骥等，1988）　单位:%

品种	春季	夏季	秋季
云南大叶种	2.31	2.08	2.03
四川中叶种	2.04	2.04	2.09

（四）三要素的综合影响

氮、磷、钾被称为肥料三要素，影响茶树的生长发育，与鲜叶的产量和品质关系极为密切。三要素中氮肥的增产效果最为显著，但高产是在氮、磷、钾配合施用的情况下获得的。湖南省茶叶研究所在成龄茶园上先后近 10 年的三要素增产效应试验证明，单施氮肥的比不施肥的平均增产 4.75 倍，单施磷肥的只增产 2.7%，单施钾肥的增产 21.8%，而氮、磷、钾三要素配施的增产高达 7.6 倍；施磷、钾肥而不施氮肥的，因其生殖生长旺盛，花果多，茶叶产量比不施肥的下降 8%（表 5 - 23）。单施氮肥而缺磷或磷肥不足时效果不好的原因，是因为磷能促进糖类的合成和转运，扭转由于氮肥过多而造成的碳氮比失调。氮多而缺磷时，抑制糖类的合成和运转，失去蛋白质合成的碳素骨架，引起茶树体内 NH_4^+ 累积过多而中毒，同时也限制了氮素的吸收。所以，氮、磷配合施用的效果较单施氮肥为好。单施磷肥而不施氮肥，会引起芽梢提早成熟，表现为早期出现驻芽，对夹叶多，促进开花结实。三要素对鲜叶品质也有一定的影响，单施氮肥的茶叶多酚类和水浸出物含量有下降趋向，若与磷、钾肥配合施用，则有所提高。

表 5 - 23　氮、磷、钾与茶叶产量的关系

（湖南省农业科学院茶叶研究所，1974）

单位:%

处理	试验前 3 年平均产量	试验第 4～10 年平均产量	10 年试验平均产量
不施肥	100	100	100
氮	298.5	345.7	575.3
磷	111.1	100.6	102.7
钾	154.7	113.7	121.8
氮、磷	316.0	884.6	769.5
氮、钾	274.9	729.8	637.7
磷、钾	110.4	87.6	92.0
氮、磷、钾	404.9	976.7	860.9

二、茶园施肥技术

茶树主要依靠根系吸收各种无机营养元素，茶园土壤中的养分状态、供应能力直接关系到茶树的生长。为合理施肥，提高其肥料利用率，提高茶叶品质，必须要首先知道茶园土壤的供肥能力。茶园的供肥能力主要取决于各营养元素的含量，尤其是有效含量、存在形态、在土层中的分布等。各种营养元素经施肥进入土壤后，会发生一系列变化。正确合理地确定茶园施肥量，不仅关系到肥料的增产效果，而且也关系着土壤肥力的提高和茶区生态环境的保护。施肥量不足，茶树生长得不到足够的营养物，茶园的生产潜力得不到发挥，影响茶叶产量、品质和效益。施肥量过多，尤其是化学肥料过多，茶树不能完全吸收，容易引起茶树肥害，恶化土壤理化性质，使茶树生育受到影响，并且造成挥发或淋失，降低肥料的经济效益。过多的肥料随地下渗水流动而污染茶区水源，即大量氮、磷肥流入水体对其水体的富营养化做出"贡献"。因此，应通过计量施肥，即用数量化的方法科学指导施肥，结合合理的施肥时间和施肥方法，以提供平衡的养分，避免肥料浪费，确保矿质元素的良性循环，并获得最佳的经济效益。

茶园施用何种肥料，施用多少，如何施用能达到最大效果，就是茶园肥料的施用技术。下面从茶园土壤供肥潜力估算、肥料用量估算、具体使用技术三个方面来加以介绍。

（一）茶园土壤的营养潜力及其诊断

土壤中含有茶树生长所需的所有元素，唯一差异是量的差异。根据以前的大量研究表明，茶园土壤中的氮、磷、钾含量要在一定范围内才能满足其生长所需。土壤不足部分就需要通过施肥来补足。那如何来确定茶园土壤的氮、磷、钾供应潜力呢？通常通过测定土壤中的总碳（有机质）、总氮（有时也用铵氮）、速效磷、速效钾含量来判断。

判断茶园肥力充足与否，通常有两个方法：一是土壤养分测定，也是测土配方施肥的一个前提条件；二是叶面营养诊断。

土壤养分测定分两种，一种是全面测定，包括 pH、有机质、氮、磷、钾、中微量元素等。另一种是快速测定，通常只测氮、磷、钾为主，也有测 pH 和有机质的。后一种快速测定常被用来作为测土配方施肥的前置技术。实验室的全面测定，则主要是研究用，或者作为茶园基础资料调研用。

田间快速测定有许多方法，其中最常见的是养分速测仪，能简单半定量地分析茶园土壤中的pH，速效氮、磷、钾含量，这些数据可用来快速指导茶园施肥。分析测得的这些数据，比对推荐的茶园土壤肥力标准，可推算出所需的肥料用量。通常公认的茶园土壤肥力标准为 pH4.5～5.5，有机质＞1％，全氮＞1％，速效磷＞10 mg/kg，速效钾＞120 mg/kg。达到此肥力水平的土壤，基本上认为不施肥也能保证茶叶正常生长。在我国的多数茶园中，存在的主要问题是茶园酸化严重，有机质含量偏低，钾含量低。因此，多数情况下，等同条件下，施有机肥、施钾能明显增加产量与品质。

叶片营养诊断是指根据叶片的生长情况或者叶片营养元素的丰缺判断茶叶的生产情况，从而明确茶园的营养供应情况。因此叶片诊断又根据所用方法或技术的差异分形态诊断和化学诊断两种。

1. 形态诊断　养分不足引起的缺素症，在茶树外部形态上通常表现为器官有不正常生长和发育的提前或延迟，由于茶树体内各种营养元素的移动性和生理功能是不同的。因此营养失调时症状所出现的部位和外部形态也是不同的，即失调症状出现的部位和形态特征是有规律的，从形态诊断观察植株的长势、长相，或者特有的症状，可以分析判断所缺元素的种类和估计缺乏的程度。由于茶树的外观形态还受到土壤、气候和病害等因子的影响，如叶片失绿，既可能是缺素的症状表现，也可能是由于土壤水分过多或气温低等所造成。因此，形态诊断只能为进一步对土壤、植株化学诊断提供材料，进行形态营养诊断要考虑到各种可能的影响，综合分析研究。

为检验形态营养诊断的准确程度，还可采用缺素补给法进行辅助诊断，即当发现某种症状时，可采用喷施、涂抹、注射和叶脉浸渍等补给方法，使茶树植株获得引起生理障碍的元素后，形态特征应有所变化。若障碍症状消逝，可能是缺乏该种元素，而若障碍症状加重，则可能是由其他原因所引起的。

综合各地研究，茶树缺素症状在形态上一般表现为：

① 缺氮。茶树缺氮时，首先生长减缓，新梢萌发轮次减少，新叶变小，对夹叶增多；随着缺氮情况加重，叶绿素含量明显减少，叶色黄、无光泽，叶脉和叶柄逐渐显现棕色，叶质粗硬，叶片提早脱落，开花结实增多，新梢停止生长，最后全株枯萎。

② 缺磷。缺磷初期，茶树生长缓慢，接着根系生长不良，吸收根提早木质化，逐步变成红褐色，嫩叶暗红，叶柄和主脉呈现红色，老叶暗绿。随着缺磷发展，老叶失去光泽，出现紫红色块状的突起，花果少或没有花果，生育处于停止状态。

③ 缺钾。缺钾的茶树，初期与缺氮症状相似，即生长减缓，嫩叶退绿，逐渐变成淡黄色，叶张薄，叶片小，对夹叶增多，节间缩短，叶脉及叶柄逐渐出现粉红色。接着老叶叶尖变黄，并逐步向基部扩大，使叶缘呈焦灼、干枯状，并向上或向下卷曲，下表皮有明显的焦斑，组织坏死，严重时，老叶提早脱落，枝条灰色、枯枝增多。缺钾的茶树还易感染茶饼病、云纹叶枯病、炭疽病以及其他茶树病害。

④ 缺钙。茶树缺钙首先表现在幼嫩芽叶上，嫩叶向下卷曲，叶尖呈钩状或匙状，色焦黄，逐渐向叶基发展。中期顶芽开始枯死，叶上出现紫红色斑块，斑块中央为灰褐色，边缘呈棕红色，质脆易破裂。以后老叶也会出现黄白色花斑，茎细节短，根系有腐烂枯死现象。

⑤ 缺镁。茶树缺镁初期，上部新叶绿色，下部老叶干燥粗糙，上表皮呈灰褐色，无光泽，有黑褐色或铁锈色突起斑块。中期老叶灰白或棕黄色，叶尖、叶缘开始坏死。后期幼叶失绿、老叶全部变灰白，出现严重的缺绿症，但主脉附近有一 V 形小区保持暗绿色，围绕一黄边。

⑥ 缺硫。茶树缺硫先表现为嫩叶失绿，但主脉不红。直至后期下部老叶才会出现少量黄白色花斑，茎细节短，根系发黑。

⑦ 缺铁。缺铁茶树初期表现为顶芽淡黄，嫩叶花白而叶脉仍为绿色，形成网眼黄化。之后叶脉失绿，顶端芽叶全变黄，甚至白色，下部老叶仍呈绿色。

⑦ 缺锰。茶树缺锰症状首先发生在刚展开的幼叶上，即叶脉间形成杂色或黄色的斑块（从叶缘向内蔓延），而叶脉和斑块周围仍为绿色，成熟新叶轻微失绿，叶尖、叶缘和锯齿间出现棕褐色斑点，斑中央有红色坏死点，周围有黄色晕轮，斑块逐渐向主脉和叶基延伸扩大，随之斑块毗连成片，叶尖、叶缘开始向下卷曲，易破裂。后期病叶脱落，顶芽枯死。

⑧ 缺锌。缺锌时，茶树嫩叶出现黄色斑块，叶狭小或萎黄，叶片两边产生不对称卷曲

或是镰刀形，刚成熟的新叶中部出现淡黄色小点，中央白色，中期黄点迅速扩大，黄白色花斑更鲜明，后期叶小而皱缩扭曲，病斑呈灰白色，枯死后破裂成孔洞，继而病叶脱落。新梢发育不良，出现莲座叶丛，植株矮小，茎节短，根系发黑枯死。

⑨ 缺铜。茶树缺铜，初期在成熟新叶上出现形状规则、大小不等的玫瑰色小圆点，中央白色，中期病斑转为橘黄色，随之出现坏死病斑，后期病叶严重失绿，病斑扩大，叶缘坏死，但主脉仍为绿色。

生产上，当形态诊断能应用时，常是缺素症已经发生，属事后补救。因此对现代施肥指导并不实用，也逐渐少受重视。

2. 茶树化学诊断 茶树化学诊断是用化学检测方法分析茶树所含的养分含量，然后进行比较，以诊断营养元素的丰缺。植株化学分析结果对判断养分的丰缺具有更直接、更可靠的意义。因为茶树体内某些元素的含量与其生长和茶叶产量品质之间存在着直接或间接的相关关系，某一营养成分过高或过低都将对茶树生育产生不利的影响，通过利用已知参数对照化学测定的结果，便可判断营养状况。化学测定诊断可以在缺素的较早阶段（外部形态往往还不太明显时）就为营养诊断提供可靠的信息。植株化学诊断为确定茶树施肥种类、数量、比例以及最佳的施肥时间与方法提供科学的依据。

茶树营养元素含量与取样时间和部位有关。取样部位应当是选取树体营养元素反应灵敏的部分进行。东非茶叶研究所提出，取样时取成龄茶树新梢一芽三叶的一芽一叶、第三叶（不带梗）；我国和其他产茶国认为，一般选取春茶一芽二、三叶和成熟叶为宜。取样时间除特殊目的外，基本上是在茶树新梢生长旺盛期进行。同时，不同营养元素在茶树中的移动性不一样，对于移动性强的营养元素，通常取成熟叶进行营养诊断；而对于移动性弱的元素，则选用新梢较好。表 5-24 中为在中非等国应用比较广泛的茶树营养元素的诊断指标。

表 5-24 新梢第三叶用于养分诊断指标

养分水平	氮 g/kg	磷 g/kg	钾 g/kg	钙 g/kg	镁 g/kg	硫 mg/kg	铁 mg/kg	锰 mg/kg	锌 mg/kg	铜 mg/kg	硼 mg/kg	氯 g/kg
缺乏至中等	30.0	3.5	16.0	0.5	0.5		60	50	20	10	8	
中等至充足	40.0	4.0	20.0	1.0	1.0	0.5	100	1 000	25	15	12	
充足至过量	50.0	5.0	30.0	3.0	3.0	5.0	500	5 000	50	30	100	1.0

另外也有一些学者在试验与研究快速叶面营养诊断，但由于受到许多因素影响，方法未能得到有效的应用。如通过测定叶色，确定其与营养状况之间的关系，但茶树品种多，各品种间叶色深浅差异明显，很难像有些作物一样比较均匀，而且叶色差异还会随气候温度变化而变化。如夏季高温，多数品种叶色会变深或变紫，要充分探明多种因素相互之间的影响后，才可有效应用于生产实际。

（二）茶园主要施用肥料种类和特点

可作茶园土壤施用的肥料种类很多，各种肥料的营养成分含量各不相同，对茶树生育和培肥土壤的作用也有差异。但依据肥料的分类，仍旧是有机肥和无机肥两大类。从具体的种类或者商品肥种类上分，茶园肥料可分为有机肥、无机肥、有机无机复混肥、微生物肥料等四大类（表 5-25）。

表5-25　茶园主要肥料分类及特性

肥料	种类	商品	主要成分	肥效	注意事项
无机肥	氮肥	尿素	分子式为 $CO(NH_2)_2$，含氮（N）46%	速效	
		铵态氮肥	碳酸氢铵（NH_4HCO_3）、硫酸铵［$(NH_4)_2SO_4$］、氯化铵（NH_4Cl）、氨水（$NH_3 \cdot H_2O$）、液氨（NH_3）	速效	深施
		硝态氮肥	硝酸钠（$NaNO_3$）、硝酸钙［$Ca(NO_3)_2$］、硝酸铵（NH_4NO_3）等	速效	
		石灰氮	分子式是 $CaCN_2$，含氮素17%～20%，含钙50%	速效	注意施用安全
	磷肥	磷矿粉	含磷10%～35%，	缓效	
		过磷酸钙	分子式为 $Ca(H_2PO_4)_2 \cdot H_2O$	速效	
	钾肥	草木灰	碳酸钾（K_2CO_3）	速效	
	复合肥	化合复合肥	氮、磷、钾二元、三元复混（合）肥或与微肥复混	速效+缓效	基本上是有机肥里掺化肥
		无机有机复合肥		速效+缓效	
	缓释肥		氮、磷、钾为主	长效	
	控释肥		氮、磷、钾为主	长效	
	硫肥		硫黄	速效	
	石灰		主要成分为 $CaCO_3$	缓效	
	微肥		含微量元素肥料，铜肥、硼肥、钼肥、锰肥、铁肥和锌肥或复合的，有无机与有机两类	速效	
有机肥	粪肥类	厩肥类	猪粪、牛粪、人粪尿和其他家畜粪便	速效+缓效	
		堆肥类	处理过的粪肥类	速效+缓效	
	沼液		沼气池产生的废液	速效	不要连续多年施用
	饼肥		有机肥为主	缓效	
	绿肥		有机肥为主	缓效	
	微生物肥		含各种功能菌		
其他	土杂肥		各式有机肥，腐殖酸类肥料	缓效	

1. 有机肥　有机肥根据其来源又可分为几大类，包括饼肥、厩肥、粪肥、堆肥和绿肥等。

（1）饼肥。饼肥仍是我国茶园中使用比较广泛的有机肥料，其中使用较多的有菜籽饼、大豆饼、花生饼、桐籽饼、棉籽饼、茶籽饼等饼肥。其营养成分完全，有效成分高，尤其是氮素含量丰富，碳氮比低，施用后养分释放相对迅速。

（2）厩肥。厩肥主要有猪栏肥、牛栏肥、羊栏肥和兔栏肥等未经处理的粪肥。厩肥碳氮比高，适宜用作茶园底肥和基肥，特别适用于新辟茶园、幼龄茶园以及土壤有机质含量低、理化性质差的茶园，是较理想的改土肥料。

（3）粪肥。粪肥包括人粪尿、养殖场粪便。这类粪肥通常速效养分含量较高，可作为基肥和追肥施用。

（4）堆肥。堆肥，现在通常是指是采用枯枝落叶、杂草、垃圾、绿肥、河泥、粪肥等物质混杂在一起经过堆腐而成。目前多数养殖场的粪便都经过堆肥化处理。市场上许多除饼肥外的有机肥都是这一类肥料。由于加工工艺不同，其有机肥的性质也有所不同。使用时请详看其肥料标示。沼液也归于这一类里。另外，目前一个新的人、畜粪便处理方式是生产液态有机肥。这类有机肥一方面可供叶面肥用，另一方面也可作为喷滴灌肥料。

（5）绿肥。绿肥主要是指幼龄茶园茶行间种植的草本植物，尤其是豆科植物。这些植物生产一定程度后直接埋在茶行间作为有机肥。这些绿肥一方面可帮助茶苗抗旱，另一方面可增加茶园有机质，同时也能减少水土流失。成龄茶园一般不推荐种植绿肥。

一些偏远山地茶园，交通不便，运输成本高，施用有机肥有难度，则可考虑因地制宜。如直接割草铺园，或者收集旁边山林枯枝落叶进行铺盖以增加茶园有机质。

2. 无机肥料　无机肥料又称化学肥料，按其所含养分分为氮、磷、钾肥料、微量元素肥料和复混肥料等。

（1）氮肥。茶园常用的氮素化肥按其组成可分为三大类：

① 铵态氮肥。主要有硫酸铵、氯化铵、碳酸氢铵、氨水等；碳酸氢铵与氨水等肥料目前在国内很少使用。

② 硝态氮肥。主要有硝酸钙、硝酸钠、硝酸铵等。

③ 酰胺态氮肥。最常用的有尿素、石灰氮肥。

（2）磷肥。磷肥主要有过磷酸钙、钙镁磷肥、磷矿粉、钢渣磷肥、磷铵、骨粉等。由于原料关系，磷肥通常含有各种重金属。

（3）钾肥。钾肥主要有硫酸钾、氯化钾、草木灰等。

（4）微量元素肥料。微量元素肥料有硫酸锌、硫酸铜、硫酸锰、硫酸镁、硼酸、钼酸铵等，可用作基或追肥施入土中，生产上多采用叶面喷施。对茶园而言，微量元素肥料要根据土壤养分实际情况而决定是否使用。

3. 复混肥料　复混肥料是含有氮、磷、钾三要素中的2种或2种以上元素的化学肥料，按其制造方法，分为复合肥料和混合肥料。

（1）复合肥料。复合肥料又称合成肥料，以化学方法合成，如磷酸二铵、硝酸磷肥、硝酸钾和磷酸二氢钾等。复合肥料养分含量较高，分布均匀，杂质少，但其成分和含量一般是固定不变的。

（2）混合肥料。混合肥料又称混配肥料，肥料的混合以物理方法为主，有时也伴有化学反应，养分分布较均匀。混合肥料的优点是灵活性大，可以根据需要更换肥料配方，增产效果好。

复混肥料的标识通常是以 $N - P_2O_5 - K_2O - $（微肥）的形式出现。如 30 - 10 - 10 - 1（Zn）代表此肥含氮、磷、钾分别为30%、10%、10%，而且含 Zn 肥1%。

4. 微生物肥料　微生物肥料目前定义有些混乱：一是说含微生物的肥料；二是说用微生物发酵处理过的肥料。第二种说法基本上就是与堆肥类似，目前多数堆肥都有用微生物处理，加速腐烂或者除臭等的处理工艺。当然这类肥料中也肯定含有一定量的微生物。第一类微生物肥料，也即所谓的菌肥。如根瘤菌、固氮菌、硅酸细菌、复合微生物、光合细菌、发酵素菌，等等。

5. 其他肥料　随着对生态环境的关注，肥效提高的要求，市场上开发出一些新的肥料品种。根据茶树对养分的吸收特点和茶园土壤养分供应特性，各地陆续对适宜当地茶园土壤的茶树专用肥进行了研究。四川省农业科学院茶叶研究所试验表明，施用含有氮、磷、钾、硫、镁、锌等营养元素，且氮、磷、钾比例为 3∶1.5∶1.5 的茶树专用肥，能促进茶芽早发、多发，其处理的茶多酚、氨基酸和水浸出物等含量分别达到 29.53％、3.38％ 和 42.50％均显著高于不施肥的处理。国产复合肥经多年施用表明，施用氮、磷、钾比例为 2∶2∶1所组成的铵态复合肥对促进幼龄茶树根系生长有良好效果，在施用 14 个月后，根的总重量要比施用硫铵增加 4～5 倍。采叶茶园施用铵态复合肥比单施硫铵第一年增产 4％，第二年增产 15％，第三年增产达 18％，并且对鲜叶中儿茶素、多酚类和水浸出物的含量亦有增加。

缓释肥又称包膜肥料、包衣肥料、薄膜肥料，是指用半透性或不透性薄膜物质包裹速效性化肥而制成的颗粒肥料。包膜肥料的包膜材料大多是用矿粉、蜡、聚合物、硫黄、高分子树脂进行包膜，也可以用沥青、硅酸盐水泥、磷酸镁铵、腐殖酸等包膜。包膜的目的是使包膜肥料在施入土壤后里面的速效养分缓慢地释放出来，以延长肥效。其释放速率决定于包膜种类、厚度、粒径、肥料溶解性、土壤温度、土壤含水量以及土壤微生物活性等，通常在特定的土壤与作物种类上，其释放率只是一个时间函数。包膜肥料最多的是尿素，也有包膜复混肥料。我国北方也供应包膜碳铵，如长效碳铵。这些肥料目前在茶园上应用较少。

控释肥（智能肥）是又一种新型肥料。它是利用包膜技术将化肥包膜（简单一层就是常说的缓释肥，多层或者复合包膜就是控释），使其在不同时间或按作物需求适时释放出所含肥料营养。好处是一次施肥长期（半年以上）有效，减少肥料损失。

（三）茶园施肥量确定

对于施肥量的确定，常见的做法或依据是目标产量法。应用最多的测土配方施肥，其实也是以目标产量法为主的一种改良法。

1. 目标产量法　目标产量法是 1960 年美国土壤学家 E. Troug 提出，根据一定的产量要求计算养分需求量。其公式为

$$W = \frac{(U - M_s)}{R}$$

式中　　W——养分需求量，kg/hm^2；

U——一季作物的养分总吸收量，kg/hm^2；

M_s——土壤供肥量，kg/hm^2；

R——肥料当季利用率，％。

在茶园中可按下式计算养分需求量：

$$养分需求量 = \frac{目标产量 \times 单位茶叶产量养分吸收量 - 土壤养分供应量}{肥料利用率}$$

按照这一方法，先根据土壤条件、茶树生长状况，结合气候条件和管理水平，确定目标产量，该目标产量大致相当于在前 3 年平均产量水平上加 10％～15％ 的增量。单位茶叶产量养分吸收量除了采摘新梢所含养分外，还包括茶树根、茎、叶（成熟叶）等新吸收的养

分。土壤养分供应量可以根据土壤测定值和校正系数来计算：

土壤养分供应量（kg/hm²）＝校正系数×测定值（mg/kg）×0.32

系数 0.32 是将土壤测定值由 mg/kg 换算为 kg/hm²（假设茶园土壤容重平均为 1.2 g/cm³，有效土层 40 cm）而得；校正系数一般根据田间试验结果来求得：

$$校正系数＝\frac{空白区产量×单位茶叶产量养分吸收量}{土壤测定量}$$

这里茶叶与其他作物不同，茶叶只利用一部分叶子，但其他部分仍需要吸收利用养分，因此通常所说的肥料利用率是要指明当季利用率，还是全年利用率，计算其目标产量时需要注明这些。在分开计算底肥与追肥时，要用不同的肥料利用率。

这里的目标产量法可应用到所有营养元素，但对施肥来说，更多的是关心氮、磷、钾三要素。其他中微量元素相对关注较少，在施有机肥茶园不严重。因此讨论的也主要是氮、磷、钾三要素的施肥量确定。

在采用目标产量法时，其中的关键因子是土壤养分供应量的确定。由于缺少可靠的茶园土壤氮素肥力测定方法，该法在茶园氮肥推荐中遇到较大困难。针对茶园土壤普遍缺氮以及茶树对氮素需求比较高的特点，可以采用经验定氮法。根据各地经验和田间实验结果，每生产 100 kg 干茶需要施用 12～15 kg 的氮素。表 5-26 列出了茶园氮肥的参考用量。对于磷、钾和其他营养元素则采用"以氮定磷、钾，其他营养元素因缺补缺"的办法，确定氮素后，按照适宜茶树生长的氮：磷：钾比例来确定磷和钾的含量。根据田间实验，目前认为氮：磷：钾的最佳配比大致为（4～2）：1：（1～2），根据土壤磷、钾的测试结果，对比例进行调整，如土壤严重缺磷，则增加磷的比例。其他营养元素如硫、镁和微量元素，则根据土壤分析结果，在缺乏时适量施用。

表 5-26 茶园氮肥参考用量

幼龄茶园		成龄茶园	
树龄	氮肥用量/（kg/hm²）	干茶产量/（kg/hm²）	氮肥用量/（kg/hm²）
1～2	37.5～75.0	<750	90～120
3～4	75.0～112.5	750～1 500	100～250
		1 500～2 250	200～350
		2 250～3 000	300～350
		>3 000	400～600

2. 三要素在茶园中的使用 茶园肥料的施用，多以无机氮肥为主，但经若干年后，土壤中氮、磷、钾的比例就会越来越不协调，甚至发生严重的缺钾现象而影响到氮肥的增产效果，特别是经过几次较重的修剪或遭遇到几次较严重的病虫害后，会因缺钾而引起严重落叶，枝条干枯甚至枯死。在肥料三要素中固然以氮的增产作用最为明显，但仍以三要素配合施用增产幅度最大。

幼龄茶园因尚未开采，耗氮量不多，以培养健壮骨架与庞大根系为主要任务。三要素配合比例应特别增加磷、钾比重。印度、斯里兰卡和东非，一般幼龄茶园的三要素比例多采用 1：2：2、1：2：3、1.3：0.9：1 等配合比。日本则多用 2.5：1：1。印度 5 龄前的幼龄茶树如用 1：2：2 比例时的实际施肥量是每公顷全年用硫酸铵 31 kg、过磷酸钙 29 kg、硫酸钾

40 kg。幼龄茶树生长迅速，必须随着树龄的增长来提高施肥水平，否则就会使生长受到抑制（表5-27、表5-28）。

表5-27　幼龄茶树对养分吸收动态

单位：mg

元素	树龄	总吸收量	根吸收量	茎吸收量	叶吸收量
氮	2	59.07	9.34	14.21	35.52
	3	186.60	45.98	50.39	90.28
磷	2	14.69	3.85	4.85	5.99
	3	52.77	18.07	15.56	19.14
钾	2	43.36	15.51	8.24	21.61
	3	179.45	65.19	45.03	69.23

表5-28　幼龄茶园的三要素使用量

单位：kg/hm²

树龄	纯氮	磷酸	氧化钾
1～2	22.5～37.5	30.0～75.0	1.5～15.0
3～4	45.0～90.0	22.5～45.0	3.8～11.3
5～6	90.0～135.0	45.0～75.0	3.8～11.3

三要素的配合比例，各地均进行了大量研究，同时随着产量的提高，各国成年茶园的配合比例也先后有些变化，总的趋向是增加氮素的比重。安徽祁门茶叶研究所认为制红茶最好是3：1.5：1，福建福安茶叶研究所以3：2：1为宜，台湾省多用3：1：1，红茶主产国分别推广的三要素配合比例是印度阿萨姆4.5：1：2，南印度2：（0.3～1）：1，斯里兰卡4：1：2，东非5：1：2，前苏联4：1.2：1。拟定三要素比例时应根据当地土壤分析资料来决定氮、磷、钾的比重。总的来看，当前采叶茶园氮、磷、钾的比例多在2：1：1到4：1：1的变幅内。丰产茶园氮的比重还要加大，绿茶产区氮的比例可适当增加。

目前各国所推行的施氮量是斯里兰卡225～270 kg/hm²，南印度202.5 kg/hm²，日本300 kg/hm²以上。高产茶园的施氮量多在750 kg/hm²以上。一些试验研究材料指出，每公顷茶园每次施氮量不超过112.5 kg时，（相当于硫酸铵562. kg），不会出现肥害。施氮量即使高达997.5 kg/hm²，只要配足磷、钾肥和把氮素分多次施用，仍然可以增产。当施氮量在502.5～697.5 kg/hm²以上时，就会使茶叶中多酚类和水浸出物含量减少，从而会使红茶品质降低。日本主要是生产绿茶，虽然施氮量特别高，对成茶的品质并没有什么不良影响。

关于氮肥的增产效应，据安徽祁门茶叶研究所试验结果，以每年每公顷施150 kg氮素的效果最好，7年平均每千克氮素增产鲜叶44.2 kg。中国农业科学院茶叶研究所的试验结果是每公顷施茶籽饼2 250 kg作为基肥，每千克氮素增产鲜叶50.61 kg；在施基肥的基础上，每公顷增施氮素75～150 kg，每千克氮素增产鲜叶40 kg左右。综合国内外一些有关的试验结果来看，一般茶园以每年每公顷施氮素150 kg左右，每千克氮素的增产效应为最高。

目前国内红茶产区有些人认为增加氮素用量后会降低多酚类含量而降低了红茶的品质。

一般而言，过多施用氮肥而不配合磷、钾肥，或是长期单施无机氮肥而不施有机肥料，有降低多酚类和水浸出物的倾向，但对氮肥和红茶品质的影响问题，应根据具体问题来全面衡量并以科学态度来进行分析。优质应以一定的产量水平为基础，首先，目前我们生产茶园的一般施氮水平不是偏高而往往是不足；其次，我国茶园一向有施用有机肥的习惯，无机肥作为追肥施用，同时多配合使用磷肥，特别值得注意的是要了解增施氮肥对多酚类的影响，不应只从多酚类总含量方面来着眼，还应了解到施氮后多酚类中对品质起主要作用的儿茶素的含量变化不大，往往还促进了 L-没食子儿茶素和 L-表儿茶素没食子酸酯等对红茶品质特别有利的这类没食子酸酯儿茶素的合成。至于多酚类中对红茶品质不起主要作用的 L-表没食子儿茶素、DL-没食子儿茶素、L-表儿茶素和 DL-儿茶素等简单儿茶素则有明显的减少。

氮肥用量与茶叶产量的关系，安徽祁门茶叶研究所经过多年研究后指出，在年施厩肥1.5 t作为基肥的基础上施用氮肥数量如表 5-29 所示。

表 5-29　茶园氮肥用量
（安徽省祁门茶叶研究所，1974）
单位：kg/hm²

干茶产量	施肥量（纯氮）	折合硫酸铵
750 以内	75～90	375～450
750～1 500	90～120	450～600
1 500～2 250	120～180	600～900
2 250～3 000	180～225	900～1 125
3 000～3 750	225～300	1 125～1 500

浙江省杭州市茶叶试验场大面积生产茶园的施肥量，除基肥改用 2.25 t/hm² 饼肥外，作为追肥的氮素用量与表 5-29 极为接近。日本茶园的施肥标准是从鲜叶产量 100 kg 为基数的，每 100 kg 鲜叶施氮 3 kg、磷 1 kg、钾 1 kg。鲜叶产量增加时按这一基数来递增。斯里兰卡每公顷年产干茶 1 125 kg 的茶园，一般每年每公顷施硫酸铵 450 kg（含氮 20%）、过磷酸钙 150 kg（含磷酸 27%）、氯化钾 82.5 kg（含钾 60%）。

（四）茶园施肥技术

茶园施肥技术是指如何合理地施肥，也即传统所说的施肥技术，如施肥种类、施肥时期等。主要包括两个部分，即施肥的时期与施用的技术。考虑到茶树在总发育周期和年发育周期的需肥特性及生产实际，结合施肥时机，把茶园施肥分为底肥、基肥、追肥和叶面施肥等4 种，这 4 种施肥时期，施用肥料的种类、时期及施用要求都有所不同，下面分别介绍。

1. 底肥　底肥是指开辟新茶园或改种换植时施入的肥料，主要作用是增加茶园土壤有机质，改良土壤的理化性质，促进土壤熟化，提高土壤肥力，为以后茶树生长、优质高产创造良好的土壤条件。底肥施用的另一个好处是在苗期促使根系向下生长。尤其是对于扦插苗来说，无实生苗那样的主根系，如果没有底肥，根无向下生长的驱动力，根系会基本集中在表层，特别是目前表面撒施肥料的情况下。

根据杭州茶叶试验场（1964）的测定，施用茶园底肥，能显著改善茶园土壤的理化性质，茶树生长也得到明显改善，到了第四年，茶叶产量比不施底肥的增加 3.6 倍。茶园底肥应选用改土性能良好的有机肥，如纤维素含量高的绿肥、草肥、秸秆、堆肥、厩肥、饼肥等，同时配施磷矿粉、钙镁磷肥或过磷酸钙等化肥，其效果明显优于单纯施用速效化肥的茶园。

底肥施用时，如果底肥充足，可以在茶园全面施用；如果底肥数量不足，可集中在种植沟里施入，开沟时表土、深土分开，沟深 40～50 cm，沟底再松土 15～20 cm。肥料上面必须覆土后再植茶苗（或茶籽）。

2. 基肥　基肥是指在茶树地上部年生长停止时施用的肥料，以提供茶树足够的能缓慢分解的营养物质，为茶树秋冬季根系活动和翌年春茶生产提供物质基础，并改良土壤。每年入秋后，茶树地上部慢慢停止生长，而地下的根系则进入生长高峰期，施入基肥，茶树大量吸收各种养分，使根系积累了充足的养分，增强了茶树的越冬抗寒能力，为翌年春茶生长提供物质基础。据在杭州地区用同位素 ^{15}N 示踪试验，在 10 月下旬茶树地上部分基本停止生长后，到翌年 2 月春茶萌发前的这一越冬期间，茶树从基肥吸收的氮素约有 78% 贮藏在根系，只有 22% 的量输到地上部满足枝叶代谢所需。2 月下旬后，茶树根系所贮藏的养分才开始转化并输送到地上部，以满足春茶萌发生长。到 5 月下旬，即春茶结束，根系从基肥中吸收的氮素约有 80% 被输送到地上部分，其中输送到春梢中的数量最多，约占 50%，而且在春茶期间茶树幼嫩组织中基肥氮占全氮中的比例最大。由此可见，基肥对次年春茶生产有很大的影响。

基肥施用时期原则上是在茶树地上部分停止生长时即可进行，宜早不宜迟。因随气温不断下降，土温也越来越低，茶树根系的生长和吸收能力也渐而减弱，适当早施可使根系吸收和积累到更多的养分，促进树势恢复健壮，增加抗寒能力，同时可使茶树越冬芽在潜伏发育初期便得到充分的养分。长江中下游广大茶区，茶树地上部一般在 10 月中下旬才停止生长，9 月下旬至 11 月上旬地下部生长处于活跃状态，到 11 月下旬转为缓慢。因此，基肥应在 10 月上中旬施下。南部茶区因茶季长，基肥施用时间可适当推迟。基肥施用太迟，一则伤根难以愈合，易使茶树遭受冻害；二则缩短了根对养分的吸收时间，错过吸收高峰期，使越冬期内根系的养分贮量减少，降低了基肥的作用。对于海南岛等茶区，"基肥"概念不再适合，可参照追肥进行。

基肥施用量要依树龄、茶园的生产力及肥料种类而定。数量足、质量好是提高基肥肥效的保证。基肥应既含有较高的有机质以改良土壤理化特性，提高土壤保肥能力，又要含有一定的速效营养成分供茶树吸收利用。因此，基肥以有机肥为主，适当配施磷、钾肥或低氮的三元复合肥，最好混合施用厩肥、饼肥和复合肥，这样基肥具有速效性，有利于茶树越冬前吸收足够的养分；同时逐渐分解养分，以适应茶树在越冬期间缓慢吸收。幼龄茶园一般每公顷施 15～30 t 堆、厩肥，或 1.5～2.3 t 饼肥，加上 225～375 kg 过磷酸钙、112.5～150 kg 硫酸钾。生产茶园按计量施肥法，基肥中氮肥的用量占全年用量的 30%～40%，而磷肥和微量元素肥料可全部作为基肥施用，钾、镁肥等在用量不大时可做基肥一次施用，配合厩肥、饼肥、复合肥和茶树专用肥等施入茶园。

茶园施基肥须根据茶树根系在土壤中分布的特点和肥料的性质来确定肥料施入的部位，以诱使茶树根系向更深、更广的方向伸展，增大吸收面，提高肥效。1～2 年生的茶苗在距根颈 10～15 cm 处开宽约 15 cm、深 15～20 cm 平行于茶行的施肥沟施入。3～4 年生的茶树在距根颈 35～40 cm 处开深 20～25 cm 的沟施入基肥。成龄茶园则沿树冠垂直投影下位置开沟深施，沟深 20～30 cm。已封行的茶园，则在两行茶树之间开沟。如隔行开沟的，应每年更换施肥位置，坡地或窄幅梯级茶园，基肥要施在茶行或茶丛的上坡位置和梯级内侧方位，以减少肥料的流失。

3. 追肥　追肥是在茶树地上部生长期间施用速效性肥料。茶园追肥的作用主要是不断补充茶树营养，促进当季新梢生长，提高茶叶产量和品质。在我国大部茶区，茶树有较明显的休眠期和生长旺盛期。研究表明，茶树生长旺盛期间吸收的养分占全年总吸收量的 65%～70%。在此期间，茶树除了利用贮存的养分外，还要从土壤中吸收大量营养元素，因此需要通过追肥来补充土壤养分。为适应各茶季对养分较集中的要求，茶园追肥需按不同时期和比例，分批及时施入。追肥应以速效化肥为主，常用的有尿素、碳酸氢铵、硫酸铵等，在此基础上配施磷、钾肥及微量元素肥料，或直接采用复混肥料。

第一次追肥是在春茶前。秋季施入的基肥虽是春季新梢形成和萌发生长的物质基础，但只靠越冬的基础物质，难以维持春茶迅猛生长的需要。因此进行追肥以满足茶树此时吸收养分速度快、需求量多的生育规律。同位素示踪试验表明，长江中下游茶区，3 月下旬施入的春肥，春茶回收率只有 12.3%，低于夏茶的回收率（24.3%）。因此，须早施才能达到春芽早发、旺发、生长快的目的。按茶树生育的物候期，春梢处于鳞片至鱼叶初展时施下较宜。长江中下游茶区最好在 3 月上旬施完。气温高、发芽早的品种，要提早施；气温低、发芽迟的品种则可适当推迟施。第二次追肥是于春茶结束后或春梢生长基本停止时进行，以补充春茶的大量消耗和确保夏、秋茶的正常生育，持续高产优质。长江中下游茶区，一半在 5 月下旬前追施。第三次追肥是在夏季采摘后或夏梢基本停止生长后进行。每年 7～8 月，长江中下游广大茶区都有伏旱出现，气温高，土壤干旱，茶树生长缓慢，故不宜施追肥。伏旱来临早的茶区应于伏旱后施；伏旱来临迟的，则可在伏旱前施。秋茶追肥的具体时间应依当地气候和土壤墒情而定。对于气温高、雨水充沛、生长期长、萌芽轮次多的茶区和高产茶园，需进行第四次甚至更多的追肥。每轮新梢生长间隙期间都是追肥的适宜时间。

每次追肥的用量比例按茶园类型和茶区具体情况而定。单条幼龄茶园，一般在春茶前和春茶后，或夏茶后二次按 5:5 或 6:4 追施。密植幼龄茶园和生产茶园，一般按春茶前、春茶后和夏茶后 3 次 4:3:3 或 5:2.5:2.5 的用量比施入。高产茶园和南部茶区，年追肥 5 次的，则按 2.5:1.5:2.5:2:1.5 用量比于春茶前、春茶初采和旺采时、春茶后、夏茶后和秋茶后分别追肥。印度和斯里兰卡等国一般分为 2 次追施，在 3 月施完全部磷、钾肥和一半氮肥，6 月份再施余下的一半氮肥。日本磷、钾肥在春、秋季各半施用，氮肥则分 4 次，春肥占 30%；夏肥分 2 次，各占 20%；秋肥占 30%。东非马拉维试验表明，在土壤结构良好的情况下，把全年氮肥分 6 次或 12 次施，虽年产量不比只分 2～3 次施的增加，但可使旺季的茶叶减少 8%～22%，具有平衡各季进厂鲜叶量的好处。

追肥施用位置：幼龄茶园应离树冠外沿 10 cm 处开沟；成龄茶园可沿树冠垂直投影处开沟；丛栽茶园采取环施或弧施形式。沟深度视肥料种类而异，移动性小或挥发性强的肥料，如碳酸氢铵、氨水和复合肥等应深施，沟深 10 cm 左右。易流失而不易挥发的肥料如硝酸铵、硫酸铵和尿素等可浅施，沟深 3～5 cm，施后及时盖土。

4. 茶树叶面施肥　茶树叶片除了依靠根部吸收矿质元素，也能吸收吸附在叶片表面的矿质营养。茶树叶片吸收养分的途径有两种：一是通过叶片的气孔进入叶片内部，二是通过叶片表面角质层化合物分子间隙向内渗透进入叶片细胞。据同位素试验表明，叶面追肥，尤其是微量元素的使用，可大大活化茶树体内酶体系，从而加强了根系的吸收能力；一些营养与化学调控为一体的综合性营养液，则具有清除茶树体内多余的自由基、促进新陈代谢、强化吸收机能、活化各种酶促反应及加速物质转化等作用。叶面施肥不受土壤对养分淋溶、固定、转化的影响，用量少，养分利用率高，施肥效益好，对于施用易被土壤固定的微量元素肥料非常有利。据斯里兰卡报道，用20％尿素喷茶叶叶背，只需4h即可把所喷的尿素吸收完毕。因而通过叶面追肥可使补充缺素现象尽快得以缓解。同时还能避免在茶树生长季节因施肥而损伤根系。在逆境条件下，喷施叶面肥还能增强茶树的抗性。如干旱期间进行叶面施肥，可适当改善茶园小气候，有利于提高茶树抗旱能力；而在秋季进行叶面喷施磷肥、钾肥，可提高茶树抗寒越冬能力。

叶面追肥施用浓度尤为重要，浓度太低无效果，浓度太高易灼伤叶片。叶面追肥还可同治虫、喷灌等结合，便于管理机械化，经济又节省劳力。混合施用几种叶面肥，应注意只有化学性质相同的（酸性或碱性）才能配合。叶面肥配合农药施用时，亦只能酸性肥配酸性农药，否则就会影响肥效或药效。叶面追肥的肥液量，一般采摘茶园每公顷为750～1 500 kg，覆盖度大的可增加，覆盖度小的应减少液量，以喷湿茶丛叶片为度。茶叶正面蜡质层较厚，而背面蜡质层薄，气孔多，一般背面吸收能力较正面高5倍，故以喷洒在叶背为主。喷施微量元素及植物生长调节剂，通常每季仅喷1～2次，在芽初展时喷施较好；而大量元素等可每7～10 d喷一次。由于早上有露水，中午有烈日，喷洒时易使浓度改变，因此宜在傍晚喷施，阴天则不限。下雨天和刮大风时不宜进行喷施。目前茶树作为叶面肥追施的有：大量元素、微量元素、有机液肥、生物菌肥、生长调节剂以及专门型和光谱型叶面营养物，品种繁多，作用各异。

过去有推广施用稀土微肥的，近来由于茶叶中的稀土限量标准，目前已经基本不用。

第四节　茶园土壤肥力培育与维护

茶园土壤管理中经常会遇到一个问题，即什么样的茶园土壤算是优的，或者说是管理得好的，所以需要一个标准。过去常说宜茶土壤，这主要是在茶园开垦种植时用，其中最重要的关注点是pH、土层种类及土层厚度。但作为一个生产茶园，可能更多的是关心其茶园的生产力，所以更多的会关心其肥力水平高低，或者更进一步的是茶园土壤质量高低。因此必须要有一个参考指标来界定茶园土壤的性能。

一、土壤质量指标

根据最近土壤学方面的大量研究，土壤质量指标逐渐取代传统的土壤肥力指标来表征耕地等农业用地的质量状况。土壤肥力只是作为其中一个重要的指标而被保留。

（一）土壤肥力指标

土壤肥力指标是最常用的参考指标，也是使用历史最久的指标，或者说相对最成熟的土壤指标。杨亚军在《中国茶树栽培学》中提出宜茶土壤应具备土壤深厚，在1 m以上，剖面构型合理，质地沙壤，土体疏松，通透性良好，持水保水能力强，渗水性能好等特征，并给出了一些养分指标（表5-30）。这些指标其实就是土壤肥力指标。如果按此标准，目前绝大部分茶园都不在此列。

表 5 - 30　优质高产茶园土壤物理指标

(杨亚军，2005)

项目	剖面构型	土层厚度/cm	质地（中国制）	容重/（g/cm³）	总孔隙度/%	三相比（固∶液∶气）	渗水系数/（mg/kg）	土稳性团聚体直径 >0.75 cm
指标	表土层	20～25	壤土	1.0～1.1	50～60	50∶20∶30	>18	>50%
	心土层	30～35	壤土	1.0～1.2	45～50	50∶30∶20		>50%
	底土层	25～40	壤土	1.2～1.4	35～50	55∶30∶15		>50%

项目	有机质/（g/kg）	pH（H₂O）	全氮/（g/kg）	交换性铝/（cmol/kg）	交换性钙/（cmol/kg）	有效养分/（mg/kg）						
						氮	磷	钾	镁	锌	硫	钼
指标	>20	4.5～6.0	>1.0	3～4	>4	>100	>15	>80	>40	>1.5	>30	>0.3

注：养分指标指 0～45 cm 土层。

　　近来，全国土壤质量研究重新定义了全国土壤分级指标，但茶叶上基本上还没有相关的研究。随着对安全、环境的关注，茶叶生产同样要强调安全、环境友好的生产方式，因此茶园土壤的质量指标相应地也要有所更新，关注的内容也会更多，而不是单纯的传统的肥力指标，即养分含量的多少。

（二）生物学指标

　　生物学指标是用来衡量土壤的生物生长适宜性，前面的肥力指标主要是指土壤能提供茶树或植物生长所需养分，但茶树是否生长健康没有考虑。生物学指标就是把土壤当作一个活体，看其自身是否健康的一个参考指标。土壤生物学指标已经有许多研究，但在茶园土壤上相对研究较少。目前常用的土壤生物学指标包括微生物生物量、土壤微生物种类及数量、土壤动物数量、土壤酶活性等。有研究认为茶园土壤的有益微生物总数（细菌＋真菌＋放线菌）不得小于 0.5 亿个/g，蚯蚓数量要多，不得少于 30 条/m³。但在我国茶园土壤中，基本上无蚯蚓。

（三）健康指标

　　土壤的健康指标是指土壤中有害物质如重金属、农药残留等的含量，以及一些有益元素的含量如硒等的含量。但到目前为止，茶园土壤主要是强调了土壤有害重金属及农药残留的含量指标，如各种有机农产品或无公害农产品对产地的要求。根据农业部颁布的《无公害食品——茶叶产地环境条件》（NY 5020—2001）规定了茶园土壤中 6 种有害重金属含量。上述指标中，茶园土壤环境质量准是强制性的指标，要进行可持续发展优质高产茶生产，其有害重金属含量必须达到规定标准的要求。其他的指标，如物理、化学和生物学指标都是参考性指标，在生产中有些优质高产茶园的土壤理化性质不一定全都能达到上述指标，这就必须在土壤管理中加以不断培育。在可持续发展的优质高产茶园土壤管理过程中，要随时对土壤理化性质和生物学特征进行定期监测，根据监测结果调整土壤管理技术，使土壤各项肥力指标不断提高，从而使茶叶品质不断改善，产量不断增加，生产效益不断提高，实现可持续发展。

（四）茶园土壤培育或维护措施

随着茶园的连续生产，其茶园土壤的可持续能力会下降。如何防止其肥力或土壤质量的下降，是茶园管理中的一个重要内容。针对长期生产茶园，可能出现的主要问题是土壤容重增大，pH 下降，有机质含量下降，生物多样性变差，一些有毒有害物可能累积。产生这些问题的原因大部分是由于管理不当所引起的：一是施肥不当，二是翻耕不当。重要的是施肥不当。

针对这些问题，施肥时要掌握一些基本的原则：
① 有机肥、无机肥配施，重施有机肥。
② 追肥以氮肥为主，适当配合磷、钾肥。
③ 开沟施肥，提高肥效，保持土壤容重。
④ 注意各种肥料的选择，防止重金属积累。
这些相关的内容和措施在本章各节中都有详细的阐述。

二、茶园土壤改良

茶园土壤改良主要是指不良茶园土壤的改良。对我国茶区而言，不良土壤主要是指过度酸化土壤、营养不良土壤、污染土壤、生态环境恶化土壤等。

（一）过度酸化土壤

茶园酸化指的是长期过量施用化肥、缺少翻耕等引起的茶园土壤 pH 过低。茶园土壤最适 pH 为 4.0～5.5。当 pH 低于 4 时，通常会认为是茶园土壤酸化严重。目前我国茶园土壤酸化比较严重，据浙江大学茶学系及中国农业科学院茶叶研究所的调查，我国茶园土壤酸化比例达到 40% 以上。针对 pH 过低茶园，可采取以下几项措施：
① 适度施用石灰等快速改良土壤。
② 施用一些碱性有机肥。这些碱性有机肥主要是一些养殖场粪便类有机肥，通过石灰消毒生产而成。这些有机肥对改良酸性土壤同样有效。
③ 多施用有机肥，提高茶园缓冲能力，减少茶园的酸化。有机肥能有效阻止土壤的酸化。
④ 施用石灰氮肥。在施用时要注意安全。

（二）营养不良土壤

营养不良土壤是指那些不适合茶树生产的土壤。这些土壤通常随近些年来的茶园大面积扩张而来，原先认为不适合种茶的地方开始种茶。如山地丘陵地区的一些梯田、水田，黄淮河地区的盐碱地、一些砂浆土，沿海滩涂开发而来的滨海盐积土等，另外也包括一些茶苗苗圃地、老茶园改造地等。针对这些土壤，植茶前需要进行适当的改良以保证茶苗的正常生长。

1. 碱性土壤 这类土壤通常 pH 高，盐分含量高，不适宜种茶。如一定要种，则种茶前需要进行土壤改良。这类土壤的改良，主要是以降低土壤 pH 和盐分为主要目的。因此，常见的办法是使用硫黄、石灰等来先降低其 pH，同时要结合有机肥施用，或者是先种植牧草、绿地等，然后再考虑种茶。

2. 水稻田改植　水稻田改植茶园，主要的障碍是淹水或者透水不畅。近来许多地方改水稻田种茶，尽管这是不提倡的，但如果种植，则种植前需要适当的改良。改良措施包括：

① 深翻破隔，开沟排水。水稻土有一个不透水的犁底层，故改植茶前需要打破这一隔层，以防茶园积水。同时旱季也有利于地下水的上升。开沟是为了快速排出茶园水分，水稻田通常处在平地或在洼地，极容易积水。

② 施肥改土。水稻土相对偏黏，pH 相对偏中性。需要多施一些有机肥，以利其结构改良。

③ 另外如 pH 偏高，也可适施点硫黄或者其他酸性肥料，快速降低其 pH。

3. 苗圃茶园和老茶园土壤　这两类茶园的土壤改良上有一些共同点。苗圃茶园，由于其扦插密度高，土壤酸化严重，多酚累积程度高，如果连作常导致其死亡率高，因此通常不适宜连作。而老茶园改造土壤，同样由于其长期植茶，多数存在 pH 下降的酸化现象。同时生物多样性指数偏低，微生物种群相对单一。因此直接植茶同样影响到其后续新植茶苗的健康生长。

传统的改良做法：

① 采用药物灭菌处理等，或者暴晒，或者种一季绿肥或其他作物，使其土壤特性发生一些有利改变。

② 种植前施入一定的石灰及有机质改良土壤。

③ 对于扦插苗圃的土壤，也可采用客土法，直接铺上新土。另外也有提出铺草火烧后整地、扦插，认为效果也佳。

（三）污染土壤

污染土壤主要是有机污染与重金属污染两大类，我国茶区多数在山区、坡地，受工业污染可能性小，也就是说茶园被有机物污染的可能性较小，因此基本上不予考虑，这里只讨论茶园的重金属污染。

从目前的大量研究来看，只有少量城郊附近的茶园、公路附近的茶园，由于受到汽车尾气的影响，导致部分茶园土壤重金属铅含量过高。针对这些茶园，其防治的最有效手段是茶园沿公路附近种植不同层次的树木隔离带，阻挡尾气向茶园的飘移，即可有效防止茶叶的铅污染。

一些地区由于本身就是矿区，土壤母质中就含有大量重金属元素，导致其本底偏高。针对这类土壤的治理，目前没有有效的治理方法。如果是点污染土壤，则可考虑客土法，直接移去污染土壤。对面污染的轻污染土壤，可适当种植一些超积累植物或富集植物，来降低其污染重金属的量。

（四）生态环境恶化土壤

生态环境恶化土壤主要是指近年来一些在不适宜种茶地区新开垦的茶园，如陡坡茶园（坡度＞25°）土壤上开垦种植，而且直接等高顺坡种植，造成严重的水土流失、肥料流失，影响周边环境。对这一类茶园，最好是退茶还林，或改造为梯田式茶园。另一类不适宜茶园是指北方寒冷地区的茶园，这一类茶园对茶叶生长的抗寒管理要求高、投入大。有些地方土壤 pH 不能满足茶树生长要求，水资源缺乏，这些地区引种茶树要充分论证，若要种茶，要想办法使生态环境满足茶树生长需求。

三、茶园间作

茶树在长期的系统发育过程中，形成了耐阴、喜温、喜湿、喜漫射光和喜酸性土壤的生物学特性，这为茶园间作提供了基础。加上旧时茶园多为丛栽稀植、行株距大、空隙多，逐渐形成了茶园间作的特点。早在唐代就有提到在幼茶期间种"雄麻黍稷"；到了宋代，在《北苑别录》中介绍有"桐木之性与茶相宜。而茶至冬则畏寒，桐木望秋而先落；茶至夏而畏日，桐木至春而渐茂"等记载，说明在宋时福建一带有茶园中种植桐木的习惯。新中国成立以后，茶园种植多为条栽密植，成园后行间空隙小，无法进行间作，形成了专业化的集约型茶园。但是，即使这种茶园在幼年期或者在茶树改造更新后的一二年间，由于树冠覆盖度小、地面空隙大，仍然可以间作。近几年来，随着对茶园生态环境的要求、提高土地资源的利用率、增加经济效益和实现可持续农业发展的要求，茶园间作又引起了人们的重视。

间作分两种，一种是茶行间套种一年生植物，如绿肥、大豆、玉米等；另一种间作，是目前许多地方的套种果树、林树等多年生树种或经济林。为方便讨论起见，本章中将前一种间作称为茶园套种，以间作一年生植物或绿肥为主；后一种称为茶林果间作，间作多年生的经济果林、树木为主。

（一）茶园间作的利弊

传统认为茶园合理间作或套种，不仅能增加效益，而且对改善茶树生长环境、促进茶树生长发育都有良好的作用。

1. 改良茶园土壤、增加土壤肥力　这主要是指幼龄茶园的绿肥套种。幼龄茶园间作白三叶草的试验表明（表 5-31）能显著增加土壤有机质含量；土壤团聚体数量增多，总孔隙度提高了 4.39%，容重下降了 3.05%；茶园土壤结构和物理性状得到了明显改善。同时，白三叶草具有发达的根瘤菌，显著提高了土壤中全氮和水解氮的含量，增加了钾的活性，但三叶草在生长过程中，会消耗部分钾和磷等养分。据日本试验，土壤团粒结构中 1 mm 以上的团粒，以中耕区为 100%，生草区为 213%～218%；据徐赛禄（1986）试验，土壤总孔隙度提高，气相增加 8.37%，并分布大量的微生物，以对照的细菌、放线菌、真菌为 100%，生物覆盖区分别为 110.14%、106.31% 和 358%。由于土壤通气良好，促进细根分布。

表 5-31　套种茶园土壤理化性状比较

（宋同清等，2006）

处　理	有机质 g/kg	容重 g/cm³	孔隙度 %	全氮 g/kg	全磷 g/kg	全钾 g/kg	水解氮 mg/kg	有效磷 mg/kg	有效钾 mg/kg
耕作处理	11.20	1.31	49.87	0.78	0.38	20.50	78.67	10.79	15.60
间作白三叶草	13.90	1.27	52.06	104	0.38	18.37	108.70	9.80	18.13

这里的效果主要是指茶园套种，尤其是绿肥套种为主，茶林间作起不到这个作用。

2. 改善生态环境　在茶园内间作树木或果林，首先可以遮挡太阳对茶树的直接辐射，同时这些树木枝叶受风力作用，又不断地交换位置和方向而形成大量漫射光，使茶园内光照度大幅度减弱。张洁等（2005）调查茶、板栗间作茶园，夏季，间作茶园内光强度变化在 $4.8 \times 10^3 \sim 3.9 \times 10^4$ lx，其中超过 3×10^4 lx 的时间在 $4 \sim 5$ h；而单作茶园光强度变化在 $6.4 \times 10^3 \sim 9.1 \times 10^4$ lx，其中超过 3×10^4 lx 的时间在 $6 \sim 7$h。沈洁等（2005）在幼龄茶园中套种紫花苜蓿，茶园光照度也明显减弱，而且随着紫花苜蓿密度增加，降低效果更加明显。茶园间作还有利于调节茶园的温湿度。一定条件下的测定表明（表 5-32），3 月，间作茶园日平均气温比纯茶园高出 $1.1 \,^\circ\!C$，相对湿度大近 7%；而在 $7 \sim 8$ 月，间作茶园又要低于纯茶园 $3.1 \,^\circ\!C$，相对湿度又要大近 9%。间作白三叶草的茶园中对地表温度测定也发现，夏季降低土壤温度，冬季增加土壤温度，起到冬暖夏凉的作用，结果如表 5-33 所示。骆耀平等（2005）在间作牧草的茶园中调查发现，在高温季节，间作牧草的茶园其土壤温度比无间作茶园要低 $0.5 \sim 2.5 \,^\circ\!C$。

表 5-32　间作茶园温湿度比较

（解子桂，1995）

茶园类型	3 月		7～8 月	
	气温/℃	相对湿度/%	气温/℃	相对湿度/%
间作茶园	10.2	87.0	24.2	87.0
纯茶园	9.1	80.5	27.3	78.0

表 5-33　茶园间作对地表土壤月平均温度的影响

（彭晓霞等，2006）

单位:℃

月　份	4	5	6	7	8	9	10	11
间作茶园	22.7	22.8	26.0	31.0	31.7	27.0	23.3	15.8
对　照	25.8	26.1	29.1	34.5	31.1	26.5	22.7	15.5

同样，间作也有利于生物多样性的改善。与纯茶园相比，间作茶园具有较大的生物多样性。韩宝瑜等（2001）在皖南山区栗—茶和梨—茶间作茶园中调查发现，间作茶园中其节肢动物的物种数和个体数明显比纯茶园要多，其中物种数增加近 1 倍。宋同清等（2006）在间作白三叶草的茶园中也发现，在间作茶园中其天敌和害虫种类分别为 39 种和 33 种，而纯茶园中分别为 34 种和 28 种；特别是为害茶树的主要害虫茶尺蠖、假眼小绿叶蝉和茶蚜明显减少。

3. 防止水土冲刷　新开茶园中套种农作，有利于减少或防止丘陵或坡地茶园的水土流失。土壤表面如有覆盖物，犹如盖上一层毛毯似的，能防止水土流失。斯里兰卡 S. Sandnam 等曾将香茅草、画眉草、危地马拉摩擦禾、长萼猪屎豆等植物种植在茶树行间，从而使土壤流失量由裸露行间的 143 t/hm² 降低到 $9.5 \sim 38.9$ t/hm²，降低了 $3.6\% \sim 27.2\%$。黄东风（2002）3 年来对套种牧草茶园土壤流失量测定，结果表明，茶园套种牧草能逐年减少园区的土壤流失量，套种牧草（百喜草＋圆叶决明）茶园土壤流失厚度，3 年来依次比对照减少 25.71%、36.84% 和 63.16%。这是由于选用的牧草地下根量大、分布广、地上生物量大、覆盖率高，可有效地防止地表水土流失，增加土层蓄水量。

4. 保蓄土壤水分 生草栽培实践中，与茶树争夺水分是经常发生的。对于幼龄茶园来说，行间大量裸露，表面蒸发严重，间作或套种能提高土壤的保水能力。但据黄东风（2002）3年测定表明，茶园套种牧草能逐渐提高园区土壤的含水量，套种牧草（圆叶决明）的茶园表土(0～30 cm)含水量，3年来分别比对照提高1.0个百分点、2.4个百分点和3.0个百分点。通常来说这种保水能力是耕作、减少地表蒸发、截留雨水能力提高等的综合结果。

但是，生草（生物）栽培也有其短处，其中主要的是与茶树争夺水分和养分，特别是5～9月，生草耗水量最多的季节也是茶树耗水的季节。另外，茶树与草同在一块地上生长，生草是病虫害滋生的好场所，故应注意在旱季对生草进行刈割后铺入园中，注意生草病虫害防治，用增施用肥30%～40%等措施来补救。

生草栽培以幼龄茶园最为合适，更适宜于新开辟的茶园，可有计划地选择两三种草搭配种植，草种的适应性要强。常用的草种，豆科植物有白三叶草、红三叶草、苜蓿、圆叶决明、羽叶决明、黄花羽扇豆、新昌苕子等；禾本科植物有平托花生、百喜草、梯牧草、菰草等。由于草种在各地的适应性不同，因此，目前各地使用的草种有所不同。湖南的宋同清（2006）等认为白三叶草具有非常好的效果，白三叶草目前已被农业列为向全国推广果园生草覆盖技术的首选草种；安徽的沈洁等（2005）认为苜蓿在安徽茶园中具有良好的效果；浙江的骆耀平等（2005）认为高光效牧草苏丹草、墨西哥玉米、美洲狼尾草和美国饲用甜高粱在浙江表现良好；而福建的黄东风等（2002）认为，根据茶园的梯壁（含梯埂）、畦面和边角三大微地形的不同特征，进行合理搭配布局与套种，即利用豆科植物根系能结瘤固氮，又有高覆盖度的特点，将圆叶决明、平托花生、白豇豆等豆科牧草套种于幼龄茶园或树冠外可种之处；利用直立型禾本科植物分蘖力强、易形成草篱，匍匐型禾本科植物能节节生根、有较高覆盖度特点，将南非马唐等直立型禾本科牧草套种在梯壁上形成草带，并通过混播百喜草等匍匐型禾本科牧草，使梯壁得以保护，有效地防止水土流失。

5. 品质改良和增效 茶园间作尤其是绿肥的间作，对改良土壤的物理状况、养分供应、温湿度等都有好处。茶园中间作白三叶草后，茶叶中氨基酸和水浸出物含量明显提高，茶多酚与酚氨比则降低，茶芽密度、百芽重和产量明显提高（表5-34）。

表 5-34　茶园间作对绿茶品质及产量的影响

（宋同清等，2006）

处　理	水浸出物/%	氨基酸/%	茶多酚/%	酚/氨	茶芽密度/（个/m²）	百芽重（一芽一叶）/g	产量/（g/m²）
对　照	49.30	3.57	21.06	5.90	702	8.272	149.08
间作白三叶草	54.66	4.24	17.99	4.24	927	8.957	199.75

最近，茶区旅游兴起，茶果茶林间作比较常见。如我国著名茶区苏州碧螺春产区，是典型的茶果间作区，茶、果各占50%，果树品种有梅、枇杷、桃、梨等，茶树在果树下生长，终日云雾缭绕，满园茶香、花果香，成为吸引旅游观光客的一个景致。

间作也给茶园管理带来一些不利的因素，主要集中在以下几个方面：

① 病虫害类型增加，导致农药使用可能增加。尤其是许多个体茶农喜欢种各式水果，一方面会增强病虫害类型，另一方面会增强防治难度，许多虫会到间作树上躲避，或增加病害的寄主。

② 促进机械化作业的难度。不管间作在茶丛间还是茶行间，都会引起机采或机耕的障碍。从长远来看，会增加机械化作业难度。

因此，一般不提倡茶林间作，如果要增强生态效应，更合适的做法是茶园地块间的绿化，而不是茶行内间作。茶园套作，也只是在幼龄茶园间提倡，上面提到的许多茶园间作效应可通过翻耕、施肥等技术解决。

（二）茶园间作的种类及间作物选择原则

茶园间作的种类目前在生产上非常多。适宜在幼龄茶园和改造后茶园中间作的主要种类有豆科植物的白三叶草、绿豆、赤豆、大叶猪屎草、田菁等，还有紫云英、苜蓿等；另外还有高光效的牧草，如苏丹草、墨西哥玉米、美洲狼尾草和美国饲用甜高粱等。在成龄茶园中，间作物主要有果树，如梨、板栗、桃、青梅、葡萄、李、柿、樱桃、大枣等；还有经济树种，如杉木、乌桕、相思树、合欢树、橡胶、泡桐、银杏、桑等。有的地方间作芝麻、蓖麻等吸肥力大和高大作物，不太适合。禾本科的谷物因为根系强大，吸肥、水能力大，也不宜做间作物。种植甘薯需起垄，会严重损害茶树根系，不应当在茶园中间作。因此考虑间作物品种时应掌握以下原则：

① 间作物不能与茶树急剧争夺水分、养分。
② 能在土壤中积累较多的营养物质，并对形成土壤团粒结构有利。
③ 能更好地抑制茶园杂草生长。
④ 作物较少或不与茶树发生共同的病虫害。

（三）间作方法

间作方法应视茶树株行距、茶树年龄、间作物种类等来确定。常规种植的茶园，1～2年生茶树可间作豆科作物、高光效牧草等品种；3～4年生茶树，因根系和树冠分布较广，行间中央空隙较少，只能间作1行，不宜种高秆作物；成年茶园间作主要以果树和经济林为主，根据各地经验，间作物成年后把茶园遮阴度控制在30%～40%，如高大型树种，种植规格为12.5 m×10.0 m，种植密度为75～80株/hm^2；低型树种，种植规格为6.0 m×6.0 m，种植密度为300株/hm^{2}左右。

四、茶园地面覆盖

茶园地面覆盖是一项具有保水、保肥、保土、除草效果的综合性茶园管理措施。地面覆盖有生物覆盖和人工覆盖两种。

（一）生物覆盖

生物覆盖是利用生草（物）栽培，即对某种作物不进行任何方法的中耕除草，而使园地全面长草或种草，并在它的生长期间刈割数次，铺盖行间和作物根部，或者将刈割的草做成堆肥、厩肥，也有做饲料，即在园间放牧。生物覆盖，也是茶园间作的一种，特指茶—绿肥（牧草）类的间作，是我国的一项传统栽培技术措施，已有几百年的历史，在世界各国也有广泛的应用。20世纪60年代，日本已在园中试验；1949—1981年苏联也在茶园中进行生草栽培试验；我国福建的徐赛禄（1986）、黄东风（2002），安徽的沈洁（2005），浙江的骆耀平（2005），湖南的宋同清（2006）等对茶园生物覆盖进行了多年的试验，均获得了良好的效果，具有较多优点。更多相关数据参照前面茶园生态系统一节。生物覆盖，主要针对幼龄茶园为好。成龄茶园由于受到各种生产因素的影响，生物覆盖并非最适方案，而人工覆盖可能会更合适。

（二）人工覆盖

人工覆盖因采用的覆盖材料不同，常见的有铺草与覆地膜两种。

1. 铺草　茶园行间铺草是我国的一项传统栽培技术措施，也是一项简单易行、功效显著的茶园土壤管理作业，而且不受气候、地域限制。

（1）茶行间铺草的作用。

① 减少水土流失，肥料流失，尤其可促进化肥撒施的利用率。杭州茶叶试验场测定，坡度大的幼龄茶园，土壤冲刷现象相当严重，进行铺草覆盖以后，土壤冲刷量可比未铺草的减少6～14倍。同时茶园铺草，大雨之际，雨滴打在草料上，降低了势能，成为缓慢的水流，以利于其渗入土中，并使地表径流减少。干旱时期，覆盖使得土壤水分的蒸发强度降低，保蓄土中水分，减轻干旱对茶树生育的影响。

② 在夏季能有效减少地表的蒸腾作用，提高土壤的持水能力。汪汇海（2006）测定，在干旱季节铺草处理较对照，在0～30 cm土层土壤含水量增加了12.38%。

③ 通过草的腐熟转化，提高茶园土壤的肥力质量。又可改善土壤内部的水、肥、气、热状况，从而更能适合茶树生长的需要。铺草茶园的有机质、全氮、全磷、全钾含量以及土壤微生物数量明显增加（表5-35）。茶园铺草还可以调节茶园土壤温度，冬季具有保温作用，夏季则有降温作用，具有"冬暖夏凉"的效果，而且调节其"夏凉"比"冬暖"更明显，据各地的试验表明，冬季铺草比未铺草的土温提高1.0～1.3 ℃；夏季降温则可达到4.0～8.0 ℃。

表 5 - 35　铺草对茶园土壤养分的影响

（汪汇海，2006）

处理	有机质 g/kg	全氮 g/kg	全磷 g/kg	全钾 g/kg	速效氮 mg/kg	速效磷 mg/kg	速效钾 mg/kg	脲酶 mg/kg	磷酸酶 mg/kg	土壤微生物（每克土）$\times 10^5$ 个
铺草	55.70	2.06	0.487	5.76	184.58	0.61	244.5	3.88	3.66	27.56
对照	27.81	1.10	0.293	5.84	96.84	0.32	95.48	2.36	1.65	6.21

（2）铺草技术。平地与梯式茶园可随意散铺，稍加土块压镇；如系坡地茶园，宜沿等高线横铺，并呈复瓦状层层首尾搭盖，并注意用土块适当固定、镇压，以免风吹和雨水冲走。除了人工将外源草料等铺入茶园之外，还应十分重视将茶树本身积累的有机物保留在茶园中，这是增加茶园有机质、提高养分的循环利用、减少元素损失的极好方法。据孙继海等（1987）探索了茶树本身（枯枝落叶）对土壤的自然增肥效果，开辟了一条以无机换有机、省工易行、效果显著的提高土壤有机质含量的新途径。经试验，在三条密植茶园中，以25 kg左右鲜叶配施1 kg纯氮的茶园中，每公顷落叶可达7.5 t以上，若以1 kg落叶相当于4 kg普通有机肥的有机质计算，即相当于每年施有机质达30 t以上。日本保科次雄（1986）用同位素 ^{15}N对茶树落叶、修剪枝叶、断根等有机质残体分解的氮素被茶树再吸收进行了研

究，结果茶园中的落叶干物质每年达 $4 \sim 10\,t\,/hm^2$，含氮量为 $120 \sim 260\,kg$；秋整枝的干物质为 $1 \sim 2\,t/hm^2$，含氮量为 $40 \sim 60\,kg$。因此，茶树枝叶还园是一项提高茶园土壤有机质不可忽视的途径。

2. 覆地膜 茶园铺草对保持水分、提高土壤肥力、调节土壤温度等具有良好的作用，但在缺乏草源的地区，采用这一技术就较困难，因此，就用其他材料来代替，包括用各种地膜。茶园采用地膜覆盖，同样具有调节土壤温度的作用，在早春有利于春茶提早发芽，在冬季有利于预防冻害，在旱季有利于保水抗旱；同时，还能防除杂草，防止雨滴直接打击地面，避免土壤侵蚀和养分的淋失等作用。骆耀平等（1987）在幼龄茶园中，用各色地膜覆盖，结果表明，地膜覆盖可影响地下 $25\,cm$ 土层内的温度变化。冬季，覆膜可以比对照土温提高 $5\,℃$，夏季，中午 14 时因光照强烈、气温高，覆膜地表温度升高到 $60\,℃$ 以上，比对照土温提高 $20\,℃$ 左右。因此，应注意夏季铺地膜至高温对茶树带来的伤害。同时还发现 $6 \sim 9$ 月覆膜能提高土壤含水量，覆膜后的茶园土壤含水量受气候变化影响小。

舒庆龄（1990）在一般丰产茶园中于 2 月上旬以蓝色或无色薄膜覆盖试验，春梢数量比不覆盖区增加 54.1%，开采期提早 $5 \sim 7\,d$，产量提高 17.8%，每公顷可增加产值 $600 \sim 1\,500$ 元，干茶氨基酸含量提高 20%，对绿茶品质十分有利。因此，根据地膜覆盖的经验，在生产上应用时应注意地区和季节变化，冬春季覆盖地膜对茶树生育有促进作用，而夏季覆盖会伤害茶树。另外，覆膜后不能进行除草、施肥等工作，因此在覆盖前要进行中耕除草，施足肥料并灌水。

复习思考题

1. 茶园中耕要注意哪些问题？
2. 简述茶园耕作技术的要求与具体运用。
3. 茶农说的"七挖金、八挖银"的经验有何可取之处？
4. 茶园常见有哪些杂草？如何防除？
5. 茶园土壤水分散失的途径有哪些？
6. 采取哪些措施可实现茶园保水？
7. 山区茶园哪些地块易积水？如何解决茶园积水问题？
8. 茶园施肥遵循哪几条原则？
9. 如何确定茶园施肥量？
10. 如何制订年施肥计划？
11. 如何解决茶园有机肥不足的问题？
12. 何谓合理间作？
13. 试分析茶园间作的利弊。
14. 有哪些茶园土壤覆盖形式？如何应用？
15. 试分析茶园土壤有机质贫化问题，如何改良？
16. 茶园土壤质量标准有无必要取代茶园土壤肥力标准？
17. 改善茶园土壤 pH 偏低的措施有哪些？其主要机理是什么？
18. 影响茶园氮肥利用率的生产因素有哪些？

学习指南：

茶树树冠培养是茶园生产主要管理措施之一，它直接影响优质原料的获得与生产效益。本章系统地介绍了茶树高产优质树冠的构成与培养，茶树修剪技术，以及树冠综合维护技术。通过这一章的学习，要求掌握茶树树冠培养技术，灵活运用不同程度的修剪和相关农艺措施，对不同生育条件下的茶树进行树冠培养。

第六章

茶 树 树 冠 培 养

茶树树冠培养是茶园综合管理中的一项主要栽培技术措施。它是根据茶树生长发育规律、外界环境条件变化和人们对茶园栽培管理要求，人为地剪除茶树部分枝条，改变原有自然生长状态下的分枝习性，塑造理想树型，促进营养生长，延长茶树经济年龄，从而培育出能获持续优质、高产、高效生产目的的茶树树冠。

第一节　茶树高产优质树冠的构成与培养

良好的茶树树冠结构是优质、高产、高效的基础。茶树树冠的高矮、宽窄、形状、结构，直接影响茶树生育、产量和质量。自然状态下生长的茶树，冠面不整，高低不齐，不符合现代生产的要求。因此，茶树栽种之后，必须采用人为的修剪措施，培育茶树为理想的高产优质型树冠。

一、高产优质茶树树冠的构成

高产优质型茶树树冠的外在表现是分枝结构合理，茎干粗壮，高度适中，树冠宽广，枝叶茂密。

（一）分枝结构合理

茶树分枝结构主要指分枝级数、数量、粗细等状况，这些结构要素随树龄增大而发生变化。茶树种植后，以根颈部为中心，枝叶和根系不断向远离根颈部的方向伸展，称之为离心生长，长至一定时期，高度和幅度达一定范围，不再向外继续扩展。据观察，自然状态下生长的茶树，经8～9年生长，有7～8级分枝，茶树基本成型，树体较高，分枝稀疏。人为修剪下的茶树，到 8～9 年时可有 10～12 级分枝，一年中如对茶树有数次修剪，则分枝级数会更多一些，达 12～14 级分枝。修剪条件下的茶树，树冠高度得到控制，促使分枝的发生，分枝数会迅速增加，改变自然生长状态下枝叶立体分布为修剪面上的分布形式，利于之后的生产作业。分枝级数增加表明树冠面育芽枝梢密度大，对茶叶产量有直接的影响。茶树分枝达一定分枝级数之后，分枝密度不再增加，只是进行上层枝梢的更新。当采摘面小枝出现较多结节和干枯时，其上部枝梢育芽力下降，自然状态下，冠面出现自然更新，上部枯死，下部抽生。人为修剪条件下，采用修剪措施，剪除衰老枝条，促使其更新，抽生出育芽力强的新生枝梢。

研究表明，高产优质型茶树树冠最初的一、二级分枝粗壮，分枝数少，空间分布均匀，起到支撑整个树体的作用，在此基础之下进一步发生的新一级分枝也就健壮，为茶叶生产构建了一个优良的枝干骨架和健壮生产枝层的基础。从根颈部到树冠面，枝条粗度逐级下降，分枝数量显著增加，从而有效地育出较多的新梢和长势旺盛的正常芽叶。福建省茶叶研究所对王家茶场调查表明，高产园树冠，离地 50 cm 以下（第二次剪口以下）的骨干枝，每丛有 9～14 条，枝干茎粗 2～3 cm。四川省名山县对 7 年生每公顷产干茶 6 847.5 kg 的高产园调查也表明，其分枝达 7～8 级分枝时，基部枝条茎粗 2.2 cm，蓬面生产枝平均直径 0.19 cm。潘根生等对高产茶园树冠结构研究得出，构成茶树骨架的一至五级分枝数量并不求多，而在于粗壮，灌木型中小叶种，一般一级分枝每丛 10～15 条；二级分枝 30～40 条；三级分枝 50～70 条；四级分枝 70～120 条；五级分枝 160～200 条为合适，冠面生产枝粗度在 1.5～2.0 mm 以上，在此基础上增加分枝层次，提高生产枝密度，有利于获长期高产。高产树冠的枝条粗壮，才能构成良好的树冠骨架和广阔密集的采摘面。

远离根颈部的冠面最先表现出茶树树体的衰老症状，当采摘面生产枝变得细弱，出现较多结节，芽叶中有较多的对夹叶发生时，说明其育芽力下降，需要用修剪的方法，剪除树冠面衰老的枝条，人为地恢复茶树冠面健壮生产枝结构，以维持较好的育芽能力。进一步的树体衰老将会反映在离根颈部较近的骨干枝上，同样利用修剪的方式，按衰老程度采用不同改造的措施，使衰老枝条更新复壮，重新获得合理分枝结构的树冠。

（二）树冠高度适中

茶树树冠高度与茶叶的生产管理有着十分密切的关系，直接影响着茶叶生产效益。一定的树冠高度利于生产管理。

实践证明，茶叶产量的高低并不决定于茶树的高度。按现行的种植规格，当茶树达一定高度之后，茶树的树冠就能覆盖着整个生长空间，形成较好的树冠覆盖度，树冠高度的进一步增高，茶树行间枝条交错，空间分布拥挤，导致行间通风透光条件恶化，影响人们在茶行间的作业行走，无助于提高茶树对光能的利用，增加了非经济产量的物质消耗。树冠若如不能达到一定高度，则茶树分枝密度不能有效地占据整个生产空间，生产枝枝稀疏，产量下降。过高或过矮的茶树树冠都不利于茶叶的采收与管理。

按我国茶区气候条件和品种差异，栽培茶树树冠大致可分为高型、中型、低型 3 种。在云南、广东、广西、福建、台湾等南方茶区，因气候温暖，多雨湿润，茶树品种多为直立型乔木、小乔木大叶种，年生长量大、树势旺，通常培养成高达 1 m 左右的高型树冠；在长江流域，从四川到浙江的我国中部茶区，栽培灌木型中小叶种或少量种植小乔木型大叶种，茶树年生长量比南方茶区小，通常培养成 80～90 cm 的中型树冠；矮化密植茶园和我国高山及北方茶区，因种植密度提高，不必达到常规茶园的高度就能有较高的分枝密度，或因气候条件差，年生长量小，这些茶园多培养成 50～70 cm 的低型树冠。

上述 3 种树冠在不同的种植区域和不同管理条件下，都有获得高产优质的实例，但多数仍存在着偏高的倾向，综合各地对茶树生产枝空间分布密度和茶叶生产管理的实践，茶树树冠培养高度控制在 80 cm 左右为合适，即便是南方茶区栽植乔木型大叶种，树冠亦以不超过 90 cm 为好。

（三）树冠覆盖度大

茶树树冠覆盖度是指茶树树冠遮盖占据的地表面积与总茶园面积之比。控制茶树树冠高度的前提是，在这一高度下，经人为的修剪与其他管理措施的配合运用，能使茶树的生产枝布满整个茶行的行间，形成宽大的采摘面，两茶行间的茶树分枝略有交错，通过人为修剪措施的运用，可使两行茶树树冠间保留 20 cm 左右宽度的行间距，以利采摘、修剪、施肥等生产管理作业时行走，也使下层枝叶有一定的光照（图 6-1），这样茶树的树冠覆盖度达到 85% 左右。树冠幅度过宽，行间枝叶交叉，不便于茶园管理的作业和茶园的通风透光；过窄则土地利用不经济，裸露地面积大，水土冲刷情况严重，采摘面小，难以实现高产。

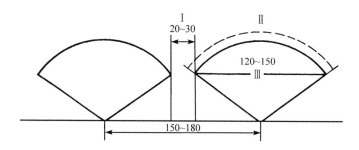

图 6-1　高产优质茶树的树冠幅度与行间距
Ⅰ. 行间　Ⅱ. 采摘面宽　Ⅲ. 树幅（单位：cm）

树冠覆盖度大，采摘面亦大。此外，采摘面还与树冠形状有密切的关系。等宽条件下，弧型采摘面，因冠面呈弧形，采摘面比水平型采摘面大。我国南方茶区一些栽植云南大叶种、海南大叶种等较直立型植株，其顶端生长优势较强，为抑制其顶端优势，不让树丛中心部位生长过快，宜将蓬面修剪成水平型；在采制绿茶和名优茶的一些茶区，为求成品茶外形细紧，条索整齐，宜将茶树冠面养成弧型，弧型冠面上分布的芽均匀一致，密度较高。确定将树冠面修剪成什么形状，应视品种和栽培的地域条件而定。

茶树冠面形状除弧型、水平型之外，国内外也有三角型、斜面型等不同的修剪树冠，这些大多属于怎样高效利用光能的探索性试验茶园，或者是为了特殊地域条件下采用的茶树树冠。

（四）枝叶茂密

叶片是光合作用的场所，光合产物的运转、水分的蒸腾、矿质元素的利用、呼吸作用的进行都离不开叶片。高产优质的茶树树冠应有一定的叶层，以维持正常的新陈代谢，尤其是接近采摘面叶片的数量和质量，左右着新芽生长的好坏，直接影响茶叶的高产、优质。

高产茶园的实践揭示，一般中小叶种高产树冠面保持有 15 cm 左右厚的叶层，大叶种枝叶较稀，有 20 cm 左右的叶层厚度。以叶面积总量而论，叶面积指数以维持在 4 左右为合适。据中国农业科学院茶叶研究所研究，叶面积指数在 4 以下时，产量随叶面积指数的上升而增加。出圃前的苗地、幼年茶树，以及重修剪、台刈后更新茶树树冠的叶面积指数较高，会超出 4 这一标准，生产茶园则需要通过合理留养才能达这一标准。

茶树树冠面留有一定数量叶片，茶芽粗壮，芽叶大而重；反之，则芽叶瘦小。留在树上的老叶对新生芽叶营养起着重要的作用。茶树叶片有一定的寿命，新芽大量萌发生长，渐趋成熟，老叶逐渐脱落，这是叶层更迭的自然规律。老叶的脱落，会使叶面积指数下降。所以，在生长季节中，采摘带走新展的嫩叶，同时又有老叶脱落，此时，应适当留叶，补充脱落的叶片，维持叶面积指数的平衡，以利下季芽叶的正常生育。

保证树上有足够的叶量是一个方面，叶片的质量是构成高产优质树冠因素的另一重要方面。叶片质量好，生机旺盛，光合积累量大，育芽能力强。所以，适时留养一定量光合效率高的叶片于树冠面上是十分必要的，同时，增施肥料，尤其是足量的氮肥，适当配施磷、钾肥，增进叶片质量，提高留养成叶的光合作用能力能起到较好的效果。叶片的质量在叶片色泽上较易区别，一般叶色浓绿，富有光泽性的成熟定型叶质量最好，将脱落的老叶较差。春梢上长出的叶片寿命长，叶片光合效率高。

一些产地因名优茶生产效益高，或劳动力安排受影响，一年中只生产春茶，夏、秋茶不生产，或少量生产，这种茶园的树冠培养方式，以较短生产时间内获较高收益为目的的考虑居多，没有宽广平整树冠培养要求。经常采用的方法是春季生产，之后重剪或台刈，树枝立体留养。这样的树冠资源利用率低，不适合机械化生产管理，这种茶树管理方法只能是小面积或特殊情况下的一种树冠留养方式。

二、修剪对培养高产优质茶树树冠的作用

修剪对高产优质茶树树冠的培养具十分重要的作用，它通过人为的措施，抑制茶树顶端优势，促使幼龄茶树合轴式分枝的发生，调控茶园树冠结构，控制茶树的生长高度，形成合理的树冠覆盖度。充分认识茶树修剪过程中的生理作用，及其修剪对茶树生育带来的影响，可有效地将茶树树冠培养成分枝合理、高矮适宜、枝壮叶茂的理想型树冠结构。不合理修剪也会带来对茶树的损伤，造成相反的结果。

（一）修剪改变茶树生长的顶端优势

幼年期的茶树主干生长明显，侧枝生长缓慢，这一时期的修剪，充分利用了改变茶树生长顶端优势这一原理，达促使分枝、培养粗壮合理树冠骨架的目的。

茶树的顶芽与侧芽，跟许多其他木本植物一样，由于所处的部位不同，在生长上有着相互制约的关系。当顶芽生长时，侧芽处于受抑制的状态，这种顶芽生长的优势现象称之为顶端优势。茶树顶芽生长时，下面的腋芽潜伏不发或生长缓慢，如把顶芽摘去，靠近顶芽的腋芽就迅速生长，取而代之原先顶芽的位置。用人为的修剪方法，剪去主枝或位置较高部位的枝条，使剪口以下腋芽位置发生变化，由原来生长受抑的位置变为生长势强的部位，促使侧枝的发生和生长。

顶端优势的产生有不同的解释，一些分析认为，植物体内存在一种吲哚衍生物，其中最主要的是 β-吲哚乙酸（IAA），称这类衍生物为生长素，该激素浓度低时促进植物生长，浓度高时对植物生长有抑制作用。研究发现，生长素在植物的生长顶端含量最高，如芽、根的顶端。顶端合成的生长素，以极性运输的形式，从顶端往基部运输，植物的主茎、侧芽和根对生长素浓度的反映不同，当由主茎合成的生长素向下输送到侧芽时，不影响主茎生长的生长素浓度对侧芽起了明显的抑制作用。

生长素对侧芽的抑制作用，有人认为是高浓度的生长素抑制了细胞分裂，阻止联系侧芽维管束的形成，使侧芽不能得到足够的营养物质，因而阻碍了芽的生长。也有人认为，生长素是在诱导侧芽内形成乙烯，乙烯才对生育起真正的抑制作用。

另有研究表明，根尖合成的细胞分裂素，是生长素的一种颉颃物，它是由形态学下端向形态学上端做极性传导的，能促使细胞分裂和维管束发育，促进侧芽的生长。两种激素在新梢生育过程中互为作用，引起枝条上各位点芽生长的快慢和强弱。当顶端芽被剪除时，阻断了顶端向下输送的生长素源，原来处于侧芽位置的芽成了新的顶芽，除生长素浓度降低外，同时根尖的细胞分裂素由下往上运送，刺激剪口下两三个侧芽萌发生长，形成侧枝，有效地促进多分枝。

也有从营养学角度来解释顶端优势。认为顶端优势取决于糖类和氮素营养的供应。顶芽的分生组织较为活跃，营养物质的供应优先于侧芽，茶树叶片制造的有机物和根系吸收的矿质元素，输送到顶端较多，顶端生长旺盛。下部侧芽在营养的供给上不及顶芽，因而侧枝生长缓慢。

茶树顶端优势还表现于其他方面，一个下垂枝梢，当基部芽位处于形态学较高的位置时，其生长势比其他部位强。将一个直立枝梢经人为弯枝，使顶芽位置处于侧芽之下，则顶芽生长势由强转弱，弯枝后，原来较低位置上的芽转为处于较高位置上时，则该芽的生长势也就由弱转强。根据这一现象，树冠培养可依需要采用弯枝法，将直立枝梢压弯，改变顶、侧芽的相对高度，也就改变了各芽的生长势，起到顶、侧芽同时生长，迅速扩大树冠，代替幼龄茶树的定型修剪的作用。

不同茶树品种的顶端优势强弱表现不一样。据调查，一些分枝角度小、直立型的茶树品种，如政和大白茶等，其顶端优势强；而分枝角度大、披张型的茶树品种，如佛手等茶树品种，其顶端优势弱。因此，利用顶端优势进行茶树修剪时，掌握的程度上应随不同品种而异。

乔木型、小乔木型和大多数灌木型茶树幼苗，如不进行人为的采摘和修剪，任其自然生长，其主枝生长势优于侧枝，表现为单轴式的分枝方式。1 年生幼苗，树高达 15 cm 左右，一般不出现分枝；2 年生幼苗，树高 40 cm，树幅为 30 cm 左右，出现一级分枝，也有少数二级分枝；3 年生茶树，树高达 60 cm，树幅为 40 cm 左右，分枝多为二级分枝。继续生长，形成松散的分枝结构，乔木型茶树品种树高可达 10～20 m，灌木型茶树树高也可达 2～3 m。当对茶苗进行定型修剪时，人为地剪去茶树的主干，可有效地促使侧枝发生。修剪当年就有一级分枝发生，形成多个侧枝取代主枝生长势，枝条的生长方向发生了变化，侧枝与主枝具一定夹角，向行间空间伸展。剪去一根主枝，产生 2～3 根侧枝，随着分枝级数的逐级增加和修剪措施的采用，树冠分枝较自然生长状态下提早占据茶行的地上空间，且分枝密度和空间分布都比自然状态下合理。浙江杭州茶叶试验场对灌木型茶树进行剪与不剪的比较研究，结果如表 6-1 所示。表中资料表明，修剪改变了茶树分枝的质量。在分枝数量上，开始几年不修剪茶树分枝比修剪茶树多，其中以短小分枝居多；但 4 年后修剪茶树分枝比不修剪茶树分枝多，经修剪茶树的分枝长度、粗度均超过不修剪茶树。因此，在茶树幼年期，通过修剪，适当减少一级分枝数量，可将养分集中供应给今后起骨架作用的分枝，使得以后在此基础上生长的侧枝也健壮，不修剪茶树的诸多分枝质量差，短小枝条起不了骨架作用，最后枯死。茶树的修剪，使分枝数量增加、分枝粗度提高、长枝数量增加。茶树幼年期的修剪对塑造高产优质型树冠有着十分显著的作用。

表 6-1 茶树修剪与不修剪分枝情况比较

（钱时霖等，1978）

项目	分枝总数 /个	短枝数* /个	长枝数 /个	一级分枝长 /cm	二级分枝长 /cm	一级分枝粗 /cm	二级分枝粗 /cm
3 年生未剪	32.3	23.4	8.8	12.7	6.1	0.23	0.13
3 年生修剪	26.9	16.1	10.0	22.5	8.3	0.45	0.29
4 年生未剪	105.9	78.6	27.3	52.9	10.3	0.77	0.26
4 年生修剪	126.1	79.6	46.3	40.7	16.2	0.79	0.31

* 短枝指长度少于 10 cm 的枝条。

（二）修剪改变茶树树冠结构与生产能力

茶树枝条的异质性，指的是茶树枝条上下不同部位，不仅形态上有差别，而且在本质上有着不同。修剪可以塑造新的树冠结构、恢复树势、提高生产力依据的就是这一原理。

该原理认为，茶树个体发育是分阶段进行的，在发育过程中具有顺序性、不可逆性和局限性。顺序性是指植物个体发育严格按照一定顺序进行的，在前一个发育阶段没有完成以前，后一个发育阶段就不能开始。换言之，后一个质变要在前一个质变的基础上才能进行。不可逆性系指阶段发育过程中所发生的质变是不能消失和解除的，每个质变的先后顺序不能颠倒逆转。局限性是指阶段发育的质变仅发生在顶端生长锥分生组织的细胞中，是分生组织细胞内部的质变。这种质变只能通过细胞分裂的方式传递到从生长锥所产生的子细胞中去，而不能以其他方式传递。茎顶端是不断生长和延长的，当子细胞成为新的生长锥后，便在原有质变的基础上继续分裂，从而发生进一步的质变。因此，茎上部阶段发育质变的程度总是高于茎下部。在茎基部枝条假设才仅通过第一阶段的质变，而茎的较上部分已经在较下部枝条的基础上进行了第二、第三或之后阶段发育的质变，这决定了茶树地上部各个部分在阶段发育过程中枝条上、下部位存在的异质性。根据这一原理可以简单地解释为，茶树形态学下部，在形成上最早，从生育年龄来说，它们是年长的，但从阶段发育来看，因它们是最早发生的，且质变具局限性，今后随着生育时间延长，也不再发生进一步的质变，这些细胞组织生理上发育是最年幼的。茶树上部枝条则相反，形态上形成较迟，有些刚抽生，生育年龄较基部组织时间短，但因上部组织是由下部组织经多次生育质变发生、发展而来的，在阶段发育过程中，处于生命活动的后期，其生理年龄较大。

以上枝条异质性原理较好地解释了为何上部枝梢易老化，剪去上部枝梢后，下部茎干抽出的新生枝叶具旺盛的长势，能达改造恢复树势的目的。上部枝梢生理年龄大，易衰老，下部茎干生理年龄幼，具有抽生出旺盛生长势枝梢的潜能，由此发生的茎干，与以往在此抽生的枝梢生理质量是一样的，修剪后，促使这一部位不定芽的发生，因而能恢复强生长势的茶树树冠。茶园中常可见到，当树冠上部枝条生长衰退时，根颈部分潜伏芽就能伺机而发，形成节间长、叶片大的徒长枝，显示出茶树具自然更新的能力，由茶树根颈部长出的新枝，由于其阶段发育上较年轻、生活力旺盛，是上部枝条所不及的。

这一原理在茶园改造中的茶树开花现象中得到验证。1~2年生幼年茶树一般不开花，要3~4年后才见有花芽发生，浙江嵊州三界茶场对老茶树进行不同高度修剪试验，结果因修剪程度不同，而带来了开花迟早不一（表6-2）。修剪程度轻，当年就开花，修剪部位越近基部，开花时间越迟，出现了与幼年茶树一样不开花的现象，也就是说，这部分枝条的质量与茶树幼年期一样，阶段发育年龄轻，剪后开花就迟，由基部长出的枝梢生育能力也较强。

表6-2 浙江三界茶场不同修剪高度对开花的影响

（潘根生等，1986）

修剪程度	剪后开花现象
深剪，剪去地上部1/4枝条	当年开花
重剪，剪去地上部3/4枝条	剪后第二年开花
台刈，地上部分全部剪除	剪后第三年开花

当茶树生产多年后，或因管理不善，冠面结构变得不甚合理，树势趋弱，生产能力开始走下坡时，可以通过修剪措施的运用，改变其原来不利的状况，使之生产能力得到恢复。

影响茶叶产量的主要因子是采摘面上可采芽叶的数量和重量，这些芽梢是由顶芽、腋芽或不定芽萌发生育而形成的。生产枝多，载叶量适当，光合能力强，能为新梢萌育提供丰富的营养物质，新梢生育能力强，形成可采芽叶数量多，产量亦高。一些修剪措施的采用就是通过调节茶树生产枝的密度和粗度，改变采面芽叶的数量和重量，进而影响茶叶的产量和质量。

杭州茶叶试验场对茶叶产量和小桩（生产枝）数的调查研究表明（表6-3），在一定树幅条件下，随着小桩数的增加（个别除外），发芽密度也随之上升，茶叶的产量就高。茶树冠面的小桩数（X）和茶叶产量（Y）之间的回归方程为$Y=(1.3746X-30.5899)\times16.5$，即每$1\,000\,cm^2$内小桩数大于154个时，茶叶产量（干茶）可达$3\,000\,kg/hm^2$；发芽密度（$X$）与茶叶产量（$Y$）之间的回归方程为$Y=(44.22+0.30X)\times16.5$，即年发芽密度每$1\,000\,cm^2$为480个以上时，产量可达$3\,000\,kg/hm^2$。

表6-3 茶树树冠结构对茶叶产量的影响

（杭州茶叶试验场，1980）

产量/(kg/hm²)	覆盖度/%	每1 000 cm²小桩数/个	每1 000 cm²发芽密度/个
1 500~2 250	81.07	145	577
2 250~3 000	79.40	147	585
3 000~3 750	82.80	159	632
3 750~4 500	84.93	179	694

芽重是决定产量的另一重要因子，当芽数达一定标准后，芽体重量对产量影响表现较为突出。中小叶种每 1 000 cm² 小桩数达 360 个以上时，其生产枝直径细弱，所育成的芽叶也较小，对品质会带来影响。大叶种是芽重型品种，如一芽三叶芽重低于 0.8 g 时，说明其芽数已偏多。芽数过多，使得冠层枝叶过于密集，通风透光不良，叶片相互遮蔽，净光合效率不高，生产枝也因芽数过多而变得细弱，茎干内贮藏物质少，提供的养分不能满足芽体的正常生育，影响茶叶品质。中小叶种的生产枝维持在 0.18～0.20 cm 直径的粗度，其小桩数 350 个左右为合适。

通过修剪措施的采用，可实现对茶树冠面生产枝的结构调整，从而达对芽数和芽重的调节，使生产面小桩数量达到较高标准，并保持树冠面生产枝粗度在一定的范围内，协调发芽数量和质量。同样，通过修剪，对不同衰老程度的茶园进行改造，实现树冠结构重塑。

（三）修剪调控茶树高幅度与冠面芽叶分布

自然生长茶树若不予以修剪，树高可达数米，冠面不整，给生产管理都带来诸多不便，无优质高产可言。修剪使得树冠高度得以控制，通过数次的人为修剪措施的运用，可有效地控制茶树高度在适合人们生产管理方便的高度上，且促使茶树分枝能覆盖茶园行间，冠面平整，形成合理的生产面。

茶树树冠宽广，有一定的覆盖度，可获茶叶生产的高产。一般来说，覆盖度的增加，通过增加群体数量，提高单位面积内种植密度，或促使茶树分枝来实现。种植密度增加，达一定覆盖度所需修剪次数少，比之非密植茶园，适当矮化树高就可达到冠面合适的生产枝密度，矮化树体高度的同时，也减少了非经济产量的生产。修剪抑制了茶树主干的生长，促使侧枝的发生，可加速宽广冠面的形成。它依据茶树年生长规律与分枝习性，逐年增加分枝密度，在一定的树高下，最后达到高产优质的树冠覆盖效果。

目前生产上常见的单条植茶园，基本是通过 3 次定型剪塑造骨干枝，用轻修剪控制树高，平整树冠面，使分枝、生产枝向行间伸展，当茶树被控制在适合人们生产管理的高度时，冠面生产枝密度和树冠覆盖度达优质高产茶园水平。矮化密植茶园幼年期分别在离地约 15 cm、30 cm 处进行 2 次定型修剪，使树冠高度控制在 60～65 cm，同时促使一定的分枝发生，达合理的树冠覆盖度。

不同茶树品种的树姿有披张、直立之分，分枝各异，修剪可改变其分枝部位、分枝的角度。一般基部的分枝其分枝角度比上部枝条大，能加速宽大树冠覆盖度的形成。潘根生等（1985）的研究表明，分枝角度大小与茶树分枝级数有密切关系（图 6-2），分枝角度总的趋

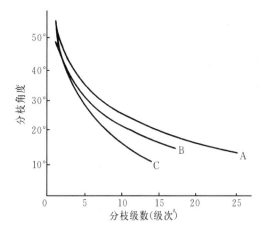

图 6-2 不同茶园的茶树分枝级数与分枝角度的关系
A. 7 590 kg/hm²　B. 6 270 kg/hm²　C. 2 430 kg/hm²
（潘根生等，1985）

势是随分枝级数增加而变小。分枝角度大的树冠较开展，产量也较高。中国农业科学院茶叶研究所对覆盖度和产量的关系研究认为，中小叶种茶树两者相关系数为 $r=0.953$，

表明覆盖度大，产量高。福建省茶叶研究所研究福云 10 号育成种，覆盖度与产量的相关系数为 $r=0.8471$。可见，修剪对覆盖度的影响，最终是对产量的影响。若从生态学的观点出发，促使分枝，加速幼龄茶树宽广冠面的早日形成，可减少土地裸露的时间，减少水土冲刷，其意义更加深远。

修剪成何种树冠形状，对冠面芽叶分布有影响。目前生产上采用的冠面形状多为水平型和弧型两种。安徽省茶叶研究所 20 世纪 60 年代对这两种树型的试验研究结果表明，水平型和弧型两种树冠在产量上无明显差异。低纬度地区，气温高，茶树年生长量大，为抑制中间部位的生长，将茶树剪成水平型，或成倒肺型，即树冠中间部位剪的程度重些。比较不同冠面对茶叶生产带来的影响（图 6-3）可以看出，各种不同形状的修剪树型，因树冠面凸起的程度不一，采摘面大小发生了变化。几种不同冠面，采摘面大小以水平型最小，其他树型采摘面均比水平型大。潘根生等人对中小叶种茶树修剪成不同树型进行了 6 年的产量比较，结果如表 6-4 所示。可以看出，在试验的 4 种树型当中，弧型产量略高，屋脊型产量最低，弧型与屋脊型两者产量差异达极显著水平，其余各处理间产量无显著差异。然而，这几种不同树型的冠面茶芽分布差异却很大，弧型树冠各侧枝顶端距根颈部距离差异小，树冠中心与两侧的生产枝生育能力差异也小，因而萌发较整齐，芽叶分布也较均匀；水平型树冠，中间部位修剪程度较重，早春边侧茶芽萌发早，芽数也多，中间因修剪重，分枝少，萌芽也较迟；单斜面型树冠，因修剪程度的差异大，早春修剪程度轻的部位萌芽早，但在以后的生长季节里，被修剪程度较重部位的芽数和重量都超过修剪程度较轻、冠面较高的部位；屋脊型树冠中心部位修剪较轻，保留着中心的生长优势，中间部位萌芽早、生长快。因为修剪形状的不同，影响着冠面的受光状况，进而影响茶芽的萌发，如东西走向的茶行，除水平型树冠外，其他几种形状的树冠均中间高、边侧低，由于树冠面受光势态的差异，在太阳斜射时，部分树冠面背光，影响茶树的物质积累，造成产量差异。

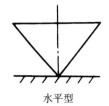 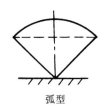 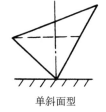 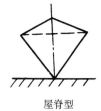

水平型　　　　　弧型　　　　　单斜面型　　　　　屋脊型

图 6-3　不同整形方式的树型

表 6-4　不同整形方式历年鲜叶产量比较

（潘根生等，1988）

单位：kg/小区

树型	1980 年	1981 年	1982 年	1983 年	1984 年	1985 年	合计
水平型	105.68	111.50	140.55	101.10	110.40	96.25	665.48
弧型	109.52	113.25	150.62	104.35	120.20	115.30	699.75
斜面型	104.40	117.72	127.55	106.95	117.05	100.60	674.27
屋脊型	107.67	106.87	125.17	103.45	110.50	85.20	638.87

注：小区面积为 34 m²。

这种因修剪带来的芽叶分布不均匀，使采下的新梢大小不一，不便于生产加工与管理，对品质和产量都会带来影响，根据不同茶树品种和各地的生产实际选择树型，如芽数型茶树品种宜采用弧型树冠，芽重型茶树品种宜采用水平型树冠。依据山坡地的特殊地形，也可顺势修剪成单斜面形或其他形状的树冠样式。就目前的生产情况而言，水平型和弧型是主要的，也适合于机械化生产应用。

（四）修剪调节茶树地上与地下部的平衡

修剪对象是茶树的枝叶，但其影响的是茶树的生长各部，它影响地上与地下部的生长变化、影响茶树的生殖与营养的生长、影响体内代谢物质分配变化，等等。

1. 修剪影响茶树地上与地下部的生长变化　茶树在生长发育中，各部分都是彼此联系、相互制约的。"叶靠根养，根靠叶长"，反映了地上部枝叶与地下部根系的相对平衡关系，它们之间是一种动态的平衡关系。

一般情况下，茶树根冠比是相对稳定的。进入衰老期，代谢水平降低，合成物质减少，地上部生长势显著减弱，远离根颈部的冠面枝梢细弱、老化，养分供给受阻。此时，根系生育机能也大为衰退，根系吸收的养料难以维持地上宽大树冠生长的需要，导致上部一些枝叶自然枯亡。地上枝梢也不能积累较多的光合产物供给地下根系更新生长的需要，地下根系远离根颈部处也出现自然更新现象，任其发生，茶树将自然衰亡。修剪则是人为的干预行为，当地上部枝梢有影响茶叶生产、出现衰老症状时，将衰老部分枝梢除去，减少地上冠面养分的需求，减轻地下根系对地上部养分供应的负担，养分集中地供给少量新抽生的不定芽，不定芽枝叶抽生后，得到的养分充足。从前面的分析中也可得出，由基部新抽生枝条质量优，生理上年轻，枝叶光合能力强，养分积累量大，长势旺，它又刺激根系的更新再生，两者相互促进，趋向新的再生平衡，生机得以恢复。

修剪在生产上可以打破地上部和地下部相对平衡，更新衰老茶树、复壮树势，已被广泛的利用。每当地上部修剪后，打破了枝叶和根系之间原来的养分供需平衡，两者互相刺激、互相促进，由平衡到不平衡，再由不平衡到新的平衡，如此周而复始。但这一措施的采用，必须选择合适的时期，并加强修剪前、后的培育管理，配以其他措施的合理应用，才能促使茶树快速恢复形成长势旺的树冠结构。

由上可知，修剪的对象是茶树枝叶，可作用的效应不局限于地上部位，同时也影响茶树根系的生长。短时间内，修剪不同程度地减少了光合叶面积，削弱了糖类的积累，地上部供应给根系生长所必需的能量物质和有机营养减少了，为了使茶树维持一定的新陈代谢水平，此时，根部原来贮存的营养起着缓冲和调节作用。同时，因修剪造成的机械伤口的愈合、树液的流失，都需要消耗一定的营养物质，这些营养物质也来自于树体与根系中的积贮。营养物质消耗途径的改变，使根系自身生长的养料供给减少，所以修剪在一定时期内对根的生长有抑制作用。国内外的一些研究表明，植物根生长所必需的维生素，如维生素 B_1（硫胺素）就是在上层成熟叶中合成的。茶树由于剪除了一些功能叶，根系对维生素的需要一时得不到满足，从而也抑制了根的生长。2 年生龙井 43 定型修剪后 8 个月的茶树根系调查表明（表6-5），根系生长量随修剪程度的加深而减少。可以看出，修剪影响了幼年茶树根系的生长。修剪初时，修剪对根系生长会有一个暂时的压抑期，剪后地上部新枝抽生，新生枝各项生理机能均较强，光合积累养分量大，有足够的养分提供给根系，此时才能表现出修剪促进根系的生长。因此，对幼年茶树进行修剪，要选择合适时机，这一时机应该是体内养分积累量最大的时期。不恰当的修剪时期，将会因贮藏营养不足以满足地上部旺盛生长的需求，影响地上部茎干骨架的形成。

表 6-5 修剪对茶树根系生长的影响

（王立等，1980）

修剪高度/cm	剪后 8 个月茶树根系增长量		
	根鲜重/(g/株)	增长/%	与对照比/%
10	26.1	151.9	27.9
15	26.6	150.3	28.4
20	48.0	190.7	51.2
不修剪（对照）	93.7	277.1	100.0

注：品种系 2 足龄龙井 43。

要使修剪能促进根系生长，还必须考虑缩短修剪后枝叶抽生的时间，时间越短，恢复生长越有利。在茶树剪后的生长过程中，气候条件利于茶树伤口愈合，生长能快速超过修剪之前。因此，修剪复壮地上部和促进根系生长要在其他农业技术的配合下，才能达预期的目的。

修剪对根系生长的抑制在地上部枝叶重新抽生后得到改善，浙江大学潘根生试验结果表明，随着茶树地上部新生枝条的发生，地上部的生长量也逐渐超过未修剪以前，根系的生长量超过了相同生育期的不修剪茶树。从表 6-6 中可以看到，幼年茶树根系的年增长量大；经 3 年定型修剪后，茶树地上部分枝多、载叶量大，茶树地下部的输导根和吸收根重量均超过了不修剪的茶树，根的长度和根的幅度虽未超过对照，总的生物量的增加，势必带来以后的旺盛生长。合理的修剪对根系生长具促进作用。

表 6-6 修剪与自然生长茶树根系的比较

（潘根生等，1981）

树龄	主根长/cm	根幅/cm	粗根重/(g/株)	细根重/(g/株)
1 年生自然生长	21.9	19.6	1.92	0.12
2 年生自然生长	40.6	47.2	11.13	0.42
3 年生自然生长	62.3	79.1	159.22	14.91
3 年生定型修剪	54.9	72.1	210.35	21.09

2. 修剪影响茶树生殖与营养的生长变化　修剪对生殖生长的抑制作用，随修剪时期的不同而有差别。表 6-7 结果表明，修剪与不修剪的花果形成量差别很大，两者相差高达 6 倍之多。相同的修剪措施，春茶前修剪的花芽形成量比之春茶后修剪几乎高出 1 倍。茶树花芽是当年 6 月在叶腋中开始分化，较多地发生在新生枝上，春茶前的修剪，之后抽生的枝梢上可孕育出较多的花芽。春茶后修剪，将新抽生的春梢部分剪去，也就相应剪去了部分在春梢上分化的花芽，因而花芽发生量就少。日本梁濑好充研究（1975），一朵茶花的干重约为

0.1g，以一株茶树开花200朵计，则1公顷茶园有300~400 kg的开花量，这就意味着有大量的养料用于生殖生长，对生产茶叶而言是不利的。通过修剪来抑制茶树的生殖生长对茶叶生产有着积极的作用。

表6-7 茶树不同时期修剪对花芽形成的影响
（王立等，1980）

处理	春茶后修剪	春茶前修剪	对照（不修剪）
花芽现蕾数/（个/10丛）	304	592	1 869
相对百分数/%	100.0	194.5	614.8

修剪抑制生殖生长的另一重要生理原因，是修剪改变了茶树体内的碳氮比。减去细弱、老化、养分运送困难的上部枝梢，重新调整体内养分的分配，新生枝梢的各项生理功能超过了修剪前的状态，体内的碳氮比下降，营养生长旺盛，使得生殖生长受抑。茶树经修剪后，新生枝叶营养生长旺盛，体内养料较多地供给新生营养芽生育的需要，营养生长消耗了大量的养分，花果生育所需营养供应就减少，花芽分化和形成也就受到影响。因此，修剪对成年茶树减少开花结实的效果明显。修剪还改变了树体内部的受光条件，而促进营养生长，抑制生殖生长，特别是茶行操作道间的边缘修剪效果更为明显。夏春华等（1978）调查茶树边缘修剪结果表明，进行边缘修剪的茶树，花朵着生量比不修剪的茶树减少了77%，比自然生长茶树减少约9倍。

3. 修剪影响茶树体内代谢物质的变化 修剪打破了植株的生理平衡，对体内的物质代谢带来影响，这种影响主要从一些化学成分的变化上反映出来。

修剪之初茶树体内的糖类贮藏量减少。茶树的叶片是光合作用进行的场所，叶子进行光合作用积累的糖类，除了供应根系、新梢生长所需，以及呼吸消耗之外，在茶树体内以淀粉粒的形态贮藏于根颈部。由于修剪除去了一部分地上部枝叶，会出现一个植株无叶或少叶的时期，体内贮藏的糖类相应地发生明显变化。修剪后地上部再生长所需要的物质必须动用贮存养分，试验表明（表6-8），经修剪的茶树根部淀粉含量与对照比较，普遍下降，下降值随修剪程度加深而增加。这一下降趋势在当年的生长过程中影响半年以上，只有地上部恢复长势后，新生枝叶有较多的光合产物积累时才能改变。糖类量上的这一变化，不局限于根部，在被剪枝条的茎部也有相同的变化。

表6-8 修剪对茶树根部淀粉含量的影响*
（中国农业科学院茶叶研究所，1974）

取样日期（日/月）	处理	淀粉（占干物质百分数）/%
30/3	对照（不修剪）	6.71
	台刈	5.23
6/6	对照（不修剪）	4.17
	台刈	3.01
28/9	对照（不修剪）	2.63
	台刈	2.29

* 修剪日期为3月13日。

氨基酸是茶树体内重要的含氮化合物，是茶树有机体新陈代谢强弱的重要标志之一，与成茶品质关系十分密切。茶树经修剪，伤口愈合、养分积累都受影响，氨基酸含量也下降，随着新生枝梢的生长，氨基酸含量逐渐回升，并超过修剪前水平。表 6-9 为斯里兰卡茶叶研究所对茶树修剪后氨基酸变化规律所测结果。修剪后的一段时期，茶树体内氨基酸的下降幅度较大，到剪后的第九天下降到最低水平，其中以谷氨酰胺和茶氨酸下降最为明显。从研究得知，茶氨酸的前期化合物是在叶片中形成，并从叶片转移到根部，在根部完成其生物合成，而后再从根部转移到正在生长的新梢顶端，修剪减少枝叶，势必减少茶氨酸前期化合物的形成。此外，修剪后地上部枝叶生长，也需要消耗一定量的氨基酸和含氮化合物，因而氨基酸含量在剪后初时下降。以后随着新梢的展叶，地上部茎叶的绿色面积逐渐扩大，光合能力不断增强，促进了机体生化代谢的进程，使氨基酸含量达到或超过修剪前的水平。

表 6-9 台刈茶树复壮期木质部树液中氨基酸含量的变化

（斯里兰卡茶叶研究所，1971）

单位：$\mu mol/mL$

氨基酸种类	修剪后天数					
	0 d	4 d	9 d	22 d	33 d	64 d
谷氨酰胺	2.82	0.52	0.06	0.33	1.20	1.40
茶氨酸	1.26	0.43	0.01	0.05	0.45	0.80
谷氨酸	0.09	0.06	0.04	0.10	0.18	0.22
天门冬氨酸	0.04	0.03	0.04	0.05	0.06	0.11
赖氨酸	0.07	0.05	0.01	0.04	0.08	0.11
氨基酸总量	4.84	1.38	0.02	0.02	1.91	3.43

修剪后茶树新抽生的枝梢营养生长旺盛，一芽二叶中的氨基酸含量较高，之后，随着时间的延长，这一变化又恢复到修剪之前。湖南农业大学刘富知（1994）等人研究表明，台刈茶树体内氨基酸含量的改善效应，在台刈当年最高，8～9 年后基本消失（表 6-10）。

表 6-10 修剪后茶树芽叶中氨基酸、茶多酚含量的变化

（刘富知等，1994）

单位：%

台刈后年数	1 年	2 年	3 年	4 年	5 年	6 年	7 年	8 年	9 年	10 年
氨基酸	2.111	1.877	1.810	1.778	1.760	1.747	1.739	1.732	1.728	1.724
茶多酚	20.56	22.11	23.18	23.76	23.86	23.48	22.62	21.27	19.44	17.13

研究也表明，修剪后茶树新梢中儿茶素含量是下降的（表 6-11）。儿茶素组分中 D-GC、L-GC 含量上升，L-ECG 含量降低比例小，脂性儿茶素下降幅度大。儿茶素是对茶叶品质影响很大的一种化学成分，修剪之后其含量的变化，会直接影响到成茶的品质，如在红茶制造过程中会出现发酵困难，对芳香物质的形成也会带来一定的影响，但这些情况都是暂时的，并可以通过其他农业措施来加以改变的。

表 6-11 修剪后茶树鲜叶中儿茶素含量的变化

（王立，1966）

单位：%

处理	采样日期（日/月）	儿茶素含量比（为对照百分数）					
		L-EGC	D-GC+L-GC	L-EC+D-C+L-C	L-EGCG	L-ECG	总量
春茶前台刈	6/8	72.04	156.54	62.50	71.10	96.47	76.72
春茶后台刈	6/8	78.93	121.47	75.80	73.10	90.74	78.44
不修剪（对照）	6/8	100.00	100.00	100.00	100.00	100.00	100.00

　　除了上述主要化学成分的变化之外，修剪后茶树新梢中的水分、水浸出物、营养元素均上升，灰分下降，这表明修剪后茶树新梢的生理活性、持嫩性提高，对茶叶产量和品质的改变起着十分重要的作用。

　　4. 修剪对茶树枝梢抽生影响的效应　人为修剪措施的采用，剪去顶端枝梢，剪口以下的侧芽、不定芽或侧枝就能迅速萌发和生长，依各枝条生长位点和势态加以取舍，可培育成广阔茂密的采摘面。表 6-1 中已清楚地反映出，幼年茶树的定型修剪，能改变分枝的数量、分枝粗度和长度，对树冠结构带来直接的影响。修剪反应最敏感的部位是在剪口附近，常常是近剪口旁的第一个芽影响最大，以下依次递减。定型修剪能刺激剪口以下 2～3 个侧芽或侧枝生长，台刈可激发根颈部潜伏芽的萌发。修剪后的效应随修剪程度、品种不同会有差异。王立等（1978）调查了茶树不同定型修剪程度对新梢生育的影响，结果如表 6-12 所示。3 个不同的茶树品种、3 种定剪高度，均随修剪程度的加重，剪后分枝生长速度加快，这一差别在剪 8 个月调查仍然存在。资料表明，定型修剪高度适当压低，有利于分枝的生长。3 个不同的茶树品种表现不一。湖南农学院刘富知（1993）等人在对茶树修剪更新生物学效应的持续性研究中得出，衰老茶树的修剪改造，使得茶树新梢生育强度、叶片大小、茎干结构等有较大幅度的更新与改善，修剪程度越重，更新、改善越大；修剪带来的这些变化，随剪后时间的推移发生规律性的变化，最后逐渐衰减，恢复到修剪改造前状态；台刈茶树对百芽重和叶片面积的影响效应在刈后第四年失去 90%，第八年失去 95% 以上；春梢萌发密度在刈后第九年处于最大值。因此提出，台刈更新茶树的第一个改造周期可维持 8～10 年，第二个周期会比该周期短些，之后类推。

表 6-12 修剪程度对新梢生长的影响

（王立等，1980）

单位：cm

茶树品种	定剪高度	剪后 2 个月新梢增长量	剪后 8 个月新梢增长量
碧云	10	8.4	29.5
	15	8.0	28.6
	20	7.4	26.9
菊花春	10	8.3	31.7
	15	6.7	27.7
	20	6.0	24.0

（续）

茶树品种	定剪高度	剪后2个月新梢增长量	剪后8个月新梢增长量
	10	8.7	25.9
龙井43	15	6.7	24.6
	20	6.6	14.6
	不修剪	2.5	10.7

修剪对茶树刺激的减退速率受多种因素的影响，与其自身的遗传特性、采摘制度、生态条件、肥水管理等都有关。一般而言，茶树在高纬度、高海拔地区生长，生长速度慢，修剪刺激力的消失亦慢，修剪周期可以长一些；茶树在低纬度、低地生长，其生长速度快，修剪刺激力的消失亦快一些，修剪周期可以短一些。但最主要的还应根据茶树营养生长状况而定，如营养生长势已呈衰退迹象，则应及时修剪，以加强对树体的刺激力，恢复其良好的生长势。

5. 修剪影响茶园虫口量的变化　茶树修剪可剪除分布在茶丛上部的病虫，尤其是对趋嫩性病虫害有良好的控制作用。有研究表明，采茶结束后实施修剪措施的茶园，全年假眼小绿叶蝉种群数量低于不修剪茶园，修剪茶园假眼小绿叶蝉的高峰出现时间晚、数量低。此外，修剪对控制茶枝小蠹虫（*Xyleborus rornicatus* Eichhoff）、紫短红须螨［*Brevipalpus phoenicis* (Geijskes)］、咖啡小爪螨［*Oligonychus coffeae* (Nietner)］等均有一定作用。杜相革（2003）对乌龙茶区新梢上假眼小绿叶蝉卵量调查得出（表6-13），年生产过程中，假眼小绿叶蝉的卵主要分布在由顶芽往梢基部的第一、二、三叶位，第四、五叶位的卵量在头茶和四茶两季占总数的14%左右，二茶、三茶两季占总数的25%左右，而第六叶没有发现产卵。可见木质化程度稍高的芽梢上产卵量明显降低，产卵量最多的部位是芽下第一叶至第三叶间。如养大采，只采一芽三叶，全年则可能有20%卵量没被带出茶园，生产季节间，前期留下的虫卵就可能对下个生产季叶蝉危害带来影响。表6-14是不同季节茶园采后轻修剪与不修剪处理后假眼小绿叶蝉发生量变化，结果表明，经轻修剪后，茶园假眼小绿叶蝉种群数量低于不修剪茶园，全年除三茶外，采后轻修剪可使茶园假眼小绿叶蝉数量减少14.9%～28.2%。因此，及时采摘或每次采摘后对树冠进行轻修剪可影响假眼小绿叶蝉与其他茶园虫口数量的变化。

表6-13　成熟茶梢上假眼小绿叶蝉卵空间分布的季节变化

（杜相革，2003）

单位：%

叶位	0	1	2	3	4	5	6
头茶	0	25.0	44.4	16.7	11.1	2.8	0
二茶	6.3	14.1	26.6	26.6	18.8	7.8	0
三茶	3.0	14.9	40.3	19.4	17.9	4.5	0
四茶	2.4	22.0	43.9	17.0	9.8	4.9	0
平均	3.9	19.0	38.8	19.9	14.4	5.0	0

注：0叶位指由芽至芽下第一叶间部位，其他叶位依次由芽至梢基部排序。

表6-14 不同季节茶园叶蝉发生量变化

（杜相革，2003）

茶季	头茶	二茶	三茶	四茶
采后轻修剪（每100网）/头	20.6	127.7	32.7	59.4
采后不修剪（每100网）/头	28.7	150.0	31.5	80.2
修剪控制效果/%	28.2	14.9	−3.8	25.9

曾明森（2010）、唐颢（2012）等人分别在福建、广东两地进行轻修剪对茶园假眼小绿叶蝉种群和群落多样性影响研究时得出，冬季轻修剪能使节肢动物包括茶园蜘蛛、茶尺蠖幼虫、茶假眼小绿叶蝉、寄生蜂、茶卷叶蛾幼虫等的种群数量降低。试验结果还表明，修剪后将修剪枝叶及时清理，可有效降低虫口数，否则，部分幼虫可转移至其他枝叶上。如修剪后清理剪下枝条，则以上节肢动物类群除寄生蜂外，下降率达显著或极显著水平（表6-15）。6月是假眼小绿叶蝉的发生高峰期，嫩梢若虫和卵量较大，修剪后枝梢上若虫可转移到其他部位，短期内其嫩梢上的卵也可正常孵化并转移，夏季轻修剪并清理枝条后茶假眼小绿叶蝉的虫口显著下降。轻修剪后清理或未清理枝条均使蜘蛛的虫口显著下降。春茶后实施轻修剪，6～10月的假眼小绿叶蝉虫口数量明显降低。可见，修剪除了树冠培养需要，能直接剪除病虫枝，同时改变了茶园的生物营养链和茶园小气候，进而影响整个茶园生态系统的种群结构和生物多样性。加强相关农业措施对病虫防控效应研究，对推进茶叶安全生产具积极的作用。

表6-15 冬季轻修剪对节肢动物种群数量的影响

（曾明森等，2010）

生物类群	修剪前虫量/头	修剪后枝叶未清理		修剪后枝叶清理	
		虫量/头	下降率/%	虫量/头	下降率/%
蜘蛛	53.1	46.2	12.99	38.1	28.25
茶尺蠖幼虫	30.5	28.3	7.21	21.8	28.52
茶假眼小绿叶蝉	4.8	4.6	4.17	2.3	52.08
卷叶蛾幼虫	1.9	0.9	52.63	0.3	84.21
寄生蜂	2.6	2.3	11.54	2.5	3.85
节肢动物总量	95.2	84.3	11.45	66.2	30.46

注：修剪时间为2008年11月24日，调查为修剪前后3d内进行。

三、茶树树冠培养的主要修剪方式

采用修剪措施培养茶树树冠的目的是为获优质、高产、高效生产目标。针对不同树龄、不同树势、不同茶树品种应采用不同程度的修剪措施，才能达到理想的目标。各地研究和实践结果均表明，幼年期茶树通过定型修剪，培养和促进茶树从自然树型过渡到经济树型，这是培养树冠骨架、奠定高产优质树冠的基础是最重要的修剪；进入青壮年阶段，茶树产量、品质处于上升阶段，这时，主要通过轻、深修剪，以保持树冠面生产枝的粗度和数量，控制树冠在一定高度，使生产芽叶的产量和品质维持在一定的水平；之后，树冠出现不同程度的衰老症状，通过重修剪或台刈，使枝梢得以复壮，恢复或超过原有树况的生产力水平。总之，依茶树从幼年至衰老的生育进程，利用修剪措施培养树冠的方法和程序主要是 3 种类型：一为奠定基础的修剪——定型修剪；二为冠面调整、维持生产力的修剪——轻修剪、深修剪；三为树冠再造的修剪——重修剪和台刈。不同修剪类型掌握的要求与目的各不相同，具体应用时应因地、因时、因树而宜。

1. 定型修剪 定型修剪，顾名思义是培养一定形态茶树的修剪，是奠定高产优质树冠基础的中心环节。此法用于幼年茶树和台刈后的茶树。它通过剪去部分主枝和高位侧枝，控制树高，培养健壮的骨干枝，促进分枝的合理布局和扩大树冠。新植和改造茶树，经几次定型修剪后，树冠分枝层次增加，有效的生长枝增多，树冠面扩大。对幼年茶树进行定型修剪是培养骨干枝及在骨干枝上培育有效生产枝的重要手段。但培养成理想的树冠结构（包括树冠高度、幅度和分枝层次、结构及密度等），需经多次定型修剪，并在定型修剪的基础上，通过轻修剪和打顶轻采加以调整，最后达到树冠定型的目的。

2. 轻修剪、深修剪 茶树树冠定型后进入生产时期的修剪，是为保持茶树冠面结构合理、平整，生产枝健壮的修剪。轻修剪、深修剪是这一时期主要运用的树冠生产力维持方式。轻修剪一般用于成年采叶茶园，在当年留养的枝条上适当剪除部分枝叶，以保持生长势的稳定和发芽基础的相对一致；深修剪是用于经多年轻剪和采摘后，茶树树冠面上出现密集的细弱枝、结节枝，育芽能力减退，新梢生长势减弱，产量有下降趋势时的一种程度较轻修剪重的方法，目的在于重组新的生产枝层。

3. 重修剪、台刈 当茶树上部枝条已衰老或骨干枝未老先衰，则采用树冠再造的重修剪和台刈。重修剪用于半衰老茶树或未老先衰、其主枝尚强壮的茶树，剪去树冠大部分，仅留主枝粗杆及少数侧枝，促使这些枝条上的不定芽重新萌发成长为新枝，重新形成上层分枝，以恢复生产力；台刈用于衰老茶树，剪去树冠全部枝条，利用根颈部不定芽的萌发，重新培养树冠骨架和整个分枝结构，以期比台刈前有较高的生产力。

修剪是培养树冠的关键措施，但必须强调指出，培养高产优质树冠绝不是修剪单一的技术措施所能完成的。修剪是对茶树的一种外加刺激力，要充分发挥它的作用，必须配合合理的采摘和土、肥、水、保等技术措施，选择合适的时期。不然，也难达塑造树冠、实现高产优质的目的。

第二节　茶树修剪技术

我国广大茶区在茶树树冠管理上推广应用的修剪方法主要为定型修剪、轻修剪、深修剪、重修剪和台刈 5 种。合理地根据茶树的生育特点、树势和环境状况，运用各种修剪技术，能有效促使高效、优质茶树树冠形成。

一、茶树修剪时期的确定

修剪作业对茶树而言是一种损伤，因此，不同时期进行茶树修剪，对树冠养成的好坏影响很大，修剪时期掌握不恰当，达不到预期的目的，甚至造成茶树茎干枯死。

修剪茶树其创伤的恢复，需要消耗茶树体内一定的养分积蓄。茶树体内养分一年之中变化很大，体内养分的消长，主要表现于糖类和含氮化合物的动态消长。一年中，茶树体内糖类的变化表现为，从秋季茶树慢慢进入休眠时开始，地上部的养分就逐渐向根部转移，在根部积累贮藏起来，至翌年春茶萌发时，再从根部将贮藏的养分输送到地上部，供新梢生长的需要。茶树根部的淀粉和总糖量贮藏从 9 月下旬开始增加，到翌年 1～2 月达最大值（图 6-4），8 月前后体内贮藏量最少。茶树地上部和地下部贮氮量的年变化如图 6-5 所示。6 月为地上部贮氮量的高峰，其次为 10 月，进入越冬期后，氮素合成积累的中心移至地下部，根系的贮氮量渐趋上升，3 月前后根中氮的贮藏量最多，直至春茶萌动后，氮素向上输送，供给新梢生育的需要，根中贮藏的相对量下降。

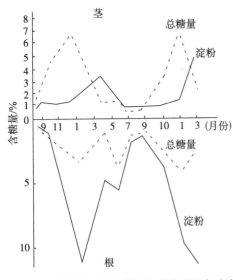

图 6-4　茶树茎、根中淀粉和总糖量的年变化
（潘根生，1986）

图 6-5　茶树各部分含氮量的年变化
（杨贤强，1982）

　　根据茶树体内养分的年变化规律和各地的气候条件，我国长江中下游茶区，修剪宜在春季茶芽萌发前的 3 月上旬（惊蛰前后）进行，这时根部养分贮藏量大，气温正处回升时期，雨水充足，茶树修剪后恢复生机有利。长江上游的四川茶区，早春气温回升快，与同纬度的长江中下游茶区相比，日均温高 2～3 ℃，该地区修剪可提前半个月进行（立春--雨水）。但就修剪对当年经济效益的影响角度来考虑，台刈、重修剪、深修剪可延至春茶近结束时（5 月中旬）进行，如考虑茶树树势恢复，可提前至 4 月下旬。此时温度还未达夏季最高时期，雨水也较充足，修剪的同时重施肥料，加强管理，对根部物质贮藏不足的矛盾予以补偿，也可获得好的效果。但幼年茶树定型修剪，是为培育健壮的骨干枝，不对生产造成影响，修剪时期仍以早春为好。

　　就我国茶区而言，春茶前修剪，剪后恢复的营养基础好，气温逐渐回升，有利于剪口愈合和新枝再生。不足的是，修剪时间短促，会因大面积安排不妥而贻误时机，过早剪易受冻，过迟剪将推迟茶芽的萌发，对春茶生产有较大的影响。

　　在热带或毗邻热带茶区，茶树周年生长不息，无明显的生长期和休止期，糖的积累与分解都较快，茶树的最佳修剪期应该是茶树生长相对休止期的中后期。如海南省，基本上全年都生长，只是在 12 月至翌年 1 月生长量下降，这样的茶区，应严格把握修剪时期，在生长量下降的中后期进行修剪。否则，会由于树体内养分的积累少、新梢养分供应不足，加上修剪造成创伤，伤口愈合缺少营养，而影响茶树的生长。有些茶区雨季、旱季分明，如云南省，从 12 月份起气候干燥，降水量少，干旱严重，春季修剪对树势恢复不利。这种茶区，应考虑在春茶后的雨量丰富的季节来临初期进行为合适。

目前各地十分重视名优茶生产，名优茶生产中都希望春季茶芽能早萌芽、早生产，从而获高收益。春前剪，对树体恢复有利，但当季的春茶季节推后，如进行深修剪、重修剪、台刈，则该季没有收获，上年秋季剪，存在同样的问题。长江中下游茶区的许多生产单位，具体修剪作业时间选择在春茶后进行。对于准备进行重修剪和台刈改造茶园，采取的办法是，抓好春茶早期茶叶生产，提前结束该季的生产行为，在 4 月下旬至 5 月上旬完成茶园改造。这样做一方面使当年茶园的主要收益得到收获，另一方面不使春季体内养分更多的消耗，在远离夏季高温干旱到来之时完成改造，给受到较重机械损伤的茶树，有个较长的温和恢复生机的环境，这样的方式，配合以其他茶园土壤管理，也能获较好的结果。

修剪措施能使茶树枝条更新复壮，有些生产单位经常采用春茶后重修剪或台刈，以获取壮芽，生产名优茶，甚至每年都进行这类程度重的修剪措施。这种生产模式，对一家一户，茶园面积不大，劳动力安排便利，单位时间内经济上可获利较高。但对有一定面积，从周年管理、设备生产能力、劳动力配置、资源利用等多方面考虑不利，这一生产模式，只能是生产方式的补充与调节。

总之，茶树的修剪适期，应考虑在茶树体内养分贮藏量大，修剪之后气候条件适宜，有较长的恢复生长时期进行。此外，还必须结合考虑各地的生产效益、生产茶类、茶树品种、劳动力安排等因素。

二、茶树的定型修剪

茶树的定型修剪不仅仅指对幼年茶树的定型修剪，也包括衰老茶树改造后的树冠重塑。各地的气候条件不同、品种不同，在具体操作上有一定的差别，江南、江北茶区一般一年定型修剪一次，华南、西南茶区，一年可进行数次的分段修剪。

1. 一年一次定型修剪　如前所述，幼年期茶树由于顶端生长优势强，若任其自然生长，则顶芽生长旺盛，侧枝不多，少数几个分枝，也是细而短，这样的分枝部位高而稀疏，不可能形成密集的树冠生产层。通过定型修剪，改变茶树自然生长型，加速合轴分枝发展，分枝部位压低，促使分枝，使其迅速形成宽广的树冠面。一般来说，灌木型的幼年茶树，常规茶园定型修剪需要经过 3～4 次，第一次在茶苗移栽之时。种子直播茶园，可在茶苗出土后的第二年进行修剪。具体是否可进行第一次定型修剪，可以对照下列要求，即茎粗（离地表 5 cm 处测量）超过 0.3 cm（生长在北纬 20°以南茶区茶苗粗度应超过 0.4 cm），苗高达到 30 cm，有 1～2 个分枝，在一块茶园中达到上述标准的茶苗占 80% 时，便可对该茶园进行第一次定型修剪。符合第一次定型修剪的茶苗，用整枝剪，在离地面 12～15 cm 处剪去主枝，侧枝不剪，剪时注意选留 1～2 个较强分枝（图 6-6），或剪口下留有具以后生长的定芽。不符合第一次定型修剪标准的茶苗不剪，留待第二年，高度粗度达标准后再剪。第二次定型修剪，在第一次定型剪的翌年进行。此时树高应达 40 cm，剪口高度为 25～30 cm，一般在第一次定型修剪的基础上，提高 10～15 cm，如果茶苗高度不够标准的，应推迟修剪（图 6-7）。第一、二次定型修剪是关系到一、二级骨干枝是否合理的问题，工作必须细致。

除了用整枝剪逐株逐枝修剪外，还要选择剪口下的侧芽朝向，保留向行间伸展的侧芽，以利于今后侧枝行间扩展，形成披张的树型。另外，要注意修剪后留下的小桩不能过长，以减少小桩对养分消耗。第三次定型修剪是在第二次定型修剪后1年进行。修剪高度在第二次剪口的基础上，提高10 cm左右（图6-8）。若进行第四次定型修剪，可再在第三次定型修剪后的1年内进行，修剪高度在第三次剪口的基础上，提高10 cm左右。幼年茶树在进行3～4次定型修剪后，一般高度达50～60 cm，幅度达70～80 cm，以后可以通过轻采留养来进一步扩大树冠，增加分枝密度。进入生产初期的茶园仍有培养树冠的要求，此时采摘适当留些大叶，或季末打顶采，以继续促进与增加分枝密度，待树高达70 cm以上，树幅在120 cm左右时，按生产园管理要求进行轻、深修剪。

图6-6　幼龄茶树第一次定型修剪

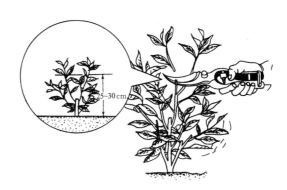

图6-7　第二次定型修剪

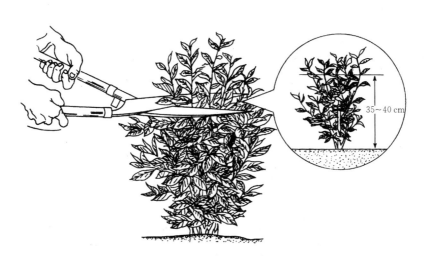

图6-8　第三次定型修剪

生产上为方便对不同地块和茶树品种定剪高度的掌握，对第三、四次定型修剪高度采用经验掌握的办法，即保留茶行最宽部位不剪，以上部分剪除。此法指导作业时方便，在一些地方应用也较有效，各地在根据各自地方特点可总结出新方法，对此办法进行完善与改良，使之更利于生产应用。

第三次和第四次定型修剪工具可选用篱剪或修剪机修剪，在一定高度要求下剪平。定型修剪高度以适当压低为好，如果剪口偏高，分枝虽略多，但较细弱；剪口低，分枝量少，但较粗壮，有利于骨干枝形成。湖南省茶叶研究所不同修剪高度与分枝数量和粗度的关系调查证明了这一点（表6-16）。

表6-16　修剪高度对剪后分枝结构的影响

修剪高度/cm	分枝数/个	分枝粗/mm
13	4.8	3.1
20	7.8	2.3

多条密植茶园由于种植密度通常为常规茶园的数倍，主干数目多，只需进行1～2次定型修剪即可使树冠分枝结构与密度达到定剪目标要求。其第一次定型修剪在茶苗1足龄时进行。掌握办法是：当茎粗（离地表5 cm处测量）超过0.3 cm（生长在北纬20°以南茶区茶苗粗度应超过0.4 cm），苗高达到30 cm以上离地15 cm修剪；第二次在2足龄时进行，当树高超过45 cm，在离地30 cm处修剪。凡1足龄茶树未达修剪标准的，可推迟至2足龄时进行，在离地25 cm处一次定型剪，以后辅以轻修剪培养树冠到合适的高度与分枝密度。

2. 分段修剪　分段修剪是另一种定型修剪方法，我国南部茶区栽培的乔木型或小乔木型大叶种，由于该地气候温暖，雨量充沛，茶树年生长量大，若采取类似灌木型茶树这样的一年修剪一次的方法，大量的生物量被同一时间内剪去，会造成一次性修剪带来的大创伤。为了充分利用这种生长优势，采用分批、多次、分段修剪的方法来培养树冠，即以分枝是否达到定剪标准来判断是否进行定型修剪，一旦达到要求就进行修剪，这样一年中有数次修剪，可缩短树冠培养时间。其方法是：第一次定型修剪在茶苗近地面处茎粗达到0.4 cm以上时进行，剪口离地面高度为10～12 cm，全年视生长情况可进行数次，以后在剪口以上的分枝茎粗达到0.35 cm，或新梢具7～8片叶子，或枝梢已木质化或半木质化，只要具备上述一个条件就可以修剪，剪口在前次剪口上提高8～12 cm。掌握这样程度的修剪，可使每次剪后留下一定的叶片，只剪去枝条总长的1/3～1/2。一年内同一分枝上可剪2～3次，每年可形成二三级分枝，待分段剪实施2年后，树高可达60 cm左右，之后可进行一次性平剪，此时如树幅已超过80 cm，即可按生产园管理要求留叶采摘。

3. 弯枝法　弯枝法是与定型修剪配合使用的又一种培养树冠的方法。一些南方茶区，气温高，茶树一年四季都处于生长状态，剪后若管理不善，往往会造成对茶树的伤害。对一定生长高度的茶树枝条向茶行两侧弯曲、固定。这样的做法不给茶树带来机械切割，对茶树损伤小，又能达到扩大树冠的目的。茶树经弯枝，人为调整分枝状态，结合定型修剪措施可培育一定分枝密度和高度的茶树树冠。弯枝法充分利用了茶树生长的顶端优势原理，把生长旺盛的枝条，人为地向茶行两侧压弯，改变原来枝条上各腋芽所处的相对位置，使体内激素水平重新分配，从而使原来被抑制生长的腋芽萌发。其具体做法是：当一年生茶苗新枝已木质化，茎粗达0.5 cm左右，将强壮枝条向茶行两边弯枝若干条（视分枝多少和粗壮程度而定，可先各向弯1条，以后再补弯2～3条）。被弯的枝条用小竹钩、铁丝钩等固定，迫使主枝向茶行两侧伸展，保持被弯枝条与主干的夹角大于90°，这样使被弯枝条最尖端的芽处在茶行的最外缘和最高处，继续保持生长优势，同时，又因改变原来各侧芽的相对位置，减弱了顶芽对侧芽的抑制作用。这一条件下，枝条上各部位的侧芽也能迅速萌发，平卧状的枝条上能长出多个向上分枝，加速了树冠扩大进程（图6-9）。以后待被弯枝上抽生的新梢长至离地40 cm左右时，进行打顶轻采，萌发3~4轮梢后，可在弯枝部位的高度上提高8 cm左右进行一次定型修剪。弯枝法培育茶树树冠是在不产生创伤的情况下扩大树冠。因此，更利于地上部与地下部的正常生长，冠层有较多的枝叶保持，光合产物的积累利于扩大再生产。这种方法对南方的乔木型和小乔木型茶树应用，效果更为明显。

比较各种不同修剪方式带来树冠结构有较大的不同（表6-17），不难看出，一年进行一次定型修剪茶树比分段修剪、弯枝加平剪、弯枝加分段剪的分枝数少、树幅窄、主茎细，利用弯枝法加修剪措施的比单一利用修剪措施培育树冠结构有利。广东南海农场董绍祯（1981）调查，在云南大叶种和海南大叶种中采用弯枝法培养树冠，弯枝1年后，其分枝数、茎基粗度和树冠幅度分别比定型修剪茶树提高259.8%、28.0%和205.8%。但采用这种方法管理花工很多，给茶园除草、施肥等工作带来不便，并且需经常检查弯枝情况，发现枝条脱钩，及时补钩，不然达不到理想效果，各地可根据实际情况来加以应用。

A   B

图6-9 弯枝法培养树冠状

A. 数个分枝的小茶树 B. 分枝被小竹钩固定呈弯曲状

（赵东，2013）

表6-17 不同定剪方式对茶树树冠分枝结构形成的影响

（曹藩荣等，1999）

处理	品种	一级分枝		二级分枝		三级分枝		主茎粗/cm	树幅/cm	树高/cm
		茎粗/cm	数量/个	茎粗/cm	数量/个	茎粗/cm	数量/个			
一年一次平剪	云南大叶种	2.18	3.10	1.40	8.40	0.84	21.40	3.20	87	52
	英红9号	2.19	2.89	2.15	8.80	1.09	23.40	3.40	82	58
分段剪	云南大叶种	2.14	3.30	1.60	9.70	0.79	24.60	3.50	100	55
	英红9号	2.17	3.22	2.03	10.10	1.11	25.10	3.50	105	62
弯枝加平剪	云南大叶种	2.11	3.20	1.45	11.60	0.77	30.40	3.45	108	63
	英红9号	2.19	3.12	2.02	11.70	0.96	29.60	3.50	120	66

（续）

处理	品种	一级分枝		二级分枝		三级分枝		主茎粗/cm	树幅/cm	树高/cm
		茎粗/cm	数量/个	茎粗/cm	数量/个	茎粗/cm	数量/个			
弯枝加分段剪	云南大叶种	2.12	3.30	1.35	12.20	0.78	32.50	3.60	110	65
	英红9号	2.20	3.25	2.05	12.40	1.02	30.80	3.60	120	65

4. 其他措施 除了上述以修剪及与弯枝配合培养树冠促使分枝外，也有采用非修剪措施来促使分枝。如捻梢养蓬、化学药剂处理等。

（1）捻梢养蓬。捻梢养蓬的做法是，当茶树长至超出定型修剪高度后的修剪时期里，在茶树离地 25 cm 处，一手固定茶树，一手用力向一方向捻转茶树枝条，扭伤木质部约 2 cm 长，捻梢时不能折断树枝，扭伤部位不宜过长，不然易引起被扭枝条死亡，并引骨干枝向行两侧斜生状伸展。捻枝后 1 个月，扭伤部位以下会有 2～3 个新梢发生，而以上部分顶、侧芽均停止生长。这种办法，能保留茶树的全部叶片，减少生物量的损失，操作简单，与弯枝法比，省去了经常性的挂钩、补钩等工作，方便了茶园的管理，但其对茶树有损伤，有被捻梢枝条伤口愈合与恢复生长的过程，树冠的扩展效果不及弯枝明显。

（2）化学药剂处理。20 世纪 70 年代中期，东非茶叶研究所进行了用化学药剂代替修剪，以降低茶树主干高度的试验，试验结果表明，赤霉素（0～90 mg/L）喷雾使用 6 周后对顶芽活动无影响，对侧芽生长有促进作用，影响效果与施用浓度呈直线相关；喷施矮壮素对腋芽活动没有影响，但对顶芽高度的增加有影响，这一影响与不同的茶树品种、不同的使用浓度关系密切。当矮壮素使用浓度达 800 mg/L 时，对植株会产生毒害。Kathiravepillai 等（1981）利用吲哚乙酸（IAA）、激动素（BA）、乙烯利、赤霉素（GA_3）矮壮素（CCC）等处理幼龄茶树以探明生长调节剂对茶树生长和顶端优势的影响，试验结果表明：0.05% IAA 的重复使用抑制侧梢生长；BA 涂抹在叶片和腋芽上对侧梢数量无影响，但促进了侧梢长度的增加，幼龄茶树对 BA 的反应范围是 50～250 mg/L，喷洒 BA 使多数植株活动芽增多，其效应自喷后第 4 周开始并持续 4 周，喷洒 BA 增加了侧梢数和侧梢长度，尤以 75 mg/L 时侧梢较长，喷洒 BA 结合施肥的情况下侧梢较短；喷洒乙烯利后第 8 周开始，800 mg/L 和 1 600 mg/L 处理对株高有抑制作用，并使叶、茎和植株干重减少，高于 1 600 mg/L，乙烯利就是一种强落叶剂；喷洒 GA_3，产生侧枝较少；使用 CCC 能抑制顶端优势，产生较多侧梢。多效唑是一种植物生长延缓剂，具多方面的生理效应，重剪茶树喷洒多效唑，能控制主干枝梢徒长，茎干增粗，单叶面积变小，叶厚增加，叶色加深，对改造后茶树树冠重塑会产生影响。茶园中使用化学试剂，要特别注意使用后带来的安全性问题，一般来说，不采用此类方法进行茶树树冠的培养。

重修剪或台刈后的茶树存在重新培养树冠的过程，也需定型修剪，这时的定型修剪与幼年茶树的定型修剪理念上相同，作业上不同。重修剪茶树一般离地在高度约 40 cm 处修剪，为幼年茶树第二次定型修剪的高度。因此，可在剪后 1 年，用篱剪或修剪机，在重修剪的剪口上提高 10～15 cm 修剪。台刈茶树在 3～10 cm 处将地上部全部剪除，在台刈后的第二年进行第一次定型修剪，因根颈部长出的枝条数量多，修剪高度可离地 40 cm，翌年可进行第二次定型修剪，修剪高度在上年切口上提高 10～15 cm。修剪工具也都采用篱剪或修剪机。

以后与幼年茶树一样，采用留养轻采、轻剪，逐步培养树冠。

定型修剪时要注意几个问题：

① 定型修剪的时间。由于幼苗贮存养分不足，剪后生长需要较多养分，所以修剪时期必须选择在体内养分贮存较多的时间；另外，剪后不能有较持久的干旱期发生，因苗幼、根浅易受旱害。

② 定型修剪的幼苗枝干生长高度是开剪的重要标准，高度不足会影响骨干枝的健壮度，枝条粗度尤为重要，不粗壮就不能形成强壮骨干枝，所以应掌握苗高和枝粗并重。

③ 定型修剪不能"以采代剪"，由于采摘的对象是嫩梢，修剪的对象是木质化程度较高的枝梢，如以采代剪，会形成过密而不壮的分枝层，不能建造粗壮的骨干枝。

三、茶树轻修剪和深修剪

1. 轻修剪 轻修剪是在完成茶树定型修剪以后，培养和维持茶树树冠面整齐、平整，调节生产枝数量和粗壮度，便于采摘、管理的一项重要修剪措施。较多的是将茶树冠面上突出的部分枝叶剪去，整平树冠面，修剪程度较浅；为了调节树冠面生产枝的数量和粗度，则剪去树冠面上 3～10 cm 的叶层，修剪程度相应较重。由于各地生态条件、茶树品种、茶树的生长势等差别较大，轻修剪程度必须根据茶园所在地的具体情况酌情加以应用。如气候温暖，肥培管理好的茶园，生长量大，轻剪可剪得重一些；如采摘留叶较少，叶层较薄的茶园，应剪得轻一些，以免过多地骤减叶面积影响生长；生长势较强，生产枝粗壮，育芽能力强，分枝较稀，蓬面枝梢分布合理，气候较冷的地区可剪轻一些，只稍作树冠平整即可，如生产枝细弱，有较多的对夹叶发生，分枝过密，修剪程度应重些；一些冬季或早春受冻的茶树，通过这一措施将受冻叶层、枯枝等剪去即可。所以轻修剪措施的应用要因地制宜、因树制宜。

配合以其他农业生产措施的应用，轻修剪可以增产提质。因此，较多的生产单位每年都会进行轻修剪，如利用机器进行采摘，则是每季都要对机采后树冠及边缘采摘不净的部分突出枝进行轻修剪，使下次机采时原料老嫩一致。是否需要经常性地进行轻修剪，这在不同地方、不同的生产单位、不同的生产方式会产生不同的结果。从各地试验结果分析，若采摘强度大、留叶少、分枝不密，轻修剪采用次数会少；生长势旺盛、采摘不及时、留叶较多、分枝较密、树冠高低不整茶树宜进行经常性的轻修剪。

茶树品种、树龄、树势、肥培管理、采摘都会影响修剪的效果，在不同条件下，修剪技术的掌握应有一定的差异。一般来说，每年进行一次轻修剪较为合适，否则树冠迅速升高，树冠面参差不齐，影响管理和采摘。轻修剪时必须考虑树冠面保持一定的形状，一般应用最多、效果较好的是水平型、弧型两种。纬度高、发芽密度大的灌木型茶树，以弧型修剪面为好；生长在低纬度地区的乔木型、小乔木型茶树，发芽密度稀，生长强度大，以修剪成水平采面较为合适。

2. 深修剪 深修剪（又称回剪）是一种比轻修剪程度较重的修剪措施。当树冠经过多次的轻修剪和采摘以后，树冠面上的分枝愈分愈细，在其上生长的枝梢细弱而又密集，形成鸡爪枝（又名结节枝），枯枝率上升。这些枝条本身细小，由此处萌发出的芽叶瘦小，对夹叶量增加，育芽能力衰退，新梢生长势减弱，产量、品质显著下降。这种情况，需用深修剪的方法，除去鸡爪枝，使之重新形成新的具旺盛生产力的枝叶层，恢复提高产量和品质。

深修剪的深度依鸡爪枝的深度而定（图 6-10），一般为 10～15 cm。深修剪后重新形成的生产枝层较之未剪前的粗壮、均匀，育芽势增强，但仍需在此基础上进行轻修剪，隔几年后再次进行深修剪，修剪程度一次比一次重。深修剪大体上可每隔 5 年左右时间或更短的时间进行一次，具体应视各地茶园状况，生产要求来掌握。深修剪虽然能起恢复树势的作用，但由于剪位深，对茶树刺激重，因而对当年产量略有影响，剪后当季没有茶叶收获，下季茶产量也较低。在茶园处于正常管理条件下，

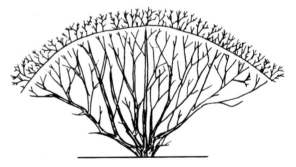

图 6-10　茶树深修剪

气候无剧烈变动，而茶叶产量又连续下降，树冠面处于衰老状况下才实施深修剪。

轻、深修剪的同时，常常伴随着进行清蔸亮脚（疏枝）及边缘修剪，这是针对成年茶树树冠比较郁闭、行间狭窄的情况下而采取的辅助性修剪措施。清蔸亮脚是在深剪时，用整枝剪把树冠内部和下部的病虫枝、细弱的徒长枝、枯老枝全部剪去，疏去密集的丛生枝，这样可使茶树通风透光，减少不必要的养分消耗，促进茶树健康生长。有研究表明，同样的茶园，实施清蔸亮脚的 5 年可平均增产 6.08%。边缘修剪是剪除两茶行间交叉的枝条，保持茶行间有 20 cm 左右的通道，使茶树行间通风透光，避免茶树中下部枝叶因光照不足而"饥饿"落叶，叶层变薄。

上述修剪除"清蔸亮脚"用整枝剪外，其他都采用篱剪或修剪机修剪，要求修剪器具锋利，剪口平滑，避免枝梢撕裂，否则会引起病虫侵袭和雨水浸入，枝梢枯死，影响发芽。

四、茶树重修剪和台刈

茶树经过多年的采摘和各种轻、深修剪，上部枝条的育芽能力逐步降低，即使加强肥培管理和轻、深修剪也不能使树势得到较好的恢复，表现为发芽力不强，芽叶瘦小，对夹叶比例显著增多，开花结实量大，产量和芽叶质量明显下降，根颈处不断有新枝（俗称地蕻枝、徒长枝）发生。这类茶树，按衰老程度的不同，可采用重修剪或台刈改造茶树，更新树冠结构，重组新一轮茶树树冠。

1. 重修剪　重修剪对象是未老先衰的茶树和一些树冠虽然衰老，但主枝和一、二级分枝粗壮、健康，具较强的分枝能力，树冠上有一定绿叶层，管理水平尚高的茶树，采取深修剪已不能恢复树冠面生长势。一些因常年缺少管理，生长势尚强，但树体太高，不采取较重程度的修剪办法已不能压低树冠，严重影响日后生产管理的茶树也都采用这一修剪方法。

重修剪程度要掌握恰当，过重过深，树冠恢复较慢，恢复生产期推迟；修剪程度过轻则达不到改造目的，甚至改造后不久较快衰老，失去改造意义。因此，要求根据树势确定修剪深度。常用的深度是剪去树高的 1/2 或略多一些，长年失管的茶树，因茶树高度过高，不利于管理，重修剪掌握留下离地面高度 30～45 cm 的主要骨干枝部分（图 6-11），以上部分剪去。重修剪前，应对茶树进行全面调查分析，确定大多数茶园的留养高度标准，同时剪后加强肥培管理，对于个别枝条的衰老，可以用抽刈的方法，避免因修剪不恰当带来不理想的效果。

2. 台刈　台刈是彻底改造树冠的方法。由于台刈后新抽生的枝梢都是从根颈部萌发而

成的，其生理年龄幼，所以抽出的枝条比前几种修剪获得的枝梢更具生命力，掌握恰当，并加强肥培管理，能使茶树迅速恢复生产，达到增产提质的目的。台刈后会影响初期一二年的产量，树势不是十分衰老，可不采用。一些生产单位，主要生产名优茶，为获质优、芽壮的原料经常性地进行台刈或重修剪，大量的茎干与枝叶不能利用，会缩短茶树整个生命过程，对资源的利用也是不经济的。

台刈的茶树必须是树势衰老，采用重修剪方法已不能恢复树势，即使增强肥培管理产量仍然不高，茶树内部都是粗老枝干，枯枝率高，起骨架作用的茎干上地衣苔藓多，芽叶稀少，枝干灰褐色，不台刈不足以改变树势的茶树。

台刈后高度是关系到今后树势恢复和产量高低的重要因素。一般采取离地面 5～10 cm 处剪去全部地上部分枝干（图6-12）。实践证明，台刈留桩过高，会影响树势恢复。江西省修水茶叶试验站研究了台刈高度对茶叶产量的影响，结果如表6-18所示。研究表明，台刈程度重，台刈当年产量受影响，但以后几年恢复快，台刈程度轻，剪后恢复效果差。不同类型的茶树台刈高度掌握有所不同，小乔木型和乔木型的茶树台刈留桩宜适当高些，可在离地 20 cm 左右处下剪，过低往往不易抽发新枝，甚至会逐渐枯死。灌木型茶树，台刈高度可稍低些。

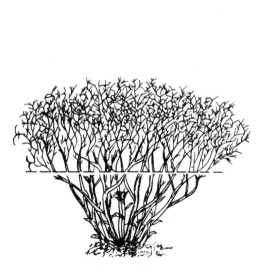

图6-11　茶树重修剪

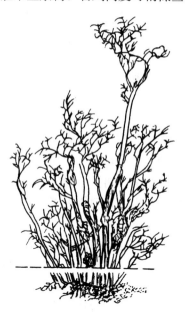

图6-12　茶树台刈

表6-18　茶树台刈高度对产量的影响

（黄积安等，1958）

单位：kg/hm²

台刈高度/cm	台刈后当年产量	台刈后第二年产量	台刈后第三年产量
0（平地面剪）	1 285.5	1 666.5	5 524.5
10	1 350.0	2 050.5	5 841.0
17	1 278.0	1 935.0	5 152.5
34	1 752.0	1 753.5	5 167.5

我国部分南方茶区，由于气温高，茶树终年都生长，无明显的休眠期，茶树根部积累的糖类少，较重程度的修剪后不利于恢复。有试验认为，这些茶园的更新可考虑留少数健壮枝条，以这部分留下的枝条继续营光合作用，积累养分，供台刈后枝梢抽生时营养的需要，待剪口抽出的新枝生长健壮后，再将这部分枝条剪去。云南省也有提出采用环剥的方法，对长年生长、无明显休眠期的茶园改造有好的效果。具体做法是：在离地20 cm处用利刀环剥树皮圆周的2/3，保留1/3，环宽约2 cm，使营养物质在切口处积聚，促使环剥处新芽的抽生。1个月后，切口以下不定芽陆续萌发，2～3个月后，新梢长到60～80 cm时，剪去环剥以上部分的老枝条，以新发枝条为基础，重新形成树冠。这种方法在大面积改造中难推广应用。

台刈要求切口平滑、倾斜、不撕裂茎干，必须选用锋利的弯刀斜劈或手锯锯割，也可选用圆盘式割灌机切割。尽量避免树桩被撕裂，以防止切口感染病虫，而且破裂部分会有较多雨水滞留，影响潜伏芽的萌发。

第三节　茶树树冠综合维护技术

修剪是培养茶树树冠的主要技术措施，但要使修剪获预期的目标，仅做好修剪工作是不够的，必须在修剪前后合理地运用综合维护技术，采用相应的配套生产措施，才能培养成高效优质的茶树树冠。如果其他管理措施，特别是肥培管理跟不上去，采摘不合理，防治病虫害不力，就可能导致树冠培养不理想，更新复壮的效果不佳。

一、茶树修剪后的肥培管理

前已述及，茶树修剪后伤口的愈合和新梢的抽发，有赖于树体内贮存的营养物质，特别是根部养分的贮藏量。为使根系不断供应地上部再生生长，就需足够的肥水供应，土壤营养状况是决定衰老茶树更新后能否迅速恢复树势，达到高产的重要影响因素。在缺肥少管的情况下修剪，只能消耗树体更多的养分，加速树势衰败，达不到更新复壮的目的。

程度较重的重修剪和台刈措施，应在茶树剪后，马上进行土壤的耕作与施肥，改良土壤，并施入有机肥和磷、钾肥。此时，茶树的地上部分已被剪除，原来封闭状、不易作业的茶行间现难得的空旷时期，长期不进行茶园土壤耕作或少耕作的茶园应抓住这一时期进行茶园地下部的改良，投入平时少投或难投的大体积有机肥。根据程度较重的修剪后需要重新培育树冠的要求，加大改造园中磷、钾肥施用比例，促使茎干生长健壮，待修剪后的新梢萌发时，及时追施催芽肥，以促使新梢尽快转入旺盛生长。

轻、深修剪的茶树，树冠面还保留较多的枝叶，不能像重修剪和台刈那样进行深翻后施肥，但可在行间进行边缘修剪后，开施肥沟，施入一些速效氮肥和体积小的有机肥，此项工作可在修剪前后进行。

定型修剪的茶树，则按茶树生长规律，一年多次进行养分的补充，可以是一次基肥两三次追肥，也可多次追肥。追肥时间安排在茶树根系快速生长到来之际，或当地气候条件相对温和，不会因开沟施肥对茶树根系的损伤而使树体受大的伤害，避开少雨、夏季连续高温干旱时期。

施肥量的确定应因地制宜，根据土壤养分、茶树树势确定，修剪程度越重施肥量应越多。一般要求台刈茶树每公顷施有机肥22 500 kg，或饼肥1 500 kg以上，并根据土壤情况每公顷适当配施氮素 75～150 kg、磷素 100～225 kg、钾素 150 kg 左右，这些基肥在年末秋冬深耕时施下；追肥应在生长期间分次施用，每公顷年用氮量不少于 150 kg。修剪程度重，适当增加磷、钾肥比例，以促使茎干生长健壮，氮、磷、钾的配合使用以 3：2：2 为好。重修剪茶树用肥量可少于台刈茶树，深修剪少于重修剪。此外，应充分使修剪枝叶还园，这对改良茶园土壤、增加土壤有机质有着十分重要的作用。重修剪和台刈茶园的茶行间空旷面积大，可在茶行间间作些豆科作物和高光效牧草，以此增加产业链的循环环节，如牧草养殖食草动物，食草动物的有机粪肥改良土壤，或再通过沼气池的循环，最后进入茶园，达到以无机促有机，以有机改良土壤的目的。

二、茶树冠面叶片的留养与采摘

修剪后的另一项重要管理措施，是合理地进行采与留养。生产上常有两种不合理的采留方式，一是只顾眼前利益，不考虑茶树长势和树冠基础的培育，急于求成，实行不适当的早采、强采；另一是少采、不剪，或以采代剪，结果没能使修剪和改造后的茶树树冠培养成宽广、高度适中、分枝结构合理、优质高产树冠。

在树冠养成的一段时间里，如修剪程度重，应坚持少采多留，如春茶后进行台刈、重修剪的茶树，夏季留养，在秋茶后期进行适度打顶养蓬；第二年春前定型修剪，春末打顶采，之后视茶树长势决定采摘强度，长势差的只能适度打顶或蓄养，长势强的可执行留 1～2 片新叶采。重修剪、台刈茶树，剪后长势较旺，新展枝叶生长量大，叶大、芽壮、节间长，如为追求眼前利益，进行不合理早采或强采，不能达到应有的更新效果，必须像幼年茶树一样，以养为主，适当地在茶季末期打顶，经 2～3 年的定型修剪、打顶和留叶采摘后，才正式投产。深修剪后的成年茶树，剪后初期，光合同化面积小，为尽快恢复树势，第一个茶季不采茶，第二个茶季可行打顶采，开始多留少采，经留养 1～2 个茶季后，视树势逐步转入正常采摘。幼年茶树定型修剪后，应以养为主，若年生长量大，可在茶季结束前适当打顶轻采。

进行不同程度的更新改造措施后，新抽生的茶树芽叶生长势强，采养不当，不能培育好树冠。只有合理的留养才能达到持续高产、高效的改造目的。

三、修剪茶树的保护

不同程度修剪后，茶树抽生的芽叶生长势强、生长量大、嫩度好，易受各种自然灾害的危害。此时，要尽可能避免或减轻各种灾害性因子对茶树的干扰、损伤或破坏，确保茶树的正常生育。对于灾害性天气的影响，不同时期和不同茶区的茶树保护工作的重点会有所不同，如江北茶区和江南的高山茶区应特别做好寒、冻害的防御，江南茶区春季和夏初要注意做好山地茶园的水土保持工作，夏季防高温、干旱的伤害，秋季防旱、热害。

病虫害的防治对全国各茶区均很重要，是一个经常性工作。修剪后的茶树，枝叶繁茂，芽梢持嫩性强，为病虫滋生提供了鲜嫩的食料，极易发生病虫危害，所以修剪后应十分重视病虫防治，一些被剪下的病虫危害枝叶应清出茶园堆埋，清除茶丛内外枯枝落叶和杂草，除去病害寄主和害虫越冬场所。要加强周围未修剪改造茶树加强病虫害防治，以免蔓延感染改造后的茶树。原来病害较重的茶园，此时，可对茶丛根颈部周围进行石硫合剂的喷施，以确保复壮树冠枝壮叶茂。老茶树往往有病虫和低等植物寄生，一些枝干上的病虫害很不容易防除，在行修剪更新时应剪去被害严重的枝条。

茶园管理工作还有许多，除了上述施肥、留养、病虫防治等管理措施外，其他茶园农业生产措施也应积极配合运用，如铺草、灌溉、耕作等，只有将这些综合农业生产措施合理地加以运用，才能使茶园改造获最佳效果。

复习思考题

1. 茶树高产优质树冠有哪些结构要求？

2. 修剪对茶树树冠培养起哪些作用？

3. 合理修剪培养茶树树冠依据哪些原理？

4. 修剪对茶树生育及体内代谢带来哪些影响？

5. 茶树系统修剪包括哪几种修剪方式？

6. 各种不同修剪方式应分别在什么情况下应用？

7. 如何确定合适的修剪时期？

8. 茶树树冠综合维护技术主要有哪几方面内容？如何掌握？

学习指南：

本章通过对茶园气象灾害与防护、茶园的安全生产和有机茶园的生产与管理等内容的介绍，讲述了安全生产的技术管理和措施要求。通过这一章的学习，必须充分了解不同产品安全指标的差异，并能采取相应的措施对茶园安全生产提供有效的技术指导，掌握有关标准要求，为茶叶安全生产工作打好基础。

第七章

茶 园 安 全 生 产

茶园安全生产一方面是指茶树能在自然环境中很好地生长，少受不良气象环境的破坏，产出质优量高的鲜叶原料；另一方面指生产的鲜叶原料对人体健康不会带来不利的影响，这是茶叶生产单位对产品质量最基本的要求，必须严格加强这方面的管理。本章从茶园气象灾害与防护、茶园的安全生产、有机茶园的生产与管理三节阐述以上相关内容。了解茶园安全生产的背景，掌握其防御及生产技术对促进茶叶生产有着重要意义。

第一节　茶园气象灾害与防护

我国茶区分布广阔，气候复杂，茶树易受到寒冻、旱热、水湿、冰雹及强风等气象灾害，轻则影响茶树生长，重则使茶树死亡。因此，了解被害状况，分析受害原因，提出防御措施，进行灾后补救，使其对茶叶生产造成的损失降低到最低程度，是茶树栽培过程中不可忽视的重要问题。

一、茶树寒、冻害及其防护

寒害是指茶树在其生育期间遇到反常的低温而遭受的灾害，温度一般在 0 ℃以上。如春季的寒潮、秋季的寒露风等，往往使茶萌芽期推迟，生长缓慢。冻害是指低空温度或土壤温度短时期降至 0 ℃以下，使茶树遭受伤害。茶树受冻害后，往往生机受到影响，产量下降，成叶边缘变褐，叶片呈紫褐色，嫩叶出现"麻点""麻头"。用这样的鲜叶制得的成茶滋味、香气均受影响。

（一）茶园寒、冻害的类型

茶树常见的茶园寒、冻害有冰冻、风冻、雪冻及霜冻 4 种。长江以南产茶区以霜冻和雪冻为主，长江以北产茶区 4 种冻害均有发生。

1. 冰冻 持续低温阴雨、大地结冰造成冰冻，茶农称为"小雨冻"。由于茶树处于 0 ℃以下的低温，组织内出现冰核而受害。如果低温再加上大气干燥和土壤结冰，土壤中的水分移动和上升受到阻碍，则叶片由于蒸腾失水过多而出现冻害。开始时树冠上的嫩叶和新梢顶端容易发生危害，受害 1～2 d 后叶片变为赤褐色。

在晴天，发生土壤冻结时，冻土层的水形成柱状冰晶，体积膨大，将幼苗连根抬起。解冻后，茶苗倒伏地面，根部松动，细根被拉断而干枯死亡，对定植苗威胁很大甚至使其死亡，所以发生冻土的茶区不宜在秋季移植。

2. 风冻 风冻是在强大寒潮的袭击下，气温急剧下降而产生的骤冷。加上 4～5 级以上的干冷西北风，使茶树体内水分蒸发迅速，水分失去平衡，最初叶片呈青白色而干枯，继而变为黄褐色。寒风和干旱能加深冻害程度，故有"茶树不怕冻就怕风"之说。

3. 雪冻 大雪纷飞，树冠积雪压枝，如果树冠上堆雪过厚，会使茶枝断裂，尤其是雪后随即升温融化，融雪吸收了树体和土壤中的热量，若再遇低温，地表和叶面都可结成冰壳。形成覆雪—融化—结冰—解冻—再结冰的雪冻灾害。这样骤冷骤热，一冻一化（或昼化夜冻）的情况下，使树体部分细胞遭受破坏，其特点是上部树冠和向阳的茶树叶片、枝梢受害严重。积雪也有保温作用，较重冻害发生时，有积雪比无积雪的冻害程度会轻，积雪起到保护茶树免受深度冻害的作用。

4. 霜冻 在日平均气温为 0 ℃以上时期内，夜间地面或茶树植株表面的温度急剧下降到 0 ℃以下，叶面上结霜，或虽无结霜但引起茶树受害或局部死亡，称之霜冻。霜冻有"白霜"和"黑霜"之分。气温降到 0 ℃左右，近地面空气层中的水汽在物体表面凝结成一种白色小冰晶，称为"白霜"；有时由于空气中水汽不足，未能形成"白霜"，这样的低温所造成的无"白霜"冷冻现象称作"暗霜"或"黑霜"，这种无形的"黑霜"会破坏茶树组织，其危害往往比"白霜"重。所以说，有霜冻不一定见到霜。

根据霜冻出现的时期，可分为初霜与晚霜，一般晚霜危害比初霜严重。通常在长江中下游茶区一带，晚霜多出现在 3 月中下旬，这时，茶芽开始萌发，外界气温骤然降至低于茶芽生育阶段所需的最低限度，造成嫩芽细胞因冰核的挤压，生机停滞，有时还招致局部细胞萎缩，新芽褐变死亡。轻者也产生所谓"麻点"现象，芽叶焦灼，造成少数腋芽或顶芽在短期内停止萌发，春茶芽瘦而稀。

（二）寒、冻害的症状

茶树不同器官的抗寒能力是不同的，就叶、茎、根各器官而言，其抗寒能力是依次递增的。受冻过程往往表现为顶部枝叶（生理活动活跃的部位）首先受害，幼叶受冻是自叶尖、叶缘开始蔓延至中部。成叶失去光泽、卷缩、焦枯，一碰就掉、一捻就碎，雨天吸水，叶片由卷缩变得伸展，吸水成肿胀状。进而发展到茎部，枝梢干枯，幼苗主干基部树皮开裂。只有在极度严寒的情况下，根部才会受害枯死。

华南农业大学李远志、赖红华报道（1987），冻害对茶树叶片细胞亚显微结构造成一定影响。当温度降低到 −3 ℃时，云南大叶种叶细胞中，叶绿体受到了轻微的损害，形状由长椭圆形变成近圆形，结构也变得较紧密；当温度降到 −6 ℃时，叶绿体的片层结构受损，细胞液中的氢离子透入叶绿体，置换了叶绿素分子中的镁离子而形成了脱镁叶绿素，叶色由绿色转变成褐色。另外，叶肉细胞的膜透性随温度降低而增大，当温度降低到 -6 ℃时，细胞核的染色质和其他物质明显地凝集在一起，形成空泡。

(三) 寒、冻害等级划分及影响因素

1. 寒、冻害程度 寒、冻害程度按其症状的轻重可分为 5 级（表 7-1）。

(1) 一级。树冠枝梢或叶片尖端、边缘受冻后变为黄褐色或紫红色，略有损伤，受害植株占 5% 以下。

(2) 二级。树冠枝梢大部分遭受冻伤，成叶受冻失去光泽变为赭色，顶芽和上部腋芽转暗褐色，受害植株占 5%～25%。

(3) 三级。秋梢受冻变色，出现干枯现象，部分叶片呈水渍状、枯绿无光，晴雨交加，落叶凋零，枝梢逐渐向下枯死，受害植株占 26%～50%。

(4) 四级。茎干基部自下而上出现纵裂，随后裂缝加深，伸长形成裂口，使皮层、韧皮部因失水而收缩与木质部分离，之后裂口发黑霉烂。当年新梢全部受冻，枝梢失水而干枯，受害植株占 51%～75%。

(5) 五级。骨干枝及树皮冻裂受伤，树液流出，叶片全部枯萎、凋落，植株枯死，根系变黑，茎干裂皮腐烂，被害植株达 76% 以上。

表 7-1　茶树受冻害和旱害的分级标准

害性分级	受害程度	代表数值
一级	受害叶片在 5% 以内	1
二级	受害叶片在 5%～25%	2
三级	受害叶片在 26%～50%	3
四级	受害叶片在 51%～75%	4
五级	受害叶片在 76%～100%	5

2. 影响寒、冻害发生的主要因素 品种、树龄、种植密度和管理水平，以及地势、地形、坡向、海拔高度和气象条件等综合影响受冻程度。

(1) 不同茶树品种其抗寒能力不同。萌芽期早的茶树品种往往易受冻。日本对来自 12 个国家的茶树材料进行抗冻性研究的结果表明，中国、日本、朝鲜的茶树品种抗冻性强，而印度、斯里兰卡、缅甸等国的茶树品种抗冻性弱。我国研究者认为，我国北部茶区的茶树品种，叶小，叶色深，叶肉厚，保护组织发达，抗冻能力较强，不易受冻；而南部茶区的茶树品种叶大，叶色浅，叶肉薄，保护组织不发达，易受低温危害。如云南大叶种通常出现 -5 ℃低温时，即会受冻，中小种茶树的抗寒能力较强，在低温持续时间不长的情况下，能耐 -15 ℃左右的低温。对山东省茶树抗寒变异特性的研究表明，山东茶园经过 30 余年的抗寒锻炼，茶树的叶片结构具有明显特点，抗寒性强的比抗寒性弱的叶片内部各结构有明显增厚现象，栅栏组织厚度、海绵组织厚度增厚率均在 30% 以上，海绵组织密度大的抗寒性为密度小的 2 倍，其抗性变异十分显著，从而更加适应当地的气候条件。

(2) 不同树龄茶树受寒、冻害程度的轻重有差异。一般随树龄的增加，抗寒能力也逐步增强，衰老茶树抗寒能力又下降。

（3）寒、冻害与种植密度和管理水平有关。通常种植密度大的比种植密度小的受冻轻，管理水平高的茶园较管理水平低的茶园受冻轻。

（4）寒、冻害与地理条件有关。当寒流侵袭伴随大风时，茶树易受冻，而且迎风面（北坡）茶树受冻最重；地势低洼、地形闭塞的小盆地、洼地，冷空气容易沉积，茶树受冻最重；山坡地中部，空气流动通畅，茶树受冻轻；山顶上由于直接受寒风吹袭，茶树受冻较重。茶园坡地的坡向不同，茶树受冻情况也不一样。我国处于北半球，北坡接受太阳辐射少，又直接受西北风影响，一般来讲，冬季北坡茶园较南坡茶园受冻重；早春太阳直射东坡与东南坡，气温逐渐升高，使茶树生理活动加强，新芽萌动，茶芽易遭"倒春寒"的低温袭击，所以春季东坡和东南坡茶园一般较西坡和西南坡茶园受冻重。因此在选择园地时，应尽量避免上述不利地形。土壤干燥疏松的茶园，白天升温快，夜间冷却也快，比土壤潮湿的茶园受冻重。施肥管理水平高的茶园，茶树生长健壮，抗逆性强，不易受冻。

（5）寒、冻害与纬度、海拔有关。随纬度或海拔的增高，茶树越冬期的绝对低温、负积温总值、低温持续时间逐步增加，因此在高纬度、高海拔立地条件下的茶树容易受冻。

（6）气象条件对茶树寒、冻害的影响。茶树寒、冻害的发生与气象条件关系十分密切。持续低温时间长，茶树易受害，受冻程度加剧。进入越冬期，温度急剧下降，缺乏抗寒锻炼，青枝嫩叶易受冻害。早春气温回升，茶芽相继萌发，易遭受晚霜危害。大气和土壤干旱加重寒、冻害的发生。

（四）寒、冻害发生的生理影响和冰核活性细菌的作用机制

茶树遭受寒、冻害时，其生理代谢受到了影响，而冰核活性细菌会加重寒、冻害的形成。

1. 茶树遭受冻害可产生水分胁迫、机械胁迫和渗透胁迫 造成茶树冻害的气象条件是冬季的低温、干旱和大风。这三者往往又是相伴发生，低温是产生冻害的主要原因，干旱和大风可加深冻害的发生程度。茶树遭受冻害可同时产生水分胁迫、机械胁迫和渗透胁迫。

机械胁迫的机理可以归因于细胞结冰。当温度降至0℃以下时，茶叶汁液开始结冰。温度继续下降则引起细胞间隙自由水结冰，吸取原生质体中的水分，导致原生质缓慢失水变性；同时冰晶体积增大，对细胞产生挤压性机械损伤；由于原生质与细胞壁等细胞各部对水分变化的影响不一致，因而，温度骤升骤降时，细胞内产生质壁撕扯和分离，对细胞产生损伤；异常寒冷可导致细胞内结冰，直接损伤细胞。在可以忍耐的低温条件下，植物可以诱导产生活性氧胁迫蛋白，作为一种适应性调节；随着冻害的出现，典型的活性氧胁迫蛋白超氧化物歧化酶的活性降低，膜脂的过氧化作用和脱脂化作用加速生物膜的透性增加，生理物质外渗，膜脂过氧化作用产生过氧化产物（主要包括环氧化物、氢过氧化物、乙二醇、丙二醛等），破坏植株各个部分的防御系统，导致水分胁迫和渗透胁迫下对细胞膜的损害。植物遭受冻害也能引发谷氨酰胺、天冬酰胺、脯氨酸、精氨酸、瓜氨酸、鸟氨酸、缬氨酸和多胺等含氮化合物的积累和矿质营养元素的吸收，并产生相应的影响。

2. 冰核活性细菌加重霜冻害的形成 1978年，美国Lindow等最先提出了霜冻害形成的生物学机制，他们在研究玉米叶面细菌群落时分离到2种细菌，并发现它们的存在有助于冰核的形成，这一植物冻害形成的新学说，引起了广泛的重视（Lindow，1983）。日本静冈县茶业试验场通过茶树芽叶细菌种群的分离结果，从初霜期到晚霜期均已检出能促进冰核形

成的细菌，先后分离出 9 个细菌群，这些叶面细菌种群的存在可使冰核形成的温度明显提高，在－1～2 ℃时即可形成，这就大大加重了霜冻的危害性。不同细菌种类在促进冰核形成的作用上差异很大，但以其中草生欧文菌（*Erwinia herbicola*）和萨氏假单胞菌（Pseudomonas syringae）2 种细菌的作用最为明显（牧野孝宏，1983）。

（五）茶树寒、冻害的防护

经常性的寒、冻害对茶叶的产量、品质有很大的影响，因此，对新建茶园而言，应充分考虑这一因素对茶叶生产的影响。已建茶园则在原来的基础上改善环境、运用合理的防护技术，降低茶树受寒、冻害影响所造成的损失。

1. 新建茶园寒、冻害的防护 茶园建设之初，充分考虑寒、冻害带来的影响，可有效降低灾害发生带来的影响。

（1）地形选择。寒、冻害发生严重的地方，茶园选地时要充分考虑到有利于茶树越冬。园地应设置在朝南、背风、向阳的山坡上，最好是孤山，或附近东、西、南三面无山，否则易出现"回头风"和"串沟风"，对茶树越冬不利。山顶风大土干，山脚夜冷霜大。正如俗语所说"雪打山梁霜打洼"，故茶树多种在山腰上。山地茶园最好就坡而建，因为坡地温度一般比平地高 2 ℃左右，而谷地温度比平地要低 2 ℃左右，谷地茶园两旁尽量保留原有林木植被。在易受冻害的地带，最好布置成宽幅带状茶园，使茶园与原有林带或人工防风林带相间而植，林带方向应垂直于冬季寒风方向，以减少寒风的危害。

（2）选用抗寒良种。这是解决茶树受冻的根本途径。我国南部茶区栽培的大叶种茶树抗寒力较弱，而北部茶区栽培的中小叶种茶树抗寒力较强，即使同是中小叶种，品种间抗寒能力也不尽一致。一般来说，高寒地区引种应选择从纬度较北或海拔较高的地方引入，使引入的种子与茶树品种与当地气候条件差异小，不致引起冬季严重寒、冻害的发生。或自繁自用，以利用它们已经具备的、能适应当地气候条件的抗寒能力。

（3）深垦施肥。种植前深垦并施基肥，能提高土壤肥力，改良土壤，提高地温，培育健壮树势。

（4）营造防护林带。建立生态茶园 在开辟新茶园时，有意识地保留原有部分林木，绿化道路，营造防护林带，以便阻挡寒流袭击并扩大背风面，改善茶园小气候，这是永久性的保护措施。一般依防护林带的有效防风范围为林木高度的 15～20 倍来建设。

2. 现有茶园寒、冻害的防御措施 合理运用各项茶园培育管理技术，促进茶树健壮成长，可以提高茶树抗寒能力。寒、冻害发生时，通过各种防冻措施的运用，对降低和控制寒、冻害的影响程度有着一定的作用。

（1）茶园寒、冻害防护培管措施。对茶园寒、冻害防护的生产措施可考虑以下几方面工作。

① 深耕培土。合理深耕，排除湿害，可促进细根向土壤下层伸展，以增强抗寒力。培土可以保温，也有利减少土壤蒸发，保存根部的土壤水分，因而有防冻作用。在深耕的同时，将茶树四周的泥土向茶树根颈培高 5～10 cm。福建、四川不少茶区素有"客土培园""壅土培蔸"经验，它兼有改土作用，对土层较薄的茶园效果更佳。

② 冬季覆盖。覆盖有防风、保温和遮光三种效果。防风的目的在于能控制落叶，抑制蒸发。保温的作用在于防止土壤冻结，减轻低温对光合作用的阻碍，同时能抑制蒸发。这种

效果在冬季寒、冻害发生时格外显著。在往常年冻害来临之前，用稻草或野草覆盖茶丛，有预防寒风之效，但要防止覆盖过厚，开春后要及时掀除。茶园铺草或蓬面盖草的防冻效果是极其显著的，此法在我国各茶区应用较为普遍。铺草能提高地温 $1 \sim 2\ ℃$，减轻冻害，降低冻土深度、保护茶树根系不至于因冻害而枯萎死亡；蓬面盖草可防止叶片受冻以及干寒风侵袭所造成的过度蒸腾。盖草一般在小雪前后进行，材料可选杂草、稻草、麦秆、松枝或塑料薄膜，以盖而不严、稀疏见叶为宜，使茶树既能正常进行呼吸作用，又能使呼吸放出的热量有所积聚，还能提高冠面温度。江北茶区在翌年 3 月上旬撤除覆盖物，南部地区可适当提前。据观测，蓬面盖草可使夜间最低温提高 $0.3 \sim 2.0\ ℃$。

③ 茶园施肥。茶园施肥应做到"早施重施基肥，前促后控分次追肥"。基肥应以有机肥为主，适当配用磷、钾肥，做到早施、重施、深施；高纬度、高海拔地区，深秋初冬气温下降快，茶树地上部和地下部生长停止期比一般茶区早，如推迟基肥施用时期，断伤根系在当年难以恢复生长，这就会加重茶树冻害，处暑至白露施基肥较好。"前促后控"的追肥方法是指春、夏茶前追肥可在茶芽萌动时施，促进茶树生长；秋季追肥应控制在立秋前后结束，不能过迟，否则秋梢生长期长，起不到后控作用，对茶树越冬不利。

④ 茶园灌溉。灌足越冬水，辅之行间铺草，是有效的抗冬旱防冻技术。在晚间或霜冻发生前的夜间进行灌溉，其防霜作用可连续保持 $2 \sim 3$ 夜，热效平均可提高 $2 \sim 3\ ℃$。灌溉效应表现在以下几个方面：灌溉水温比土温高，从而提高土温；水汽凝结，放出大量汽化潜热，阻止地表温度下降；土壤导热率增加，有利下层热量向上层传导，补充地表温度的散失。

⑤ 修剪和采摘。在高山或严寒茶园的树型以培养低矮茶蓬为宜，采用低位修剪，并适当控制修剪程度，增厚树冠绿叶层，这样可减轻寒风的袭击。冬季和早春有严重冻害发生的地区，可将修剪措施移至春季气温稳定回暖时，或春茶后进行，一般茶区，修剪时间应于茶树接近休眠期的初霜前进行。过早，剪后若再遇气温回暖，引起新芽萌动，随后骤寒受冻；过迟，受低温影响，修剪后对剪口愈合、新芽孕育不利。茶叶采摘，做到"合理采摘，适时封园"，可以减轻茶树冻害。合理采摘应着重考虑留叶时期，以及适当缩小秋茶比重和提早封园。如果秋茶采摘过迟，消耗养分量多，树体易受冻害。幼年茶树采摘要注意最后一次打顶轻采的时期，使之采后至越冬前不再抽发新芽为宜。

(2) 防寒、防冻的其他方法。各地都有许多不同的寒、冻害防护经验，因地制宜地利用物理方法，采取不同的措施，有的也在探讨利用外源药物的方法对寒、冻害发生加以防护。

① 物理方法。茶园寒、冻害发生时采用的物理方法主要有以下几种：

a. 熏烟法。霜冻发生期能够借助烟幕防止土壤和茶树表面失去大量热量，起着"温室效应"的作用。因为霜是夜间辐射冷却时形成于物体或植物表面的水汽凝结现象，烟的遮蔽可使地面夜间辐射减少；水汽凝结于吸湿性烟粒上时能释放潜热，可提高近地面空气温度，不致发生霜冻。此法适用于山坞、洼地茶园防御晚霜。熏烟法是当寒潮将要来临时，根据风向、地势、面积设堆，气温降至 2 ℃ 左右时处点燃干草、谷糠等使形成烟雾，既可防止热量扩散，又可使茶园升温。

b. 屏障法。平流霜冻的生成原因是冷空气的流入。屏障法是防止平流霜冻的主要措施。防风林、防风墙、风障等可减低空气的平流运动、提高气温、减少土壤水分蒸发，也提高了土温。

c. 喷水法。在有霜的夜间，当茶树表面达到冰点时进行喷水，由于释放潜热（0 ℃时，每克水变成冰能释放 334.94 J 热量）。可使气温降低缓慢，只要连续不断地喷水直到黎明气温升高时为止，就可防止茶树叶片温度下降到冰点以下。同时，在植株上形成的冰片和冰核在短时间内就会融化。如遇晚霜危害，喷水还可洗去茶树上的浓霜。喷水强度每 1 000 m² 面积上每小时喷水 4 m³。当降霜之夜，喷水茶园的叶温和蓬面温度大体保持在 0 ℃，而不喷水茶园的温度降低到−8 ℃左右。

采用喷水结冰法，一旦喷水开始，必须要连续喷水到日出以前，若中途停止，由于茶芽中水温下降到 0 ℃以下，则比不喷水时更易受危害。

d. 防霜风扇法。据日本报道，在发现移动性高压时，近地面的低空发生强烈的气温逆转现象，离地 6～10 m 处的气温比茶树叶温一般要高 5～10 ℃，因此在离地 6.0～6.5 m 处安装送风机，将逆流层上的暖空气吹至茶树采摘面，提高茶树周际温度，达到防霜和促进芽梢生育的目的。每公顷茶园安装风扇 30～40 台，坡地茶园风扇的头部由山侧向山谷倾斜，平地及缓坡地茶园风扇头部向日出前的气流方向倾斜，俯角 45°，事先设置好，当蓬面温度下降至 3 ℃时，风扇就会自动开启（图 7 - 1）。

图 7 - 1　日本装有风扇的茶园

（孙威江，2007）

② 药物防护。生产实际中，茶园寒、冻害发生时较少运用外源药物的方法进行防护，一些研究性试验提出有以下几种防护途径。

a. 喷施化学药剂。一些试验研究表明，采用化学药剂保温，减少蒸腾，或促进新梢老熟，提高木质化程度，以增强茶树抗寒能力。秋末用 200 mg/L 的 2，4 - D 和在 10 月下旬用 800 mg/L 左右的乙烯利喷射；越冬期在茶树叶面和土表喷抑蒸保温剂；有试验用 MDBA（2 - 甲氧基 - 3，6 - 三氯苯甲酸）200 mg/L、MCP（2 - 甲基 - 4 - 氯苯氧乙酸）400 mg/L、MCPP（2 - 甲 - 4 - 氯苯氧丙酸）1 000 mg/L 喷布茶树，可使茶芽在−4 ℃时不受冻害。日本用喷洒蒸腾抑制剂（OED）10～30 倍液，蒸腾抑制剂在叶片表面布上一层膜，使叶内水分不致损失，从而可以防止茶树青枯；喷施磷酸缓冲液（采用 1/30～1/15 mol/L 的 KH_2PO_4 和 $NaHPO_4$ 的 2∶1 混合液，pH 6.4）对茶树、果树的防冻有良好作用。

　　b. 喷石蜡水乳化液。据尾端次郎报道，在新芽展叶前，利用蜡的水乳化液喷雾或洒布在茶树上，以延缓芽的保护包被物——鳞片的脱落时期，这是一种有特色的茶嫩叶的霜害防止方法。日本静冈县天龙市 1979 年 4 月 11 日的试验，用动力喷雾机对茶树地上部进行全面喷雾。使用的水乳化液：石蜡 50 kg、微晶蜡 100 kg、对羟基丙安息香酸 5 kg 一并加热熔融，加吗啉油酸盐 50 kg，充分搅拌混合，熔融物的温度保持在 85～95 ℃，把这混合物一边加入 90～95 ℃ 的热水 830 L 中，一边搅拌，所得到的水乳化液再用水稀释 10 倍使用。水乳化液的使用量：每公顷用 2 000～4 000 L。处理后，1979 年 4 月 17 日遇上霜冻，该地区的茶园全面发生大霜害，无处理的茶树受害程度达 80%～100%，而经上述处理的茶树，因芽上的鳞片尚未脱落，全部未受害。

　　c. 使用抗生素杀灭冰核细菌。采用抗生素杀灭冰核细菌和用颉颃微生物抑制冰核细菌达防冻的效果。据日本牧野孝宏（1983，1985）报道，0.4% 次甲基蓝、4 000 mg/kg 中性次氯酸钙、1 mol/L 过氧化氢水和 1 mol/L 硫酸铜液等处理后可使细菌形成冰核的温度降低，尤其是次氯酸钙的效应更为明显，250～4 000 mg/kg 均表现有效，其 2 000 mg/kg 和 4 000 mg/kg 液处理叶片后可使冰核形成温度由对照的 −2.6～−2.9 ℃ 分别下降至 −9.8～17.4 ℃ 和 −10.0～−21.5 ℃（表 7-2）。次甲基蓝、番茄红素和吐温 80 也有一定效果。

表 7-2　化学药物对 *E. herbicola* 细菌冰核形成活性的影响

（牧野孝宏，1993）

单位：℃

处理	冰核形成温度*	
	平均	最高
对照**	−2.8±0.13	−2.2
0.4% 次甲基蓝	−4.4±0.06	−3.9
0.4% 番茄红素	−6.5±0.19	−6.1
0.1% 吐温	−6.0±0.38	−5.0
对照	−2.8±0.02	−2.8
5.7 g/L 次氯酸钙***	−17.8±0.72	−16.1
1 mol/L 过氧化氢	−2.9±0.00	−2.8
1 mol/L 硫酸铜	−5.2±0.00	−5.2

*冰核形成温度用毛细管法测定；**样品的细菌浓度约 10^8 个/mL；***氯含量约为 4 000 mg/kg。

　　这方面的试验研究有用杀细菌剂（如链霉素）喷施叶面，以抑制冰核细菌的增殖；用同种高分子化合物保护茶树叶面，同时也有抑制细菌活性的作用；喷施对冰核细菌有颉颃作用的抗生素液，抑制冰核细菌的群体数量，等等。值得提出的是，这些研究工作开展，应充分注意茶产品的安全性。

（六）冻害后的补救措施

　　茶树一旦遭受冻害，必须采取相应的救护和复壮措施，使冻害的经济损失降低到最低限度，并及时恢复茶树生机。

1. 及时修剪 茶树受冻后，部分枝叶失去生活力，必须进行修剪，使之重发新枝，培养骨架和采摘面。按茶树受害程度分别对待，原则上将受冻部分剪去即可，为使切口处腋芽（或潜伏芽）能较好地萌发，修剪部位在分枝的叉口上 1～2 cm 处较好。修剪时期以早春气温稳定回升后为妥，过早修剪，易遭"倒春寒"袭击而再次受冻。

2. 浅耕施肥 解冻后，进行早春浅耕施肥，对于提高地温、培养地力起着重大作用。除追施速效性氮肥，促进茶芽萌发和新梢生育，也可施用一些矿质磷、钾肥，增强枝条生长能力，促进夏茶生产。春茶萌发期冻害发生后，在茶芽鱼叶至一叶展开时，喷施叶面肥，对恢复茶树生机和幼芽萌发及新梢生长有促进作用。可用 0.5% 的尿素喷施。

3. 培养树冠 植株受冻害后，导致枝叶焦枯脱落，叶面积显著缩小，故在采摘方法上必须加强留叶养梢、多批多次采摘法，经过轻修剪的茶树，春茶采摘时应留 1 片大叶，夏、秋茶则按常规采摘；经过重修剪或台刈的茶树，则以养为主。

二、茶树旱、热害及其防护

茶树因水分不足，生育受到抑制或死亡，称为旱害。当温度上升到茶树本身所能忍受的临界高温时，茶树不能正常生育，产量下降甚至死亡，谓之热害。热害常易被人们所忽视，认为热害就是旱害，其实二者既有联系，又有区别。旱害是由于水分亏缺而影响茶树的生理活动，热害是由于超临界高温致使植株蛋白质凝固，酶的活性丧失，造成茶树受害。

由于降水量的分布不均匀，在长江中下游茶区，每年的 7～8 月，气温较高，日照强，空气湿度小，往往发生夏旱、伏旱、秋旱和热害，严重地威胁着茶树生长。中国农业科学院茶叶研究所研究指出，当日平均气温 30 ℃以上，最高气温 35 ℃以上，相对湿度 60% 以下，当土壤水势为 -0.8 MPa 左右，土壤相对持水量 35% 以下时，茶树生育就受到抑制，如果这种条件持续 8～10 d，茶树就将受害。

（一）旱、热害的症状

茶树遭受旱、热害，树冠丛面叶片首先受害，先是越冬老叶或春梢的成叶，叶片主脉两侧的叶肉泛红，并逐渐形成界限分明但部位不一的焦斑。随着部分叶肉红变与支脉枯焦，继而逐渐由内向外围扩展，由叶尖向叶柄延伸，主脉受害，整叶枯焦，叶片内卷直至自行脱落。与此同时，枝条下部成熟较早的叶片出现焦斑、焦叶，顶芽、嫩梢亦相继受害，由于树体水分供应不上，致使茶树顶梢萎蔫，生育无力，幼芽嫩叶短小轻薄，卷缩弯曲，色枯黄，芽焦脆，幼叶易脱落，大量出现对夹叶，茶树发芽轮次减少。随着高温旱情的延续，植株受害程度不断加深、扩大，直至植株干枯死亡。

热害是旱害的一种特殊表现形式，危害时间短，一般只有几天，就能很快使植株枝叶产生不同程度的灼伤干枯。茶苗受害是自顶部向下干枯，茎脆，轻折易断，根部逐渐枯死，根表皮与木质部之间成褐色，若根部还没死，遇降雨或灌溉又会从根茎处抽发新芽。

茶树旱害，造成茶树水分亏缺，光合与呼吸等生理代谢失调，糖类合成减少，蛋白质水解消耗，使正常细胞壁结构中的类脂物发生变化；组成生物体的蛋白质变性；原生质凝聚；细胞壁的半透性丧失；体内自由基浓度提高，超过"伤害"阈值也导致膜系统破坏，茶树受害，症状显露。

鉴定茶树抗旱性的方法常用的有五级评定法、萎蔫系数测定法和叶片耐热性测定等。旱热危害程度分级标准见表 7-1。

（二）干旱胁迫对茶树的影响

茶树受干旱胁迫时，其生理代谢会发生一系列变化，如酶活性、水势、生化成分、激素水平等都会有影响。

1. 干旱胁迫对叶片中主要保护酶类的影响　抗旱性强的品种在非胁迫环境下其体内有较高的过氧化氢酶（CAT）活性，且能在干旱胁迫中使超氧化物歧化酶（SOD）、CAT 活性维持在较高水平上或提高到较高水平，而抗旱性弱的品种正好相反。研究表明，轻度干旱胁迫下，过氧化物酶的活性低；严重的水分胁迫下，过氧化物酶活性表现出相反的规律，并认为在一定的水分胁迫范围内，过氧化物酶活性可用作茶树耐旱性的鉴定指标。

2. 干旱胁迫对茶树新梢水势和其他生理代谢的影响　据研究，干旱 6~7 d 时，茶树的水势可下降 0.2~0.6 MPa，同时相对含水量下降 5%~8%。在旱季，新梢水势最低值可降至 −15~−20 bar，到翌晨又恢复到 −2~−3 bar，一天中保持接近最低值的时间达 8 h 之久。研究表明，茶树叶片的水势是随土壤水分亏缺的增大而减少，并与蒸腾损耗呈负相关，与水的利用率呈正相关。新梢水势与新梢的生长状况及新梢所处部位有关，选用茶树中部的一芽二、三叶活动新梢做水势测定，更能准确地反映茶树的干旱程度。

吴伯千等测定，叶片净光合速率随水分胁迫的持续而逐渐降低并出现负值。在胁迫前 3 d，净光合速率下降最大，以后逐渐缓慢。随水分胁迫的持续，叶片气孔导度和蒸腾速率都逐渐下降。当茶树遭受干旱影响时，茶树叶片碳氮合成代谢减弱，新梢中茶多酚、氨基酸、咖啡碱和水浸出物等品质成分减少，而且儿茶素品质指数降低，氨基酸组成也产生变化。

3. 干旱胁迫对叶片细胞代谢成分的影响　植物为了适应逆境条件，基因表达会发生一些变化，正常蛋白质合成受阻，而诱导产生一类新的适应性蛋白质，逆境蛋白（stress proteins）、热激蛋白（heat shock proteins）、水分胁迫蛋白（water stress proteins）、厌氧蛋白（anaerobic stress proteins）、活性氧胁迫蛋白（activated oxygen stress proteins）就是其中的几种。高温干旱条件下，植物为了减轻伤害，引起脱落酸（ABA）的积累，启动热激蛋白和水分胁迫蛋白以及诸如超氧化物歧化酶之类的活性氧胁迫蛋白的合成。研究发现在水分亏缺的条件下，茶树叶片中可溶性蛋白质的含量下降。表明其降解加快或合成受阻，从而加速了叶片的衰老。特别是对干旱比较敏感的品种，如龙井 43，叶片中可溶性蛋白质的含量下降了 21.7%。然而，抗旱品种，如大叶云峰，叶片中可溶性蛋白质的含量下降不多。与此同时，细胞内游离氨基酸含量却有所增高。游离氨基酸的累积对于缓和或解除逆境下细胞中氮的毒害起到一定的作用，尤其是偶极性氨基酸——脯氨酸（细胞内重要的渗透调节物），起着稳定膜结构和增加细胞渗透势的作用。另外，叶片中可溶性糖的含量在干旱条件下也呈上升趋势，可溶性糖含量的增加有助于降低细胞的渗透势，维持在水势下降时的细胞膨压，从而抵御水分亏缺的不良作用，这是一些品种具有较强抗旱能力的生化基础。

4. 干旱胁迫对茶树体内激素水平变化的影响　潘根生等研究表明，干旱胁迫引起脱落酸（ABA）迅速累积，在胁迫过程中叶片内源 ABA 含量不断上升。干旱引起 ABA 累积的生理效应主要是导致气孔关闭，增加根对水的透性，诱导脯氨酸累积，因此干旱时脯氨酸的累积可能是对 ABA 增加的一种反应。茶树的抗旱能力与其体内的激素水平变化及比例有关：在水分胁迫下，生长素含量不断增加，脱落酸含量也持续上升，但耐旱型品种叶片的脱落酸累积速率低于干旱敏感型品种；而玉米素的含量则下降，耐旱性强的品种下降幅度相对较小；脱落酸与玉米素的比值不断上升，其规律与品种耐旱性的强弱一致。

（三）旱、热害的防护

防御茶树旱、热害的根本措施在于选育抗逆性强的茶树品种，加强茶园管理，改善和控制环境条件，密切注意干旱季节旱情的发生与发展，做到旱前重防、旱期重抗。

1. 选育较强抗旱性的茶树品种 选育较强抗旱性的茶树品种是提高茶树抗旱能力的根本途径。茶树扎根深度影响无性系的抗旱性，根浅的对干旱敏感，根深的则较耐旱。另据报道，耐旱品种叶片上表皮蜡质含量高于易旱品种。在蜡质的化学性质研究中，发现了咖啡碱这一成分以耐旱品种含量为高，所以茶树叶片表面蜡质及咖啡碱含量与抗旱性之间有一定的关系。据研究，茶树叶片的解剖结构，如栅栏组织厚度与海绵组织厚度的比值、栅栏组织厚度与叶片总厚度的比值、栅栏组织的厚度、上表皮的厚度等均同茶树的抗旱性呈一定的相关性。

2. 合理密植 合理密植，能合理利用土地，协调茶树个体对土壤养分、光能的利用。双行排列的密植茶园，茶园群体结构合理，能迅速形成覆盖度较大的蓬面，从而减少土壤水分蒸发，防止雨水直接淋溶、冲击表土，有效防止水土流失。同时茶树每年以大量的枯枝落叶归还土壤表层，对土壤有机质的积累、土壤结构改良、土壤水分保持均起良好的作用，但茶园随着种植密度的增加，种植密度大的土壤含水量下降明显，表现为易遭旱害。因此，对多条密植茶园应加强土壤水分管理，更应注意旱季补水。

3. 建立灌溉系统 有条件处可以建立灌溉系统。茶园灌溉是防御旱热害最直接有效的措施，旱象一露头就应进行灌溉浇水，并务必灌足浇透，倘若只是浇湿表面，不但收不到效果，反而会引起死苗。旱情严重时，还应连续浇灌，不可中断。各地根据自身条件，可采用喷灌、自流灌溉或滴灌等灌水方法，其中以喷灌效果较好。

4. 浅锄保水 及时锄草松土，行间可用工具浅耕浅锄，茶苗周围杂草宜用手拔，做到除早、除小，可直接减少水分蒸发，保持土壤含水量。但要注意旱季晴天浅耕除草会加重旱害，宜在雨后进行。

5. 遮阴培土 铺草覆盖、插枝遮阴、根部培土，可降低热辐射，减少水分蒸腾与蒸发。培土应从茶苗 50 cm 以外的行间挖取，培厚 6～7 cm，宽 15～20 cm。据调查，对 1 年生幼龄茶园进行铺草覆盖，茶树受害率要比没有铺草的降低 23%～40%。

6. 追施粪肥 结合中耕除草，在幼年茶树旁边开 6～7 cm 深的沟浇施稀薄人、畜粪尿（粪液约含 10%），既可壮苗，增强茶苗抗旱能力，又可减轻土壤板结，促进还潮保湿作用。

7. 喷施维生素 C 印度的东北部对此进行了反复试验，用适当浓度的维生素 C 对茶树叶面喷射，可以诱导和提高茶树的抗旱性。这是因为维生素 C 能使抗坏血酸过氧化物酶的活性提高，从而使细胞和组织内游离氨基酸含量增加，并能增加原生质的黏性和弹性，使细胞内束缚水含量增加，提高胶体的水合作用。

A. C. Handique 等将抗蒸腾剂（ABA 等）在茶树上使用，通过使用抗蒸腾剂，改善了幼龄和成龄茶树的水分状况，提高了植株的水势。新型生物制剂——壳聚糖在作物上使用，不仅可以调节植物的生长发育，还可以诱导植物产生抗性物质，提高植物的抗逆性，具有广阔的发展前景。

（四）旱、热害后的补救措施

1. 修剪 旱、热害初时茶树叶片萎蔫，随着危害的深入，茶树叶片枯焦至枝条干枯，甚至整丛枯死。对于焦叶、枯枝现象发生较重的茶园，当高温干旱缓解后，伴随有数次降雨，茶树处于恢复生长过程中，之后的天气不会再带来严重旱情时，可进行修剪，剪除上部枯焦枝条。对于整丛枯死的，要挖掉并进行补缺。受旱茶树无论修剪与否，之后均应留养，以复壮树冠。

2. 加强营养 由于受到旱、热害的影响，要及时补充养分，以利茶树生长的恢复。通常是在茶树修剪后，可亩施 30～50 kg 复合肥，如此时已近 9 月下旬，可与施基肥一起进行，增加 200 kg 左右的菜饼肥。

3. 及时防治病虫害 旱、热害后，茶树叶片的抗性会降低，其伤口容易感染病害，如茶叶枯病、茶赤叶斑病等，而且高温干旱期间，茶树容易受到假眼小绿叶蝉、螨类、茶尺蠖等危害，加重旱害的程度。因此，要注意相关病虫害的发生，及时采取生物及化学防治措施。

三、茶树湿害及其防护

茶树是喜湿怕淹的作物，在排水不良或地下水位过高的茶园中，常常可以看到茶树连片生育不良，产量很低，虽经多次树冠改造及提高施肥水平，均难以改变茶园的低产面貌，甚至逐渐死亡，造成空缺，这就是茶园土壤的湿害。所以在茶园设计不周的情况下，茶园的湿害还会比旱害严重些。同时也会因为湿害，导致茶树根系分布浅，吸收根少，生活力差，到旱季，渍水一旦退去，反而加剧旱害。

（一）湿害的症状

茶树湿害的主要症状是分枝少，芽叶稀，生长缓慢以至停止生长，枝条灰白，叶色转黄，树势矮小多病，有的逐渐枯死，茶叶产量极低，吸收根少，侧根伸展不开，根层浅，有些侧根不是向下长而是向水平或向上生长。严重时，输导根外皮呈黑色，欠光滑，生有许多呈瘤状的小突出。

湿害发生时，深处的细根先受其害，不久，较浅的细根也开始受伤，粗根表皮略呈黑色，继而细根开始腐烂，粗根内部变黑，最终是粗根全部变黑枯死。由于地下部的受害，丧失吸收能力，而渐渐影响地上部的生长，先是嫩叶失去光泽显黄，进而芽尖低垂萎缩。成叶的反映比嫩叶迟钝，表现于叶色失去光泽而萎凋脱落。

湿害茶园，将茶树拔起检查，很少有细根，粗根表皮略呈黑色。由于受害的地下部症状不易被人们发现，等到地上部显出受害症状时，几乎已不可挽救了。

（二）湿害的原因

茶树发生湿害的根本原因是土壤水分的比率增大，空气的比率缩小。由于氧气供给不足，根系呼吸困难，水分、养分的吸收和代谢受阻。轻者影响根的生长发育，重者窒息而死。渍水促进了矿质元素的活化，增加了溶液中铁与锰的浓度，施加较高量的有机质更能促进铁的淋溶损失，渍水土壤中，pH 一般向中性发展，并随时间的延长，酸性土壤的 pH 随之升高。

在渍水土壤中，有机质氧化缓慢，分解的最终产物是二氧化碳、氢、甲烷、氨、胺类、硫醇类、硫化氢和部分腐殖化的残留物，主要的有机酸是甲酸、乙酸、丙酸和丁酸。铁、锰以锈斑、锈纹或结核的形态淀积，永久渍水层由于亚铁化合物的存在而呈蓝绿色，由于缺氧，好氧性微生物死亡，厌氧性微生物增殖，加速土壤的还原作用，导致各种还原性物质产生。在这种条件下，土壤环境恶化，有效养分降低，毒性物质增加，茶树抗病力低，因此造成茶根的脱皮、坏死、腐烂。这种现象在土壤中有非流动性的积水时更为常见。

（三）湿害的排除

由于湿害多发生在土地平整时人为填平的池塘、洼地处，或耕作层下有不透水层，山麓或山坳的茶园积水地带。故排除湿害应根据湿害的原因，采取相应的措施，以降低地下水位或缩短径流在低洼处的滞留时间。

在建园时土层 80 cm 内有不透水层，宜在开垦时予以破坏，对有硬盘层、黏盘层的地段，应当深垦破垆，以保持 1 m 土层内无积水。如果在建园之初未破除硬盘层的茶园，栽种后发现有不透水层也应及时在行间深翻破垆补救。

完善排水沟系统是防止积水的重要手段，在靠近水库、塘坝下方的茶园，应在交接处开设深的横截沟，切断渗水。对地形低洼的茶园，应多开横排水沟，而且茶园四周的排水沟深达 60～80 cm；当 80 cm 土层内有坚硬的岩石（在一块茶园中占面积不大时），或原是地块的集水处、池塘等处，应设暗沟导水，具体方法是：每隔 5～8 行茶树开一条暗沟，沟底宽 10～20 cm，沟深 60～80 cm，并通达纵排水沟，沟底填块石，上铺碎石、沙砾。为防止泥沙堵塞，上面加敷一层聚乙烯薄膜，最后填土镇压，暗沟上的土层最少要有 60 cm 深。如果土壤黏重的，最好掺以沙土，使水易于渗透。因暗沟的设立费工较多，故在新建茶园规划时，对上述地块的利用要慎重考虑。

对于建园基础差的湿害严重的茶园，应结合换种改植，重新规划，开设暗沟后再种茶。如不宜种茶，可改作他用。

茶园灾害性气象除了寒害、冻害、旱害、热害、湿害主要几种危害外，还有风害、雹害，等等。对于这些自然灾害的防控，各地都有许多好的经验。实践证明，为了保护茶园土壤和茶树、改善局部小气候，应营造防风林、设置风障来降低风力、防止风害的发生。营造防护林带可减少寒、冻、水、旱、热、风、雹等自然灾害的发生，是一项治本的措施。林木可涵养水源，保持水土，调节气温，减少垂直上升气流的发生，避免大风与冰雹的形成。防护林带内十分有利于露的沉降，与开阔地（即无防护条件时）对比，在风障后相当于其高度 2～3 倍的地带上，露的沉降量约为开阔地的 2 倍。根据相同的道理，作为风障的防护林，将可以俘获更多的雾，这无疑对茶树生长是有利的。在防风林带的保护下，可使茶叶产量品质得到提高和改善。

第二节　茶园的安全生产

实现茶园的安全生产，是获得安全茶产品的根本保证，本节主要阐述无公害茶、绿色食品茶的理化和卫生指标以及生产技术（有机茶生产技术将在第三节介绍），并对现有茶园可能产生有害原因进行分析，在生产与建设过程中，避免将不利于安全的生产因素引入到茶园中，从而达到安全生产茶产品的目的。

一、茶园安全生产的影响因素

影响茶园安全产生的原因主要来自大气污染、土壤污染、农药污染、水质污染和化肥污染等。茶叶生产过程中若不注意对这些污染进行防范，会使产品质量受影响，因此，有必要了解这一过程中对茶叶产生污染的原因，从而通过相应的措施给予消除。

（一）大气污染产生的原因

大气中的常见的气体污染物有二氧化硫、氟化氢、氮氧化物、氯气、硫化氢、臭氧、碳氢化合物等。大气污染物的来源有工业污染源、交通运输污染源、生活污染源和农业生产污染源等。

1. 工业污染源　工业污染源大部分是煤炭、石油、天然气燃烧过程中排放出来的烟尘、二氧化硫、氮氧化物、一氧化碳、氟化物以及各种有机化合物气体。

2. 交通运输污染源　交通运输污染源是由汽车、火车、飞机、轮船等现代化交通工具的使用，汽油、柴油等燃料油的燃烧带来的。交通工具的污染与工厂企业相比，具有小型、流动和分散的特点，但由于其数量庞大、来往频繁，对大气污染作用相当大。在交通运输污染中对茶叶污染程度较大的是汽车排气污染，汽车排气不仅数量大，而且成分复杂，仅碳氢化合物就有 $150\sim200$ 种，废气中一氧化碳、碳氢化合物、氮氧化物都是严重危害环境的化合物。此外还有一种重要的污染物——铅化合物，发动机燃油中加有作为抗爆剂的四乙基铅。四乙基铅在燃油燃烧过程中被氧化后随排气进入大气，已成为茶园铅污染的主要来源之一，具体表现在城区和交通方便的公路两侧土壤含铅量高于远离路边的土壤。据测定，同样是凝灰岩母质发育土壤，地处城郊路边的福建省安溪县一片茶园，红壤铅的质量分数高达 8.947×10^{-5}，而地处边远地区的安溪县芦田茶场的红壤铅质量分数只有 3.336×10^{-5}。

3. 生活污染源　生活污染源是人类生活活动过程中不断地向大气排放大量的污染物，如烟尘和二氧化碳、一氧化碳和二氧化硫等有害气体。

4. 农业生产污染源　农业生产污染源是农业生产过程中使用的农药、化肥等化学物质的数量急剧增加，种类也愈来愈多，造成大气污染。化肥、农药既可以在喷洒、施用过程中逸散于大气中并随风飘扬，也可以在施用后从土壤中、地表面以及通过作物叶面扩散、蒸发而进入大气，造成大气污染。

（二）土壤污染产生的原因

茶园土壤受污染的原因有多方面，主要污染物来源有水体污染、大气污染、农业生产污染、生物污染和固体废弃物污染，等等。

1. 水体污染　水体污染物往往是在有意无意间使用了工业废水或其他污水进行灌溉、喷洒或渗入到茶园中，使污染物随水进入土壤。

2. 大气污染　大气污染则由飘浮在空气中各种颗粒沉降物（如镉、铅、砷等），沉淀到地面而溶于土壤，其中二氧化硫、氮氧化物及氟化氢等废气，分别以硫酸、硝酸、氟氢酸等形式随水进入土壤，而使茶园土壤受污染。

3. 农业生产污染　农业生产带来的污染主要是由于向茶园中不恰当地大量施用化学肥料和化学农药所致。

4. 生物污染　生物污染是在茶园中施用未经无害化处理的垃圾、污泥、粪便和生活污水时，易遭受生物污染，成为某些病原菌的疫源地。

5. 固体废弃物污染　固体废弃物污染主要由垃圾、矿渣、粉煤灰等物质进入茶园，而使土壤遭到污染。

这些因不同原因引起对茶园土壤的污染物主要为：

① 无机物。包括重金属，如汞、镉、砷、铅、铬等以及盐碱类。

② 有机农药。包括杀虫剂、杀菌剂和除草剂等。

③ 有机废弃物。

④ 化学肥料。

⑤ 污泥、矿渣和粉煤灰。

⑥ 放射性物质。

⑦ 寄生虫、病原菌及病毒等。

（三）农药污染产生的原因

农药的环境污染问题，主要是指化学农药。一般是指用于防治农、林、牧业病、虫、草、鼠害和其他有害生物（含卫生害虫）以及调节植物生长的药物及加工制剂。给茶叶带来农药残留的原因：一是喷药带来的，二是其他间接途径造成的。

农药喷施在茶树芽叶上后，其中部分农药沉积在茶树芽叶表面，部分农药渐渐渗入茶树组织内部，如果农药被茶树的茎、叶等器官吸收，可以随植物液流输导到其他部位。这些农药在日光、雨露、温度等外界因素和茶树体内等因素作用下，逐渐分解和转变为其他无毒物质，使农药残留逐渐降低。在这些农药还没有完全降解时便采收下来，经加工后制成的成茶中便会含有农药残留。采摘日期距喷药日期愈远，茶叶中残留的农药数量也愈低。因此，为了控制和降低茶叶中的农药残留，选用降解速率快的农药品种，并严格按规定的安全间隔期（等待期）进行采摘，是最重要和最有效的控制农药残留的技术措施。

间接途径影响茶叶内的农药残留，主要有 3 个渠道。

① 茶树从土壤中吸收农药。喷药过程中，有 70％～90％的农药会流失到土壤中，这些农药一部分在土壤中蓄积，一些内吸性的农药（如乐果），还可以通过根系在吸取水分和营养物质的同时，将农药输送到枝梢。此外，被土壤吸收的农药会从土壤中挥发到空气中而被茶树芽叶吸收。因此，在一块茶园中，即使近期或本生产季节中没有施用某种农药，但如果在一两年前施用过，也可能在茶芽叶中检测到该农药残留。

② 在茶园中使用了受污染水源的水。茶树叶面施肥、喷药和喷灌时，如所利用的水源已受周边农作或其他原因污染，便有可能将这些污染物随着水转移到茶树芽梢上。因此在发展无公害茶和绿色食品茶的过程中，要注意茶园周围的稻田、果园、菜地等作物的用药情况。

③ 空气漂移。农药喷施在叶片表面或土壤表面后可以通过挥发进入大气中，或吸附在大气中的尘粒上，或是呈气态随风转移。这些被吸附或直接随气流转移的农药会在一定距离外直接沉降或由雨水淋降，造成茶叶芽梢中的农药残留。因此对农药在空气中的漂移必须重视，尤其是对有机茶等生产基地，必须在茶园周围有一安全隔离带，以防农药的空气漂移。

如今国际市场对农药残留标准要求提高，已成为当前我国茶叶出口和内销中遇到的最大的卫生质量问题。特别是 20 世纪 90 年代中期以来，欧盟和日本在新颁布的农产品最大残留限量（MRL）标准上，要求提得更高，具体表现为：

① 农残的检验范围大幅度扩大，修订频繁。如欧盟标准中除农药外，还扩大到非农药、农药代谢物的范围。如标准中有八氯二丙醚（S421），它是一种增效剂。标准中规定除了母体化合物外，还要求包括其毒性较母体化合物更大的代谢物。从 2004—2008 年，欧盟先后颁布了 30 次指令，对不予授权物质名单进行增加；而就规定有 MRL 值的物质名单来看，仅从 2008 年到 2010 年年底，两三年间欧盟先后颁布 96 条指令，对茶叶中 MRL 值进行修订，增加了 48 种 MRL 值。欧盟的茶叶农残限量，2000 年颁布的标准中共有 106 项，2011年增至 1 135 项（表 7 - 3）。

表 7 - 3 欧盟 1999—2011 茶叶中农药残留允许标准（MRL）的变化
（陈宗懋，2013）

单位：项

年份	农药标准数
1999 年以前	7
1999	63
2000	108
2001	134
2002	569
2003	557
2004	669
2005	682
2006	734
2007	913
2008	1 054
2011	1 135

日本是我国食品、农产品出口的大市场，2003 年 5 月，日本修订了《食品卫生法》。依据新修订的《食品卫生法》，日本于 2005 年 11 月 16 日颁布并于 2006 年 5 月 29 日实施关于食品中农业化学品（农药、兽药及饲料添加剂等）残留限量的《肯定制度列表》。日本实施的《肯定列表制度》对食品、农产品中所有农业化学品残留物都做了明确规定，只有符合《肯定列表制度》要求的食品、农产品才能进入日本市场。2006 年《肯定列表制度》最终草

案与茶叶有关的化学品为 266 种，2007 年增至 874 种。

② 农残标准成倍提高。茶叶中的农药残留 MRL 标准从 20 世纪 60 年代来逐年严格化，同时数量增多。大约每 20 年残留 MRL 标准降低 10 倍（表 7-4）。

表 7-4 茶叶中农残限量情况
（陈宗懋，2013）

年代	占总标准量的比例/%			
	mg/kg	0.1 mg/kg	0.01 mg/kg	μg/kg
1950	100			
1970	58.4	41.6		
1990	18.2	35.6	46.2	
2010	2.0	16.4	81.5	0.2

近年来，在标准中，大量的都用最小检出量（LOD）作为 MRL 标准，大多为 0.01 mg/kg。到 2010 年，欧盟茶叶中 MRL≤0.10 mg/kg 的数量占总标准量的 91.78%，其中有 91% 左右都是采用默认标准（default MRL，即不是根据实验数据来制定的标准，而是采用 0.01 mg/kg 或 0.05 mg/kg 为标准）。日本《肯定制度列表》中未列入和未制定最大残留限量标准的农业均采用一律标准，即限量为 0.01 mg/kg。

（四）化肥污染产生的原因

随着化肥工业的发展和人们对作物产量提高的要求，化肥的使用量日益增大，由此对环境带来了影响，这些影响表现在：

① 在肥料中混杂的有害成分，被茶树吸收而贮存在茶叶中，通过饮用影响人的身体健康。

② 长期施用化肥，茶园有机质减少使地力下降，土壤物理化学性质和生物学性质变坏，而影响到茶叶的产量和质量。

③ 肥料成分，特别是氮肥自土壤中渗入地下水或流入池塘、江河、湖海造成水体污染。

化学肥料污染有重金属污染、氟污染和肥料的过量施用。据调查，使用的部分磷肥中含有多种重金属。如磷矿石中常含有 100 mg/kg 的微量镉，大量施用富含镉的磷肥，则有可能发生镉的土壤污染。虽然在磷肥中镉超过 20 mg/kg 的产品并不多，在短期内尚不致污染土壤或累积到危害程度。磷肥中的铅含量范围为 41.5～379.8 mg/kg，尤其是以磷矿石为原料的磷肥，有的含铅量竟高达 800 mg/kg 以上。有报道，各种有机肥中铅含量为 10～37 mg/kg。汞在化肥中的含量一般在 1 mg/kg 以下，但使用富含汞的废硫酸为原料，生产的化肥中常含较多的汞。铬在磷肥中的含量一般是每千克几十毫克，但有的高达几百毫克。因此在进行无公害茶叶（尤其是绿色食品和有机茶）生产时，在施用肥料前应对其进行检测，防止重金属污染茶园土壤和茶叶。

各种类型的磷矿，含氟量基本上与全磷量成正比，即磷矿中含磷量高的，含氟量亦高，基本上在 0.40%～3.68% 范围内，平均为 2.20% 左右，因此长期施用磷肥，会导致土壤中氟含量的增高。对某些原土壤中含氟较高的地区，更可能增加其氟污染的严重程度。

长期过量施用化肥将造成土壤板结，破坏土壤团粒结构，使土壤肥力和土壤酸度下降，并污染空气和水质，据调查，我国低丘红壤茶园土壤 pH 在 5.0 以下的达 70% 以上，而且发现不少 pH 在 3.0 以下的茶园。茶园土壤酸化除与自然酸化、大气污染及酸雨增多有关外，长期大量偏施化学氮肥是加剧茶园土壤酸化的首要因素。过量的施氮引起土壤盐基元素的吸收和淋失也是茶园酸化的另一方面原因。

（五）有害微生物和夹杂物的污染

茶叶中有害微生物污染主要是指有害微生物在茶叶采摘、摊放、加工、包装和贮运过程中对茶叶造成的污染。这取决于茶叶生产、加工和包装过程中的卫生条件。常见的有害微生物包括大肠杆菌、沙门氏杆菌等。目前一些发达国家对进口茶叶已经或即将进行有害微生物检验，因此，应重视对有害微生物污染的控制与治理工作。

另外，在茶叶生产过程中，含毒塑料薄膜的使用也会构成对茶叶的污染。茶园覆盖所用的塑料薄膜以及包装所用的聚氯乙烯薄膜等都含有易挥发的增塑剂成分，这些挥发出的气体会被茶叶所吸附，构成污染。

茶叶中的夹杂物主要是不良习惯带入茶园、茶厂的非茶类物，落在鲜叶中混入干茶，非茶类夹杂物的污染，只要强化管理，能得到有效控制。

二、茶产品安全标准与安全生产技术

无公害茶的基本要求是安全、卫生，对消费者的身心健康无危害。无公害茶叶生产的中心内容是不用或减少使用化学农药、肥料，从源头上减少茶叶中农药残留，以及生产对环境带来的污染。因产品不同，无公害茶、绿色食品茶和有机茶的产品质量与生产技术要求有所差异，其中有机茶及其茶园的生产管理技术将在第三节进行详细阐述。

（一）茶产品安全标准

为了保证茶产品的质量安全，国家有关部门相继发布、实施了有关茶产品的标准。农业部于 2000 年起组织实施了"无公害食品行动计划"，并于 2001 年发布了《无公害食品　茶叶》（NY 5017—2001）等一系列无公害茶相关国家农业行业标准，并于 2004 进行了修订，发布了新的无公害茶产品标准《无公害食品　茶叶》（NY 5244—2004）（2013 年此标准被废除）。同时，为了进一步提高无公害产品的层次，农业部专门成立了绿色食品办公室，也制定了《绿色食品　茶叶》（NY/T 288—2002）等标准，随着对农药残留的要求日趋严格，又于 2012 年发布了新的《绿色食品　茶叶》（NY/T 288—2012）标准（表 7 - 5）。为了进一步整合有关标准，从国家食品安全的角度出发，卫生部于 2005 年发布了国家食品安全标准 GB 2762—2005 和 GB 2763—2005，由于这些年来有关部门出台了许多标准，这些标准之间出现了重复甚至冲突。因此，卫生部联合农业部于 2012 年发布了新的食品安全国家标准《食品中污染物限量》（GB 2762—2012）和《食品中农药最大残留限量》（GB 2763—2012），与茶叶有关的污染物和农药分别见表 7 - 6 和表 7 - 7，并将茶叶纳入到饮料类食品中，明确了茶叶是饮料类食品中的一类。国家标准是强制标准，任何茶产品必须达到这一标准的要求。

表7-5 绿色食品中茶叶的安全指标（NY/T 288—2012）

单位：mg/kg

项目	指标
滴滴涕（DDT）	≤0.05
六六六（HCH）	≤0.05
三氯杀螨醇（dicofol）	≤0.1
甲胺磷（methamidophos）	不得检出（≤0.02）*
敌敌畏（dichlorovos）	不得检出（≤0.03）*
乐果（包括氧乐果）（dimethoate, sum of dimethoate and omethoate expressed as dimethoate）	不得检出（≤0.05）*
氰戊菊酯（fenvalerate and esfenvalerate）	不得检出（≤0.02）*
乙酰甲胺磷（acephate）	≤0.1
杀螟硫磷（fenitrothion）	≤0.2
氯氟氰菊酯（cyhalothrin）	≤3
联苯菊酯（diphenthrin）	≤5
甲氰菊酯（fenpropathrin）	≤5
溴氰菊酯（deltamethrin）	≤5
啶虫脒（acetamiprid）	≤0.1
氯氰菊酯（cypermethrin）	≤0.5
铜（以Cu计）	≤30
铅（以Pb计）	≤5

注：括号内数值为方法检出限。

表7-6 食品中污染物限量（GB 2762—2012）

单位：mg/kg

项目	限量
铅	5.0
稀土	2.0

表7-7 食品中农药最大残留限量（GB 2763—2012）

项 目	$\dfrac{MRL}{mg/kg}$	$\dfrac{ADI}{mg/kg}$	用途
杀螟丹（cartap）	20	0.1	杀虫剂
氯菊酯（permethrin）	20	0.05	杀虫剂
除虫脲（diflubenzuron）	20	0.02	杀虫剂
氯氰菊酯（cypermethrin）	20	0.02	杀虫剂
氟氰戊菊酯（flucythrinate）	20	0.02	杀虫剂

（续）

项　目	MRL mg/kg	ADI mg/kg	用途
氯氟氰菊酯（cyhalothrin）	15	0.02	杀虫剂
溴氰菊酯（deltamethrin）	10	0.01	杀虫剂
硫丹（endosulfan）	10	0.006	杀虫剂
噻嗪酮（buprofezin）	10	0.009	杀虫剂
噻虫嗪（thiamethoxam）	10	0.026	杀虫剂
甲氰菊酯（fenpropathrin）	5	0.03	杀虫剂
联苯菊酯（bifenthrin）	5	0.01	杀虫剂
哒螨灵（pyridaben）	5	0.01	杀虫剂
丁醚脲（diafenthiuron）	5	0.003	杀虫剂
灭多威（methomyl）	3	0.02	杀虫剂
氟氯氰菊酯（cyfluthrin）	1	0.04	杀虫剂
杀螟硫磷（fenitrothion）	0.5	0.006	杀虫剂
吡虫啉（imidacloprid）	0.5	0.006	杀虫剂
滴滴涕（DDT）	0.2	0.01	杀虫剂
六六六（HCH）	0.2	0.005	杀虫剂
乙酰甲胺磷（acephate）	0.1	0.03	杀虫剂
苯醚甲环唑（difenoconazole）	10	0.01	杀菌剂
多菌灵（carbendazim）	5	0.03	杀菌剂
草甘膦（glyphosate）	1	1	除草剂
草铵膦（glufosinate－ammonium）	0.5	1	除草剂

（二）茶园安全生产技术

要进行无公害茶生产，必须严格按生产技术要求进行规范，只有在各环节都做好了才能使茶叶的产品质量符合这类茶的标准要求。无公害茶在生产过程中有许多具体的技术要求，它包括产地环境和生产措施合理运用。

1. 茶的产地环境要求　农产品的质量与环境是密切相关的。茶叶也是如此，产地的环境优劣直接关系着茶叶的质量及其卫生安全性。无公害茶的产地要求生态条件良好，远离污染源，土壤、空气、灌溉水的质量都应符合标准《无公害食品茶叶产地环境条件》（NY 5020—2001）中规定的要求。2000 年农业部发布的《绿色食品　产地环境技术条件》、2001 年发布的《无公害食品　茶叶产地环境》、2002 年发布的《有机茶产地环境》等都对产地的土壤、大气和灌溉水源做了若干规定。

（1）土壤。土壤中的重金属元素毒性大，可以在人体中蓄积，引起急性或慢性中毒，有的还会引起致癌或致畸，目前已被世界卫生组织列为公害之一。因此在 3 个不同的标准中对6 种土壤中的重金属元素含量做了规定（表 7-8）。

表7-8　无公害、绿色食品与有机茶园土壤中重金属的浓度限值

单位：mg/kg

项目	无公害茶园	绿色食品茶园	有机茶园
镉	≤0.30	≤0.30	≤0.20
汞	≤0.30	≤0.25	≤0.15
砷	≤40	≤25	≤40
铅	≤250	≤50	≤50
铬	≤150	≤120	≤90
铜	≤150	≤50	≤50

注：引自 NY 5020—2001、NY/T 391—2013、NY 5199—2002。

我国广大茶区的土壤，一般都能达到无公害茶的生产标准，但一些离城市较近的近郊茶园、公路主干道附近的茶园及离矿区较近的矿区茶园，存在部分指标超标的可能，因此在建设无公害茶园时更应注意园地的选择和茶园保护。

（2）大气。茶叶采后不加清洗立即加工，加工后的成茶也是不加清洗直接冲泡而饮用的，因此，作为无公害的茶叶，要求无公害茶园上空和周边的空气要清洁、无污染，没有异味，在不同的标准中对总的悬浮颗粒物、二氧化硫、过氧化氢及氟化物气体含量提出了一定的要求（表7-9）。茶园选择在远离城市、工厂、居民点、公路主干道的山区或半山区，可有效地防止城市垃圾、废气、尘土、汽车尾气及过多人群活动给茶园带来污染。

表7-9　无公害、绿色食品与有机茶园环境空气质量标准

项目	无公害茶园		绿色食品茶园		有机茶园	
	日平均*	1 h平均**	日平均	1 h平均	日平均	1 h平均
总悬浮颗粒物 （TSP，标准状态）/(mg/m³)	0.30		0.30		0.12	
二氧化硫 （SO₂，标准状态）/(mg/m³)	0.15	0.50	0.15	0.50	0.05	0.15
二氧化氮 （NO₂，标准状态）/(mg/m³)	0.10	0.15	0.08	0.20	0.08	0.12
氟（F）化物/(μg/m³)	7	20	7	20	7	20
（标准状态）/[μg/(dm³·d)]	1.8		1.8	1.8	1.8	

*日平均指任何 1 d 的平均浓度；**1 h平均指任何 1 小时的平均浓度。

注：引自 NY 5020—2001，NY/T 391—2013，NY 5199—2002。

（3）灌溉水源。茶树年耗水量大，适宜生长在年降水量达 1 500 mm 左右地区，生长季节占年总耗水量的 70% 以上，许多山区和半山区茶园无灌溉条件，只依天然降水维持茶树生长，对茶叶产量和质量都有一定影响。随着设施农业的发展，采用不同形式的灌溉是无公害茶叶生产的发展方向。无公害茶园对灌溉用水有严格的要求，水质要清洁卫生，没有污染，无论是来自溪、塘、库或泉的水中有害重金属含量必须达到表 7-10 的规定要求。

表 7-10　无公害、绿色食品与有机茶园灌溉水中各项污染物浓度限值*

单位：mg/L

项目	无公害茶园	绿色食品茶园	有机茶园
pH	5.5~7.5	5.5~8.5	5.5~7.5
总汞	≤0.001	≤0.001	≤0.001
总镉	≤0.005	≤0.005	≤0.005
总砷	≤0.1	≤0.05	≤0.05
总铅	≤0.1	≤0.1	≤0.1
铬	≤0.1	≤0.1	≤0.1
氰化物	≤0.5		≤0.5
氯化物	≤250		≤250
氟化物	≤2.0	≤2.0	≤2.0
石油类	≤10	≤1.0	≤10

注：引自 NY 5020—2001，NY/T 391—2013，NY 5199—2002。

2. 生产措施合理运用　茶园的土壤管理，病、虫、草害防治等生产措施的合理与否，对茶叶生产的安全性会带来较大影响。

土壤管理的中心工作有茶园的水土保持和地力常新的维持。茶园水土保持从茶园建设开始就应十分重视。茶园基地规划与建设及茶园开垦应根据不同坡度和地形，选择适宜的时期、方法和施工技术。如不要选择在雨季进行，耕作横向作业，防治水土流失。采用地面覆盖等措施提高茶园的保土蓄水能力，所用的覆盖材料应未受有害和有毒物质污染。平地和坡度 15°以下的缓坡地等高开垦；坡度在 15°以上时，建筑内倾等高梯级园地。茶园与四周荒山陡坡、林地和农田交界处应设置隔离沟，等等。

无公害茶园的土壤管理具体应定期监测土壤肥力水平和重金属元素含量，一般要求每 2 年检测一次，并有针对性的采取土壤改良措施。肥料的施用，宜多施有机肥料，化肥与有机肥料配合使用，避免单纯使用化学肥料。施用量和施用种类应根据土壤理化性质、茶树长势、预计产量、制茶类型和气候等条件，确定合理的肥料种类、数量和施肥时间。每年必须施基肥和追肥，保持有足够数量的有机肥返回土壤，不断补充茶树所需要的营养元素，以保证生产的可持续性，实施茶园平衡施肥，防止茶园缺肥和过量施肥。农家有机肥应尽量就地生产就地使用。有机肥必须经过堆制腐熟、高温发酵，达到无害化处理要求。适时种植绿肥是无公害茶园的主要肥料来源之一，尤其是对幼龄茶园、改造茶园，更要做好此项工作。绿肥除了较多资料中介绍的豆科作物外，还可考虑选用 1 年生的高光效可多次刈割的牧草，如美洲狼尾草、美国饲用甜高粱、墨西哥玉米、苏丹草等，这种类型的草，年生长量大，可以产出较多的绿肥。茶季喷施无机叶面肥需 10 d 后才能采茶；喷施有机叶面肥需 20 d 后采茶。

无公害茶园的病、虫、草害控制就是要本着保护环境，应用生态学原理，以农业措施为主，辅之适当的生物、物理防治技术，合理地利用允许使用的植物源农药和矿物源农药，达控制茶园病、虫、草害对生产带来的影响的目的。原则上掌握以下几点：

①保护茶园生物群落结构，维持茶园生态平衡。要营造良好的茶园生物群落，在茶园周围与茶园中种植些防风林、行道树、遮阴树，合理调整茶园结构和布局，不强求集中成

片，宜茶则茶，不适宜植茶山地，退茶还林，使茶区生境形成较完好的生态系统，创造不利于病、虫、草滋生和有利于各类天敌繁衍的环境条件，保持茶园生态系统的平衡和生物群落多样性，增强茶园自然生态调控能力。

②优先采用农业技术措施，加强茶园栽培管理。茶园栽培管理既是茶叶生产的主要技术措施，也是对病、虫、草害可起有效控制的重要方法。具体可以通过选育抗病虫品种、茶园耕作、铺草、排灌、修剪、施肥、采摘等多种措施的合理运用，达控制病、虫、草害发生的目的。如换种改植或发展新茶园时，应选用对当地主要病虫抗性较强的品种。分批、多次、及时采摘，抑制假眼小绿叶蝉、茶橙瘿螨、茶白星病等危害芽叶的病虫。通过修剪控制茶树高度，减轻毒蛾类、蚧类、黑刺粉虱等害虫的危害，控制螨类的越冬基数。秋末宜结合施基肥，进行茶园深耕，减少翌年在土壤中越冬的鳞翅目和象甲类害虫的种群密度。将茶园根际附近的落叶及表土清理至行间深埋，有效防治叶病类和在表土中越冬的害虫，等等。

③采用物理、生物防治方法，减少化学药剂使用。物理防治是指采用物理机械原理来防治病虫害，目前在茶园中应用较多的有频振式诱虫灯的使用，它是利用昆虫的趋性（趋光性和趋化性）或害虫种群自身间的化学信息联系引诱并杀死害虫的方法。生物防治是指用食虫昆虫、寄生昆虫、病原微生物或其他生物天敌来控制病、虫、草害的发生。其中有的是自然存在的，需要加以保护和利用；有的可人为饲养释放。

④合理使用植物源和矿物源农药，有限制地使用高效、低毒、低残留农药。植物源农药就是来源于植物或植物提取物对病虫有生物活性的物质，目前常见的植物源农药有苦参碱、鱼藤酮、除虫菊、印楝素等。植物源农药在茶园中主要对鳞翅目害虫和部分同翅目害虫有效，使用时应掌握在抗药性弱的1～2龄幼虫期喷药。矿物源农药是指有效成分来源于无机矿物或石油提炼物的农药，主要有石硫合剂、波尔多液、硫悬浮剂、矿物油等，但矿物源农药不得在采茶季节使用，其中波尔多液用后，茶叶的铜含量不得超过30 g/kg。这些药剂对茶园病害、螨类有较好的防治效果，主要用于非采茶季节，如冬季封园。

在无公害茶园中，有时病虫发生严重，一些物理、生物、农业的措施难以达控制效果，可选择化学防治的方法加以控制，但必须严格选择使用的农药种类是生产中允许的、使用量和使用间隔期符合安全生产要求的化学农药，关于这一点必须经常注意国内外市场对农药安全使用要求的变化，不然，生产产品将难达安全生产要求。表7-11、表7-12是无公害茶园可使用的农药品种、安全标准和使用方法。农药使用过程中要注意轮换用药，合理混配，保护天敌，提高喷施技术。

表7-11　无公害茶园可使用的农药品种及其安全标准

农药品种	每亩使用剂量	稀释倍数	安全间隔期/d	施药方法、每季最多使用次数
80%敌敌畏乳油	75～100 mL	800～1 000	6	喷雾1次
35%赛丹乳油	75 mL	1 000	7	喷雾1次
40%乐果乳油	50～75 mL	1 000～1 500	10	喷雾1次
50%辛硫磷乳油	50～75 mL	1 000～1 500	3～5	喷雾1次
2.5%三氟氯氰菊酯乳油	12.5～20.0 mL	4 000～6 000	5	喷雾1次

（续）

农药品种	每亩使用剂量	稀释倍数	安全间隔期/d	施药方法、每季最多使用次数
2.5%联苯菊酯乳油	12.5~25.0 mL	3 000~6 000	6	喷雾1次
10%氯氰菊酯乳油	12.5~20.0 mL	4 000~6 000	7	喷雾1次
2.5%溴氰菊酯乳油	2.5~3.0 mL	4 000~6 000	5	喷雾1次
10%吡虫啉可湿性粉剂	20~30 g	3 000~4 000	7~10	喷雾1次
98%巴丹可溶性粉剂	50~75 g	1 000~2 000	7	喷雾1次
15%速螨酮乳油	20~25 mL	3 000~4 000	7	喷雾1次
20%四螨嗪悬浮剂	50~75 mL	1 000	10ᵃ	喷雾1次
0.36%苦参碱乳油	75 mL	1 000	7ᵃ	喷雾
2.5%鱼藤酮乳油	150~250 mL	300~500	7	喷雾
20%除虫脲悬浮剂	20 mL	2 000	7~10	喷雾1次
99.1%敌死虫乳油	200 mL	200	7ᵃ	喷雾1次
Bt制剂（1 600国际单位/mL）	75 mL	1 000	3ᵃ	喷雾1次
茶尺蠖病毒制剂（0.2亿PIB/mL）	50 mL	1 000	3ᵃ	喷雾1次
茶毛虫病毒制剂（0.2亿PIB/mL）	50 mL	1 000	3ᵃ	喷雾1次
白僵菌制剂（100亿孢子/g）	100 g	500	3ᵃ	喷雾1次
粉虱真菌制剂（100亿孢子/g）	100 g	200	3ᵃ	喷雾1次
20%克芜踪水剂	200 mL	200	10ᵃ	定向喷雾
41%草甘膦水剂	150~200 mL	150	15ᵃ	定向喷雾
45%晶体石硫合剂	300~500 g	150~200	采摘期不宜使用	喷雾
石灰半量式波尔多液（0.6%）	75 000	—	采摘期不宜使用	喷雾
75%百菌清可湿性粉剂	75~100 g	800~1 000	10	喷雾
70%甲基硫菌灵可湿性粉剂	50~75 g	1 000~1 500	10	喷雾

a. 暂时执行的标准。

注：引自 NY/T 5018—2001。

表 7-12　茶园主要病虫害的防治指标、防治适期及推荐使用药剂

病虫害名称	防治指标	防治适期	推荐使用药剂
茶尺蠖	成龄投产茶园：幼虫量每平方米7头以上	喷施茶尺蠖病毒制剂应掌握在1~2龄的幼虫期，喷施化学农药或植物源农药掌握在3龄前幼虫期	茶尺蠖病毒制剂、鱼藤酮、苦参碱、联苯菊酯、氯氰菊酯、赛丹、溴氰菊酯、除虫脲

（续）

病虫害名称	防治指标	防治适期	推荐使用药剂
茶黑毒蛾	第一代幼虫量每平方米 4 头以上；第二代幼虫量每平方米 7 头以上	3 龄前幼虫期	Bt 制剂、苦参碱、溴氰菊酯、氯氰菊酯、敌敌畏、联苯菊酯、除虫脲
假眼小绿叶蝉	第一峰百叶虫量超过 6 头或每平方米虫量超过 15 头；第二峰百叶虫量超过 12 头或每平方米虫量超过 27 头	施药适期掌握在入峰后（高蜂前期），且若虫占总量的 80% 以上	白僵菌制剂、鱼藤酮、吡虫啉、赛丹、杀螟丹、联苯菊酯、氯氰菊酯、三氟氯氰菊酯
茶橙瘿螨	每平方厘米叶面积有虫 3~4 头，或指数值 6~8 头	发生高峰期以前，一般为 5 月中旬至 6 月上旬，8 月下旬至 9 月上旬	克螨特、四螨嗪、灭螨灵
茶丽纹象甲	成龄投产茶园每平方米虫量在 15 头以上	成虫出土盛末期	白僵菌、杀螟丹、联苯菊酯
茶毛虫	百丛卵块 5 个以上	3 龄前幼虫期	茶毛虫病毒制剂、Bt 制剂、溴氰菊酯、氯氰菊酯、敌敌畏、除虫脲
黑刺粉虱	小叶种每叶 2~3 头，大叶种每叶 4~7 头	卵孵化盛末期	辛硫磷、吡虫啉、粉虱真菌
茶蚜	有蚜芽梢率 4%~5%，芽下二叶有蚜叶上平均虫口 20 头	发生高峰期，一般为 5 月上中旬和 9 月下旬至 10 月下旬	吡虫啉、辛硫磷、溴氰菊酯
茶小卷叶蛾	1~2 代，采摘前，每平方米茶丛幼虫数 8 头以上，3~4 代每平方米幼虫量 15 头以上	1~2 龄幼虫期	敌敌畏、溴氰菊酯、三氟氯氰菊酯、氯氰菊酯
茶细蛾	百芽梢有虫 7 头以上	潜叶、卷边期（1~3 龄幼虫期）	苦参碱、敌敌畏、溴氰菊酯、三氟氯氰菊酯、氯氰菊酯
茶刺蛾	每平方米幼虫数幼龄茶园 10 头、成龄茶园 15 头	2~3 龄幼虫期	参照茶尺蠖防治
茶芽枯病	叶罹病率 4%~6%	春茶初期，老叶发病率 4%~6% 时	石灰半量式波尔多液、苯菌灵、甲基硫菌灵
茶白星病	叶罹病率 6%	春茶期，气温 16~24℃，相对湿度 80% 以上；或叶发病率>6%	石灰半量式波尔多液、苯菌灵、甲基硫菌灵
茶饼病	芽梢罹病率 35%	春、秋季发病期，5 d 中有 3 d 上午日照<3 h，或降水量>2.5~5.0 mm，芽梢发病率>35%	石灰半量式波尔多液、多抗霉素、百菌清
茶云纹叶枯病	叶罹病率 44%；成老叶罹病率 10%~15%	6 月、8~9 月发生盛期，气温>28℃，相对湿度>80% 或叶发病率 10%~15% 施药防治	石灰半量式波尔多液、苯菌灵、甲基硫菌灵、多菌灵

注：引自 NY/T 5018—2001。

三、茶园污染源的控制

茶叶中的污染物质，一部分来自茶园土壤、水体和大气等自然环境，另一部分则来自农药、肥料、机械等生产资料投入。要控制和消除茶叶污染，实现茶叶生产无公害化，必须实行综合治理。

（一）大气污染的防治与控制

茶区大气污染主要是固体颗粒和汽车尾气，可以通过种植防护林和行道树将茶园与工厂和公路隔离开来以净化空气。对茶园周围的工厂通过加高烟囱排烟，因为烟囱越高越有利于烟气的扩散和稀释，地面污染物的浓度与烟囱高度的平方成反比，所以提高烟囱高度是减轻烟囱排烟造成地面大气污染的有效措施。

（二）茶园土壤污染的治理

土壤污染的治理方法有生物、物理或化学等不同方法，一方面通过改变重金属存在形态，降低其活性。各种重金属存在形态非常复杂，不同形态有效性差异很大。各种重金属在土壤中赋存形态，一般分为残留态、有机结合态、铁锰氧化物态、碳酸盐结合态、交换态和水溶态，其稳定性依次降低。水溶态、交换态对植物最有效，活性最大，毒性最强，称为可给态，将这两种形态转变为稳定性更强的形态是降低其毒性的有效途径之一。另一方面从土壤中去除重金属。利用特殊植物吸收重金属后再连根拔起，或用工程技术方法将重金属转变为可溶态、游离态，再经淋洗，收集淋洗液中的重金属，从而达到减少土壤中重金属含量的目的。具体的措施有：

1. 生物措施 利用土壤生物和微生物对重金属的吸收、沉淀、氧化和还原作用，降低或消除重金属的污染。

受重金属污染的土壤上，生存有很大数量能适应重金属污染环境并能氧化或还原重金属的微生物种群。微生物对重金属的作用：

① 吸收作用。由于专性微生物区系能促进重金属参与微生物体组成，从而促进重金属被微生物吸收，减少植物摄取。因此，向污染土壤中接种专一性强的微生物可降低重金属毒性。

② 氧化作用。微生物可使还原态重金属氧化，如五色杆菌、假单胞菌能使亚砷酸盐氧化为砷酸盐，从而降低 As 的毒性。

③ 沉淀作用。在厌氧条件下，利用产 H_2S 细菌产生的 H_2S 与 Cd^{2+} 结合生成 CdS 沉淀，可以降低 Cd^{2+} 的毒性。

④ 还原作用。某些细菌产生的特殊酶能还原重金属。Macaskie（1987）发现，*Citrobacter* sp. 产生的酶能使 Pb 和 Cd 形成难溶性磷酸盐；L. L. Barton 等人发现，从含 Pb、Cr^{6+}、Zn 的土壤中分离的菌种假单胞菌属（*Pseudomonas*）能将二价铅还原为不具备毒性的胶态铅；Shehai 等人发现，菌种大肠杆菌（*Escherichia coli*）品系还能将高毒性的 Cr^{6+} 还原为低毒性的 Cr^{3+}；抗 Hg 细菌如假单胞菌、大肠杆菌体内存在特殊的 MMR 酶系，能将土壤中的甲基汞、乙基汞、硝基汞还原为元素汞，日本有人利用此原理将富汞细菌收集起来，经蒸发、活性炭吸附等方法除去 Hg。

运用遗传、基因工程等高科技生物技术，培育对重金属具降毒能力的微生物，并运用于污染治理是目前环境科学研究中活跃的领域。

植物对污染物有一定的耐性，有些植物能使污染物在植物体内外局部富集，如使重金属在植株根部细胞壁沉淀而束缚其跨膜吸收，或与某些蛋白质、有机酸结合生成具生物活性的解毒形式，从而提高了对重金属伤害的忍耐度。对于重金属污染土壤，可种植抗污染且能富集重金属的植物加以去除，但过程较缓慢，这种形式可使土壤中重金属逐年递减。在 Cd 污染较重的土壤，可种植柳属的某些植物、羊齿类铁角蕨属植物、野生苋、十字花科遏蓝菜属，其中遏蓝菜属的天蓝遏蓝菜（*Thlaspi caerulescens*）可使体内的 Cd 高达 5 000～7 000 mg/kg；对于 Cd 污染不重的土壤，可种植对 Cd 有一定耐性的经济作物如苎麻。对 Ni 污染土壤可种植耐 Ni 的十字花科植物。瑞典的 Tommy Landberg 等人发现，植物对重金属吸收与电渗滤有关，磷营养与土壤中的金属螯合物有关。向根系通直流电能加强植株对重金属的吸收，增施硫酸盐和磷酸盐化肥能使植株枝干部重金属富集大增。由于重金属在植物体内分布是根大于茎叶，故收获植物时应连根拔起。另外，生物聚合物如淀粉、藻类、纤维类物质等与植物吸收重金属都有一定的关系。

2. 农业工程措施　这主要是利用改良剂对土壤重金属的沉淀作用、吸附抑制作用和颉颃作用，以降低重金属的扩散性和生物有效性。

（1）增施促还原的有机肥。胡敏酸、堆肥、鸡粪等有促进还原作用，使重金属生成硫化物沉淀；可增加土壤胶体，从而促进重金属吸附、螯合、络合能力，也能使 Cr^{6+} 还原为低毒性的 Cr^{3+}；有机肥还可增大阳离子代换量（CEC），有利于改善土壤物理性质。

（2）合理施用磷酸盐化肥。磷酸盐使重金属 Cd、Hg 等生成磷酸盐沉淀。酸性土壤施碱性的钙、镁、磷肥优于其他磷肥；石灰性土壤有效磷易被固定，以使用 KH_2PO_4 较好。

（3）适当施用石灰性物质。包括石灰、硅酸钙炉渣、钢渣、粉煤灰等碱性物质或配施钙镁磷肥、硅肥等碱性肥料。重金属的最大特性是易受土壤 pH 控制，提高土壤 pH，使重金属生成硅酸盐、碳酸盐、氢氧化物沉淀。施用石灰也可降低茶树对氟的吸收。但要注意的是：

① 在一定 pH 范围内，砷酸盐会随 pH 升高而使活性也升高，对于 As 污染土壤，最好改用磷酸盐，特别是在 As 复合污染中施磷酸盐尤为重要。

② 不同的重金属其沉淀时的 pH 各异，Hg 在 pH＞6.5 时沉淀，Cd 要在土壤 pH≥10 时才沉淀。

③ 要考虑茶树的耐碱能力。

（4）施用石灰硫黄合剂、硫化钠等含硫物质。使土壤重金属生成硫化物沉淀。

（5）加抑制剂、吸附剂。膨润土、合成沸石等硅铝酸盐能钝化重金属。国外有人用此法沉淀 Cd 污染土壤，有一定成效。

（6）利用无毒阳离子颉颃重金属。Ca^{2+}、Mg^{2+}、Zn^{2+}、Si^{2+} 是植物必需元素。Zn^{2+} 对重金属有颉颃作用，过量才致毒；Ca^{2+} 是属于平衡性的无害离子，利用 Ca^{2+} 对 Cu、Pb、Cd、Zn、Ni 的颉颃作用可减少作物对重金属的吸收；利用 Zn 对 Cd 的颉颃在缺 Zn 土壤上施 Zn 肥，还可降低 Cd 的毒性；利用 Si 对 Mn 的颉颃，在水稻田中施适量 Si 肥，不仅增加水稻的 Si 营养，还能降低 Mn 毒；对于 Hg 污染土壤，研究表明，用腐殖酸复合硒肥施于 Hg 污染土生产富硒粮，能对抗 Hg 在心、肝、肾、肺、脑组织的蓄积。

（7）翻耕或客土、换土。翻耕是将污染重的表层翻至下层；客土是在污染土壤上加入净土；换土是将已污染土壤移去，换上新土。

（三）茶叶中农药残留的控制

病、虫、草害的化学防治是茶叶农残的主要来源，但它又是当前茶树植保上运用的主要手段。因此降低农残的关键在于控制污染源，即合理科学地进行病虫害防治，尤其是病、虫、草害的化学防治。对已受农药污染的土壤和茶树，采取的办法有：

① 用微生物降解。在厌氧条件下 DDT 能迅速分解，把土壤漫灌作为消除 DDT 残留物污染的一种手段。

② 利用添加剂减少土壤中农药残留。如用液态 NH_3 和金属 Na 混合剂处理 19 种农药，可解除 315 种化合物的毒性。

③ 种植吸附性强的植物。将土壤中农药残留吸收富集，再对植物进行处理。

④ 应用紫外线的光解作用。

土壤是农药在环境中的贮藏库与集散地，施入茶园的农药大部分残留于土壤环境介质中。研究表明，使用的农药，80%～90%的量将最终进入土壤。农药对土壤的污染，与使用农药的基本理化性质、施药地区的自然环境条件以及农药使用的历史等密切相关。不同农药，由于其基本理化特性的不同，其在土壤中的降解速率也不一样，从而决定了其在土壤中的残留时间也不一样。如有机氯杀虫剂的半衰期为 2～4 年，有机氯农药（如 DDT、HCH、三氯杀螨醇）和拟除虫菊酯类农药（如溴氰菊酯、氯氰菊酯、氰戊菊酯）的降解速度很慢，喷药后 1 d 内降解率低于 40%。有机磷杀虫剂半衰期为 0.02～0.20 年，如辛硫磷、敌敌畏、马拉硫磷的降解速度很快，在茶园常用的农药中，降解最快的有辛硫磷、二溴磷、敌敌畏、杀螟硫磷、马拉硫磷等品种，喷药后 1 d 内可降解 80%～90%。乐果、喹硫磷、乙硫磷、亚胺硫磷等农药次之，药后 1 d 内可降解 40%～80%。氨基甲酸酯类杀虫剂为 0.02～0.10 年，三嗪类除草剂为 1～2 年，苯酸类除草剂为 0.2～2.0 年。所谓农药的半衰期（$t_{1/2}$）是指农药降解 50%所需要的时间，用它来表示某种农药的降解速度。数字越小，表示降解速度越快；数字越大，表示该农药性质越稳定。一般而言，农药在土壤中的降解速率越慢，残留期就越长，就越容易导致对土壤的污染。农药选用时，充分考虑这些因素，可有效控制农药在土壤中的残留。

近年来农药残留降解研究包括微生物降解、臭氧降解、降解剂方法等，其中微生物的降解作用得到了较多的关注。通过微生物的富集培养、分离筛选等技术已经发现了很多能够降解农药的微生物。茶树叶面降残剂对茶树中残留的农药降解的研究也不少，应用稀土、$NaHCO_3$、腐殖酸钠、增产菌等单一的生物及化学制剂喷施茶树叶片，都表现出一定的降解效果。这方面的研究工作还在进一步的开展过程之中。

（四）化肥和有害微生物等污染的控制

针对化肥使用带来的污染原因，应严格选择使用的肥料种类，避免将含有存在污染的化学肥料用入茶园。强调无机与有机肥的结合使用，按平衡施肥的原则确定无机肥的施用量，掌握合适的肥料施用时间，有效地控制无机肥料可能对当地环境造成的不利影响。

茶叶生产过程的各环节所用材料、器具都要按照食品生产场所的卫生要求，改善茶叶生产场所的基本环境卫生条件与机具的卫生质量，建立与健全对从业人员健康、清洁厂房与机具，严格茶厂卫生管理制度，以防止和杜绝有害微生物污染茶叶。

第三节 有机茶园的生产与管理

现代工业的快速发展，带来了工业"三废"的大量排放，化肥、农药的不恰当使用，导致农业环境污染加剧，使土地持续生产能力下降，自然生态系统遭到破坏。污染物质迁移与恶性循环，通过受污染的食品、水源、空气直接危害到人们健康，人类生存环境受到了挑战。环境污染问题引起世界各国政府的极大关注，相继建立专门机构，制定相应的法令法规，严格限制化学产品在农业和食品行业的使用范围与数量，同时还大力倡导发展有机农业，生产没有污染的天然有机食品。为保证有机食品的安全生产，做出了一系列规定和要求。

一、有机茶生产的发展与意义

有机农业、有机食品的兴起，有机茶也应运而生，并且很快受到广泛关注。1988 年国家环保局南京环保所加入 IFOAM，同年开始有机绿茶试点开发，1990 年浙江省茶叶进出口公司第一次将中国有机茶出口到欧洲，标志着中国有机农业的正式起步。1994 年 10 月国家环保局有机食品发展中心（OFDC）成立，1995 年 4 月国际有机作物改良协会（OCIA）在我国环保局有机食品发展中心成立了中国分会，中国分会先后制定了《有机食品标志管理章程》《有机食品生产和加工技术规范》和《有机产品认证标准》，与国际通行标准接轨。1996 年中国农业科学院茶叶研究所参加了 IFOAM 组织，1998 年 4 月由国家环保局有机食品发展中心授权，在杭州成立了 OFDC 全国有机茶开发分中心，1999 年在杭州成立了中国农业科学院茶叶研究所有机茶研究与发展中心（OTRDC），并先后协助浙江省和农业部制定了我国第一个地方标准《有机茶》（DB33/T 266—2000）和农业行业标准《有机茶产地环境条件》（NY 5199—2002）、《有机茶生产技术规范》（NY/T 5197—2002）、《有机茶加工技术规程》（NY/T 5198—2002）和《有机茶》（NY 5196—2002），为我国有机茶产业的发展奠定了良好的基础。2003 年起，国家有关部门开始起草有机产品国家标准，于 2005 年发布了《有机产品》（GB/T 19360—2005）等系列标准，经过一段时间的使用，于 2011 年进行了修订并发布了新的《有机产品》（GB/T 19360—2011）等系列标准，成为我国有机产品的国家标准。以此，我国有机产品包括有机茶的相关法规和监督管理体系已经建立，为保障该行业的健康发展提供了基础。

有机茶生产作为一种在生产过程中不使用化学合成物质、采用环境资源有益技术为特征的生产体系，正逐渐成为提高茶叶质量和竞争力、保护生态环境、节约自然资源的重要生产方式，受到各级政府、企业和茶农的广泛重视。据不完全统计，到 2011 年 12 月中国有机茶园面积（含有机转换）已超过 4.5 万 hm^2，有机茶产量达 3.5 万 t，认证的企业超过 700 家。

二、有机茶产品质量要求与基地选择

有机茶对产品质量要求最高，因此，对基地选择的要求也高。环境条件优越的茶叶生产基地是生产优质产品的基础，尤其是现阶段一些有机茶生产调控措施还未能有效解决出现的问题，基础的选择显得更为重要。

（一）有机茶产品质量要求

2002年7月农业部发布了《有机茶》的农业行业标准（NY 5196—2002），并于2002年9月开始实施。在这一标准中对有机茶产品质量的基本要求、感官品质、理化品质、卫生指标、包装净含量允差都做了具体的规定。

1. 基本要求　产品具有各类茶叶的自然品质特征，品质纯正，无劣变，无异味；产品洁净，且在包装、贮藏、运输和销售过程中不受污染；不着色，不添加人工合成的化学物质和香味物质。

2. 感官品质　各类有机茶的感官品质应符合本级实物标准样品品质特征或产品实际执行的相应常规产品的国家标准、行业标准、地方标准或企业标准规定的品质要求。

3. 理化品质　各类有机茶的理化品质符合产品实际执行的相应常规产品的国家标准、行业标准、地方标准或企业标准的规定。

4. 卫生指标　有机茶的卫生指标有表7-13所列的一些项目内容。

表7-13　有机茶卫生指标

项目	指标/(mg/kg)	项目	指标/(mg/kg)
铅（以Pb计）	≤2，紧压茶≤5	溴氰菊酯（deltamethrin）	<LOD[a]
铜（以Cu计）	≤30	甲胺磷（methamidophos）	<LOD[a]
六六六	<LOD[a]	乙酰甲胺磷（acephate）	<LOD[a]
滴滴涕	<LOD[a]	乐果（dimethoate）	<LOD[a]
三氯杀螨醇（dicofol）	<LOD[a]	敌敌畏（dichlorovos）	<LOD[a]
氰戊菊酯（fenvalerate）	<LOD[a]	杀螟硫磷（fenitrothion）	<LOD[a]
联苯菊酯（biphenthrin）	<LOD[a]	喹硫磷（quinalphos）	<LOD[a]
氯氰菊酯（cypermethrin）	<LOD[a]	其他化学农药	<LOD[a] 视需要检测

注：LOD表示仪器最小检出量；a. 指定方法检出限；引自《有机茶》（NY 5196—2002）。

（二）有机茶基地的选择

与第二节中无公害茶生产技术要求一样，有机茶生产有对产地环境的要求和生产措施上的特殊要求。从表7-7、表7-8、表7-9中不难看出，有机茶基地对土壤、大气、灌溉水源等的指标都比无公害茶、绿色食品茶高，因此，有机茶生产基地的选择要求就更高。

选作有机茶生产的基地，必须空气清新、水质纯净、土壤未受污染、土质肥沃、茶种优良、周围林木繁茂。有机茶园与交通干线的距离在1 000 m以上。茶园水土保持良好，生物多样性指数高，具有较强的可持续生产能力。有机茶园与常规农业生产区域之间有明显的边界和隔离带，以保证有机茶园不被污染，隔离带以山和自然植被等天然屏障为宜，也可以是按有机农业生产方式人工营造的树林和农作物。有机茶园周围不能有大气污染源，地表水、地下水的水质清洁、无污染，基地上游无污染源，生产、生活用水符合有机食品的水质量标准，周围没有金属或非金属矿山或农药的污染，土壤肥力较高，质地良好，土壤检测符合有机食品的土壤标准，环境空气质量、土壤质量和灌溉水质量都必须达到标准《无公害食品有机茶产地环境条件》（NY 5199—2002）中规定（表 7 - 7、表 7 - 8、表 7 - 9）。

根据这些要求，在基地选择时可综合考虑以下几点：

① 基地应远离工业区、城镇、交通干道，基地附近及上风口以及河道上游无污染源。

② 茶园土壤背景及理化性状较好，没有严重的化学肥料、农药、重金属污染史。

③ 生产基地的空气清新，生物植被丰富，周围有较丰富的有机肥源。

④ 生产基地的生产者、经营者具有良好的生产技术基础，规模较大的基地，其周围要有充足的劳力资源和清洁的水资源。

有机食品生产中所用种子和苗木应来自有机农业生产系统，但在有机生产的初始阶段无法得到认证的有机种子和苗木时，可使用未经禁用物质处理的常规种子和苗木。禁止使用基因工程繁育的种子或苗木。已经建成的非有机茶园经转换而成为有机茶生产园，应选择抗逆力强的茶树品种（即抗病虫、抗寒冷、抗干旱等），生长势好的茶园，这对之后的生产管理十分有利。

三、有机茶园的土壤管理与施肥

有机茶园的土壤管理和施肥，必须符合有机农业生产的要求，它与其他无公害茶园相比管理要求高，在不能施用化学肥料的情况下满足茶树生长的需要，使生产得以可持续发展，是人们正努力解决的问题。

（一）有机茶园的土壤管理

生产有机茶不仅要选择自然肥力高的土壤，而且在生产过程中要尽可能地依靠加强土壤管理来保持和提高土壤肥力，保证茶树生长营养的需要。土壤管理的主要内容包括了土壤覆盖、水土保持、耕作除草、疏松与培肥土层，等等。

1. 茶园行间铺草覆盖　茶园行间铺草是有机茶生产中一项最重要的土壤管理措施。茶园行间铺草可以减缓地表径流速度，促使雨水向土层深处渗透，防止地表水土流失，增加土层蓄水量，抑制杂草生长，有利土壤生物繁殖，增加土壤有机质含量，提高土壤肥力。此外，它还可以稳定土壤的热变化，夏天可防止土壤水分蒸发，冬天可保暖防止冻害。在有条件的地方，铺草量应不少于 15 000 kg/hm²，原料可利用山草、稻草、麦秆等，也可在茶园中或茶园旁的空地上种植。幼龄茶园提倡间种绿肥；生产茶园实行行间用秸秆、草料、厩肥等有机物覆盖或埋入土中，以增强土地有机质和生物活性。茶园行间铺草对减少水土冲刷、增加土壤有效养分、改良土壤、提高茶叶品质的效果是十分明显的（表 7 - 14、表 7 - 15）。严禁使用化学的除草剂、土壤改良剂。

表 7 - 14　不同坡度幼龄茶园的水土冲刷量

（吴银娥等，1978）

单位：t/hm²

坡度	植后第一年	植后第二年	植后第三年	三年合计
5°	74.72	48.09	24.66	147.47
20°	250.61	195.64	64.73	510.98

表 7 – 15 不同水土保持方法的防止水土冲刷效果

(吴银娥等，1978)

单位：t/hm²

试验地号	坡度 5°			坡度 20°		
植茶年份	第一年	第二年	第三年	第一年	第二年	第三年
铺稻草	6.13	2.68	1.37	40.38	27.42	4.47
种绿肥*	6.67	7.20	2.68	33.87	36.92	8.54
间作**	40.98	27.69	17.70	176.49	—	—

* 种绿肥为冬播燕麦，春割后铺于茶行间；第二年播宇氏绿肥，秋割后铺于茶行间；第三年不种。

* *间作物为花生和黄豆，于春播，秋收后秸秆铺于茶行间，第三年不间作。

2. 精耕细作，勤除杂草 生产有机茶的茶园大多水热条件好，四周生态条件也好，杂草极易滋长。杂草不仅能与茶树争光、争肥、争水，又是病虫栖息的场所和传播的媒介，一有疏忽就会造成草荒，必须及时去除。由于不能用除草剂喷杀，只能采用勤浅耕、勤削草，以人工方法除灭，这对于一些没有条件铺草的茶园尤为重要。一般，春茶开采前要进行一次浅耕削草（10 cm 左右），清除越冬杂草。春茶结束后浅耕削草，可疏松被采茶时踏实的表土，同时可推迟夏草生长。6 月，在长江中下游广大地区正是梅雨季节，杂草生长快，一般在梅雨结束时，要进行一次浅耕除草。8～9 月是秋草生长、开花结籽时期，这时除草对防止第二年杂草生长有重要意义，要抓紧进行。因此，没有铺草条件的有机茶生产茶园，尤其是行间空间大的茶园，一年 4 次浅耕除草是不可少的。除草要选择晴朗的天气进行，把杂草晒干，使它失去再生能力，同时也可起到杀虫消毒作用。经过暴晒后的杂草翻埋作为肥料，以提高土壤肥力。秋冬季节，要结合施基肥进行一次行间深耕（20～30 cm），把覆盖草料深埋土壤，深耕时要做到行中深、根际浅，以便做到不伤根或少伤根。如果种植时深耕施肥的基础工作较好，成园后行间土壤根系密度大，茶行宽郁闭度高，行间杂草少，土壤较疏松的茶园，可以采取免耕的方法。所谓免耕，也不是绝对不耕。即在茶树生长的一定周期内进行耕作。一般做法是每年把大量的有机肥和枯枝落叶、生草等铺在行间，防止土壤裸露。使土壤上的有机层保持松软富有弹性，防止采茶人员对土壤的直接踩踏镇压。每当茶树进行重修剪时进行一次深耕，把土表的有机层翻入土中，这样周期性地进行。

3. 茶园蚯蚓饲养 蚯蚓能吞食茶园枯枝烂叶和未腐解的有机肥料变成粪便，促进土壤有机物的腐化分解，加速有效养分的释放，提高土壤肥力。蚯蚓在土壤中的活动，可疏松土壤，增加土壤的孔隙度，有利茶根的生长。蚯蚓躯体还是含氮很高的动物性蛋白，在土壤中死亡腐烂，是很好的有机肥料。茶园饲养蚯蚓优点很多，如能克服茶园土壤贫瘠、干燥等不利影响因素，实现生产应用性养殖，则对有机茶生产的土壤管理是十分有效的措施。现一些经验介绍的具体做法是分两个步骤进行蚯蚓养殖。先在蚯蚓床中培养虫种，然后放养接种茶园。

虫种培养是先在茶园地边挖几个长 3～4 m、宽 1.0～1.5 m、深 30～40 cm 的坑，坑底铺上 10 cm 左右较肥的土壤。壤土上放少量经堆腐的枯枝烂叶、青草、谷壳、畜栏粪便及厨房垃圾等作为蚯蚓的食料，做成蚯蚓床。在食料上再铺上 10～15 cm 的肥土，每天浇点水，使蚯蚓床保持 50%～60%的含水量，约过半个月食料充分腐烂，然后到肥土地里挖取收集蚯蚓，挖开蚯蚓床的盖土，把收集到的蚯蚓接种到蚯蚓床内，每平方米接种 30～50 条。以后经常浇水，保持床内湿润，经过数月后，蚯蚓开始在床内大量生长、繁衍，可做茶园接种用。

完成上一步骤后，可将蚯蚓放养茶园。先在茶园行间开一条宽 30～40 cm，深 30 cm 的放养沟，沟里铺放堆沤肥、草肥、栏肥、茶树枯枝落叶、稻草等物，加上少量表土拌和均匀。然后挖出事先准备好的蚯蚓床中的蚯蚓、蚯蚓粪便及未吃光的剩余的枯枝落叶等杂物一起分撒到茶园放养沟中，盖上松土，浇水，让蚯蚓逐步自然生长，繁衍。每年结合茶园施基肥，检查一次蚯蚓生长情况并加稻草、杂草、枯枝落叶等蚯蚓的食料，如发现蚯蚓生长不良，要继续接种，直到继续生长为止。

除了以上所提三项土壤管理工作外，要充分发挥茶树自身物质循环的优势，大力推广修剪枝叶回归茶园的措施。因为修剪是茶树栽培的重要措施，修剪下来的枝叶有机质含量很高，养分含量丰富，是茶园很好的有机肥源。每年修剪下来的枯枝落叶都要设法归还给土壤，可直接作为肥料深翻入土，也可作为茶园土壤覆盖物铺于土壤表面。这是茶树依靠自身物质循环，使无机物变有机物，自力更生解决有机茶肥源的一种有效方法。有条件的地方提倡茶园培土，适时耕作，增加土层厚度，熟化土壤，促进茶园土壤的持久生产能力。

（二）有机茶园的施肥

一般的施肥方法与非有机茶园相同，由于在有机茶生产中肥料品种有很大的限制，为了确保有机茶生产的高产优质，有机茶园的肥料施用要特别重视绿肥的种植利用与有机肥的无害化处理。

1. 有机茶园的绿肥种植　幼龄茶园和改造茶园除了施用农家有机肥之外，必须十分强调和重视茶园农作的间作，如间作豆科植物。一方面可防止茶园水土流失，改善生态条件，另一方面可生产一定量的有机肥。成年茶园，茶园已封行，行间已不可能再进行间作，可充分利用茶园周边地块进行有机肥的生产，除了豆科作物，可考虑高光效牧草的引进，通过经常性的刈割，获得较高产量的有机物，还可通过增加新的循环，延伸产业链，促进生产的发展。如用牧草进行畜牧饲养，动物粪便用于茶园，形成良性的生产循环。

种植绿肥是有机茶园的主要有机肥源。茶园种植绿肥，要避免与茶树争肥、争水、争光等现象的发生，要根据绿肥习性、茶园土壤特点、茶树年龄及气候特点等因素，因地制宜地选好绿肥种类和合适的品种。1～2 年生幼龄茶园和改造茶园，可选择种植的绿肥品种较多，可以是高大的牧草，也可以是豆科作物，通过管理好绿肥，同时管理好茶园，既不妨碍茶树生长，又有利于水土保持。茶园四周的坎边绿肥以选用多年生绿肥为主，长江以北茶区可种紫穗槐、草木樨；华南茶区可选用爬地木兰、无刺含羞草；长江中下游广大茶区可选用紫穗槐、知风草、霜落、大叶胡枝子等。

有机茶园间作绿肥的主要目的是改良茶园土壤理化性质，不断提高茶园土壤肥力，从而促进茶树生长，为有机茶创造良好的土壤条件。有机茶园间作绿肥，既要使绿肥高产优质，又不妨碍茶树本身的生长发育，因此必须合理间作。

① 要不误农时，适时播种。这是茶园绿肥高产、优质的重要环节。我国大部分茶区，冬季少雨，气温较低，茶园冬季绿肥如果播种太晚，在越冬前绿肥苗幼小，根系又浅，抗寒抗旱能力弱，易遭危害，影响苗期成活率，从而也影响产量。如浙江茶区，茶园间作紫云

英，以秋分至寒露之间播种为宜。在适宜的播种期内，如水分和气候条件许可，要力争早播，有利于产量和品质。

② 间作绿肥应不影响茶树生长，应合理密植，因地制宜。如果间作密度过大，会影响茶树的生育，间作太稀，则不能充分利用行间空隙，绿肥产量低，改土效果受影响。不同绿肥品种，其生长高度、枝叶密度不同，因此合理密植应视不同绿肥生育状况加以调整。有研究表明，农作物通过根瘤菌接种，可提高绿肥品质。在新垦茶园或换种改植茶园土壤中，能与各种豆科绿肥共生的根瘤菌很少，茶园间作绿肥产量不高，品质也差，因此在茶园间作绿肥时，选用相应的根瘤菌接种，可起一定的效果。一般红壤茶园中，由于钼的含量低，导致绿肥根瘤菌发育不良，固氮能力弱。如果在根瘤菌接种时拌以钼肥，可大大提高绿肥固氮能力。据贵州省茶叶研究所的试验，茶园间作春大豆，用钼肥拌根瘤菌播种，绿肥的固氮能力可提高 25.8%～28.5%。各种绿肥，尤其是夏季绿肥中的高秆绿肥，株体高大，后期生长迅速，吸收能力强，常会妨碍茶树正常生长。这时，就需要通过刈青来解决。据福建省农业科学院茶叶研究所的试验，在旧式茶园中间作大叶猪屎豆等高秆绿肥，如果不及时刈青利用，对夏、秋茶影响很大，可减产 50% 左右，如及时数次刈割埋青，可使茶叶产量提高 17%～23%，效果显著。

2. 有机肥料的无害化处理　有机茶园的施肥以有机肥为主，辅以矿物源肥料、微量元素肥料和微生物肥料。有机肥要经过无害化处理，商品有机肥要经有机认证机构认证。微量元素肥料在确认茶树有潜在缺素危险时作为叶面肥喷施。微生物肥料应是非基因工程产物。禁止使用化学肥料和含有毒、有害物质的城市垃圾、污泥和其他物质等。严禁使用未经腐熟的新鲜人粪尿、家禽粪便，这类肥料的施用必须经过无害化处理，以杀灭各种寄生虫卵、病原菌、杂草种子，使之符合有机茶生产规定的卫生标准。外来农家有机肥以及一些商品化有机肥、活性生物有机肥、有机叶面肥、微生物制剂肥料，必须得到有机食品认证机构颁证才可使用。施用天然矿物肥料，必须查明成分及含量，原产地、贮运、包装等有关情况，确认属无污染、纯天然的物质后方可施用。

有机肥料无害化处理方法很多，有物理、化学和生物方法三种。物理法如暴晒、高温处理等，这种方法效果好，但养分损失大，工本高；化学方法是采用添加化学物质除害，在有机农业中不能采用；生物方法是用接菌后进行堆腐、沤制，使其高温发酵，属简单易行效果较好的方法，主要有 EM 堆腐法、发酵催熟堆腐法、工厂化无害化处理等。

（1）EM 堆腐法。EM 是多种活性好氧和厌氧的有效微生物群（effective micro-organism），主要是光合细菌、放线菌、酵母菌、乳酸菌等组成，在农业和环保上有广泛的用途。它具有除臭、杀虫、杀菌、净化环境、促进植物生长等多种功能，用它处理人、畜粪便作为堆肥，可以起到无害化作用，具体做法如下：

从市场上购买 EM 原液，按表 7-16 配方稀释备用。

表 7-16　堆肥用 EM 稀释配方

（许允文等，2001）

物质名称	清水	蜜糖或红砂糖	米醋	烧酒（含酒精 30%～35%）	EM
稀释比例	100 mL	20～40 g	100 mL	100 mL	50 mL

将人、畜禽粪便风干使含水量达30%～40%。

取稻草、玉米秆、青草等物料，切成1.0～1.5 cm长的碎块，加少量米糠拌和均匀，作为堆肥时的膨松剂。

把稻草等膨松物与粪便重量按1∶10的比例混合搅拌均匀，并在水泥地上铺成长约6 m，宽约1.5 m，厚20～30 cm的肥堆。

在肥堆上薄薄地撒上一些米糠或麦麸等，洒上制备好的EM配方稀释液，每1 000 kg肥料洒1 000～1 500 mL EM稀释液。

按同样的方法，在其上再铺第二层。每一堆肥料铺3～5层后上面盖好塑料布，使发酵。当肥料堆内温度升到45～50 ℃时翻一次，堆制中一般要翻动几次。当肥料中长有许多白色的霉毛，并有一种特别的香味时就可以施用了。EM堆腐法一般夏季需7～15 d，春季需15～25 d，冬季的时间要更长。水分过多会使堆肥失败，会有恶臭味，各地要根据自己的具体条件反复试验，不断摸索经验。

（2）自制发酵催熟堆腐法。买不到EM原液，可采用自制发酵催熟粉代用。

首先要做的是发酵催熟粉的制备。准备好以下原料：米糠、油粕（油料种子经榨油后的残渣）、豆渣（各种豆类制造豆制品后的残渣）、泥类或草炭粉或石粉、酵母粉。

接着按表7-17配方配好发酵催熟剂并进行发酵，具体是先将糖类放于水中，搅拌溶解后，加入米糠、油粕、豆渣和酵母粉，经充分搅拌混合后堆入，于30 ℃以下的温度下，保持30～50 d使之发酵。然后用草炭粉或沸石粉按1∶1的比例掺和稀释，仔细搅拌均匀即可。

表7-17　发酵催熟剂配料表

（许允文等，2001）

单位：%

成分	米糠	油粕	豆渣	糖类	水	酵母粉
重量百分数	14.5	14	13	8	50	0.5

再次是将材料进行堆制。先将粪便风干，使其水分散发达30%～40%时将粪便与稻草（切碎）等膨松物按重量10∶1比例混合，每100 kg混合肥中加入1 kg催熟粉，充分拌和均匀，堆积在肥舍内，成为高1.5～2.0 m的肥堆，使之发酵腐熟。堆积10 d后即行第一次翻混。翻混前（当时）肥堆表面以下30 cm处的温度达50～80 ℃，几乎无臭。每隔10 d进行第二、三次翻混，每次翻混时的肥堆温度比前次低10～20 ℃，第三次翻混后堆放3～10 d，即可施用，此时堆肥含水量约为30%。

（3）工厂无害化处理。在大型畜牧场和家禽场，因粪便较多，可采用工厂无害化处理。其工艺流程如下：

畜禽舍—粪便堆腐房—脱水（含水量为20%～30%）—消毒—除臭—配方搅拌—造粒—烘干—过筛—包装

3. 茶园有机肥使用要求　有机茶园肥料使用有特殊的要求，可以使用的有无公害化处理的堆肥、沤肥、厩肥、沼气肥、绿肥、饼肥及有机茶专用肥。有机肥料的污染物质含量应符合表7-18的规定，并经有机认证机构的认证。矿物源肥料、微量元素肥料和微生物肥料，只能作为培肥土壤的辅助材料。微量元素肥料在确认茶树有潜在缺素危险时作叶面肥喷施。

单位：mg/kg

项目	浓度限值
砷	≤30
汞	≤5
镉	≤3
铬	≤70
铅	≤60
铜	≤250
六六六	≤0.2
滴滴涕	≤0.2

注：引自 NY/T 5197—2002。

根据中华人民共和国农业行业标准《有机茶生产技术规程》（NY/T 5197—2002）规定，土壤培肥过程中允许和限制使用的物质见表 7 - 19。禁止使用化学肥料和含有毒、有害物质的城市垃圾、污泥和其他物质等。叶面肥根据茶树生长情况合理使用，但使用的叶面肥必须在农业部登记并获得有机认证机构的认证。叶面肥料在茶叶采摘前 10 d 停止使用。

表 7 - 19　有机茶园允许和限制使用的土壤培肥和改良物质

类　别	名　称	使用条件
有机农业体系生产的物质	农家肥	允许使用
	茶树修剪枝叶	允许使用
	绿肥	允许使用
非有机农业体系生产的物质	茶树修剪枝叶、绿肥和作物秸秆	限制使用
	农家肥（包括堆肥、沤肥、厩肥、沼气肥、家畜粪尿等）	限制使用
	饼肥（包括菜籽饼、豆籽饼、棉籽饼、芝麻饼、花生饼等）	未经化学方法加工的允许使用
	充分腐热的人粪尿	只能用于浇施茶树根部，不能用作叶面肥
	未经化学处理木材产生的木料、树皮、锯屑、刨花、木灰和木炭等	限制使用
	海草及其用物理方法生产的产品	限制使用
	未掺杂防腐剂的动物血、肉、骨头和皮毛	限制使用
	鱼粉、骨粉	限制使用
	不含合成添加剂的食品工业副产品	限制使用
	不含合成添加剂的泥炭、褐炭、风化煤等含腐殖酸类的物质	允许使用

（续）

类　别	名　称	使用条件
矿物质	经有机认证机构认证的有机茶专用肥	允许使用
	白云石粉、石灰石和白垩	用于严重酸化的土壤
	碱性炉渣	限制使用，只能用于严重酸化的土壤
	低氯钾矿粉	未经化学方法浓缩的允许使用
	微量元素	限制使用，只作为叶面肥使用
	天然硫黄粉	允许使用
	镁矿粉	允许使用
	氯化钙、石膏	允许使用
	窑灰	限制使用，只能用于严重酸化的土壤
	磷矿粉	镉含量不大于 90 mg/kg 的允许使用
	泻盐类（含水硫酸岩）	允许使用
其他物质	硼酸岩	允许使用
	非基因工程生产的微生物肥料（固氮菌、根瘤菌、磷细菌和硅酸盐细菌肥料等）	允许使用
	经农业部登记和有机认证的叶面肥	允许使用
	未污染的植物制品及其提取物	允许使用

注：引自 NY 5196—2002。

四、有机茶园病虫草害的调控

利用茶树自身的生长环境条件，通过采用农业措施、物理措施和生物防治等方法，建立合理的茶树生长体系和健康的生态环境，提高茶园系统内的自然生态调控能力，从而抑制茶园病虫害的暴发，不仅是有机茶生产过程中的一个重要技术环节，也是有机农业的一个重要原则。

以茶树为中心的茶园生态系统中，茶树、病虫及其天敌等形成了一个复杂的生物群落，它们通过营养循环的形式同时存在，互为依存，互为制约，并在一定条件下互相转化，保护好茶园环境的生态平衡以及重视茶园周围的生态环境有助于增加茶园生态系统的生物多样性，从而发挥茶园的自然调控能力。生物多样性对茶园有害生物的调节控制有两个方面：

① 生物多样性为多食性害虫提供广泛的食物和补充寄主，丰富了食物链的结构，有利于天敌发挥自然控制作用。

② 植被复杂、结构多样的生态环境，有利于淡化或免除害虫寻找寄主集中产卵繁殖，甚至复杂的生态环境条件改变了害虫的运动行为，迁出率高而定殖率低，从而减轻害虫的种群数量。如对假眼小绿叶蝉在不同生态条件下发生与消长的规律调查发现，茶园遮阴能显著抑制假眼小绿叶蝉的种群大发生；林、果树遮阴率是决定假眼小绿叶蝉种群密度的主要原因，而与地区间、树种间和天敌间无显著相关性；种群密度随遮阴率提高而降低。引起该虫在间作园中发生量低的主要原因是光照不足和雨露停留时间比纯茶园长，雨露抑制了假眼小绿叶蝉卵的孵化及低龄幼虫的成活，而光照不足又影响该虫的取食和产卵。

除生态条件外，农艺措施也会影响到茶园生物的多样性，从而影响到害虫与天敌的种类与数量。据对海拔 850～900 m、坡度 25°的两种不同垦殖方式的茶园进行调查，发现梯级茶园有害虫 10 种，非梯级茶园害虫有 5 种。主要害虫茶假眼小绿叶蝉在两种茶园均有，但非梯级茶园的数量仅为梯级茶园的 42.3%。天敌中，梯级茶园每米平均 9.8 头，非梯级茶园达 46.8 头。这是由于非梯级茶园环境优越，有利于天敌繁衍、栖息所致。

化学农药的使用破坏了生物多样性，研究结果表明，在生态控制的茶园，由于完全不使用化学农药，昆虫和蜘蛛的丰富度、多样性指数和均匀度均较大，综合防治的茶园次之，而主要靠化学防治的茶园，丰富度减少，多样性指数和均匀度降低，经常出现害虫暴发成灾现象。遵循防重于治的原则，从整个茶园生态系统出发，以农业防治为基础，综合运用物理防治和生物防治措施，创造不利于病虫草滋生而有利于各类天敌繁衍的环境条件，增进生物多样性，保持茶园生物平衡，减少各类病虫草害所造成的损失。

（一）有机茶园病虫草害的农业调控

1. 品种选择 换种改植或发展新茶园时，选用对当地主要病虫抗性较强的品种。

2. 合理间作 假眼小绿叶蝉发生严重地区，茶园不宜间作花生、猪屎豆、蚕豆等。不少果树、林木上的多种害虫，如蚜虫、粉虱、刺蛾、蓑蛾、卷叶蛾等也为害茶树，故应注意邻作和遮阴树的选择。对于茶园恶性杂草可采取人工除草。至于一般性杂草不必除净，保留一定数量杂草有利于天敌栖息，可调节茶园小气候，改善生态环境。

3. 正确施肥 正确施肥可以增进茶树营养，提高抗逆能力；反之，施肥不当，常可助长病虫的发生为害。如偏施化学氮肥，可使茶树枝叶徒长，抵抗力减弱，增加叶蝉、蚜、螨类吸汁型有害种群数量。根据日本的一项研究，偏施化肥，使茶芽中酸性氨基酸组分（如天门冬氨酸、天门冬酰胺、谷氨酸）与碱性氨基酸组分（缬氨酸、亮氨酸、异亮氨酸、赖氨酸、精氨酸、组氨酸、甘氨酸）的比例变小，特别是精氨酸的含量增加，有利于刺吸式口器害虫的发生。而当施用鱼粕肥（一种有机肥）1～2 年后，中碱性氨基酸，特别是精氨酸含量则明显减少，使之不利于刺吸式口器（蚜、蚧、螨类）的发生，虫口密度下降至经济危害水平之下。大量施用氮肥，还会加重茶饼病、茶炭疽病等的为害。而适当增施磷、钾肥，则可减轻茶饼病、炭疽病、赤星病、红锈病和茶叶螨类等的为害。据 Venkataramani 观察，10 年不施钾肥的茶园红锈病发病率高达 64.8%，而每年施 37 kg/hm² 钾的茶园发病率只有 1.3%，其原因是茶园缺钾易使茶树感染头孢藻而引发红锈病，但增施钾肥可提高茶树抗头孢藻的感染能力。另外，据国外研究，茶树缺乏营养、树势衰弱是引起螨类大发生的诱因。施氮过多螨类数增长快，叶片最适含氮量在 3.5%左右，超此水平，螨数将随之上升。叶片中磷的浓度与螨类种群密度呈负相关，以 0.4%左右为宜。钾可提高叶片对螨类的抗性。因此，使用氮、磷、钾复合肥可诱发植物对螨类的抗性。但也有报道认为茶橙瘿螨的繁殖力受到叶片中高含量氨基酸的抑制，可通过土施或喷施氮肥与化学防治相结合来控制茶橙瘿螨。增施有机肥，不利于蚜、螨类、叶蝉的发生与繁殖。

4. 适时排灌 云纹叶枯病、茶赤叶斑病、白绢病等常在干旱季节流行发生。因此，夏季灌溉抗旱，对防治上述病害的发生有明显效果。地下水位过高，茶树根病、红锈藻病和茶长绵蚧等病虫害发生较重。因此排水对上述病害也有明显的抑制作用。

5. 及时采摘 茶园中的某些害虫（如假眼小绿叶蝉、绿盲椿象等）不仅为害茶树嫩梢，而且在芽梢内部产卵；茶饼病、芽枯病、白星病、跗线螨、茶橙瘿螨、茶黄蓟马等多种病虫都在嫩叶上为害，通过分批多次采摘可以将大量上述病虫采下，起着直接去除病虫的作用。殷坤山等（1987）调查、统计了不同采摘标准对茶细蛾、茶蚜、假眼小绿叶蝉、茶跗线螨、茶橙瘿螨的采除率（表7-20）。采摘制度的改变还会引起优势害虫种群的变化，我国20世纪70年代贯彻留叶采摘制度，为茶细蛾提供了最适宜的产卵场所，曾使该虫一度在我国茶区严重发生；随着采茶机的普及，茶树新梢和叶片因机采而造成的伤口增多，导致轮斑病和梢枯症发生严重，但机采时因风力大吸进一些假眼小绿叶蝉，可减少叶蝉的虫口数量。

表7-20　不同采摘标准对5种害虫的采除率

（殷坤山等，1987）

单位：%

采摘标准	茶细蛾	茶蚜	假眼小绿叶蝉	茶跗线螨	茶橙瘿螨
芽	0	3.9	0	0.4	0
第一叶	15.5	40.5	10.1	46.3	13.3
第二叶	53.5	82.2	41.2	87.7	48.8
第三叶	92.6	97.7	85.5	98.6	67.5
第四叶	100.0	99.4	99.4	99.4	76.6

6. 修剪调控　在长白蚧、黑刺粉虱、地衣苔藓等为害严重的茶园，台刈是行之有效的防治方法。此外，轻修剪对钻蛀性害虫、茶树茎病和茶树上的卷叶蛾具有明显的防治作用。成龄茶园如过于郁蔽，需进行疏枝，使蓬脚通风，对抑制蚧类、粉虱类害虫发生有相当作用。茶园修剪、台刈下来的茶树枝叶，先集中堆放在茶园中或附近，待天敌飞回茶园后再处理。

7. 杂草防除　有机农业生产中，禁止使用化学除草剂。有机茶园的杂草防除应采用农业技术措施、生物防治等综合的方式来达防控茶园杂草的生长。如结合耕作施肥除草，在杂草结籽前削除，减少来年杂草的发生量；各种茶园覆盖，如地膜覆盖、铺草覆盖、修剪枝叶覆盖等；研制有机茶园中可用的生物制剂进行杂草的防控，等等。

（二）有机茶园病虫草害的物理调控

物理机械防治即利用各种物理因子、人工或器械防治害虫的方法。包括最简单的人工捕杀，直接或间接捕灭害虫；破坏害虫的正常生理活动，以及改变环境条件使害虫不能接受和容忍。物理机械防治既可用于预防虫害，也可在已经发生虫害时作为应急措施。

1. 直接捕杀　利用人工或简单器械捕杀害虫。如振落有假死习性的茶黑毒蛾、茶丽纹象甲；用铁丝钩杀天牛幼虫；对茶毛虫卵块、茶蚕、蓑蛾、卷叶蛾虫苞、茶蛀梗虫、茶堆沙蛀虫、茶木蠹蛾等目标大或危害症状明显的害虫也可采取人工捕杀的方法进行；对局部发生量大的介壳虫、苔藓等可采取人工刮除的方法防治。

2. 物化诱杀　利用多数昆虫的趋光性（图7-2），在灯下放置水盆，水面上滴少量洗衣粉，使害虫趋光落水而死。黑光灯为紫外光灯的一种，波长365 nm，诱虫效果比普通灯光强，能诱集多种昆虫。它除能诱杀雄蛾外，也能诱杀部分雌蛾；同时依灯诱蛾量的多少，还能较准确地掌握蛾的发生高峰。根据一年高峰出现的频率，基本上能了解害虫年发生代数，并能预测幼虫的发生期及下一代和翌年该虫的发生为害趋势。但灯光诱杀对一些有趋光性的有益昆虫也有一定的诱杀作用。

图 7-2　虫情测报灯

（孙威江，2007）

利用某些害虫的趋化性，在诱蛾器皿内置糖、醋、酒液，可诱杀多种害虫。用牛、马粪可诱集蝼蛄。有些颜色，如黄色对有翅茶蚜、假眼小绿叶蝉、茶叶蓟马有一定引诱力，可利用黏性黄皿、黄板诱杀作为测报和防治的措施。

用昆虫性外激素防治害虫，主要是采取直接诱杀和干扰交配两种方式。诱捕法是在一定区域内使用足够数量的诱捕器，并使诱得的雄虫多于雌虫，从而使田间雌虫保持不孕状态，降低下一代的虫口数量。干扰交配即迷向法，其依据是在田间释放大量性外激素，破坏雌、雄虫之间的正常信息联系，使雄虫失去寻找雌虫的定向能力，从而不能进行交尾。这种方法的效果主要受单位面积内性外激素多少的影响。如日本在生产上已经开始利用茶卷叶蛾的性外激素干扰和防治茶卷叶蛾。实际生产中也可将未交配的活体雌虫如茶尺蠖、黑毒蛾固定在一小笼中，下置水盆，利用其释放的性外激素诱杀求偶雄虫。也可采集一定数量的未经交配的雌蛾，剪下腹部末端几节，用二氯甲烷、二氯乙烷、二甲苯或丙酮等溶剂浸泡、捣碎、过滤，将滤液稀释再喷到用过滤纸做成的诱芯上。对于茶毛虫、茶小卷叶蛾等害虫，已人工合成了性诱剂，用橡皮塞做成诱芯。诱芯中间穿一铅丝，搁在一水盆上，盆内盛水，并加入少量洗衣粉，每天傍晚放在茶园，可诱集大量雄蛾。

3. 生物防治　生物防治是利用有害生物的天敌对有害生物进行调节、控制，使农业生产的质量损失和经济损失减少到最低程度的一种方法。它具有对人、畜无毒，不污染环境，对作物及其他生物无不良影响，有比较长期的效果等优点。缺点是由于天敌本身也是一种生物，专化性强，防治种类不多，受环境（特别是湿度）影响较大，并且见效缓慢。

生物防治可通过改善茶园生态条件，增加茶园生物多样性，如种植杉棕、苦楝等行道树和遮阴树，或采用茶林间作、茶果间作；在梯坎和梯壁上种植绿肥或护坡植物，梯壁杂草以割代锄，茶园内保留一些非恶性杂草，在幼龄茶园或更新改造后茶园种植绿肥，夏、冬季茶园铺草覆盖等均可给天敌创造良好的栖息、繁殖场所。保护和利用当地茶园中的草蛉、瓢虫和寄生蜂等天敌昆虫，以及蜘蛛、捕食螨、蛙类、蜥蜴和鸟类等有益生物，减少人为因素对天敌的伤害。在进行茶园耕作、修剪等人为干扰较大的农活时给天敌一个缓冲地带，减少天敌损伤。利用培植植物来防治茶园害虫，也是一种生态调控方法，即在茶园环境中创造出不利于害虫生存而有利于天敌持续发挥控制作用的方法。培植植物治虫是指种植能够毒杀、驱除、引诱害虫或诱集、繁殖天敌的植物在作物的四周、行间，以防治作物的害虫。这在国内外已有研究和利用。

① 培植植物驱除害虫。如利用除虫菊、烟草、薄荷、大蒜等对蚜虫都有较强的忌避作用。

② 培植植物助长天敌。许多天敌昆虫需要补充营养，特别是一些大型寄生性天敌，如姬蜂若缺少补充营养就会影响卵巢发育，甚至失去寄生功能。小型寄生蜂如有补充营养也能延长寿命增加产卵量。一些捕食性天敌如瓢虫和螨类在缺少捕食对象时，花粉和花蜜也是一类过渡食物。因此在园地边适当种一些蜜源植物能够诱引一些天敌。

很多寄生蜂早期因找不到寄主而死亡，及至害虫发生时，由于天敌的基数低而不能充分发挥作用。一些捕食性天敌在早期也有滞后现象，即发生时间比害虫迟。为克服此现象，利用培植植物，"以害繁益"可使作物上天敌得到大量补充，起到与害虫同步发展"以益灭害"的作用。

因此，在已封行的茶园中留一定面积种植繁殖天敌的培植植物，保证培植植物一定的覆盖度（分批播种，做好管理），结合其他生态调控措施及农业、生物和物理防治方法，就可以起到非农药持续防治害虫的作用。

有机茶允许有条件地使用生物源农药，如微生物源农药、植物源农药和动物源农药。有机茶园主要病虫害及防治方法见表7-21。有机茶园病虫害防治允许、限制使用的物质与方法见表7-22。

表 7-21 有机茶园主要病虫害及其防治方法

病虫害名称	防治时期	防治措施
假眼小绿叶蝉	5～6月、8～9月若虫盛发期，百叶虫口：夏茶5～6头，秋茶＞10头时施药防治	1. 分批多次采茶，发生严重时可机采或轻修剪 2. 湿度大的天气，喷施白僵菌制剂 3. 秋末采用石硫合剂封园 4. 可喷施植物源农药：鱼藤酮、清源保
茶毛虫	各地代数不一，防治时期有异，一般在5～6月中旬，8～9月。幼虫3龄前施药	1. 人工摘除越冬卵块或人工摘除群集的虫叶；结合清园，中耕消灭茧蛹；灯光诱杀成虫 2. 幼虫期喷施茶毛虫病毒制剂 3. 喷施Bt制剂；或喷施植物源农药：鱼藤酮、清源保
茶尺蠖	年发生代数多，以第三、四、五代（6～8月下旬）发生严重，每平方米幼虫数＞7头即应防治	1. 组织人工挖蛹，或结合冬耕施基肥深埋虫蛹 2. 灯光诱杀成虫 3. 1～2龄幼虫期喷施茶尺蠖病毒制剂 4. 喷施Bt制剂或用植物源农药：鱼藤酮、清源保

（续）

病虫害名称	防治时期	防治措施
茶橙瘿螨	5月中下旬、8～9月发现个别枝条有为害状的点片发生时，即应施药	1. 勤采春茶 2. 发生严重的茶园，可喷施矿物源农药：石硫合剂、矿物油
茶丽纹象甲	5～6月下旬，成虫盛发期	1. 结合茶园中耕与冬耕施基肥，消灭虫蛹 2. 利用成虫假死性人工振落捕杀 3. 幼虫期土施白僵菌制剂或成虫期喷施白僵菌制剂
黑刺粉虱	江南茶区5月中下旬，7月中旬，9月下旬至10月上旬	1. 及时疏枝清园、中耕除草，使茶园通风透光 2. 湿度大的天气喷施粉虱真菌制剂 3. 喷施石硫合剂封园
茶饼病	春、秋季发病期，5 d 中有 3 d 上午日照 < 3 h，或降水量为 2.5～5.0 mm，芽梢发病率 > 35%	1. 秋季结合深耕施肥，将根际枯枝落叶深埋土中 2. 喷施多抗霉素 3. 喷施波尔多液

注：引自 NY 5197—2002。

表 7-22　有机茶园病虫害防治允许或限制使用的物质与方法

种　类		名　称	使用条件
生物源农药	微生物源农药	多抗霉素（多氧霉素）	限量使用
		浏阳霉素	限量使用
		华光霉素	限量使用
		春雷霉素	限量使用
		白僵菌	限量使用
		绿僵菌	限量使用
		苏云金杆菌	限量使用
		核型多角体病毒	限量使用
		颗粒体病毒	限量使用
	动物源农药	性信息素	限量使用
		寄生性天敌动物，如赤眼蜂、昆虫病原线虫	限量使用
		捕食性天敌动物，如瓢虫、捕食螨、天敌蜘蛛	限量使用
	植物源农药	苦参碱	限量使用
		鱼藤酮	限量使用
		除虫菊素	限量使用
		印楝素	限量使用
		苦楝	限量使用
		川楝素	限量使用
		植物油	限量使用
		烟叶水	只限于非采茶季节

（续）

种　类	名　　称	使用条件
矿物源农药	石硫合剂	非生产季节使用
	硫悬浮剂	非生产季节使用
	可湿性硫	非生产季节使用
	硫酸铜	非生产季节使用
	石灰半量式波尔多液	非生产季节使用
	石油乳油	非生产季节使用
其他物质和方法	二氧化碳	允许使用
	明胶	允许使用
	糖、醋	允许使用
	卵磷脂	允许使用
	蚁酸	允许使用
	软皂	允许使用
	热法消毒	允许使用
	机械诱捕	允许使用
	灯光诱捕	允许使用
	色板诱杀	允许使用
	漂白粉	限制使用
	生石灰	限制使用
	硅藻土	限制使用

注：引自 NY 5197—2002。

复习思考题

1. 冻害、寒害的类型及影响因素有哪些？

2. 简述茶树产生寒、冻害的机理及其防御技术。

3. 简述干旱胁迫对茶树的影响及其防御技术措施。

4. 简述茶树湿害的防御技术。

5. 试述欧盟和日本茶叶农药残留限量标准的发展趋势。

6. 影响茶叶农药残留量的因子有哪些？

7. 试述无公害茶叶基地建设与生产技术。

8. 试述绿色食品的产地环境质量要求与选择。

9. 试述茶园污染源控制的主要措施。

10. 试述有机茶基地建设与生产技术。

11. 试述茶园生态调控技术。

12. 试述无公害茶、绿色食品茶和有机茶的概念和异同点。

茶叶采摘既是茶树栽培的收获过程，也是增产提质的重要栽培技术。茶叶采摘是否科学合理，直接关系到茶叶产量的高低、品质的优劣，同时也关系到茶树生长的盛衰、经济生产年限的长短。本章主要介绍了茶叶的采摘标准、手采技术和鲜叶贮运保鲜等内容。通过学习，要求能灵活掌握茶叶采摘中应处理好的几个关系；根据茶树的生物学特性、不同茶类和不同树龄、树势状况，科学地制定采摘制度，合理地制定采摘标准；掌握茶叶手采以及鲜叶科学贮运与保鲜的基本理论和技术要求。

第八章

茶 叶 采 摘

茶叶采摘既是茶叶生产的收获过程，也是增产提质的重要树冠管理措施。茶树栽培和采摘合理与否决定茶树新梢生育状况，进而影响芽叶多少与原料的质量，最后影响茶园单位面积产量的高低与品质的好坏。采摘的同时，必须考虑到树体的培养，以维持较长的、高效益的生产经济年限。深刻认识采摘对茶树生育带来的变化，了解各种不同的采摘标准和采摘技术，做好采收过程中的各项管理工作，是本章主要阐述的内容。

第一节　茶叶的采摘标准

采摘标准是根据茶树生育和茶类要求从新梢上采下芽叶的大小标准。我国茶区广阔，茶类丰富，采摘标准不尽相同，确定标准的因素很多。根据茶类生产的原料要求、市场供求关系、芽叶的化学成分、茶树的生育状况以及新梢生育特点等因素科学制定采摘标准，以求获得持续的高产、优质和高效益。

一、茶叶的合理采摘

茶叶采摘的对象是茶树新梢上的芽叶，芽叶征状随着外界环境条件的变化、茶树品种的不同和栽培技术的差异而变化。在新梢上采收芽叶，依不同条件可迟可早，可长可短，可大可小，没有固定的标准。因采期不同、采法不同，获得的芽叶征状和性质不同，并影响到当时茶树或后期茶树的产量和品质，所以合理采摘尤为重要。我国茶区辽阔，茶类繁多，形成了与各自相适应的各种采摘制度。如何才算合理采摘，难以形成统一的衡量标准。但从目前国内外茶叶生产的发展和对于多数茶类而论，合理采摘是指通过人为的采摘，协调茶叶产量和品质之间的矛盾，协调茶树生育各方面的矛盾，协调长期利益和短期利益的矛盾，取得持续高产优质的制茶原料，实现茶园长期良好的综合效益。在生产实践中，合理采摘需处理好采摘与留养、采摘质量与数量、采摘与管理等相互间的关系。

（一）茶叶采摘与留养

茶叶采摘与留养，与茶树生育生存有着十分密切的关系。芽叶既是采摘对象，又是茶树的营养器官，采摘新生的芽叶，必然会减少茶树光合叶面积，如果强采，留叶过少，会增加茶园的漏光率，从而降低茶树的光合作用，减少有机物质的形成和积累，影响整株营养芽的萌发和生育。如幼年茶树过早过强采摘，易造成茶树生育不良，茶树早衰，有效经济年限缩短等问题。另一方面，如果成龄茶园留叶过多，或不及时采去顶芽和嫩叶，不但因采得少降低茶叶产量，而且会多消耗水分和养料，又由于树体叶片过多，树冠郁闭，中、下层着生的叶片见光少，对光合作用不利，营养生长也差，容易造成分枝少，发芽稀疏，生殖生长增强，花果增多，从而影响着茶叶产量和品质。

从茶树树体自养考虑，茶树的采收应有一定的留叶制度，否则难以实现持续高产优质。但留叶过多，又会影响茶叶生产。新留下的叶片，光合能力弱，呼吸强度大，只有当叶片定型、生长至少30 d左右，光合强度才达到较高水平，有较多物质积累。唐明德等人（1986）对茶树留养叶的光合特性研究表明，留2叶采与留1叶采的光合能力相近，即多留1叶在同一枝梢上，光合积累并非呈累加关系，因生育前后的时间差及上下叶片的相互遮蔽，留养2叶不但产量受影响，同时也不能发挥留养叶最大的光合效能；留养鱼叶，其光合功能与正常叶相近。因此，采摘上强调留鱼叶采，一方面可以减少干茶中的黄片，同时又能发挥其光合潜能。

因各季采摘方法不同，留叶数量也不同，对茶树生育、产量和品质都有不同的影响。根据不同茶类对鲜叶原料的要求，运用合理的采摘制度，因地、因时、因茶类制宜进行合理采摘，茶树既可维持长期健壮，又可获得高产、优质的原料和较长的经济年限。通过合理采摘，使全年产量分布较均匀，有效调节全年劳动力的安排，达到增产增收。

采与留是矛盾的对立统一体。要协调这一矛盾，在生产上要做到既要采又要留，留叶是为了多采，采叶必须考虑留叶。茶树新梢上开展的叶片，因迟早、展叶多少、叶片大小和老嫩都有不同，光合作用的强度也不同。试验结果表明，合理采摘就是在新梢生长到一定程度时，适当采去顶芽（或驻芽）以及若干张细嫩叶片，留下鱼叶或1～2片真叶在新梢上。生产上具体应留多少叶为适度，什么季节留，没有固定不变的标准，这要根据制茶原料的要求及品种、叶片寿命、树龄和树势、茶园管理水平等因素而定。

（二）茶叶采摘的数量与质量

茶树是一种商品性极高的经济作物。因此，在生产中不但要求产量高，同时更要求质量好。茶叶采大采小，采嫩采老，采迟采早，都与茶叶的数量与质量密切相关。只有在采摘上强调量质兼顾，才能取得优质、高产、高效的效果。

生长势强的正常芽梢，在萌发生育过程中，从芽、一芽一叶到一芽多叶，每增加一叶，重量成倍增加，特别是从芽生育到一芽三叶增长的比例最大。根据王融初（1983）的研究（表8-1），福鼎大白茶从芽到一芽四叶的重量增加百分比调查结果表明，分别以芽、一芽一叶、一芽二叶为100％，则后一叶的生长量是前一展叶状态重量的1倍多；一芽三叶至一芽四叶的重量变化幅度比前几片叶增加要小，增重仅为50％左右，对不同品种的调查均有相似的结果。由此可见，除一些名优茶、特种茶对鲜叶有特别要求外，过嫩采摘会对产量带来很大的影响，少采一叶，意味减产近1倍。另外，一般采叶茶园的芽梢，相对一部分叶在展2～3张叶后便形成对夹，所以也不能都养到展叶3～4张后才开始采摘。这样不仅影响鲜叶质量，而且由于顶芽的存在，会抑制侧芽的萌发，进而减少芽叶萌发的数量，同样不能获得高产。如四川省叙永县后山茶场的生产调查（表8-2），在相同采摘面内，按不同标准采摘，同时采下对夹叶，以采一芽二叶的处理产量最高，其中一芽三叶、一芽四叶采摘处理的重量变化，主要是对夹叶重量的增加。

表8-1　各级芽梢增重的相对比较
（王融初，1983）
单位：％

比较对象	芽	一芽一叶	一芽二叶	一芽三叶	一芽四叶
芽	100.0	271.4	500.0	1 157.1	1 771.0
一芽一叶		100.0	184.2	426.3	652.6
一芽二叶			100.0	231.4	354.3
一芽三叶				100.0	153.1

表8-2　不同采摘标准的茶叶产量比较
（张安明，1982）

采摘标准	一芽一叶	一芽二叶	一芽三叶	一芽四叶
茶叶产量/(g/m²)	1 770	2 388	2 078	2 058
产量百分比/%	100.0	134.9	117.4	116.3
其中对夹叶重量/(g/m²)	262	541	662	721
对夹叶百分比/%	25.0	22.6	31.9	35.0

茶叶的品质，是人们通过对茶叶色、香、味、形等几个方面的感官审评来确定的。鲜叶采摘质量对成品茶质量影响很大，若采摘不合理，即使是精工制作，也不能获得优质的成茶。如果养大采，对夹叶增多，叶片老化速度快，鲜叶所含对茶叶品质影响大的生化成分含量显著下降（表8-3）。一般而言，幼嫩的一芽二、三叶内含物质比较丰富，制得的茶叶品质也好，鲜叶老化后，品质成分下降，成茶品质较差。从表8-3可以看出，鲜叶品质成分是随着叶片的老化而逐渐减少的，而粗纤维含量则逐渐增加。所以，采摘时不但要掌握一定的嫩度，同时还必须区分好不同鲜叶原料的等级，实行分级付制，否则，老嫩混杂不可能获得高质量的茶叶。

表8-3 茶树新梢各叶位主要生化成分的含量变化

(阮宇成，1982)

单位：%

叶位	茶多酚	咖啡碱	氨基酸	水浸出物	全氮量	粗纤维
芽下第一叶	22.61	3.50	3.11	45.93	6.53	10.87
芽下第二叶	18.39	3.00	2.92	48.26	5.95	10.90
芽下第三叶	16.23	2.65	2.34	46.96	5.15	12.25
芽下第四叶	14.65	2.37	1.95	45.46	2.37	14.48
茎	10.60	1.31	5.73	44.06	4.12	17.08

（三）茶叶采摘与管理

我国大部分茶区，春季到秋季是茶树生长活动时期，也是茶叶采收时期。到了冬季，茶树大部分处于相对休止状态（地上部）。要保持长期的优质、高产和旺盛生长势的茶树，必须抓好采摘茶园的管理工作。

合理采摘必须建立在良好的管理工作基础之上，只有茶园水肥充足，茶树根系发育健壮，生长势旺盛，茶树才能生长出量多质优的正常新梢，才有利于处理采与留的关系，才能做到标准采和合理留，达到合理采摘的目的。

合理采摘还必须与修剪技术相配合。从幼年期开始，就要注意茶树树冠的培养，塑造理想的树冠；成龄茶树通过轻修剪和深修剪，保持采摘面生产枝健壮而平整，以利新梢萌发和提高新梢的质量；衰老茶树通过更新修剪，配合肥培管理，恢复树势，提高新梢生长的质量。总之，通过剪采相结合和肥培配合，使新梢长得好、长得齐、长得密，为合理采摘奠定物质基础。

因此，采与管相辅相成，关系密切。只有建立在茶树各项技术措施密切配合的基础上，才能发挥出茶叶采摘的增产提质效果。采摘茶叶是栽培茶树的目的所在，加强茶树树冠管理和茶园肥培管理是为了多采数多质优的鲜叶原料。

二、采摘标准确定的依据及掌握方法

茶叶采摘标准包括采摘与留养两方面的标准，是人们按照茶类生产的实际条件、茶树的生育状况、茶叶市场的供求关系和芽叶的化学成分等客观指标而制定的。它是前人的经验总结，也会随着茶叶市场和生产上的变化而不断调整。

（一）采摘标准确定的依据

确定采摘标准的因素很多，目前生产上采用的标准基本上依据茶类、茶树树势和气候特点等因素综合确定。

1. 依据茶类要求的采摘标准 我国茶类丰富多彩，形成了不同的采摘标准，总括起来，依茶类不同可分为高档名茶的细嫩采，大宗茶类的适中采，乌龙茶的开面采，边销茶类（黑茶、砖茶）的成熟采等。

2. 依树龄树势强弱的采摘标准 茶树的树龄和树势不同，掌握不同的采摘标准，才能协调好采养矛盾，培养好树体，实现茶叶生产可持续发展。

幼年茶树是树冠培养阶段，1～3龄的茶树基本不采，留有较多的叶片，保持较大的叶面积，以利于进行光合作用，积累有机物质，培养粗壮的骨干枝；3～5龄的茶树为扩大茶树冠面，结合修剪，实行"打顶养蓬"，从生长量较大的成熟新梢上采下顶芽，促进分枝；5龄以后的茶树视其生长势不同，采取不同的采摘标准，树势良好、树冠面宽，可多采，树势较弱的应注意留养。

树龄正值壮年，树势生长良好，树冠高、幅度已达到一定程度，则可按生产茶类要求采摘。若生长势衰弱、树龄大、正常新梢少、对夹叶多的，应注意留养，使树势得以恢复后，再按生产要求进行采摘。

经过改造的老茶树，经集中培养1年或1～2季不采，或者采用轻采，培养树冠，待其行间有一定覆盖度后，才进行适度采摘。

3. 依新梢生育和气候特点的采摘标准 各茶区、各季节气候特点不同，新梢生育的强度和适制性也不同。为了平衡全年的产量和质量，发挥最佳的经济效益，在同一茶园一年中可以有不同的采摘标准，制成不同茶类或同一茶类不同等级的茶。

"茶过立夏一夜粗"，充分说明茶芽生育与季节的密切关系，这一关系是各季节的温度、湿度、光照等气象因子的影响和茶树新梢在特定环境条件下生育特点所形成的。春季气温回升慢，波动又大，茶芽生育缓慢，这是采制高档名优茶的有利时机，以细嫩的标准采为主，到气温回升已平稳、新梢生育快速时，以大宗红、绿茶的适中采为主，最后在季末采用成熟采，为特种茶提供原料。有的生产同一茶类，依据新梢生育和气候情况，采制不同等级的鲜叶原料。如龙井茶，在清明前后均以采制特级和一二级龙井为主，谷雨后则多采制三至五级的龙井茶；夏茶时气温高，雨水多，新梢生长快，叶片易粗老，只能按五级左右的龙井茶标准采摘鲜叶原料；秋茶气温逐渐下降，雨水较多，新梢生育较正常，则又可按二三级的标准采。

一些生产单位，根据气象规律和新梢生育特点，结合对茶叶等级要求，采用多茶类组合生产的方式进行采摘，使得不同地区、不同茶树品种、不同嫩度的鲜叶、不同采茶季节都有最佳的适制茶类的鲜叶原料，如湖南大部分茶区，春季以名优绿茶为主，夏秋季主要生产红茶和黑茶，以充分发挥其原料的经济价值。

（二）采摘标准的掌握方法

确定采摘标准，虽因条件而异，但除一些特种茶类外，大多数的茶类有着共同的客观指标和依据。这些客观指标，一是表现在芽叶的有效化学成分上；二是表现在新梢的特征上，包括茶叶机械组成、新梢的长度和嫩度。

茶叶的有效成分和水浸出物含量由新梢顶芽到下部叶片是逐渐下降的，不论新梢伸长程度如何，近顶芽的一芽一、二片嫩叶所含的儿茶素和水浸出物都比新梢下部的叶片多。所以大多数红、绿茶的采摘标准是一芽二叶或一芽二叶为主兼采一芽三叶。

采摘标准的另一个重要指标表现在芽叶的机械组成上。有效化学物质成分含量的高低与芽叶的机械组成关系密切，凡正常芽叶的数量和重量所占比例大的，其芽梢内所含的有效成分高，品质就好；反之，对夹叶及单片的比重大，品质就差。因此，许多茶厂常以芽叶不同的机械组成作为鲜叶分级定价的标准。需要指出，有时正常芽叶比例虽然很高，但叶片较大较粗，仍难以符合所要求的等级，而幼嫩对夹叶如能及时采下，品质也并不差，故在采摘时还应参照新梢的长度和芽叶的嫩度等。茶叶嫩度能够从芽叶外部征状变化和有效化学物质成分变化反映鲜叶质量的级别。

茶叶嫩度的判别方法有化学分析法和芽叶外部征状判断法两种。

芽叶嫩度化学分析法主要测定内容包括：

① 总灰分与咖啡碱的比率。指数小的表示嫩度高，反之则为粗老。

② 水溶性果胶与全果胶量的比率。其指数大者表示嫩度高。

③ 碱不溶物与茶多酚的比率。指数大的表示粗老。

④ 乌龙茶的化学指标以醚浸出物与水溶性茶多酚之比为 1∶2 较合适。

用化学方法测定芽叶嫩度虽较准确，但费时费事，故在实际应用上往往以芽叶外部的征状作为判断芽叶嫩度的指标。芽叶的叶片征状包括叶片大小、色泽和形状等。可用目测法，简单易行。《茶经》中"叶卷上，叶舒次"，意指嫩叶卷曲的可制上等茶，叶片已展平的茶叶品质次之。根据生产实际经验，一般达标准采的叶片有 3 个征状：

① 芽叶色泽由黄绿色开始转青时。

② 近芽的第一叶片向叶背翻卷。

③ 第二、三叶片已开始展平。

此外，可用新梢成熟度来判断采摘适期。以大宗茶为例，以新梢成驻芽时成熟度作为100％，工夫红茶则以成熟度 50％～60％ 为采摘标准，一般绿茶以 60％～80％ 为采摘标准，红碎茶和乌龙茶以成熟度 80％左右为适度。

总之，我国茶区辽阔，生态、生产条件各异，加上茶类繁多，形成了各种各样的采摘制度，因而有不同的采摘标准。总结历史经验，合理采摘的标准应掌握以下几个原则：

① 采摘应因地、因时、因树制宜，从新梢上采下的芽叶，必须符合某一茶类加工原料的基本要求。

② 采茶要量质兼顾，发挥最佳的经济效益。

③ 在采摘的同时，注意适当留叶养树，确保茶树在年生育周期内留有适量的新生叶片，维持茶树正常而旺盛的生长势，促使茶树生长健壮，延长经济年限，确保茶叶可持续发展。

④ 能较适当兼顾同一茶类、不同等级或不同茶类的加工原料。借之调节当地采制劳力的安排，提高生产效率。

⑤ 采摘必须与各项栽培技术措施密切配合，充分满足茶树对水肥的需要，运用科学的修剪制度，保证茶树萌发出数多质优的新梢，满足茶叶采收的需要。

综上所述，采摘标准的掌握，必须是在一定的农业技术条件下，通过科学的栽培管理和人为的采摘，能够显示出比较长期的良好综合作用。

三、不同茶类的采摘标准

不同茶类有各自不同的采摘要求与标准，即便是相同茶类，因市场需求的多样化形成各自适销对路的产品原料不一样，采摘标准也会不同，以下介绍的只是生产中较多采用的几种原料采摘标准。

（一）名优茶的细嫩采标准

细嫩采一般是指采摘单芽、一芽一叶以及一芽二叶初展的新梢，这是多数名优茶的采摘标准。如古人所云的"雀舌""莲心""拣芽""旗枪"等。采用这一标准的有特级龙井、碧螺春、君山银针、黄山毛峰、石门银峰及一些芽茶类名茶等。这种采摘标准花工多、产量低、品质佳、季节性强（主要集中在春茶前期）、经济效益高。

（二）大宗茶类的适中采标准

适中采是指当新梢伸长到一定程度时，采下一芽二、三叶和细嫩对夹叶（图 8-1）。这是我国目前内外销的大宗红、绿茶普遍的采摘标准，如眉茶、珠茶、工夫红茶等，它们均要求鲜叶嫩度适中。这种采摘标准能够兼顾茶叶的产量与品质，经济效益较高。如过于细嫩采，品质虽提高，但产量相对降低，采工的劳动效率也不高。但如果采得太粗老，芽叶中所含的有效化学成分显著减少，成茶的色、香、味、形均受到影响。

图 8-1 一般红、绿茶采摘标准（一芽二、三叶和同等嫩度对夹叶）

（浙江农业大学茶学系，1975）

（三）乌龙茶类的开面采标准

我国某些传统的乌龙茶类，要求有独特的风味，加工工艺特殊，其采摘标准是待新梢长至 3～5 叶将要成熟至顶芽最后一叶刚摊开时，采下 2～4 叶新梢，这种采摘标准俗称"开面采"。如鲜叶采得过嫩并带有芽尖，芽尖和嫩叶在加工过程中易成碎末，制成的乌龙茶往往色泽红褐灰暗，香气不高，滋味不浓；如果采得太老，外形显得粗大，色泽干枯，滋味淡薄。一般掌握新梢顶芽最后一叶开展一半时开采，此采摘标准比大宗红、绿茶采摘标准要成熟、粗大。根据研究，对乌龙茶香气、滋味起重要作用的醚浸出物和非酯型儿茶素含量多，单糖含量高，乌龙茶品质就高。这种采摘标准的采法，全年批次减少。近年来，因消费者较喜欢汤色绿、芽叶细嫩的品质特征，乌龙茶生产原料也有采用较细嫩芽叶进行加工的现象。

（四）边销茶类的成熟采标准

传统用于黑茶和砖茶生产的原料，采摘标准的成熟度比乌龙茶还要高，其标准是待新梢一芽五叶充分成熟，新梢基部已木质化、呈红棕色时，才进行采摘。这种新梢有的经过 1 次生长，有的已经过 2 次生长；有的一年只采 1 次，有的一年采割 2 次。这种成熟度较高原料采摘的原因，一是适应消费者的消费习惯；二是饮用时要经过煎煮，能够把这种原料的茶叶和梗子中所含成分煎煮而出。随着生活习惯的变化和生活水平的提高，边销茶也在发生变化，目前边销茶产区，也进行不同成熟度兼采的方法，生产不同级别的黑茶和砖茶，以适应不同消费群体的需求。

第二节　手采技术

茶叶的采摘有手采（包括工具采）和机采。手工采茶能适应获取名优茶细嫩原料的要求，其采摘效率低，但精细，对各类茶叶的采摘标准及对茶叶的采留结合比较容易掌握，现名优茶生产还基本用人工手采。机械采摘缺少人为对茶芽大小的选择，机器切割会对芽叶完整性带来影响，但其采摘效率高，很大程度上节省采摘用工，现大宗茶生产多用机采，关于茶园机械剪采内容在第九章中专门介绍。

一、采摘时期

茶叶采摘季节性强，及时采收鲜叶是茶叶生产的基本要求。不同时期采收的鲜叶原料，加工的茶叶品质有较大的区别。适时采收应因地、因茶类确定适合当地的开采时节。

（一）采摘季节

我国大部分产茶地区，茶叶生长有明显的季节性。如江北茶区（山东日照）新梢生长期为5月上旬至9月下旬；江南茶区（浙江杭州）新梢生长期为3月下旬至10月中旬；西南茶区（云南勐海）新梢生长期为2月上旬至12月中旬；华南茶区（海南岛）新梢生长期为1月下旬至12月下旬。一般而言，地处亚热带的茶区，大都分春、夏、秋季采。但茶季没有统一的划分标准，有的以时令分：清明至小满为春茶，小满至小暑为夏茶，小暑至寒露为秋茶；有的以时间分：5月底以前采收的为春茶，6月初至7月上旬采收的为夏茶，7月中旬开始采收的为秋茶。地处热带的我国华南茶区，除了分春、夏、秋茶外，还有以新梢轮次分的，依次称头轮茶、二轮茶、三轮茶……江北茶区，冬季茶园搭棚，棚内温度条件改变，使得茶树在冬季萌芽、采收。

（二）开采期

因气候、品种以及栽培条件的差异，茶树每年每季新梢发芽的迟早、生长速度是不同的。即便是处于同一茶区，甚至同一茶园，年与年之间开采期可以相差5~20 d。就茶树品种而言，根据其萌发的迟早可划分为特早型、早芽型、中芽型和迟芽型等4种类型。

一般认为，在手工采摘条件下，茶树开采期宜早不宜迟，以略早为好。特别是春茶开采期，更是如此。提早开采，可延长采期，降低生产原料进厂的峰值，原料细嫩，加工成的茶叶品质高，售价也高。茶树营养芽经过越冬期休眠以后，积累了比较多的养分，加上我国广大茶区春季气候温和，雨量充沛，茶树春梢萌发力强，生长整齐旺盛，如不适当提早开采，采期掌握不当，采摘洪峰期就特别明显，遇上春季升温较快时，芽叶生长快，往往会因不能及时采摘，影响茶叶品质。总结各地的经验，采用手工采摘的大宗红、绿茶区，春茶以树冠面上10%~15%的新梢达到采摘标准，就应开采，夏、秋茶以5%~10%的新梢达到采摘标准则应开采。名优茶生产，在茶冠面每平方米有10~15个符合要求的芽叶时开采为合适。

二、手采技术

要采好茶叶，又要培育好茶树，采摘上必须做到按标准、分批多次采，依茶树的树势树龄留叶采，做到采养合理，统筹兼顾，使茶叶品质、产量长期稳定，发挥最大生产效益和经济效益。

（一）适时手采的原则

茶叶产品对原料嫩度要求高，不同嫩度的原料适制不同的产品，掌握生产目标，适时采摘，对产品质量和茶树生育影响很大。

1. 按标准及时采摘　"不违农时"是农业生产中重要的原则，茶叶生产的季节性尤为强烈，抓住季节及时采是采好茶的关键。若一批、一季采摘不及时，会影响全年甚至多年的产量和质量。

新梢萌芽后，随着时间的推移逐渐成熟，如不及时采摘，茶叶品质下降。农谚道"茶叶是个时辰草，早采三天是个宝，迟采三天是棵草"，说明采茶的时间性极强。因此，当茶芽长至所加工产品原料标准要求时，就应及时采下。这样做带来的另一个效应是茶树早采可以促使下轮芽早发。从茶树年发育周期的特性来看，在茶树生长季节，具有连续不断地形成可采摘新梢的能力。按标准及时合理地采下芽叶，就加强了腋芽和潜伏芽的萌发，从而促进新梢轮次增加，缩短采摘间隔时间，有效地提高全年芽叶的质量和产量。

按标准及时采应随时观察气候的变化，一看气温的变化，二看降雨的情况，三看茶树新梢受气温和雨水影响后的生长情况。达到标准的先采，未达标准的后采。开采后 10 d 左右便可进入旺采时期。在旺采时期内，要尽量争取时间，把采摘面上可采的新梢采下，每隔 2～3 d 采一批。从开采次序上来说，先采低山后高山；先采阳坡后阴坡；先采沙土后黏土；先采早芽种后迟芽种；先采老丛后新蓬。

2. 分批多次采摘　茶树树冠上的每个枝条都着生有顶芽和侧芽，这些营养芽在一定的气候条件下都会先后萌发成为一个可供采摘的新梢。如不及时采下新梢上的芽叶，新梢就会形成木质化的枝条；但如及时采下芽叶，新梢失去顶芽，打破顶端优势，养分就多向新梢侧芽输送，加快了侧芽萌发和伸长。因此，在分批多次采的作用下，刺激了各枝条的营养芽的积极活动，使营养芽不断分化，不断萌发和伸展叶片，促使新叶更好地利用光能，在水分和养料的协同配合下，茶树新陈代谢更为旺盛，可采收更多的芽叶。所以采去新梢上的一个芽叶，便可换取更多新梢的形成。

茶树的品种不同、个体不同，发芽有迟早之分；即使同一品种、同一茶树，因枝条强弱的不同，发芽也有前后快慢之别；同一枝条由于营养芽所处的部位不同，发芽迟早也不一致。一般是主枝先发，侧枝后发；强枝先发，细弱枝后发；顶芽先发，侧芽后发；蓬面先发，蓬心后发。所以，根据茶树发芽不一致的特点，通过分批多次采，可做到先发先采，先达标准的先采，未达标准的留后采，这对于促进茶树生育和提高鲜叶产量和质量都十分有利。

茶树在同一采摘面积上的芽叶数多而重，是构成高产的主要因素。采次多，就增加芽叶数；按标准及时，保证芽叶质量。但如何分批，应隔几天分一批，受制约因素很多，没有固定的模式。如杭州茶叶试验场在生产中应用分批勤采，在分批下强调勤，以防失采，在勤的基础上，依茶树新梢生长情况分批，采大养小，批次分清，春茶隔 2～3 d 采一批，夏茶隔 3～4 d 采一批，秋茶隔 6～7 d 采一批。对于嫩度要求高的高档名茶，采摘周期应缩短为 1～3 d。如西湖龙井茶区，几乎每天采。

茶叶采摘分批的确定，应视品种、气候、树龄、肥培管理条件以及所制茶类原料的要求而定。在生产实际中掌握好五看：

① 一看茶树品种，有的品种新梢生长多集中在春、夏两季，有的较集中于夏、秋季，有些品种新梢生育速度快，有些生育速度慢。对于新梢生长速度快、较集中的，分批相隔天数要短些，批次可多。

② 二看气候条件。气温高、雨水多，茶芽生长迅速，批次要增加；反之，批次可适当减少。广东茶区，春茶往往是旱季，新梢生长较慢，分批间隔天数可长些，夏、秋季气候较适宜，生长较快，每批相隔天数就要短些。

③ 三看树龄和树势。树龄幼小的，需要培养树冠，每批相隔天数就要长些；树势好，生长旺盛的，间隔天数可短些。

④ 四看管理水平。肥培管理好，水肥充足，或者喷施生长素的，生长较快，分隔天数应缩短。

⑤ 五看制茶原料的要求。如采制红碎茶或制珠茶，芽叶标准可稍粗大，间隔天数可适当放长，如果是制名优茶，间隔天数应缩短。

对于具体的一个茶场、一块茶园应分几批合理，可参考上述各种情况，随时观察新梢生长的动态变化，准确掌握批次，及时按标准采。

3. 依树势、树龄留叶采 茶树不同的年龄阶段，在正常的管理条件下，有其自身的生长发育规律。合理的茶叶采摘就是要根据茶树不同阶段的生育特点，采取不同的采留制度，使之既有较高的产量，又保持有生育旺盛的树势。

(1) 幼年茶树的采摘。幼年茶树营养生长较为旺盛，树冠和根系正处于大量增长时期，顶端优势明显，多为单轴分枝，这一时期的采摘是茶树定型修剪的重要辅助手段，必须贯彻"以养为主，以采为辅"的原则。也就是在定型修剪的基础上，配合良好的肥培管理，通过合理的打顶采（当新梢长至一芽五六叶时，摘除顶端的一芽一二叶，注意采高养低，采顶留侧），进一步培养骨干枝，使各轮生长枝能够均匀分布，促进理想树冠结构的形成。

幼年茶树何时打顶采，怎样掌握打顶的强度，要视新茶园的基础、幼年茶园的管理水平和幼年茶树的生长势而定。一般茶园基础好，肥培管理水平高，幼年茶树生长势良好的，可在2足龄（第一次定型修剪后）时养好春、夏茶，到秋季当树冠高度超过60 cm以上时分批打头（或称打顶）至茶季结束；3足龄茶树春茶末时打头采，夏茶留2～3叶采，秋茶留鱼叶采；4足龄茶树春留1～2叶采，夏留1叶采，秋留鱼叶采。多条密植茶园，1足龄修剪的茶树春茶当树冠高度达40 cm以上打头采，夏留2叶采，秋留鱼叶采；1足龄未修剪的茶树，当树冠高度达40 cm以上，打头采至全年茶季结束。2足龄第二次修剪的茶树，春留2～3叶采，夏留1～2叶采，秋留鱼叶采；2足龄一次定型修剪的茶树，春茶当树高达45 cm以上打头采，夏留2叶采，秋留鱼叶采；以后可按一年中有一季新梢留一大叶采。

(2) 成年茶树的采摘。成年茶树生长健壮，树冠大而茂密，茶树根系发达布满整个行间，吸收和同化面积大，枝叶生长旺盛，新梢的生长点多，茶叶产量可达高峰。因此，成年茶树实施以采为主、以养为辅，采养结合的原则，到达高产稳产。一般全年一季留一真叶采，由于留大叶采具有隔季增产效应，为了增加翌年春茶产量，通常采用夏留1叶采。

(3) 更新茶树的采摘。茶树更新后要重新塑造理想树冠，对于改造后茶树的采摘，在树冠尚未达到一定覆盖度之前，要特别强调"以养为主，采养结合"的原则，采摘只能作为配合修剪、养好茶树的一种手段。

更新茶树的采摘应根据修剪的时期和程度不同而异。深修剪茶树在修剪当年春茶留鱼叶采，并提早结束，于 5 月上旬进行深修剪。剪后必须留养一季新梢，在新梢生长末期打头采，秋留鱼叶采；第二年轻剪后，即可按成年茶树的要求进行正常采摘。重修剪茶树，当年夏茶留养不采，秋茶末期打头采；第二年春茶前定型修剪，春茶末期打头采，夏茶留 2 叶采，秋茶留鱼叶采；第三年春茶前轻剪，春留 1～2 叶采，夏留 1 叶采，秋留鱼叶采，以后即正常留叶采。台刈茶树，当年夏茶留养不采，秋茶末期打头采；第二年春茶前第一次定型修剪，春、夏茶末期分别打头采，秋茶留鱼叶采；第三年春茶前第二次定型修剪，春留2～3叶采，夏留1～2叶采，秋留鱼叶采；第四年春茶前轻修剪，进入正常留叶采。

（二）手采方法与方式

手采是茶叶传统的采摘方法，也是目前生产上应用最广泛、最普遍的采摘方法。它的特点是采摘精细，掌握灵活，采摘批次较多，采期较长，能采得质量特优的芽叶，树体损伤小，特别适合名优茶的采摘。其主要缺点是手采费工费时，工效低，成本高。

1. 手采方法 依茶树采摘程度，手工采茶的基本方法可分为打顶采摘法、留真叶采摘法和留鱼叶采摘法 3 种（图 8 - 2）。

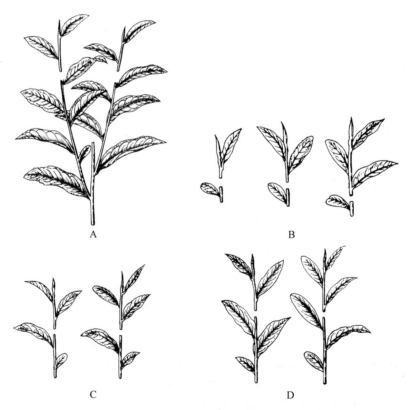

图 8 - 2 不同留叶采摘法

A. 打顶采摘法 B. 留鱼叶采摘法 C. 留一叶采摘法 D. 留二叶采摘法

（1）打顶采摘法。打顶采摘法又称打头或养蓬采摘法。这是一种以养为主的采摘方法，适用于扩大茶树树冠的培养阶段，一般在 2～3 龄的茶树或茶树更新复壮后一二年时采用。通常在新梢长到一芽五六叶以上，或者新梢将要停止生长时，实行采高养低，采顶留侧，摘去顶端一芽一二叶，留下新梢基部三四片以上真叶，以进一步促进分枝，扩展树冠。

（2）留真叶采摘法。留真叶采摘法是一种采养结合的采摘方法。既注重采，也重视留，具体采法视树龄树势而定。一般待新梢长至一芽三四叶时，采摘一芽二叶为主，兼采一芽三叶，留下一二片真叶在树冠上不采。但遇二三叶幼嫩驻芽梢，则只留下鱼叶采摘，强调采尽对夹叶。

（3）留鱼叶采摘法。留鱼叶采摘法是一种以采为主的采摘方法，也是成年茶园的基本采法，适合名优茶和大宗红、绿茶的采摘。具体采法是待新梢长至一芽一二叶或一芽二三叶时，留下鱼叶采下嫩梢。

2. 手采方式　采摘手法，因手指的动作、手掌的朝向和手指对新梢着力的不同，形成各种不同的方式，主要有折采、提手采。不能用一些不当的采姿如捋采、扭采、抓采等进行手采，影响采摘鲜叶的质量。

（1）折采。折采又称掐采，这是对细嫩标准采摘所应用的手法。左手接住枝条，用右手的食指和拇指夹住细嫩新梢的芽尖和一二片细嫩叶，轻轻地用力将芽叶折断采下。凡是打顶采、撩头采都采用这种方法，此法采摘量少，效率低。

（2）提手采。提手采是手采中最普遍的方式，现大部分茶区的红、绿茶，适中标准采大都采用此法。掌心向下或向上，用拇指、食指配合中指，夹住新梢所要采的部位向上着力采下投入茶篮中。

双手采是运用提手采的手法，两手相互配合，交替进行采摘的方式（图 8-3）。双手采效率高，每天每工多者可采 35～40 kg，少者可采 15～20 kg。熟练双手采在于学习和锻炼，练好了自然会熟能生巧，应付自如。在没有机采的茶园，采用双手采还是一种很好的方法。总结双手采的经验，有如下几点：思想要集中，两手不能相隔过远，一般在 10～15 cm，做到手掌动，手臂不动。采下的芽叶不能握在手中过紧，应及时投入篮中，避免发热，伤害芽叶品质。

3. 工具采　除了上述手采方式、方法外，也可借助于工具进行采摘。1987 年浙江省农业厅茶叶科为解决茶叶采摘劳力短缺的矛盾，改变"捋采"等现象，推广使用了 4ZCJ-A 型采茶铗（图 8-4）。该采茶铗属人力切割刀具，型似篱剪，由刀剪、手柄、集叶架、挡叶板、集叶袋和垫板等六部分组成，刀剪与手柄总长度为 60 cm，主要部件刀剪，采用新型 65 mm 优质钢板冲压而成，厚度为 3.3 mm，总重不超过 1.5 kg。采茶铗采茶，具有投资低、轻便易带、使用灵活、工效高、采后蓬面平整等优点。使用采茶铗时要双手配合灵活，左手握住下刀片木柄，右手抓住集叶袋的出叶口并握住上刀片木柄，一行茶树分两边进行，刀具在茶蓬面上铗采要平整，防止倾斜，以免漏采和重采。在铗采时右手稍比左手用力，使剪下的芽叶靠集叶袋口，稍加抖动易进入袋里，从而达到速度快、工效高的目的。使用前要检查刀口是否锋利，各部件螺丝是否紧固，铗子是否灵活，并在刀剪活动支点适当滴几滴润滑油。使用采茶铗的开采时间一般是春茶及秋茶中后期标准新梢（一芽二三叶及同等嫩度的对夹叶）达 80% 时开采，夏茶及早秋茶因温度高，茶叶持嫩性差，可适当偏早采，以标准新梢达 60%～70% 时开采为好。所采的鲜叶要完整率达 80% 左右，老梗老叶不超过 4%。全年使用采茶铗采茶 4～5 次，春、夏茶各采 1 次，秋茶采 2～3 次。采茶铗的使用必须与手工采摘相结合，依据市场需求，在春茶前期可用手工采摘一芽一二叶初展的名优茶原料，旺采期使用采茶铗，抓住中档大宗茶生产。随着采茶机的应用与推广，此方法慢慢被取代。

图 8-3 双手采
(浙江农业大学茶学系，1975)

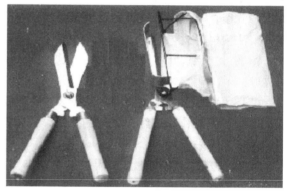

图 8-4 篱剪和采茶铗（左图为篱剪，右图为采茶铗）

（三）名茶采摘与边茶采割

名茶采摘和边茶采割是两种采摘结果相差很大的采收方式，相同之处均以手工掌握采摘要领来完成。

1. 名茶采摘 我国名茶琳琅满目，各具特色，品质优异。大多数名茶采摘甚为精细严格，要求鲜叶细嫩、均匀，采得早、摘得嫩、拣得净是其主要特点。但由于各种名茶品质风格独特，加工工艺精湛特异，对鲜叶原料又各有特定的要求。因此，各种名茶的采摘在嫩度上、时间上仍有很大差别，现举例说明如下：

以采芽头为对象的名茶，有湖南的君山银针、浙江的千岛银针、四川的蒙顶石花等。君山银针采摘要求很严，用特制的小竹篓盛茶，鲜叶全系粗壮芽头，芽头一般长 25～30 mm，宽 3～4 mm，芽柄长 2～3 mm。采时用手指轻轻将芽头折断，忌用掐茶，断面整齐。采摘上做到"九不采"，即雨天不采，细瘦芽不采，紫色茶不采，风伤芽不采，虫伤芽不采，开口芽不采，空心芽不采，有病弯曲芽不采，过长过短芽不采。采后即行拣剔，除去杂劣。

以采摘细嫩茶叶为对象的名茶，有浙江的龙井茶、江苏的碧螺春、安徽的黄山毛峰、南京的雨花茶、河南的信阳毛尖、湖南的安化松针和高桥银峰等。采摘均以一芽一叶或一芽二叶初展的细嫩芽叶为主要对象，要求芽叶细嫩，大小均匀一致。

以采摘嫩叶为对象的名茶，有安徽的六安瓜片等。瓜片选用新梢上单片叶制成。其采摘分采片和攀片两个过程。

① 采片。一般在谷雨到立夏之间采摘，在茶树上选取即将成熟的新梢，按序采下新叶片，梗留在树上。但生产中常将嫩梢连茎带叶一并采下，携回经攀片，使芽、茎、叶分开。

② 攀片。鲜芽叶采回后摊放在阴凉处，待叶面湿水晾干，将新梢上的第一叶至第三四叶和茶芽，用手一一攀下。第一片叶制提片，品质最优；第二片叶制瓜片，品质次于提片；第三四片叶制梅片，品质较差；芽制成银针。攀片实质上是对鲜叶进行精心的分级，将老、嫩分开，便于加工，并使品质整齐一致。

2. 边茶采割 我国边茶的生产、采割方法独特，大都是利用生长期较长的原料制成。

最主要的有黑茶和老青茶。边茶采摘目前主要采用机采，如果采用手工采摘，系采用特别的采茶工具进行。湖北采割老青茶用的是一种专门的小镰刀——铁摘子割采（图8-5），也有的采用大剪刀（篱剪）进行剪采。

边茶的采割标准依茶类而异，黑茶传统的采摘在立夏（5月上旬）、立秋（8月上旬）前后采摘二次。每次新梢70%以上呈驻芽时留鱼叶进行采摘。老青茶是压制青砖的原料，分洒面、二面和里茶三级。对鲜叶的要求，按新梢的皮色分，洒面茶以白梗为主，稍带红梗，即嫩梗基部呈红色，俗称"白梗红脚"；二面茶以红梗为主，稍带白梗；里茶为当年新生红梗。不论面茶、里茶，都要求不带枯老麻梗和鸡爪枝，过嫩过老均不适宜。

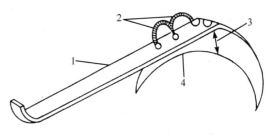

图8-5　采割边茶的铁摘子
1. 刀柄　2. 指套　3. 门砍　4. 刀刃

边茶的采割分采割粗茶和粗细兼采两种形式。一年内采割次数各地有所不同。有的每年只采割一次粗茶，有的每年采割两次粗茶，有的则每年采一次细茶（春茶）、割1次粗茶。据四川省农业科学院茶叶研究所试验，一年割一次粗茶的茶树，采割后有较长的树势恢复期，产量较稳定；一年割两次粗茶的茶树，在一些茶园管理条件较差的情况下，产量不稳定，而一粗一细的采割方式有显著的增产增殖效果。

边茶采割的时间随地区、气候、茶类及新梢轮次而异。湖南的经验为："春采细茶不过夏，夏采粗茶不过秋，秋采不过处暑"。四川省也大致相同，在高温季节（5～8月）采割粗茶，并在白露（9月上旬）前封园停采。湖北省采割老青茶的时间：一是一年割两道边茶的，第一次在小满至芒种，第二次在立秋至处暑；二是一年采割一道隔冬青（上年秋梢）和一道面茶（春夏梢），前者在惊蛰前后（3月上旬），后者在夏至前后（6月中下旬）；三是一年只割一道面茶或里茶，即在夏至前后采割面茶，或在小暑至大暑之间采割一次里茶。

用刀采割的主要经验是留新桩，采割留新桩的高低视采割时间及树龄不同而异。采割期早的可略低些；壮年茶树提刀割采宜高，每次提高5～7 cm；树高达50 cm以上的成年茶树每次可在上次采割的刀路上提高2～4 cm，以免带入枯老麻梗。在采割操作中，要求刀刃锋利，避免茶桩上的刀口破裂，影响下轮新梢的萌发，下刀时要平，并使留下的刀口呈马耳形，采割应选晴天，以免雨水积累，使桩头霉烂。

（四）采收技术与生产洪峰的调节

茶叶采摘既是收获的过程，又是生产管理的重要措施。采摘措施是否合理，会影响茶树的生育和茶叶的产量与品质，并且影响茶季生产洪峰值的高低和劳动力的安排，影响修剪的效果，影响营养与生殖生长的协调。所以要充分认识采摘这一特点，使之与其他农业措施相配合，获得最佳的生产效益。

茶树营养芽萌发有一定的持续性和集中性，从而形成了茶季和旺采期。旺采导致鲜叶生产出现洪峰。由于鲜叶生产的不均衡，会影响劳动力安排和茶厂设备的经济利用，同时也会因鲜叶不能及时付制而影响茶叶品质。所以，合理调节鲜叶生产的洪峰，在生产中十分重要。

调节鲜叶进厂加工高峰的措施归纳为两类：

① 扩大厂房规模，增加茶厂设备，增加茶厂的生产能力，使洪峰期进厂的鲜叶能及时付制，但必然会带来洪峰期过后的机器闲置，造成人力、物力、财力的浪费。

② 合理运用采摘措施和其他栽培措施，从而调节鲜叶生产的洪峰值和出现的时期，经济有效地协调厂房、机器、劳力等不足的矛盾。此方法是各生产单位易于实施和经济有效的方法。

根据生产单位的实践，茶叶生产的洪峰出现，在不同的季节、不同的年份都有所不同，一般春季有 5～10 d 的洪峰期，夏、秋季各为 3～4 d，年最高洪峰日，日进厂的鲜叶量占全年产量的 2%～3%，最多的达 7%～8%。可通过下列措施来解决这一问题。

1. 合理搭配品种　茶树品种不同，新梢的物候学特性显著不同，因而品种间新梢的萌发期、生育强度、萌发轮次表现各异，在采摘上也就有所不同。不同品种对有效积温的要求不同，如春季品种间萌芽期和开采期（一芽三叶开展）迟早相差可达 20～30 d。据在杭州的观察，早生的黄叶早一芽三叶的有效积温为 283.1 ℃，广东水仙为 303.5 ℃，开采期在 4 月上旬；中生的毛蟹种开采有效积温为 548.6 ℃，开采期为 4 月 20 日前后；晚生的政和大白茶的有效积温为 749.1 ℃，开采期则要延到 5 月上旬。因此，将早生、中生、晚生不同品种进行合理搭配，能有效地调节鲜叶洪峰。至于早生、中生、晚生品种搭配的比例，没有固定的标准，具体依当地气候条件、茶厂生产加工能力、劳动力状况、生产消费习惯来确定。

2. 改变剪采方式　研究表明，春茶前浅剪比不剪的茶树要推迟发芽 5～15 d，剪的程度深，则萌芽更迟。因此，同一品种可采用不同修剪时间和修剪强度来调节萌发期，降低鲜叶进厂的峰值。同时大面积茶园为了保持常年稳产高产，老茶树采取轮回更新，即可保持生产的稳定性，又可因修剪的茶树萌芽推迟，达到调节开采期的目的。

此外，可运用不同剪法和采法来调节。轻剪或不剪的结合重采，重剪的结合轻采；依据茶树个体生长情况，分别留 1 叶、留 2 叶、留鱼叶采，或在不同季节留养，均可达到调节高峰的目的。

名优茶的采制能有效地抑制鲜叶洪峰的出现，错开洪峰期，降低峰值，同时也能获得较高的生产效益。如浙江开化茶叶试验场生产名茶开化龙顶，产量比单一生产大宗茶下降，但采摘及时，采摘批次增加，使一时期的鲜叶进场加工量起伏平缓，加工质量、生产效益均比原先大宗茶生产大大提高，产值增加 23.20%（1987 年）。这主要是提前采下的幼嫩芽叶产值比成熟叶高，同时按一芽一叶标准采的芽叶形成的时间比养大采缩短 15～20 d，采期延长，芽数增加，生产质量提高。

3. 其他措施的应用　施肥的种类及时期、耕作的迟早和使用发芽促进剂等，都能改变育芽时期，影响采摘日期，在一定程度上起到调节鲜叶高峰的作用。目前，一些生产单位为了使茶芽早发，早春使用催芽素、叶面营养液或采用搭温室、地面铺草等措施，均使采摘期发生改变。

第三节　鲜叶贮运与保鲜

茶鲜叶原料质量，直接影响成茶品质，做好鲜叶采后的验收、分级以及运输途中和进厂后的保鲜，是一项十分重要的工作，它也是指导按标准采茶，按质论价，明确生产责任的具体措施。

一、鲜叶验收与分级

在生产过程中，因品种、气候、地势以及采工采法的不同，所采下的芽叶大小和嫩度是有差异的，如不进行适当分级、验收，就会影响茶叶品质。因此，对采下的芽叶，在进厂付制之前，进行分级验收极为重要。其主要目的：一是依级定价（评青），按质论价，调动采工采优质茶的积极性；二是按级加工，提高成茶品质，发挥最佳经济效益。

鲜叶采下后，收青人员要及时验收。验收时从茶篮中取一把具有代表性的芽叶观察，根据芽叶的嫩度、匀度、净度和鲜度4个因素，对照鲜叶分级标准，评定等级，并称重、登记。对不符合采摘要求的，要及时向采工提出指导性意见，以提高采摘质量。

嫩度是鲜叶分级验收的主要依据。根据茶类对鲜叶原料的要求，依芽叶的多少、大小、嫩梢上叶片数和开展程度以及叶质的软硬、叶色的深浅等评定等级。一般红、绿茶对鲜叶的要求以一芽二叶为主，兼采一芽三叶和细嫩对夹叶。

匀度是指同批鲜叶的物理性状的一致程度。凡品种混杂、老嫩大小不一、雨露水叶与无表面水叶混杂的均影响制茶品质，评定时应根据鲜叶的均匀程度适当考虑升降等级。

净度是指鲜叶中夹杂物含量的多少。凡鲜叶中混杂有茶花、茶果、老叶、老梗、鳞片、鱼叶以及非茶类的虫体、虫卵、杂草、沙石、竹片等物的，均属不净，轻者应适当降级，重者应予剔除后才予以验收，以免影响品质。

鲜度是指鲜叶的光润程度。叶色光润是新鲜的象征，凡鲜叶发热发红，有异味，不卫生以及有其他劣变的应拒收，或视情况降级评收。

同时，在鲜叶验收中还应做到不同品种鲜叶分开，晴天叶与雨水叶分开，隔天叶与当天叶分开，上午叶与下午叶分开，正常叶与劣变叶分开。并按级归堆，以利初制加工，提高茶叶品质。

我国茶类繁多，鲜叶分级没有完全统一的标准，分级标准各异。现列龙井茶的鲜叶分级标准（表8-4）、乌龙茶鲜叶评级标准（表8-5），以供参考。

表8-4　龙井茶的鲜叶分级标准

等级	要　求
特级	一芽一叶初展，芽叶夹角度小，芽长于叶，芽叶匀齐肥壮，芽叶长度不超过2.5 cm
一级	一芽一叶至一芽二叶初展，以一芽一叶为主，一芽二叶初展在10%以下，芽长于叶，芽叶完整、匀净，芽叶长度不超过3 cm
二级	一芽一叶至一芽二叶，一芽二叶在30%以下，芽与叶长度基本相等，芽叶完整，芽叶长度不超过3.5 cm
三级	一芽二叶至一芽三叶初展，一芽二叶为主，一芽三叶不超过30%，叶长于芽，芽叶完整，芽叶长度不超过4 cm
四级	一芽二叶至一芽三叶，一芽三叶不超过50%，叶长于芽，有部分嫩的对夹叶，长度不超过4.5 cm

注：引自国家标准《龙井茶》（GB 18650—2002）。

表 8-5　乌龙茶鲜叶评级标准

（张天福，1990）

级别	1级	2级	3级
合格的小开面至中开面鲜叶比重/%	80%以上	60%～79%	59%以下

二、鲜叶贮运与保鲜

从采收角度而言，鲜叶贮运是保证茶叶品质的最后的一关。采下芽叶放置的工具、放置时间，以及装运方法等均会影响鲜叶质量。所以鲜叶采下后，要及时采取保鲜措施，并按不同级别、不同类型快速运送至茶厂付制，防止鲜叶发热红变，避免产生异味和劣变。

鲜叶从茶树上采下后失水加快，呼吸作用增强，使鲜叶体内糖分分解，并放出大量热量（$C_6H_{12}O_6+6O_2 \rightarrow 6H_2O+6CO_2+2\,821.9J$）。如果呼吸作用产生的热量在鲜叶挤压或通透性不好的情况下，不能及时散发，将进一步促进呼吸作用的加强、有机物质分解和多酚类物质氧化等一系列过程，以致鲜叶逐渐红变。根据我国长期的生产经验，装盛器具以竹编网眼篓筐最为理想，既通气、透风，又轻便，一般每篓装鲜叶 25～30 kg，盛装时切忌挤压过紧，要严禁利用不透气的布袋或塑料袋装运鲜叶。因鲜叶在无氧条件下，无氧呼吸加强，产生酒精以致变质。尤其是对于雨露水叶，更应严禁挤压过紧，否则散热更加困难，鲜叶变质加快，影响茶叶品质。对于装运鲜叶的器具，每次用完后需保持清洁，不能留有叶子，否则容易引起细菌繁殖。

为了做好保鲜工作，鲜叶应贮放在低温、高湿、通风的场所，适于贮放的理想温度为15 ℃以下，相对湿度为 90%～95%。春茶摊放鲜叶一般要求不超 25 ℃，夏、秋茶不超过30 ℃。据试验，当叶温升高到 32 ℃时，鲜叶开始红变；叶温升高到 41 ℃，有 1/4 鲜叶变红；叶温升至 48 ℃，鲜叶则几乎全红变。鲜叶在贮放过程中应常检查叶温，如有发热应立即翻拌散热，翻拌动作要轻，以免鲜叶受伤红变。

鲜叶贮放的厚度，春茶以 15～20 cm 为宜，夏、秋茶以 10～15 cm 为宜，具体则根据气候高低、鲜叶老嫩和干湿程度而定。气温高需要薄摊，气温低可略厚些；嫩叶摊放宜薄，老叶摊放可略厚；雨天叶摊放宜薄，晴天叶摊放可略厚。

总之，鲜叶的验收分级、贮运与保鲜，是鲜叶管理工作的重要环节，技术措施得当与否，直接影响茶叶品质与经济效益，生产上应引起足够的重视。

复习思考题

1. 简述茶叶合理采摘的内涵。
2. 试述茶叶采摘标准确定的依据及其掌握方法。
3. 试述分批多次采摘的理论依据。
4. 怎样做到依树龄、树势留叶采？
5. 怎样运用茶树栽培措施调节茶叶采摘的洪峰？
6. 怎样掌握好手工采摘的开采适期？
7. 试述鲜叶验收分级的目的。鲜叶的验收分级通过哪几方面来掌握？
8. 怎样做好鲜叶贮运和保鲜工作？

学习指南：

　　茶园生产机械设备科学合理的应用，不仅可解放生产力，提高劳动效率，而且直接影响到茶叶产量高低和品质优劣。本章根据茶园生产实际，介绍了茶树栽培管理过程中主要生产管理机械与设施，并对常用茶园生产中剪采机械的使用与保养、茶园喷灌设施建设等技术要求进行了专门的叙述。通过学习，要求了解茶园生产中主要使用机械，掌握茶园剪采机械使用和喷灌设施建设基本要求，能在生产管理活动中灵活、科学地选择各种机械设备，为生产服务。

第九章

茶园生产机械与设施

　　长期以来，茶园一直是利用人力在进行管理，较少使用机械设备在茶园中作业。随着产业发展与社会进步，农村劳动力需求结构发生了大的变化，社会对产品需求有了更高的期望，这些变化带来的茶园管理中的表现为劳动力不足，常规生产模式难以满足社会需求。机械与设施的研发、引入与应用成了茶园发展的必然，越来越多的机械设备走进了茶园，熟练掌握这些机械设备的使用与应用，对茶园的管理与建设将起直接的推动作用。

第一节　茶园生产机械与设施种类

　　茶叶生产过程可分为两大环节：一是茶叶鲜叶原料的田间生产，二是茶鲜叶原料的采后加工。与此对应茶园生产机械与设施的内容分为茶园生产机械与设施和茶叶加工机械。茶树栽培学所涉及的茶园生产机械与设施是指在茶鲜叶原料的生产过程中使用的机械与设备，包括修剪、采摘、耕作、灌溉、施肥、病虫防治等农艺作业所用的机械与设施。

　　1. 茶园生产机械　　所谓机械是指机器与机构的总称，是能帮人们降低工作难度或省力的工具装置，是具有确定的运动系统的机器和机构。茶园中应用的机械种类如表9-1所示。过去，茶园生产中主要的生产机械为人力抬着行走的采茶机、修剪机和病虫防治机械，现在出现乘坐式剪采机械，无需人抬。一些在其他农业生产中运用较多的耕作机械，因茶园所处的山地环境、基地建设过程中沟、渠、路、树等工程建设的影响，长期形成的农耕作业习惯，等等，使之还没有在茶园中广泛应用，但随着农业人口的转移，劳动力生产成本上升，相应的基地建设要求会朝着适合机械化作业方向提高，耕作机械的引入与推广应用也将成为必然。

表9-1　茶园中应用的部分机械

茶园生产机械	机械类型
手持式茶树修剪机械	轻修剪机械、深修剪机械、重修剪机械、台刈机械
手持式茶叶采摘机械	平型采茶机、弧型采茶机
乘坐式茶园剪采机械	有多种型号，变换配件可进行修剪与采摘等不同作业
病虫防治机械	喷雾器（机）、喷粉器（机）、烟雾机等
茶园耕作机械	茶园挖掘机械、茶园耕作机械（乘坐式、手扶式）

2. 茶园生产设施　设施从字面上理解是为某种需要建立的机构、组织、建筑等。茶园生产设施是指有多种系统结合而成的，固定于作业点的装置。如喷灌设施包括有水利系统、机械系统的组合，其他还有茶园病虫防治设施、光温调控设施等（表9-2）。

表9-2　茶园中应用的部分设施

茶园设施	设施类型
茶园灌溉设施	喷灌、滴灌
茶园光温调控设施	温室、遮阳设施、防霜风扇
茶园病虫防控设施	光诱器、化学引诱器、粘虫板

第二节　茶园剪采机械

茶产业被认为是劳动密集型产业，其中耗费劳动用工最大量的是茶园的剪采作业，按传统的人工生产模式，茶叶的生产成本中有60%左右为茶园剪采人工工资所消耗，如能实现茶园剪采机械化，势必能降低生产成本，提高劳动效率。

一、茶园剪采机械的种类

茶园剪采机械种类众多，根据应用目标合理选择机具，正确掌握机具操作要求对保证应用效果、提高生产效能至关重要。茶园剪采机械包括茶园修剪机械和茶叶采摘机械，两者作业的目的与对象不同，机械类型上也有较大差别。

（一）茶园修剪机械种类

第六章中已有介绍，茶树修剪有轻修剪、深修剪、重修剪、台刈，不同的修剪作业，机械要承受的作业强度不一样，针对不同的作业对象，可选用不同的修剪机械，现茶园修剪机械种类较多，依修剪目的、操作形式、工作原理、使用动力、刀片形状等可以有以下几种不同的分类。

1. 依修剪目的分类　从茶树树冠面到茶丛基部，枝干越来越粗，剪切面积越来越大，根据剪切的对象变化和所要达到修剪作业的目的，修剪机可分为轻修剪机、深修剪机、重修剪机、台刈机、单人修剪机（图9-1）。

（1）轻、深修剪机。轻修剪机与深修剪机结构基本相同，不同的只是轻修剪机刀齿细长，汽油机功率较小；深修剪机刀齿宽而短，汽油机功率较大。

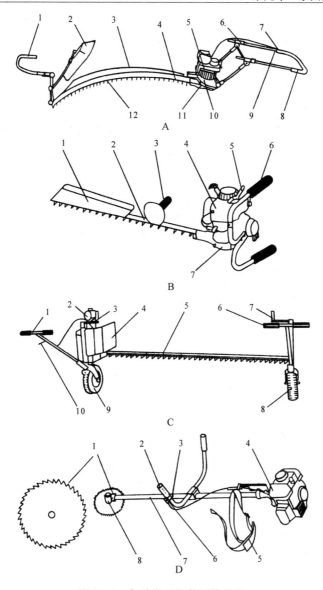

图 9-1　各种类型的茶园修剪机

A. 双人弧型轻、深修剪机：1. 主把手　2. 防护板　3. 导叶板　4. 护刃器　5. 汽油机　6. 锁紧器

7. 油门手柄　8. 副把手　9. 停机按钮　10. 吹叶风机　11. 减速往复传动箱　12. 刀片

B. 单人修剪机（边缘修剪机）：1. 导叶板　2. 刀片　3、6. 把手　4. 汽油机

5. 油门手柄　7. 减速往复传动器

C. 轮式重修剪机：1、6. 拖行把手　2. 汽油机　3、7. 高度调节摇杆　4. 防护板

5. 刀片　8、9. 行走轮　10. 油门手柄

D. 台刈机：1. 锯片　2. 操作把手　3. 停机按钮　4. 汽油机　5. 背带

6. 油门手柄　7. 套管及传动轴总成　8. 齿轮箱

（机械化采茶技术，1993）

（2）重修剪机。重修剪机切割的枝条较粗，因此，刀齿较宽、较厚，汽油机的功率也大，且机身重，增加了行走轮，机器的两端设有刀片高度调节杆，以适应不同的修剪高度

要求。

（3）台刈机。台刈机切割枝条最粗，汽油机功率最大，锯片是圆盘形，根据切割对象的粗细程度可选配一定直径和齿数的圆盘锯片，用于衰老茶树台刈改造时，应选用80齿以上齿数（齿距5～10 mm）的锯片。小齿锯片切割粗老树干切口平整、作业轻快、效率较高。

（4）单人修剪机（边缘修剪机）。单人修剪机主要用于茶行边缘的修剪，使茶行间能有良好的通风透光效果。操作时都由单人使用，无风机，配用汽油机功率较小，其切割刀片与深修剪机相同。因此，也可用作轻修剪、深修剪及其他修剪程度较轻的作业。

2. 依操作形式分类　各地茶园所处地形、地势差异较大，修剪目的各有不同，依修剪机的操作形式可将修剪机分为单人修剪机和双人修剪机两种类型。

（1）单人修剪机。单人修剪机由1人操作使用，机器轻便，动力机使用0.59 kW的小汽油机，整机重6 kg。因单人修剪机的汽油机使用膜片式汽化器，油箱内的吸油管为软管形式，吸油口在任何情况均可处于油箱内的最下部，保证发动机在任何角度下都能正常工作，操作自如，使用灵活，可高低左右进行修剪，适用坡地、梯地和小地块，不规则行距茶园，特别适用于山区小块茶园的使用。单人修剪机的工作效率是0.025 hm^2/h，与人工比较，修剪效率是人工的6倍。

（2）双人修剪机。双人抬式修剪机比单人修剪机多设吹叶风机，动力机使用0.80～1.47 kW汽油机，机重11～17 kg，切割器有平形和弧形两种形状，修剪工效高，工效为0.13 hm^2/h左右，适应于平地、缓坡茶园和规模经营茶园。双人修剪机的劳动强度低，工作效率约为人工的16倍。

3. 依修剪机剪切方式分类　根据各种修剪的需要，修剪机的切割形式有往复切割式和圆盘旋转式。现在推广应用的轻修剪、深修剪、重修剪机锯片都采用往复切割式的工作形式，台刈机因切割对象较粗大，采用的是圆盘旋转式进行割锯。

4. 依使用动力分类　修剪机配置的动力分为机动和电动。机动指配以小汽油机作为动力，这种动力生产上使用最广泛，轻便、灵活、功率大、作业效率高，但对其保养要求也高，寿命较短、噪声大、振动大。电动有小型汽油发电机与蓄电瓶两种。工作时，将汽油发电机或固定式蓄电瓶置于地头，通过电线连通修剪机。使用时，噪声小、振动小、维护简便、寿命长，但功率低，固定式电源作业时要拖一根长电线，移动不方便，若用背负式蓄电瓶，使用较方便，振动也小，但功率小，连续作业时间短。

5. 依修剪后树冠形状分类　不同类型的修剪及维持树冠面的形状，在不同地区有不同的习惯要求。为适应这些要求，修剪机有平型修剪机和弧型修剪机。单人手提式修剪机均为平型修剪机，其他类型修剪机有平形与弧形两种刀片，以满足不同修剪目的的需要。部分主要修剪机型号、刀片形状、切割幅度、动力配置、整机重量等参数如表9-3所示。

表9-3　部分主要修剪机型号

类型	机器型号	使用范围	刀片形状	切割幅度/mm	汽油机功率/kW	机重/kg
	R-8GA1000	轻、深修剪	弧形、平形	1 000	0.81	13
双人修剪机	SM110/120	轻、深修剪	弧形、平形	1 100	1.20	15
	SA110/120	轻修剪	弧形	1 100	0.80	11

（续）

类型	机器型号	使用范围	刀片形状	切割幅度/ mm	汽油机功率/ kW	机重/ kg
单人修剪机	E－7－750	轻、深修剪，修边	平形	750	0.59	6
	PST75	轻、深修剪，修边	平形	750	0.59	5
重剪台刈机	CZG40/BZG40	台刈	圆盘形	Φ250	1.20	7

注：依生产厂家资料整理。

（二）茶叶采摘机械种类

采茶机械与修剪机械一样可根据不同的作业方式、工作原理、动力配置等进行不同的分类。

1. 依操作形式分类　可分为单人背负手提式（图9－2）、双人抬式（图9－3）和乘用型（图9－4）。单人手提式采茶机使用灵活，适用于地块小、坡度较陡的茶园；双人抬式使用工效高，采摘质量好，适用于规模经营的平地或缓坡地茶园；乘用型采茶机（也可用于修剪）对茶园基本建设和茶园管理等各方面要求都较高，如茶园高、幅度规范，茶树高度与茶行宽度一致，使机具能在茶行中正常行走与作业；茶园地面平整，安全作业角度12°以下；茶行尽头有足够机具转向掉头的空间，旋转半径1 350 mm，等等。单人背负手提式采茶机有电动和机动两种类型，双人抬式采茶机均为机动。

图9－2　NV45H/60H 单人背负手提式采茶机

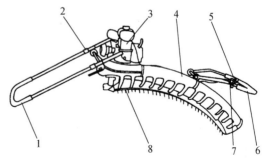

图9－3　双人弧型往复切割式采茶机
1. 副把手　2. 锁紧套　3. 汽油机　4. 风管
5. 离合器手柄（上）和油门手开关（下）
6. 主把手　7. 停机按钮　8. 刀片
（《机械化采茶技术》，1993）

2. 依机具刀片剪切方式分类　可分为往复切割式、螺旋滚切式和水平勾刀式。由于往复切割式采摘质量好，生产上应用多为此型。

3. 依适用树冠形状分类　可分为弧型与平型两种，单人背负手提式采茶机均为平型，其他类型采茶机有平型与弧型两种类型。

4. 按动力能源分类　可分为机动型、电动型和手动型，广泛使用的为机动型。

此外，针对名优茶采摘要求高的特点，有进行选择性采茶机的试验，此类试验中有折断式和摩擦式等类型。前者是利用弯曲折断原理，采下鲜嫩茶叶而保留粗老枝条；后者是用一

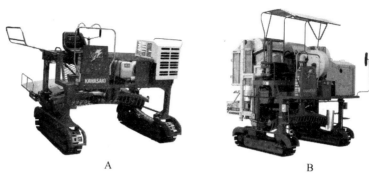

图 9 - 4　乘用型采茶机
A. KJ4 茶袋交换采茶机　B. KJ8C 货柜型采茶机

对弹性摘指夹住茶叶，依靠摘指与茶叶间的静摩擦力，摘下新叶而保留老叶和幼芽。表 9 - 4 是目前主要应用的部分采茶机型号。

表 9 - 4　部分主要应用的采茶机型号

类型	型号	刀片形状	割幅/mm	汽油机/kW	整机重/kg
双人采茶机	V8NewZ - 1000	弧形、平形	1 000	2.34	12.3
	SV100	弧形、平形	1 000	2.20	13.0
	SV110	弧形	1 100	2.20	13.0
	SV120	平形	1 200	2.20	13.0
单人采茶机	NV60H	平形	600	0.80	9.0
	NV45H	平形	450	0.80	9.0

注：依生产厂家资料整理。

二、茶园修剪机械的使用与保养

修剪是培养茶树树冠的主要技术措施，传统的修剪方式都是用整枝剪、篱剪、台刈剪、锯、砍刀等工具进行人工修剪。这种方式的修剪，使用灵活、简单，但劳动强度大，耗时多，工效低。随着社会经济的发展，农村劳动力缺乏和价格上升，茶叶生产成本提高，许多生产单位配置了一定的修剪机械，通过推广试用证明，使用修剪机械具有工效高、质量好、成本低的特点。在今后的生产中，修剪机将会更加广泛地被推广应用。

（一）修剪机的结构与工作原理

1. 修剪机的结构　一部修剪机的整体结构包括汽油机、机架、传动机构、切割刀片、吹叶风机等部件。

（1）汽油机。修剪机所配的小功率汽油机大部分是曲轴箱扫气或单缸二行程汽油机，是由曲柄连杆机构、配气机构、燃料供给系、点火系、冷却系、润滑系和启动机构组成。

① 曲柄连杆机构。曲柄连杆机构由发动机机体（气缸体、气缸盖、曲轴箱）、活塞连杆组（活塞、活塞环、活塞销）、连杆（曲轴和飞轮）组成。

② 配气机构。配气机构由气缸体上开设的进气孔、换（扫）气孔和排气孔组成。依靠活塞的往复运动有规律地启开和关闭这几个气孔而实现进气、换气和排气等过程。

③ 燃料供给系。燃料供给系的作用是将洁净的空气与燃油以一定比例混合，汽化后送入气缸。有浮子式汽化器的汽油机和膜片式汽化器的汽油机组成和工作原理有一定区别，主要组成部件有空气滤清器、阻风门、燃油箱、燃油滤清器、输油管、油箱开关（启动注油泵）、汽化器、曲轴箱、气缸等。

④ 点火系。点火系由磁电机、高压电线和火花塞三部分组成。点火是在规定的时间内产生高压电能，传送至火花塞产生电火花，点燃气缸内已被压缩的混合气。磁电机又分有触点点火和无触点点火两种。

⑤ 冷却系。冷却系是指在气缸外部设置密集的散热片和汽油机飞轮上设置的风扇。气缸混合气燃烧时的温度高达 2 000 ℃ 左右，除了排气带走部分热量外，剩余的热量如不及时散发，将无法进行工作。因此，通过冷却系及时带走气缸表面热量，使气缸保持一定的温度。

⑥ 润滑系。汽油机内没有专门的润滑系统，而是在汽油中加入一定比例的机油作为燃料油，在燃料油经汽化器雾化进入曲轴箱后，其中的机油附着在连杆大端轴承、曲轴轴承等摩擦面，使之得到润滑。

⑦ 启动机构。启动机构一般采用自动回绳手拉启动，由拉绳、弹簧、发条和棘轮机构组成。

（2）机架。机架主要由护刃器、导叶板、操作把手、传动箱体等组成，是支撑刀片的依托。护刃器是长形钢板件，位于刀片上部。导叶板和操作把手分别由铝合金和铝合金弯管弯制成型。双人抬修剪机在副操作把手门侧装有汽油机。上有油门手柄和停机按钮。有吹叶风机的修剪机在主操作把手上装有防护片，阻挡吹风机吹过来的枝叶。操作把手和防护板的角度可按需要进行调节。

（3）传动机构。主要传动机构形式是减速往复传动机构，它是由一对圆柱齿轮减速后带动双偏心轮分别通过两个滑环连杆驱动上下刀片做反相往复运动，圆柱齿轮减速比及双偏心轮的偏心距在不同修剪机上有所不同。

（4）切割刀片。修剪机的切割刀片有弧形与平形两种。弧形刀片的曲率半径为 1 150 mm 或 1 200 mm。刀片长度有多种规格，轻、深修剪机长度以 1 000 mm、1 100 mm 使用较多，单人修剪机的刀片长度规格为 700～750 mm，重修剪机长度规格有 800 mm、1 200 mm两种。锯盘式台刈机刀片直径有 230 mm、250 mm 等不同齿数的多种规格。轻修剪机的刀齿细而长，深修剪机的刀齿宽而短。

（5）吹叶风机。吹叶风机为涡流式结构，具风压高、风量大、作用距离远、功耗省等特点。风机置于汽油机与减速传动机构之间。从汽油机输出的动力直接带动风机运转，并通过风机轴，把动力传到减速往复传动机构，带动刀片运动，风机的转速与汽油机相同。

2. 修剪机的工作原理　修剪机整体工作原理是：汽油机工作产生的动力经飞块摩擦式离合器输出，利用油门大小控制切割器的动与停。当加大油门时，汽油机转速加快，离合器飞块因离心力作用与从动盘结合，将动力传递给减速箱，然后，通过曲柄连杆机构驱动切割器工作；当关小油门时，汽油机转速下降，离合器飞块因弹簧拉力与从动盘分离，动力传递中断，切割器停止工作。

（二）修剪机的使用与保养

要保证修剪机的正常使用和有效地延长机器的使用寿命，必须进行合理地使用和保养。

1. 修剪机的使用 修剪机使用过程要认真阅读机械使用说明，做好相关准备工作，具体使用时，要注意以下一些工作的准备和作业要求的掌握。

（1）使用前检查。使用机械前必须做好以下相关检查工作。

① 机具检查。检查整机在运输过程中是否完好无损，检查刀片螺丝是否松动及其他紧固件有无松动。用注油壶为刀片添置润滑油（10号机油），用黄油枪给齿轮箱和曲轴箱加注黄油（复合钙基脂）。

② 加注混合油。使用新机器的前20 h，加注的混合油（汽油与机油混合）配比为20：1，即按20份汽油、1份二冲程专用机油的容积比混合，使用20 h后，可按25：1比例配油。

③ 油路检查与调节。将配制好的混合油倒入油箱，用手轻按手油泵，检查油路是否顺畅，轻按10余下即可，使化油器内空气排出。

④ 机具启动。关闭风门，关闭油门开关，打开电路开关，左手掌按压在启动器上，右手先轻拉出启动绳的自由行程，然后发力快速拉动启动绳，只需拉出50 cm长度，不管机具是否已启动，应及时松回启动绳，如此反复3～5次即可启动机具。待机器发动后，全开风门，让其急速运转热机1 min。

（2）田间操作。不同机具田间作业有差别，但机具刀片处于高速运转过程中，使用时一定要严格遵守安全作业要求。这里介绍的是双人与单人修剪机的田间作业方式，其他修剪机具使用要认真阅读使用手册，请机具出售方给予使用辅导。

① 人员配置。一般的茶园轻、深修剪，双人修剪机配置机手2人，分主机手、副机手，主机手位置于非汽油机侧，汽油机侧为副机手。如茶园被剪部分枝梢较长，剪下后不易被吹叶风机吹落冠面，应视情况增加清理被剪枝叶辅助作业。单人修剪机机手为1人。

② 机具高度调节。双人修剪机使用前要先调节好适合操作人员的手柄角度与高度。以操作人员双手提起手把，手肘自然下垂，刀口片接触到适合的采摘蓬面高度为合适高度，调整完毕锁紧手柄调节开关。

③ 修剪作业方式。双人修剪机使用时，主机手应戴上护目镜。将已预热的修剪机抬至进行作业的茶行上，发动机器，慢慢开启油门开关，此时应控制好油门，将离合涨紧开关开到底，使机器转速稳定在7 000 r/min，油门开3/4左右。修剪时，主机手行走靠前，副机手略在其后，修剪机具与蓬面呈10°～20°角。如树冠面宽，蓬面宽度不能被机具刀片覆盖一次性剪去时，应先剪主机手侧的蓬面，掉头后再将剩下部分剪去。也可考虑机具走在茶行中间，两侧可能会留下小部分未剪，由人工用篱剪修剪整理。换行时，关闭油门和离合器开关，使汽油机处于急速状态，刀片停止运转。修剪过程中，根据季节及蓬面茶芽生长情况，合理控制好行进速度与修剪高度，一般行进速度为0.5 m/s。

单人修剪机由1人作业时，将已预热的修剪机移至作业的茶行上，发动机器，慢慢开启油门开关，控制好油门，使机器转速稳定在7 000 r/min，油门开3/4左右。左手握靠近汽油机的手把，右手持近刀片的手把进行树冠面的修剪。边缘修剪时，要使茶树在作业手的左侧，将修剪机竖起使用并成20°～25°角。换行时，关闭油门开关，使汽油机处于急速状态，刀片停止运转。修剪过程中,可以通过修剪机的副板推离修剪下来的叶片与枝条。

2. 修剪机的保养 修剪机的保养可分日常保养和长期保养。

(1) 日常保养。日常保养是指在生产季节经常使用时的保养。具体要做好以下几件事。

① 机器作业时,每隔 2 h 给刀片加注润滑油,每隔 20 h 给减速箱加润滑油脂(高温油)。

② 每天工作结束后,对沉积在刀片上的茶浆用清水清洗,擦干并加上适量润滑油保护刀片,清洁风机、汽化器,检查各部件固定螺丝和螺丝刀,如有松动,进行刀片螺钉的调节。

③ 机器工作一段时间后,应注意调整刀片间隙。

④ 每隔 50 h,清除火花塞积炭,并调整火花塞电极间隙。

⑤ 注意汽化器的清洁,经常清洗空气滤清器和浮子室。

(2) 长期保养。长期保养是指经一个生产周期后要放置一段时间前进行的保养。主要工作有:

① 对汽油机进行全面清洁调整,清洁汽化器,倒净油箱和浮子室内存油,清除火花塞的积炭,调整好火花塞电极间隙,并在气缸内滴几滴机油,用手拉几下启动绳,使活塞运动,存油存于活塞和气缸之间。

② 清洁更换减速箱的润滑油脂,调整好刀片间隙,加油。清洁风机和风管,修复或更换已磨损的零件。

③ 检查所有部件连接状况。

④ 擦干净机器外壳,装入塑料袋,置于干燥处。

3. 修剪机常见故障与问题的排除 修剪机常见故障与问题可通过以下方法来检查排除。

(1) 油路故障。当油路出现故障时,会使汽油机发动困难。此时可先检查油路,看化油器进油管是否进油,化油器油泵是否充满油。如不能正常进油,或化油器油泵油量不满,应按以下方法排除:清洗化油器,疏通进、出油管,卸下火花塞,在火花塞上沾上少量混合油,旋紧火花塞。

(2) 刀具间隙调整。弧形刀片间隙应在 0.3 mm 左右,平行刀片在 0.2 mm 左右,刀片长时间使用会被磨损,不能达正常剪切效果,因此,要进行调整。先拧松紧固刀片螺钉的螺帽,将刀片螺钉轻轻拧到底,再往松的方向拧 1/4~1/2 圈,接着拧紧螺帽,在刀片上涂上润滑油,启动汽油机,适当加大油门,使汽油机以最高速运转 1 min,停机后用手检查刀片螺钉处温度,若温度与手温相当,表示间隙调整正常;若温度烫手,表示间隙太小,应将螺钉再拧松一点,反复调整至合适温度止。

(3) 火花塞电极间隙调整。火花塞上沾有异物,汽油机工作将不正常,应注意清除火花塞电极上的积炭,两电极间隙 0.6~0.7 mm,两极间不能有微小积炭,如有积炭用细砂纸打磨。

三、茶园采摘机械的使用与保养

茶园采摘机械与修剪机一样,是茶叶生产中推广应用较广泛的机具。使用机械采茶,可缓解茶叶生产过程中劳动力不足,提高劳动效率,正确合理地使用机具,将有效地控制茶叶品质,延缓机械使用寿命。

（一）采茶机的结构与工作原理

采茶机与修剪机结构相似，整体结构也由汽油机、机架、传动机构、切割刀片、集叶（吹叶）风机等主要部件组成，工作原理也基本一致，对结构与原理的认识可参见本章的修剪机的结构部分。两者不同的地方主要有以下几点。

① 采茶机采的是嫩梢，传动机构带动刀片运动是通过大、小皮带轮，修剪机是通过齿轮直接咬合带动。

② 采茶机刀片齿较修剪机长，这也是由刀片切割对象不同而产生的差别。

③ 采茶机增设了风管，将采下的芽叶吹入专门的集叶袋中。集叶风管是用工程塑料制成，主风管进口端直径较大，随后渐小，以保证前后风压均匀。主风管上分布多根支管，支管出风口位于刀齿前上方，当主管中的气流从支管高速喷出，刀齿采下的芽叶被吹入挂于机架之后的集叶袋中。

④ 机身后挂有集叶袋，用于收集采下的芽叶。它是用高强度尼龙布缝制而成，长度约3 m，宽度略宽于机身的宽度，袋口有张紧橡皮筋，作业时挂在采茶机架尾部。

单人采茶机是采茶机架与汽油机用软轴相连并传动、由单人背负汽油机和手持采茶机架进行作业的采茶机。结构上与双人采茶机基本相似，不同的是其汽油机功率较双人采茶机小，增设有一个支承汽油机的背架，可用于背带背在身后。汽油机与机架间由一外套柔性橡胶保护套管的软轴连接，直径10 mm，长度800 mm，软轴可在一定弯曲状态下传递扭矩。机架上安装了采茶机的采叶机构，由能够起到减速、带动风机旋转作用，并使刀片往复运动的减速传动箱和刀片、集叶装置组成。

（二）采茶机的使用与保养

合理使用和保养好采茶机，可有效地延长机器的使用寿命。有些生产单位机器使用数十年也不用大修，有的新买机器，用数次就不能继续工作，其中主要原因是使用者是否按要求操作，用后有无妥善的保养。采茶机的使用及保养与修剪机相似，使用前后都应严格按使用说明中的作业要求来进行。

1. 采茶机的使用　采茶机使用要做好机具检查、加油、启动、配套设施连接等几项工作。双人采茶机与单人采茶机因汽油机与机架的连接不同，使用前的准备工作也有差异。

（1）采茶机使用前检查。使用前的准备工作不可忽视，不然工作时会酿成大的事故。

采茶机使用前主要检查工作中的机具检查、加注混合油、油路检查与调节、机具启动等与修剪机相似，相关内容可参见之前的修剪机使用部分。采茶机有收集采下原料的要求，因此，这一环节要将集叶袋安装在机具上。集叶袋安装时，按集叶袋指示标记依次挂在导叶板和机架挂钩上，调整好袋口的松紧度即可。单人采茶机的机具使用前的准备与检查与双人采茶机所做的检查与准备工作相同，但在机具连接与机具启动检查时有所不同。

单人采茶机因有几个部件连接的过程，因此，在加注混合油之后要先进行部件连接，具体做法是：先连接单人采茶机的汽油机和传动部分，拉起汽油机动力输出孔上的活动销钉，将软轴套有小孔的一端插入汽油机上连接的软轴口内，转动软轴套，将软轴固定在汽油机软轴孔。接着是软轴的另一端和机具传动部分的连接，在软轴套有槽的一端，一边慢慢转动方形软轴一边向里推，使软轴进入汽油机的方孔内，将外露的软轴对准采茶机驱动轴的方孔后，用力将软轴套有槽的一端推入软轴座，插入软轴销钉，并装上开口销，软轴安装完毕。按集叶袋指示标记依次挂在导叶板和机架挂钩上，调整好袋口的松紧度。接着进行油路检查。

单人采茶机的启动与其他剪采机具稍有不同，它是将装好背带的汽油机先发动，再背负在身上，或由旁人协助发动汽油机。

（2）田间操作。采茶机的人员配置、行走与修剪机均有不同。

① 人员配置。双人采茶机配置机手 3 人，分主机手、副机手和集叶手，主机手位于非汽油机侧，汽油机侧为副机手，集叶手位于主机手之后，把握集叶袋口，帮助移动集叶袋。

② 机具高度调节。机器使用前应先调节好适合操作人员的手柄角度与高度。以操作人员双手提起手把，手肘自然下垂，刀口片接触到适合的采摘蓬面高度为合适高度，调整完毕锁紧手柄调节开关。

③ 采摘作业方式。使用双人采茶机时，将已预热挂上集叶袋的采茶机抬至进行作业的茶行上，发动机器，慢慢开启油门开关，此时应控制好油门，将离合张紧开关开到底，使机器转速稳定在 7 000 r/min，油门开 3/4 左右。采茶作业时，主机手位于无汽油机一端，倒退行走，副机手位于汽油机一端往前行走，处于比主机手滞后 40~50 cm 的位置上，机器刀片与茶行有约 70°左右的夹角。行走时主机手侧机器刀片的两个齿应保持在蓬面边缘外，副机手侧留下未采下的部分，留待之后回头再采，切不可左右移动采茶机，这样会影响采摘质量，集叶袋受损，更不安全。单人采茶机操作时，左手握汽油机侧把手，右手握刀杆把手，平稳匀速前行。集叶手位于机手之后，把握集叶袋口，帮助移动集叶袋，以减轻机手行走时的阻力。换行时，关闭油门和离合器开关，使汽油机处于怠速状态，刀片停止运转。采茶过程中，根据季节及蓬面茶芽生长情况，合理控制好行进速度，一般为 0.5 m/s。单人采茶机则应注意不要在使用过程中前后左右移动机器，易造成机器对集叶袋的切割。

④ 卸叶。当双人采茶机集叶袋中的鲜叶达 20 kg 左右、单人采茶机达 10 kg 左右时，要及时倒出鲜叶或更换集叶袋，操作时，须停止刀片运转，使机器处于怠速状态，确保作业安全。

2. 采茶机的保养　采茶机分日常保养和阶段性保养。

（1）日常保养。每天作业完成后，对沉积在刀片上的茶浆用清水清洗，擦干并加上适量润滑油（可以是食用的菜油）保护刀片，同时检查刀片螺钉是否松动，如有松动，进行刀片螺钉的调节。对空气滤清器海绵用纯汽油进行清洗，并挤干汽油，晾干滤清器海绵，洗净干燥后，装好紧固。采茶机刀片是高速运转部件，每隔 1~2 h，需要在刀片上加注一次机油；每隔 20 h，要在转动箱注油孔中加注一次高温黄油。

（2）阶段性保养。经过一段时间使用，应对采茶机进行阶段性的保养。此时的保养工作主要有：

① 齿轮箱保养。将齿轮箱打开，清除箱内废油，并加入新的高温黄油。

② 消音器内积炭清除。卸下消音器，烟囱口朝上，放在火上烤，烧除里面的积炭后，用手把消音器在地上轻拍，去除积炭。

③ 清空油壶内的混合油。当机器较长时间不使用时，应排出化油器内存油，发动机器，使其自动熄火。

④ 清除火花塞上积炭，在汽缸火花塞孔内滴几滴机油，并拉动启动器几下，使机油均

匀分布在汽缸壁内，以保护汽缸。

⑤ 清除机身上的杂物。机器使用后，一些茶园杂物会夹杂在机身上，此时应将这些杂物清除干净，要注意及时取出采茶机风管闷盖中的杂叶，以防影响出风管出风。

3. 采茶机常见故障与问题的排除 采茶机常见故障与问题与修剪机相似，相关内容可参见修剪机常见故障与问题的排除部分。更多的机具问题出现时，应及时与机具生产销售单位联系。

采茶机和修剪机使用时都必须要注意安全，操作人员在使用时应注意下列事项：

① 操作人员应进行上岗前培训，并熟读使用说明书，熟悉机械性能，掌握开关机程序，能进行刀片调整等操作要领。

② 机械用燃料应按规定容积比进行混合配制，混匀后使用，不允许使用代用汽油与机油，或改变汽油、机油的配比。

③ 操作人员要密切配合，非有效作业时（调头、换行等），要关小油门，停止刀片运转，以防伤人。

④ 经常检查机器各部件，如发现机件损坏和紧固件松动、脱落，应及时更换、调整，不允许机器带病或缺件作业。机器运转时，绝对不允许进行任何调整或维修。

⑤ 不要在机器运转时添加燃油，加注燃料时，避免污染茶叶以影响茶叶品质。

⑥ 手和衣服不要靠近风机进风口，不要用手随便触摸刀刃、皮带轮、火花塞帽、高压导线、气缸等机器部件，以免卷入，损伤人体。汽油机的气缸体及消声器温度极高，要防止烫伤。

四、机械剪采茶园的管理

机采对茶园的要求和对茶树的影响不同于人工手采茶园；相对于手采来说机械剪采茶园的管理要求应更高，因为，它对茶树剪切面会更大，需要得到更好的维护和管理。

（一）机械作业对茶树生育的影响

手工和机械修剪对茶树生长带来的影响差异不大，有时由于手工修剪力量不足，刀具不锋利，将修剪枝条撕裂，对茶树造成的损伤更大，机械修剪较整齐，不会出现扭伤或撕裂茶树茎干的现象。机械采摘则会对茶树生育带来与手采有一定差别的影响，这些影响主要表现在以下几个方面。

机采茶树的采摘轮次比手采更为明显。手工采茶往往会有漏采，每个轮次时间界限长，夏、秋茶界限模糊，手采茶树春茶仅 1 个高峰，且峰值较机采高。机采茶树春季有 2 个高峰，2 个高峰均比手采低，第二次机采是第一次机采后保留下的尚未达采摘高度的后发新梢，在采去了上层早发的新梢后，下层新梢迅速生长后形成的。

机采茶树受剪切程度较手采重，从采与发这一矛盾关系上看，采去顶芽，解除了顶端优势的抑制，而促使侧芽的萌发。因此，在一定范围内，机采能促使新梢密度增加，王秀锃等（1985）试验认为，机采茶树新梢密度在前期随机采年限的延长而增加。机采前的新梢密度为 900 个/m^2 的中小叶种茶树，连续机采到第四年，新梢密度上升到 4 500 个/m^2，以后几年维持在这一水平，而手采茶树要到第五年才能上升到这一水平。如果手采不及时，留叶多，则达不到这一密度水平（图 9-5）。

茶树新梢密度与产量相关性十分密切，在一定范围内或单芽重一定的情况下，呈极显著正相关。然而，新梢密度有一定的阈值，达一定水平后，会通过自疏、枯萎等保持在一定范围内，或因个体增加量多而芽重减轻。据测定，福鼎大白茶的新梢密度阈值为 4 500 个/m²左右，槠叶齐约为 3 600 个/m²，广东水仙为 2 000～3 000 个/m²。随着机采的年份增加，芽叶密度的增加，百芽重会减轻（图 9-6、表 9-5）。由表 9-5、图 9-5、图 9-6 可以看出，机采后芽叶密度上升比手采的快，而新梢个体重量下降也比手采的快，呈现出密度与重量之间的负相关关系，与手采茶树是一致的。

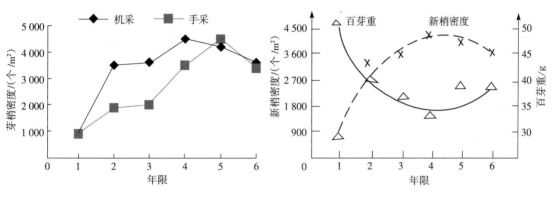

图 9-5　机采与手采茶树新梢密度的变化　　　　图 9-6　机采茶树新梢密度与百芽重的关系
（王秀锃，1987）　　　　　　　　　　　　　　　　（王秀锃等，1981）

表 9-5　采摘方式对茶树百芽重变化的影响

（王秀锃，1981）

年限	机　采		手　采	
	百芽重/g	递减率/%	百芽重/g	递减率/%
第一年	51.0	—	50.6	—
第二年	40.5	20.56	45.6	9.88
第三年	36.5	9.88	41.0	10.09
第四年	32.6	10.68	38.5	6.10
第五年	37.6	−15.34	42.9	−11.43
第六年	32.9	12.50	34.2	20.28
平　均	38.5	7.66	42.1	6.98

注：实验品种为福鼎大白茶。

　　经常性地在相同的平面上采摘作业，使得这一层面上分枝趋密，芽叶数多，叶片排列紧密，光线透过该层量少，使茶丛下层郁闭，枝叶难以抽生。用手工采摘，采摘面起伏比较大，有层次差异，光线有较多透入茶蓬下层，下层有一定的载叶量，其叶层比机采厚。

　　对茶树分枝结构调查表明，采摘茶园分枝受采摘与修剪的影响极大。机采茶树受切割程度较手采重，其分枝级数较手采少，分枝长度也短，又因芽叶密度与芽重有着负相关关系，机采茶树树冠芽叶密度大，各层分枝的粗度递减率也比手采大。重修剪 6 年后的机采茶树与手采茶树各层枝条的粗度平均递减率分别为 12.8% 和 9.3%。因此，对机采茶树冠面枝叶的修剪、留养应与手采有不同的操作要求。

（二）机械剪采茶园的基础要求

机械剪采茶园的基础建设应适合机械使用时的行走要求，不然，难以实现机械化带来的优质与高效。在新建茶园建设和现有茶园向机械化迈进的过程中，必须考虑将茶园建设成符合机械化作业的茶园。其中，最主要的是引种（换种）适合机械化作业的品种，选择规划（改造）适合机械作业的园地。

1. 茶树品种选择　不同茶树品种的生育特性差异大，以往的育种主要着眼于与产量、品质密切的某些性状上，如树型、树姿、着叶角度、叶色、叶片大小、发芽迟早、茸毛多少、抗逆能力等。作为适合机采的茶树品种，除了要考虑上述性状外，还须考虑适合机采的一些要求，如发芽整齐度、持嫩性、节间长度和再生能力等。

机采没有手采这种灵活选采的可能性，在茶园中新梢基本达到采摘标准时，一次性采下，如果茶树发芽不整齐，会对采摘质量带来影响。因此，机采茶园必须选用无性系品种建园。较强的持嫩性，使萌芽先后的芽叶品质差异不至太大，便于加工成型，成茶品质一致。节间长的茶树品种，机器切割落在节间上的可能性大，使得采下的芽叶完整，破碎叶少。茶树的再生能力强，表现为剪后芽叶生长量大，如新梢生长的长度、粗度都能保持在一定水平，便于机采，如机采后，芽叶抽生量少，茎的粗度迅速下降，这些都是不适宜机采要求的。根据湖南省农业科学院茶叶研究所（1987）的调查研究认为，楮叶齐、福鼎大白茶耐采性强，湘波绿较弱。浙江德清的试验认为，龙井43、福鼎大白茶、迎霜、鸠坑种等比较适合机采。

在机采茶园品种选择的同时，应考虑整个生产单位的品种搭配，如果只选单一品种，往往会造成生产洪峰过于集中，短时期内茶厂的生产能力、机械采摘能力等都不能满足，最后影响产量、品质和效益的发挥。因此，需按比例进行早、中、晚品种的搭配，以缓解茶叶生产的洪峰与生产能力的矛盾，减少设备配置上的浪费。

2. 机采茶园的选择与规划　机采茶园除遵循手采茶园择地、规划的一般原则外，还需要着重考虑机械化作业的基本要求。对于新建机采茶园，首先要考虑地面坡度。平地和缓坡茶园适宜运用较大型的采茶机械，其作业效率及安全性高，所以地面坡度小于15°的平地与缓坡地是最适于建立机采茶园的地形，地面坡度大于15°也能进行机采，但必须修筑等高梯地，园地平整。高低不平，行走起伏，影响剪采质量，也会带来安全问题。其次，要选择土地集中成片，地形不过于复杂的地带建立机采茶园。机采茶园是一种规模作业技术，集中成片可以较好地发挥规模效益。

在一般茶园园地规划设计的基础上，根据机械采茶的特点，对机采茶园茶行、梯地规划设计有一些具体要求。机采茶园的行距应根据采茶机的切割幅度和有利于茶树成园封行两个因素来考虑。适合现有采茶机切割幅度的茶园行距为1.5～1.8 m。如茶园土壤肥力高，土层厚，气候条件适宜，管理水平高，可按1.8 m行距布置种植行，这样每条茶行采摘来回采摘一趟的面积大、效率高；若土壤肥力、土层厚度、气候条件、管理水平都一般，布置成1.8 m行距，很难封行，茶园的覆盖度难达理想状态，可考虑按1.5 m或更小的行距来建设，但行距太小，工作效率低，土地利用率也不高。机采茶园茶行长度不超过50 m为宜，这主要是考虑采茶机集中袋的容量有限，双人采茶机集叶袋容量约为25 kg鲜叶，采摘高峰期单位面积茶园一次采摘的鲜叶量，产量较高的茶园可达 7500～9000 kg/hm²，如茶行长度过长，在行中间集叶袋就装满了鲜叶，茶行中间卸叶十分不方便，劳动效率低。机采茶园茶行走向的设计应以方便采茶机卸叶，便于茶园管理作业和减少水土流失为依据。缓坡地的茶行走向应与等高线基本平行，梯地茶行的走向应与梯壁走向一致，不能有封闭行。梯面宽度可按下式设计：

$$梯面宽＝茶树种植行距×行数＋0.6$$

即建设时要注意靠梯壁或梯坎处留下一定的行走作业空间，紧挨梯壁或梯坎种植，茶树长大后，茶行的一侧难以作业。

(三) 机械剪采茶园的管理

机械剪采茶园的管理与传统的手采茶园相比，更要重视树冠培养、加强肥培、适时剪采、适时留养等工作。

1. 机械剪采茶园树冠培养　适合机械化作业茶园茶树的树冠必须与应用机械造型相配套，不然，采下芽叶大小不匀。目前，生产上使用的剪采机械有适用于平型或弧型冠面两种类型。因此，机械剪采茶园茶树的树冠需经幼龄期的系统修剪，或改造后的一系列修剪措施的采用，培养成高度 80～90 cm，树幅 85%～90%，平型或弧型冠面。树冠培养方法详见第六章茶树树冠培养内容。

潘根生等（1988）对不同树冠形状与冠面芽叶生长差异进行 6 年比较表明，平型和弧型树冠产量上无显著差异，但为控制树冠高度的修剪，会引起不同树冠面早春芽叶萌发有差异。弧型树冠面中心与边侧生产枝距根颈处距离较一致，保持了茶树生长的自然形状，冠面的芽叶密度、修剪时被剪除程度较均匀一致，早春茶行中心与两侧萌芽较整齐，芽叶分布也较均匀。平形树冠，修剪时中间剪除的程度要较边侧重，芽叶密度中间较稀，边侧较密，早春，冠面中间萌芽稍迟，边侧较早。不同树冠形状，影响冠面受光状况进而影响萌芽。平形树冠冠面受光均匀，弧型树冠中间部位稍高，无论是茶行东西或南北走向均会引起冠面受光照的变化。东西走向的茶行，弧型树冠南侧，早春萌芽较早。对于平型和弧型两种树冠类型何者为好，这视地域、品种及配套机具而定。有意见认为，气候条件好，年生长量大，分枝少的地区和茶树品种，为控制高度采用平形树冠为合适，年生长量小，分枝较多的地区和茶树品种采用弧型树冠为好。但不同品种、不同地区、不同生产习惯，以及芽叶密度与芽重间的相关关系会造成树冠面形状研究结果的不一致。取得较一致的认识是，茶树机械剪采树冠培养必须经系统修剪，为了促使茶树能早日封行，加速树幅扩展，先期采用平剪，进入生产采摘期，视各地的生产行为，再分弧型和水平型树冠培养。

2. 机采茶园的肥培管理　机采茶园除了手采茶园一般的需肥特性外，还具有 3 个特点：

① 机采全年的批次少。手茶一般每年采摘 20 批以上，而机采只有 4～6 批。

② 采摘强度大。机采每批采摘鲜叶量平均为 3 000 kg/hm² 左右，高者可达7 500 kg/hm² 以上。

③ 树体机械损伤大。

根据上述 3 个特点，对于机采茶园的施肥，既要考虑平衡供给，又要考虑集中用肥。

浙江省地方标准《机械化采茶配套技术规程》规定，机采茶园施肥的原则是重施有机肥，增施氮肥，配施磷、钾肥和叶面肥。机采茶园的施肥标准，可根据上年鲜叶产量来确定，每100 kg 鲜叶施纯氮 4 kg 以上，并适当配施磷、钾肥及微肥，全年按 1 基 3 追肥的方式施用。湖南省地方标准《机械采茶技术规程》规定，机采茶园每年施 4 次追肥，施肥量按鲜叶产量确定，每 100 kg 鲜叶施纯氮 4～5 kg，各次施肥的时期与比例为第一次 3 月上中旬，施全年追肥总量的 40%；第二次 5 月中旬，施 20%；第三次 7 月中下旬，施 20%；第四次 9～10 月，结合基肥施 20%。广东省制定的《大叶种茶园机械采茶技术暂行规程》提出，每 100 kg 鲜叶施纯氮 5～6 kg，氮、磷、钾配合比例为 4：1：1.5，每采两批茶施一次肥料，全年施肥 4～5 次。

不同产地，因品种差异，气候条件不同，施肥量、施肥次数均不相同，原则上掌握机采茶园施肥量比手采适当增加，每次采后能及时追肥。

3. 机采适期的掌握 就我国茶区大宗红、绿的采收而言，采摘推迟，产量增加，春茶期间每推迟 1 d 采摘，鲜叶产量约增加 375 kg/hm²，夏茶期间每推迟 1 d 采摘，鲜叶产量约增加 240 kg/hm²。鲜叶的等级与产量有相反的变化规律，推迟采摘新梢老化，鲜叶中的有效成分含量下降，影响茶叶鲜叶的价格。王秀铿等（1986）按适制红、绿茶标准新梢一芽二三叶及其对夹叶，在单位面积内新梢总量所占比例的 40%、60%、80% 和 90% 以上 4 个标准时期采摘，其产量、鲜叶价格发生相应变化（表 9-6），从表 9-6 可以看出，随着采摘期的推迟产量逐渐增加。无论是春茶还是夏茶，标准芽叶比例每增加 10%，产量可增加 10%～20%。就统计价格而言，春茶期间的鲜叶均价，每推迟 1 d 采摘降低 4.5%，夏茶期间每推迟 1 d 采摘，鲜叶均价下降 7.3%。从茶园产值而言，春茶标准新梢 80% 开采，夏茶标准新梢 60% 开采时，经济效益达到最高值（图 9-7）。随着茶叶向高档、优质化方向发展，一般认为红、绿茶标准新梢达 60%～80% 时，为机采适期。

表 9-6 不同开采期的茶叶产量与价格的变化

（王秀铿，1981）

开采期	春 茶		夏 茶	
	产量比	均价递减率/%	产量比	均价递减率/%
40%标准芽叶	100.0	100.0	100.0	100.0
60%标准芽叶	140.7	88.9	126.1	93.8
80%标准芽叶	164.0	83.3	184.0	68.8
>90%标准芽叶	207.7	61.1	207.2	56.3

一季的开采迟早不仅对当季茶叶生产有影响，且对下季及全年生产有影响，前期采摘迟，后期萌芽就迟。

因采摘劳动用工量大，生产成本高，名优茶采摘成了限制生产发展的瓶颈，各地都在投入力量进行名优茶机采的研究。骆耀平等（2008）对名优茶机采适期的研究中提出，要实现名优茶机采，一是要掌握采摘适期，二是采下后要进行分级。通过对浙江杭州 3 个茶树品种春、秋生育规律调查看到（表 9-7、表 9-8），试验年间，春季杭州气候条件

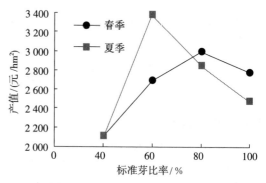

图 9-7 不同开采期的产值变化

（王秀铿等，1986）

下，当鱼叶展后 12 d，3 个试验品种已达二叶展状态；秋季，鱼叶展后 9 d，茶芽梢达二叶展，如以一芽一二叶及同等嫩度对夹叶为生产原料，杭州茶区春季应在鱼叶展后 15 d 之内，秋季在 12 d 之内进行机采，这样可获最大量的合适原料。春季达这一标准时，树冠面一芽一二叶及同等嫩度对夹叶展叶比例达 80% 左右。依据这一标准在浙南、浙中的应用表明，春季达此标准进行机采，机采间隔期为 20 d 左右。当然，采下的芽叶还有大小不同、断碎、老叶等，需经分级后才可最后获生产相应名优茶原料。地区不同，年份间因气候的变化，展叶状态会有差异。根据各地区域实际，做好相关展叶期调查工作，可使机械采摘名优茶原料获好的效果。

表 9-7　春季新梢展叶状态变化

(骆耀平等，2008)

调查天数/d	0	3	6	9	12	15	18	21	24	27
浙农 113	鱼叶	鱼叶	一叶	一叶	二叶	二叶	三叶	三叶	四叶	五叶
龙井 43	鱼叶	一叶	一叶	二叶	二叶	三叶	三叶	四叶	四叶	五叶
浙农 139	鱼叶	一叶	一叶	二叶	二叶	三叶	三叶	四叶	四叶	五叶

注：调查天数 0 为鱼叶初展之日（2007 年 3 月 13 日）。

表 9-8　秋季新梢展叶状态变化

(骆耀平等，2008)

调查天数/d	0	3	6	9	12	15	18	21
浙农 113	鱼叶	一叶	一叶	二叶	二叶	三叶	四叶	五叶
龙井 43	鱼叶	一叶	二叶	二叶	三叶	三叶	四叶	五叶
浙农 139	鱼叶	一叶	二叶	二叶	三叶	三叶	四叶	五叶

注：调查天数 0 为鱼叶初展之日（2006 年 9 月 25 日）。

4. 机采茶树的留养　随着机采年份的增加，茶树叶层变薄，叶面积指数和茶树载叶量下降，对夹叶在芽叶中比例增加，若不进行合适的留养，会直接影响茶叶产量与品质，茶树出现早衰，以致不宜进行机采。通过合理留养，以增厚叶层、增加叶量，调节树体营养"源"与"库"的关系，保证茶树良好的生长势。因此，留养技术是机采园栽培管理中的一项重要措施。

留养要根据机采茶园载叶量的变化来确定。湖南省茶叶研究所调查，连续机采 5~6 年，茶树叶层厚度降至 10 cm 以下，叶面积指数也相应降至 3 左右，此时新梢密度也正好达到阈值，如果叶量再减少，就会影响茶树生长。因此，可将叶层厚度小于 10 cm、叶面积指数低于 3 作为机采茶园需要留养的园相指标。

机采茶园留养时期的确定主要考虑 3 个因素：

① 根据茶叶产量的季节分布特点来确定留养时期。为减少当季的损失，从经济效果上考虑选择在一年中产量比重小、生产效益低的轮次作为留叶时期。如湖南、浙江一带可选择在秋季的 4 轮茶留养，广东则可选择在春季 1 轮茶或秋季末轮茶留养。

② 根据留养的目的来确定留养时期。如果需要利用留养调节采摘洪峰，则可以在洪峰茶季之前对部分茶园进行适当留养。

③ 根据茶树生长情况来确定留养时期。如茶树遇到严重灾害造成叶量大量减少时，则应及时留养，以恢复生机。

长江中下游茶区比较多地选择秋季留养一批秋梢不采，或留 1～2 片大叶采；也有在其他茶季适当提高采摘高度，留蓄部分芽叶。试验表明，春梢的萌发期随秋梢的留养量增多而推迟；若树势衰退，或受自然灾害严重，则应考虑适当留些春、夏期间生长质量较好的叶片在树上，以使树势较快恢复。对于树冠表层机械经常切割部位已形成鸡爪枝或树体过高的茶树，应先行深、重修剪，再行留养。一般地，机采 5～6 年的茶树须考虑留养，留蓄一季秋梢，其效果可维持 2～3 年。

机械采摘，虽缺乏人工的可选择性和灵活性，但只要给予科学的栽培管理，培养合理的树冠，运用熟练的采摘技术，就能使采摘质量和产量都得到保证，甚至在一定程度上能超过手采。浙江省机械化采茶配套技术研究课题组 1988—1991 年测定各试验点机采鲜叶的完整率和净度，结果显示，机采鲜叶中的完整芽叶平均比现行大宗茶手采的完整芽叶提高 14.5%，机采单片平均比手采单片下降 10.5%，机采受伤芽叶平均比手采减少 2.4%，机采老梗老叶平均比手采下降 1.6%。湖南省茶叶研究所（1977—1984）8 年机采试验，平均机采一至三级中上档原料达 85.1%，而同期手采仅为 72.06%，鲜叶均价，机采比手采提高 12.66%。采用机采后，生产更具计划性，可根据茶厂生产能力、茶园面积合理安排鲜叶采收，不会因人工采摘时多时少，而造成多时加工不了，少时又不能满足生产的情况。

机械采摘节省了大批劳力，提高了劳动效率，相对减轻了劳动强度，促进了茶叶生产管理水平的提高，产生了较好的社会效益和经济效益。

五、茶园剪采机具选配

不同的茶园需要配备不同的剪采机械，不同规模的茶园需要不同种类和不同数量的剪采机械。合理配置剪采机械不仅能提高生产效率，同时也能节约成本，避免造成资源浪费。

（一）茶树修剪机械的选配

茶树修剪机的选配一是要根据作业对象与作业内容来选择合理的机械，二是要根据生产规模来高效地配置机械量，不然，不当的使用易使机器损坏，或工作效率不高，过量购置造成资源浪费，等等。

定型修剪的枝条较嫩，除了新种的 1～2 年内用整枝剪修剪外，之后几年可选用双人抬平行轻修剪机、深修剪机或单人修剪机。平行修剪机修剪有利于加速封行。

采摘后 5～10 d 内为平整茶树冠面突出的部分枝叶而进行的修剪，深度在 1 cm 左右，可选用双人抬轻修剪机、单人修剪机，也可用双人或单人采茶机代用。

轻修剪是树冠面 3～5 cm 内的修剪，枝条直径 3～5 mm，可选用双人抬轻、深修剪机或单人修剪机。

深修剪是剪树冠下 10～20 cm 层的枝条，枝条直径较粗，直径可达 8 mm，作业机械应选用双人深修剪机或单人修剪机。

重修剪是在离地 40 cm 左右处剪切，树枝直径可达 2.5 cm，木质较硬，作业机械应选用轮式平形重修剪机或圆盘式台刈机（亦称割灌机）。

台刈树干最粗，木质坚硬，只能选用台刈机作业。

茶树封行后，行间枝叶密集，通风透光条件差，行走操作也不便，需剪去茶行两侧枝条，留出 15～20 cm 的操作道，这种修边作业可选用单人修剪机。

不同修剪机的作业效率不同，双人修剪机的作业效率一般为 $1\,000$～$1\,334\,m^2$/（台·时）；定型修剪机的工作效率为 $1\,667\,m^2$/（台·时）；单人修剪机进行轻、深修剪时，工效约为 $266\,m^2$/（台·时），修边时工效为 $1\,334\,m^2$/（台·时）；重修剪机的工效为 $1\,000\,m^2$/（台·时）左右；台刈机的工效约为 $266\,m^2$/（台·时）。

根据不同机型、作业效率、作业时间、茶园作业时间等，可依下式确定配置所需修剪机的台数。

$$需修剪机台数 = \frac{茶园总面积（hm^2）\times 作业率（\%）}{机械工作效率[hm^2/（台·h）]\times 日工作时间（h）\times 作业时间（d）}$$

如某地 $30\,hm^2$ 茶园，每年弧型冠面修剪面积为 70%，若每台机器每天工作有效时间为 6 h，春茶前使用 15 d，这样需要双人弧型修剪机台数为：

$$需要双人弧型修剪机台数 = \frac{30\times70\%}{0.133\times6\times15} \approx 2（台）$$

这一计算结果表明，这一面积茶园，在春茶前 15 d 工作日内完成弧型修剪需配置 2 台双人弧型修剪机。一般修剪机台时工效和年承担作业面积分别为：双人轻修剪机 $0.13\,hm^2$ 和 $6.67\,hm^2$ 左右，单人修剪机为 $0.03\,hm^2$ 和 $2\,hm^2$ 左右，轮式重修剪机为 $0.13\,hm^2$ 和 $26.67\,hm^2$ 左右，圆盘式台刈机为 $0.03\,hm^2$ 和 $13.33\,hm^2$ 左右。其他不同规模的茶叶生产单位，可参照以上计算方法和指标参数计算各自的机器配置量。

（二）采茶机的选配

现行的生产茶园中采茶机主要是双人采茶机和单人采茶机，双人采茶机有平型与弧型之分，单人采茶机匀为平型。选配采茶机时，要充分考虑生产单位的茶园状况、山地与平地茶园面积比例，以便确定选择双人或单人采茶机。根据当前生产情况和以后发展考虑引入合适的采茶机。山地茶园，行距较窄，上下起伏，为便于作业，多选用单人采茶机，平地、缓坡地和梯级等高茶园选用双人采茶机工作效率高。至于选用平型或弧型，则参考教材之前的介绍和地方生产实际确定，两者在工作效率上基本一致。采茶机械数量的配置可参见修剪机械选配的方法，具体要根据采茶机械的生产能力、茶园面积、作业种类等确定，现生产中应用的双人采茶机工作效率约为 $0.1\,hm^2$/（台·时），全年可对 5～$6\,hm^2$ 茶园进行有效采摘管理。单人采茶机的工作效率约为 $0.025\,hm^2$/（台·时），全年可对约 $1.5\,hm^2$ 山地茶园进行有效采摘管理。

第三节　茶园耕作机械

茶园土壤耕作是茶园管理的一项重要内容，通过耕作，铲除杂草、疏松土壤、促进土壤熟化。这些作业如以传统人工操作则繁重、花工大、效率低。因此，从 20 世纪 50 年代开始我国茶业工作者就不断对茶园耕作机械进行研究和开发。由于茶园所处的立地条件及茶树多年生、覆盖度高等生长特点，茶园中利用耕作机械进行作业还为数较少。随着生产条件的改善，一些茶园在改造和新建中有采用挖掘机进行深翻垦殖。

一、茶园耕作机械种类

已有研究应用和正在开发供茶园试用的茶园耕作机械主要有乘坐式茶园耕作机、手扶式茶园耕作机和茶园垦殖机械等。

（一）乘坐式茶园耕作机

这类耕作机是以拖拉机配置耕具组合而成，作业时，操作者乘坐在拖拉机上，配置的耕具多为旋耕式机具，它具碎土能力强及耕后土层松碎、地表平坦的特点。最早是用手扶拖拉机加装防护罩，带动旋耕机作业。之后，改进为定型的 C-12 型茶园耕作机。该机使用 S195 型 8.82 kW 柴油机为动力，履带行走，底部宽 800 mm，上部宽 500 mm，周边用防护罩隔离机械与茶树枝条，减少机械行走时造成的茶树枝条的折断。机身高 1 220 mm，重心低、稳定性好、驱动力大，适宜在 1.5 m 行距的茶行中行走，在坡度 15°状态下可稳定作业。行间地头有 1.5 m 空间可实现机械转向调头（图 9-8）。C-12 型茶园耕作机通过配套机具，可实现中耕和深耕作业。中耕深度可达 8～10 cm，耕幅 60 cm，每小时可耕面积约为 3 335 m²；深耕深度可达 25 cm，耕幅 70 cm，每小时可耕面积为 1 000～1 334 m²。

图 9-8　乘坐式（C-12 型）茶园耕作机作业状

（二）手扶式茶园耕作机

手扶式茶园耕作机具操作简便、灵活，成本比乘坐式低，更适合山地茶园中行走。采用动力有汽油机和柴油机之分。前者质轻，在地势平整的改造和新建茶园中行走方便，操作灵活，但在不耕作或少耕作的封行茶园中使用不易，成本高（图 9-9A）。柴油机为动力的耕作机，体型重、行走缓慢、质量大，能在封行茶园中正常行走作业，但爬坡、转向欠灵活，一些道路建设不完善的茶园，难以推广应用。手扶式茶园耕作机配套的耕具有旋耕的弯犁刀和齿式的锄。机具行走时，旋耕机上的弯犁刀或固定齿型耕具，在旋转轴带动下，耕具向前翻挖园地，机耕宽幅可达 40～50 cm，耕作深度为 15 cm 左右，行走速度约为 25 m/min，不同机型在不同地块中作业有差异（图 9-9B）。

（三）茶园垦殖机械

茶园基地建设或老茶园改植换种时，需对山地进行全面深翻，传统的作业方式是靠人力使用简单的山锄进行，费时、费力，难以深挖。现行的生产机具中没有专门针对茶园生产的

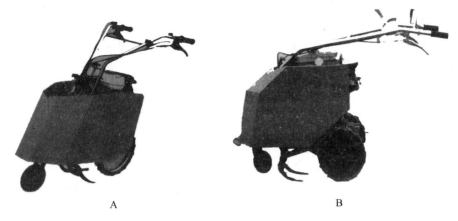

A   B

图 9 - 9　手扶式茶园耕作机

A. C - 16 型茶园中耕机　B. ZGJ - 150 型茶园耕作机

（陆鹏，2014）

深翻机械，生产中应用的是一些工程和其他农作中使用的机具，有的是直接引入使用，有的则是进行改装与其他机具配套使用。

20 世纪 80 年代开始，一些大型茶园垦殖时，采用东方红- 75 型拖拉机牵引，后挂铧犁深翻或配推土铲推平地面。东方红- 75 型拖拉机原配套使用四铧犁，在茶园中使用时，需根据茶园地质的状况和实际深翻要求进行改装，或拆除铧犁的数量，仅留双铧犁作业，或对犁架、犁柱、悬挂等部位进行加固。也有用东方红- 75 型拖拉机悬挂单铧开沟犁（中分犁）进行深翻开沟。浙江金华曾使用东方红- 75 型拖拉机挂双铧犁进行深翻，深度达 50 cm 左右，每班次垦翻茶地 1 hm² 左右；广东在采用东方红- 75 型拖拉机配推土铲平整土地时，悬挂双壁单铧开沟犁深翻开沟，每班次可垦 5 hm²。

随着工程机械的广泛使用，一些早年仅在路、桥、库、渠工程上使用的挖掘机被引入茶园建设中应用，且效果比之前铧犁翻耕更好。

挖掘机的种类很多，按传动类型可分为全液压传动和非全液压传动，两者的区别主要表现在行走机构上，挖掘机的回转机构和工作装置都采用液压传动，行走机构可以是机械传动，也可以是液压传动。按行走机构类型不同，挖掘机可分履带式、轮胎式等多种类型。茶园开垦中多使用全液压履带式挖掘机，其行走接地比压小，附着力大，稳定性强，特别适合在山地茶园建设中应用。使用挖掘机垦殖，可使翻耕深度达 1 m 以上，深翻效果好。

二、茶园耕作机械的使用与维护

不同茶园耕作机械的使用方法都有所不同，使用前要进行专门的培训，严格按机械使用要求进行作业，使之能保证机械使用效率与寿命，使工作质量达到设定要求。

（一）乘坐式（C - 12 型）茶园耕作机的使用与保养

1. C - 12 型茶园耕作机的使用　C - 12 型茶园耕作机是我国自主设计研制的履带行走乘坐式茶园专用耕作机，相同类型的还有金马- 15 型茶园耕作机等。这类耕作机在一些大型茶场中有应用。C-12型茶园耕作机针对茶园作业特点设计，基本满足了在山区茶园中可钻入1.5 m行距的茶行中进行中耕、深耕、开沟施肥和病虫防治等多种作业需求。C-12型茶园耕作机选用履带式行走系统，履带的高度设计较低，显著降低机器的重心，在坡度15°以下行走稳定性好。转弯时通过操纵手柄，一侧履带动力可以切断，实现单边刹车，使耕作机一边履带原地转动转弯，因此，其转弯半径小，一般地头有1.5 m宽回转地带，即可实现转弯。

C-12型茶园耕作机的变速箱设置6个前进挡，2个后退挡，一般情况下，深耕用Ⅰ至Ⅱ挡，中耕用Ⅱ至Ⅲ挡，开沟施肥用Ⅰ挡，喷药治虫等用Ⅲ至Ⅳ挡。C-12型茶园耕作机操作时要注意以下几点：

① 使用前应认真阅读使用手册，使用中严格执行规定的使用与保养要求。驾驶员应经过专门的培训。

② 启动前必须检查机油、柴油、冷却水等是否按要求添加，各部件是否连接牢固，并将挡杆放置在空挡上。

③ 坡地作业时，要熟悉茶园地形。慢挡小油门工作时，通过纵坡坡度不超过20°，横坡不超过15°。

④ 驾驶员离开耕作机时，发动机必须熄火，变速杆挂空挡，禁止在坡地上停车，以免滑坡。

⑤ 冬季使用，应按规定使用冬季用油，较长时间停车，应放尽全部冷却水。

⑥ 作业时，发生发动机"飞车"，应立即采取按下减压阀减压，关闭油箱的燃油油阀等措施，使发动机停止转动，查明原因，排除故障后继续使用。

新机器投入使用前，应进行磨合度运转。具体做法是：清洁机器外表，加注燃料、润滑油、水，检查和紧固各部连接栓。启动发动机，在8 000 r/min的低速状态下运转5 min，之后渐提高至额定转速运转10 min，检查声音和油压指示阀。确认发动机工作正常后，在松软地面上挂上农具，额定转速下操纵农具升降手柄，均匀升降20次，完成农具磨合。接着整机磨合，挂上中耕机，在5 cm深度内耕作。磨合完毕，趁热放出齿轮箱和传动箱的润滑油，注入适量清洁柴油，用Ⅱ挡进行前进与后退行驶3 min，放净清洁柴油，注入清洁润滑油。同时，趁热放出发动机的机油，注入适量清洁柴油清洗后放净，加入清洁发动机机油。

耕作机作业转向时要注意，单边制动急转弯时，要看清周围有无障碍物，以免发生碰撞。转向时，将农具提起后，再操作转向手柄，严禁在农具入土状况下进行转向。C-12型茶园耕作机需要停车时，减小油门，踏下离合器踏板，将主变速杆放入空挡位置，农具升降手柄从"中立"位置缓慢推向"下降"位置，农具缓慢降至地面，最后关闭油门，发动机熄火。

耕作机做长距离转移时，农具要提升至最高位置，处于"中立"状态，上拉提升锁紧手柄，锁定农具。油泵及侧向输出离合手柄置于"离"的位置，使油泵停止工作，减少磨损。坚硬地面上下降农具，要缓慢，间隙推动农机升降手柄，缓慢降下农具，避免损坏。

2. C-12型茶园耕作机的保养 C-12型茶园耕作机的日常保养维护主要工作有：

① 每次作业前均要检查柴油机油面和液压提升传动箱的齿轮油油面是否符合要求，不足要添加。离合器分离爪、各操纵杆铰链处、深耕机摆杆两端等处用油壶滴加机油。

② 日作业完成后，均应清洁机械各部，检查有无部件松动，紧固连接螺栓，润滑机械

部件，清除机器外部的积泥和缠草。

③ 每工作 100 h，要对中耕机支承套、犁刀轴轴承、深耕机连杆轴承加注黄油。工作400 h，对齿轮箱和各传动箱进行清洗，更换齿轮油，清洗导向轮和支承轮。

④ 耕作机长时间不用，要进行妥善保管。清洁机械，清洗发动机，卸除并清洁三角皮带。在各活动铰链部位，未涂漆的金属表面涂抹防锈油。离合器踏板置于"合"的位置，变速手柄置于空挡位置，将整台耕作机（包括农具）架起，停放在干燥、通风处。

（二）手扶式茶园耕作机的使用与保养

20 世纪 80 年代，国家机械工业部向全国推荐使用 5 种型号的 2.2～3.7 kW（3～5 马力）的小型手扶拖拉机，茶叶生产中也引进这些机具尝试和研发。由于茶园生产的特殊性，这些机具没能在茶园生产中推广应用。国内与日本企业合作引入的 C-16 型、KR-25 型耕作机，在日本茶园中能使用，但在国内的茶园中难以推广应用。现有众多的手扶式耕作机中ZGJ-150 型茶园专用耕作机有较好的应用表现。

ZGJ-150 型茶园耕作机由动力机构、传动机构、变速操纵系统、行走机构、深耕锄和护罩等部分组成（图 9-9B）。动力机构为 F165 型柴油机。工作时，发动机产生的动力经传动机构传递到行走机构和耕作部件，带动行走轮转动，实现机器前进，同时带动耕锄作业。变速操纵系统设有变速杆，安装在机器扶手架上，用于控制行走速度的"快"与"慢"。"快"用于道路行走，"慢"用于耕作。该机机体较小，外装有流线形防护罩，可方便机器在封行茶园中作业。

小型手扶式茶园耕作机使用时要注意以下几点：

① 启动前要仔细检查柴油机和底盘各部零部件是否完好，螺丝有无松动，有无漏油、漏水现象，柴油、机油、冷却水是否加足，如有不足或不符情况，需马上排除。

② 启动时，离合器手柄放在"离"的位置，主变速杆置于空挡，手油门放在中间位置，顺时针打开柴油滤清器手柄，接通油箱，左手将减压手柄扳至"减压"位置。顺时针摇动启动手柄，当喷油嘴发出"咯咯"喷油声时，放开减压手柄会自动回至"运转"位置，柴油机便被启动，启动后，以中速空转 5～10 min，再投入工作。

③ 发动机运转正常后，将变速杆放于行走所需慢挡位置。起步时，将离合器制动手柄从"离"缓缓移至"合"的位置。此时，拖拉机则按所挂挡位行走。

④ 作业前，先把离合器制动手柄拉至"离"的位置，调整好所有作业相关手柄后，合上离合器，适当调整油门，拖拉机即可以相应速度作业。由慢挡换快挡可不停车，由快挡换慢挡，应停车。挂挡不可太快，应先摘挡，放入空挡，再改挂其他挡位。

经过一段时间作业，手扶拖拉机的零部件会产生磨损、松动、变形，故需进行经常性的保养与维护。经常性的保养工作有：

① 检查并拧紧各部螺钉螺母。

② 第一次运转至 50 h 后要更换机油，并清洗油底壳，第一次运转 250 h，必须清洗甩油盘，疏通曲轴上油孔。不同手扶拖拉机可根据机器说明要求维护。

③ 发现拖拉机有不正常声响、排浓烟、过热和操纵部件失灵等异常现象，应及时查明原因，进行排除。

④ 耕作过程中，犁刀或锄具易缠草，应停车清除。

⑤ 每天作业结束时，要清洁拖拉机，通过擦拭检查和发现有无漏油、漏水、螺钉松动等现象，及时发现，及时维护。按使用说明对润滑点进行加油润滑。

拖拉机的其他短期与长期保养要求，应严格按机具使用说明来进行，只有这样才能使机器工作效率最佳，使用寿命最长。

（三）茶园垦殖机械的使用与保养

茶园垦殖机械包括动力机械和配套机具。动力机械主要是指大型履带式拖拉机、轮式拖拉机和挖掘机等。配套机具是指悬挂在拖拉机上的相关犁、耙、铲等。近年来，利用大型推土机和挖掘机等工程机械进行新茶园开垦和老茶园改植在一些地区都有应用，使茶园垦殖速度大大加快，劳动力不足的矛盾得到缓解，新垦殖茶园的深度都可达到 1 m 或更深。具体操作方式为，用挖掘机与拖拉机配套推土铲清除地面杂物，然后用拖拉机配套推土铲将表土推至一处，再用挖掘机对土壤进行深翻，清除石块，边挖边平整，最后用推土机将表土推至新挖土壤表层。整个作业过程，拖拉机和挖掘机交替使用。为适应山地作业的需要，使用的拖拉机多为履带式拖拉机。

1. 履带式拖拉机的使用与保养

（1）履带式拖拉机的使用。履带式拖拉机作业时，要注意以下几点：

① 驾驶人员必须经专业培训，熟悉自己所驾驶拖拉机的结构、性能以及保养常识，拖拉机应做到定人定机使用。

② 工作前严格按规定对转向、行走、制动和动力输出等部位进行认真检查、调整、坚固、润滑等工作，经试运转确认良好后，方可开始工作。

③ 发动机启动时，应分开主离合器，禁止人员站在履带上或机器旁。发动机启动后，应检查各指示仪表，显示器等是否正常。先低速运转，待水温正常后，方可高速运转。

④ 严禁在 25°以上的坡度上横向行驶。在陡坡上纵向行驶时，不能打死弯，以防履带脱轨或倾翻。上坡途中，如发动机突然熄火，应立即踩下制动踏板，待拖拉机停稳后，再断开主离合器，把变速杆挂入空挡。

⑤ 履带拖拉机下坡时，应使用低速挡位，将油门调至最小位置，如发现行驶速度超过该变速挡的正常行驶速度时，可缓慢踏下制动踏板，控制速度。

⑥ 工作过程中，如需清除黏附在机器上的泥草或保养排障，应将发动机熄火。

（2）履带式拖拉机的保养。做好履带式茶园耕作机的日常保养工作，可提高作业效果，延长使用寿命。其日常维护工作主要有：

① 每天作业完毕，要对机组进行认真彻底的保养维护，清洁机体，清除机体上的尘土、油污，清除履带上的泥土、杂物等。及时消除一切事故隐患。

② 检查电器设备工作是否正常，出现不正常的异动与响声，应及时及早排除。

③ 检查冷却装置，冷却水不足时要及时添加，水箱、水泵及发动机各连接处不得漏水；调整风扇皮带松紧。寒冷季节工作完后，要放净冷却水。

④ 及时添加符合使用要求的润滑油，按季节更换润滑油。

⑤ 检查各连接螺栓的坚固情况，发现有松动与缺损，应予坚固与补缺。

⑥ 作业季节完毕，耕作机封存保管前，应将机器表面清洗干净，放净燃油、机油和冷却水；最好将耕作机存放于室内，如在室外停放，一定要遮盖防雨物。并将轮子用木块支离

地面，在铁轮和犁、耙等农具的工作部件上涂一层齿轮油防锈；停放期，每月向发动机注射2次新鲜机油，并摇转曲轴数下，以防内部生锈。

2. 挖掘机的使用与保养

（1）挖掘机的使用。挖掘机是茶园机械垦殖中的主要设备，驾驶挖掘机作业是特种作业，需要特种作业操作证才能驾驶。因此，对挖掘机使用应注意以下几点：

① 挖掘机作业必须定人、定机、定岗，明确职责。

② 作业前，驾驶员应事先观察工作场所的地质与环境状况。

③ 机械发动后，禁止任何人站在铲斗、铲臂和履带上。

④ 挖掘作业时，禁止任何人在回转半径范围内或铲斗下工作、停留、行走。

⑤ 不得让非驾驶人员进入驾驶室内触摸操作杆等。

⑥ 挖掘机移位时，要确保挖掘机行走和旋转半径的空间内无任何障碍。

⑦ 工作结束后，应将挖掘机挪离山坡或沟槽边缘，停放在较平地上，关闭并锁住门窗。

⑧ 驾驶员必须做好设备的日常保养、检修、维护工作，记录作业情况。发现问题要及时修理，不能带病作业。

（2）挖掘机的保养。挖掘机的日常保养维护与以上机械保养有些相似，都要进行机械的清洁、相关部件的检查、螺母的紧固、机油等的添加、部件的润滑，等等。具体应严格按机械保养维护说明操作。

茶园中耕作机械能否正常使用受两方面的制约：一是机械的作业满足茶园生产需求。对此，需要科研技术人员针对茶园生产与其他农作的不同点进行专门的开发创新研究，研发出适合茶园耕作的配套机具；二是茶园基地建设时要考虑机械作业模式的需要。因此，今后发展机械耕作，除了不断改进机具和研制新的机具，以适应茶园的要求外，茶园结构必须进行改造，以适应机械耕作的要求。以往的茶园建设中较少考虑生产机械的应用，多以实现人工生产作业方式进行建设，茶园不适合机械作业。随着农村劳动力结构转移与变化，推进机械化作业需求越来越显迫切，茶树是多年生作物，不易改变现状，为使耕作机械能进行茶园作业，今后新植茶园和原有茶园的改造必须考虑以下几方面的因素：

① 茶园坡度不应过大，不然一些机具无法作业，茶园选择建设在坡度不超过15°的山地上为合适，15°以上最好修筑梯级茶园。

② 茶园内外沟、渠、路、树要连接、贯通。道路能满足耕作机械作业行走的要求，利于机具进入茶行中作业，作业道中不种植其他阻碍机具行走的作物。

③ 茶园中不出现叉行，茶行尽头要留有机具调头的地头道，宽2 m左右。

第四节　茶园病虫防治机械与设施

农业生产中的病虫防治机械与设施种类有许多，因作物不同，其上发生的病虫种类、发生规律、防治重点与重心也各不相同。茶树多在山地中种植，是叶用作物，茶园中的病虫害发生与农田和其他采果作物也有不同，合理地选用茶园病虫防治机械与设施十分重要。

一、茶园病虫防治机械

茶园病虫防治机械也称植保机械。大田作物生产中使用的植保机械除受山地条件和使用成本限制外，基本可用于茶园病虫防治。就植保机械而言，由于农药的剂型和作物种类不同，对不同病虫害的施药技术手段和喷洒方式也不同，选择的植保机械也不同。农作物植保机械中，按用途、动力、操作方式、施液量多少等可有以下一些不同的分类方法。

1. 按施用农药剂型和用途分类 可分为喷雾器（机）、喷粉器（机）、烟雾机等。

2. 按作业使用动力分类 有人力植保机具、机动植保机具、航空植保机具。

3. 按使用移动方式分类 分别可分为手持式、肩挂式、背负式、担架式、推车式、机动牵引式等机具。

4. 按施液量多少分类 可分为常量喷雾（雾滴直径 $150\sim400\ \mu m$）、低容量喷雾（雾滴直径 $100\sim150\ \mu m$）、超低容量喷雾（雾滴直径 $<50\ \mu m$）等机具。

5. 按雾化方式分类 可分为液力式喷雾机、风送式喷雾机、热力式喷雾机、离心式喷雾机、静电喷雾机等。

茶园多分布在山区丘陵地区，茶树病虫害防治机具选用手动背负式喷雾机居多，此类机具是农村中最常用、担负防治面积最大的植保机具。如今生态环境问题备受重视，以最佳施药效果、最少环境污染，减少农药漂移和地面无效沉积，提高农药有效利用率，降低单位面积农药使用量一直是植保机具研究发展方向。

静电喷雾技术是这些年发展起来的一项新技术，它是应用高压静电，在喷头与目标之间形成一个电力场，通过静电喷雾机使农药雾化并使雾滴带有相同电荷，在空间的运行过程中互相排斥，不会发生凝聚现象；带电雾滴在电场力的作用下，能快速均匀地飞向目标，因而雾滴在喷洒后，因风吹雨淋流失现象减少。静电喷雾机工作时喷嘴产生具正或负的高压静电，喷嘴喷出的雾滴带有和喷嘴极性相同的电荷，根据静电感应原理，地面目标表面将引起和喷嘴极性相反的电荷，如果喷嘴具有负的高压，就会使目标表面引起正电荷，并在两者间形成静电场，产生电力线，带电雾滴受喷嘴同性电荷排斥，受目标表面异性电荷吸引，沿电力线吸向目标各个方面，这也使得静电喷雾的雾滴不仅能吸附到目标正面，而且能吸附到目标背面，因而使雾滴命中率提高，对目标覆盖均匀（尤其是植物叶背面能附着雾滴），黏附牢固，飘失减少，提高农药使用效果，降低农药施用量，减少农药对环境的影响。但静电发生装置结构复杂，成本较高，此外，农村水源清洁状况使该项技术应用受制约。

二、茶园病虫防治设施

茶园病虫防治设施主要有光诱器、化学引诱器和粘虫板。它是利用昆虫对光、化学物质等产生趋性所设置的诱捕器。

1. 光诱器 光诱器是一类利用昆虫对特定波长光所具有的趋性进行捕捉害虫的光诱器。

（1）黑光诱虫灯。它是一种特制的发出 $3\ 300\sim4\ 000\ nm$ 紫外光波的气体放电灯，该波长的光人类不敏感，称为黑光灯。黑光灯由高压电网灭虫器和黑光灯两部分组成，黑光灯像普通的荧光灯或白炽灯泡，利用灯光把害虫诱入高压电网的有效电场内，当害虫触及电网时瞬时产生高压电弧，把害虫击毙。应用黑光灯可诱集近 300 余种昆虫，其中以鳞翅目昆虫最多。

（2）频振式诱虫灯。频振式杀虫灯利用害虫的趋光、波特性，将光的波长、波的频率设在特定的范围内，灯外配以频振高压电网触杀，使害虫落袋，达到降低田间落卵量、压低害虫基数而起到防治害虫的作用。它的主要元件是频振灯管和高压电网，频振灯管能产生特定频率的光波，引诱害虫靠近，高压电网缠绕在灯管周围能将飞来的害虫杀死或击昏。

频振式杀虫灯的杀虫原理认为是运用光、波、色、味四种诱杀方式杀灭害虫。也即利用昆虫的趋光、对特定波长的反应、趋色（对各颜色喜好不同）和性诱原理（接虫袋内有击伤活虫存在，活虫释放的性信息素可提高诱捕率）。

2. 化学引诱器　昆虫信息素是昆虫用来发送聚集、觅食、交配、警戒等各种信息的化合物，是昆虫交流的化学分子语言。其中昆虫性信息素是调控昆虫雌雄吸引行为的化合物，既敏感又专一、作用距离远、诱惑力强。如雌成虫在性成熟后，会释放一种称为性信息素的化合物，它释放至空气中后随气流扩散，刺激雄虫触角中的化学感觉器官，引起雄性个体性冲动并引诱雄虫向释放源定向飞行，与释放信息素的雌成虫交配以繁衍后代。根据这种生物特性，采用仿生合成技术以及特殊的工艺手段，将仿生化合物添加到诱芯中，安装到诱捕器上。通过诱芯缓释至田间，将害虫引诱至诱捕器上并将其捕杀，从而减少田间虫口基数，达到生态治理的目的。性诱剂是模拟自然界的昆虫性信息素，通过释放器释放到田间来诱杀异性害虫的仿生高科技产品。该技术诱杀害虫不接触植物和农产品，没有农药残留之忧，具不使之产生抗性、捕杀专一性强、降低农药使用的优点。趋化性受水流和气流的影响较大，因而通常是在小范围的静止环境中最为有效。茶园中有多种形式利用化学诱杀害虫的方式，如将化学引诱剂放置在诱虫灯设施中，或将诱虫剂置于粘虫板上，当昆虫被化学信息素引诱飞至诱杀设施内时，或被电、水诱杀，或被粘虫板粘连。

3. 粘虫板　粘虫板是一种利用昆虫对颜色的特殊喜好，在不同颜色的材料上涂置一层黏结剂，当昆虫向喜好颜色趋近时，被涂在颜色板上的黏结剂粘连。茶园中应用较多的是黄色诱虫板，可诱杀蚜虫、白粉虱、烟粉虱、飞虱、叶蝉、斑潜蝇等；也有蓝色诱虫板，可诱杀种蝇、蓟马等昆虫，对由这些昆虫为传毒媒介的作物病毒病也有很好的防治效果。

黄（蓝）色粘胶板是遵循农林生产绿色、环保、无公害产品理念，推行物理防治和生物防治的一项技术。用木棍或竹片固定诱虫板，然后插入地下，粘虫板悬挂于距离作物上部15～20 cm 即可。应注意的是，使用后的纸或板应回收集中处理，黄板诱杀害虫应与其他综合防治措施配合使用，才能更有效地控制害虫危害。

以上病虫设施的使用时间和使用方式与方法对防控效果影响很大。不同病虫发生时间及其习性、活动范围等，在不同茶区均有差异，各地使用时要根据当地当时病虫预测预报情况，针对防控对象，按设施使用说明，掌握好使用时间和使用方式与方法，使设施的布置能获好的结果。

第五节　茶园灌溉设施建设

灌溉是利用人工设施，将符合质量标准的水输送到农田、草场、林地等处，以补充土壤水分，改善植物的生长发育条件的措施。对茶园进行的灌溉措施称为茶园灌溉。

在第五章的茶园水分管理和本章的茶园灌溉设施建设中我们对茶园灌溉效应、相关灌溉技术掌握和灌溉种类进行了了叙述。根据茶树多在山区种植这一特定条件，茶园灌溉方式采用喷灌较为合适，滴灌技术发展引人注意，本节就喷灌设施和滴灌设施建设分别加以介绍。

一、茶园喷灌设施建设

茶园中安装喷灌设施，在干旱发生时，可有效提高产量，提高茶叶品质，与传统的浇灌、流喷相比，具节水、保土、省工、适应性强等多方面的优点，采用适宜的喷灌强度，可以防止水肥流失，土层不易板结，又能调节小区气候，使茶树生长得更好。

（一）茶园喷灌系统

1. 茶园喷灌系统组成　喷灌系统一般由水源工程、首部工程、输配水管系统和喷头组成。

（1）水源工程。要使喷灌系统正常运转，必须有足够的水源保障。河流、湖泊、水库和井泉等都可以作为喷灌的水源，但都必须在其上修建相应的水源工程，如泵站及附属设施、水量调节池等。水源应满足喷灌所需的水量和水质要求。山地茶园应考虑建设满足移动喷灌机组作业要求的水源工程。

（2）首部工程。为便于管理和作业，常将喷灌系统中的部分设备集中安装在一起，这些部分为喷灌作业开始之前的设施，故称首部装置。它包括加压设备（水泵、动机）、计量设备（流量计、压力表）、控制设备（闸阀、给水栓）、安全保护设备（过滤网、安全阀、逆止阀）、施肥设备等。

（3）输配水管系统。输配水管系统是指除首部工程以外，其他安置在园地间的水管等装置，它是要将经过水泵加压或自然有压灌溉水流输送到喷头上去，因此，要用压力管道进行输配水，一般包括干管、支管两级，也可有更多分级形式，干管起输配水的作用，将水流送入各不同园地的支管中，支管是工作管道，分布在各园地间，每隔一定距离安装一竖管，竖管上安装喷头，压力水经干管、支管、竖管，由喷头喷洒到茶园之中。管道系统的连接和控制需相应的连接配件（直通、弯头、三通等）和控制配件（给水栓、闸阀、进排气阀等）。管道有埋入地下和铺设地面等不同形式。

（4）喷头。喷头将管道系统输送来的水通过喷嘴喷射到空中，形成细小水滴，均匀地洒落在茶园之中。喷头装在竖管上或直接安装于支管上，是喷灌系统中的关键设备。为适应不同地形，喷头有高压喷头、中压喷头、低压喷头，有固定式、旋转式等不同类型。它是由稳流器、喷头嘴、摇臂、换向机构、进水接头和机架等组成。

2. 茶园喷灌设施类型　茶园地形差异大，茶园中喷灌设施建设有固定式、移动式和半固定式 3 种类型，不同类型的设施系统稍有变化。

（1）固定式。茶园中固定式喷灌系统的全部设备常年都是固定不动的，为方便田间作业和延长管道寿命，除竖管与喷头外，所有管道均埋在地下，水泵、动力机及其他首部枢纽设备安装在泵房或控制室内。一般是用水泵将水抽至茶园的顶部蓄水池中，然后用增压泵增压进入管道系统，所有的管道按一定的排列布置，埋入地下或加以固定，喷头的间距应以喷程来配置。图 9-10 为茶园的喷灌布置图例。

（2）移动式。一些地方考虑设施使用成本和茶园灌水次数不多，采用移动管道喷灌。移动管道喷灌系统除水源工程固定不动外，其他所有设备（水泵、动力力、水管和喷头）都是可以移动的，这样可以在不同地块轮流使用同一机具设备，设备利用率提高（图 9-11）。

（3）半固定式。半固定式喷灌系统是在灌溉季节将动力机、水泵和干管固定不动，而支

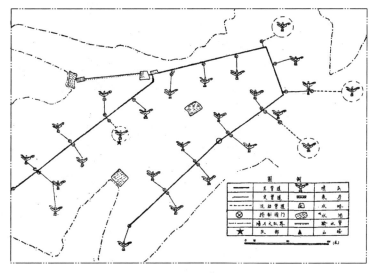

图 9-10　喷灌布置

（瞿裕兴，1980）

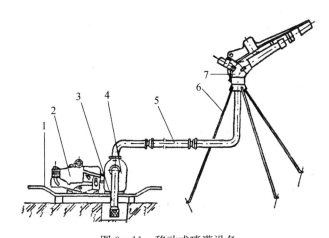

图 9-11　移动式喷灌设备

1. 机泵架　2. 柴油机　3. 进水管　4. 自吸泵　5. 出水管　6. 喷架　7. 喷头

（瞿裕兴，1980）

管、喷头可移动的喷灌系统。此类系统，因支管和喷头移动使用，提高了利用率，单位面积投资低于固定管道式喷灌系统。为便于移动支管，选择轻型管材，并配各类快速接头和轻便的连接件、给水栓等。茶园喷灌系统中的一部分的管道采用塑料管或帆皮管，在运用时，临时加长距离安装后进行喷灌，以辅助整个茶园都能进行有效的喷灌。

（二）喷灌设施工程的规划与设置

　　茶园喷灌设施建设首先要做好工程规划，它是工程设计的前提，关系到之后的实施，只有在合理、切实可行的规划基础上，才能做出技术上可行、经济上合理的设计。

　　规划必须全面了解灌区的基本情况，事前进行经济论证和可行性分析，如生产单位的经济条件、水源，是否对地方居民用水有影响，是否能保证旱时能灌的需求等。规划中要注意节约能源，综合利用喷灌设施，使之能发挥最大经济效益。具体要考虑的相关内容主要有灌区基本情况、喷灌可行性分析、喷灌系统选择。

灌区基本情况是指对要进行设置喷灌茶区的地理位置、地形、气象条件、水源、土壤状况、茶园面积等进行深度了解。可行性分析则是根据当地自然与社会经济条件，从技术与经济等方面对喷灌的必要性和可行性做出论证。喷灌系统选择是指根据地方条件，比较不同喷灌系统的成本、应用效应，选择适合当地应用的喷灌系统。

在以上初步规划基础上，进一步的工作则是提出具体的技术说明要求，绘制设计图。如根据规划进行水源分析与水源工程规划、计算喷灌用水量、喷灌系统的平面布置、确定管（渠）分级与设置、喷头选型与组合、管道系统结构设计、水泵及动力选配、材料投资预算、施工安排，等等。

不同喷灌系统都有其最佳适用条件，且投资造价、运行成本、应用成效也均有差异，如果系统类型选择不当，不仅造成资金浪费，还会给以后使用和管理带来诸多不便，因此要认真慎重对待喷灌系统选型工作。选型是根据当地的地形条件、水源条件、能源供应、经济条件、园地大小与分布特点、应用目标而提出。

适合茶园的喷灌系统类型可从固定式、移动式和半固定式3种类型中选择。

喷头是喷灌系统的关键设备，其工作性能和质量好坏直接影响灌水质量和运行成本。正确选择喷头是喷灌系统设计中的重要环节。喷头的选择主要是喷头的型号、喷嘴直径和喷头工作压力等。喷头一般可分为低压、中压和高压3种喷头。低压喷头的工作压力在100~200 kPa，射程约为15 m，水滴打击强度小，适合茶园苗地使用。中压喷头的工作压力在200~500 kPa，射程约在40 m之内，适宜于生产茶园。一般情况下，小射程喷头要求工作压力较低、能耗少、运行成本较低。但由于射程小，茶园中布设的管道和喷头就要增加，工程投资增加。大射程喷头射程远、流量大、工作压力大、能耗大、运行成本较高，由于管道布设较稀，工程投资相对较低。不同作物选用喷头的雾化程度有差异，茶树可采用雾化程度相对较低的喷头。对黏性土壤选用低喷灌强度喷头，沙性土壤选用喷灌强度稍高的喷头。需要采用扇形喷洒方式时，应选用带有扇形结构的喷头。山地上建设喷灌设施，应考虑在不同高程的地面，根据管内实际压力分区选用2~4种规格的喷头。从节能观点考虑，选用中、低压喷头（200~400 kPa）。季节风比较大的喷灌茶区，应选用低仰角喷头。此外，从喷头质量上考虑，喷头的材料不同，使用寿命差异大，但价格也会有较大差别，应视具体情况而定。

喷灌管材应根据茶园的地形特征及管材的使用环境和工作压力等，结合各种管材的特性，因地制宜地进行选择。现较多地埋固定式喷灌系统多选用硬聚氯乙烯（PVC）管，也有用钢筋混凝土管、钢丝网水泥管、石棉水泥管、铸铁管和硬塑管等。钢管易生锈，不宜作为地埋管道。不同材质的管，其承受能力各不相同，选用时应依系统要求的工作压力确定。地面移动管道，以重量轻、抗老化的管材为佳，移动方便，与输水干管连接快速简单。每次使用后，要及时收藏，避光保存，延长使用寿命。

喷灌用水泵选择要依据设计流量和扬程来确定，同时要充分考虑水源水位高低和动力供应条件等。如果几种泵型都能满足设计流量与扬程要求，应选择效率高、配套功率小，便于操作、维修，并使喷灌系统总投资较小的泵型。当水源水位变化较大时，尽可能选择汽浊性能好的水泵。如喷灌面积小、设计流量不大时，可采用单泵运行，水位较浅且变化不大的水源多选用自吸离心泵、带自吸装置的普通离心泵，要求流量较大时可选双吸离心泵。

喷灌系统中的管道安装是喷灌工程中的主要施工项目，其用工约占总用工量的一半以上。应及时了解喷灌系统管道安装要求，掌握管道安装的施工方法，这对于保证工程质量、按期完成施工任务非常必要。在管道铺设等土建工程完成检测合格后，便进入设备安装环节。为保证喷灌设备正常工作，达到预计的使用寿命，降低系统的运行费用，必须严格按照不同设备的技术要求进行安装。

（三）喷灌设施的运行管理

要使喷灌设施发挥正常的工作效率，经常性的管理工作显得尤为重要。运行管理工作大致可分工程系统管理和系统操作管理。

1. 工程系统管理　工程系统管理是经常性地对运行环节的电气设备、进排气设备、喷洒设备等进行管理，这些管理都应按相关设备要求进行。

2. 系统操作管理　系统操作使用专业性较强，管理需专人负责。除了要事先制定完善的灌水制度、作业规程外，操作要注意下列几点：

① 使用前要对设备进行全面检查。如喷头竖管是否垂直，支架是否稳固。竖管不垂直会影响喷头旋转的可靠性和喷水的均匀性；支架安装不稳，运行中会被喷水作用力所推倒，损坏喷头。新喷灌设备或经过大修后的喷灌设备，使用前应进行试运转。

② 关好干、支管道上的阀门，然后启动水泵，待水泵达到额定转速后，再依次打开总阀和支管上的阀门，以使水泵在低负载下启动，避免超载。启动水泵，打开首部控制闸阀，观测首部压力，根据情况进行调整，压力过大时，适当关闭首部闸阀。

③ 在运行中要随时观测喷灌强度是否适当，要求土壤表面不得产生径流积水。否则说明喷灌强度大，应及时降低工作压力或换用直径较小的喷嘴，以减小喷灌强度。

④ 当压力过低时，可能是水泵供水量不足，应检查水泵是否运行正常，电压是否偏低等，视不同情况加以处理。

⑤ 灌水完毕，应先关闭水泵电源，然后关闭田间控制阀。

⑥ 运行期间，要随时检查喷灌系统的各个部分，每次喷灌完毕后，要将机、泵、喷头擦洗干净，转动部件应及时加油除锈，移动管道等要冲洗干净晾干后收藏，以备下次正常使用。

⑦ 喷灌季节结束或喷灌设备长期不用时，要对喷灌系统进行全面检查与维护，包括动力机维护、水泵维护、调压装置维护、施肥装置维护、过滤器维护、喷头维护、电器设备维护。相关设备的维护都有具体要求，应按要求操作。进行必要的拆卸分解检查垫圈、转动部件是否有异常磨损，损坏部件应及时修理或更换。整个系统清洗干净后，在空心轴、套轴、摇臂弹簧、摇臂轴以及扇形机械等处涂油。把泵内和管内存水放尽，以防冬季冻裂，防锈层脱落应修补，移动软管应冲洗干净后充分晾干，全部设备整理完毕后，放在干燥的房中保存。

此外，喷灌应在无风或风小时进行，如必须有风时喷灌，则应减小各喷头间的距离，或采用顺风扇形喷灌。在风力达3级以上时，应停止喷灌。喷灌运行中要注意防止水舌喷到带电线路上，以防止发生漏电事故。喷灌机发现故障时应及时排除，严禁强行运行。通过设施施用化肥后应对管道进行清洗。以电为动力的喷灌设施应切断电源。

二、茶园滴灌设施建设

滴灌是节水效果最好的灌溉技术之一，滴灌条件下水分利用率可达95%，该技术主要应用于高附加值的蔬菜、水果、花卉等作物，茶园中有相关试验研究。

（一）茶园滴灌设施系统

滴灌是滴水灌溉的简称。其灌溉原理是将具有一定压力的水，由布设在茶园中的管道系统，以水滴的方式均匀而缓慢地滴入土壤中，满足茶树生育需要的水分要求。这种灌溉方法用水省、灌溉效率较高，不会造成水和土肥的流失。

滴灌系统包括水源、首部枢纽、输配水管网和滴水器（滴头）四大部分。其分类也似喷灌一样，按设备固定程度可分为固定式、半固定式和移动式。

固定式滴灌的各级管道和滴头的位置是固定的，一般干、支管都埋在地下，毛管和滴头固定布置在地面，这种管道布置方式操作方便，管道和滴头安设方便，如滴头堵塞、管道破裂、接头漏水等易发现。不足的是毛管用量大，毛管直接受光照影响，老化快，管道和滴头易受人为因素破坏，影响田间作业。

移动式滴灌系统的干管、支管和毛管均可移动，设备简单，大大降低了工程造价，投资省，但用工较多。

半固定式滴灌系统其干管、支管固定埋在地下，毛管和滴头可移动。半固定式地面滴灌的投资为固定式滴灌系统的 60% 左右。使用时增加了移动毛管劳动，移动管道时易对设备带来损坏。

滴灌系统的首部枢纽包括动力、水泵、水池（或水塔）、过滤器、肥料罐等。输配水管网包括干管、支管、毛管以及一些必要的连接与调节设备，干、支管多采用高压聚氯乙烯塑料制成，管径为 25～100 mm，毛管是最末一级管道，一般用高压聚乙烯加炭黑制成，内径为 10～15 mm，其上安装滴头。

滴头是滴灌的核心部件，其施水性能的优劣影响滴灌系统的质量。输配水管网的压力水流由毛管进入滴头，经滴头减压，以稳定、均匀的小流量进入土壤，逐渐湿润茶树根层。滴头的种类有许多，根据其施水特点，滴头可分为线源滴头和点源滴头。

线源滴头的毛管与滴头合为一体，能沿毛管均匀施水，可提供所需要的直条形湿润区，要求的工作压力低。线源滴头又有微孔毛管和薄膜双壁管之分。微孔毛管的管壁上有许多微小孔眼，是在制造过程中形成的。薄膜双壁管是多孔管，管内分两个腔，内管腔起输水作用，当压力水经内孔减压后流入外管腔，再由外管壁上的孔眼消能后施入土中。内管壁上的孔眼稍大于或等于外管壁上孔眼，外管上的孔眼数是内管的 4～6 倍。此类管抗堵性能好，流量均匀。点源滴头间距较远，适宜于行、株距较大的作物使用。该类滴头有长流道滴头和孔口式滴头之分，因各滴头的结构、与毛管连接方式等不同又有多种形式的滴头。不同的滴头类型有各自的优、缺点，选用时依建设滴灌设施的要求、目的和成本核算加以确定。

首部枢纽中与喷灌设施一样设有流量表、压力表、真空表、闸阀、气阀和流量调节器等监测装置和控制装置，用于控制管道系统中的流量和压力。首部枢纽中还包括有施肥装置，它是将化肥溶解后注入管道系统的设备，通过施肥装置施肥可省人工，且施肥均匀。向管道注入化肥的方法有压差原理法、泵柱法等。滴灌系统的出水细小，易堵塞，对使用水质的要求较高，首部枢纽中的过滤器对滴灌系统正常工作起保证作用。它安装在化肥罐之后，用以滤去水中的悬浮物质。常用有滤网式、离心式和沙砾式。

滴灌系统中的过滤器之后的管道与接件都应避免使用钢管、铸铁管或水泥等易于产生化学反应或锈蚀的管道。塑料管是滴灌系统的主要用管，所用材料有聚乙烯管、聚氯乙烯管和聚丙乙烯管。

滴灌系统中其他水源工程、首部枢纽、输配水管网的设置与安装与喷灌系统相似，对此不再做介绍，相关内容可参见喷灌设施建设或其他专门的灌溉技术书刊。

（二）滴灌系统堵塞与处理方法

滴灌的优点是显而易见的，节约用水、避免了径流损失，不会出现喷灌中易引起的漂移和输送喷洒时的蒸发损失，通过滴灌系统施肥，提高肥料利用率，等等。但是，滴灌系统的应用存在一些问题，系统建设成本是一个制约因素，使用中的主要问题是滴头易堵塞。产生这一现象的原因有系统本身原因，也有许多人为因素。

水源中的一些有机、无机悬浮物对系统畅通与否带来影响。有机悬浮物包括浮游生物、枯枝、落叶及藻类等，无机悬浮物有沙、粉粒、黏粒物等。对于这些物理因素引起的堵塞，可考虑对水源进行处理后再利用，采用相关措施，如沉淀、过滤等办法，去除对管道带来堵塞的杂物再进行灌溉。

滴灌系统中还有一些堵塞是由水源中的无机物在不同的 pH 的水质中沉淀引起管道堵塞。如 pH 超过 7.5 的硬水，钙和镁可能会停留在过滤器中。在 pH 较小的水中，含铁量较高的水源，易形成金属氢氧化物沉淀堵塞滴头。对于由 pH 较大的硬水引起的堵塞，可采用酸液冲洗办法处理；由铁、锰等引起的堵塞，可通过适当增大系统所使用的滴头流量，或在灌溉水进入系统之前先经过一个曝气池进行曝气处理，使铁、锰等被氧化、沉淀，不进入系统，缓解堵塞发生。

灌溉水中的一些藻类生物、细菌、浮游动物等都会引起系统堵塞。对此，要清洁水源，如经滴灌系统施肥后，必须滴清水 30 min 以上，使滴头中不残留养分。

许多系统堵塞是由于系统安装与检修过程中的不当操作造成的。如在安装与检修时的碎小细末杂质没有很好地清除，最后进入管网内引起堵塞。因此，在进行系统安装与检修时要严格操作要求，及时清除管网内的杂物，经常对系统中的过滤设备进行清理与维护，以保证滴灌系统的畅通。

第六节 茶园防霜风扇

茶树是一种喜温并在温暖气候条件下生长的叶用植物，只有在一定的温度条件下，茶树才能正常地进行一切生理生化活动，低温下茶芽会停止生长，早春茶芽初萌时，茶芽耐冻性最差，倒春寒的发生会对生长带来极大伤害。茶园中安装防霜风扇可对这时发生的寒害起到有效的抵御作用，达到防止霜冻的目的。

一、茶园防霜风扇作用原理与结构

我国传统的农作物防霜方法主要有覆盖法、烟熏法、灌溉喷水法等，但其具操作烦琐、费时费力、效果不明显和污染环境等缺陷。机械防霜在一些发达国家发展并取得较好成效。如日本通过高架防霜风扇、欧美有利用直升机低空飞行扰动近地流，乌拉圭有示范吸排式防霜风筒等机械扰动气流法阻止夜晚形成霜冻害。这些年来，在学习、引进国外技术与试验中，我国少数地区茶园中有试验性的应用。

（一）防霜风扇的工作原理

防霜机可分为两种。一种是高架式防霜风扇，另一种是吸排式防霜系统。前者是由高空往低空送风，后者则是将近地面的空气吸排到高空，加强上下不同温度空气流动来实现，两者依据原理相同，国内引入应用多为高架式防霜风扇，以下介绍的也是此类防霜风扇。

一般情况下，温度是随着高度的上升而下降的，但在早春倒春寒条件下霜冻发生时，在一定的高度范围内，温度却随着高度的上升而增高，这种现象称逆温现象。逆温条件下气温垂直规律研究表明，高空 6 m 处的温度可比地面温度高 5 ℃左右（表 9 - 9）。根据空气在对流层上暖下冷的逆流规律，使用设施扰动高空空气，将上方暖空气吹至低层茶树树冠面，从而提高茶树冠层温度，达到防御或减轻茶树冠面霜冻形成的目的。

表 9 - 9　近地 6 m 逆温层温度变化

（胡永光等，2007）

测定日期/（年-月-日）	测定时间/时	近地高度/m			
		0（地面）	2	4	6
2007 - 03 - 06	2	−1.5	1.3	2.0	1.0
	6	−2.8	1.0	1.6	0.9
2007 - 03 - 11	19	3.9	5.6	5.4	10.1
	22	0.9	2.2	2.8	8.6

防霜风扇被安置在离地面 6 m 以上高度。当霜冻发生时，开启特制的大风扇，将上方较高温度的空气不断吹送至下方茶蓬低温区域，使上下空气混合增温，以提高地面温度，避免茶树体温度降至 0 ℃以下；同时，由于大功率风扇扰动茶园近地面空气，形成微域气流，吹散水汽，减少露水的形成，阻止霜冻（冰晶）的形成，即使形成轻微霜冻，由于在化霜时风机再次扰动茶园近地面空气而形成微域气流，也可减缓化霜速度，从而减轻芽叶的二次冻害。

（二）防霜风扇的结构

防霜风扇包括风扇系统和控制系统。其中风扇系统由轴流风扇、主电动机、转动云台和安装立柱等组成，用以完成扰动气流、俯角调整和摆头；控制系统由传感器、采集电路、输入输出接口和单片机等组成（图 9 - 12），能根据不同的使用条件，实现风扇主电动机和转动云台摆动电动机控制。江苏引进日本技术推广的 DFC1030 - 3K 型的防霜机械系统的几个参数分别为扇径 1 000 mm，功率 2.48 kW，重量 44 kg，风量 2 800 m³/min，转速 1 140 r/min。

江苏大学 2007 年 3 月 6～7 日对类似上述风扇结构的试验研究表明，风扇作用前方10 m、25 m 处平均升温 2.86 ℃，最高达 6.5 ℃。无风扇作用区的冠层温度均低于−2 ℃，有严重霜冻出现（凌晨 2～6 时），风扇作用区的平均温度接近 0 ℃，有效减轻了霜冻危害。试验中还发现，在风扇前方 5 m 范围内，仍有霜害发生，其原因是风扇安装于 6 m 高空，俯

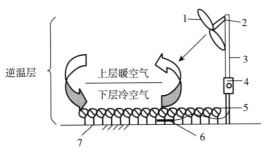

图 9-12 高架风扇防霜作用原理与构成

1. 轴流风扇 2. 转动云台 3. 安装立柱 4. 电气控制箱
5. 茶树 6. 温度传感器 7. 地表面

（胡永光等，2007）

角为 35°，近风扇前的 5 m 范围内无气流扰动，冠层冷空气未能与上方较高温度气流进行混合。将风扇水平放置测得风速变化为距风扇 0～15 m 范围内，风速由 5～10 m/s 降至 2～3 m/s；距风扇 15～32 m 时，风速为 1～2 m/s；在水平 20 m 处，风扇送出的风对垂直分布的影响范围最宽可达 16 m 以上。试验还得出，风速大于 0.6 m/s，即可扰动空气，起到防霜作用。如将风速为 0.6～1.0 m/s 的分布范围计入，类似 DFC1030-3K 型防霜风扇的有效作用范围约为 300 m²，以风扇摆动范围 90° 计算，有效作用范围可达 1 000 m²。

在茶园中设置的防霜扇其支柱高为 5～8 m，对茶园的机械化管理会形成一定的障碍。静冈县茶业试验场 1999 年提出了两种新的型号。一种是下面带有滑轮的移动式防霜扇，高为 1.5～2.0 m，底部可有 20° 倾斜，以利于山坡茶园使用，在 3～5 月移至茶园中防霜，5 月后可移离茶园。另一种是收纳式防霜扇，可埋藏在茶园表土下 40～50 cm 处，使用时能升高至 1.5 m 左右。

二、防霜风扇的安装使用

茶园防霜风扇安装、修理由专业人员操作，但为达到最佳防霜效果，茶园设置防霜风扇，要依茶园的地形地貌、气流走向、茶园的面积大小来确定防霜风扇数量与分布。安装时，数台防霜风扇由一个自动控制系统进行控制，以每 1 000 m² 面积范围设一台防霜风扇配设为合适。几个可变动参数多数设定值为风扇左右摇摆角度 90°，风扇下俯角度 35°，安装高度 6～8 m。防霜风扇控制系统集中在一控制箱内（图 9-13）。

安装好的防霜风扇的感应探头设置于茶树蓬面，一般设定开启温度为 3 ℃，停止转动温度为 5 ℃。当霜冻期防霜机在设定的开启温度时，防霜风扇会自动开启，稳定送风。也有通过温差控制启动类型，当气温低于某一设定温度，茶蓬面温度比高空温度低 2 ℃ 以上时开启。

图 9-13 防霜风扇安装状
（骆耀平，2014）

使用时，必须控制在电机额定电流强度之内。为防止风扇脱落等事故发生，请定期检查部件，发现问题及时更换。

第七节　茶树设施栽培

茶树设施栽培作为露地栽培的特殊形式，主要是利用塑料大棚、温室或其他的设施，在局部范围改造或创造茶树生长的环境气象条件（包括光照、温度、湿度、二氧化碳浓度、氧气浓度和土壤状况等），进行茶叶生产目标的人工调节。在茶叶生产中除了塑料大棚和温室设施外，一些研究和部分应用性的还有无土栽培、遮阳网控光、防霜等。本节主要介绍塑料大棚栽培和日光温室栽培。

一、茶园主要设施栽培形式和效应

茶树设施栽培主要有两种形式，即塑料大棚栽培和日光温室栽培。两者都是利用塑料薄膜的温室效应，提高气温与土温，增加有效积温，提早茶叶开采期，防控寒、冻害的发生，以获得更好的经济效益。据测定，塑料大棚茶园较露地茶园旬日平均气温提高 2～5 ℃，最高气温提高 7～12 ℃，最低气温提高 2～4 ℃，增加活动积温（从 1 月 1 日到茶芽萌动）200 ℃，有效积温增加 30 ℃，空气相对湿度提高 8％～12％，茶叶开采期提早 10～15 d，提高高档名茶产量 16％～35％，提高产值 1.0～1.6 倍，塑料大棚和温室还能减轻冬季霜冻和春季倒春寒的危害。由于采茶期提早，茶叶价格高，经济效益显著。

塑料大棚栽培茶树在我国南北各产茶省普遍应用，而日光温室主要分布在我国北方茶区，特别是山东省，当地农民习惯将日光温室称为冬暖大棚。日光温室与塑料大棚的主要区别在于，前者有保温效果显著的后墙（北面），而后者则没有。日光温室冬季保温性能显著优于普通塑料大棚，特别适于冬季寒冷的北方茶区。近年来，日光温室茶园不断扩大，取得了很好的经济效益和社会效益，能够使新茶在元旦前上市，满足了人们尝新的需求，每公顷茶园收入达到 15 万元以上，高的可达 30 余万元。

二、塑料大棚茶园生产技术

茶园中搭建塑料大棚主要为了增温、保温、控温，取得早生产、高效益的效果。塑料大棚搭建后，茶园的环境发生了变化。因此，对塑料大棚的园地选择、环境调控、大棚措施运用等，都应有充分的了解，相应的生产措施也必须有所改变。

（一）塑料大棚茶园的选择与建造

塑料大棚茶园要地势平坦或南低北高，背风向阳，靠近水源，排灌方便，土地肥沃，种植规范，茶树长势好，树龄 5 龄以上，覆盖度 85％左右。选择产量高、发芽早、芽密度高、品质好、适制名优绿茶的良种茶园，如浙农 139、浙农 117、龙井 43、福鼎大白茶、乌牛早、迎霜和白毫早等。我国北方如山东等地塑料大棚一般选用槠叶种、龙井 43、白毫早和福鼎大白茶等。

塑料大棚的棚膜要求透光性好，不易老化，以最大限度利用冬季阳光。目前北方大棚茶园大多用 0.05～0.10 mm 无滴 PVC 塑料薄膜做覆盖材料；棚内地面用 0.004 mm 地膜覆盖，夜间保温材料用草苫。茶园塑料大棚的支架主要由立柱和拱架两部分组成，立柱用木桩或水泥柱，拱架用竹竿、木条和铁丝等。

北方茶区一般在 10 月下旬建造大棚；浙江杭州地区一般于 12 月底至翌年 1 月上旬搭棚盖膜。搭棚的时间须综合考虑，以既能提早茶叶开采，又不影响茶叶产量和品质为原则。

塑料大棚比较实用的类型有简易竹木结构和钢架结构两种。竹木结构大棚以毛竹为主要材料，跨度 10～12 m，长度 30～60 m，脊高 2.0～2.2 m，两侧肩高 1.5～1.7 m，有 4～5 排立柱，柱间距 2～3 m，两边立柱向外倾斜 60°～70°。立柱顶部用竹竿连成拱形，拱架间距 1.0～1.2 m，上覆塑料薄膜。竹木结构大棚的缺点是立柱多，遮光严重，柱脚易腐烂，抗风雪能力差，使用寿命一般为 3 年。但竹木结构大棚取材方便，造价低，仍是目前大棚的主要形式。

钢架结构大棚一般跨度为 8～12 m，高度 2.6～3.0 m。拱架用钢筋、钢管或两者结合焊接而成的平面桁架。上弦用 $\phi16$ 圆钢或 6 分管，下弦用 $\phi12$ 圆钢，腹杆（拉花）用 $\phi9～12$ 圆钢，在上弦上覆盖塑料薄膜，拉紧后用 8 号铁丝压膜，并穿过薄膜固定在纵向的拉梁上。这种大棚无立柱，透光好，作业方便，使用寿命长，一般可用 10 年左右。但钢架结构大棚成本较高，每公顷需钢筋 37.5～45 t。

塑料大棚的方向以坐北朝南或朝南偏东 5°为好，可充分利用冬季阳光。长度以 30～50 m 为宜，短于 20 m 则保温效果差，太长温度不易控制。宽度以 8～15 m 为宜，太宽则通风透气性不良，建造难度大。大棚高度以 2.2～2.8 m 为宜，最高不应超过 3 m，棚越高承受风的荷载越大，越易损坏。棚与棚之间要保持适当的距离。

（二）大棚茶园的环境条件调控

茶树生长最适宜温度为 17～25 ℃，大棚内温度应控制在 15～25 ℃为宜，最高不要超过 30 ℃，最低不低于 8 ℃。晴天中午前后棚内的温度超过 30 ℃时，需通风口降温。当温度降到 20 ℃时及时关闭通风口。夜间温度迅速下降时，要注意保温，尤其是寒冷的阴雨天或大风天气，要注意温度的变化。江北茶区夜间要加盖草苫保温，必要时要进行人工加温，保证夜间最低温度不低于 8 ℃。

土壤相对含水量在 70％～80％时，最有利于茶树的生长，当土壤相对含水量达到 90％以上时，透气性差，不利于茶树的生长。大棚茶要求棚内的空气相对湿度白天为 65％～75％，夜间为 80％左右。生产上要求通过地面覆盖、通风排湿、温度调控等措施，将空气湿度调控在最佳范围内。如发现湿度不够，要及时喷水增湿。保温与通风散热是冬季大棚茶园管理的主要环节。塑料大棚要牢固、密封，以防冷空气侵入。棚顶有积水和积雪时应及时清除，破损棚膜及时用条黏胶带修补。要及时做好通风散热工作，晴天可在上午 10 时前后开门通风，下午 3 时左右关闭。

大棚内的茶树很容易受光照度不足的影响，特别是简易竹木结构大棚内由于立柱和拱架的遮挡，以及塑料薄膜的反射、吸收和折射等作用，棚内光强仅为棚外自然光强的 50％左右，这会影响茶树叶片的光合效率。因此，提高光照度是大棚茶叶获得高产优质的重要条件之一。除了选择向阳的茶园和使用透光、耐老化、防污染的透明塑料薄膜外，晚上盖草苫时，白天应及时揭开草苫；薄膜要保持清洁，以利透光。棚室后部可安装反光幕，尽量地增加光照度。人工补光也是改善冬季大棚光照条件最有效的办法。人工补光的方法是在晴天早晚或阴雨天用农用高压汞灯照射茶园。

(三) 大棚茶园的施肥

大棚茶园的基肥要以有机肥为主,如茶树专用生物活性有机肥、厩肥和饼肥等。每公顷施用生物活性有机肥和饼肥各 1 500～2 250 kg,或厩肥 30 t 以上,结合深翻于 9～10 月开沟施入,沟深 20 cm 左右。化学肥料的施用要严格按照无公害茶、绿色食品茶和有机茶施肥的规范操作。无公害茶和准绿色食品茶追肥以氮素化肥为主,如尿素、硫酸铵等,速效氮肥和茶树专用肥混合施用效果更好。用量按照公顷产 1 500 kg 干茶施纯氮 120～150 kg 计算,分 2～3 次施入,其中催芽肥占 50%,催芽肥一般在茶芽萌动前 15 d 左右开沟施入,沟深 10 cm 左右。

塑料大棚内,夜间由于茶树的呼吸作用、土壤微生物分解有机物释放出 CO_2,大棚空气中 CO_2 浓度很高,但日出后,随着茶树光合作用的增强,棚内 CO_2 浓度显著降低,若晴天不通风,CO_2 浓度甚至可降到 100 mg/L 以下,影响茶树光合作用的进行。因此,大棚茶园施用 CO_2 气肥,可促进茶树的光合作用,提高产量和品质。大棚 CO_2 气肥的施用方法有两种:

① 将钢瓶中高压液态 CO_2 通过降压阀灌入 0.5 m³ 的塑料袋中,灌满 CO_2 后扎紧袋口,于晴天上午 9 时放在茶行中间,下午 4 点收回。一般每亩可放置 6 袋。这种操作简便,可使大棚茶园内 CO_2 浓度提高 2 倍以上,比不施放 CO_2 气体增加产量 20% 左右。充灌 CO_2 时应注意安全,盛装 CO_2 气体的钢瓶应严格按操作要求摆放、移动与开闭。

② 用碳酸氢铵和稀硫酸混合产生 CO_2。具体做法是:在上午 9～11 时,每亩大棚茶园内放(吊)置 10 个塑料桶,塑料桶口略高于茶树冠面,桶中放入稀硫酸(用 96% 的浓硫酸 2 kg 与水按体积比 1:4 配制,配制时将浓硫酸缓慢倒入水中,严禁将水倒入浓硫酸中,边倒边搅拌,不要使硫酸液溅在身上),每天在每只配有稀硫酸液的桶内加入 0.3 kg 的碳酸氢铵,这样可使大棚内 CO_2 浓度升至 1 000 mg/L。每只桶内稀硫酸液可连续投放碳酸氢铵 5 d,5 d 后应更换新的稀硫酸液。这种增加茶园 CO_2 的方法,每天总耗碳酸氢铵 3 kg,96% 的浓硫酸 2 kg,使用后的废液稀释 50 倍以上,用作追肥。这两种方法都简便易行,但需要注意,CO_2 气肥一般在晴天上午光照充足时施用,阴天或雨雪天最好不要施用。多施有机肥也是提高大棚 CO_2 浓度的有效途径之一。

(四) 大棚茶园的灌溉与修剪

大棚茶园在秋茶后结合施基肥进行一次深耕(或中耕),并在茶行间铺各种杂草和作物秸秆,一般每公顷铺 6～9 t 干草,厚 10～15 cm,草面适当压土,第二年秋季翻埋入土。铺草既能增温保湿,又可改良土壤结构,提高土壤肥力。

塑料大棚是一个近似封闭的小环境,土壤水分主要靠人工灌溉补充。由于土壤蒸发和茶树蒸腾产生的水汽,在气温较高时常会在塑料薄膜表面凝结成水珠,返落到茶园内,因此土表至 10 cm 深的土层含水量较高且变化稳定。一般相对含水量可达 80% 以上,但在 30 cm 左右土层则容易干旱,特别是在气温升高到 20 ℃ 以上,又常开门通风的情况下,棚内水汽大量散失,若持续几天不灌水,土壤相对含水量即可降到 70% 以下。因此,棚内气温在 15 ℃

左右时，应每隔 5～8 d 灌水 20 mm 左右，气温在 20 ℃以上时，应每隔 3 d 灌水 15 mm 左右。灌溉时间最好选择在阴天过后的晴天上午进行，利用中午的高温，使地温迅速上升。灌水后要通风换气，降低室内空气湿度。灌水方式有沟灌和喷灌等，以低压小喷头喷灌的方式效果较好，即在每个大棚中间设置一条水管，每隔 15～20 m 安装一竖管和低压小喷头，水通过低压小喷头喷洒茶园。这种方式不仅省水、省工、效率高，而且喷水均匀，灌水量容易控制。

我国北方茶区由于冬季气温很低，灌溉后大棚内气温和土温很难回升，因此大棚灌溉的次数尽量减少。最好在建棚前几天，对茶园灌一遍透水。大棚建好后，只需灌 2 次水，第一次在建棚后 30 d，第二次在第一轮棚茶结束后。采用喷灌或人工喷雾器进行给水，尽量避免大水漫灌。

为提早春茶开采，塑料大棚茶园宜将常规的春茶前轻修剪推迟到春茶结束后进行，每隔 2～3 年进行一次深修剪，5～8 年进行一次重修剪，控制树高在 80 cm 左右。每年秋茶结束后结合封园进行一次掸剪与边缘修剪，整理树冠面，以利通风透光和茶树养分积累，切忌秋冬季进行深修剪。秋冬季深修剪会剪去大量的成熟叶和越冬芽，既降低光合作用而影响有机养分积累，又减少翌年新梢数，从而影响大棚茶叶的产量和品质。

（五）大棚茶园的采收与揭膜

大棚茶叶要早采、嫩采，一般当蓬面上有 5%～10% 的新梢达到一芽一叶初展时即可开采，及时、分批、多采高档茶。春茶前期留鱼叶采，春茶后期及夏茶留一叶采，秋茶前期适当留叶采，后期留鱼叶采，并适当提早封园，使茶树叶面积指数保持在 3～4，保证冬春季有充足的光合面积，这也是来年春茶优质高产的重要前提条件之一。

随着气温升高，没有寒潮和低温危害时可以揭开棚膜。杭州地区一般在 4 月上旬揭膜，北方地区在 4 月下旬揭膜。在揭膜前 1 周，每天早晨开启通风口，傍晚时关闭，连续 6～7 d，使大棚茶树逐渐适应棚外自然环境，最后揭除全部薄膜。另外，塑料大棚茶园由于在冬春季覆盖塑料薄膜，人为打破了茶树的休眠与生长平衡，不利于茶树本身的养分积累和生长发育。因此，对于连续搭建大棚的茶园，在 2～3 年后最好停止 1 年，以利于茶树恢复生机，充分提高大棚的经济效益。

三、日光温室茶园栽培技术

日光温室在山东茶区有较多的应用。山东茶区冬季气温较低，傍晚降温快，降温幅度大，一般的塑料大棚保温效果不足以使茶树能忍受夜间低温的侵袭，采用日光温室可起到有效的保温作用。

（一）日光温室茶园的选择与建造

日光温室茶园要选择发芽早、产量高、品质优、适制名优绿茶的壮年良种茶园，要求树冠覆盖度在 85% 以上、生长健壮、长势旺盛。茶园要求是背风向阳、土壤肥沃的缓坡地，水源充足，交通便利。

日光温室棚室长度 30～50 m，跨度 8～10 m，琴弦式结构。东、西、北面建墙，墙体厚度 0.6～0.8 m，脊高 2.8～3.0 m，后墙高 1.8～2.0 m，棚室最南端高 0.8～1.0 m，为利于冬天阳光直射到后墙和后屋面的里面,后屋面角应不小于45°,厚度0.4 m以上。覆盖物料要求选择厚度0.08 mm以上的聚氯乙烯长寿无滴膜和厚度为4.0 cm以上、宽度为1.2 m的草苫。

(二)日光温室茶园的水肥管理技术

为保证茶树的正常生长和元旦节前新茶上市,应于立冬前后扣棚,小雪前后覆盖草苫。每年白露前后,对茶园进行一次深耕,以改善土壤通气透水状况,促进根系生长,深耕深度以20 cm左右为宜,要求整细整平。生产期间适时进行中耕,以利于减少地面水分蒸发和提高地温,中耕深度为5～7 cm。

基肥于白露前后结合茶园深耕开沟施入。施肥深度约为20 cm,一般每公顷施饼肥2 250～4 500 kg,三元复合肥450～600 kg,或农家肥45～75 t,三元复合肥450～600 kg,有机茶园不宜使用化肥。追肥一般施2次,第一次于扣棚后开沟施入,第二次于第一轮大棚茶结束时开沟施入,沟深为10～15 cm,无公害茶园和绿色食品茶园每公顷施三元复合肥第一次为450～600 kg,第二次为300～450 kg,施肥后及时盖土。

为满足茶树对水分的需要,扣棚前5～7 d,对茶园灌一遍透水,一般使土壤湿润层深度达30 cm左右。扣棚期间要以增温保湿为主,尽量减少浇水次数和浇水量,一般只需浇2次水,第一次在扣棚后30 d左右进行,第二次在第一轮大棚茶结束时进行。浇水要在晴天上午10时左右进行,宜采用蓬面喷水方法,禁止大水漫灌茶园。阴天、雪天不宜浇水。

(三)日光温室茶园的环境条件调控

白天室温应保持在20～28 ℃,晚上不低于10 ℃,中午室温超过30 ℃时开始通风,当室温降至24 ℃时关闭通风口。适宜的空气相对湿度白天为65%～75%,夜间为80%～90%。生产上要通过地面覆盖、通风排湿、温度调控等措施,尽可能把室内的空气湿度控制在最佳指标范围内。采取保持覆盖膜面清洁、白天揭开草苫、在棚室后部张挂反光幕等措施,尽量增加光照度和时间。温室宜增施CO_2气肥,以促进光合作用,提高茶叶产量和品质。

晴天阳光照到棚面时及时揭开草苫。上午揭草苫的适宜时间,以揭开草苫后温室内气温无明显下降为准,下午当室温降至20 ℃左右时盖苫。一般雨天应揭开草苫。雪天揭苫室温会明显下降,只能在中午短时揭开。连续阴天时,可在午前揭苫,午后盖上。棚面有积雪时应及时清除。

(四)日光温室茶园的病虫害防治与修剪

夏、秋茶期间,应及时防治茶树叶部病害和螨类、蚧类、黑刺粉虱、假眼小绿叶蝉等害虫。扣棚前5～7 d,分别按照无公害茶、绿色食品茶和有机茶农药使用规程要求对茶园治虫一次,以防治假眼小绿叶蝉和黑刺粉虱危害。扣棚期间一般不再用药,如病虫害严重,必须用有针对性的高效、低毒、低残留的农药,并严格控制施药量与安全间隔期。秋茶结束后至扣棚前,禁止用石硫合剂。

扣棚前对茶树进行一次轻修剪,修剪深度以3～5 cm为宜。对覆盖度大的茶园,应进行边缘修剪，保持茶行间有 15～20 cm 的间隙，以利田间作业和通风透光。

（五）采收与揭膜

日光温室茶园以生产名优绿茶为主，因此应根据加工原料的要求，按照标准及时、分批采摘。人工采茶要求提手采，保持茶叶完整、新鲜、匀净。采用清洁、通风性良好的竹编茶篮盛装鲜叶，采下的鲜叶要及时出售和运抵茶厂加工，防止鲜叶受冻和变质。

4月中下旬揭膜。应在揭膜前的 7～10 d，每天将通风口早晨开启傍晚关闭，使茶树逐渐适应自然环境，再转入露天管理和生产。

四、茶园遮阳网覆盖

茶园栽培设施中除了以上塑料大棚和日光温室有较多应用外，在炎日夏季，利用遮阳网进行控光在一些地方也有应用，其目的与之前温室搭建的目的不同，是为了减弱夏季强烈光照，平衡茶树生长环境的温、湿条件，达到改善茶树生育环境，提高茶叶品质的目的。

夏季，长江中下游茶区的集约化生产茶园光照度超过其光饱和点，使茶树生长于不利的环境之中，甚至影响茶树的正常生育。随着日照增强，气温升高，夏秋季节茶树碳代谢加强，茶叶中的茶多酚含量增加，氨基酸含量呈下降趋势。茶多酚与氨基酸是茶叶品质成分中的重要物质，这一变化，影响到茶叶中与品质密切相关的酚氨比变化。一般情况下，氨基酸含量高，鲜爽味好，绿茶品质优，强烈光照条件下生长，使茶树代谢朝着不利于绿茶品质形成方向发展。适当遮光，可使茶树生长处于适宜的光照范围内，温、湿条件也得到改善，环境改善，生长量增加，此外，与绿茶品质成分相关的氨基酸代谢加强，茶多酚代谢减弱，新梢持嫩性增强，叶绿素含量有较大增加，茶叶成品的色泽朝有利于绿茶品质形成的方向变化，滋味甘鲜爽口，明显减轻夏、秋茶的苦涩味，在一定程度上提高绿茶产量与品质。

茶园中使用的遮阳网是农用黑色遮阳网，遮光率 40%～95%，宽幅 1.8 m，每公顷需 6 750 m，一般可重复使用 3～5 年，覆盖时将遮阳网覆在事先搭好的支架上，用细铅丝固定，以免风吹时遮阳网被吹散。覆盖时间一般为采摘前 15 d 左右时进行，具体应根据生产目标灵活掌握。浙江御茶村每年都会有一定面积茶园进行这样的遮阳处理，以生产出口味鲜爽、颜色更绿的茶产品。

茶树育苗活动中上述两种形式的光温调控设施均有搭建，这主要是针对育苗时间跨年，繁育过程中为提高成活与成苗率，满足其在这一时段中对光照、温度的特殊要求建设，常见的是茶园顶部以遮阳网覆盖。此外，育苗中还有采用全光照旋转喷雾装置，通过定时喷雾，以水雾减弱光照度，保持苗地湿润环境，达高效育苗目的。

复习思考题

1. 机械剪采对茶芽生育会带来怎样的影响？

2. 手工采摘和机械采摘在开采适期的掌握上有何不同？

3. 如何合理配置一定作业面积下剪采机械的数量？

4. 现阶段茶园耕作机的推广应用限制因素有哪些？

5. 如何建立茶园喷灌系统? 怎样进行使用和维护?

6. 茶园防霜机是根据什么原理达防冻目的的?

7. 如何进行温室茶园的建设与管理?

8. 茶树遮阳网覆盖栽培技术要点有哪些?

9. 简述频振式诱虫灯的基本结构和工作原理。

学习指南：

> 　　茶叶作为山区的主要经济作物，与农业、农村、农民有着密切的联系，它的发展应遵循客观规律，充分考虑可持续发展要求，促使茶区资源合理开发利用，为农村建设发挥更大的作用。本章介绍了茶树栽培可持续发展的意义及基本要求、茶树生产的可持续发展、茶区生态建设与综合开发利用等内容，强调茶叶生产发展过程中社会、环境与经济的共同发展。通过这一章的学习，要求掌握综合技术的合理运用，树立茶叶生产中的全局观、整体观，把单纯茶叶生产中经济利益追求，扩大到对社会利益、环境利益全面发展的追求，有效地运用生态学原理，获得茶区资源的综合开发与有效利用。

第十章

茶树栽培的可持续发展

　　可持续发展是世界各国的共识，人类正积极探索"只有一个地球"的生态健康发展道路。茶叶生产也不例外，栽培茶树的目的是为了要从茶树上采收量多、质优的芽叶，这一目的的实现，依赖于人们的社会活动及茶树生长的生育环境。掌握茶叶高产优质客观规律，综合运用先进农业技术，夺取茶叶的高产优质，必须充分认识人与自然的相互协调关系，及其带来的茶叶生产可持续性和发展的可能性。本章就可持续发展思想，提出茶树栽培可持续发展的主要途径和茶园生态建设、茶区资源合理开发利用的思路。

第一节　茶树栽培可持续发展的意义及基本要求

　　世界农业经历了原始农业、传统农业、现代农业一系列发展变化过程，人们通过科学技术的进步和土地集约化的开发利用，在农业上取得了巨大的成就。然而，建立在以消耗大量资源和石油基础上的现代化农业带来了一些严重的弊端，如土地减少、荒漠化发展、环境污染、生物多样性丧失以及气候变化的威胁，等等。针对这些问题，农业发展方向与道路成为人们思索与考虑的焦点。世界各国陆续提出了具有创新意义的替代性农业理论与实践。它们的概念和内涵不尽相同，但是都反映了一种适应时代变革和探索农业发展的强烈愿望——可持续发展。

一、可持续农业思想的形成与发展

在漫长的社会历史中，人类最早获取食物及其他生活资料的最初方式是采集和渔猎，始于至今 1 万年前后的旧石器晚期，它局限于攫取现成的天然产物。到了新石器时代以后（距今 4 000～8 000 年），出现了以农业为主的综合经济。最初的农业是以牺牲大片森林为代价的"刀耕火种"农业，这一农业的产生，使人类从单纯依赖自然界的恩赐，发展到自觉和主动地去创造物质财富，进而有了社会的分工，有了人类的定居生活。原始农业阶段用石器和木制工具为主要生产手段，采用刀耕火种或轮作来恢复地力，接着逐步使用铜制农具，并对野生动植物驯化，之后又发明了灌溉技术，有了改造农业生产基本条件的能力。春秋战国时期，我国开始使用铁制农具，进入了传统农业的阶段。随着铁木制农具的使用，农民把畜力作为牵引动力，或使用风力（风车）和水力（水磨）等，从事农牧业生产，并逐步施用有机肥料和种植绿肥等办法来提高土壤肥力，选择优良品种，采用间混作、套种等栽培技术来增加土地生产率。传统农业的技术进步，基本保障了人们生活的有效供给。

现代农业是西欧和美国农业技术革命的产物。1850—1920 年，先是使用畜力农机具和蒸汽机，接着开始采用内燃机和拖拉机，发展了用工业技术装备农业。使用现代的生产工具，提高了劳动生产率和商品生产率；改进栽培技术，选育新的良种，推广化肥、农药等，显著地提高了土地产出率。这些变革促进了农业社会化、专业化、商品化的发展，为人类提供了丰富和日益多样化的食物和工业原料。但是，由于大量施用化肥、农药以及高度工业化的结果，伴随着一些副作用问题的产生。

① 环境污染严重。例如，农药的大量使用及某些使用方法不当，使农药在土壤或水域中的残留越积越多，导致农产品中的农药残留超标。

② 土壤肥力下降，土壤结构板结，有机质含量降低。

③ 农业生产成本提高。

④ 农产品生产率大幅度提高，有的地区农产品数量相对过剩，化肥使用单一，引起产品品质下降。

⑤ 水土流失严重，全世界近 100 年内有 2 亿 hm^2 土壤遭到侵蚀，每年流失大约 250 亿 t 表层土壤。

在过去的认识中，人类一开始没有能够充分认识自己赖以生存和发展基础的自然界，自觉和不自觉地认为，环境向人类社会提供自然资源和环境劳务的能力是无限的，不论如何支配和使用都不会破坏它的功能，从而危害人类、影响人类。因此，作为受托管理者，人类对自然、社会和世代无所谓责任，对人类——环境系统无所谓管理。然而，随着人类对自然干预的广度和深度不断发展，环境危害日益严重。20 世纪 60 年代以来，人类开始认识到，地球自然资源和环境劳务并非无限供给的，与资本、劳动一样，它是一种资源；如何支配、使用自然资源和环境劳务关系到人类的福利和幸福，当代人肩负着按照人类利益合理管理地球环境的责任。但是，一段时期内，尚没有充分认识到环境问题的实质，因而，环境管理采取了单纯"事后治理"的工程方法。20 世纪 70 年代以来，人类开始逐渐认识到，环境问题植根于社会经济运行方式，环境问题的解决更多地取决于社会经济运行方式的调整，应当把环境管理直接纳入经济和社会发展政策。这就要求，把人口、经济与环境的关系从相反（通过对环境的破坏性开发来实现发展）转化为相成，也就是既有利于环境保护也不妨碍发展。由于上述认识的变化，促使人们为此寻找出路，先后出现各种替代农业，如有机农业（organic agriculture）、生态农业（ecological agriculture）、自然农业（natural agriculture）、生物农业（biological agriculture）等。

1972年6月，联合国在斯德哥尔摩召开人类环境大会，发表了《人类环境宣言》，宣言中提出"为了这一代和将来世世代代保护和改善人类环境已经成为人类一个紧迫的目标，这个目标将同争取和平和全世界的经济与社会发展这两个既定的基本目标共同和协调地实现。"将全球环境问题列入世界发展的议事日程。

1985年，美国加利福尼亚州议会通过《可持续农业教育法》。1987年7月，联合国环境与发展委员会经过长期研究，发布了长篇报告《我们共同的未来》，报告提出了"可持续发展"的定义为："既满足当代人的需求又不危及后代人满足其需求能力的发展"。这个定义鲜明地表达了两个基本观点：一是人类要发展；二是发展有限度，不能危及后人的发展。

1991年4月，联合国粮农组织在荷兰召开"农业与环境"国际会议，并发表了《可持续农业发展和农村发展的丹波宣言和行动纲领》。宣言的第一点就提到"发展中国家和发达国家的农业都应当重新调整，以便满足对持续性的要求。"1992年6月，联合国环境和发展大会在巴西召开并发表了《里约宣言》和《21世纪议程——可持续发展》。

至此，可持续发展已经成为各国认同的行动基础。人类对自然界的认识过程也从第一阶段的人是自然界的奴隶，一切活动受自然界控制，人是被动的；第二阶段的人要成为自然界的主宰，无度地向自然界索取，人认识自然，是为了改造自然、抗拒自然的制约，同时也在破坏自然，破坏人类自身生存与发展的基础；发展到如今的第三阶段，人与自然界和谐共存，人与自然是朋友，人们认识自然，不仅要改造自然，更要合理地利用自然、保护自然，使自然成为人类持续发展的基础。

我国古代农业中生态学思想内容十分丰富，精耕细作、用地与养地相结合是我国传统农业的精髓，几千年来，我国传统农业中可持续利用的经验深受世人推崇。《吕氏春秋·义尝》中提到的"竭泽而渔，岂不获得，而明年无鱼；焚薮而田，岂不获得，而明年无兽"，深刻地反映了可持续发展的具体思想内容。随着历史的变迁、社会和经济的发展，在传统农业向现代农业转变的过程中，我国人多地少，人均占有资源量少，资源质量下降，水资源匮乏，生产中对资源的浪费与破坏现象严重，环境污染日益加深，农业生产科技含量不高，都预示着农业持续发展面临着严峻的农业生态环境障碍。

进入20世纪80年代，国家十分重视农业生态环境建设，先后对农业的可持续发展做了许多指示，并建立了许多生态农业示范点。

1994年5月，国务院讨论通过了《中国21世纪议程》，其中第11章"农业与农村可持续发展"，着重提到：农业与农村的可持续发展是中国可持续发展的根本保证和优先领域。目标是：保持农业生产率稳定增长，提高食物生产和保障食物安全；发展农村经济，增加农民收入，改变农村贫困落后状况；保护和改善农业生态环境，合理、永续地利用自然资源，特别是生物资源和可再生资源，以满足逐年增长的国民经济发展和人民生活需要。

茶叶生产的可持续发展是在上述大背景中逐渐形成发展起来的。原始的茶树与高大乔木共处一地，相得益彰，但产量与生产管理不能满足人们的需要。通过种植与管理技术的提高和改进，原始自生自灭、只采不管的利用模式，渐渐地演变为集约化经营，产量、效益得到快速提高。这些变化满足了人们在生产活动中获取较高经济回报和对该物质的需求，也带来一些不利于茶树生育和生态平衡受损的不可持续问题。对此，今天提出茶园生产的可持续发展，有许多值得总结的经验与教训。依规律办事，保护人们赖以生存的资源与环境是全社会的事，必须融入到茶产业生产发展各环节中，求茶产业效益、产量、品质稳步提高。短期的、为求利益对生态环境带来破坏的生产行为都必须弃之与纠正，不然，将会受自然的惩罚。茶叶生产与所有的农作物一样与周边生产区域的社会、环境、经济有着密不可分的联系，要使茶产业得到发展，需要茶区社会、环境、经济的整体发展，只有这样，生产才能是可持续的。

二、可持续农业的内涵

历史上，由于生态环境恶化而造成农业不能持续的悲剧很多，如印度的哈拉帕文化、中东的古巴比伦文明、北非的古罗马遗址、中国黄河流域的水土流失等。生态环境恶化构成了对实现农业持续发展的严重威胁。世界范围内，沙漠在扩张，森林在缩小，物种在消失，污染在排放，人口在膨胀，耕地被蚕食。假如臭氧层的保护继续减少，地球气温继续上升，酸雨继续加剧，不持续的悲剧将不会是局部的。这是世界持续发展战略与持续农业所突出关心的问题。

各国国情不同，对农业发展有不同的目标和要求。发达国家农业生产力较高，其农业生产重视食品安全与营养，以产品的质为主要目标，它是一种农业现代化后的可持续发展。一些发展中国家，农业投入水平较低，经营较粗放，农业生产力发展潜力很大，农产品从数量上还满足不了消费需求，农业发展的注意力更多地集中于数量的增长上，因而所追求的是一种以量的扩张为主要目标的可持续农业。也就是说，发达国家与发展中国家由于起点不同，对农业的要求各有侧重，但共同点都是要求保护资源和环境，使农业可持续发展能得以实现。

布兰特兰夫人（Ms. Gro Harlem Brundtland）在《我们共同的未来》中可持续发展的概念"既满足当代人的需求又不危及后代人满足其需求能力的发展"，包含了满足当代人与后代人的需要，提出了满足自然资源、生态环境与发展相结合的需要。这是在只有一个地球下的国际、国内公平性、持续性和共同性的需要。

公平性、持续性、共同性是可持续发展的基本原则。公平性主张当代人的公平，解决贫富悬殊、两极分化问题；主张代际间公平，当代人不要为自己的需求和发展而损害人类世世代代满足需要的自然资源和环境条件；主张公平分配有限资源。持续性要求人类的经济和社会发展不能超越资源与环境的承载能力，必须实行经济、社会发展与资源、环境相协调的原则，限制滥用自然资源，狠抓资源节约，提高资源利用率。共同性原则是可持续发展作为全球发展的总目标，所体现的公平性和持续性原则是共同的，必须采取全球共同的联合行动。

联合国粮农组织1991年关于可持续农业与农村发展（SARD）中提出：可持续农业是指"采取某种使用和维护自然资源的基础方式，以及实行技术变革和机制性改革，以确保当代人类及其后代对农产品需求得到满足，这种可持久的发展（包括农业、林业和渔业）维护土地、水、动植物遗传资源，是一种环境不退化、技术上应用适当、经济上能生存下去以及社会能够接受的。"由此可见，可持续农业和农村发展的内涵是，在合理利用和维护资源与保护环境的同时，实行农村体制改革和技术革新，以生产足够的农产品，来满足当代人类及其后代对农产品的需求，促进农业和农村的全面发展。"不造成环境退化"是人类与自然之间、社会与自然环境之间达到和谐相处，建立一种非对抗性、破坏性关系；"技术上应用适当"是指生态经济系统的合理化，以最为适用、合理的技术为导向；"经济上能生存"是指控制投入成本，提高经济效益，避免国家财政难以维持和农民难以承受的局面；"社会能够接受"则指，生态环境变化、技术革新所引起的社会震荡，应当控制在可承受的范围。

经济可持续性、社会可持续性、生态可持续性是可持续农业发展的重要特征。经济可持续性指经济上能获得赢利，可以自我维持、自我发展。缺乏经济可持续性的农业不是可持续的农业。社会可持续性指维持农业生产、经济、生态可持续发展所需的农村社会环境的良性发展，主要包括人口数量控制在一定水平，人口素质的不断提高，农村社会财富的公平分配，农村劳动力以适当速度不断从农业领域转移出去。生态可持续性指农业所依赖的生态环境的良好维持。在资源方面，包括土壤肥力的稳定提高，耕地总量的稳定或使用、开发动态平衡，水资源的可持续利用，农业所需石化能源的可持续利用，以及生物资源的保护和生物多样化的保护。在环境方面，是指保持良好的农业场内与场外的土壤、大气、地表水和地下水环境，农民工作环境的健康卫生以及农产品的安全无毒。这三个持续性既相对独立又是相辅相成的。

经济良性循环、社会良性循环、自然良性循环是可持续农业发展的运行机制。我国农产品加工销售落后，发达国家农产品加工产值与农业生产产值之比大都比较高（表 10-1），发达国家食品工业产值通常是农业总产值的 1.5～2.0 倍，而我国食品工业产值还不到农业总产值的 1/3。农村要富起来，必须要搞产业化，就是把农业生产的产前、产中、产后联结起来，实行种养加、农科教、产供销、农工贸一体化经营，形成自我积累、自我发展的经济良性循环机制。社会系统的良性循环是指农业、农村、农民的社会系统的良性循环。经济的发展，社会的进步，国家的安全，就应该重视农业、重视农村、重视农民，它们是一个大的社会问题，是经济发展、社会安定、国家自立的基础，是根本。没有农村的稳定和全面进步就没有整个社会的稳定和全面进步。自然的良性循环包括了人口、资源、环境的良性循环。随着人口的不断增长和农业生产力的不断发展，人对自然资源和生态环境造成了严重破坏，形成了人口—资源—环境的恶性循环。应该摆正人与自然的关系，从对立、掠夺逐步走向和谐相处，抚育和培植资源，资源永续利用，土地越种越肥，生态环境越来越好的良性循环。

表 10-1 部分国家产业结构的比较（2001）

（中国 21 世纪方程管理中心可持续发展战略研究组，2004）

单位：%

国家	第一产业产值比重	第二产业产值比重	第三产业产值比重
美国	1.7	26.2	72.1
日本	1.0	32.0	66.0
英国	1.5	25.9	61.6
韩国	5.2	44.8	49.9
印度	22.0	24.8	44.0
中国	15.2	51.1	33.6

三、茶区可持续发展的基本要求

只有一个地球，可持续发展是全球共同的联合行动，作为一个部门或一个区域的发展思路就应相互紧密结合起来，茶叶生产也不例外。茶叶生产要持续发展，必须考虑茶区整体的可持续发展，即区域内社会、环境、经济能持续发展，而不是单一作物的发展。寻找适合茶园生产可持续发展的途径或模式，在发展农村经济，增加农民收入，改变农村贫困落后状况，保护和改善农业生态环境，合理、永续地利用自然资源，满足逐年增长的国民经济发展和人民生活需要发挥其应有的作用。

茶区可持续发展应该是区域内的经济、社会、环境和资源相互协调，在经济发展过程中兼顾局部利益和全局利益，眼前利益和长远利益。经济的发展充分考虑到自然资源的长期供给能力和生态环境的承受能力，不要为一时，一事、一地的利益而损害将来和全局的利益，既要满足当代人的现实需要，又要足以支撑或有利于后人的潜在需要。

茶叶生产要持续发展，必须有一个稳定的社会保障体系，一个能持久的、自力更生的、对外部干扰具一定抗性的社会环境，这一社会环境是建立在合理的自然生产力、使用有效的可更新能源、水土得到有效的保持、基本稳定的人口、合适的人类生活多样性的基础上。区域农业为社会提供充足而安全、可靠的农副产品。随着人们生活水平提高，对物质质量要求提高，健康意识增加，在产品生产过程中应满足人们这一需求欲望，生产适合消费要求的花色品种，符合健康要求的绿色食品，这不仅使社会效益得到满足，同时也使经济效益可得到实现。农村社会的持续发展还需建立稳定、完善的农业政策体系，基本政策的长期稳定才能保证社会经济的全面发展，茶叶是多年生作物，尤应重视政策的长期性和稳定性。若几年一换包，短期的承包责任制会严重影响茶叶生产，造成不投入、不培育，掠夺性生产，使茶树早衰，生产力下降，效益降低。

就茶叶生产而言，应因地制宜，宜茶则茶，农、林、牧合理布局。理想的茶区，应该是一个郁郁葱葱的林海，也是一个六畜兴旺的茶乡。要考虑茶区人民的经济利益、社会生活需求、生态效益，而不能仅为眼前的需求，损害长期的利益，诸如为求茶园大面积的集中成片，不顾山地的实际情况，毁林种茶，或以茶叶生产冲击其他农业生产，这都不能使区域的发展可持续地进行。由于自然条件、历史发展、文化背景和地理位置的差异，各茶区发展不平衡，茶树品种、生产方式、适制茶类、饮用习惯、萌芽时期都有地域差异，应抓住各地特色，发挥优势，协调茶区间、产销区间的联系，切不可盲目跟从，生搬硬套其他地区的经验。在学习先进生产方式的同时，吸收、消化，依本地区实际进行创新、改革，才能有生命力。

茶叶生产应充分注意生产的多样性，生产多样性至少有两方面的含义，其一是人们生活对物质需求有多种需求，生产多种花色的茶类，产品丰富，式样各异，改善和不断提高人们的生活水平；其二是生产产品的多样性除茶叶花色品种多种多样外，还应对供应茶区人们其他生活必需品，即在茶叶生产同时应考虑农、林、牧、副、渔多种经营，这对区域内的人民生活物质供应、抗灾、防灾和自救能力都有一定的增强，同时，对茶叶生产有促进作用。如浙江省东阳市东白乡溪口村，1960年在荒山上先后开辟近 5 hm^2 茶园，由于土地贫瘠，有机质缺乏，茶树生长不良，单产一直徘徊在 450 kg/hm^2 左右，1978 年后采用了以茶为主、茶牧结合的方针，利用幼龄茶园和台刈后留养茶园套种饲料作物，发展养猪、养兔。畜多、肥多，每年有大量猪兔粪施入茶园，改良了土壤，提高了土壤有机质，降低了成本。1982年秋对连续施用畜肥的土壤再次测定，硝态氮含量提高了3倍多。茶叶单产是1978年的2.5倍，高产的达4 500 kg/hm²，发展了猪、兔饲养，提供了茶叶之外的生活产品，同时也为扩大再生产积累了资金，减少了茶园裸地时的水土冲刷，茶园土壤的物理性状得到了改善。

长期以来，人们栽培茶树的目的是采收茶叶。实际上在茶叶生产过程中还有很多副产物可加以充分合理的利用。如茶籽除了作为繁殖外，过去没有得到充分利用，茶籽含有脂肪32％、蛋白质11％、淀粉24％，还含有茶皂素等其他物质。目前一些茶场将茶籽用来榨油，从茶籽饼粕中提取茶皂素，提取的茶皂素可作为纤维板制造中的乳化剂，等等。产品的综合开发，使生产单位的经济效益提高，资源也充分得到利用，社会就业人员增加，抗灾能力提高。海南农垦场建立的林—胶—茶人工群落，单位面积内比单作增收30％～40％。另外林—胶—茶群落开辟了就业门路，单种胶每公顷地只能安排1人，而林—胶—茶群落可增加至少2.5人。

茶区可持续发展过程中，应按规律办事，任何事物的发展都依规律，分阶段实现，不同发展阶段应实行相应的发展措施，不能超越阶段限制采取不合理的发展线路。如在好茶好价不能得到充分体现时要推广良种，就较难实现，强行推行达不到目的，只能从根本上找原因，寻找解决问题的办法，使区域的发展分阶段、分步骤地进行，实现可持续发展的最后目标。

要加强农民文化素质的培养，培养其科学知识水平和文化道德修养，使人所参与的物质生产、环境生产能力和自我调节能力都有提高和改善。发展农村经济，要使传统农业向现代农业转变，必须从根本上提高农业劳动者素质，将其作为保证农业可持续发展的根本措施来抓，实现人们思想的转变，变人类与自然对立，以征服自然为成功，无穷无尽地向自然索取的世界观，为人类与自然平衡协调，爱惜资源，爱护环境的世界观，充分认识个人的行为对群体的影响和今世与后代的关系。

茶园生产可持续发展是一个理想模式，它是不会自然实现的，只有掌握了可持续发展规律，采取科学的、行之有效的行政手段、经济手段、政策法制手段、技术手段，对茶区内人口、资源、环境三个基本要素进行不断协调，对自然、经济、社会人文三个层次进行及时调整，茶区的可持续发展才能实现。这种协调和调整不是凭空进行的，而是要付出代价的，是今后生产必须要做的。将人们的思想认识提高了，观念转变了，新技术推广应用了，茶园生产可持续发展才能成为可能。区域内的人口、资源、环境等基本要素是一个整体，这个整体在自然社会经济中所发挥出的作用不能等于或小于各个基本要素各自的功能和作用，而应发挥出比各要素功能作用之和大得多的作用。

第二节　茶叶生产的可持续发展

茶叶生产要可持续发展，除了要实现区域社会与生态效益的可持续发展外，还必须使茶园生产能获一定的经济效益，这一经济效益的获得主要体现在优质、高产、低耗上。生产的茶类不同，其产量的伸缩性变化很大；人们对茶类的嗜好习惯不同，对茶叶质量的评价和要求各不相同。同一茶叶，在某些地区受欢迎，到了另一地区不一定被接受。因此，必须根据市场对各种茶的需求动向，不断调整各类茶生产的结构，根据茶园自身产量、品质演变特点与影响因素，人为采取调控措施，以最大限度发挥茶园经济效益，使可持续发展成为可能。

一、 茶叶产量与品质的演变特点

随着茶树生育年龄的延长，茶树年生长量由小到大，再到小，具体在产量上表现为低—高—低。其产品的品质也随之发生变化，同时受生产茶类要求与人为采摘、加工影响大。了解认识茶叶产量、品质演变规律，对生产中合理地加以利用有积极的作用。这里以生产量最大的红、绿茶为例，分析比较其演变规律，其他茶类以此参考比较。

（一）茶叶产量的演变特点

茶树种植后，从幼年到壮年，随着树体的不断增长，生理机能日益加强，合成和积累的有机物质不断增加，产量逐渐上升，直至达到产量的最高峰，随后随着年龄的增长而老化，茶树生机逐渐衰退，合成有机物质的能力也随之下降，产量日趋低落。通常，4～6 年生茶树每公顷生产干茶为 750～1 500 kg，10 年生左右的茶树，在一般肥培管理条件下，每公顷生产干茶可达 1 500 kg 以上，15～18 年生茶树，每公顷生产干茶可达 2 250 kg 以上，20 年生以后，产量开始下降，下降幅度依肥力和长势而有所不同，肥力高、生长势尚旺的茶树，产量下降幅度少，反之下降幅度大。从各地生产实践看，每公顷生产干茶 1 500～2 250 kg 可持续 10 年。如浙江南湖林场 1953 年发展的约 200 hm² 茶园，种后第六年产干茶 1 321.5 kg/hm²，30 余年后，平均产干茶仍在 1 875 kg/hm² 上下。杭州茶叶试验场 2-1 北高产茶园茶树产量的变化（表 10-2）表明，茶树开采后第三个 5 年产量增长最快，产量达最高峰，随后产量下降。生长势弱的年长茶树，经重修剪或台刈，更新复壮后，树势增强，产量仍可回升，但产量的最高峰一般要低于第一个生长周期的产量高峰。

表 10-2 茶树总发育过程中的产量变化
（杭州茶叶试验场，1980）

项 目	开采后第一个 5 年 （4～8 年生）	第二个 5 年 （9～13 年生）	第三个 5 年 （14～18 年生）	第四个 5 年 （19～23 年生）	20 年平均 （4～23 年生）
平均单产/(kg/hm²)	2 209.5	2 427.0	4 179.0	3 636.0	3 112.5
相对产量/%	100.0	109.9	189.2	164.5	140.9

注：23 年生春茶后进行重修剪。

不同茶树品种，产量变化有差异。杭州茶叶试验场 2-1 北鸠坑种高产园，开采年（4 年生）干茶 1 054.5 kg/hm²，经过 12 年产量增长 400%；青龙寺福鼎白毫高产园，开采年（移栽后 4 年）干茶 1 110 kg/hm²，之后 4 年就达到开采年产量的 400%。开采后头 5 年干茶量鸠坑种为 11 040 kg/hm²，福鼎白毫为 13 744.5 kg/hm²，福鼎白毫比鸠坑种每年平均约增 25%，可见福鼎白毫进入高产期早，产量增长幅度大，产量上升速度快。

相同品种，肥培管理水平高，高产期提前，高产持续年限较长；反之，高产期推迟，高产年限短（表 10-3）。

表 10-3　不同肥培管理条件下的茶叶产量变化

年份	管理水平较高的茶园		管理水平一般的茶园	
	产量/(kg/hm²)	与前 5 年比较/%	产量/(kg/hm²)	与前 5 年比较/%
开采后第一个 5 年	10 693.5	100.00	6 457.5	100.00
第二个 5 年	14 751.0	137.94	11 782.5	182.57
第三个 5 年	15 157.5	102.76	12 306.0	104.20
第四个 5 年	14 428.5	95.18	11 199.0	91.01

　　茶树密植程度和排列方式不同，产量变化也不同。各地实践证明，适当提高茶树种植密度，合理布置种植行，有利于茶园覆盖度的迅速提高，早期产量增幅大，当产量升至高峰后，即与常规种植密度产量持平。

　　茶树一生中，产量总的变化趋势是低—高—低，但在受到外来灾害的袭击和人为措施的影响下，相邻年份的产量也有所起伏，波动幅度的大小，取决于影响产量因子的强弱。图 10-1 为杭州茶叶试验场 2-1 北茶园，1973 年、1977 年两度遭低温冻害，1967 年、1976 年因干旱，有的年份或因病虫为害，产量就受到影响，在相应的年份产量有所下降，严重的甚至影响次年的产量。

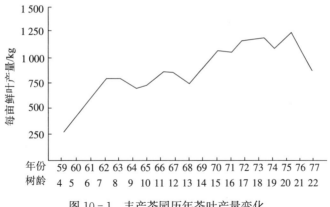

图 10-1　丰产茶园历年茶叶产量变化

(钱时霖等，1980)

　　茶树的年生育过程中，各季产量分布不均等。在我国四季分明的长江中下游大部茶区，春季气候温和，雨水充沛，茶树经过秋冬季和早春的营养积累，体内养分贮备充分，此时是茶树营养生长占优势的时期，春茶产量居于全年各季的首位，一般占全年产量的 50%～60%，据浙江省 1969—1978 年茶叶收购量统计，春茶占 57.1%，夏茶占 27.5%，秋茶占 15.4%。夏秋季，气温高，雨水少，产量变化较大。中国农业科学院茶叶研究所对龙井茶区茶叶年产量变化结果得出，年生育周期中，头、二、三、四茶各季茶叶产量的变异系数分别为 10.54%、27.38%、68.43% 和 33.93%，三、四茶受高热、干旱的影响，产量变异系数大。我国南部茶区有旱季、雨季之分，春茶季节，正值旱季转为雨季；秋茶季节，正值雨季转向旱季。因此，除 1～3 月产量较低外，其余各月产量分布较为均匀，海南省通什茶场 10 年产量统计，1～12 月的茶叶产量分别为 1.7%、1.8%、2.6%、6.2%、6.2%、13.0%、12.4%、11.7%、14.4%、12.2%、9.8%、8.0%。云南省茶叶研究所的资料表明，云南省春、夏、秋三季茶叶产量基本相等。

茶叶产量的季节性变化，受栽培技术影响大，如浙江余姚茶场茶园喷灌，春、夏、秋三季茶的比例为 1.5：1.3：1.0；不喷灌的茶园三季产量比例为 2.9：1.9：1.0。修剪时期、修剪程度、施肥种类、施肥时间、留叶时期、留叶量等，都对产量季节分布有影响。山东茶区，一些茶园深秋搭棚保温，冬季也生产茶叶。

（二）茶叶品质的演变特点

茶叶品质受茶树品种所左右，同时又随树龄、树势强弱、生态环境、栽培条件和生产加工工艺过程的不同而变化。

芽叶中内含物质奠定了茶叶品质基础，这些内含物随茶芽萌发过程发生变化，茶叶的品质与新梢形成过程中体内的物质代谢有着密切的关系。不同品种由于遗传特性的差异，会有不同的品质表现，体内所含品质成分的量、芽叶的持嫩性、芽叶大小等，都有很大差别。

茶树从幼年到壮年，新陈代谢能力不断增强，同化量日益增加，积累物质丰富，新梢有效化学成分含量高，品质优良。从壮年至老年，随着树龄增大，细胞衰老，同化能力减弱，物质代谢水平降低，对夹叶增多，品质渐次，但衰老茶树通过更新复壮，品质又可恢复到青壮年时期的水平。

茶树一年中的品质变化，与茶树生理机能以及外界环境条件关系很密切。我国大部茶区，春季气候温和，雨水充沛，光照适当，树体内贮藏营养丰富，新梢生长量大，持嫩性好，加工成绿茶品质优；夏秋茶茶多酚含量较高，氨基酸含量锐减，绿茶品质较春茶次，但如果加工成红茶，则浓强度较好。朱永兴（1994）在湘南测定茶树鲜叶品质成分含量的 3～7 月变化趋势（图 10-2）也表明这一点。

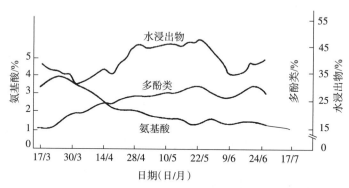

图 10-2　鲜叶品质成分春夏期间的变化（福鼎品种）

（朱永兴，1994）

茶树体内营养物质的贮备与各季茶的品质变化十分密切。各季前期，茶树在休眠期或生长相对休止期积累了较多的营养物质，有效成分含量提高，品质好，之后茶树体内营养物质的不断消耗，新梢生育强度下降，芽叶小，叶质薄，对夹叶增多，品质渐次。因此，每季茶品质均以前期为优，中期次之，末期最差。

就采制一般红、绿茶而论，随新梢生长，展叶数增加，较早展的叶片成熟老化，对品质有影响的成分也随之降低，乌龙茶则不然，以新梢接近成熟时品质最佳。由此可见，各茶类对品质要求不同，按不同茶类的标准，及时、分批采的品质优良，反之，品质次。

种植密度对品质也带来一定的变化，如中国农业科学院茶叶研究所 1976 年以槠叶齐进行密植试验，试验设计了 N-1：150×0.0×1 ［大行距（cm）×小行距（cm）×条数］，N-2：150×33.3×2，N-3：150×33.3×3，N-4：150×33.3×4 四种种植密度，每公顷株数分别为 6 万株、12 万株、18 万株、24 万株，测定不同年份的鲜叶机械组成和茶叶中茶多酚、氨基酸含量（表 10-4）。结果表明，一定种植密度下，茶树有较好的生长空间，产量、品质保持在一定水平之上，随着种植密度的进一步增加，茶树鲜叶的机械组成质量下降，茶多酚有所降低，氨基酸含量有所提高。究其对品质变化的原因，则是由于茶园群体结构的变化，带来茶树生育环境改变，最后使茶叶体内合成积累物质发生变化。因此，生态环境的改变将会更大程度地影响茶叶品质，茶树立地条件优越，生机旺盛，体内营养物质贮备充分，品质好；反之，生长差，品质次。

表 10-4　不同种植密度对鲜叶机械组成和茶叶化学成分的影响

（姚国坤等，1986）

单位：%

处　理	三年生茶树		四年生茶树		茶多酚	氨基酸
	正常芽	对夹叶	正常芽	对夹叶		
N-1	88.1	11.9	62.7	37.3	29.38	1.38
N-2	83.7	16.3	62.2	37.8	29.22	1.37
N-3	78.6	21.4	43.9	56.1	27.46	1.53
N-4	71.6	28.4	39.1	60.9	26.75	1.58

二、影响茶叶产量与品质的主要因素

茶叶产量、品质受着多方面的影响，包括内在的品种特性和外在的生育条件与管理措施等。

（一）茶叶产量与品质的构成因子

茶叶生产的效益由茶叶产量和品质体现，对产量而言，单位面积内可采芽叶数量多、芽叶重则产量高；品质则由成品茶所需外形与内质要求决定，有对芽叶物理因素的要求，也有对内含物化学成分的要求。

1. 茶叶产量的构成因子　单位生产面积内，可采芽叶的数量和单芽重是构成产量的主要因子，可采芽叶愈多愈重，产量就愈高，而单位面积内，在有一定营养芽密度和单芽重的基础上，使每个营养芽在萌发生长成为新梢的过程中，发得早，长得快，全年新梢生育期长，便能实现茶叶高产优质的目标。简言之，构成茶树高产的因子，可归纳为"多、重、早、快、长" 5 个字。

芽叶数与芽叶重对产量的影响是不相等的，两者中芽叶数比芽叶重与产量之间的相关性更为密切。据杭州茶叶试验场资料，鸠坑种茶树，芽叶密度与茶叶产量呈直线相关，相关系数（r）为 0.93，芽梢的平均重量与产量的相关系数（r）为 0.51。茶树品种间芽叶数和芽叶重差别很大，如在海南省栽培的壮芽型云南大叶种，500 g 鲜叶（一芽三叶），只有 300 多个芽梢，单芽重超过 1 g。有的中小叶种，发芽密度大，单芽重仅 0.3 g 左右。

茶芽发得早，可以提早采摘，增加年采收次数，提高茶叶产量。茶芽生育速度、再生能力强弱及茶树生长期长短与单位时间内生产量的多少关系密切，如果茶芽生育得慢，或采摘后茶芽的再生能力弱，即使是芽叶多而重，仍将会影响全年的芽叶数量。同样，即使芽叶数多而重，在生长期内，茶芽生育也快，但全年的生长期短，也会减少全年的芽叶数量。因此，高产优质的技术，既要解决芽叶的数量和重量，发芽的迟早，又要解决芽叶生育的快慢和茶树生长期的长短。这些因子之间有着互为因果、互相制约、互相联系的关系。

2. 茶叶品质的构成因子　茶叶品质的构成因子有物理因子和化学因子两个方面。茶叶的外形基本上决定于物理因子，而茶叶内质主要决定于生化成分，外形和内质又有着必然的联系。

决定品质外形的物理因子包括芽叶的老嫩、大小、长短、匀净度、光泽性和新鲜度等几个方面。就一般红、绿茶而论，要求芽叶嫩度好，芽叶大小匀称，不带老梗、老叶，净度高，正常芽叶比重大，富光泽性，芽叶成朵而新鲜。这几个因子中，鲜叶的老嫩度是决定茶叶质量的首要因子。一般红、绿茶成品等级的划分，通常是以嫩度为主要依据的，嫩度好的制茶品质也好。此外，芽叶的色泽、厚薄、软硬、毫的多少等都对成茶外形会带来一定的影响，不同的产品对其有着不同的要求。

芽叶大小、老嫩程度相对一致的鲜叶，有利于茶叶加工成形，使制得的干茶外形整齐一致。优质鲜叶不但要求芽叶均匀，而且要求净度高，即在鲜叶中不要夹有老叶、茶梗、花果、虫体、杂草、沙土等夹杂物。

正常芽叶比重大，成茶品质好，优质鲜叶原料应该是含有较多的正常芽叶。管理水平高、茶树生长势旺盛、适期采摘的，鲜叶中所含的正常芽叶比重高；反之，对夹叶的比重大。对夹叶与正常芽叶相比，纤维素含量高，水溶物含量较少，品质较次。

新鲜度是构成鲜叶质量的重要物理因子之一。芽叶新鲜，成品茶色香味正常，鲜爽度也好；反之，堆积过久，机械损伤严重，鲜叶中夹有不新鲜的原料，制成的茶叶品质次。

芽叶的性状，在一定程度上反映芽叶的生化指标。对茶叶品质内在优劣的评判，主要从茶叶的汤色、香气和滋味三方面来反映，不同茶类各有其特色，在这三方面的品质表现要求是不同的。

一般地，与品质呈正相关的某些化学成分含量越高，茶叶品质越好。如鲜叶中茶多酚含量较多者，制红茶滋味就浓强；氨基酸含量较多者，制绿茶滋味鲜醇；萜烯醇类含量较多者，茶叶香气较高。反之，与品质呈负相关的某些化学成分含量越多，成品茶品质也就较差，如纤维素含量多的鲜叶粗老，品质较差；花青素含量多的，滋味苦；茶叶皂素、氟、铝、钙含量多的，品质就较次。芽叶老嫩程度与品质成分含量多少有着直接的关系。

（二）茶叶产量品质构成因子的主要影响因素

影响产量品质的因素很多，从以上的讨论不难看出，能对产量与品质因子产生影响的要素就是茶叶产量品质的影响因素，归纳起来主要为三方面：一是茶树品种固有特性及其生育状况；二是对茶树的代谢作用直接或间接地有着密切联系的生态条件；三是生产措施的合理应用。

1. 茶树品种特性对产量品质的影响　茶树品种对获高产优质的目标影响十分显著，同样栽培条件下，不同品种表现了不同的产量和品质，树冠大小、分枝习性、发芽密度、芽叶重量、发芽轮次等均有显著差异。优良品种比一般品种可增产两三成，甚至更多。安徽省祁门茶叶研究所研究，贵州苔茶比祁门种增产 56.96%；江苏芙蓉茶场的栽培实践，祁门种比当地宜兴小叶种增产 1 倍以上。可见，茶树良种是实现茶叶高产重要的影响因子。

研究认为，高光效生态型的高产茶树品种具有以下一些特点：

① 株型紧凑，即分枝角度较小。

② 叶片向上斜生，叶片之间不易遮光。

③ 叶形椭圆或长椭圆形，叶片较厚，大小适中。

④ 嫩叶黄绿，老叶浓绿。

⑤ 干粗芽壮，育芽能力强。

就生理特性而言，光合能力强、呼吸消耗低、净光合作用大的品种积累物质的能力强，生产力高。浙江农业大学茶叶系测定，福鼎白毫光合强度为 406.67 mg/(m²·h)（干重），浙农 21 为 553.53 mg/(m²·h)（干重），浙农 25 为 560.3 mg/(m²·h)（干重），三者光合能力与鲜叶产量高低相一致。叶绿素 b 与叶绿素 a 的比值高的品种，耐阴性较好，有利于中下层叶片吸收利用光能，产量较高。着叶角度较小，光的入射较优，中国农业科学院茶叶研究所对佛手、政和白毫、水仙、龙井、毛蟹等 5 个品种测定，着叶角度依次由大到小，叶色由浅至深，有效光合强度由低到高。

品种对品质的作用是不可替代的，不同品种具有各自的遗传特性，不同内含物的代谢过程和积累量，造就其决定品质特色的物质基础。这一点可从不同品种的芽叶生化成分较大差别上得到认证。

2. 茶园生态条件对产量品质的影响　茶树生长好坏、产量高低、品质优劣，不仅决定于茶树品种，同时也决定于影响茶树生育的土壤、气候、地势等生态条件。

高产优质的茶园，表土不流失，土层深厚，土质疏松、肥沃，腐殖质含量高，土壤 pH 多为 4.5～5.5，土壤中的水、肥、气、热比较丰富协调，土壤中所含营养全面、丰富，土壤中三相比分布均衡。土壤 pH 过高，茶树难以生长；pH 过低，酸度过大，土壤中水溶性铝易被溶出，积聚在根尖，有碍养分的吸收，N、P、K、S、Mg、Ca 等也伴随酸化而降低其有效性，土壤结构也会恶化。一般从红黄壤土上所采制的干茶，茶味厚，汤色略带黄。从沙质土壤上采制的干茶为淡青绿色，香味淡薄。土壤中全氮量和腐殖质含量多、可给态磷酸多的茶园，茶叶品质良好。研究还表明，含锰较多地带的茶叶加工为红茶发酵良好，香高，水色红而鲜明，滋味也好；石灰岩地带的茶叶发酵不好，香气低，滋味淡薄，水色较暗淡。三要素配合适当的，茶叶香气和滋味好，如缺少元素，会影响茶叶的品质。

中国农业科学院茶叶研究所根据各地高产优质茶园的研究测定，提出生产干茶 3 000～3 750 kg/hm² 的土壤理化性状参考指标如表 10-5 所示。

气候因子中的光、温和水（湿度和降水）对茶叶产量品质的影响很大。前已述及，光对茶树生育的影响，主要是因光照度和光的性质引起。茶树喜欢漫射光，直射光过于强烈，茶树生长受抑制，超过饱和点时，茶树光合效率下降，物质代谢也将受到影响。云南省胶茶间作遮阴栽培的结果表明，当地遮光率在 30%～40% 时，有利于干物质的积累和产量的提高，当遮光率超过 50% 时，干物质积累量则明显下降。适当遮阴可促进碳、氮物质的代谢，利于提高鲜叶中与品质有关成分的含量。但过度遮阴后，碳代谢明显抑制，糖类、多酚类物质含量下降，而氮代谢加强，蛋白质、咖啡碱、氨基酸的含量增加。

表 10-5　高产茶园土壤理化性状参考指标

主要物理性状		主要性状		
有效土层	80 cm 以上	酸度	水浸出液	pH 4.0～5.5
			盐浸出液	pH 3.5～5.0
表土层（耕作层厚度）	20 cm 以上	交换性铝	Al³⁺ 1～4 mmol/100 g	
土壤质地	沙壤土—重壤土（带砾石）	交换性钙	Ca²⁺ 4.0 mmol/100 g 以下（CaO, 0.1%以下）	
容重	表土层　1.00～1.20 g/cm³ 心土层　1.20～1.45 g/cm³	盐基饱和度 （壤土类）	钙	Ca²⁺ 50%以下
			镁	Mg²⁺ 10%上下
			钾	K⁺ 5%以上
孔隙率	表土层　50%以上 心土层　45%以上	耕作层	有机质	1.5%以上
			全氮（N）	0.10%以上
三相比	表土层　固相：液相：气相=50：20：30 左右 心土层　固相：液相：气相=55：30：15 左右		有效氮（N）	100 mg/kg 以上（水解性氮）
			速效磷（P₂O₅）	10 mg/kg 以上（稀盐酸浸提）
透水系数	10⁻³ cm/s 以上		速效钾（K₂O）	80 mg/kg 以上（醋酸铵浸提）

注：土壤容重、养分含量等易变动的性状系指全年茶季结束后土壤相对稳定期的测定值。

　　茶树新梢生长对温度极其敏感，温度高，产量也高。茶树生育的适温为 25～30 ℃；气温偏低时，氮代谢旺盛，蛋白质、氨基酸的合成积累量增大；而气温偏高时，光合效率高，碳代谢旺盛，茶多酚合成量增加。我国长江中下游大部茶区，春茶气温较低，氨基酸的合成积累较多，茶多酚相对较低，制绿茶品质较优。而夏秋茶生产期间，气温高，氨基酸的合成积累量减少，茶多酚含量高，制绿茶滋味较苦涩，香气也较低。相反，茶多酚含量对红茶品质形成较为有利。因此，在红茶产区夏、秋茶的浓强度比春茶好。

　　水分对茶叶产量品质的影响很显著。在生长期中，产量高低与雨量多少呈正相关，水分充足，茶树体内促进物质合成的酶的活性高，代谢旺盛，有利于品质成分的形成，茶叶品质较好。

　　区域、地势的不同，气候条件有较大的变化，因而对茶叶产量品质带来影响。纬度较高的北方茶区，海拔较高的高山茶区，因气温较低，有利于茶树体内氮的代谢，鲜叶中氨基酸含量较多，茶多酚含量较少，采制绿茶量少质优。反之，低纬度的地区，或海拔低的平地茶区，气温高，热量丰富，鲜叶产量高，但绿茶品质不及高山茶。

　　3. 生产管理措施对产量品质的影响　确定栽种品种和生产地后，茶园生产管理措施则是影响茶叶产量与品质的重要因素，这些因素主要有肥、水、剪、采、保等多项管理措施。

　　肥培管理对茶叶产量品质的影响很大。三要素中氮素充足，营养生长旺盛，芽叶持嫩性强，能获得较高的产量和品质。氮素直接参与氨基酸、生物碱、配糖体及多种维生素的合成过程，对绿茶的香气、滋味、鲜爽度及汤色都有良好的影响。中国农业科学院茶叶研究所研究表明，每公顷施纯氮 750 kg 的范围内，芽叶中叶绿素和氨基酸的含量，随着氮肥用量的增加而提高。但单施氮肥或过多的氮肥会使茶树光合作用的糖类大部分用于合成蛋白质，限制了一部分糖类向多酚类转化，结果使多酚类和水浸出物含量降低而影响红茶发酵，降低品质；氮素不足，叶色枯黄、无光泽，芽叶细小，大量出现对夹叶，叶质粗硬，品质下降。此外，氮肥形态不同，对鲜叶化学成分的影响也不一样，铵态氮肥能有效地提高鲜叶中氨基酸的含量，硝态氮肥的效果不如铵态氮肥。磷的营养与光合作用、呼吸作用及生长发育均有密切关系，对产量品质亦有重要的影响。杭州茶叶试验场试验，在施用氮肥的基础上增施磷肥，3 年平均产量比单施氮素增 21%。磷素可增加鲜叶多酚类含量，特别是没食子儿茶素的增加，对红茶色香味有良好作用，氮、磷配合施用时，能适当增加蛋白质含量，有利于提高绿茶品质。钾在茶树体内的流动性很大，它能帮助和促进糖类的合成、运送和贮存，对吸水和蒸腾有较好的调节作用，可提高茶树的抗逆性，钾还有助于磷的吸收和转化。在氮、磷的基础上增施钾肥可显著增产。湖南省茶叶研究所试验，单施钾肥比不施肥处理，10 年平均增产 21.8%，在氮、磷肥的基础上施钾比单施磷增产 37.1%。钾能加强光合作用，使多种酶的活性增强，对蛋白质代谢有影响，钾肥充足时，能促进根系对氮的吸收，而形成较多的蛋白质，增进品质，缺钾抑制糖转化为淀粉，妨碍蛋白质的合成。钾对茶叶香气改善有积极的作用，边金霖等（2012）在钾对茶叶香气影响研究试验中设置了不施钾肥处理（CK1），施钾处理 3 个肥力水平 A1、A2、A3，每公顷施钾量（K_2O）依次为 100 kg、200 kg、400 kg，结果表明，茶园施钾以后，茶叶中异戊烯二磷酸类和苯丙氨酸类挥发性物质增加。与不施钾处理相比，随钾肥水平增加，茶叶的芳樟醇增加明显，处理间差异达到极显著水平（$P < 0.01$）。施钾后脂肪酸类中具青草气的庚醛含量降低，而花香气味的壬醛、辛醇含量增加。为提高茶叶品质和改善茶叶香气，合理施用钾肥应作为茶园管理的重要措施之一。除此之外，其他一些营养元素的缺失或不足，都会对产量品质带来一定影响。

水分关系到茶树新陈代谢的强度和方向，对产量品质的影响也很明显。水分充足，有利于有机物质的积累，从而提高氨基酸、咖啡碱、蛋白质的含量，提高品质。反之，缺水时，茶叶内的有效成分降低，特别是加速糖的缩合，纤维素增加，茶叶粗老，品质下降。

茶树修剪是培养高产树冠，刺激新生芽叶生长和抑制花果发育的必要措施，茶树修剪后，新陈代谢加强，同化作用增强，正常芽叶增多，嫩度提高，既提高产量，又增进品质，修剪后茶多酚、水浸出物增加，成茶品质提高。

采摘对产量品质的影响最直接，关系最密切。采早、采迟，采大、采小，采留多少，采摘方法不同等，对产量品质都有不同的影响，在茶树不同的生育阶段，或在年周期中不同的季节，采取不同的采摘技术，贯彻合理采摘可增加轮次，调节茶树生长与芽叶产量和质量之间的矛盾，实现长期的高产优质。

茶树保护是使茶树能处在较好的生育状态下生长，茶叶产品安全环保。茶树保护的主要环节在于加强茶树病虫害的防治和抗旱、防冻等综合防护能力的提高。

各个对茶树产量、品质的影响因素是相互联系着的。品种是生产物质的基础，生态环境是生产的必要条件，生产措施的合理运用是基本保证。依规律、按茶类要求进行茶叶生产，能获高产优质的目的，生产可持续性也就能实现。

三、茶叶生产可持续发展的规律与调节技术

要获得较高的经济效益，应有高产优质的茶叶产出，对此，必须深入了解它的生物学规律，充分发挥其固有的优良特性，综合运用先进农业技术，进行科学管理，从栽培技术手段上调节量质关系，实现大面积增产提质，达高产优质的栽培目标。

（一）充分认识和掌握茶树高产优质的生育规律

在茶树整个生长发育过程中，其幼苗阶段的生育最易受外界环境条件的影响，必须尽可能地为之创造有利生育的条件。种植前深翻改土，施用大量有机肥料为基肥，为幼年阶段的生育条件打下良好基础，同时加强防旱、防冻等保护措施，是培养全苗壮苗的关键。

幼年阶段是茶树生命力蓬勃上升的时期，是培育符合生产要求树势的关键时期，必须利用这一时期的特点，培养良好的树冠和根系。这一时期在加强肥水的基础上，进行系统修剪和合理采摘，抑制枝干顶端优势，促进侧枝生长强壮，塑造良好骨架和树势，提高树冠覆盖度，扩大同化面积，增强有机物质的积累。塑造高产树冠结构是这阶段栽培上的中心环节。

青、壮年阶段的茶树各个器官生育均旺，营养生长强烈，生长点数量多，吸收同化面积大，积累有机物质能力强。栽培上主要是在保证营养和水分的条件下，运用适当轻、重轮回修剪，加强营养生长，抑制生殖生长，提高有效芽的密度及其芽重。保持强盛的营养生长势，延长高产优质的经济年限，是这阶段栽培技术的主要关键。

在茶树年发育周期中，生殖生长和营养生长全年均在进行。但在我国多数茶区，上半年营养生长旺盛，生殖生长仅以幼果为主；下半年生殖生长量大，除茶果外，还有大量花芽不断发育和生长，因而营养消耗较多，影响芽叶生长，如能抑制生殖生长，促进叶芽分化，便有助于产量提高。

要实现茶树早发、早采、早开园，除选育早生品种外，在农业技术措施上，冬季和早春提高气温和地温是很重要的一环，配合深耕施足基肥，改进土壤结构，增高地温，培土铺草，减少地表层的冰冻，防止根系受伤害。在改良土壤结构、提高土壤肥力的基础上，采用速效肥料为追肥，催芽早发。同时应加强预防，避免茶芽萌发后，受低温或晚霜的侵害。

增进正常新梢的形成，使新梢着叶多而不易成驻芽，新梢整齐、均匀。茶树衰老，易患病虫害，形成对夹叶多，强壮茶树则反之；冬季休眠芽形成的春梢正常新梢多，对夹叶形成较少；夏季干旱时期的土壤湿度或空气湿度不足情况下，易形成对夹叶；在一定温度条件下，肥水充足的形成对夹叶少；茶树经过不同程度修剪或合理采摘的对夹叶也较少。总之，各方面条件配合适宜，满足茶树生长的要求时，就能大大促进和加强新梢的生育。

综上所述，根据茶树生育规律，依各时期的变化，抓住管理的重点，是茶园实现高产优质的关键。茶树个体发育，不论总发育周或年发育周，都有其各自的生育特点，充分认识和掌握其特点，便可以充分利用它、改造它，以达高产优质的目的。

（二）从栽培技术上调节茶叶量质关系

各地较大面积高产优质的基本技术经验表明，茶园产量品质的调节主要应解决好如下几个问题。

1. 缩小地块差距，实现较大面积平衡高产 要实现茶叶较大面积高产，单靠小部分茶园高产是很难实现的。实践表明，一个生产单位，要实现大面积产干茶 1 500～2 250 kg/hm²，必须要有 60% 以上的生产茶园单产达到平均水准以上才有可能实现。因而要实现较大面积高产，就必须改变低产地块的生产条件，缩小地块间的差距，以获大面积高产。地块间平衡增产的中心环节，就是要在搞好茶园基础建设上狠下工夫。具体基础建设主要有以下几项工作：

① 选用高产优质的栽培良种，早、中、晚生种的品种和不同品质特色的品种合理搭配，充分发挥茶树高产优质的内在因素。

② 选择立地条件优越，能协调满足茶树生育过程中环境要求的地域植茶。

③ 合理密植，充分发挥茶树群体生产力。

④ 适时培管，为茶树高产优质奠定基础。

2. 抓好各季平衡增产，实现全年高产　我国南部茶区，茶树全年生长，四季采茶，各季茶叶产量分布比较均匀。长江中下游大部茶区，产量都集中在春季，夏、秋茶的比重较小。从资源进一步开发利用上而言，夏、秋茶季节长，热量条件丰富，增产提质潜力很大，只要能生产出适合市场需求的产品，或茶制品深加工的水平提高，这部分资源可有效地开发利用。总结各地经验，只要加强肥培，抓好防旱，及时供水，控制病虫，抑制生殖生长，适当提高采摘嫩度，扩大夏、秋茶比重，能实现各季茶均衡增产。如浙江省新昌县全县平均单产仅 600 kg/hm^2 时，秋茶占春茶的比例仅为 19%。改变秋茶的生产条件后，全县平均单产干茶提高了 78%，秋茶占春茶比例提高到 40.3%，较好地利用秋茶生产条件，实现了全年茶叶高产的目标。由前面提及的浙江省 1969—1978 年茶叶春：夏：秋三季收购比例 $57.1\%：27.5\%：15.4\%$ 可知，夏、秋茶的产量可占全年产量的 40% 以上。浙江余姚茶场在全年生产茶叶情况下，夏、秋茶比重占年产量 50%，改进一项喷灌措施，使夏、秋比例提高 10%，可见夏、秋茶产量变化潜力较大。山东日照巨峰镇一茶农详细记录了 2003—2007 年的各季产量和收益，结果表明，该农户管理的茶园春、夏、秋三季茶产量占全年产量比例分别为 35.1%、46.2%、18.7%，收入比例为 60.9%、26.0% 和 13.1%。如依有些地方不生产夏、秋茶，则年生产中约有 40% 的收益无法获取。可见，平衡各季茶叶增产、提质，才能实现全年高产优质目的。

3. 协调茶园生产结构，提高生产力　茶树通过壮年期后，新陈代谢水平渐趋衰落，产量品质渐下降，所以就一块茶园来说，它的高产时期和经济年龄是有限的。一个生产单位要达到相对稳定的持续高产和优质，就必须不断地调整生产茶园的树龄结构，提高茶园的总体质量水平，保持旺盛的生产力，获得茶叶的持续高产和优质。保持青壮年茶园的比重占优势，使茶园总体年轻化，从而使茶叶产量品质能有较大幅度的增长。协调老、中、青茶园三者之间的比例关系最基本的经验有三条：

① 淘汰一批零星分散、土壤瘠薄、坡度大、水土流失严重、树龄衰老、树势衰弱、经济效益低的老茶园。

② 改造一批土壤条件、茶树条件较好，而又相对集中的老龄茶园，根据具体情况，采取改树、改土、改园，加强肥培管理，更新复壮茶树。

③ 换种改植或适当发展一批高标准的新茶园。协调茶园的树龄结构，使生产茶园的结构处于年轻化，可有效协调茶叶的量质关系。

4. 采用技术措施协调量与质的关系　栽培上可采用一系列的技术措施，调节茶树在不同年份，或一年中各个季节产量和质量的矛盾，使量质平衡发展。采摘对量质的影响极为深刻，正确掌握采摘时机是协调量质平衡发展的中心环节。我国大部茶区（尤其是中部茶区），春茶品质都较优越，要扩大春茶比重，可采取加强秋、冬季和早春的茶园管理，重施基肥，做好防冻工作，及时追施催芽肥，秋季轻剪或早春修平，或春茶结束后轻剪，改春茶留叶采为夏、秋季留叶采等技术措施，多采春茶。广东、广西、滇南等一些红茶区，夏茶浓强度高，品质好，则可采取春修剪，春季留叶采，提高夏、秋茶的施肥水平，加强夏、秋病虫防治等，提高夏、秋茶的产量和品质。江南与江北茶区夏、秋常有干旱，茶叶产量品质都较低，为提高夏、秋茶的经济效益，则可采用根外追肥，灌溉，地面覆盖或遮阴栽培，适当提高采摘嫩度，以及相应缩短采摘间隔天数，控制生殖生长等手段，提高夏、秋茶的产量和品质。

四、低产茶园改造

茶树栽培的主要目的是获得高产优质。然而，就每一块具体的茶园来说，即使环境优越，栽培管理科学，然而随着茶树生物学年龄延长总是要衰老，产量也随之降低。复壮和换种是改造低产茶园，使之恢复生产力的重要措施。

（一）低产茶园的概念

低产茶园的定义因地、因时以及生产力水平等因素不同而有差异，特别是 20 世纪 80 年代前，茶叶供不应求，茶叶产量高低基本反映了亩产值高低，产量高，则产值高，因而提出对低产茶园实行改造措施，以提高产量、增加收益。进入 21 世纪，茶叶量基本满足了人们生活的需求，生产行为更多朝着质优的方向发展，如何提高亩产值是生产者追求的目标，量不再反映高产值的生产效果。尽管如此，低产茶园的概念还是存在，因树龄大，树势衰老，生产条件差，即便是生产优质茶，也产量不高，整体效益比其他茶园低，寻求改变这一类茶园面貌是茶叶生产中经常要碰到的问题。

① 低产是一个相对概念，不同的历史时期生产力水平不同，低产标准有差异。20 世纪 50 年代，由于我国绝大多数茶园为丛栽稀植茶园，而且很少单独施肥，更谈不上以产定肥或测土配方施肥，当时干茶产量 500～1 000 kg/hm² 已经是中产乃至丰产了；只有低于 375 kg/hm² 茶园被认为是低产。20 世纪 60 年代，由于大批条栽式茶园的投产，每公顷植茶达 1.5 万～2.0 万丛，速效氮、磷、钾化肥的普遍施用和病虫防治技术的普及，正常产量水平达 1 000～2 000 kg/hm²，故将 1 000 kg/hm² 以下的茶园称为低产园。

② 不同地区的环境条件和生产力水平不同，对低产茶园的定义也存在差异。不同地理纬度的茶区不仅接受太阳光的有效辐射量不同，而且由于地形和海拔高度等的差异，气温、年降水量及其分布等也有差异。同时，不同茶区种植的品种不同，管理水平不一，也导致茶园产量的差异。因此，气候适宜区和生产水平较高的地区，低产的临界水平可定得高一些；次适宜区则应适当低一些。如江南茶区把 1 200 kg/hm² 定为低产园，则江北茶区以 900 kg/hm² 作为低产园；同一纬度的高山茶园比低山、平地茶园也适当低一些。

③ 茶园产量与茶类及其产品档次有密切的关系。采制红、绿茶，上档茶的茶园产量低，采制边销茶和下档茶的茶园产量高。如果普通红、绿茶的茶园以 1 200 kg/hm² 为低产上限，则采制边销茶原料的茶园可以 1 800～2 000 kg/hm² 为低产下限。名优茶产区因采摘细嫩，单产较低，但是产值却提高。因此，低产茶园含义中还应包含单位面积上的实际收益。

④ 茶园产量还与茶园结构特点有关。单一的专业茶园比与其他植物（或作物）混种或间种的复合茶园茶叶产量高一些，但总的产出量往往是复合型茶园较高。故仅从茶叶产出而言，两者低产的水平也应有不同的评判标准。

总之，在具体确定茶园低产标准时，凡单位面积产量及产值均低于当地或本单位的平均水平时,可视为低产茶园。但是,确定哪些茶园地块要改造,要因地、因树、因茶类灵活掌握。

(二)低产茶园形成的原因

导致茶园低产的因素,有自然低产型和环境胁迫型两大类型。所谓自然低产型,就是由于树龄大,茶树生机自然减弱,树势衰退,导致生产能力下降。而环境胁迫型,是由于环境因素或技术因素不良,甚至恶化而削弱茶树生机,导致树势衰退、产量显著下降或长期处于低产水平。归纳起来导致茶园低产的因素有以下几方面:

1. 树龄过大 20世纪50～60年代之前和这一时期栽种的茶树至今已生长有50年左右或是更长的树龄,虽然茶树为多年生长寿植物,但在栽培条件下,由于生育环境的变化和人为的生产措施应用,会导致茶树生机变化。有研究认为,单条植栽培茶树的最佳经济年龄为25年左右,之后要对茶树进行相应的复壮改造,使之恢复长势,继续保持若干年较高的生产水平,否则,茶叶产量与芽叶质量将走下坡路。经常性地对同一茶树进行反复多次复壮改造,每次改造后保持旺盛长势的年份会渐减少,最后因树龄大,树势衰老,生产能力由高转低。

2. 生态条件恶劣 茶树正常生长发育需要良好的生态环境,由于种种原因许多茶树所处生态环境往往不够理想。如坡度大的地方,水土流失严重、土层浅薄、土壤结构性差、养分贫乏;同时,pH过高过低,夏秋高温干旱持续时间长,冬季霜、雪、冰冻严重,严寒期长,以及病虫、杂草丛生等均不利于茶树的生长发育,甚至威胁其生存。处于这类生境下的茶树,如不能及时采取有效的防护或改良措施,往往表现为茶丛矮小、分枝稀疏、叶量少、对夹叶多、根系发育不良、缺株断行多、树冠覆盖率低,茶园长期处于低产水平。

3. 建园基础差 茶树为深根性木本植物,并具有喜湿、喜阳、耐阴、耐酸、怕渍、嫌钙等特性。栽培茶树只有尽可能满足茶树的这种生物习性需求,才能实现预期的高产、质优、高效益的目标。建园基础差的主要表现有:

(1)茶园选址不合理。如在高纬度或高寒山区建茶园,使茶树面临冬季冰冻、生育期短、雨量不足或分布不均匀等不利因素,以致茶树长年生长量小,呈"小老树"状态。有时也因过分强调茶园集中连片,把一座座山从山顶到山脚全部开垦植茶,而山顶和山脊往往土层浅薄,肥力低下;山脚谷地又可能渍水,地下水位过高,土壤通透性差;有的山坡陡峻,不仅土层浅薄,而且水土流失严重,土壤的保土、保水、保肥性能差。这些土壤上种植的茶树大多生育不良,产量和品质也难以保证。

(2)基础建设质量差。许多茶园建设时缺少全面规划,山、水、园、林、路未加以全面规划,坡度较大(≥15°)时未修建梯田式茶园,有的甚至还搞顺坡种植。也有的种植规格过稀,这类茶园的茶树覆盖率低,产量也低。另外,种植前未予深垦改土、底肥不足,以及栽后管理水平低等均有可能影响茶苗成活率和茶树生长速度,造成缺丛断行,不利于产量水平的提高。

(3)引种不当。在引种时,没有充分考虑品种的生物学特性和当地的自然条件,引进某些不适应当地气候条件的品种,以致种植后成活率低,即使勉强成活的幼树也生长缓慢,难以成行,绿色面积小,光合效能低。20世纪50～60年代江南茶区曾有多处引入云南大叶种,终因不耐寒冻而成片死亡,即使得以保留下来的部分也属低产。

4. 栽培措施不力 许多分散经营的茶园，不重视茶树的培育管理，长期不施或少施肥，管理粗放、土壤板结、杂草丛生，没有及时采取病虫防治和抗旱防冻措施，过度采收茶叶，不合理间作，掠夺土壤肥力，以致茶树树龄不大，但生机不旺、分枝稀少、着叶量少、对夹叶多、育芽能力差，大茶树早衰，小茶树未老先衰。有的对低产茶园只修剪改树，不改土增肥，加之过度采摘，更新复壮效果差，只能以"三年两头剪（或砍）"的方式维持低产水平。

有时因缺少科学种茶知识，也可能造成不良后果。如在茶丛两旁过多地深耕，易损伤根系，在隆冬季节挖土使根系外露，加剧冻害。不适当修剪造成减产，病虫防治时大量使用化学农药，产生药害。这些都不利于茶树的生长发育，也是导致产量低的因素。

（三）低产茶园茶树复壮

低产茶园的改造是一个系统工程，必须科学规划，合理部署，综合运用改造措施，有计划有步骤地进行分期分批改造。

低产茶园改造规划内容包括低改任务、目标、方式、进度和技术方案等。一个茶叶生产单位的低产园改造可分年度实现完成，以减少改造初期大投入、少收益的压力。开始的年份改造茶园的面积可少些，依当地条件掌握经验后面积可增大，由少到多、由易到难，使前期改造的茶园尽快产出，以缓解后期改造投入的压力。由于低产的成因和程度不同、茶树树龄树势和园相不同、低产园所处地形地势不同等，在规划改造时要本着因地、因园制宜的原则，采用不同措施，确定是复壮改造，还是换种改植、嫁接换种；或"退茶还粮"或"退茶还林"等。

低产茶园复壮改造技术，包括茶树群体结构改造、茶树改造、改善管理和换种改造等。

1. 茶树群体结构改造 茶树群体结构不够合理的低产茶园有如丛式茶园、缺丛和断行多的条列式茶园、茶树覆盖度低的茶园等情况，此类茶园应调整茶园群体结构，使之能在改造后实现单位面积内高产高效。

调整群体结构要因园、因树制宜。对于丛栽茶园，如果无固定株行距，且行向排列不合理，宜重新规划改植换种。对于缺丛断行明显、树龄尚不大的低产茶园，则可在修剪改造原有茶树树冠的同时，用2足龄大苗或者采用同龄同品种的其他地块的茶树移栽补缺，使其行列完整。

茶树群体结构改造包括对原来茶园园相结构的调整。一些茶园之所以会缺株断丛多，除了管理不善外，还因建设之初对茶园的沟、渠、路等设置不合理。有些周边群众生活习惯通道尽量保留；一些因地势原因形成的水沟或造暗渠，或保持原有状态，不强求表面上茶园成片与完整；为适应机械化作业要求，需合理调整茶园道路与周边园地的连接，在茶行的作业道两端尽可能地留下可以供以后机械化作业的地头道，通过调整，茶园结构更利于今后作业。有些茶园中间作了对茶树生育影响大的作物，应该予以移出。

2. 茶树改造 茶树改造主要是对茶树地上长势衰弱、结构不良的部分进行修剪改造，提高其生理机能，恢复树势，重新塑造优质高产型树冠。低产茶园的茶树树冠的特征：枝叶不茂盛，"鸡爪"枝多；有的树体过高且分枝级数太多，新梢瘦弱成为"高脚"茶蓬；有的枝条生长参差不齐，存在明显的"两层楼"现象；有的树体过于矮小成为"塌地"茶蓬，病虫枝、细弱枝多，育芽能力差等（图10-3）。应针对茶树树冠衰败的程度进行改造，具体操作可参照第六章第二节茶树修剪技术中介绍的方法进行。

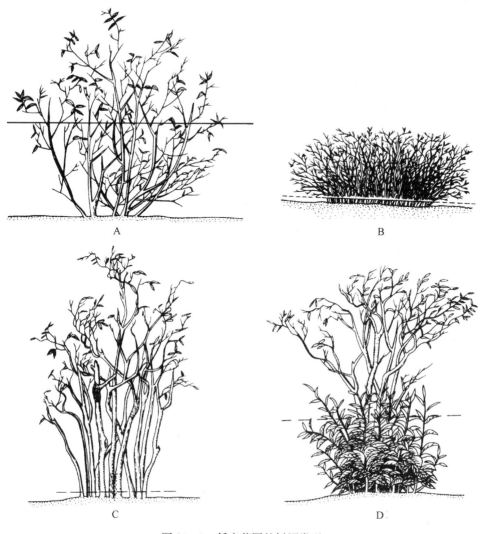

图 10-3　低产茶园的树冠类型

A. 半衰老茶树　B. "塌地"茶蓬　C. "高脚"茶蓬　D. "两层楼"茶树

除了地上部枝叶的修剪外，茶园经长年生产，因茶行封闭，耕作活动较少，土壤较板结。此时，冠面枝叶障碍清除，可对茶园进行深翻、施基肥，即对茶树地下部生育环境进行改造改良，此项工作的合理开展，将会带来事半功倍的效果。

3. 改善管理　对于低产茶树来说，修剪只是对茶树的一种刺激性手段，促进相应部位更新枝的萌生，没有改善茶树营养及生育环境。如果其他管理措施，特别是肥培管理跟不上去，再加上采摘不合理，防治病虫害不力，就可能导致更新复壮效果不佳，而且很快又重新沦为低产茶园。

（1）肥水管理。低产茶园往往土壤养分供应不足，此时在增加供给养分的同时，应补充多种营养元素于茶园土壤中。为避免施肥的盲目性，可实行测土配方施肥。低产茶园施肥既要考虑每年采茶和修剪带走的养分，同时还应考虑树冠恢复或重建的需要，实施"一基三（或两）追"的施肥制度。基肥施入时间以 10 月前后为宜，南部茶区可稍推迟，北部及高山茶区，秋冬季低温时间发生较早，应早施。此时的肥料以有机肥为主，配以全年磷、钾肥用量；为茶树安全越冬、春茶早发、多产提供物质基础。春茶追肥（即催芽肥）宜早施；夏、秋茶追肥选择在春、夏茶结束时及时施入。茶树新植及台刈、重修剪当年，以培养树冠为主要目的，3 次追肥以氮为主，可配施磷、钾肥，也可选用含一定比例磷、钾的复合肥，进行采叶状态时追肥均为速效氮肥。追肥时在茶树树冠外沿正对地面处开 10～15 cm 浅沟，将肥料施入沟内，提高利用率。夏茶后的追肥应注意天气变化，气温高、久旱时不要进行这样的作业。

不少茶园低产与土壤水分状况不佳有关，如低地茶园春天的渍水、脊地坡地茶园秋季缺水，都会限制茶树的生长，进而导致低产。朱永兴（1994）测定的湖南红壤丘陵土壤水分变化：4 月至 7 月上旬土壤水分充足，基本上处于茶树生育最适需水的范围；7 月下旬至 12 月上旬土壤含水率很低，茶树根系集中的中下层土壤含水率在 7 月底便下降到最低谷，整个 8 月维持在 15％以下的低水平，同期表土层含水率同时下降，有时达到 10％以下。保水蓄水对大多数坡地茶园水分管理来讲是关键。为此，低产茶园应在园外改善保蓄水，避免水土流失；园内采取深耕扩大蓄水能力，宜铺草减少水分的蒸发和流失。许允文（1992）研究认为，红壤茶园铺草可减少水土流失量 40％，土壤水分蒸发速率与损耗量减少 50％以上，保证茶树生长更旺，秋茶产量增加 20.8％。

经修剪改造后不久的茶园，一般土壤裸露面大，不仅地面蒸发量大、水土易流失，而且土壤表层在降水冲击下容易板结，杂草滋生很快，故应适当增加浅（中）耕除草的次数，及时防除杂草和疏松表土，并考虑引种 1 年生的牧草，或其他可用作有机质生产后压入茶园中起改良茶园土壤作用的作物，这些作物的种植，可压制茶园其他杂草发生，同时为改良土壤提供丰富的有机质，也可为茶树生育环境与农村多种经营带来一定的改变。

（2）采摘管理。采摘不合理是很多茶园低产产生的原因之一，同时又是许多茶园修剪改造后树冠面貌不能很好恢复的主要影响因子。

为了使茶树尽快从修剪的"创伤"中恢复过来，加快新的分枝系统或枝群的建成，在更新修剪措施执行后的相当一段时间里应坚持少采多留，如台刈、重修剪后的第一年只能适度打顶养蓬，起辅助定型修剪的作用；第二年仍以打顶采为主，最后一季茶可视茶树长势决定采摘强度，长势差的只能适度打顶或蓄养，长势强的可执行留 1～2 片新叶采；剪后第三年视树势转入正常的采摘，但全年仍要注意新叶留养。深修剪后第一个茶季一般不应采茶，第二个茶季可行打顶采，以后再视树势逐步转入正常采摘。所谓正常采摘，每年至少有一季留新叶采，其他各季留鱼叶采，并因品种、树势和气候特点等掌握好开园期和封园期。

（3）茶树保护。茶树保护就是要尽可能避免或减轻各种灾害性因子对茶树的干扰、损伤或破坏，确保茶树的正常生育。很多茶园低产与灾害性因子的失控有关，茶树保护一定要坚持以防为主，重在综合防治。不同茶树保护工作的重点会有所不同，如江北茶区和江南茶区的高山茶区应特别重视预防寒冻灾害，江南茶区的丘陵低海拔茶区春季和夏初要预防湿害和水土流失，夏、秋要防旱热害。病虫害的防治对全国茶区均很重要，是一个经常性工作。低产茶树往往有病虫和低等植物寄生，其中尤其是枝干病虫害，不容易防除；在行修剪更新时应剪去被害严重的枝条，而且对所留枝条上的苔藓、地衣也应清除，除去病害寄主和害虫越冬场所，对周围未改造茶树加强病虫害防治，以免蔓延感染改造后的茶树。

总之，低产茶园改造是一个系统的工程，改树、改土是中心，改善管理是保证。只有认真抓好低改工作的各个技术环节，才能收到预期的改造效果。此外，需强调的是在改树、改土后应退除不合理的间作。

（四）低产茶园的换种改造

低产茶园换种更新的方式有改植换种和嫁接换种，其中改植换种又可通过一次性改植换种或新老套种方式来实现。

1. 一次性改植换种　对于那些缺株率大、行距不合理、树龄老、品种种性差和园地规划设计不合理的茶园，坡度小于 15°的茶园，宜进行全面彻底的改植换种，即挖掘老茶树，按新茶园建设的标准重新规划设计，布设道路、水利和防护林系统，全面采用深翻或加客土，施足底肥等改土增肥措施，重新种上新的良种茶苗。

改植换种时，要注意消除原来老茶树长期生长后对新植小茶树生长不利的影响，如有研究认为老茶树的根系分泌物中有不利于新植幼树生长的成分，操作时，将原来的老茶树连根拔除，拾尽残留老根，深翻和晒土，有条件的可种植 1～2 季绿肥，减弱连作和一些积累物在茶园中对小茶树不利的伤害。老茶园中因长期大量施用酸性肥料导致土壤酸化严重，对这种土壤必须以深耕、施用有机质肥等加以矫正，对茶园土壤进行合理的改良。

国外的一些产茶国家，对改植换种年限提出了各自不同的意见。如日本定为 50 年，斯里兰卡定为 60 年，印度定阿萨姆种 40 年、马尼坡种 45 年。我国没有提出明确的改植换种年限，各地对此项工作的掌握，除了因低产茶园彻底改造需要进行外，做法与认识不一。乌龙茶的一些产区在种植十余年后就有进行换种的做法；云南普洱茶产区则有人认为，云南大叶种的大茶树、老茶树上采下原料加工而成的产品市场认可、价格高。因此，也就有了茶树越老越好的说法。

2. 新老套种　改植换种虽然改造最彻底，但重新成园慢，而且投资大。为了使生产不间断，可以采用新老套种的方法，即在老茶树行间套种新茶树，待新茶树成园投产后再挖去老茶树。据谌介国等（1996）的研究，这种换种法能较好地控制水土流失，对茶园生态环境破坏小，加强幼树管理，可缩短投资回收期。新老套种可依下列三步骤进行：

（1）老茶树处理。改植换种一般在冬末春初进行，首先要对老茶树进行重修剪，剪口高度离地面 35～40 cm。

（2）深翻改土。在原来老茶树行间进行深翻改土，深 50～60 cm，宽 80～100 cm，切断改植沟内的老茶树根系，沟内施足有机肥。基肥必须和土充分拌匀，然后在此已深改的土壤上开出种植沟。

（3）定植茶苗。2 月份以前种植的新茶苗，行距与原来的老茶树相同。如果老茶树行距1.5 m，新茶树单行栽植，株（穴）距 25 cm 左右；如果老茶树行距接近 2 m 左右，则宜双行栽植新茶树，小行距与株（穴）距均为 25～30 cm，每丛栽 1～2 株茶苗。定植时需浇足安蔸水。

（4）新老套种后的管理。原有已修剪的老茶树和新植幼树是一个人工组合的新群体，它们之间既统一又对立，老茶树的存在为新植茶树提供适当遮阴、减弱光照的条件，但两者之间存在竞争水肥和空间的问题，必须采取有效措施协调。

① 加强对新植茶树的抗旱保苗措施，干旱严重时应浇水保幼树。

② 通过强采和修剪措施控制老茶树树冠扩展，让新茶树有一个较为开阔的生长空间，

同时缓和新老茶树对光、水、肥需求的矛盾。

③ 新老茶树同时生长，对土壤养分需求大，应增施肥料，既保证幼树生长，又提高老茶树的产量，更好地发挥新老套种这种更新换种方式的优越性。

④ 新茶树种植后 2～3 年时，可一次或分批挖去老茶树，但注意不伤新树根系。

有的生产单位采用的新老套种方法与之稍有不同，采用的是间隔挖去一行老茶树，留下的老茶树或重剪、或直接投入生产。这一方法操作上较上一种方便。

这两种新老套种方法对新茶苗管理都带来困难，理论上说得通，实践中人们在对老茶树采茶叶时，较少顾及小茶苗，小茶树受踩踏现象普遍，之后对留下老茶树的挖掘过程中对初长成的茶树损伤也大，且作业不便。如原来建园不合理，必须重新规划设计和建设的低产茶园，一般不采用这样的做法。

3. 嫁接换种　嫁接是低产茶园换种更新的技术，具成园早、见效快的特点。它与改植换种相比，可提前 3 年成园，收回投资期仅 1.0～1.5 年。嫁接换种是利用原来的老茶树为砧木，借助其原有庞大根系的吸收能力和营养库，使新品种（接穗）新枝生长加快，成园时间显著缩短。

茶树嫁接换种与其他作物有明显区别，如果技术掌握得当，可以收到良好效果，具体做法如下：

（1）茶树嫁接前的准备工作。在进行茶树嫁接前，应充分做好嫁接茶树的准备工作。

① 嫁接工具准备。进行茶树嫁接的工具主要有台刈剪（锯）、整枝剪、嫁接刀、凿、锄等。台刈剪具有较长的手柄，用来台刈茶树较为省力。有些茎干较粗，不能用整枝剪或台刈剪来剪除的茶树，可用割灌机或手锯进行锯割。整枝剪主要用来剪除 1 cm 以下粗度的茎干，并使切面平整。嫁接刀应选用即能切削接穗，又能劈切和撬开砧木的刀具，有一定的强度，不然难以撬开砧木，使接穗顺利插入。有些茎干特别粗，不能用刀具撬开砧木，可用凿或其他代用品来辅助完成该项工作。锄头则用作清理地表杂物、培土之用。

② 遮阴材料的准备。在嫁接工作进行之前必须把遮阴材料准备好。用做遮阴的材料有许多，采用遮阳网遮阴，需事先准备好木桩、竹竿、铁钉、绳子、遮阳网等物，以便嫁接过程中随时搭棚遮盖；另一是用山上采集的狼箕草进行遮盖，这种材料各地山上均有生长，使用成本低，而且狼箕草干燥后也不会落叶，始终能起到遮盖的作用。

③ 留养优质的接穗。适合作为嫁接的接穗，最好是经一个生长季的枝条，如打算 5 月下旬至 6 月进行嫁接，就应在春茶前对留穗母本园进行修剪改造，剪去上部细弱枝条，使之抽出的枝条粗壮，春茶期间留养不采，这样留养的接穗质量好，嫁接成活率高。而随便剪些漏采的芽叶作为接穗，嫁接成活低。在留养枝条下部开始变为红棕色、顶端形成驻芽时，进行打顶，即采摘去枝条顶端一二叶嫩梢，以促使新生枝条增粗，腋芽膨大，1～2 周后可剪下嫁接。

（2）嫁接。茶树嫁接的特点之一是采用低位劈接。剪去老茶丛的枝条离地 2～3 cm 处以上所有枝条，每根砧木枝条用利刀纵切一刀，切缝应略长于接穗斜楔面长度，砧木特粗大者，可在砧木的非中心部位劈接。每枝接穗长 3～4 cm，削成对称的斜楔形，斜楔面长 1.0～1.5 cm，一枝接穗要有一个饱满腋芽和一片健壮叶片，接穗削好后，即可以嫁接。把接穗插入已切开的砧木中，插入时必须使接穗靠在砧木切口的近韧皮部一侧，使接穗与砧木的一侧韧皮部形成层吻合对齐（图 10-4）。

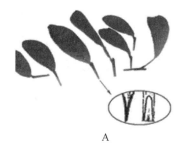
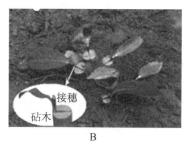

A   B   C

图 10-4 茶树劈接

A. 接穗切削状 B. 接穗砧木结合状 C. 嫁接后培土状

(骆耀平，2014)

茶树嫁接的另一个特点是嫁接不捆绑，以培土代绑。即低位劈接后直接把接合处埋入土中，培土高度达接穗叶柄基部、留出叶片和腋芽为宜。培土时边培土边用手稍压实，但不可引起砧木和接穗移位。嫁接后立即浇水湿透土壤，并进行遮阴覆盖。

茶树嫁接过程中具体要做好以下几个技术环节：

① 老茶树台刈。将改造茶园的茶树（砧木）在齐地面处剪断或锯断时，不能用力过猛而使茎干被撕裂。剪截砧木时，要使留下的树桩表面光滑、纹理通直，并将茶园杂物及时清理干净。老茶树的台刈，要做到每半天能完成多少嫁接任务就剪砧木多少，不要一次性把一块地的茶树都剪去然后分几天来完成。

② 砧木劈切。剪锯后的砧木，有些剪口较粗糙，可用刀、剪将其削平。根据粗度用劈刀在砧木截面中心或 1/3 处纵劈一刀。劈切时不要用力过猛，把劈刀放在劈口部位，轻轻地用压或敲打刀背，使劈口深达 2 cm 左右，避免用力过度，切面被撕裂，呈不平整状，不能较好地与接穗咬合。注意不要让泥土落进劈口内。

③ 接穗切削。接穗削成两侧对称的楔形削面，整穗长 2～3 cm，芽叶完整，削面长为 1.5 cm 左右。接穗的削面要求平直光滑，粗糙不平的削面不易接合紧密，影响成活。操作时，用左手握稳接穗，右手推刀斜切入接穗。推刀用力要均匀，前后一致；推刀的方向要保持与下刀的方向一致。如果用力不均匀，前后用力不一致，会使削面不平滑；而中途方向向上或向下偏均会使削面不直。一刀削不平，可再补一两刀，使削面达到要求。

④ 穗砧插接。用劈接刀前端撬开切口，把接穗轻轻插入。接穗可削成一侧稍薄、一侧稍厚，但前提是留有叶片一侧可稍厚，因为这一侧是与形成层对齐处，插入时薄面向内（砧木的圆心为内），厚面朝外，使插穗形成层和砧木形成层的一侧（接穗与砧木一侧的树皮和木头的接合部）对准，然后轻轻撤去劈刀，接穗被砧木紧紧地夹住。

⑤ 培土保湿。接穗插入后，在接口处覆上不易板结的细表土，接穗芽、叶露在土层外，以保持接口处湿润，利于伤口愈合抽芽。

⑥ 浇水、遮阴。嫁接过程中要做到及时浇水、遮阴，嫁接工作做到哪里，浇水、遮阴工作就应进行到哪里。培土之后，马上浇水，使新培上的土与穗紧密结合。

（3）嫁接后的管理。从嫁接完成到接穗与砧木有机结合并萌发生长所需要的时间，与嫁接季节有关；夏季嫁接需 1～1.5 个月可以看到芽叶抽生，冬季嫁接要到翌年 4～5 月才能抽生。这段时间应精细管理，努力把好遮阴、浇水、保温三关。接穗愈合抽生后要控制树高，促使分枝。

① 浇水遮阴。夏季嫁接后的管理主要是遮阴和浇水。嫁接后立即浇水湿透土壤，用遮阴材料覆盖，避免阳光直晒；以后视气候情况每 1～2 d 浇水一次，保持土壤湿润。冬季嫁接以薄膜覆盖保温为主，嫁接后立即浇水湿透土壤，再用薄膜覆盖，翌年 3 月底移去覆盖膜。

② 除草抹芽。嫁接地杂草发生快，必须及时拔除，拔除杂草时不要松动接穗。当接穗愈合、开始抽芽时，老茶树的根颈部也会有一些不定芽抽生，这些不定芽会与接穗争夺水分与养分，因此，须将其去除。具体做法是，当根颈部的枝叶抽生高度达 15 cm 左右时，用手紧握抽生枝叶的基部将其拔除。

③ 打顶修剪。嫁接成活后的茶树，因有庞大的根系供给水分和养分，新梢抽生快，在嫁接 1 个月以后的时间里，平均日生长量几乎达 1 cm 左右。在新梢生长超过 40 cm 时可进行打顶，采去顶端的一芽一二叶，以促进茎干增粗和下部侧枝的生长。当年生长超过 50 cm 后可在 25 cm 高度上进行第一次定型修剪，促使树冠向行间扩大。嫁接后的第二年，可在每茶季的末期进行打顶采，并于当年生长结束时，在第一次剪口上提高 20～25 cm 再定剪一次，经 2 次定型修剪，茶树高度达 50 cm 左右。之后，视茶树生长情况进行适当留养采摘。

④ 防风抗冻。接穗愈合后，芽梢生长速度快，叶张大，接口易在外力作用下被撕裂，尤其在有台风发生的地区更应注意风害的侵袭。嫁接后的当年，枝梢生长超过 40 cm 后，可用台刈茶树的老枝插在新抽生的枝梢旁，以对新生枝梢起支撑作用。越冬期间，根颈的接口处易受冻害，因此，可在根颈部培土，覆以草料，起防冻保暖的作用，同时，也可抑制次年根颈部不定芽的发生。

一些山地茶园，遮阴、浇水工作难以实现，为解决这一工作的困难，在经嫁接浇水后的茶丛根部放一塑料杯水，再用塑料膜覆盖保湿，塑料膜外加覆遮阳网挡光降温，经这样处理，一般情况下不用经常浇水，可在塑料膜内放上一温度计，注意膜内温度变化，温度高过 35 ℃时，及时揭膜降温。

不同地区，气候条件差异大，对嫁接的成活率会有一定的影响，嫁接的适期也有差异。茶树年生育周期中，长江中下游茶区的气候条件下，11 月至翌年 2 月，气温低，3 月常有倒春寒发生，4 月至 5 月中旬茶叶正处生长季节，接穗难以采取。因此，这段时期不是十分有利的嫁接时期。5 月下旬至 9 月是该茶区的嫁接适期。7 月嫁接，接后持续高温、低湿，一方面能促使接口快速愈合，接后抽芽始期缩短，另一方面也易使接穗失水过多而枯死。若受管理条件的限制，可避开 7～8 月的高温干旱季节。5～6 月嫁接后 35 d 左右，新芽开始生长；7 月嫁接的茶树，芽梢在接后 25 d 就有抽生，时间最短；9 月嫁接，因 10 月气温降低，芽梢抽生时间推迟，一些 10 月下旬还未抽生的接穗，将进入休眠状态，待来年春季再生长。不同地区进行茶树嫁接适期应根据各地气候条件来选择。

嫁接换种缩短了老茶园换种建园的时间，它可比改植换种茶园提前 2～3 年成园，在生长季节里，接后 3 个月苗高可达 40 cm 以上，改变了一直来老茶园改植换种周期长、投资大及老茶园重新种茶苗生长受抑制的状况，减少了改植换种过程中挖去老茶树、重新开垦园地、育苗移植等工作，利于山地茶园的生态保护，它为老茶园换种改植、加速茶树良种化进程起到积极的作用。但目前采用此法进行更新换种，劳动力用工量大，管理要求高，嫁接与管理的方式方法不利于大面积采用。

第三节　茶区生态建设与综合开发利用

茶是农村众多农产品中的一种，如何开拓产业，提高产品的生产与消费能力，需与地方特色和条件结合起来。在传统的茶叶买卖与利用过程中，融入更多的方式，借助地方农产品多样化与丰富的文化内涵，能使茶叶为农业、农村、农民带来更多的实惠与发展，这一切，有赖于地方生态建设和产业综合开发。

一、茶园生态建设

茶园生态建设是利用现代科学技术，根据生态学原理对茶园与茶区进行人工设计，使茶园建设成自然和人工高效和谐，实现环境、经济、社会效益的统一。对茶园生态认识越深刻，茶园生态建设就越合理。

（一）茶园生态结构

茶园生态系统是指在一定的时空范围内，由生物因素与环境因素相互作用、相互影响所构成的综合体，是生命系统与环境系统在茶园空间的组合。茶园生态系统的结构主要指构成生态系统的诸要素及其在时间、空间上的分布，生态系统内物质和能量流动的途径等，主要结构有物种结构、时空结构和营养结构3种类型。

自然界的生态系统多种多样，其结构与功能也不尽相同。一般，物种结构是指生态系统中的不同品种、物种、类型以及它们之间的不同的量比关系所构成的系统结构。茶园的物种结构主要包括了茶树、间作物。茶树又包含了不同的茶树品种，间作物有行道树、果树、农作等。时空结构是指生物各个种群在空间上和时间上的不同配置构成的生态系统在形态结构上的特点，表现在水平分布上的镶嵌性，垂直分布上的成层性，时间发展的演替性。不同茶树品种的搭配种植，表现了茶叶生产中的时间上、平面上的不同配置构成。茶与间作物的镶嵌反映的是空间分布上的成层性。营养结构是指生态系统中生物与生物之间，生产者、消费者和分解者之间以食物营养为纽带所形成的食物链和食物网结构。茶园生产系统是一个开放式的系统，它的营养结构较多地表现为从外部带入，以矿质元素促使绿肥生长，获得有机养料，有机养料改良土壤、营养茶树，从而获得优质高产茶产品输出。

茶园生态系统是在人们的生产活动中发展起来的人工系统，它与自然生态系统相比有明显不同，受人为影响大，具体有四方面的特点。

① 茶园生态系统是人类强烈干预下的开放系统。自然生态系统中，生产者生产的有机物质全部留在系统内，许多化学元素在系统内循环平衡，是一个自给自足的系统。而茶园生态系统是人类获取系统内循环的茶叶离开了系统。为了维持系统内的养分平衡、提高系统的生产力，就必须从系统外投入化肥、农药、机械、水分排灌及人、畜力等辅助。

② 茶园生态系统中，具有较高的生产力和较低的抗逆力。茶园生态系统，改变了原始状的林、茶、草、虫、鸟的多生物自然结构，系统中生物物种单一、结构简化、系统稳定性差，容易遭受自然灾害，需要通过一系列农业管理技术调控来维持和加强其稳定性。

③ 茶园生态系统受自然生态规律和社会经济规律的双重制约。一方面，茶树个体生长受自然环境影响，有着规律性的发生、发展过程。另一方面，人们通过社会、经济、技术力

量干预生产过程，包括茶产品的输出和物质、能量、技术输入，而物质、能量、技术的输入又受劳动力资源、经济条件、市场需求、农业政策、科技水平的影响。

④ 茶园生态系统具有明显的区域性。各地的气候条件、消费习惯、市场需求等，都表现出区域性的特征。

合理的茶园生态系统结构是茶园持续发展的基础，茶园建设时必须考虑建立合理的平面结构、合理的垂直结构、合理的时间结构和合理的营养结构。

茶园的平面布局上，要考虑的是引入茶树的品种，茶园种的行道树、间作物，等等。如一个生产单位有一定生产面积，主要生产茶类可选择 3 个左右的品种，其中一个品种为主，种的面积可大些，其他几个品种作为搭配，面积可小些。选择品种主要依地方生态条件，考虑早春萌芽的早晚、品质的优劣、抗逆力的强弱、产量的高低，等等。种植的密度上应考虑品种的特性，如树姿披张，应种的疏些，树姿直立，可种的密些。山地茶园如土层瘠薄，应密植，行距可在 1.2～1.5 m，平地茶园，水热条件较好、土层厚、肥力高，可稀植，行距可选 1.5～1.8 m。行道树选直根系的树种为宜，树根扎得深，平面上分布不要太广，以减小对茶树生长的影响。茶园中间作农作物，应明确：

① 要以茶为主，间作的农作主要间作在茶树幼年期和改造当年的茶园，待茶树有一定的覆盖度后不再间作。茶园中种些间作物，主要有两个目的，一是改良土壤，在茶树未封行时，种些绿肥、豆科作物，利用这些作物固氮，产生的有机物改良土壤，同时，通过加强对间作物的管理，使茶园不致疏管。

② 减少裸地面积，使未封行茶园的表土不受雨水直接冲刷，起到水土保持作用。选择时应注意，不要引入吸肥力大、易发生病虫害的作物。

③ 茶园中间作农作，不以经济收入为主要目的，不然茶树正常生长难以保证。有的地方为增加一时的收入，提高间作物的种植密度，最后农作物生长茂盛，茶树被遮蔽不长或生长不良。有些地方选择种甘薯、马铃薯、花生等，此类作物，一要起垄，二要蔓藤，在靠近茶树根部处起垄或甘薯藤蔓到茶树基部，对茶树生长不利，影响茶树成园。

茶园的垂直结构包括地上和地下，以茶树高度和根系分布深度作为一个层次，行道树和间作物的选择应与茶树有分层，行道树高大，可起遮光、防风作用，根系分布应比茶树更深，减少对茶树在同一层次空间和养分的争夺。南方茶区，光照强烈，为达遮阳的目的，种植些高于茶树的农作。有些地方在茶园中有种植果树的习惯，为提高果树结实率，要拉枝、开心、矮化，果树树冠宽广对茶树生长影响大，树冠下茶树光照不足，间作物与茶树根系分布层相近，争夺养分矛盾突出，果树的树枝分叉，影响经常性的采摘与其他管理，此类茶园应综合考虑利弊，合理布置间作物和种植行的行距。北方茶区为防冬季受寒风、冻害的影响，种些间作树种作为隔离带，以阻挡上层冷空气下沉和冬季寒风与干风的吹袭。沿海地区，为防经常性的风害，设置防风林，以保护茶树生长为目的，多选用高于茶树的树种。间作物选择时还必须认真考虑不对茶树带来更多的病害与虫害，更不能在茶树生长期发生病虫危害，不然病虫害的防治将会带来交叉污染，或产品的安全性受影响。

合理的时间结构在茶园生产管理上有着比其他农作更突出的作用。一般农作物，收获界限明显，收获后无需进一步的加工，即可作为产品上市。茶叶产品的获得是由不同环节组合而成，采收是一个环节，采后加工又是一个环节，完成了这两个环节之后，才有基本稳定品质的产品。就采收这一环节而言，季节性强，俗话说："早三天是宝，迟三天是草"，反映的就是茶叶采收时间性，若不能及时采回，"宝"就变成了"草"；采回的鲜叶还得及时加工，不然，采得再及时，也得不到优质的茶产品。采摘要人工，加工要设备，若不在品种选择、生产管理上进行合理的时间搭配，就会产生资源闲置时间多，忙时人力、物力配置不足。间作物的收获、管理时间与茶树管理应错时，否则，对茶叶生产也会带来影响。高山茶区或北部茶区，在选择品种搭配时，应少选或不选早生品种，减少早春萌芽时茶树因发生冻害造成的损失，宜选择抗逆力强的中生种和晚生种进行搭配。低海拔或南部茶区，根据当地市场需求，做好早、中、晚生品种合理搭配，使茶叶生产的人力、物力、财力都能有效地发挥出较高的作用。合理的时间结构，体现在人力、物流的合理输入与输出，不同品种结构的合理搭配，使萌芽期有迟早，生产管理上人工调配、机械配套均可有效配置。行道树与遮阳树，常绿或落叶在不同的季节起着不同的作用，常绿可有效减弱冬季冻害，落叶冬季可增加光照，夏季可适当遮光。

　　茶园生态系统的营养基本为外部带入，通过合理的养分供给，使茶树有较多的芽叶抽生。要使茶园生态系统的营养结构合理，应考虑增加系统中的环节。农业生态系统的食物链结构是生物在长期演化过程中形成的，如果在食物链中增加新环节或扩大已有环节，使食物链中各种生物更充分、多层次地利用自然资源，一方面使有害生物得到抑制，增加系统的稳定性；另一方面使原来不能利用的产品再转化，增加系统的生产量。茶园生态系统与自然生态系统相比其中的环节明显减少了，为增加有利环节，改善茶园生产状况，各地有许多经验与实践。针对幼龄和改造茶园受水土冲刷严重和土壤有机质含量不高的现象，骆耀平等人（2004）在浙江省苍南县五凤乡的新建茶园中引入墨西哥玉米、美洲狼尾草、苏丹草和大力士（美国饲用甜高粱）等1年生牧草，茶园中牧草的种植对茶园生态系统的营养结构带来了变化。首先，这些牧草光合能力强、生长量大，高度有些可达2m以上，播种后的1个多月，牧草地上部即将茶行间的裸露地表覆盖，牧草通过自身的根系固土和宽大的地上部对茶园起遮阳挡雨的作用，对山地茶园的水土保持效果明显。适时刈割牧草，将牧草铺于茶行间，可减少土表水分蒸发，减弱太阳对表土的增温作用，同时，也为茶园补充了有机养料。在浙南地区，一年中可刈割3～4次，每公顷幼龄茶园，如能合理地种上此类牧草，年可提供牧草75 000 kg左右（表10-6）。利用牧草进行畜牧饲养，可提高山地开发利用的效率。一些高山和北部茶区，冬季和早春常有冻害发生，将一年中最后一季的牧草不进行刈割，留在茶园中，第二年春再将其砍去，起到对茶树越冬防冻的保护作用。此外，牧草的生长抑制了茶园其他杂草的发生，等等。

表 10-6　茶园间作牧草生长高度与鲜重变化比较

（骆耀平等，2005）

项目	苏丹草	墨西哥玉米	美洲狼尾草	大力士
第一次刈割前牧草生长高度/cm	210	90	202	193
第二次刈割前牧草生长高度/cm	139	67	179	113
第一次刈割牧草鲜重/(kg/hm²)	17 505	3 600	30 000	36 750
第二次刈割牧草鲜重/(kg/hm²)	22 485	5 835	46 620	26 640

注：4月19日播种，第一次刈割时间为7月21日；第二次刈割时间为8月25日。

　　茶园中种植牧草，充分利用了土壤资源，增加了茶园营养的环节，牧草可作为有机养料沃土，也可作为畜牧饲料，通过养殖家畜，将家畜肥再移入茶园，或利用牧草和家畜粪肥堆积制沼气，最后沼液进入茶园。种植牧草这一措施，最先是利用无机营养管理牧草，生产有机质，再利用有机物进行畜牧业生产，最后有机物改良土壤，形成了以无机促有机、以有机改良土壤的生产循环。这一循环过程中对茶园生态结构带来的变化是多方面的，如平面结构、垂直结构和时间结构都发生了变化，这些变化对农村多种经营，提高收入保障都有积极的作用。如今无公害农产品的生产，要求减少化肥使用量，增加有机肥料的投入，但有机肥源有限。铺草覆盖对水土保持有明显的作用，而草的来源受限制。因此，扩大有机肥的来源，使之符合有机农业或无公害农产品生产的要求，在新辟茶园选择间作光合能力强、生长量大的1年生牧草，可起一举多得的效果。

根据茶园生态结构的特点和生态可持续的要求，对照现有茶园的差距，调整茶园合理的生态结构，对一些结构不合理或生态条件遭受破坏的茶园加以修复是十分必要的。从新茶园建设开始，因地制宜，宜林则林，宜茶则茶，茶园中如有坡度较大的山地，可保留原来的树或竹林，适当留些林地对茶园光、温、水等生态条件的改善有益，这些林地成了鸟类的栖息地，鸟可吃虫，对害虫可起一定控制作用。已建的老茶园结构调整与修复从建立合理的平面结构、垂直结构、时间结构、营养结构等方面努力。通过合理的农业技术、土壤恢复工程技术、水分利用与节水工程技术等多项生态工程技术，可实现茶园生态结构的调整与修复。

农业生态系统实质上是一种生态经济技术系统，其结构也就有生态、经济、技术三方面结构。因此，调整农业生产结构的合理与否，既取决于对生态结构认识的深度，也取决于对经济结构、技术结构分析、结合与调控的能力，因此合理的结构是由三方面结构相互渗透与协调的优化组合来体现的。生态结构是基础，经济结构是目标，技术结构是手段。调整与修复时要以生态经济效益为目标。保护自然资源，维护生态平衡，改善生态环境为前提所获取的经济效益具有持久性的特征，也就能够获取日益增长的经济效益。遵循协调发展的原则，从多组分协调发展中获取较高的整体效益。

（二）茶园碳汇

全球气候变化问题已引起人们的广泛关注，国际社会正通过加强陆地生态系统管理，增加植物和土壤的固碳能力，减缓全球变暖趋势。茶是我国南方山区的主要经济作物，生产中的各项措施合理应用对实现茶产业固碳增汇、实现可持续发展起着积极作用。

1. 基本概念　讨论茶园碳汇和温室效应，必须了解相关内容的基本概念，在此基础上寻找可使茶园的生产管理进入良性的碳循环途径。

"碳汇"源于《联合国气候变化框架公约》缔约国签订的《京都议定书》，该议定书于2005年2月16日正式生效。由此形成了国际《碳排放权交易制度》。通过陆地生态系统的有效管理来提高固碳潜力，所取得的成效抵消相关国家的碳减排份额。

"碳汇"与"碳源"是两个相对的概念，《联合国气候变化框架公约》（UNFCCC）将"碳汇"定义为："从大气中清除二氧化碳的过程、活动或机制"；"碳源"为："向大气中释放二氧化碳的过程、活动或机制"。"减排"为："减少温室气体排放源，或增加碳吸收增汇而采取的行动"。

温室效应又称"花房效应"，是指大气中的温室气体对地球的保温作用。太阳短波辐射可以透过大气射入地面，而地面增暖后放出的长波辐射却被大气中的二氧化碳等物质所吸收，从而使地表和低层大气变暖，若这一现象不断加强，全球温度也必将逐年持续升高。这一作用类似于栽培农作物的温室，故名温室效应。温室效应被认为是全球变暖的原因。由环境污染引起的温室效应是指地球表面变热的现象。

温室效应源自温室气体。二氧化碳等气体能吸收热能，允许太阳光进入，阻止其反射，进而实现保温、升温，被称为温室气体。二氧化碳是地球大气中数量最多的温室气体，许多其他痕量气体也会产生温室效应，其中有的温室效应比二氧化碳还强。除二氧化碳以外，对产生温室效应有重要作用的气体还有甲烷（CH_4）、臭氧（O_3）、一氧化二氮（N_2O）、氯氟烃（CFC）气体等。温室效应主要是由于现代化工业社会过多燃烧煤炭、石油和天然气，这些燃料燃烧后放出大量的二氧化碳气体进入大气造成的。减少碳排放有利于改善温室效应状况。地球上可以吸收大量二氧化碳的是海洋中的浮游生物和陆地上的森林。所以，保护好森林和海洋，不乱砍滥伐森林，不让海洋受到污染，保护浮游生物的生存尤显重要。

这些年来，人口急剧增加，工业迅猛发展，煤炭、石油、天然气燃烧产生的二氧化碳，远远超过了过去的水平。对森林乱砍滥伐，大量农田建成城市和工厂，破坏了植被，减少了将二氧化碳转化为有机物的条件。环境的恶化破坏了二氧化碳生成与转化的动态平衡，使大气中的二氧化碳含量逐年增加。有资料介绍，根据政府间气候变化专门委员会（IPCC）2007 年发布的第四次评估报告《气候变化 2007：综合报告》，2004 年全球人为温室气体排放总量达到了 490 亿 t CO_2 当量，比 1970 年增加了 70.7%。其中 CO_2 约占 77.0%，N_2O 占 7.9%，CH_4 占 14.3%，CO_2 是增加的温室气体最大量部分。

茶树作为一种多年生常绿灌木或小乔木，拥有丰富的植物生物量和良好的生态服务功能，茶园生态系统碳的循环与森林、农田生态系统相似。茶树叶片通过光合作用固定大气中的 CO_2 合成有机质，成为大气 CO_2 的库，又通过呼吸作用向大气释放 CO_2。通过枯枝落叶、修剪物向土壤输入有机物，进入土壤有机碳库，或经土壤动物和微生物分解释放 CO_2。茶园是热带、亚热带地区重要的山地经济作物，如何发挥茶树的碳汇功能，同时在其生产活动中如何减少其碳排放，已成为广大茶区茶叶生产技术转型和低碳茶叶生产的重要议题。

2. 茶园的碳循环　有研究认为，我国灌木林资源总面积约为 2.15×10^8 hm^2，生物量碳汇达 2.2×10^{13} g/年，灌木林生态系统碳汇占我国陆地生态系统总碳汇的 30%，是仅次于森林生态系统的我国第二大陆地生态系统碳汇。茶是我国热带和亚热带地区主要经济作物，其植株类型多为常绿灌木，茶园碳汇量是茶区农林业碳汇重要的组成部分。

茶园是典型的人工生态系统，具有生产周期长、植被覆盖率高（80%～90%）、人为干扰频率低等优点。其系统稳定，具有良好的生态服务功能，系统物质流失比例较低，每年大量的修剪枝叶还地为地表有机层和土壤层碳库提供有效来源。有研究表明，随茶树种植年限的增加，茶园表层土壤有机碳存在明显的积累趋势。在相似背景下，茶园土壤碳密度不但可以高于一般农耕地，而且 20 年以上集约经营茶园的土壤碳密度超过相似年龄的竹林和人工林，甚至可以达到 50 年林龄以上的自然林土壤碳储量水平。

张敏等（2013）在对茶园生产周期过程中茶树群落生物量和碳储量动态估算研究中得出：茶树生物量在 25 年林龄后趋于平稳，茶树地上部生物量在成年后期（25～30 年）达 41.3 t/hm^2。

为提高产量水平，茶树每年都接受一定程度的修剪，一般到第六至八年，树冠高度和幅度基本定型，后期茶树的生物量增长主要为枝干增粗和分枝量增加，生物量增速减缓。

地上生物量和地下生物量之比随树种、林龄、树高等指标的变化而变化。由于茶园特殊的种植模式和修剪制度，茶树根茎比，因土壤质地、肥力水平及管理措施的不同，根系与地上部的生物量比值也会有所差异。一般茶树地上部与地下部生物量的比值范围为 1.68～2.34。图 10-5 为以地上部与地下部的比值为 2 时的茶树生物量的年度变化曲线（该值被认为是茶树生长良好的指标），由图 10-5 可以看出，树龄 0～10 年是茶树生物量快速增长期，10 年、15 年龄的茶树生物量分别已达 25 年龄茶树生物量的 92% 和 98%。由茶树地上部生物量和冠根比变化，推算得茶园茶树碳储量在 25 年树龄时可达 30.6 t/hm² ［推算方法：25 龄茶树碳储量 = 25 龄茶树总生物量 × $0.5_{（茶树平均碳含量为0.5）}$ = 25 龄茶树地上部生物量 × （1+1/$2.0_{（地上与地下部生物量比）}$）× 0.5］。

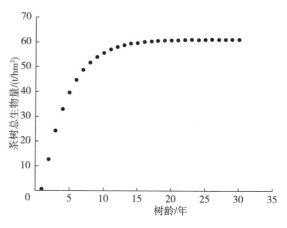

图 10-5　茶树总生物量的年变化
（张敏等，2013）

茶树通过光合作用从空气中吸收并固定 CO_2，合成有机物质，其生物产量是光合作用制造的有机物质总量减去呼吸作用消耗以后净累积的光合产物量，或干物质重量。童启庆等人（1990）比较行距 1.50 m，纵距 0.33 m 的 3 m² 面积内，按不同行列均匀播种 30 株茶苗，播种排列分别为每丛 6 株（单行）、3 株（双行）、2 株（3 行）、1 株（6 行），播种后任茶树自然生长，第三年秋末开始挖取相同面积内茶树，测定生物量，结果如表 10-7、表 10-8 所示。表中资料表明，播种后的第三至七年的年生物量年均递增因种植方式差异大，种植之初，将 6 株茶苗种同一穴中的种植方式，茶树年生长量小，分散种植生长量大。种植第四年后，分散种植的茶树生物量趋低；不同播种排列形式初期对生物产量影响大，之后差距趋近，地上部的生物量高于地下部，植后的第三至六年间，不同种植方式较多地表现为地上部与地下部生物量比为 2～3，植后第七年，茶树地上部与地下部比值在 2 以下；种植后的 4～5 年，年增生物干物质量达 13～17 t/hm²，试验的 7 年间，不同种植方式，最高的生物干物质量年度间差为 21 t/hm²。印度 Hadfield（1976）研究认为，茶园年光合产量为 37 t/hm²，但全年呼吸消耗的干物质达到 22.4 t/hm²，实际生物产量只有 14.6 t/hm²。坦桑尼亚的 Burgess（1993）和 Cart（1996）研究表明，2 年生茶园年生物产量为 9.43～12.17 t/hm²，年净固定碳为 4.0～8.9 t/hm²，相当于净吸收固定 CO_2 的量为 14.8～33.0 t/hm²。

表 10-7　茶树不同种植方式年生长变化

（童启庆等，1990）

处理	植后第三年		植后第四年		植后第五年		植后第六年		植后第七年	
	生物量/(kg/hm²)	相对变化/%	生物量/(kg/hm²)	相对变化/%	生物量/(kg/hm²)	相对变化/%	生物量/(kg/hm²)	相对变化/%	生物量/(kg/hm²)	相对变化/%
单行	7 401.00	100	15 675.10	211.80	28 733.70	388.24	37 461.63	506.17	55 402.03	748.58
双行	10 638.00	100	20 380.03	191.58	37 630.50	353.74	41 406.13	389.23	48 378.57	454.77

（续）

处理	植后第三年		植后第四年		植后第五年		植后第六年		植后第七年	
	生物量/ (kg/hm²)	相对变化/ %	生物量/ (kg/hm²)	相对变化/ %	生物量/ (kg/hm²)	相对变化/ %	生物量/ (kg/hm²)	相对变化/ %	生物量/ (kg/hm²)	相对变化/ %
三行	11 794.53	100	28 798.27	244.17	42 155.17	357.41	44 992.93	381.47	59 820.90	507.19
六行	17 870.07	100	29 269.27	163.79	44 319.07	248.01	65 518.60	366.64	60 694.40	339.64

注：相对变化以1982年生物量为100%，其他各年份生物量与之相比百分数。

表 10 - 8　茶树不同种植方式年冠根比生长变化

（童启庆等，1990）

处理	植后第三年	植后第四年	植后第五年	植后第六年	植后第七年
单行	1.68	1.64	2.75	2.57	1.24
双行	2.41	2.06	2.63	2.83	1.81
三行	2.58	2.58	2.98	2.68	1.73
六行	2.60	3.50	3.13	2.70	1.51

茶园土壤有机碳化物即有机物质来源于三个方面。一是人为施给的有机肥；二是茶树自身生物产量的残体，如枯枝、落叶、死根、修剪枝条及落花落果等；三是茶园中其他生物体，如杂草、病虫残体、绿肥及土壤动物（如蚯蚓等）、微生物残体等。土壤中有机物无论来自哪个渠道，其中的碳主要都来自大气中的 CO_2。土壤有机物越多，土壤贮存的碳也越多。土壤有机物经不断分解、重组，形成土壤有机质，其主要成分是土壤腐殖质，它是土壤碳库的主体，含碳量为 50%～60%，其结构稳定不易分解，有良好的理化性质，能与土壤矿物胶体结合形成水稳定性很强的有机-无机复合体，对土壤肥力有重要作用。茶叶生产过程中逐步提高茶园土壤有机质含量，可提高土壤碳库中碳的贮量，提高土壤肥力水平，提高茶树的碳汇能力。

我国现有茶园土壤有机质含量相差悬殊，高的如高山香灰茶园土，其有机质含量可高达 100 g/kg 以上，低的如低丘红壤茶园有的不到 5 g/kg。总体茶园土壤碳库中的碳贮量不高，尤其是丘陵地区第四纪红壤土发育的茶园土更低，据中国农业科学院茶叶研究所原栽培室调查，在 0～45 cm 土层内，有机质低于 10 g/kg 的约占 60% 以上。阮建云（2010）研究得出，茶园根层（0～40 cm）土壤有机碳的含量一般为 0.6～31.9 g/kg，平均为 10.4 g/kg 左右，茶园根层土壤有机碳储量约为 54 t/hm²（设容重为 1.3 g/cm³），2010 年我国茶园面积约 $2.032×10^6$ hm²，计算可得我国茶园土壤碳库中碳贮量约有 $1.09×10^8$ t。如果在茶叶生产中采取良好的土壤农化管理措施，将茶园土壤有机碳贮量平均提高 0.1%，即从 10.4 g/kg 提高到 10.5 g/kg，就可以增加碳汇量约 200 万 t 碳，相当于固 656 万 t 的 CO_2。可见，加强茶园土壤管理，不断丰富土壤有机质含量，逐步提高茶园土壤碳库中碳贮量，对区域性的低碳经济具有重要作用。

李忠佩和丁瑞兴等（1990）研究资料表明，一般茶园的枯枝落叶量可达 3 000～6 000 kg/hm²，输入的有机碳为 1 410～2 820 kg/hm²。阮建云等（2010）认为，通过轻修剪回归土壤的有机物 1 000～2 000 kg/hm²，输入的有机碳为 550～1 100 kg/hm²；而重修剪回归土壤的有机物更高。荒地或稀疏灌木林开辟为茶园后，原先在自然状态下的生物物质循环被茶园物质循环所代替，通过加大茶树的枯枝落叶、修剪物以及施肥等技术措施，茶园土壤的有机碳累积增加。但林地开垦为茶园后，如果施肥不足会造成土壤有机碳储量下降。茶园土壤呼吸作用释放的碳研究较少，黄承才等（1999）研究，处于中亚热带茶园年均土壤 CO_2 呼吸量为 28.55 t/hm²，略高于同样地带的常绿阔叶林土壤的 24.12 t/hm²，而低于毛竹林的 30.77 t/hm²。

茶园就类似于森林，像一个巨大的吸碳罐，每年可把人类活动中所排放出来的碳不停地吸收以有机物的形式加以固定而贮存，为低碳社会做出重要贡献。在茶叶生产过程中，应充分考虑低碳生产技术的引入与应用。低碳茶园首先是生态茶园。在建园时必须精心规划，宜茶则茶，因地制宜地建立一个生态良好的茶叶生产系统，保证系统内生物多样性，提高茶园系统内生物对太阳能的固定率和利用率。开垦时严禁烧山垦园，这一做法会大大增加碳的排放量，污染空气。依山地条件和机械化发展需要，选择合理的种植方式和密度，使茶园在较短的培育期内就能生产较大量的生物量。要合理施用化肥，尤其是要提倡平衡施肥。即化肥与有机肥施用平衡，肥料中各种营养元素施用平衡，施肥时间和茶树吸收养分时期与量要平衡，等等。

（三）茶园生态建设及部分生态学原理应用

自然界的一切物质都因联系而构成系统，而任何系统都具有内部的层次结构，是一个高度复杂的自我调节功能的整体系统，它对人类所加的影响，总要通过复杂的机制做出反应，表现为环境的整体效应和长远效应。茶叶生产经历了由自然生态系统—茶园耕地生态系统的演变，即从原来零星散落在原始林中的茶树变为今天大批集中成片的茶园。这种茶园耕地生态系统的建立，把茶叶生产向专业化、机械化方向推进，对茶叶产量提高，茶园生产管理的改善都起着很大的作用，同时也带来了一些生态病。

① 部分茶园受水土冲刷严重。茶叶生产对一些适宜种茶的山区来说是一项经济收益较高的农业生产，但有些地方盲目地追求眼前利益，求大面积地开发集中成片茶园，使得一些森林被毁，特别是一些坡度陡的幼龄茶园，土地裸露面积大，受雨水冲刷严重。有些山地土地贫瘠，不合理的种植方式，即使种上十余年也不能使茶园封行，结果是林茶两空。

② 茶树生长环境恶化。茶树原是典型的亚热带植物，具喜温、喜湿、耐阴的生态特性，在自然生态系统中，由于各种植物的聚居，充分地利用了阳光、空气、水分和养分，相互间创造了有利的生活环境，在这统一体中，所有植物各得其所，而今单一化的大面积茶园使茶树这种生境恶化。就光能利用而言，自然生态系统中的茶树，上层有群落遮阴，茶树受光量较小，大面积的单一茶园，茶树受光照度大，如杭州茶区，夏季晴朗的中午光照可达 $8.0 \times 10^4 \sim 1.0 \times 10^5$ lx，成年茶树的光饱和点则在 $3.0 \times 10^4 \sim 5.0 \times 10^4$ lx，大大超出了茶树的光饱和点范围，使呼吸消耗增加，生长受到抑制，光能利用率低。

③ 水、温条件变差。在自然生态系统中，系统内环境相对较稳定，能保持一定湿度和温度，这是因植被调节气候功能的主要途径之一在于通过植物群体对太阳辐射的吸收消耗，植被结构愈复杂庞大，吸收消耗的太阳能愈多，对气候的调控效能也愈高。自然生态系统中，光能可被充分利用，上层不能利用的光被下层利用，相互协调，受外界环境变化的影响小。大面积单一茶园，系统结构简单，系统内水分、温度受外界环境的日变化、年变化的升降幅度大，因而自身调控能力弱，茶园易受自然灾害的影响。

由此可见，大面积不合理地开垦茶园，恶化了茶树喜温、喜湿、耐阴的这一环境条件，这种茶园耕地生态系统本身对自然条件的调节能力弱，难以抵御自然灾害的侵袭。因此，发展茶叶生产应充分考虑提高物质和能量转化效率，重视系统结构调节，因素间的相互促进，沟、渠、路、树合理布局，改善和稳定物质和能量转化条件，提高系统的抗逆能力，逐步建立低耗高生产力的茶园生态系统——复合耕地生态系统（人工群落）。一些实践也证明，建立复合耕地系统能协调上述矛盾。如海南农垦系统在 20 世纪 70~80 年代建立的 1 万多 hm² 胶茶人工群落就是一个典型的例子。以前认为北纬 17°以北不能种胶，主要限制条件是低温和风害。在云南，20 世纪 70 年代两次低温，造成 1.4 万多公顷幼龄胶树冻死；1983—1984 年一次低温，又使云南河口胶树死亡率达 63.9%；广西龙州地区 1976 年一次低温，几乎造成该区胶树全部毁灭；1970—1980 的 11 年间，海南省台风登陆 32 次，其中≥12 级造成较大损失的达成 16 次，累计受害橡胶树 1 411 万株次，平均每年橡胶树受害 128 万株次。胶茶林人工复合结构建成之后，较好地协调了光、温、湿、风的影响，由于胶茶间作改变了单一茶园光照过强，光能损失大的问题，使得照射在茶园面积上的光能在不同层次被利用，复合系统内湿度大，改变了光质，使对提高茶叶品质的漫射光成分增加，茶叶品质得到改善。系统内的温度、湿度变化也较稳定，多作物复合系统内最低气温、相对湿度比单一作物和裸地高，最高气温低，系统内形成了特定的小气候，园内光照减弱，温度降低，相对湿度提高，蒸腾耗水减少，叶片水势和土壤含水量都增加。此外，多作物根系在地下不同层次的活动使得土壤的团粒结构得到改善，裸地面积水土冲刷问题也能得到较好的解决。

黄晓澜（1989）等研究皖南茶柏复合生态系统结果表明，坡地茶园引入乌柏后，土壤容重下降，总孔隙度与毛管孔隙度比例趋于协调，土壤三相组成和物理性质得到明显改善（表 10-9）。茶柏园土壤有机质含量较高，每年冬季茶柏园有 2.8~3.4 t/hm² 乌柏叶归还土壤，这样每公顷可补充土壤 36.3 kg 氮、7.3 kg 磷、9.8 kg 钾，还有其他营养元素等。冬季复合茶园土壤中过氧化氢酶、转化酶、脲酶和磷酸酶活性均较高，土壤微生物活性较强，有机物质转化速度快。冯耀宗（1990）比较种植 4 年后的单一茶园和胶茶复合园，径流量增加 1.4 倍，土壤流失量增加 3.4 倍，养分流失量：有机质 6 倍、氮 5 倍、磷 3 倍、钾 2.5 倍。两者相比，复合系统内土壤有机质提高 18.95%，土壤微生物数量增加 1 倍多，全氮提高 4.49%。许多茶林复合园的研究结果均表明，合理的复合生态系统，除了可改善茶园生态环境，增加单位面积的生产效益，减轻土壤冲刷外，还可节制茶园害虫，抑制茶树开花，促进营养生长，为茶区提供木材和薪炭材。

表 10-9　坡地不同生态类型茶园土壤物理性质比较

（黄晓澜等，1989）

茶园类型	深度/cm	容重/（g/cm²）	总孔隙度/%	三 相 组 成		
				固相	液相	气相
单一茶园	0~20	1.34	49.43	50.57	38.04	11.39
	20~40	1.48	44.15	55.85	34.53	9.62
茶柏园	0~20	1.08	59.24	40.76	37.64	21.60
	20~40	1.27	55.85	44.15	28.24	15.91

董成森（2006）等在湖南长沙丘陵茶区对茶园中间距 8 m 布置一条杉树的茶杉复合系统生态效应研究表明，高温干旱季节（6~8 月）茶园内距杉树 1 m、2 m、4 m 处的光照度分

别比单一茶园降低 50.1%、38.3%、31.1%。上午 8 时遮光量大，遮光率达 71.1%～86.7%，中午 12 时遮光量少，遮光率为 10.0%～23.3%。复合茶园中的地表温度变幅比单一茶园低 8.3 ℃，对极端温度的防范、空气湿度、土壤含水量、茶园主要害虫与天敌等的变化均有利于茶树生育（表 10-10、表 10-11、表 10-12）。

表 10-10　茶杉复合与纯茶园夏季有害高温出现次数与极端高温变化

（董成森等，2006）

处理	园内气温		茶树叶面温度		地下 5 cm 土壤温度	
	≥35 ℃次数	极端高温/℃	≥35 ℃次数	极端高温/℃	≥35 ℃次数	极端高温/℃
复合 1	41	40.0	40	41.9	2	35.8
复合 2	43	40.0	59	43.4	8	37.5
纯茶园	87	41.3	103	47.5	34	41.5

注：复合 1 指离杉树 1 m；复合 2 指离杉树 4 m；园内气温是离地 1.3 m 处测得。测定时间为 2004 年 4～8 月。

表 10-11　茶杉复合与纯茶园土壤含水量变化比较

（董成森等，2006）

项目	土层/cm	处理	4 月	5 月	6 月	7 月	平均
土壤含水量/%	0～5	复合茶园	17.4	17.2	17.2	16.3	17.0
		单一茶园	13.8	14.2	12.8	10.7	12.9
	20～25	复合茶园	19.4	18.5	19.5	18.1	18.8
		单一茶园	18.4	18.2	17.2	15.5	17.3
	40～45	复合茶园	18.8	18.4	19.6	18.9	18.9
		单一茶园	19.2	19.1	19.0	18.2	18.9
茶园湿度/%		复合茶园	85.4	84.6	81.3	76.4	81.9
		单一茶园	72.6	71.2	70.9	67.5	70.6

表 10-12　茶杉复合与纯茶园中主要害虫与天敌数量变化

（董成森等，2006）

主要害虫数量变化			天敌种群数量变化		
害虫	复合茶园	纯茶园	天敌	复合茶园	纯茶园
假眼小绿叶蝉	102	193	蜘蛛	34	16
黑刺粉虱	36	67	捕食螨	18	11
茶蚜	33	99	瓢虫	7	3
茶蓑蛾	3	17	草蛉	3	0
茶刺蛾	2	11	猎蝽	3	1
茶卷叶蛾	8	15	虎甲	2	0
茶毛虫	3	11	螳螂	2	1
茶尺蠖	12	16	食蚜蝇	1	0
茶螨	11	34			

注：表中数值为 3 次调查结果总和，调查随机取 10 点，每点选取 5 丛茶树，每丛抽取 4 根枝条。

王丽娟（2011）等在茶园中布置不同间作树种试验的结果表明，茶园中间作不同树种，对茶园土壤会产生不同影响。相对于纯茶园，山苍子与茶间作，可显著提高表土层中有机质和全氮量，并改善土壤水分状况；樟树与茶间作，有利于降低茶园土壤容重，增加土壤通水透气性能，缓解纯茶园中土壤酸化强度；杉木与茶间作，土壤养分（全钾除外）、水分含量偏低。3 种复合生态茶园，以樟树和山苍子与茶间作优于杉木与茶间作。随着对不同茶园间作物研究工作的开展和深入，选出适合茶园间作树种和种植模式将更利于生态茶园的建设与发展。

作物与茶间作并非都能维护和提高地力，防止水土流失，保护生态环境。间作物的选择，首先必须保证该物种能在林地上良好生长，适应性强；其次是间作物之间没有较大的重叠生态位，种间矛盾不突出，或较易通过某些栽培措施使种间矛盾缓和；再次是间作物能最大限度地覆盖地面和肥土（如豆科植物），要避免选择那些肥力消耗量大，在雨季收获的作物与之间作。任何栽培措施都必须在保证维护地力，防止水土流失的前提下实施。

许多例子告诉我们，人们改造了自然，被改造的自然反过来作用于人类，人类既是改造自然的主体，又是这一活动影响所及的客观对象。发展耕地茶园生态系统，能使眼前获高产，但带来的生态病将会影响人们生活，并且其效应是长久的，创立合适的复合生态系统，则能协调各方面的矛盾，并能持续地获得茶叶生产的好收成。我们不能作为外在于自然界的征服者，为所欲为，而应该与自然界相适应，在改造自然条件的生产活动中严格地顺应自然规律，努力协调人与自然的关系，不然会受到自然的惩罚，只有认识到这一点才能保持茶区优良的生态环境。

我国是一个多山地的国家，山地占全国陆地面积的1/3。如果把山地、丘陵和高原等地形起伏的地区统称为山区，那么，我国山区面积占到了全国陆地面积的2/3左右。茶树是南方山地主要经济作物之一，传统的栽培方式和梯田技术难以根本解决维持土壤肥力和治理水土流失的问题，山区生态建设若不加以重视，将制约区域经济的发展。因此，深入研究山地农业退化生态系统治理途径和持续发展模式，保持资源与环境永续利用，保护生态环境，促进农业持续发展，对我国国民经济发展和提高山区人民生活水平有着重要的理论和实践意义。

要解决茶园大面积垦殖集约管理带来的水土冲刷、环境恶化、病虫猖獗、化肥农药投入量增加、生产成本提高等一系列生态问题，必须充分认识和利用生态学原理，使茶区资源被充分利用的同时，环境得到很好的保护。根据已有的经验介绍，以下几种生态学原理应用模式可在茶园建设中加以利用。

1. 共生互惠原理　共生互惠原理是指不同的有机体或子系统合作共存和互惠共利，其结果是所有共生者都大大节约了物质和能量，系统获得了多重效应。单一功能的土地利用，单一经营的产业，其内部多样性低，共生关系薄弱，生态、经济效益都不会高。自然界生态系统中多种生物共生互惠现象是长期自然选择的结果。因此，在茶林复合生态系统的规划设计中，应考虑生物之间这种共生关系，通过合理的水平镶嵌和立体组合，使茶林生物种群互惠互利。海南农垦场林、胶—茶间作模式，充分体现了茶—胶间作的互利互惠的功能上的促进作用。海南岛常年受风害严重，早期单一种植油棕，因风害严重而失败，后考虑植胶。橡胶则是热带雨林树种，要求静风、高温、湿润的环境，在海南岛这样的生态环境中单一种植，会因台风和低温而受害；对耐阴、喜湿的茶树来说，单一种植，则光照太强，需种遮阴树，林—胶—茶的组合设置使得相互间在气候与其他方面得到了互补，如林（防护林）、茶为胶减低了风的侵害，胶、林为茶挡去了强光的直射，使得胶、茶都能在适生的条件下生育，区域生态环境条件得到了改善，保水、保土、保温作用增强，成了一个良性循环的人工系统。

2. 生态位原理 生态系统中，各种生态因子有明显的变化梯度，不同梯度可以为各种生物占据，适应和利用这种生存的适宜空间，即生态位。不同生物种群在系统中所占生态位不同，茶林间作模式，由于林木的存在，形成了一个高湿、弱光照的生境，给耐阴的茶树提供了适宜的生态位；树冠的荫蔽条件和林茶中的食叶昆虫也给鸟类提供了适宜的生态位；林茶的枯枝落叶等有机物堆积又给地下蚯蚓和生物构成了理想的生态位。合理的茶林复合系统构成了具多种群稳定高效的生态系统，资源得以合理开发利用。唐荣南（1984）10 余年的湿地松与茶间作试验表明，间作园内抗旱、防冻能力增强，茶树生育环境改善，复合结构中的鸟雀活动，使害虫繁殖受到节制，虫口密度降低，在复合结构中占据林地下层的茶树因光照弱，开花量减少，生殖生长受到抑制，促进了营养生长，土壤物化性状也都得到了改变。同样，复合生态系统中生物种群对生态位也有一定的反作用，合理搭配不同的生物种群是十分重要的。

3. 利用层原理 任何生物的生存都有一个合适的空间，超出该合适空间以外的物质和能量难以被生物利用。生物种群这种利用空间称为利用层。在茶林复合生态系统中分层现象十分明显。复合系统中地上、地下都可分为若干利用层。从地面至茶林复合系统的林冠层之间增加利用层，可提高人工系统内单位面积上更多产品的产出。利用层加厚，植物的叶面积指数增加，光能得到充分利用，增加了干物质的积累。云南的人造橡胶林中，上层是橡胶树，第二层是肉桂和萝芙木，第三层是茶树，最下层是名贵中药砂仁，形成了一个多层次的"绿化器"。贵州正安东坝茶场（1995）茶与马铃薯、杜仲间作，杜仲利用地上空间高，是落叶阔叶乔木，马铃薯茎叶铺地，实行秸秆还地，这对未封行茶园、幼龄及改造茶园的水土保持，单位面积上效益提高，资源的充分利用显得尤为有效。茶林复合系统中根系在地下分布也是不同的，解子桂（1995）对桐—茶间作根系调查表明，14 年生茶树吸收根 88.3％分布在 40 cm 土层内，8 年生泡桐 80％吸收根分布在 40 cm 以下土层中。这种多种生物组合种植不一定互惠，只是不同生物要求的环境条件不同，各占自己特有的生态位，作物种群多层立体结构可以充分地利用光照、温度等资源，在单位面积上生产出更多产品。

4. 边缘效应原理 把两个独立的生态系统联结起来，扩大生态系统物质循环规模，而使两个系统皆获优质、高产、高效益。茶、畜结合的种养模式就属这种类型。浙江江山茅坂乡一村在茶园边上建立了养兔场，利用茶园、农田隙地和林下草丛资源养兔，兔粪施入茶园，改良了茶园土壤，茶叶量、质都得到提高。在一些未封行茶林复合园下适当种植苜蓿、三叶草、紫云英、1 年生高光效牧草等饲料作物，用这些饲料作物喂养牲畜，再用牲畜粪便生产沼气，沼气渣用作茶园肥料，使得土地、物质、能量得到合理利用，降低了生产成本，这种以养分为纽带组建两个系统的互惠互利和经济上的互补互促，提高了养分的再循环效率和能量的转换效率，使联结起来的整体效益提高，在整体中某一组分的废物输出用作另一组分的有用输入，从而减少化肥和饲料的输入，这不仅降低成本，而且减少资源消耗和环境污染。

5. 食物链原理 食物链原理指利用一些能生产为人类所利用的产品（新营养级），取代自然食物链中原营养级，或在原简单食物链中引入或增加环节。如在茶—绿肥间作模式中，绿肥深翻土中，肥沃土壤，在此之间引入畜牧业，用绿肥为饲料饲养牲畜，增加了新的产品牲畜，再用牲畜粪便去肥土，这种有利于系统内物质能量转化和利用，使系统朝着有利于提高生态、社会和经济效益的方向发展。再如一些农场，养鸡，鸡粪喂猪，猪粪养鱼，减少饲料消耗，鱼塘塘泥肥地，使物质循环再生利用。

6. 种群演替原理　自然生态系统或生物群落不断造成对其不利的生境而被另一群落所代替，这种现象称为演替。茶园中，茶、粮套种模式就是这一原理人工演替的常见形式。在幼龄茶园或台刈更新茶园中套种黄豆、高粱、玉米等粮食作物，充分利用了空间占据的时间差。如汪松能（1994）在梨茶间作的幼龄茶园和台刈茶园中，种植花生于茶树行间，花生收获后，秸秆切碎还田种凤尾菇，凤尾菇收获后，菌料作为有机肥料施入茶园，待茶树长大封行前退出农作，在有限的土地上获得较高生态、经济效益。

7. 生态效益与经济效益协同原理　在前面的许多例子中都反映出这一原理在茶叶生产中的应用，多种生物组合使各自在生态位、利用层上处于合适的状态下生长，改善了整体的生态效应，综合的经济效益得到提高。但若整体配置不当，管理不科学，使得两者不能协调，如在一些茶、果生产模式中，若片面追求产量和经济效益，大量地施用化肥和化学农药，造成土壤板结，土壤结构破坏，果、茶中农药残留高，品质下降，造成环境和农产品的污染，杀伤了天敌，破坏了生态平衡。如今许多地方开展农村休闲观光游即为生态效益与经济效益协同，浙江宁波奉化滕头村的实践则是这一协同原理作用带动区域发展的典型例子。

二、茶区生态文化建设与产业开拓

人类文化的产生是人与生态环境相互关系的产物，是在人对生态环境认识及改造的过程中创造和发展起来，与人类对其周围生态环境的认识、利用与改造同步。文化的形成与发展过程，无不包含着生态的因素，也无不打上生态环境的烙印。生态文化是在生态环境保护、恢复、开发、利用过程中，坚持以人为本，通过生态宣传教育、文化设施建设、资源保护与利用等形式和载体，形成的一种提高生态环境保护意识，促进生态环境改善的精神活动和文化产品，是人们的生态伦理观、生态价值观、生态文明观和生态艺术观的统一，是精神文明的有机组成部分。它源于人们认识自然、改造自然过程中形成的天人合一生态价值取向理念和伦理观，吸纳了现代文明先进理念，确立了保护生态就是保护人类自己的观念。

传统农业生产在发展问题上考虑的往往是如何增加生产，发展经济，各类建设和科技成果的应用，以是否能促进经济的发展为衡量标准，至于它对生态环境和社会发展其他方面产生的影响，往往受到忽视。表面上看，可持续发展的严重障碍是资源和环境，实质却是非科学的决策和违背自然规律的社会行为。纠正这些观念和认识上的偏差，需要一种规范、完善的生态文化，改变人们对待自然环境的态度，以影响和制约人们的生产和生活中的行为。

茶区生态建设不仅仅是山山水水和一个单纯自然环境空间的建设，而是一个以人的经济活动为基础的自然经济社会复合体的建设。生态建设必须融入到经济活动中，找准经济社会发展与生态环境保护的切入点，选准发展模式，实现公众的广泛参与。茶区生态文化建设能为经济发展与生态保护起到了较好的联结作用，它能形成一种融传统与现代文明为一体的生态文明，有效地形成经济高效、人与自然和谐共生，健康、文明的茶区生态农业产业。

生态文化建设是生态农业建设的重要组成部分，是推动生态农业建设强大的精神动力。

在茶园生产建设过程中，必须破除单纯征服自然的观念，树立人与自然和谐统一的思想；破除片面追求经济效益观念，树立抓生态就是抓效益的思想；破除生态环境建设只有投入没有产出的思想。只有这样，茶产业的发展才可能纳入可持续发展的轨道。

茶叶作为特种经济植物，它不仅在自然属性上满足了人们生活上的需求，产生出比一般农作物较高的经济效益，还有着比其他农作物发挥出更大作用的社会属性一面。大千世界，被人类利用的物质已无可计数，但并非均能介入精神领域而称之为文化。古代，上至帝王将相，文人墨客，儒、道、释各家，下至挑夫、贩夫、平头百姓，无不好茶。开门七件事——"柴、米、油、盐、酱、醋、茶"，茶已深入各阶层人民的生活。茶之用，可为饮、为药、为菜肴；茶之礼，从国际间交流到各级地方的谢宴会、民间婚俗、节俗，无处不在。茶从中国漂洋过海，走向世界。在中国这个古老的文明国家，许多平常的物质生活都常注入精深的文化内容，茶文化便是最典型的代表。茶生于名山秀水之间，对益智清神、升清降浊有特殊作用。文人用以梳理思绪，道家用以修身养性，佛家用以解睡助禅。人们饮茶时，能与山水自然结为一体，接受天地雨露的恩惠，调和人间的纷解，浇开胸中的块垒，求得明心见性，回归自然的特殊情趣，茶的自然属性与中国古老文化的精华自然地融合在了一起。茶与中国的人文精神结合，它的功用便远远超出其自然使用价值。

我国的广大茶区都可以将茶叶的自然和社会属性有机地结合在一起，开拓产业，求得地方社会、生态、经济发展。从茶叶的自然属性上看，在一些不当的茶园建设与生产活动过程中，茶区生态环境恶化，茶叶产量、品质均会受到影响，生态与经济价值得不到体现，生产的可持续性受影响，改变不当的生产行为，才能充分发挥茶自然属性的一面。就茶的社会属性而言，在社会的精神文明建设活动中，因茶叶贴近生活，为广大人民所熟悉，茶叶常被人们看作是廉洁、美乐、和谐、敬爱的代表物。通过对茶叶自然属性的了解，提高到一种精神理念，也就能够在人们的经济活动中有大众群体参与。因而，每年都可以看到各地有着不同的茶事活动举行，并利用茶事活动，推进地方经济、对外交流工作的开展。近年来，城市人口剧增，道路拥挤，空气质量下降，工作压力增大，人们很想找一个自然清新的环境，将工作压力释放，交友联谊。茶园可充分发挥出茶的社会属性一面，利用茶区的自然风光吸引城市人来休闲观光，人们可在优越的茶园环境中品茶交友，得到精神享受。这将进一步地拓宽了茶产业范畴，调整茶区的产业结构，延伸茶的产业链，使茶与旅游业密切地联系在一起。要达这一目的，需要茶园具备良好的生态条件，因为，到茶园来的人，已将茶解渴醒脑的作用放到次要地位，他们从中感受在城市生活中没有，或曾经有过，但已久远的生活体验，感受大自然的给予人类的清新与真切。可见，茶区生态文化建设对茶产业的进一步开拓将产生出十分重要的影响。

茶的社会属性为茶区观光休闲旅游业的发展积淀了比其他农作物更为丰富的文化内涵，在目前我国农村，观光休闲农业是旅游业和农业之间交叉的一种高效产业。对农业而言，它体现了一种新型的农业经营形态，是第一产业向第二、三产业的延伸和渗透；对旅游业而言，它是旅游活动向农业领域的拓展，从而开辟了新的旅游空间。它是对传统农业生产结构调整、改进的产物，大大增加了农业和农村系统的附加值，同时又促进茶区生态环境和社会效益的发展与提高。

茶区的观光休闲农业将农业、旅游、文化、生态、产业结构，等等，各个方面都联系在了一起。目前，一些城市周边的农村都在大力推广观光休闲农业，它成了实现公众广泛参与的经济社会发展与生态环境保护的切入点和发展模式。在人类的基本生活需要得到满足以后，随着收入的提高，闲暇时间的增加，各种物质条件的便利，就会进一步要求有赏心悦目的环境，要求回归自然、休闲度假，要求体验农业文明。尤其是城市的人们对农业提出了更多更新的要求。这种内在的需求促使城乡关系发生了变化，由原来的相互排斥、对立，变为互补、融合；农业的存在，对于健全优美的城市是一种内在的需要。缺少了农业，大城市的功能将发生严重的缺陷，人们也将缺少了丰富多彩的一块。在城市人眼里，大自然成了最珍贵的地方。人们越来越希望生活在"山水城市""森林城市""园林城市"之中，越来越渴望到大自然中去，到乡村去，享受大自然的阳光、空气。城市经济的发展，城市居民的消费观念发生了明显的改变；休假制度的改变，为农业休闲观光业的发展提供了富裕的时间。这些改变与发展为山区观光休闲农业的产生和发展提供了可能。

茶区开拓观光休闲农业有着较好的生态基础，并能有效地对茶区产业结构进行调整，实现农村劳动力转移。多年来，农民的增收一直是我国农业和农村发展的主要问题。由于农业规模小、技术含量低、从事农业的劳动者基数大，使农业和农民收入增加缓慢。而观光休闲农业比传统农业更易发挥出更大的效应，它能从传统农业的本身收入、旅游收入、综合经济收入等多渠道增加收入。观光休闲农业还吸收了大量的农村劳动力参与该产业，留在农村的部分剩余劳动力则可在其中，为山区新村建设发挥出作用。

观光休闲农业所涉及的动植物均具有丰富的历史、经济、科学、精神、民俗、文学等文化内涵。在茶区要开展这些活动，必须对自然资源、景观资源、产业资源、人文资源、农业科技资源等从生态建设角度来设计与安排。各地有许多成功的例子，一些先是自发形成，之后成为发展的必然，杭州的梅家坞就是其中典型一例。20世纪80年代，人们到梅家坞求购茶叶，偶尔因生意做成，主人留客吃饭；因当地生态环境优美，不时有来城郊踏青的人，在当地住户处解决吃饭问题，当地人从中看到这里的商机，做起了提供场地打牌、提供茶食的活计，之后吸引了越来越多的人前来。城市的人跑到城郊，感到一切是那么美好，吸的空气、喝的水、吃的饭菜都比在城市里可口，渐渐地这里成了杭州人度周末的好去处。政府看到这里的发展前景和一些不足，给予规范管理，建设一些较大的场馆，供游人驻足游玩与歇息，现在只要是天气晴朗，道路两边、农舍房前屋后都停满前来喝茶的车辆，要在这里吃午饭的游客需早些时日预订。2005年五一长假期间，一户农家，一天中可接待100余人来家里喝茶，不计吃饭，每人一杯茶，10元/杯，仅茶水费收入是1 000余元。现在杭州市政府在这里注入了更深厚的文化内涵，使人们在这里不仅仅是品茶、休闲，还包含着茶、龙井、西湖、杭州溶在一起的文化。之前列举提到的宁波奉化滕头村不是茶区，它们突出的是村落生态，组织的农村生态游设计有植物生态旅游、田园风光旅游、生态环境旅游、历史文化旅游、民族文化游、农俗文化游等多个主题的项目，项目中突出人与自然、人与文化的互动式体验，以生态景观营造理念，别具匠心的村庄规划和园林营造，自然与人类的巧妙结合，演绎成现代都市的田园牧歌。他们将村落建成景区，景区就在村中，设置以当地传统农业项目为主内容，有白鸽广场、喷泉广场、农家乐、梨花湖、盆景园、鱼乐园、玫瑰采摘区、奇花异果棚、草莓采摘区、婚庆园、晒谷广场、田园烧烤区、犁耕活动区；游艺项目有小猪赛跑、千鸽迎宾、松鼠拜年、斗牛、踩水车、喂红鱼、野鸭放飞、梨湖泛舟、抢鸭子、锯大木、独轮车送粮、大滚缸、称大秤、拉大碾、磨豆浆、打草鞋、打年糕、犁耕大战、捉泥鳅、摸螺蛳、照黄鳝、叉鱼、流铁环、打陀螺、田园烧烤等。丰富的农俗风情使前来游玩的人群能尽兴选择。此类例子还有很多，如武夷山茶区游、云南古茶区游、茶马古道游等。这些休闲旅游业的开展，前提是有好的生态环境，再将农业、农村文化、产业特殊文化融入其中，相互有机地结合，才使之有生命力。

茶区生态休闲观光园区的建设，必须以生态农业建设和无公害食品生产为主题，重视和弘扬古今茶文化，园区布置要与自然融为一体，开发和保护兼顾，项目和活动设计要动静、健身相结合，培育亲和力，增强体验和参与的功能，突出特色，"不求全，但求特"，形成特色，强化特色。建设和开发中应注意做好引导工作，提高茶区人们的生态文化意识，组织茶农渐近性地开展工作，把美好的想法变为茶农的自觉行动。在统一认识的基础下，采用村民集资，对外招商，制定政策，以市场经济的模式来操作，不能在思想不统一的情况下，由政府先投资，匆匆上马，不然，政府的包袱将会越背越沉。

建设过程中还应避免内容全、规模大的外在追求。城镇居民想来农村，目的有多种，但多数还是以贴近自然、享受大自然的风光、感受真实的农村为主要目的。城市的一些庭园、楼阁，并不是要来乡村游玩的人所想见的，他们想要的是"土"味真、"农"味重、趣味浓、生态美，即吃的是山上种的，玩的是当地农家玩的，感受到的是美轮美奂的自然，要一流，就是要生态环境一流，这些在城镇如今都是缺少的东西。真要看大建筑物，大可不必来这山区。因此，针对带着这些想法的游人，应该多考虑特色的体现，让来人能感受到这里清新的空气，整洁的村落，田园的生活，一切都是那么自然。年岁高的人来寻找过去，年龄小的来这猎奇，并非要一流的场馆和亭台楼阁。过多地考虑"全""大"，将会因基础不实，失去地方特色，而不能得到持续发展。

茶区休闲观光园建设过程中，有一定场所要修整与搭建，其中有一项重要工作是做好当地传统文化建筑的保护。新场所的搭建要能使村落更美化，能与自然景观交融在一起，更显山村风光。在这一工作中，要避免过多地设置不具特色的人工景观，要进行充分的踏勘，依特点进行相应的修整建设，而不是为设置而设置，造成浪费，所设亭台楼阁要有内涵。如浙江宁波福泉山茶场作为生态观光园，依据其特殊的地理位置，在茶山上修建了两个休息与观景相结合的亭，一个亭可以眺望到东海，称望海亭；另一个亭可以看到东钱湖，称望湖亭，两个亭分设在不同的山头上，有一定的距离，供游人栖息、观景，亭子的设置恰到好处。

场所的修整与搭建要与山庄的景观协调，材料可用地方的竹、松、藤等，使之与自然色更接近，为防止山风大或经常的台风侵袭，可树几个坚固的杆子。要注意生态保护，不可为景点的某些设置，给生态带来大的破坏，如为使茶园集中成片、整齐划一，把一些园中树木砍去，或为建设某个场馆而毁坏林地，这些都是不可取得。

建设中的每一个环节都要以绿色、环保为基调。如在今后的发展中可以对太阳能、风能、沼气的开发利用与使用；田间生产的农产品要严格按无公害要求来管理，提供给游客的食品以当地生产的环保、生态产品为主，充分体现休闲农家乐要求达到的"土""农""特色"的目的。"土"要原汁原味，从房屋、摆设到餐桌上一切都要是土生土长，地方特点明显，"农"指生产活动或提供给游人的趣味活动要是传统农艺，不要或尽量少地加入工业因素；"特色"则要充分体现出一切都是自然，一切都符合环保要求，使地方环境不遭休闲旅游业的开发破坏，而比原来更好，进入良性的社会、经济、环境循环。当然，在进行休闲旅游业开发时，还有许多与之相配套的工作要进行，如相应的政策措施、管理规范、策划宣传、服务培训、思想教育等。

茶作为我国传统文化中的一个重要组成部分，在百姓日常生活中不可或缺，在许多场合中成了一个中间体或媒介，以茶为媒传递信息、联络友情。常听到有人说，来喝茶，或去某地喝茶，说的是喝茶，行得是丰富多彩的各式休闲联谊活动，喝茶几乎成了休闲的代名词。茶多产在山区，与绿色、环保、保健等概念密切联系在一起，它所包容的文化积淀深厚，利用茶可以产生许多文化活动，茶歌、茶舞、茶事、茶俗等，跟百姓的生活有着太多的联系，作为茶区，开展休闲旅游活动与茶的结合，以茶为特色的休闲农家乐园健康发展，能在欠发达乡镇奔小康的过程中发挥出巨大的作用，对产业的发展能起开拓的作用。

三、茶园生态农业的接口与配套技术

生态农业是从生态经济系统结构合理化入手，通过工程与生物措施强化生物资源的再生能力，改善农田景观及农林复合系统建设，使种群结构合理多样，恢复或完善生态系统原有的生产者、消费者与分解者之间的链接，形成生态系统的良性循环，求得物质的循环利用，其技术体系主要体现有四个方面的特征。

① 具明显的综合性特点。它考虑的是社会、经济、生态全面的可持续性。

② 现代农业技术的优化组装。依靠现代农业技术及系统工程方法，因地制宜地引进、改造和优化组装。强调继承和发挥具有可持续特征的传统农业技术的作用，重视与现代化农业技术的集成效应。

③ 具明显的地域性。由于各地自然、经济乃至社会需求不同，所要求的生态农业模式不同，相应的生态农业技术体系也有差异，呈现明显的地域性特点。

④ 开发资源再生、高效利用及无（少）废弃物生产的接口与配套技术。在生态农业建设中，重视能量、物质汇集和交换处接口与配套技术开发，使之能将生态经系统的生产者、消费者、分解者与环境链接起来，将系统内各组分衔接成良性循环的整体，加快系统内的物质循环流动，能量的多级传递，提高生态系统的自我调节与自组能力，形成一个产投比高的开放经济系统。

生态农业的一个重要方面就是比传统农业更重视有效地进行物质、能量的多层次、多途径利用，减少营养物质外流，提高资源的利用率，改善环境质量，获良好的经济效益。为此，生态农业十分强调物质的循环利用。根据物质在生物圈中具有沿着从周围环境到生物体，再从生物体回到周围环境的物质循环规律，其中的一个重要措施就是使不易循环的物质进入循环，并尽可能增加循环利用的中间环节。运用生态学规律来指导人类社会的经济活动，倡导一种与环境和谐的经济发展模式，把经济活动组成一个"资源—产品—再生资源"的反馈式流程。为了使系统高效、持续发展，除了尽可能地利用太阳辐射能以增加产量外，生态农业的一个突出特点就是尽可能地增加生物能的利用比例，减少工业能的使用。从根本上讲，生物能是可再生能源，它的使用对环境的破坏性最小，而工业能的开发和使用对环境易产生负面影响。

茶叶的生产是以获取鲜叶原料为目的的生产，其目标产量的经济系数（经济产量与生物产量的比值）不高，大量的生物产量如根、茎、枝、老叶、花、果等，多以不能被利用部分出现。广大茶园多分布在山区，发展过程中水土流失也是一个迫切需要解决的问题。要提高茶园生态系统中的生态效率，提高能量转化率，一方面选择生长效率高的品种，另一方面则在原有的食物链中增加新的环节，利用生态农业经营中的一些措施，有效地减少因水土流失所造成的养分元素的损失。比如，在农林复合经营系统，木本植物的存在，可以有效地防止水土流失的发生，抑制养分元素的流失。充分利用物种相互作用的原理，在生态农业系统中选择和匹配好物种关系，发挥生物种群间互利共生和偏利共生机制，使生物复合群体"共存共荣"，不仅水土流失得到控制，而且会带来一系列的生态收益。有资料表明，1只山雀1d取食量等于它的体重，1只啄木鸟1d可取食200多条害虫，1只灰喜鹊可以保护1亩松林。根据不同物种在空间生态位和时间生态位上的差异，在水平方向、垂直方向和时间上，科学布局，以求充分地利用各种环境资源，获得最大效益。乔、灌、草相结合，实际就是按照不同种群地上、地下部分的分层结构，充分利用它们多层次的空间生态位，使有限的光、热、水、肥、气资源得到充分的利用，最大限度地减少资源浪费，增加生物产量和发挥多种效益的有效措施。前面介绍的胶茶间作，胶为茶提供了一个光照适度、高湿的环境条件，而茶树又为胶的生长提供了稳定的气温条件，双方都获得了好的生态效益。通过提高经济产量，满足人们的物质生活和增加收入的需要，通过农业生态系统的服务功能，提高系统的生态效益。

现行的茶园生态系统本身是一个开放型的人工生态系统，它具有特定的结构和功能特征。只在具有一个能保证物质循环和能量流转过程畅通的良好结构，才能产出更多的产品，更好地发挥各种有益的效能。盲目地追求高投入、高产出；大量施用化肥，导致茶园土壤结构破坏和地力衰退；不加选择地滥用杀虫剂、除草剂，导致有害昆虫天敌数量的下降，使得虫害的发生更加频繁，损失也更加严重。针对茶园生态系统存在和可能发生的问题，有必要重视开发生产过程中循环环节转换的接口与配套技术。借鉴现有农业生产中已有的以下一些接口与配套技术的实践与思路，加速茶园生产高效利用循环体系的建成。

1. 废弃物质资源化技术　生态农业中有机废弃物利用，一般是先把有机废物加工处理后，配合部分精饲料喂养禽畜；利用禽畜粪便配合青绿植物、秸秆等制取沼气；再将沼液和沼渣用作农田肥料。这种方式把有机废物中的营养元素转化成甲烷和二氧化碳，将其余的各种营养元素较多地保留在发酵后的残渣中。

每年茶叶生产中产生的修剪枝叶相当可观，一般都弃而不用，或只低效率地利用，许多山区用作燃料，这无疑是一种巨大的资源浪费。有资料表明，长期以来，广大农村生活用能没有很好解决，大量秸秆用作燃料直接燃烧，每年要烧掉2亿t以上，损失的氮、磷、钾相当于全国化肥产量的60%左右，废弃物的不加处理利用还造成环境污染和自然生态恶化。一些地方的实践表明，合理地链接生产环节各部分，可使生态、经济、社会得到全面收益。

菲律宾马雅（Maya）农场，将场内生产的水稻、蔬菜、森林产生的稻草、菜叶和树叶供养殖场作为饲料用，牲畜粪便和肉类加工厂排出的有机废水送入发酵池生产沼气。沼气供作场内生产和生活所需的能源，沼液经曝气处理用来养鱼鸭和繁殖水藻，水藻用作喂猪，部分沼液作为液体肥料浇灌农田，沼渣作为优质有机肥返田。通过一整套废物综合利用技术，使农场废弃物的循环再生利用成为连接各生产过程的纽带，把种植业、养殖业和工副业联成一个有机整体。这一完整而协调的大农业生产系统，不仅提高了资源利用率，变废为宝，解决了饲料、肥源、能源问题，还全面消除了废物的直接污染和大量施用化肥的污染，保护了农业生态环境，同时还强化了生态系统中还原者的作用，以较低的物能消耗，取得了最佳的生态、经济、社会效益。此例是非茶叶作物的成功之作，但链接思路可以借鉴，如开发对茶叶茎干、老枝叶的利用技术，减少不可利用生物产量的产生，等等。一些地方夏、秋茶留养，只采春茶，之后将长长的枝条剪去，若能将其开发成饲料、粉碎为茶园可用的肥料，或通过引入新的循环体系作为其他用途，将是十分有意义的。

2. 厌氧发酵物开发利用技术 沼气开发利用，有利于生态平衡，是解决农村能源供应、保护环境、实现废弃物资源化、促进农牧业生产发展的战略措施。

据测算，每千克秸秆从直接燃烧改为沼气燃烧或使有效热值提高94%，还将不能直接燃烧的有机物如粪便中所含的能量加以利用。作物秸秆及人、畜粪便经厌氧发酵后，消灭了寄生虫卵和病菌。江苏省沼气研究所和长江水产研究所多年养鱼经验证明，沼渣养鱼较猪粪处理增产25.6%，其中白鲢、花鲢增产幅度大致可达44.7%，还改善了鱼的品质，增加了鲜味，降低了养鱼成本。

沼渣有机质含量比目前栽培平菇常用的原料棉籽壳高0.85%~0.95%，而且含有更多的促进食用菌生长发育及可利用的速效养分，能加快平菇发育，杂菌污染少，出菇时间早，采用60%沼渣、40%棉籽壳，并按棉籽壳用量每50 kg加水80 kg拌匀，再与沼渣充分混匀即可接种。栽培后的沼渣残留物还可继续用来培养蚯蚓、养鱼或作为肥料还田。沼液中含有较高容量的氨和铵盐，对一些作物的枯萎病有防治效果，还含有速效磷和水溶性钾，这些物质比一般有机肥含量高，有利于植株生长健壮，增强抗病能力。这一循环过程，充分利用了资源，节省了开支，避免了环境污染。

3. 草业开发技术 一些地区生态环境脆弱的根本原因是植被覆盖差，生态建设的主要任务就是恢复植被，减少水土被冲刷。如果按乔、灌、草的方式进行生态恢复，一时也难以实现。发展草业，不仅容易形成防止水土流失的作用，也可在较短时间内促进草食畜牧业的发展，如养羊、牛、兔、鱼等。我国南方茶区面积不小，许多新建茶园和改造茶园，有较长时间裸露，在这些茶园中植草，土地利用率提高，植草后对山地茶园起到有效的水土保持作用。如将植草与畜牧业相结合，这使得茶区农村发展路子更宽，不仅如此，还有效地解决现有茶园有机肥源缺少的问题。对茶园生产而言，开发利用这一技术，包括了适合山地茶园的优良牧草的选择与培育技术、牧草的种植技术、收割与贮藏技术等。

4. 控制水土流失与污染技术 这一技术在茶园生态修复中常需运用。严格地说，生态恢复重视一系列技术组成的体系，而不是某项技术的单独应用。其技术体系的单项技术可归结为工程技术、农业技术和生物技术。

（1）工程技术。工程技术主要针对自然干扰及土壤恢复而言，在极度退化生态系统的恢复方面尤为重要。针对山地茶园的水土流失治理，常采用的工程技术有开截流沟、拦截坝、沉沙凼、水平梯阶、拦截沟、水平沟、鱼鳞坑等。水体恢复工程技术有工程隔离，即造坝隔离污水。污水沉淀，采用沉淀地、沉淀设备使废水净化后再排放。水分利用与节水工程技术被广泛应用的工程技术主要有覆盖技术、集流技术、防渗技术等。

（2）农业技术。农业技术指在生态恢复工作中所需要的一系列耕作、栽培、管理技术，涉及草地农业、生态农业、畜牧业、渔业、常规农业等领域。生态恢复过程中把这些技术集成之后形成适宜的综合技术体系。

（3）生物技术。生物技术主要指转基因育种、克隆技术、细胞工程等。生物技术在恢复学中的应用主要有生态幅更宽、抗逆性更强的生物品种的获得及所需恢复繁殖体（幼株）的大量、快速获得等。

5. 高效种养结合技术 种植业和养殖业的结合是实现茶园生态系统良性循环，土地利用持续不衰的根本措施。西方常规农业的发展表明，在农业生产中如果人为地割裂种植业和畜牧业，不仅会引起水土流失和土壤退化，使农业环境污染日趋严重，而且种植业和养殖业的效益都会下降。因此，进行农牧复合生态工程建设，通过种植业和养殖业的结合，实现农业生态系统的良性循环，提高资源利用效率，避免畜禽粪便造成环境污染，在我国农牧业生产中具有十分重大的意义。

要使茶园有较高的产出和优质的产品，就需要有高的投入，这无疑将增加茶园生产成本，利用茶园周边地块，或新辟茶园与改造茶园的空地进行有机牧草的种植，为养殖业提供青贮饲料，通过养殖业的发展，增加茶园生产中的新环节，将动物的粪便处理后移入茶园改良土壤，也可通过前面已介绍的进入新的沼气生产循环，或养鱼等，增加茶场整体的产出，将经利用后的废弃物作为肥料改良茶园土壤。成年茶园，可在园中放养鸡，如海南省文昌市新桥镇利用胶林养鸡生态农业技术，生产出当地著名的特产是"文昌鸡"。胶—茶—鸡农林复合模式，橡胶树喜阳高大，茶树矮小而耐阴，二者相得益彰。然而，这二者都需要有机肥料，才能高产优质。把鸡群引进胶茶园，胶茶园里的草和害虫被啄食殆尽，留下大量鸡粪肥田。这种模式可以专业村、专业户、联合体及公司加农户组织，饲养规模由几百只到几万只。江西婺源探索了"茶园养鸡，鸡茶共生"的种养模式，将茶园分隔成一定大小的小区，四周用丝网圈围，每亩放入近百只鸡。茶树体矮、荫蔽，有利于鸡群栖息和捕食，茶毛虫、茶刺蛾、细蛾、谷蛾、网蠦等多种害虫都是鸡群的好饲料，鸡啄、爪抓，还能有效控制茶园内杂草的发生量。每只 0.5 kg 的鸡平均每天可捕食成虫、幼虫 200 只以上，放养鸡群的茶园用药次数减少，鸡饲料节省，肉质好，产蛋量高。

养殖业是实现农业生态系统中生态及经济良性循环的重要环节。一般说来，种植提供的产品大约有 1/5 能直接作为人类的食物或工业原料，即初级生产产出的物质直接利用系数极低，养殖业是生产者和分解者之间能量与物质转换的存储器，通过它对初级产品的消费，尤其是充分利用第一性生产的废物，转化成动物性产品及畜力。农业与养殖业的结合，关键在于农产品废弃物及畜牧业粪便等的高效利用，实现无或少废弃物的清洁化生产过程。

6. 信息化与精准化技术 精准农业技术是一套基于空间信息变异、实施精细管理的现代农业操作系统。其核心思想就是根据土壤肥力、作物生长状况和产量的空间差异，调节对作物的投入。在对耕地和作物长势进行定量和空间分布的差异分析基础上，因地制宜地实施精准田间管理，从而达到高效利用各类农业资源，改善环境的生态农业发展目标。它包括了计算机农业系统模拟模型技术，涉及农业资源利用、政策制定、农业发展预测、农业管理改善等多方面；农业专家系统技术，事先将农业专家为解决某类农业问题而长期积累的知识以适当的形式存入计算机，根据反映当时情况的各种数据和事实，模仿农业专家的思维过程进行推理，对需要解决的农业问题进行解答、解释或判断，使计算机在农业活动中起到类似人类专家的作用；精准农业技术，根据土壤肥力、作物生长状况和产量的空间差异，调节对作物的投入。通过农田信息获取、农田信息处理分析、决策处方的形成和农机田间实施来实现，并采用全球定位系统（GPS）、地理信息系统（GIS）技术、遥感技术（RS）技术等先进的方法与技术手段获取田间信息。该项技术的开发与利用，需积累更多的资料与研究经验。

复习思考题

1. 简述实现茶树栽培可持续发展的内容与意义。
2. 如何实现茶区社会效益的可持续发展?
3. 如何实现茶区环境效益的可持续发展?
4. 如何实现茶区经济效益的可持续发展?
5. 影响茶叶产量、品质的主要因素有哪些?
6. 举一实例，运用生态学原理解决现行茶园中不可持续发展的问题。
7. 现行茶园结构中存在哪些不符合持续发展要求的问题?
8. 针对现行茶叶生产中不符合持续发展要求的问题，试提出解决问题的办法。

主 要 参 考 文 献

边金霖．2012．钾对茶叶香气影响的研究［J］．福建农林大学学报（自然科学版）(6)：601-607.

曹藩荣．1999．不同定剪方式对茶树树冠培养效果的影响［J］．中国茶叶(4)：12-13.

曹藩荣．2002．微域环境对单枞茶新梢生长与品质的影响［J］．华南农业大学学报，23(4)：5-7.

曹藩荣．2006．茶角胸叶甲侵害对岭头单枞茶香气成分的影响［J］．应用生态学报，17(11)：2098-2101.

曹藩荣．2006．适度低温胁迫诱导岭头单枞香气的形成研究［J］．茶叶科学，26(2)：136-140.

曹藩荣．2006．水分胁迫诱导岭头单枞茶香气的形成研究［J］．华南农业大学学报，7(1)：17-20.

曹藩荣．2008．茶鸡共作技术试验初报［J］．广东茶业(1)：16-19.

曹志洪．2008．中国土壤质量［M］．北京：科学出版社．

陈爱瑞．2005．生态农业道路的选择与探索［J］．财经论丛(5)：19-23.

陈炳环．1988．茶树品种分类初探［J］．中国茶叶，10(2)：16-18.

陈栋．1988．茶树根系活力及其相关因子［J］．茶叶科学，8(1)：27-32.

陈荣均，骆世明．1995．山坡地农业生态系统模式的研究［J］．生态科学(2)：29-37.

陈瑞芬．2005．茶园土壤污染及其防治［J］．土壤通报，36(6)：965-968.

陈为民．2007．茶—杉复合生态系统的效益分析［J］．安徽农学通报，13(7)：88-89.

陈文怀．1977．茶树品种分类的探讨［J］．植物分类学报，15(1)：53-58.

陈兴琰译．1981．茶树栽培与生理［M］．北京：农业出版社．

陈养．2007．茶区水土流失原因分析及其防治［J］．林业建设，(2)：27-29.

陈宗懋，陈雪芬．2000．新编无公害茶园农药使用手册［M］．北京：人民出版社．

陈宗懋．2003．欧盟茶叶农残标准新变化和应对措施［J］．中国茶叶(3)：6-7.

陈宗懋．2007．茶树生态系统中的立体污染链与阻控［J］．中国农业科学，40(5)：948-958.

陈宗懋．2012．中国茶经［M］.2011修订版．上海：上海文化出版社．

陈祖规．1981．中国茶叶历史资料选辑［M］．北京：农业出版社．

程启坤，庄雪岚．1995．世界茶业100年．上海：上海科技教育出版社．

戴青玲，张胜波．2009．早春逆温条件下茶园高架风扇防霜效果［J］．江苏农业科学(4)：220-221.

单勇．1986．胶茶群落及胶林茶园辐射光谱［J］．云南茶叶(2-3)：46-51.

邓楠．1995．《中国21世纪议程》：中国可持续发展战略［J］．中国人口、资源与环境，5(6)：1-6.

董成森．2006．业热带红壤丘陵茶区茶-杉复合系统生态经济效应探析［J］．中国生态学业学报，14(2)：198-202.

董成森．2007．湖南丘陵茶区绿茶生产优劣势及主要生态调控技术研究［J］．中国生态农业学报，15(3)：133-137.

董丽娟．1991．茶树插穗成熟度对扦插苗影响的研究［J］．茶叶通讯(4)：28-31.

董亚珍．2010．我国农业可持续发展的瓶颈因素与对策［J］．经济纵横(5)：77-79.

杜相革．2003．有机乌龙茶生产中修剪对假眼小绿叶蝉的控制作用研究［J］．福建茶叶(2)：22-23.

段华平．2004．红壤坡地茶园蒸腾速率及其环境影响因子的研究［J］．中国生态农业学报，12(1)：78-80.

段建真．1991．丘陵地区茶树生态的研究［J］．生态学杂志(6)：19-23.

段建真．1992．遮阴与覆盖对茶园生态的研究［J］，安徽农学院学报(3)：189-195.

段建真.1995.我国茶树生态研究进展［J］.茶业通报,17（1）：4-6.

傅健羽.1990.不同色膜覆盖对插穗愈合生长及成活的影响［J］.茶叶通讯（2）：3-5.

高玳珍.1995.茶树冻害与防冻技术的研究进展［J］.湖南农学院学报,21（2）：129-133.

龚永新.2009.茶乡生态旅游构建［J］.中国茶叶（12）：36-37.

龚志华.1999.茶树更新修剪研究进展［J］.茶叶通讯（3）：24-28.

郭素英.1996.茶果（林）复合园的光特征研究［J］.应用生态学报（4）：359-363.

郭彦彪.2007.设施灌溉技术［M］.北京：化学工业出版社.

韩文炎,石元值.2003.茶园土壤硫素状况及对硫的吸附特性［J］.茶叶科学,23（增）：27-33.

韩文炎.2002.茶园土壤主要营养障碍因子及系列专用肥的研制［J］.茶叶科学,22（1）：70-74.

韩文炎.2006.茶叶品质与钾素营养［M］.杭州：浙江大学出版社.

韩文炎.2006.茶叶品质与钾素营养［M］.杭州：浙江大学出版社.

何玉媚.2011.可可茶无性系品种的生化成分研究［J］.广东农业科学（6）：10-13.

洪海林,肖本权.2000.鄂南茶园杂草的初步调查［J］.湖北植保（1）：31.

候渝嘉.2011.国家级茶树新品种——"南江1号"［J］.西南农业学报（3）：858-862.

胡聃.1996.可持续的生态内涵及其发展意义［J］.生态学杂志,15（2）：31-36.

胡翔.2002.机械化采摘茶园管理技术［J］.西南园艺,30（2）：49.

胡永光.2007.茶园高架风扇防霜系统设计与实验［J］.农业机械学报,38（12）：97-99,124.

黄东风.2002.茶园牧草套种技术应用及其生态效应分析［J］.中国茶叶,24（6）：16-18.

黄华林.2010.高花青素特色茶树品种品比试验［J］.中国种业（12）：53-54.

黄良龙,江建国.2006.婺源推出"茶-机"种养生态模式［J］.上海茶叶,（4）：22.

黄寿波.1997.试论生态茶园建设的若干问题［J］.茶叶,23（2）：23-27.

黄寿波.1997.塑料大棚茶园微气象特征与龙井茶生产［J］.浙江林学院学报,14（1）：58-66.

黄晓澜,丁瑞兴.1989.皖南茶柏复合生态系统的土壤肥力特性.茶叶科学（2）：109-115.

黄延政.2009.茶树新品种"鄂茶9号"选育研究［J］.中国茶叶（4）：30-31.

江俊昌.2006.茶树育种学［M］.北京：中国农业出版社.

江用文.2013.中国茶业年鉴［M］.北京：中国农业出版社.

瞿裕兴.1980.茶叶生产机械化.北京：农业出版社.

雷永宏.2009.浙西南山区茶树晚秋——无心土短穗扦插育苗技术［J］.经济作物（10）：153-154.

李光涛.2005.云南大叶茶树短穗扦插技术研究［J］.茶业通报,27（3）：115-116.

李金才.2008.我国生态农业模式分类研究［J］.中国生态农业学报（16）：1275-1278.

李文华.2005.生态农业的技术与模式［M］.北京：化学工业出版社.

李文华.2005.生态农业的技术与模式［M］.北京：化学工业出版社.

李延升.2012.田间条件下成龄茶树树体生物量和养分分布特性及根系生长特性研究［D］.四川农业大学.

梁金波.2010.降低秋季大田短穗扦插育苗成本的关键技术［J］.中国茶叶（40）：21-22.

梁名志.2012.云南茶树品种志［M］.云南：云南科学技术出版社.

梁月荣.2004.绿色食品茶叶生产顶尖指南.北京：中国农业出版社.

廖汉昌.1997.提高茶树扦插繁殖技术的新途径［J］.茶叶通讯（2）：47-48.

廖万有.1998.我国茶园土壤的酸化及其防治［J］.农业环境保护,17（4）：178-180.

廖为民.1983.对茶树"弯枝养蓬"效果的调查［J］.茶叶通讯（1）：17-22.

林祥松.2010.茶树新品种——春波绿［J］.茶叶科学技术（3）：37-39.

林小端.2008.我国茶树特异资源研究进展［J］.贵州茶叶（2）：1-5.

刘宝祥.1980.茶树的特性与栽培［M］.上海：上海科学技术出版社.

刘富知.1993.茶树修剪更新生物学效应的持续性研究［J］.湖南农学院学报,19（5）：443-450.

刘富知.1994.茶树修剪更新周期的探讨［J］.茶叶科学,14（1）：1-8.

卢良恕.1995.中国可持续农业的发展［J］.中国人口、资源与环境,5（2）：27-33.

陆德彪.1998.遮阳网覆盖茶园的效果及配套技术［J］.农村实用工程技术：温室园艺（6）：5.

陆加顶.1996.谈茶树良种扦插苗管理的几个问题［J］.茶叶通讯（1）：39-41.

陆秋华.1991.江苏省茶园杂草发生规律调查［J］.杂草科学（2）：15-17.

吕立哲.2005.良种茶树采摘加工信阳毛尖茶关键技术研究［J］.中国农学通报,21（9）：81-84.

罗龙新.2010.印度茶区考察散记［J］.中国茶叶,32（9）：4-8.

骆高远.2009.观光农业与乡村旅游［M］.杭州：浙江大学出版社.

骆世明.1994.我国经济起飞期的农业持续发展［J］.生态科学（1）：5-9.

骆世明.2002.农业生态学［M］.北京：中国农业出版社.

骆世明.2007.传统农业精华与现代农业［J］.地理研究,26（3）：609-615.

骆耀平,吴姗.2000.老茶树嫁接换种的效应［J］.茶叶科学,20（1）：36-39.

骆耀平,徐月荣.1998.茶叶可持续发展的生态学原理应用［J］.中国茶叶,（4）：28-29.

骆耀平.1992.茶园农业生产应向低耗持续方向发展［J］.福建茶叶（3）：4-6.

骆耀平.1999.茶树嫁接换种技术［J］.新农村（12）：10-11.

骆耀平.1999.利用嫁接技术改造老茶园的研究［J］.浙江林学院学报,16（3）：283-286.

骆耀平.2005.高光效牧草在生态茶园建设中应用研究初报［J］.茶叶,31（1）：54-55.

骆耀平.2008.茶树栽培学［M］.4版.北京：中国农业出版社.

马立峰.2000.苏、浙、皖茶区土壤pH状况及近十年来的变化［J］.土壤通报,31（5）：205-207.

毛加梅.2010.我国生态茶园建设模式研究［J］.耕作与栽培（9）：9-13.

毛祖法.1990.台湾茶园由手采改机采的配套技术与管理经验［J］.茶叶,16（4）：32-35.

毛祖法.1993.机械化采茶技术［M］.上海：上海科学技术出版社.

农山渔村文化协会.2008.茶大百科Ⅱ［M］.东京：农山渔村文化协会.

潘根生.1985.茶树树冠结构与茶叶产量的相关研究［J］.浙江农业大学学报,11（3）：355-361.

潘根生.1988.整形方式对茶芽分布及产量的影响［J］.茶叶（4）：5-8.

潘根生.1995.茶树生物学［M］.北京：中国农业出版社.

潘根生.1998.20世纪中国茶树栽培的发展与成就［J］.茶叶.24（1）：7-10.

潘根生.2009.潘根生茶学文选［M］.北京：中国农业科学技术出版社.

潘强.2012.茶园管理机械开发进展［J］.江苏农机化（1）：29-31.

彭萍.2005.茶园土壤污染与治理策略［J］.西南园艺,33（3）：30-32.

彭晓霞.2006.覆盖与间作对亚热带丘陵茶园地温时空变化的影响［J］.应用生态学报,17（5）：778-782.

戚建乔.1991.加强采摘管理　提高毛茶质量［J］.茶叶,17（3）：38-39.

阮建云,吴洵.2003.钾镁营养供应对茶叶品质和产量的影响［J］.茶叶科学,23（增）：21-26.

阮建云.1997.土壤水分和施钾对茶树生长及产量的影响［J］.土壤通报,28（5）：232-234.

阮建云.2010.茶园生态系统固碳潜力及低碳茶叶生产技术［J］.中国茶叶（7）：6-9.

沈洁.2005.茶树—苜蓿间作条件下主要生态因子特征研究［J］.安徽农业大学学报,32（4）：493-497.

沈生智.2011.茶树新品种"春雨二号"的选育［J］.中国茶叶（7）：18-20.

沈星荣.2012.充分发挥茶园碳汇功能.促进茶叶低碳生产发展［J］.中国农学通报,28（08）：254-260.

施嘉璠.1992.茶树栽培生理学［M］.北京：农业出版社.

石培礼.1996.山地农业生态系统持续发展的有效途径［J］.生态农业研究.4（2）：44-49.

石元值.2001.汽车尾气对茶园土壤和茶叶中铅、铜、镉元素含量的影响［J］.茶叶,27（4）：21-24.

宋同清.2006.3种典型生物措施对亚热带红壤丘陵茶园季节性干旱的防御效果［J］.水土保持学报,20

(4)：191－194.

宋同清.2006.覆盖与间作对亚热带丘陵茶园土壤环境和生产的影响［J］.农业工程学报，22（7）：60－64.

宋同清.2006.亚热带丘陵茶园间作白三叶草的生态效应［J］.生态学报，26（11）：3647－3655.

孙海兴.2004.茶树根际微生物研究［J］.生态学报（7）：1354－1357.

孙世利，骆耀平.2006.茶树抗旱性研究进展［J］.浙江农业科学（1）：89－90.

孙威江，袁弟顺.1998.农艺措施对茶叶农药残留成分降解的作用［J］.福建农业大学学报（3）：307－311.

孙威江.1992.福建乌龙茶产地环境质量监测评价［J］.茶叶科学（2）.

孙威江.1997.茶园土壤和茶树叶片农药残留量规律的探讨［J］.福建农业大学学报（1）：39－43.

孙威江.1998.福建名优绿茶产地环境质量现状评价［J］.福建农业大学学报（2）：172－176.

孙威江.2001.无公害茶叶［M］.北京：中国农业大学出版社.

孙威江.2003.出口欧盟的低残留茶叶生产技术［J］.中国茶叶（1）：21－23.

孙仲序.2003.山东省茶树抗寒变异特性的研究［J］.茶叶科学，23（1）：61－65.

覃秀菊.2012.尧山秀绿新品种选育研究报告与示范推广［J］.广西农学报（1）：31－34.

唐明德.1986.茶树留养叶的光合特性［J］.茶叶科学，6（2）：25－30.

唐荣南.1984.建立茶园复合生态系统［J］.中国茶叶（4）：2－5.

田永辉.2002.不同基因型茶树根系活力及根际土壤酶活性研究［J］.贵州大学学报，21（3）：219－223.

田永辉.2002.茶园害虫生态调控体系的研究［J］.贵州农业科学，30（1）：39－40.

童启庆.1990.茶树不同排列方式对生物产量的影响［J］.茶叶，16（3）：7－11.

童启庆.1999.印度尼西亚茶叶生产见闻［J］.茶叶，25（2）：110－113.

汪汇海.2006.稻秸覆盖对有机茶园土壤生态环境影响的研究［J］.中国生态农业学报，14（4）：65－67.

王道龙，羊文超.1997.可持续农业和农村发展的定义与内涵［J］.农业经济问题（10）：14－17.

王立.1980.茶树修剪的生物学效应［J］.茶叶通讯（3）：1－6.

王丽娟.2011.不同遮阴树种对茶园土壤和茶叶品质的影响［J］.中南林业科技大学学报，31（8）：66－73.

王校常.2008.当前茶园肥培管理中的几个问题探讨［J］.贵州科学，26（2）：44－47.

王秀铿.1985.机采茶树修剪形状的研究［J］.茶叶通讯（1）：9－13.

王秀铿.1985.机采茶园的效益与栽培技术［J］.茶叶通讯（4）：1－4.

王秀铿.1986.机采茶树采摘适期的研究［J］.茶叶通讯（4）：14－18.

王秀铿.1987.茶树品种对机采适应性研究［J］.茶叶通讯（2）：6－9.

王兆骞.2008.试论中国生态农业的发展［J］.中国生态农业学报，16（1）1－3.

王镇恒.1995.茶树生态学［M］.北京：中国农业出版社.

王正周.1986.试以生态经济学的观点论茶叶生产的多种经营［J］.茶叶通讯（3）：19－21.

王志岚，陈亮.2011.土耳其茶产业与茶资源育种［J］.中国茶叶，33（7）：4－5.

王志岚，陈亮.2012.印度尼西亚茶树品种与育种技术［J］.中国茶叶，334（1）：4－5.

魏乃灵，张晔.2011.现代植保机械使用与维护［M］.北京：中国农业科学技术出版社.

吴洵.1992.低丘红壤高产优质茶园土肥水条件的研究［M］//中国农业科学院茶叶研究所.茶叶科学研究论文集.上海：上海科学技术出版社.

吴洵.2003.重视茶园砷污染［J］.中国茶叶，25（6）：11－12.

奚辉，陈喜靖.2005.茶叶喷灌的效果试验［J］.浙江农业科学（2）：106－107.

肖宏儒，权启爱.2012.茶园作业机械化技术及装备研究［M］.北京：中国农业科学技术出版社.

肖宏儒.2011.茶叶生产机械化发展战略研究［J］.中国茶叶（7）：8－11.

谢冬祥.1994.四川茶园杂草的发生及防治［J］.西南农业学报（7）：105－109.

谢继金，周继法.2004.鲜叶采摘及其质量管理［J］.茶叶，30（4）：232－233.

辛崇恒，丁明来.2009.日照市产量和效益的调查［J］.茶叶，35（1）：28－29.

徐汉虹.2010.植物化学保护学［M］.4版.北京：中国农业出版社.

徐建明.2008.土壤质量指标与评价［M］.北京：科学出版社.

徐泽.2005.茶树扦插繁育综合技术研究［J］.西南园艺，33（1）：4－6.

许长同.2011.茶树新品种"榕春早"区域试验报告［J］.中国园艺文摘（5）：15－17.

许宁.1998.茶园生态系中化学生态学的研究现状与展望［J］.中国茶叶（4）：30－31.

许永梅.2012.肯尼亚茶叶生产、消费、贸易［J］.世界农业，（7）：89－91.

严学成.1990.茶树形态结构与品质鉴定［M］.北京：农业出版社.

颜景夫，王辉生.2011.提高土壤碳汇能力实现农业可持续发展［J］.环境保护与循环经济，31（9）26－28.

杨京平.2004.农业生态工程与技术［M］.北京：化学工业出版社.

杨山青，韩仁甲.2005.茶树无心土短穗扦插育苗技术［J］.安徽农学通报，11（4）：136－137.

杨贤强.1982.茶树氮素代谢研究［J］.茶叶（1）：10－16.

杨亚军，应华军.1993.茶树扦插密度的生物学效应和经济效益［J］.茶叶科学，13（1）：21－26.

杨亚军.2005.中国茶树栽培学［M］.上海：上海科学技术出版社.

杨阳.2004.茶树短穗扦插育苗技术及经济效益分析［J］.茶叶通讯（3）：10－13.

杨阳.2008.茶树短穗扦插不同品种与密度的效果比较［J］.茶叶通讯（4）：5－9.

杨拥军.2011.一种小型茶园中耕机的研制［J］.茶叶通讯，38（4）：11－14.

杨跃华.1987.土壤水分对茶树生理机能的影响［J］.茶叶科学，7（1）：23－28.

姚国坤，葛铁钧.1986.茶树密植对茶叶产量品质及茶园生态的影响［J］.茶叶科学，6（1）：21－28.

叶乃兴.2005.茶树花主要形态特征和生化成分多样性分析［J］.亚热带农业研究，1（4）：30－33.

叶乃兴.2008.茶树的开花习性与茶树花产量［J］.福建茶叶，（4）：16－18.

俞海君.2004.吲哚丁酸和萘乙酸在茶树短穗扦插上的应用效果［J］.热带农业科技，27（1）：18－20.

俞永明.1990.茶树高产优质技术［M］.北京：金盾出版社.

俞永明.1996.茶树良种［M］.北京：金盾出版社.

虞富莲.2002.茶树新品种简介［J］.茶叶，28（3）：117－118.

袁飞.1984.茶树最佳更新期的研究［J］.浙江农业大学学报，10（4）：421－427.

袁国强，丁振铝，刘荷芬.2003.良种名优茶采摘加工技术研究［J］.地域研究与开发，22（5）：90－92.

袁通政.1995.茶树扦插苗双层覆盖的研究与应用［J］.茶叶通讯（1）：11－15.

袁先安，杨维时.2004.茶树无心土短穗扦插技术的应用［J］.茶业通报，26（2）：68－69.

曾洪涛.1992.茶园生境中根际微生物动态及其对茶树生长的影响［J］.茶叶通讯（3）：40－42.

曾明森.2010.轻修剪对茶园节肢动物种群和群落多样性的影响［J］.福建农业学报，25（5）：623－626.

张洁，刘桂华.2005.板栗茶树间作模式的生态学基础［J］.经济林研究，23（3）：1－4.

张敏，等.2013.在茶园生产周期过程中茶树群落生物量和碳储量动态估算［J］.浙江大学学报（农业与生命科学版），39（6）：687－694.

张文锦.2010.福建良性生态茶园建设的模式选择及关键技术［J］.福建农业学报（6）：792－795.

赵挺俊，李传德.2010.茶果园防霜机械系统的防霜机理与技术［J］.江苏农机化（1）：30－32.

赵运林.1994.林农复合生态系统的原理、特点及其类型［J］.生态科学（1）：116－125.

郑旭芝.2012.日光温室茶园栽培技术［J］.农民科技培训（10）：35－36.

中国21世纪议程管理中心可持续战略研究所.2004.发展的基础——中国可持续发展的资源、生态基础评价［M］.北京：社会科学出版社.

中国茶叶学会.2011. 2009—2010 茶学学科发展报告［M］.北京：中国科学技术出版社.

中国农业百科全书编辑部.1988.中国农业百科全书·茶业卷［M］.北京：农业出版社.

周启星.2005.健康土壤学——土壤健康质量与农产品安全［M］.北京：科学出版社.

周子燕.2010.安徽省茶园杂草主要种类调查［J］.中国茶叶（1）：18-20.

朱永兴，陈福兴.2003.红壤丘陵茶园镁营养调控研究［J］.茶叶科学，23（增）：34-37.

朱永兴.1994.茶鲜叶品质周年变化趋势及影响因子［J］.茶叶通讯（2）：10-13.

朱自振.2010.中国古代茶书集成［M］.上海：上海文化出版社.

庄晚芳.1989.中国茶史散论［M］.北京：科学出版社.

邹勇，胡根贵.2005.茶叶采摘与管理［J］.安徽农学通报，11（1）：71.

Tran Xuan Hong.2012.越南茶叶生产概况［J］.中国茶叶，34（7）：12-13.

图书在版编目（CIP）数据

茶树栽培学／骆耀平主编 . —5 版 . —北京：中
国农业出版社，2015.6（2025.1重印）
普通高等教育"十一五"国家级规划教材　普通高等
教育农业部"十二五"规划教材　全国高等农林院校"十
二五"规划教材
ISBN 978-7-109-20399-0

Ⅰ . ①茶…　Ⅱ . ①骆…　Ⅲ . ①茶树-栽培技术-高等
学校-教材　Ⅳ . ①S571.1

中国版本图书馆 CIP 数据核字（2015）第 086544 号

中国农业出版社出版
（北京市朝阳区麦子店街 18 号楼）
（邮政编码 100125）
责任编辑　王芳芳　戴碧霞
文字编辑　浮双双

———————————

三河市国英印务有限公司印刷　新华书店北京发行所发行
1979 年 10 月第 1 版　2015 年 6 月第 5 版
2025 年 1 月第 5 版河北第 8 次印刷

———————————

开本：787mm×1092mm　1/16　印张：27.25
字数：648 千字
定价：62.00 元
（凡本版图书出现印刷、装订错误，请向出版社发行部调换）